普通高等教育人工智能与机器人工程专业系列教材

机器人操作系统（ROS2）入门与实践

刘相权　张万杰　编著

机 械 工 业 出 版 社

本书首先对 ROS2 的安装与系统架构、开发资源与工具、ROS2 编程基础、机器人运动控制、传感器应用进行了介绍，然后在仿真环境中对 ROS2 中的 SLAM 环境建图、自主导航、视觉图像应用、三维视觉应用、机械臂应用进行了详细介绍，最后通过一个完整的仿真实例，实现地图创建、航点设置、物品自动抓取功能。读者只需要拥有一台运行 Ubuntu 系统的计算机，具备 Linux 的基本知识，了解 C++的编程方法，即可完成本书的学习。书中列举了大量应用实例，所有实例均在 ROS2 中调试通过，可以直接运行，且每个应用实例均给出相应的源代码。

本书在编写时力求做到内容通俗易懂、图文并茂；针对工程应用型院校学生的特点，内容讲解在够用的基础上，突出实际应用。

本书可作为普通高等院校机器人、机械电子、智能制造、机械等专业的教材，也可作为广大从事机器人开发的工程技术人员的参考书。

本书配有以下教学资源：课件 PPT、程序代码。欢迎选用本书作教材的教师登录 www. cmpedu. com 注册后下载，或联系微信 13910750469 索取（注明姓名+学校）。

图书在版编目（CIP）数据

机器人操作系统（ROS2）入门与实践/刘相权，张万杰编著. —北京：机械工业出版社，2024. 6（2025.1重印）

普通高等教育人工智能与机器人工程专业系列教材

ISBN 978-7-111-75843-3

Ⅰ. ①机… Ⅱ. ①刘… ②张… Ⅲ. ①机器人-操作系统-程序设计-高等学校-教材 Ⅳ. ①TP242

中国国家版本馆 CIP 数据核字（2024）第 099999 号

机械工业出版社（北京市百万庄大街22号 邮政编码100037）

策划编辑：吉 玲　　责任编辑：吉 玲 王 荣

责任校对：甘慧彤 陈 越　　封面设计：张 静

责任印制：单爱军

北京虎彩文化传播有限公司印刷

2025年1月第1版第2次印刷

184mm×260mm · 27.5印张 · 698千字

标准书号：ISBN 978-7-111-75843-3

定价：79.80元

电话服务
客服电话：010-88361066
010-88379833
010-68326294

网络服务
机 工 官 网：www.cmpbook.com
机 工 官 博：weibo.com/cmp1952
金 书 网：www.golden-book.com
机工教育服务网：www.cmpedu.com

前　言

ROS 作为一种开源软件，在众多机器人中得到广泛应用，但由于最初设计时的局限性，ROS 的缺陷也开始显露出来。为了弥补这些缺陷，使其能够适用于所有机器人的操作系统，ROS2 在 2017 年底正式发布。历经多年迭代，在 2022 年 5 月底，ROS2 第一个长期支持版本——ROS2 Humble 诞生。ROS2 采用了更加现代化的软件架构，提供了更好的实时性能和安全性。目前 ROS2 已经成熟，机器人行业也进入了一个全新的 ROS2 时代。

ROS2 提供了许多功能和工具，包括通信机制、分布式系统、参数服务器、组件库和仿真环境等，可以帮助开发人员更快速、更高效地开发机器人应用程序。此外，ROS2 还广泛应用于机器人导航、机器人控制、机器人视觉和机器人教育等领域。

本书主要面向应用型本科院校，由浅入深、循序渐进地介绍了 ROS2 的功能和操作步骤。本书内容涉及 Ubuntu 22.04 的安装与使用、ROS2 安装与系统架构、ROS2 编程基础、ROS2 机器人运动控制、激光雷达及 IMU 在 ROS2 中的使用、SLAM 环境建图、自主导航、视觉图像应用、三维视觉应用、机械臂应用以及对前面所有知识点的综合应用。每一环节引用大量仿真应用实例，并给出源代码，便于读者学习。书中使用大量图片，让抽象的内容立体化、形象化，非常便于读者阅读和按步骤对照学习 ROS2 机器人操作系统。读者只需要拥有一台运行 Ubuntu 系统的计算机，具备 Linux 的基本知识，了解 C++的编程方法，即可完成本书的学习。

在本书的编写过程中，编者参阅了大量的相关教材和专著，也在网上查找了很多资料，在此向相关作者表示感谢！同时，杨蕊东、王伟豪两位硕士生积极参与了本书的核对工作，他们的严谨和专注确保了本书内容的准确性和完整性，特此表示感谢！

由于编者水平有限，书中不足、疏漏之处在所难免，恳请广大读者批评、指正。

编者

目 录

第 1 章 Linux Ubuntu入门基础

1.1 Ubuntu 简介

机器人操作系统（Robot Operating System，ROS）是一个机器人软件平台，诞生于 2007 年，其内部的一系列软件库和工具用于构建机器人应用，目前已成为机器人领域的普遍标准。

ROS 虽然被称为操作系统，但是其真正底层的任务调度、编译、寻址等任务还是由 Linux 操作系统来完成的，也就是说，ROS 是一个运行在 Linux 上的次级操作系统，Linux 有不同的发行版本，2022 年 4 月 22 日，Canonical 公司宣布推出 Ubuntu 的最新 LTS（长期支持）版本 22.04，它是继 14.04、16.04、18.04、20.04 之后的又一个长期支持版本。该版本提供 5 年的技术支持，即提供免费安全和维护更新至 2027 年 4 月，Ubuntu-ROS 组合已成为机器人编程的一个理想组合。

Ubuntu 是一个基于 Debian 架构，以桌面应用为主的 Linux 操作系统。Linux Ubuntu 是开放源代码的自由软件，用户可以登录 Linux Ubuntu 的官方网站免费下载该软件的安装包。

1.2 安装 Ubuntu 22.04

Ubuntu 的安装有两种方式，一种是双系统安装，另一种是虚拟机安装。本书推荐双系统安装，这样能发挥计算机的最大性能且系统运行最稳定，在后续的仿真实验中能够获得更佳的学习体验。

1.2.1 准备工作

为了确保安装过程能够顺利进行，需要在安装 Ubuntu 22.04 前做以下准备工作：

1）一台预装 Windows10 或 Windows11 操作系统的计算机。

2）一枚 8GB 容量及以上的 U 盘。

3）下载 Ubuntu 22.04 系统安装映像。下载网址为 https://cn.ubuntu.com/desktop，选择 Ubuntu 22.04.3 LTS 进行下载。

4）下载 win32diskimager 软件，用来将映像文件 ubuntu-22.04.3-desktop-amd64.iso 写入到 U 盘，制作 Ubuntu 系统安装启动 U 盘。下载网址为 https://sourceforge.net/projects/win32diskimager/。

1.2.2 制作 Ubuntu 系统安装启动 U 盘

下面通过使用 win32diskimager 软件制作 Ubuntu 系统安装启动 U 盘：

1）安装 win32diskimager 软件。

2）备份 U 盘内的数据，因为安装 U 盘制作过程中会抹除 U 盘中的数据。备份完成后，把 U 盘插到计算机的 USB 口上。

3）运行 win32diskimager 软件，弹出启动窗口，如图 1-1 所示，在启动窗口中的［设备］下选择 U 盘对应的盘符[E:\]。

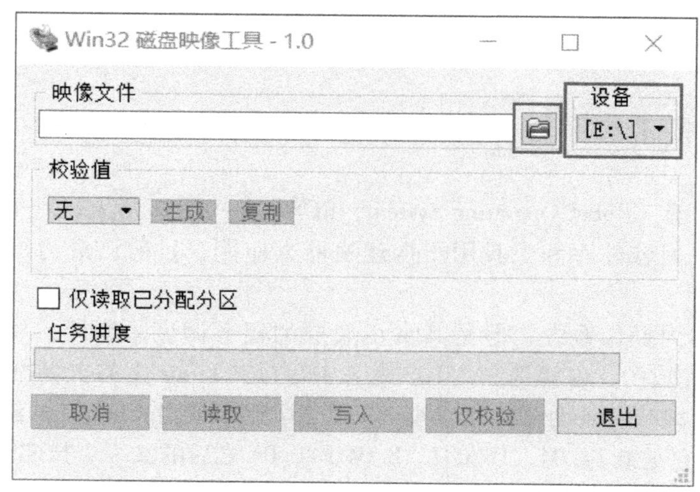

图 1-1 win32diskimager 软件启动窗口

4）单击图 1-1 中［映像文件］右侧的文件夹图标，弹出对话框，如图 1-2 所示，首先将文件类型下拉框改成 *.*，选择 ubuntu-22.04.3-desktop-amd64.iso 文件，单击［打开］按钮，弹出对话框，如图 1-3 所示。

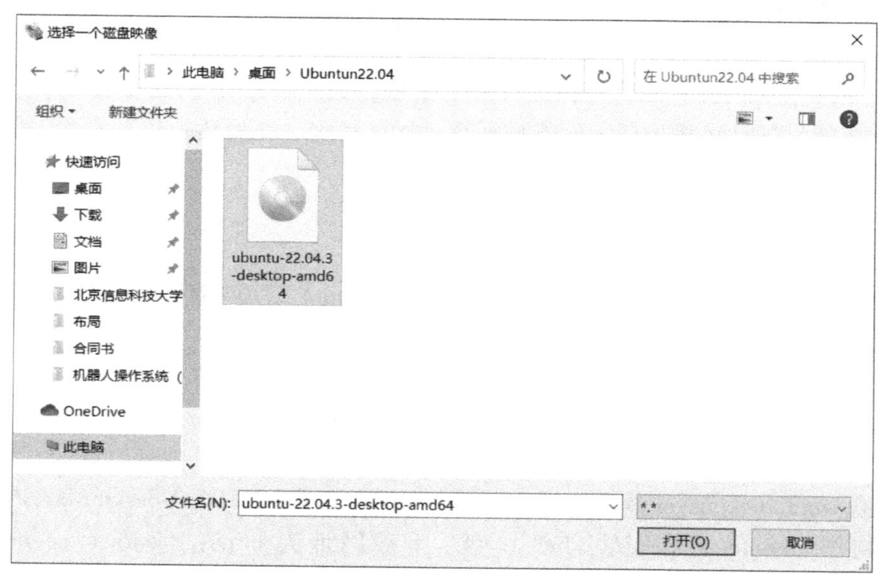

图 1-2 选择 Ubuntu 系统的 iso 文件

5）单击图1-3中的［写入］按钮，开始将映像文件写入到U盘中。任务进度条进展到100%并弹出［完成］对话框就表明制作成功，现在用这个U盘就可以安装Ubuntu 22.04系统了。

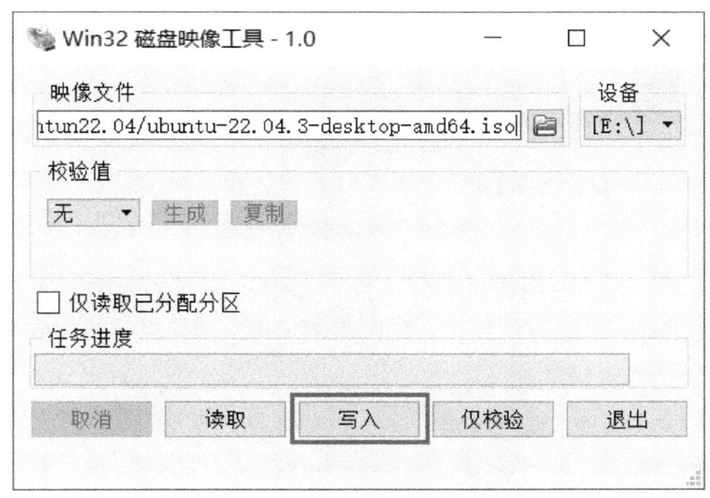

图1-3　将映像文件写入U盘

1.2.3　关闭BitLocker

大部分预装了Windows11的计算机，都默认开启了BitLocker加密保护，这是微软为了防止计算机失窃后磁盘数据被泄露而设计的防范机制。但是在安装Ubuntu的操作中，容易触发BitLocker的保护机制，导致计算机陷入图1-4所示的蓝屏锁定界面，无法访问磁盘。

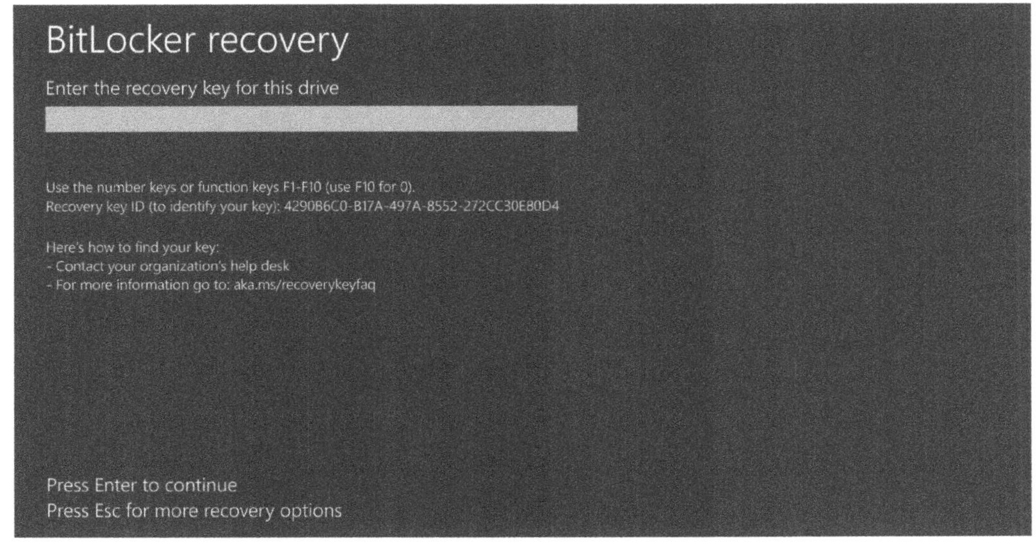

图1-4　BitLocker锁定界面

建议在安装Ubuntu前关闭BitLocker，具体操作步骤如下：

1）如图1-5所示，在Windows的搜索栏里搜索关键词“bitlocker”，在列出的匹配项目中，选择［设备加密设置］。

图 1-5　搜索设备加密设置

2）如图 1-6 所示，在弹出的窗口中将［设备加密］的开关关闭。注意：这个操作会对磁盘数据进行解密，时间可能会比较长，所以需要连接电源，做好长时间等待的准备。

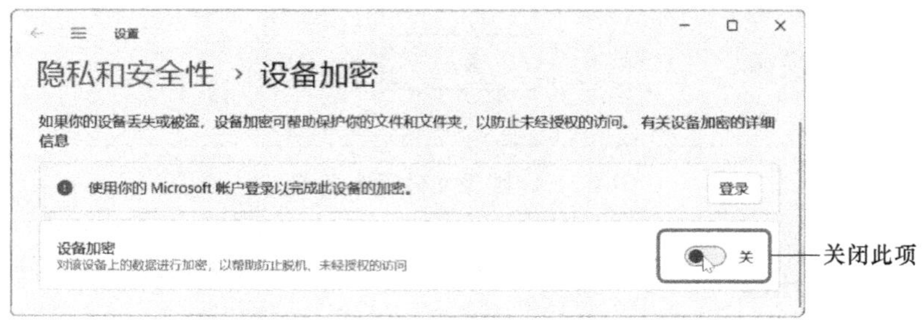

图 1-6　关闭设备加密设置

1.2.4　Windows 磁盘空间压缩

在安装 Ubuntu 前，需要预留未分配分区，具体操作步骤如下：

1）用鼠标右键单击 Windows 任务栏中的［开始］图标，弹出快捷菜单，如图 1-7 所示，选择［磁盘管理］，弹出［磁盘管理］对话框。

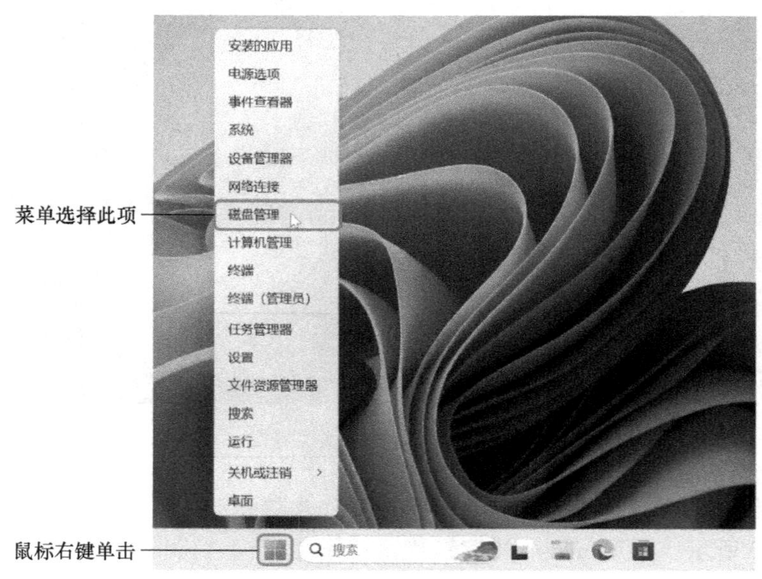

图 1-7　Windows［开始］菜单

2）在对话框中选择一个分区，从中压缩出一部分空间用于安装 Ubuntu 系统。用鼠标右键单击所选的分区，在弹出的快捷菜单中选择［压缩卷］，如图 1-8 所示，弹出［压缩］对话框，如图 1-9 所示。

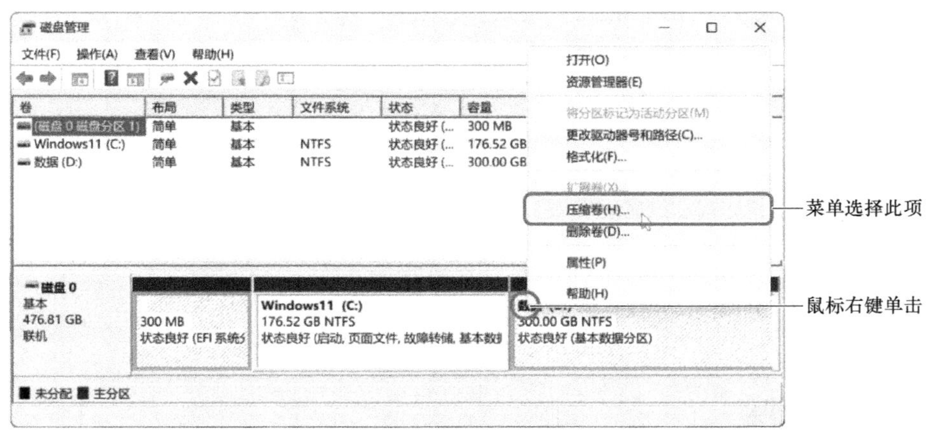

图 1-8 ［磁盘管理］对话框

3）在弹出的如图 1-9 所示的对话框中，在［输入压缩空间量（MB）］后面的编辑框中输入准备预留给 Ubuntu 的磁盘空间，单位是 MB。这里以输入 200000 为例，单击［压缩］按钮，等待片刻，会发现多出一块未分区磁盘，可用空间大小为 195.31（200000÷1024＝195.3125）GB，如图 1-10 所示。

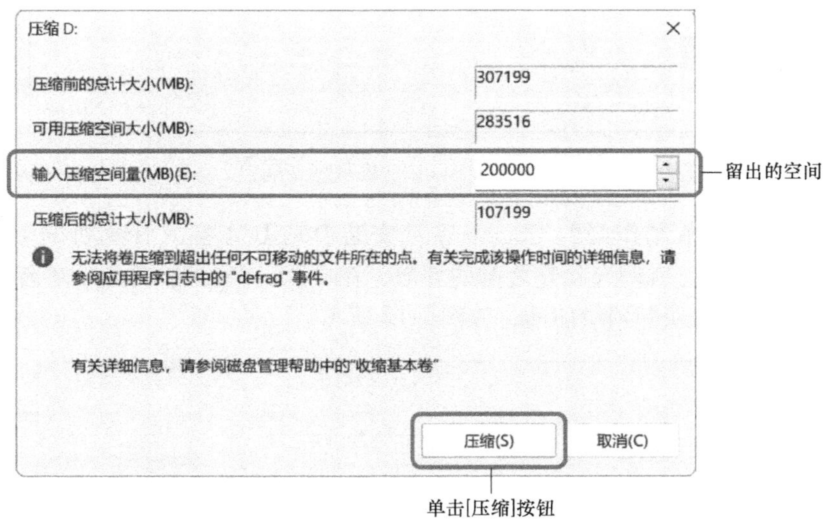

图 1-9 ［压缩］对话框

1.2.5　BIOS 设置

接下来，重启计算机，在 BIOS 中设置 U 盘启动，具体操作步骤如下：

1）根据计算机品牌或主板型号，在网上搜索进入 BIOS 的方法。在 BIOS 中找到［Security］（安全选项）之类的界面，关闭其中的［Secure Boot］（安全启动）选项，如图 1-11 所示。否则会在 Ubuntu 安装盘引导时提示“Invalid Signature Detected”（无效签名）之类的错误。

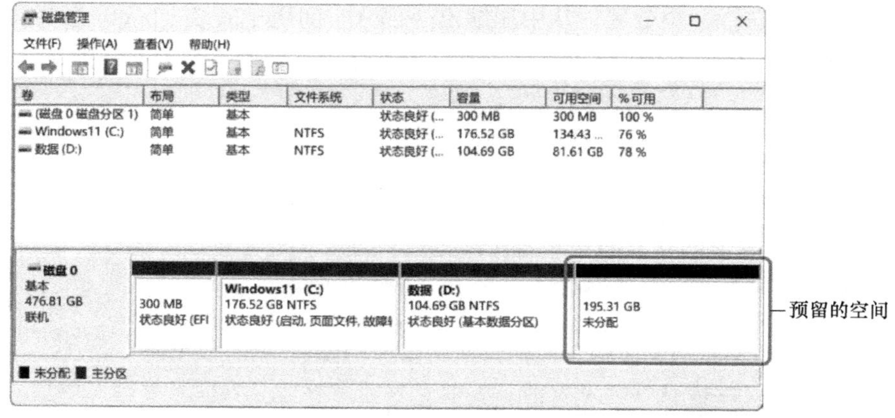

图 1-10　预留未分配分区

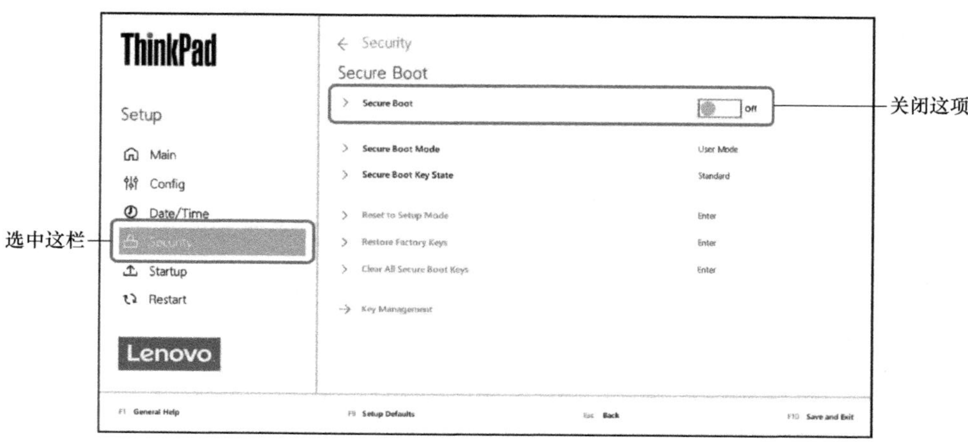

图 1-11　关闭［Secure Boot］选项

2）把在 1.2.2 小节制作好的 Ubuntu 系统安装启动 U 盘插入计算机的 USB 口中，在 BIOS 里找到［Startup］（启动选项）之类的界面，在［Boot Priority Order］（启动优先顺序）列表中，把 U 盘的引导项调到最前面，如图 1-12 所示。

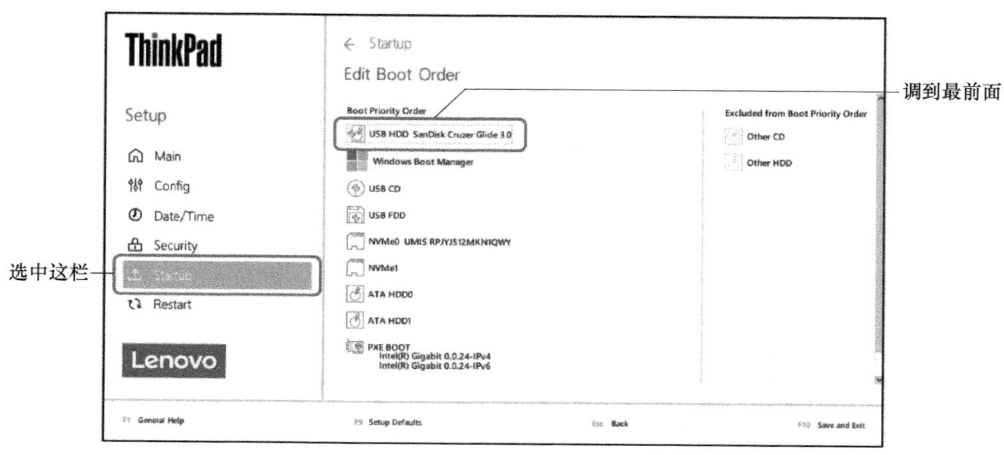

图 1-12　将 U 盘引导项调到最前面

3）上述设置完成后，按［F10］键，保存设置并退出 BIOS。

1.2.6 Ubuntu 系统的安装

接下来，就开始 Ubuntu 系统的正式安装了，具体操作步骤如下：

1）确认 Ubuntu 系统安装启动 U 盘插在 USB 口上，重启计算机。重启后计算机进入了 Ubuntu 系统的安装界面，选择［Try or Install Ubuntu］，如图 1-13 所示。

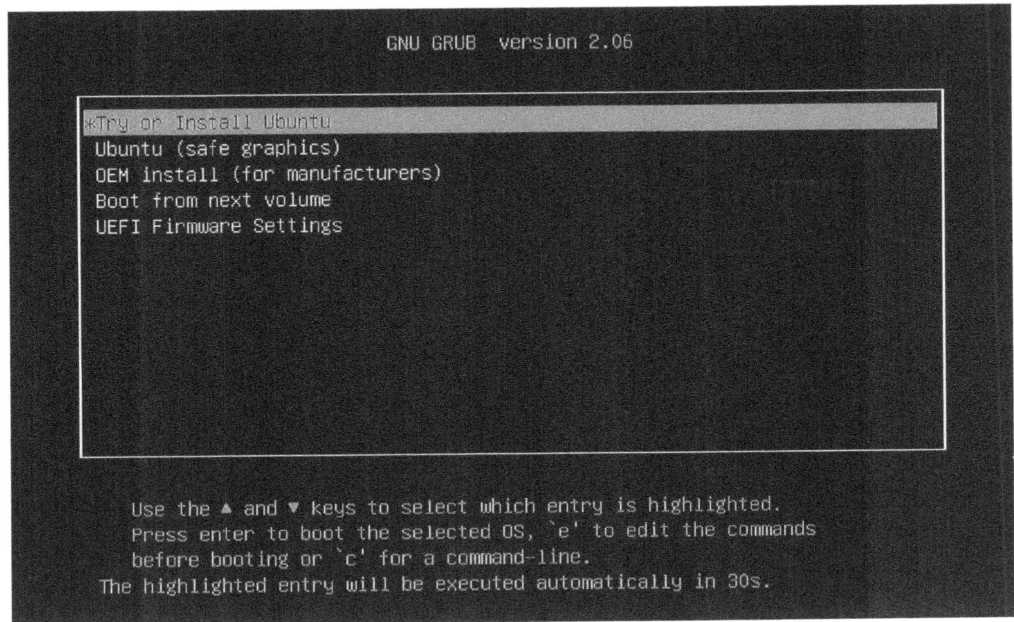

图 1-13 Ubuntu 系统的安装界面

2）进入如图 1-14 所示的安装起始欢迎界面，在界面左侧选择［中文（简体）］后，单击右侧的［安装 Ubuntu］按钮。

图 1-14 安装起始［欢迎］界面

3）进入如图 1-15 所示的［键盘布局］界面，在界面中默认已经选好了［Chinese］，单击［继续］按钮。

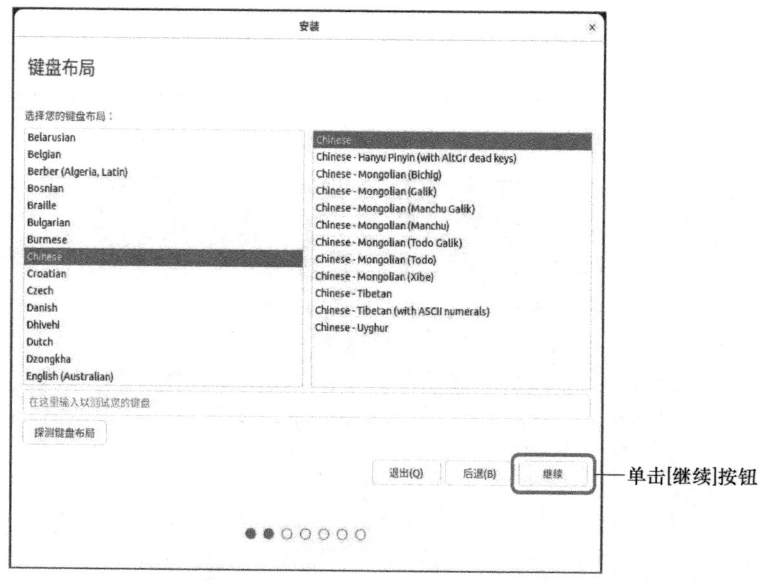

图 1-15 ［键盘布局］界面

4）进入如图 1-16 所示的［更新和其他软件］界面，在界面中选择［正常安装］，其他选项选择［为图形或无线硬件，以及其它媒体格式安装第三方软件］，单击［继续］按钮。

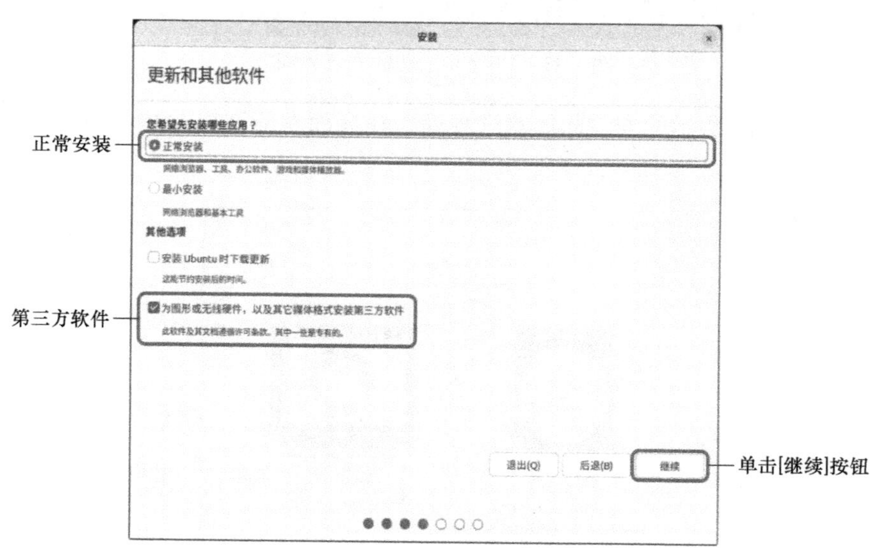

图 1-16 ［更新和其他软件］界面

5）进入如图 1-17 所示的［安装类型］界面，在界面中选择［其他选项］，单击［继续］按钮。

6）弹出［安装类型］对话框，如图 1-18 所示，在设备列表中找到 1. 2. 4 小节压缩出来的空闲分区，单击［+］按钮，在这个空闲分区上创建格式分区。

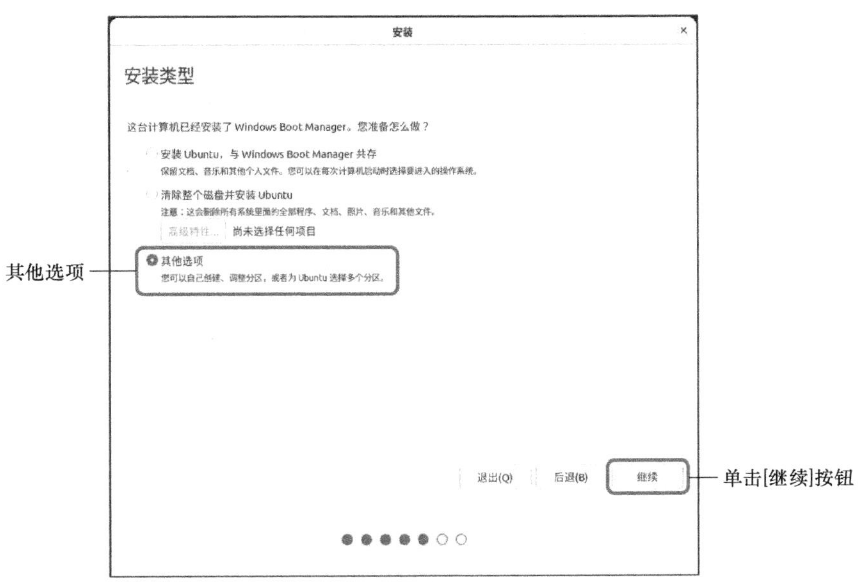

图 1-17 ［安装类型］界面

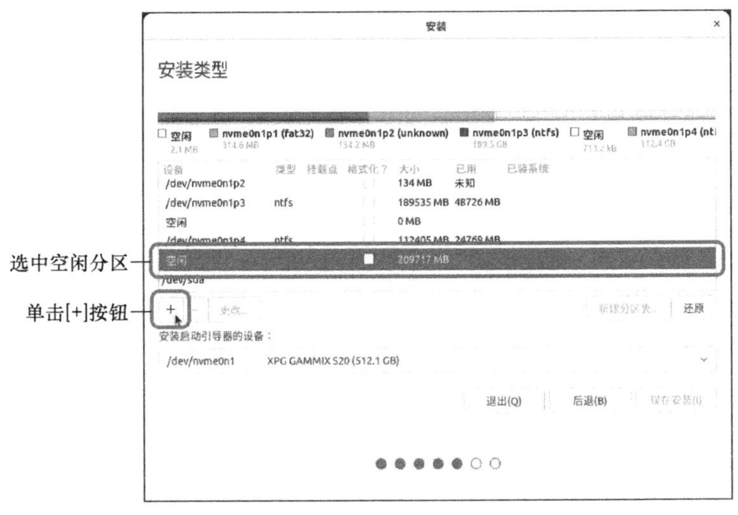

图 1-18 添加新分区

7）如图 1-19 所示，在弹出的［创建分区］对话框中，大小一项保持为最大容量。挂载点选择［/］，也就是把所有空闲分区的容量都分配给根挂载点，然后单击［OK］按钮。

8）如图 1-20 所示，在设备列表中找到类型为“efi”的分区，记住它的设备名称，然后在［安装启动引导器的设备］一栏中选择这个 efi 分区的设备名称，单击［现在安装］按钮。

弹出对话框，如图 1-21 所示，直接单击［继续］按钮。

9）在如图 1-22 所示的设置地区界面上，选择［shanghai］，单击［继续］按钮。

10）在如图 1-23 所示的用户设置界面上，自行设置登录名和密码，选中［自动登录］，单击［继续］按钮。

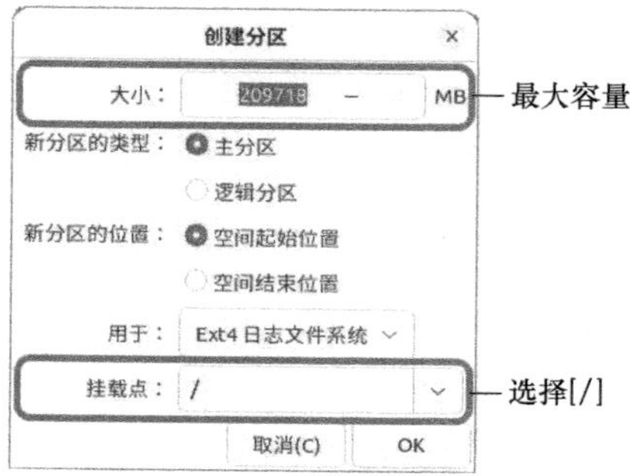

图 1-19 设置新分区参数

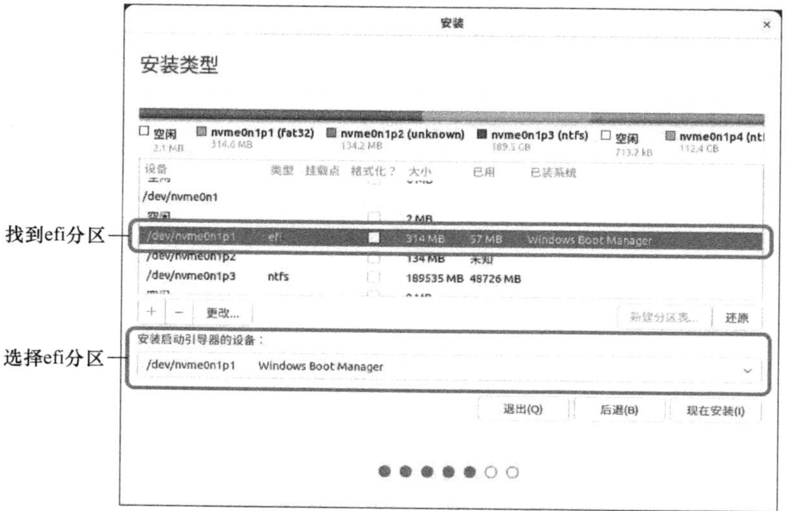

图 1-20 设置引导器安装位置

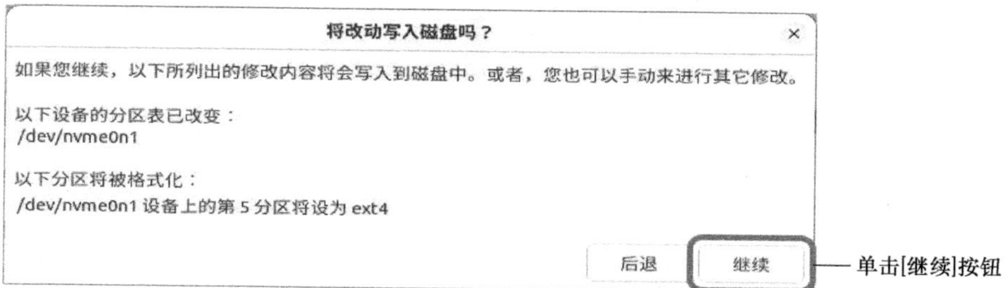

图 1-21 分区确认

图 1-22 设置地区界面

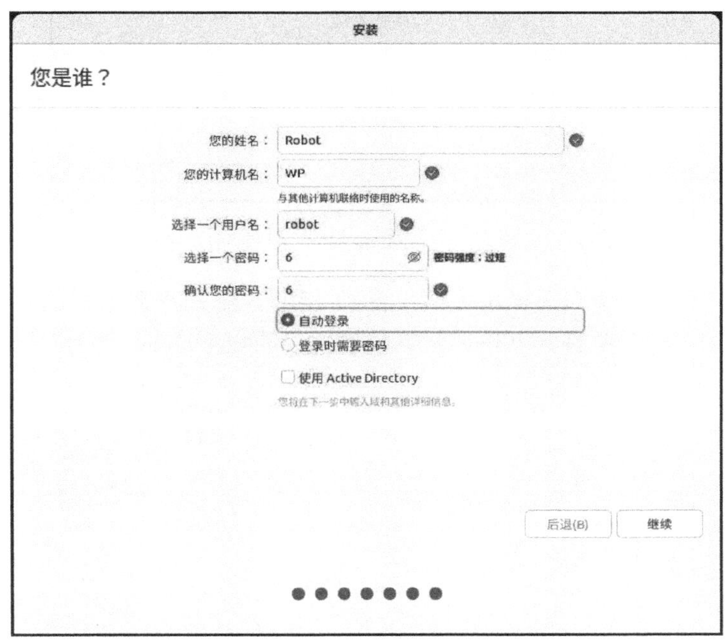

图 1-23 设置系统用户界面

11）出现如图 1-24 所示的［欢迎使用 Ubuntu］界面，系统开始安装。

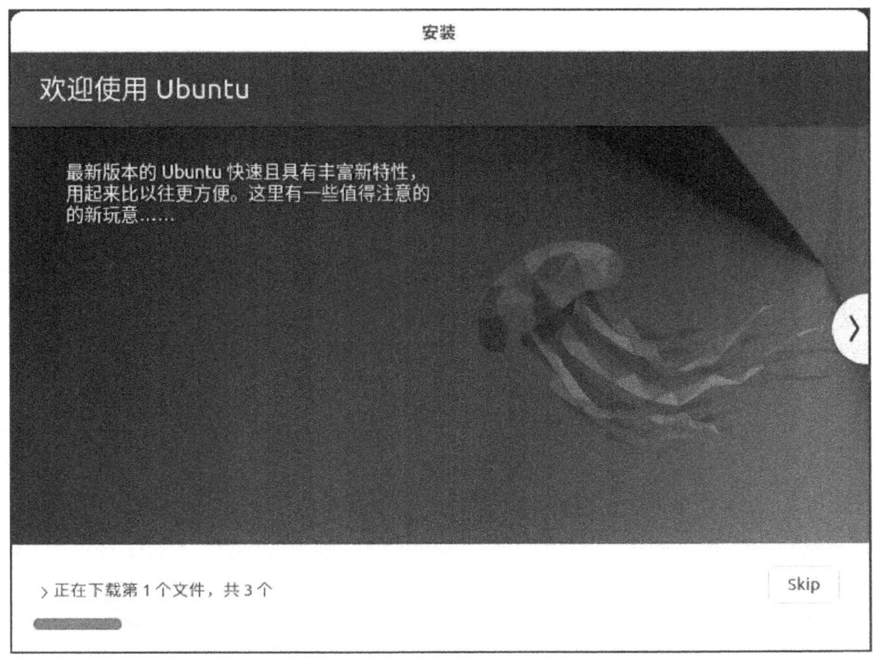

图 1-24 ［欢迎使用 Ubuntu］界面

12）等待一段时间，弹出如图 1-25 所示的［安装完成］对话框，拔出 U 盘，单击［现在重启］按钮。

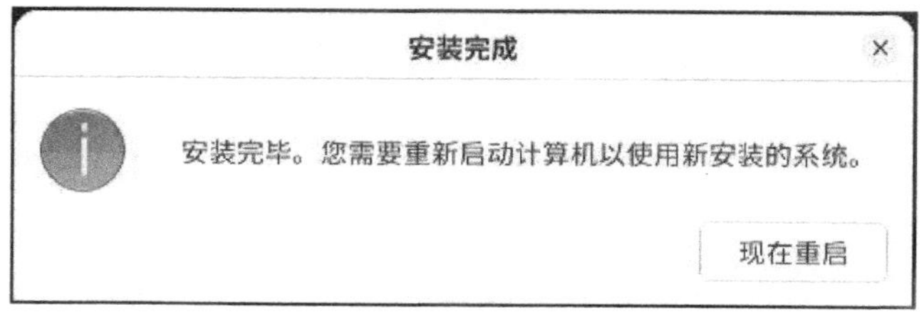

图 1-25 ［安装完成］对话框

13）重启计算机后，中间会弹出如图 1-26 所示的系统选择界面，第一个选项就是进入 Ubuntu 系统，第三个选项是进入 Windows 系统，这说明在 Windows 系统下安装 Ubuntu 22.04 已经成功！

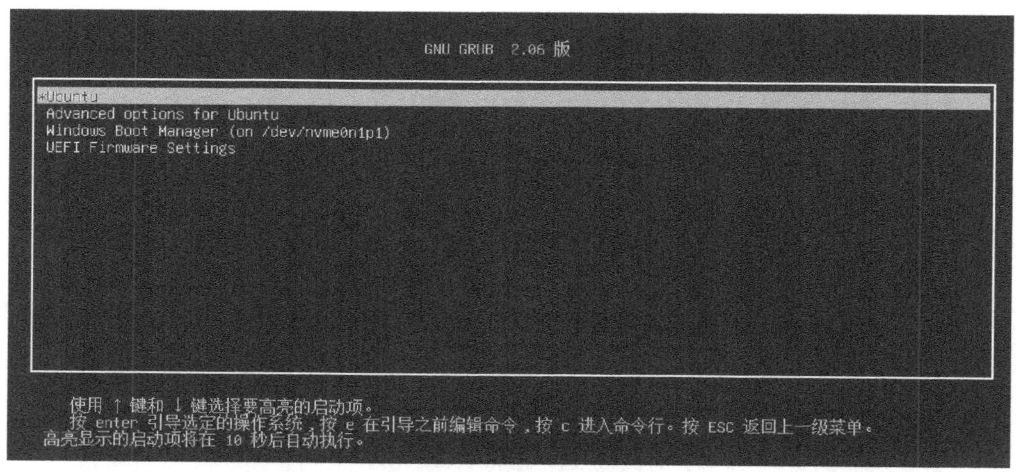

图 1-26 系统选择界面

默认选择是启动 Ubuntu 系统，直接进入如图 1-27 所示的 Ubuntu 系统初始界面。

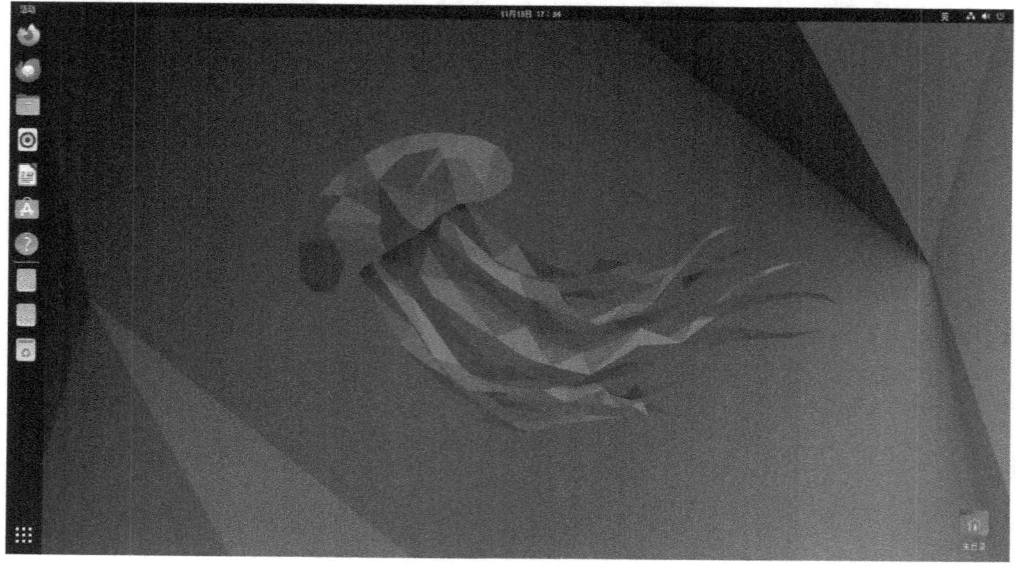

图 1-27 系统初始界面

1.3　Ubuntu 22.04 使用入门

1.3.1　Ubuntu 22.04 桌面介绍

Ubuntu 22.04 的桌面如图 1-28 所示，可以看出，其与 Windows 的桌面有些许类似。屏幕中间区域为工作区；屏幕左侧边栏分为 3 个部分，从上到下分别为收藏夹、任务栏和启动器；屏幕右上角为系统托盘。

1）工作区：应用程序的图形界面显示区域。

2）收藏夹：放置可以快速启动的应用程序图标，单击其中的图标就能启动对应的应用程序。

3）任务栏：显示目前已经加载的存储设备和已经启动的应用。当 U 盘和移动硬盘这类存储设备接入 Ubuntu 时，这里就会新增存储设备图标。当一个应用程序启动时，应用程序的图标也会出现在任务栏中。

4）启动器：这是一个按钮，单击这个按钮就会显示系统中所有已安装的应用。

5）系统托盘：主要显示的是一些常用的设备开关。其显示的图标数量会根据当前系统启用的设置状态发生变化。

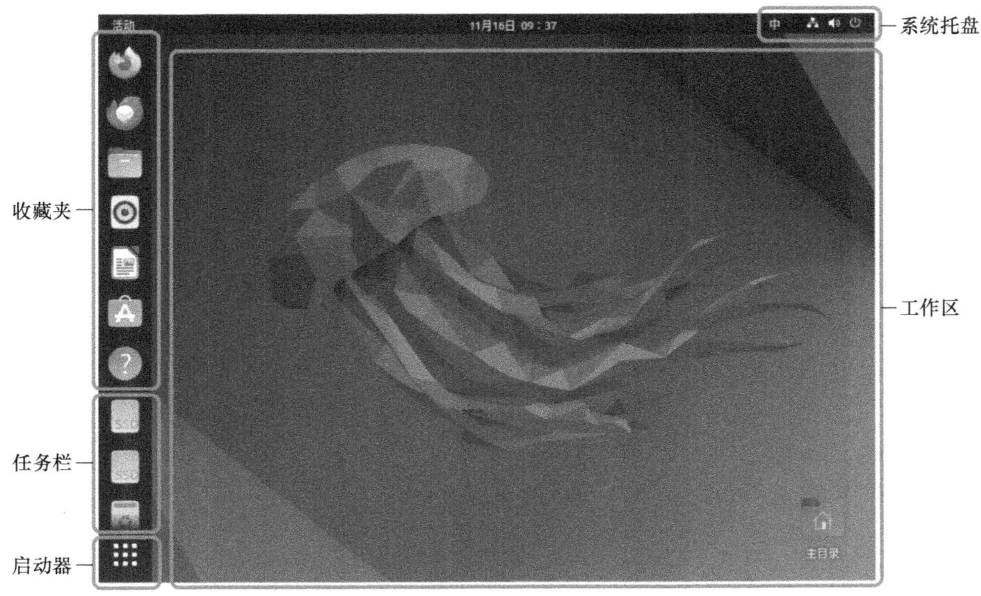

图 1-28　Ubuntu 22.04 的桌面

单击［启动器］按钮，会弹出一个图标面板，显示系统中所有已安装的应用程序，如图 1-29 所示。按住鼠标左键，这个图标面板可以左右滑动，单击其中的某个应用程序图标，就能启动对应的应用程序，与 Windows 的［开始］菜单非常类似。

1.3.2　连接无线网络

单击 Ubuntu 22.04 桌面右上角的系统托盘，会弹出系统中设备功能的列表，如图 1-30

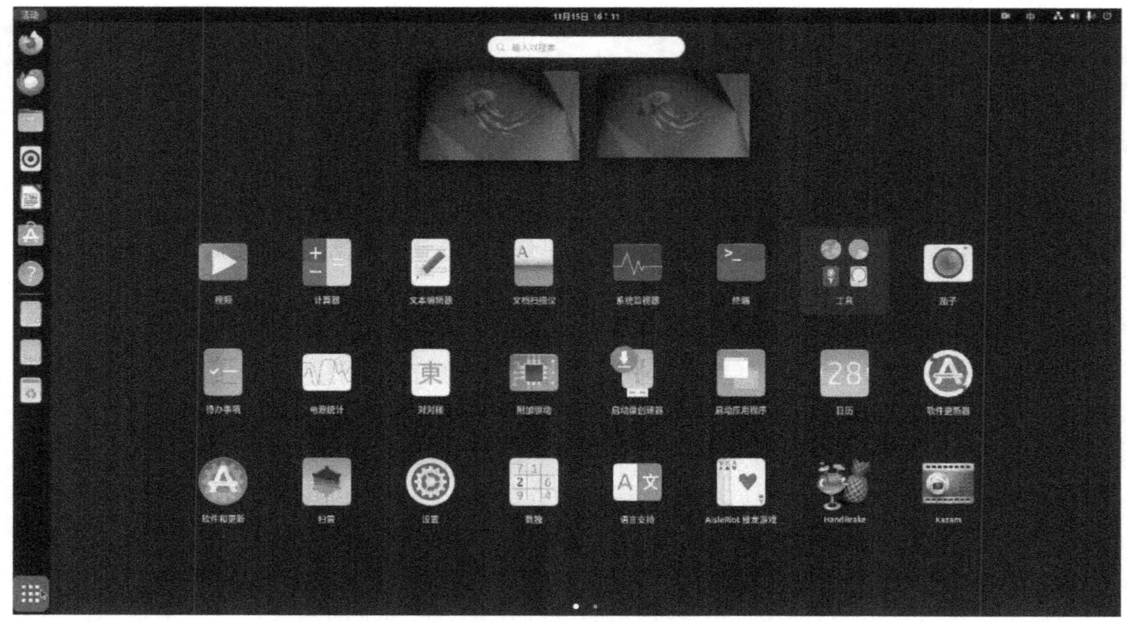

图 1-29　显示应用程序图标面板

所示。其中［Wi-Fi 未连接］是无线网连接的条目。单击这个条目，可以展开 3 个选项：［选择网络］、［关闭］和［Wi-Fi 设置］。单击［选择网络］，会弹出搜索到的 Wi-Fi 网络列表，如图 1-31 所示，选中要连接的无线网络，单击［连接］按钮，弹出密码认证对话框，如图 1-32 所示，在对话框中填入密码，单击［连接］按钮，就能完成无线网络的连接。

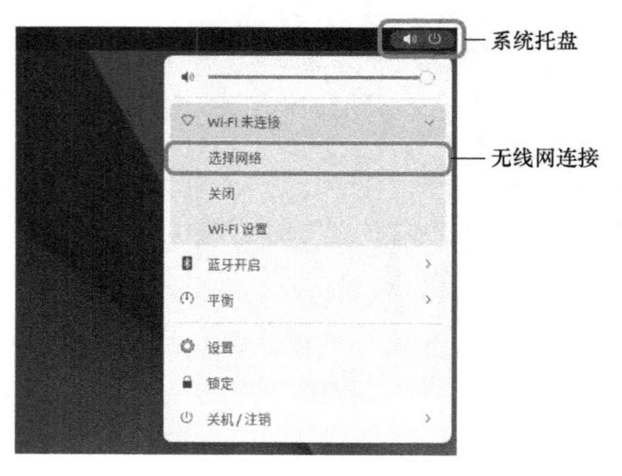

图 1-30　系统托盘菜单

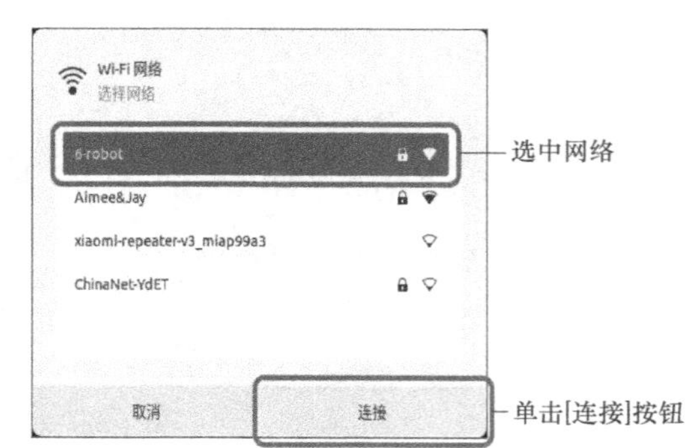

图 1-31　Wi-Fi 网络列表

如图 1-33 所示，成功连接无线网络之后，可以在右上角的系统托盘菜单中看到已经连接的无线网络名称。

如果条件有限，也可使用手机为 Ubuntu 提供无线网连接：将手机通过 USB 数据线与计算机连接起来后，在手机上通过［设置］→［个人热点］→［USB 网络共享］，打开 USB 网络共享功能。此时计算机上的 Ubuntu 就可以使用手机流量连接互联网了。

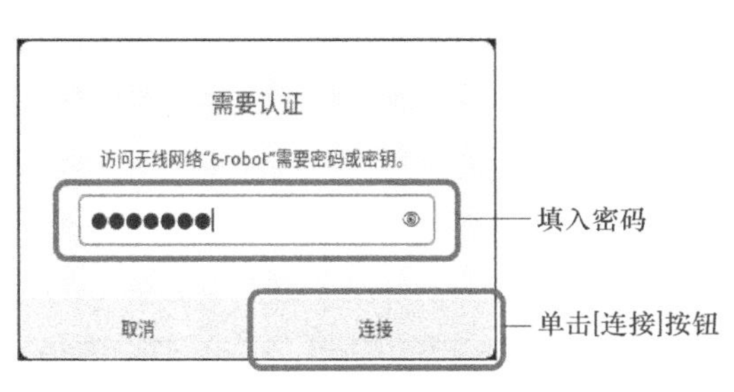

图 1-32 Wi-Fi 密码认证

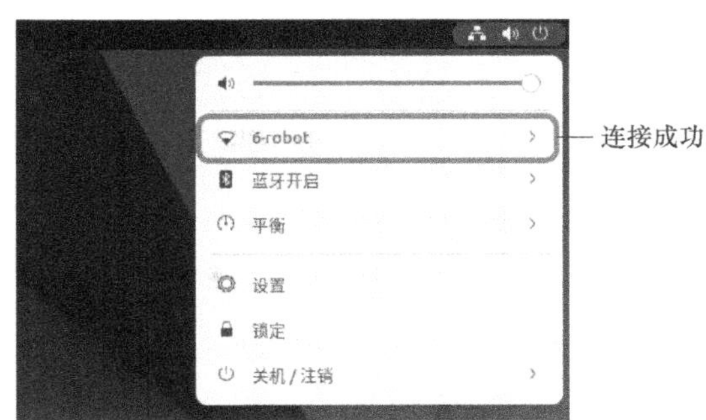

图 1-33 Wi-Fi 连接成功

1.3.3 软件源的更换

软件源是 Ubuntu 系统更新和软件安装的主要来源，默认使用的软件源有时候会连接不通畅，建议更换到国内的阿里云或者腾讯云这类映像源。软件源的更换很简单：单击［启动器］按钮，弹出应用程序图标面板，在面板中找到如图 1-34 所示的［软件更新器］应用程序图标，单击它启动软件更新器。

图 1-34 ［软件更新器］应用程序图标

如图 1-35 所示，单击［设置］按钮，弹出［软件和更新］对话框。

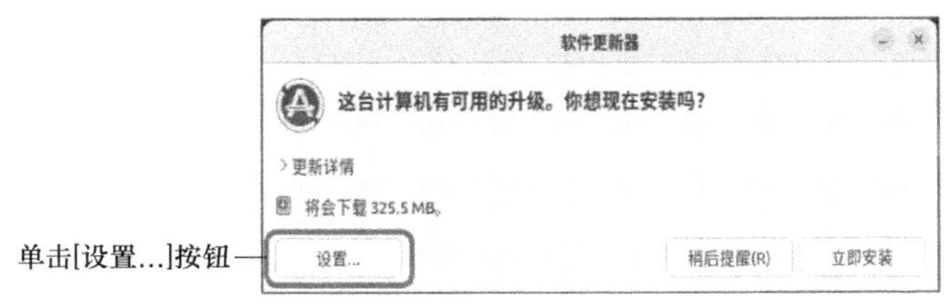

图 1-35 ［软件和更新］对话框

如图 1-36 所示，在［软件和更新］对话框中切换到［Ubuntu 软件］选项卡。在下载服务器选项中选择［其它］，弹出［选择下载服务器］对话框。

如图 1-37 所示，在［选择下载服务器］对话框中，先单击右上角的［选择最佳服务器］按钮，激活自动测试过程。软件更新器会对左侧列表中的所有服务器进行连接测试，最后会停留在连接质量最佳的服务器名称上。这时再单击［选择服务器］按钮，就会将选中的服务器作为 Ubuntu 系统的软件源。

1.3.4 Ubuntu 文件系统

如图 1-38 所示，在 Ubuntu 左侧边栏的收藏夹中单击［文件管理器］图标，启动文件管理器，然后单击左侧文件夹列表中的［其他位置］，再在右侧选择［计算机］，工作区就能显示 Ubuntu 文件系统的所有文件夹。

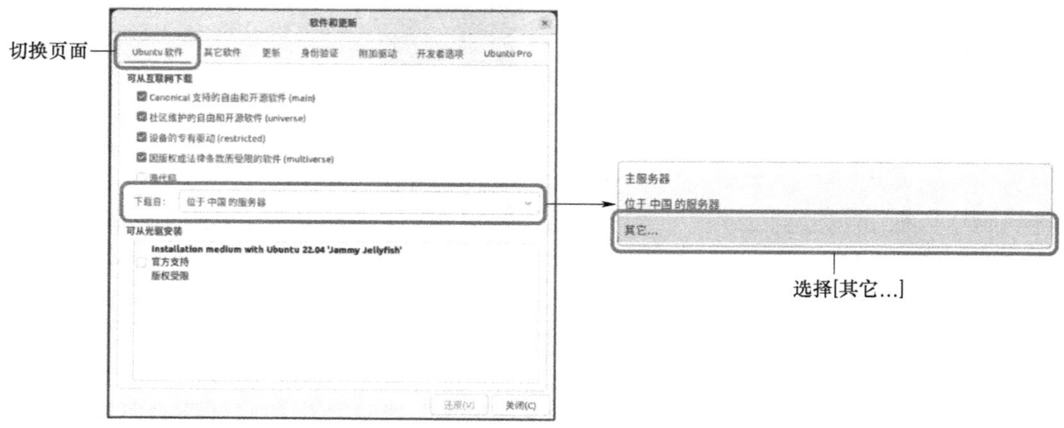

图 1-36　下载服务器选项

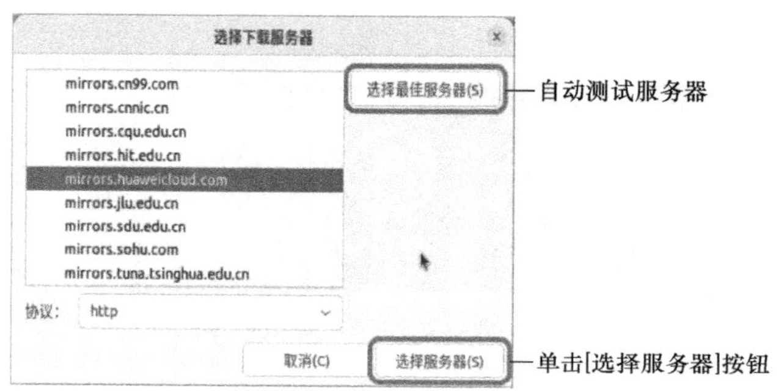

图 1-37　［选择下载服务器］对话框

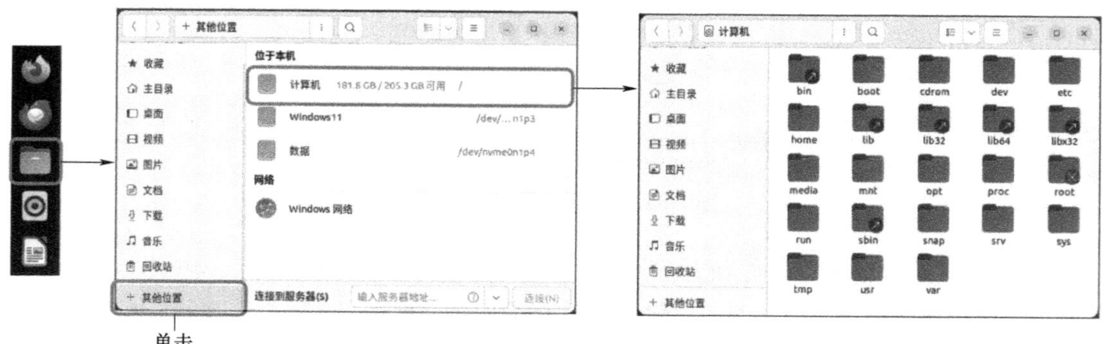

图 1-38　Ubuntu 文件系统

其中：

bin 文件夹用于存放二进制可执行文件。

boot 文件夹包含系统启动时所使用的各种文件。

dev 文件夹用于存放 Linux 设备文件。

etc 文件夹用于存放系统配置文件。

home 文件夹用于存放所有用户的主目录。

lib 文件夹用于存放应用程序的库文件。

root 文件夹为超级用户目录。

sbin 文件夹用于存放管理员的二进制可执行文件，只有 root 权限才能访问。

tmp 文件夹用于存放各种临时文件。

usr 文件夹是上述 bin、lib 和 sbin 文件夹的父文件夹。

var 文件夹用于存放运行时需要改变数据的文件。

1.3.5 终端运行和常用指令

在 Ubuntu 系统中有两种交互模式，一种是图形化界面模式，另一种是命令行界面模式。在 ROS2 中，所有程序的编译和运行都是通过命令行实现的，Ubuntu 中的终端运行是指通过命令行界面来运行程序或执行命令。按组合键［Ctrl+Alt+T］即可调出终端窗口，如图 1-39 所示。

图 1-39 Ubuntu 的终端窗口

在学习 ROS2 的过程中，以下指令是会经常用到的。

1）ls：列出当前目录中的文件和文件夹。如图 1-40 所示，使用 ls 指令显示了当前用户的主目录里的所有文件夹内容。

2）mkdir：这条指令后面接一个空格，然后再接一个文件夹名字，可以创建一个新的空文件夹。如图 1-41 所示，使用 mkdir 指令在当前目录中创建了一个名为“abc”的文件夹。

3）cd：此指令后面接一个空格，然后再接一个路径地址，可以切换当前路径。如图 1-42 所示，使用 cd 指令进入刚才创建的“abc”空文件夹。

4）~：在 Ubuntu 中，“~”是个很特殊的符号，它表示当前用户的主文件夹路径。如图 1-43 所示，使用 cd 指令从文件夹“abc”切换到当前用户的主文件夹，然后通过 ls 指令

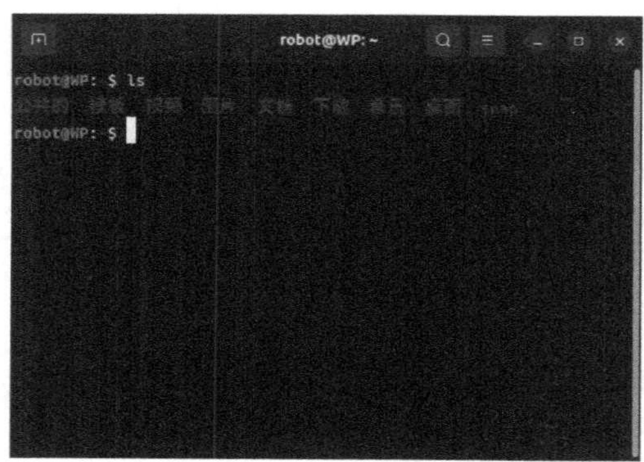

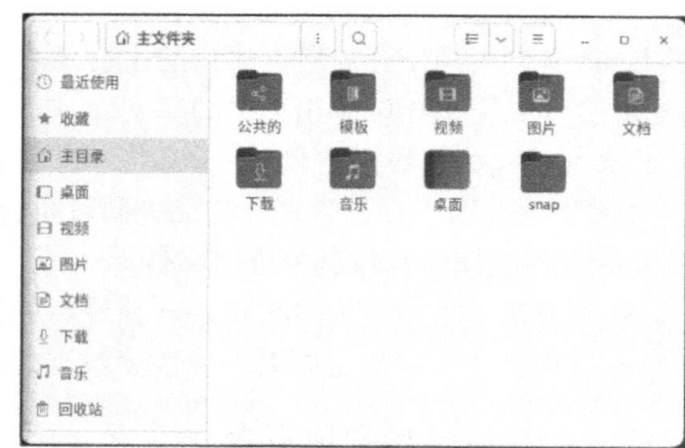

图 1-40　使用 ls 指令查看文件夹内容

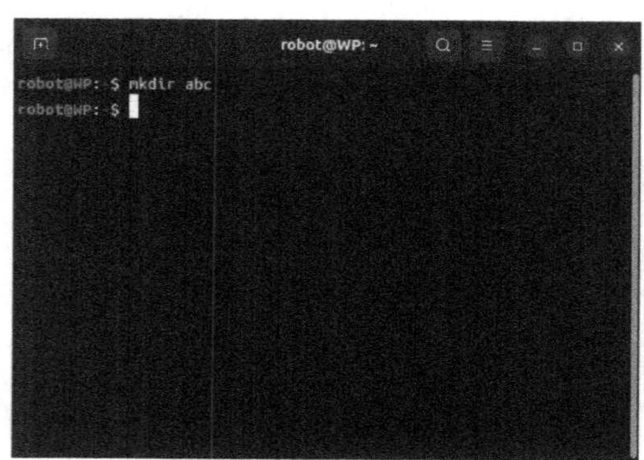

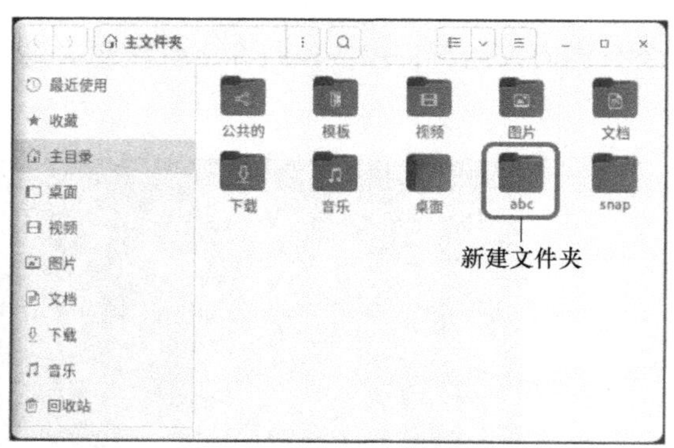

图 1-41　使用 mkdir 指令新建文件夹

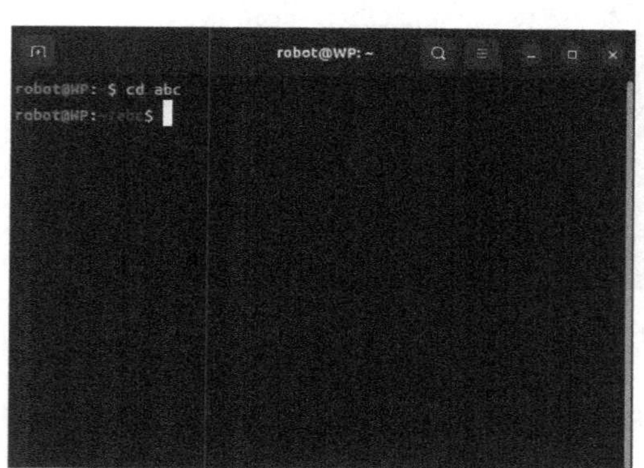

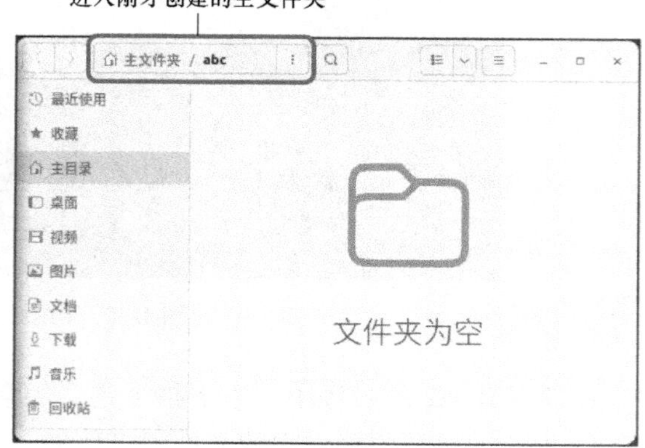

图 1-42　使用 cd 指令切换当前路径

证明确实是回到了当前用户的主文件夹。在 ROS2 的使用中，会大量运用~指令来访问主文件夹中的数据和参数文件。

1.3.6　管理员权限

在 Ubuntu 系统中，普通用户账号只能对自己主文件夹里的文件和子文件夹进行修改操作，对根目录里的其他文件夹的数据是无权进行修改的。如图 1-44 所示，试图在/opt 路径下创建一个新文件夹，被系统提示权限不够，创建失败。

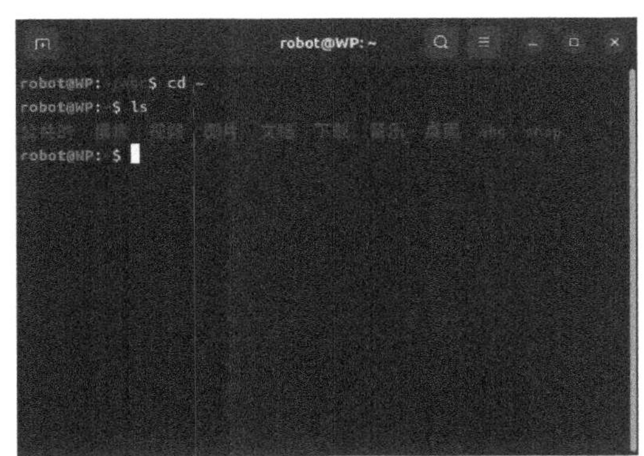

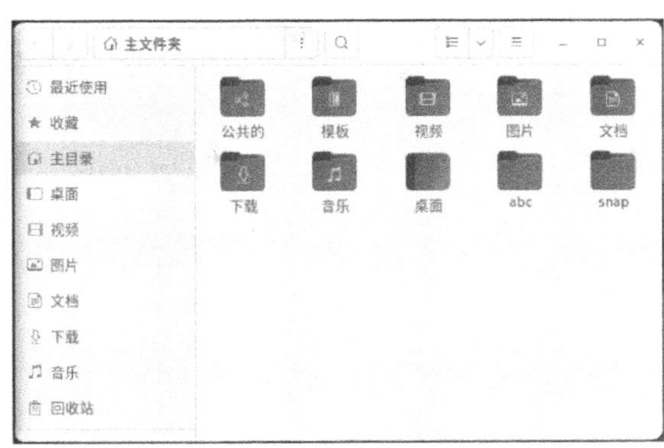

图 1-43　使用 cd 和~指令回到主文件夹

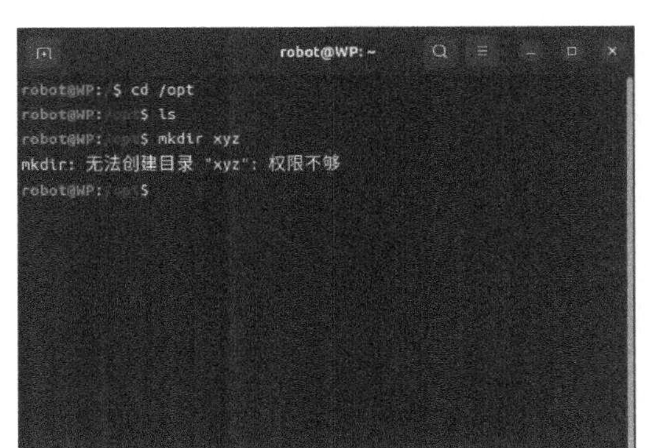

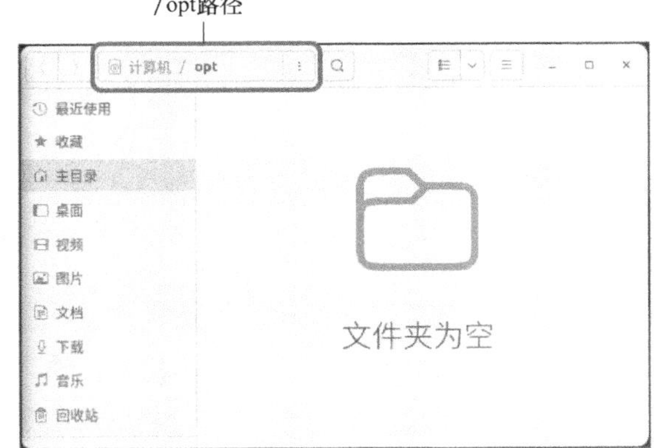

图 1-44　普通用户在/opt 路径下创建文件夹失败

这时在 mkdir 指令前加 sudo 前缀，可以暂时将这条指令的执行权限提升到管理员权限。如图 1-45 所示，输入 sudo 指令，按［Space］键，再输入 mkdir xyz 指令，就可以成功创建“xyz”这个文件夹。输入带有 sudo 前缀的指令会提示输入管理员密码，也就是安装 Ubuntu 时设置的账户密码。注意：在终端输入管理员密码是不会显示任何信息的，这是为了防止被目击者获知密码的位数，避免密码被穷举破解。所以输入密码时盲打输入然后按［Enter］键就行。

在 Ubuntu 中，应用程序一般都是安装到/usr 或者/opt 中，大量的系统配置文件放置在/etc 中。所以涉及软件安装和系统配置修改的操作，都需要在指令前添加 sudo 前缀，临时提高指令的执行权限以完成相应的操作。

1.3.7　环境变量和 source 指令

在介绍 Ubuntu 的文件系统时，提到/bin 文件夹用于存放二进制可执行文件。在终端运行的 mkdir、cd 等指令，就是存在于/bin 文件夹里的可执行文件。当启动终端时，像/bin 之类的文件夹路径就会以环境变量的形式加载到终端环境里。所以用户可以不用输入完整路径，只输入文件名就能启动这些可执行程序。如果在终端执行 echo $PATH 指令，就能查看 PATH 环境变量中的内容，如图 1-46 所示。

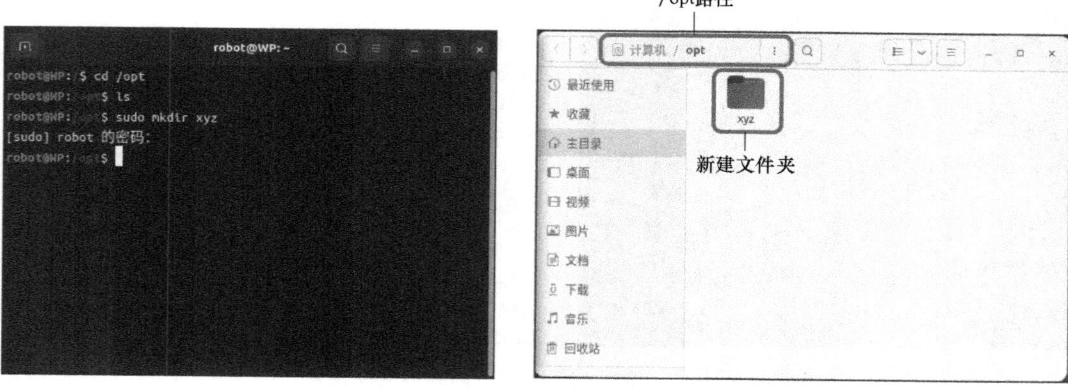

图 1-45　使用 sudo 指令在/opt 路径创建文件夹成功

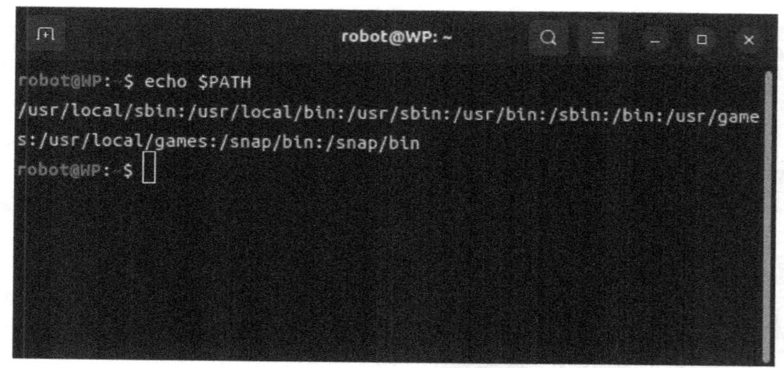

图 1-46　查看 PATH 环境变量中的内容

可以看到，PATH 环境变量中都是放置了可执行程序的路径，它们之间用冒号隔开。其中就包括了前面提到的/bin 和/sbin。在终端输入的指令，就是通过搜索 PATH 环境变量中的路径来找到对应的可执行文件的。这样的环境变量可以通过 source 指令从 . bash 文件中加载。假设在主文件夹中有一个 setup. bash 文件，文件的内容如图 1-47 所示。

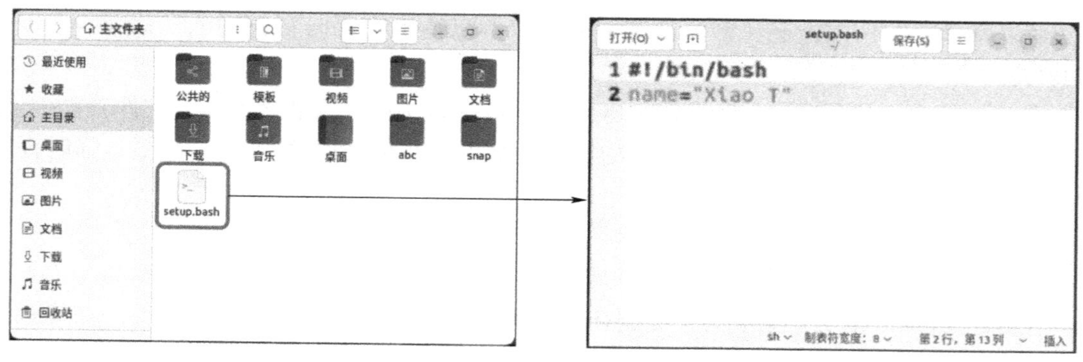

图 1-47　setup. bash 文件内容

在 setup.bash 文件里，设置了一个环境变量 name，内容为“Xiao T”。可以在终端使用 source 指令将这个 setup.bash 文件中的环境变量加载到终端环境中，然后使用 echo $name 指令显示环境变量 name 的内容，看看是不是已经从文件加载到环境变量里了，如图 1-48 所示。

图 1-48 使用 source 指令加载环境变量

在使用 ROS2 的过程中，会经常使用 source 指令将工作空间的环境变量加载到终端环境中，这样才能使用 ros2 指令运行编写的程序。另外，还可以把 source 指令写到主文件夹下的 .bashrc 里，这样终端窗口启动时，会自动执行 .bashrc 里的指令内容，就不用每次都手动执行 source 指令加载环境变量了。

1.3.8 时间同步问题

在使用 Windows 和 Ubuntu 双系统时，会发现从一个系统切换到另一个系统之后，时间会出现混乱。这是因为 Windows 的时间机制为 Local Time，而 Ubuntu 的时间机制为协调世界的（UTC），两者的时间差值跟时区数一致。比如中国在东八区，两者就相差 8h。所以只需要将 Ubuntu 的时间机制设置成跟 Windows 一样，就能解决这个问题。首先在终端执行如下指令更新软件包列表，如图 1-49 所示。

```
sudo apt update
```

图 1-49 更新软件包列表

然后执行如下指令安装 ntpdate 时间同步工具，如图 1-50 所示。

```
sudo apt install ntpdate
```

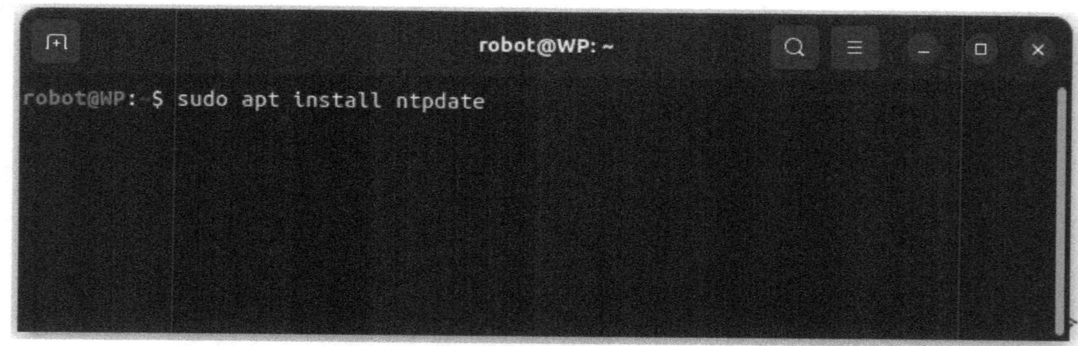

图 1-50 安装 ntpdate

接下来，执行如下指令，使用 ntpdate 和互联网上的服务器进行时间同步，如图 1-51 所示。

```
sudo ntpdate time.windows.com
```

图 1-51 联网同步时间

最后执行如下指令，将 Ubuntu 的时间机制设置为 Local Time，如图 1-52 所示。

```
sudo hwclock --localtime --systohc
```

图 1-52 设置时间机制为 Local Time

经过上述操作，Windows 和 Ubuntu 之间的切换就不会再出现时间混乱的问题了。

1.3.9　修改默认引导系统

Ubuntu 安装完成后，计算机启动时选择系统的菜单是 Ubuntu 的引导器 Grub，它默认是停留在启动 Ubuntu 的条目。可以通过修改它的配置文件，让它默认引导 Windows。如图 1-53 所示，在终端执行如下指令，打开 Grub 的配置文件。

```
sudo gedit /etc/default/grub
```

图 1-53　打开 Grub 配置文件指令

在 Grub 配置文件里找到表 1-1 中的两项条目，修改它们的数值就能改变引导参数。

表 1-1　条目及其数值含义

条目	数值含义
GRUB_DEFAULT	默认引导序号，数值从 0 开始计数
GRUB_TIMEOUT	引导菜单停留时间，单位为秒（s）

这两项的默认数值如图 1-54 所示，默认引导 Ubuntu，菜单停留时间为 10s。

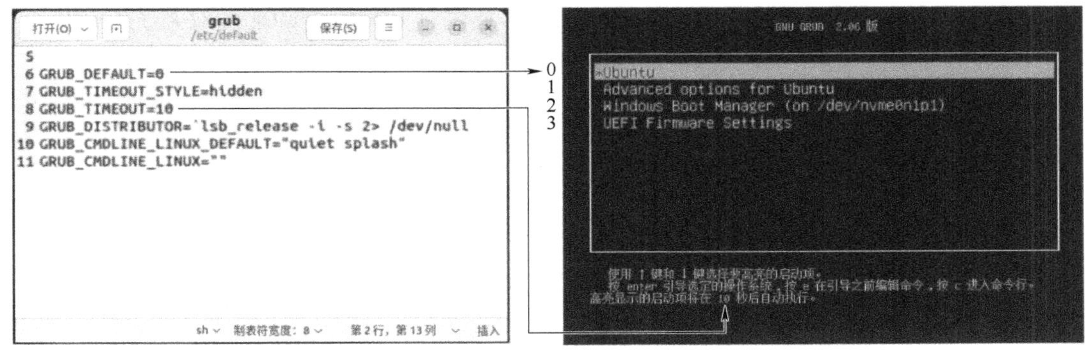

图 1-54　Grub 配置文件默认参数

可以修改成如图 1-55 所示的数值，默认引导 Windows，菜单停留时间为 5s。

配置文件修改完毕之后，需要单击［保存］按钮，然后按照图 1-56 所示在终端运行如下指令，更新 Grub 引导设置。

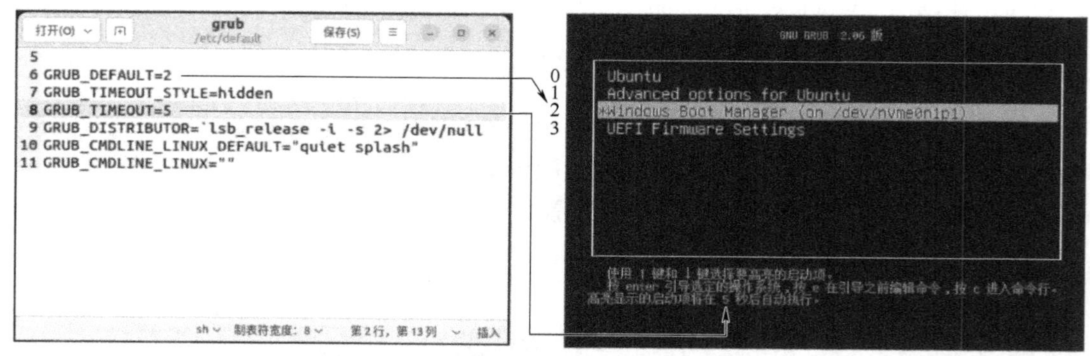

图 1-55　修改后的 Grub 配置参数

```
sudo update-grub
```

图 1-56　更新 Grub 引导设置

1.4　本章小结

本章内容是学习 ROS2 之前的必备先修知识，首先对 Ubuntu 22.04 的双系统安装进行了详细示例；接着对 Ubuntu 桌面、连接无线网络、软件源的更换、Ubuntu 文件系统、终端运行和常用命令、管理员权限、环境变量和 source 指令、时间同步问题、修改默认引导系统等入门知识进行了介绍，为后面章节的学习打下了良好的基础。

第2章 ROS2安装与系统架构

2.1 ROS2 简介

ROS 诞生于 2007 年，ROS 的出现解决了机器人各个组件之间的通信问题。同时基于 ROS 完善的通信机制，越来越多优秀的机器人算法集成到了 ROS 中。

现在 ROS 的功能已经变得非常丰富和强大。但随着用户对 ROS 功能的要求越来越多，一些原始的架构和设计不能够满足目前的使用需求。为了满足多机器人系统、跨平台、实时性、网络连接、产品化、项目管理这些需求，有两种方案可供 ROS 开发者选择。第一种是在 ROS1 的架构之上，进行修改和优化，长远来看这并不是最佳选择。他们最终选择了第二种方案，那就是重新开发。所以 ROS2 是一个全新的机器人操作系统，在借鉴 ROS1 成功经验的基础上，对系统架构和软件代码全部进行了重新设计和实现。

ROS2 继承了 ROS1 原有的优秀之处，同时又带来了很多新的功能，ROS2 相对于 ROS1 更加强大。ROS2 是在 ROS1 的基础上设计开发的第二代机器人操作系统，可以帮助我们简化机器人开发任务，加速机器人软件库和工具集的落地。

通过以下内容可以对 ROS2 与 ROS1 的区别有更加明确的认识。

1）系统架构发生了颠覆性的变化。ROS1 中所有节点都需要在节点管理器（Master）的管理下进行工作，一旦 Master 出现问题，系统就会存在不能正常运行的风险。ROS2 实现了真正的分布式，不再有 Master 这个角色，借助全新的通信框架数据分发服务（Data Distribution Service，DDS），为所有节点的通信提供可靠保障。

2）软件的应用程序接口（API）进行了重新设计。ROS1 原有的接口已经无法满足需求，ROS2 结合 C++的最新标准和 Python3 的语言特性，设计了更具通用性的 API。虽然导致原有 ROS1 的代码无法直接在 ROS2 中运行，但是尽量保留了类似的使用方法，同时提供了大量移植的说明。

3）编译系统进行了升级。ROS1 中使用的 Rosbuild 和 Catkin 这两种编译系统存在诸多问题，尤其是针对代码较多的大项目以及 Python 编写的项目，编译、链接经常会出错。ROS2 使用的编译系统是 Ament 和 Colcon，相比前一代编译系统拥有更好的模块化、依赖管理和构建配置选项，能够更好地支持多语言、多平台以及分布式构建。

4）采用大量新技术、新的设计理念。在 ROS 这十几年的发展过程中，大量的新技术产生、发展并成熟。ROS2 也开始引入其中一些新技术，比如 DDS、零配置网络服务规范（Zeroconf）、ZeroMQ、远程字典服务（Redis）和 WebSockets。这些新技术为 ROS2 带来了更多的便利、更少的维护成本、更多的功能拓展，并且随着第三方库的升级而持续受益。

2.2 ROS2 系统架构

如图 2-1 所示，ROS2 系统架构主要由通信（Plumbing）、工具（Tools）、功能（Capabilities）与社区（Community）4 个部分组成。

图 2-1 ROS2 系统架构

可以通过以下内容加深对 ROS2 系统架构 4 个组成部分的认识与了解。

1）通信：通信是整个 ROS 的核心实现，是 ROS 内置的一个消息传递系统，通常称之为中间件（Middleware）或管道（Plumbing）。在构建新的应用程序或与硬件交互的软件时，如何实现通信是首要问题，ROS 提供了专门的消息传递系统，可以管理不同节点之间的通信细节，提高开发者的工作效率。这套消息传递系统使用了“面向接口”的编程思想，可以通过规范的接口，将不同模块分离，使得 ROS 更易于维护、扩展性更强。

2）工具：构建机器人应用程序需要面对复杂的挑战。开发者既需要解决传统的软件开发问题，还需要通过传感器或执行器与物理世界进行异步交互。在 ROS 中就内置了 Launch、调试、可视化、绘图等系列工具，极大地降低了应用程序的调试难度，有助于解决复杂的问题。

3）功能：ROS 是机器人软件的聚宝盆。无论是开发者需要用于全球定位系统（GPS）的设备驱动程序，还是开发者需要用于移动机器人的地图系统，ROS 都能满足开发者的需求。从驱动程序到算法，再到用户界面，ROS 都提供了相关实现，开发者只需专注于自身业务逻辑即可。

4）社区：开源社区级主要是指 ROS 资源的获取和分享。通过独立的网络社区，机器人开发者可以共享和获取知识、算法和代码，开源社区的繁荣发展使得 ROS 得以快速成长。这些资源包括：

① ROS Distribution：每隔一段时间发布一个包含完整功能的 ROS 发行版本。

② ROS Wiki：记录有关 ROS 信息的大型资料库。任何人都可以注册账户、贡献自己的文件、提出更正或更新、编写教程以及做出其他行为。

③ ROS Answer：其上有关于 ROS 的一些提问和回答。

④ ROS Repository：ROS 依赖于共享开源代码与软件库的网站或主机服务，在这里不同的机构能够发布和分享各自的机器人软件与程序。

下面介绍一下 ROS2 的相关核心概念：

1）工作空间（Workspace）：用于存放开发项目的文件夹。

2）节点（Node）：机器人的基本执行单元，可创建发布者、订阅者、服务等。

3）软件包（Package）：所开发的各个功能节点的存放地。

4）话题（Topic）：节点间传递数据的桥梁。

5）服务（Service）：节点间的对话，由一对消息组成（请求和回复）。

6）通信接口（Interface）：数据传递的标准结构。

7）参数（Parameter）：机器人系统的全局字典。

8）动作（Action）：完整行为的流程管理。

9）分布式通信（Distributed Communication）：多计算平台的任务分配。

10）DDS：机器人的神经网络。

2.2.1　ROS2 文件系统

如图 2-2 所示，ROS2 文件系统可以划分为以下 3 层。

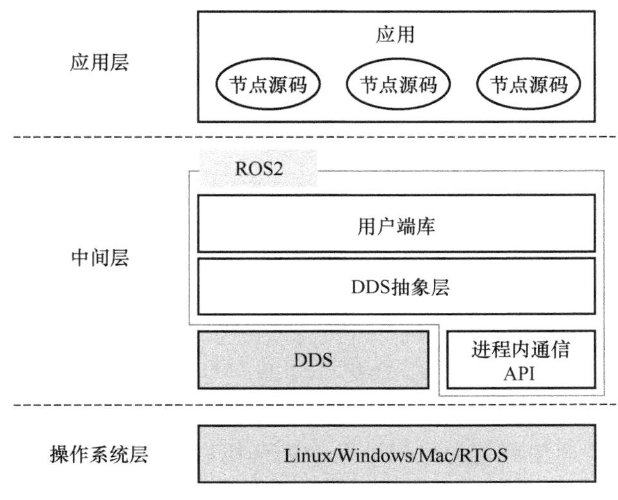

图 2-2　ROS2 文件系统

1）操作系统层（OS Layer）：ROS 虽然称为机器人操作系统，但实质只是构建机器人应用程序的软件开发工具包。ROS 必须依赖于传统意义上的操作系统，目前 ROS2 可以运行在 Linux、Windows、Mac 或 RTOS 上。

2）中间层（Middleware Layer）：主要由 DDS 与 ROS2 封装的关于机器人开发的中间件组成。其中，DDS 是一种去中心化的数据通信方式。DDS 引入了服务质量（Quality of Service，QoS）管理机制，借助该机制可以保证在某些较差网络环境下也可以具备良好的通信效果。ROS2 中间件则主要由用户端库、DDS 抽象层与进程内通信 API 构成。

3）应用层（Application Layer）：是指开发者构建的应用程序。这些应用程序以软件包为主要构成形式，在软件包中可以包含节点源码等内容。

一般来说，开发者的工作内容主要集中在应用层，通过编写一些节点程序来实现机器人的控制和自主功能。操作系统层和中间层都是实现好的，可以通过配置参数来适应上层应用的需求。

2.2.2　ROS2 中的重要组成部分——DDS

ROS2 的通信模型中加入了很多 DDS 的通信机制，如图 2-3 所示。

DDS 即数据分发服务，它是一个专门为实时系统设计的数据分发/订阅标准，目前已成为分布式实时系统中数据发布/订阅的标准解决方案。

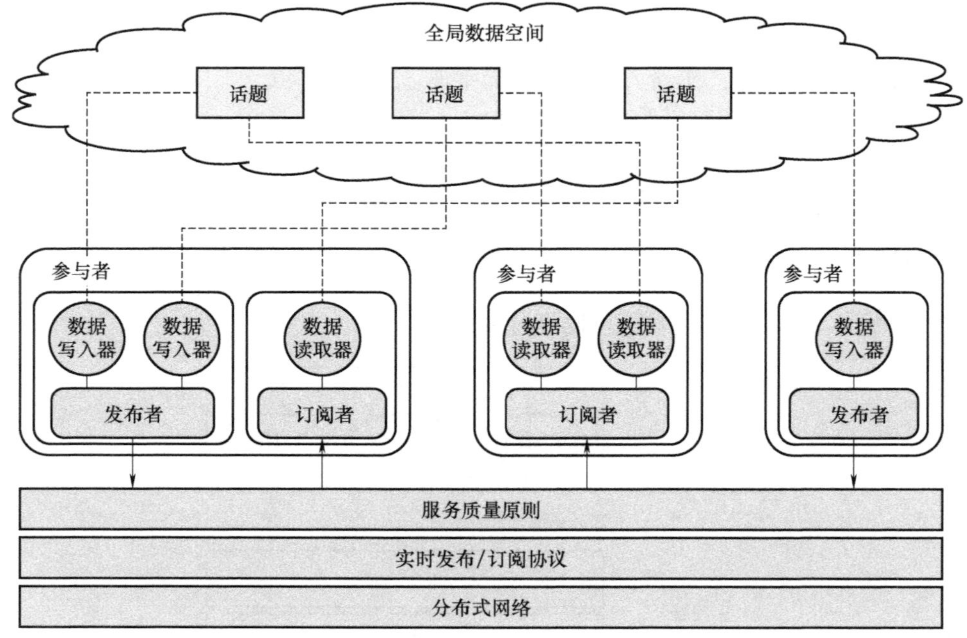

图 2-3　DDS 的通信机制

DDS 的技术核心是以数据为核心的发布订阅（Data-Centric Publish-Subscribe，DCPS）模型。DCPS 模型创建了一个“全局数据空间”的概念，所有独立的应用都可以去访问。

基于 DDS 的 ROS2 通信模型包含以下几个关键概念。

1）参与者（Domain Participant）：在 DDS 中，每一个发布者或者订阅者都称为参与者，类似于 ROS 中节点的概念。每一个参与者都可以使用某种定义好的数据类型来读写全局数据空间，不需要像节点一样在 Master 中注册。

2）发布者（Publisher）：数据发布的执行者，支持多种数据类型的发布。可以与多个数据写入器相连，发布一种或多种话题（Topic）的消息。

3）订阅者（Subscriber）：数据订阅的执行者，支持多种数据类型的订阅。可以与多个数据读取器相连，订阅一种或多种话题（Topic）的消息。

4）数据写入器（Data Writer）：应用向发布者更新数据的对象。每个数据写入器对应一个特定的话题，类似于 ROS1 中的一个消息发布者。

5）数据读取器（Data Reader）：应用从订阅者读取数据的对象。每个数据读取器对应一个特定的话题，类似于 ROS1 中的一个消息订阅者。

6）服务质量原则（QoS Policy）：它是 DDS 中非常重要的一环，控制了上层应用与底层的通信机制，主要从时间限制、可靠性、持续性、历史记录几个方面来满足用户针对不同场景的数据应用需求。DDS 具有以下 3 个优点：

① 实时性增强：为数据的更新设置了时间限制。

② 持续性增强：ROS1 尽管存在数据队列的概念，但是还有很大的局限性，订阅者无法接收到加入网络之前的数据。而 DDS 可以为 ROS2 提供历史数据的服务，就算新加入的节点，也可以获取发布的所有历史数据。

③ 可靠性增强：通过 DDS 配置 QoS 原则，用户可以根据需求选择性能优先或者稳定优

先的不同策略。

2.3　ROS2 安装与配置

在选择 ROS2 版本时，尽量选择 LTS 版本进行安装。本书采用的是基于 Ubuntu 22.04 的 Humble 版本。因部分安装指令较长，容易输错，可以从官方网站发布的安装步骤中复制粘贴。安装步骤的网址为 https://docs.ros.org/en/humble/Installation/Ubuntu-Install-Debians.html。

在安装之前，建议仔细阅读官方网站发布的安装步骤。具体操作步骤如下：

1. 准备工作

ROS2 的安装模式是在线安装模式，需要从软件源服务器下载安装包文件，所以需要确认计算机可以访问互联网。

2. 设置语言环境

ROS2 需要 UTF-8 编码的系统环境。可以在终端执行如下指令，检查系统是否支持这种编码。

```
locale
```

执行之后如果输出的信息中“LANG”这一项内容包含了“UTF-8”，如图 2-4 所示，就不需要额外再进行设置操作，直接跳到下一步。

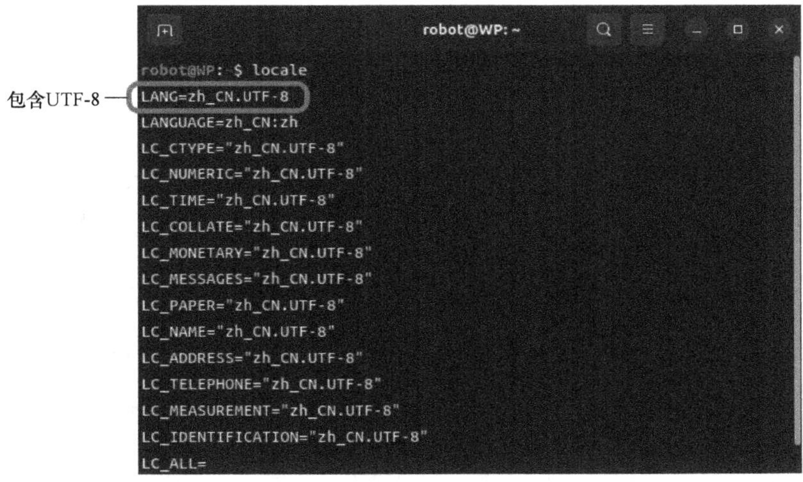

图 2-4　locale 指令输出结果

否则，就需要依次执行如下 4 条指令，设置 UTF-8 编码。

```
sudo apt update && sudo apt install locales
sudo locale-gen en_US en_US.UTF-8
sudo update-locale LC_ALL=en_US.UTF-8 LANG=en_US.UTF-8
export LANG=en_US.UTF-8
```

3. 添加 ROS2 软件源

下面将 ROS2 软件源添加到系统。首先需要将 Universe repository 添加到系统的软件源列表。按组合键［Ctrl + Alt + T］启动终端，如图 2-5 所示，先执行如下指令，更新一下软件源列表。

```
sudo apt update
```

图 2-5　更新软件源指令

按提示输入密码并按［Enter］键，进入更新流程。注意：在终端输入密码的时候不会进行显示，所以只需要盲打密码然后按［Enter］键就行。更新完毕后，如图 2-6 所示，执行如下指令安装软件源工具。

```
sudo apt install software-properties-common -y
```

图 2-6　安装软件源工具

然后执行如下指令添加 Universe repository。

```
sudo add-apt-repository universe
```

执行指令后，会弹出如图 2-7 所示的信息，按［Enter］键确认。接下来添加密钥，先安装密钥文件下载工具。如图 2-8 所示，在终端执行如下指令。

```
sudo apt install curl -y
```

图 2-7　添加 Universe repository

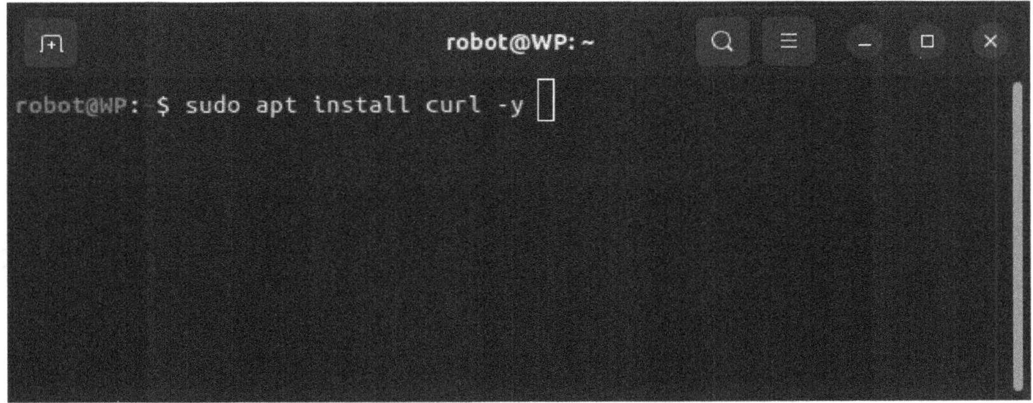

图 2-8　安装密钥文件下载工具

然后，如图 2-9 所示，执行如下指令下载密钥文件。

```
sudo curl -sSL https://raw.githubusercontent.com/ros/rosdistro/master/
ros.key -o /usr/share/keyrings/ros-archive-keyring.gpg
```

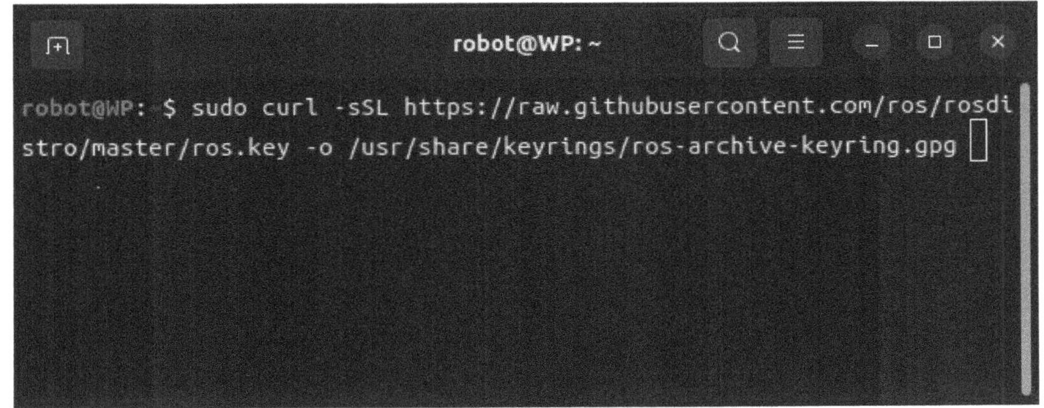

图 2-9　下载安装密钥

这一步有可能会出现图 2-10 所示的异常提示。

```
robot@WP: ~
robot@WP:~$ sudo curl -sSL https://raw.githubusercontent.com/ros/rosdistro/master/ros.key -o /usr/share/keyrings/ros-archive-keyring.gpg
curl: (28) SSL connection timeout
robot@WP:~$
```

图 2-10　下载安装密钥异常提示

此时可以如图 2-11 所示，执行如下指令，从其他地方下载密钥文件。

```
wget http://packages.ros.org/ros.key
```

图 2-11　从 ROS 官网下载密钥文件

然后将下载好的密钥文件复制到密钥文件夹里，如图 2-12 所示，执行如下指令。

```
sudo cp ros.key /usr/share/keyrings/ros-archive-keyring.gpg
```

密钥文件的问题解决后，按照图 2-13 所示执行如下指令，将 ROS 的软件源添加到系统软件源列表中。

```
echo "deb [arch=$(dpkg --print-architecture) signed-by=/usr/share/keyrings/ros-archive-keyring.gpg ]  http://packages.ros.org/ros2/ubuntu $(. /etc/os-release && echo $UBUNTU_CODENAME) main" | sudo tee /etc/apt/sources.list.d/ros2.list > /dev/null
```

然后如图 2-14 所示，再执行如下指令更新一下软件源列表。

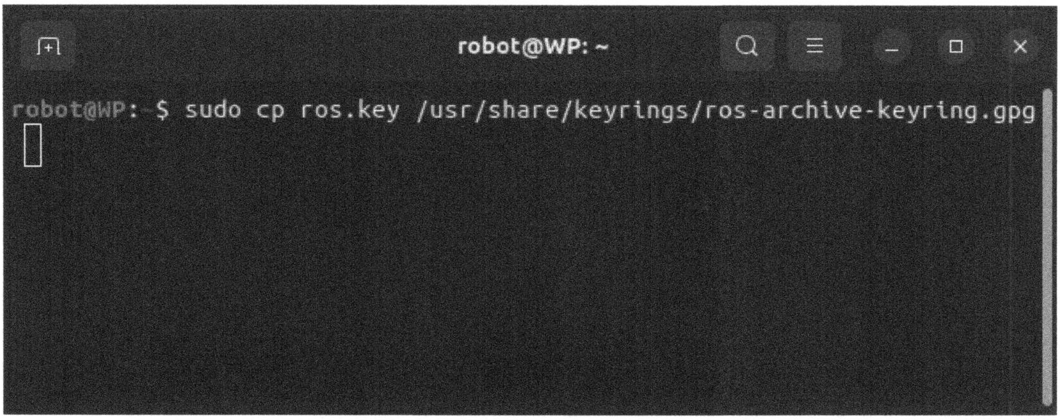

```
robot@WP:~$ sudo cp ros.key /usr/share/keyrings/ros-archive-keyring.gpg
```

图 2-12 复制密钥文件

图 2-13 添加 ROS 软件源

```
sudo apt update
```

图 2-14 更新软件源列表指令

接着如图 2-15 所示，执行如下指令升级软件包到最新版本。

```
sudo apt upgrade
```

图 2-15　升级软件包指令

4. 安装 ROS2

现在可以安装 ROS2 的桌面系统了，如图 2-16 所示，在终端执行如下指令。

```
sudo apt install ros-humble-desktop
```

图 2-16　安装 Humble 版本的 ROS2

安装过程会持续一段时间。安装完成后，可以将 ROS2 环境变量的加载操作添加到“. bashrc”中。这样每次打开新终端的时候，就会自动加载 ROS2 的环境设置，省去了手动操作的烦琐步骤。如图 2-17 所示，在终端执行如下指令。

```
echo "source /opt/ros/humble/setup.bash" >> ~/.bashrc
```

5. 安装编译工具

为了编译自己编写的 ROS2 程序，还需要安装相应的编译工具。如图 2-18 所示，在终端执行如下指令。

```
sudo apt install ros-dev-tools
```

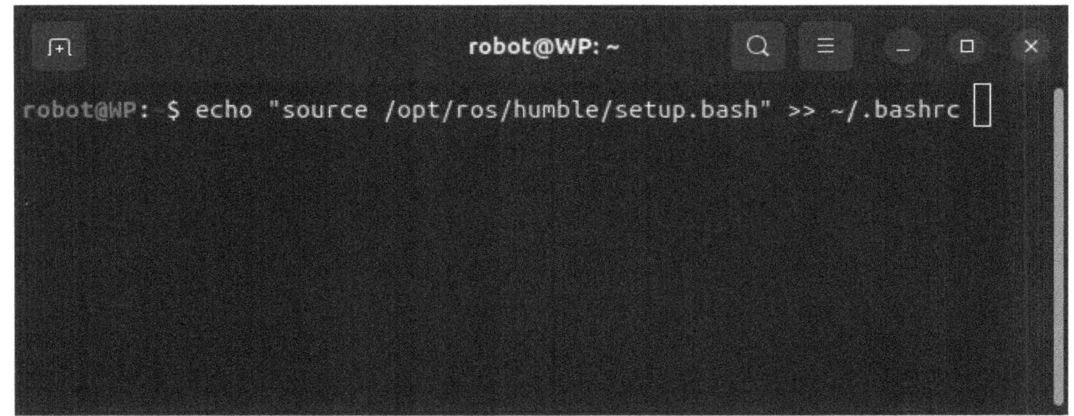

图 2-17　添加环境变量到启动脚本

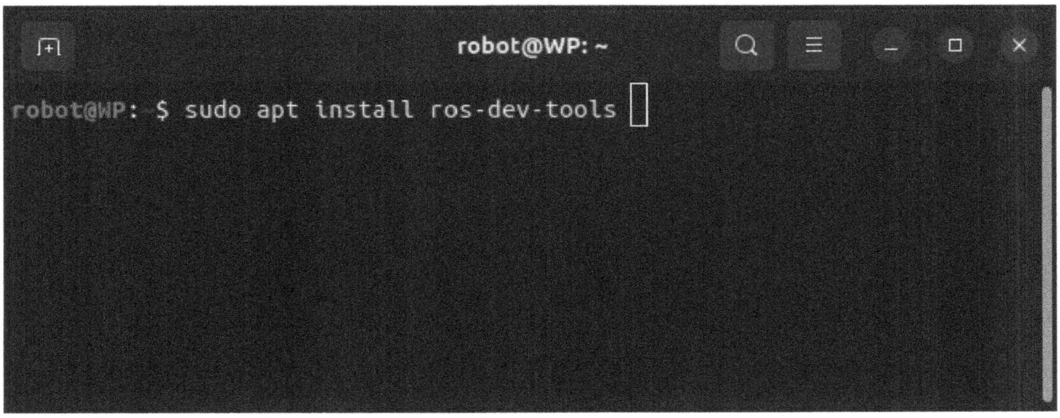

```
robot@WP:~$ sudo apt install ros-dev-tools
```

图 2-18　安装编译工具

6. 测试 ROS2 指令

把这个终端窗口关闭。按组合键［Ctrl+Alt+T］打开一个新的终端并执行如下指令。如果显示如图 2-19 所示信息，说明 ROS2 安装成功了。

```
ros2
```

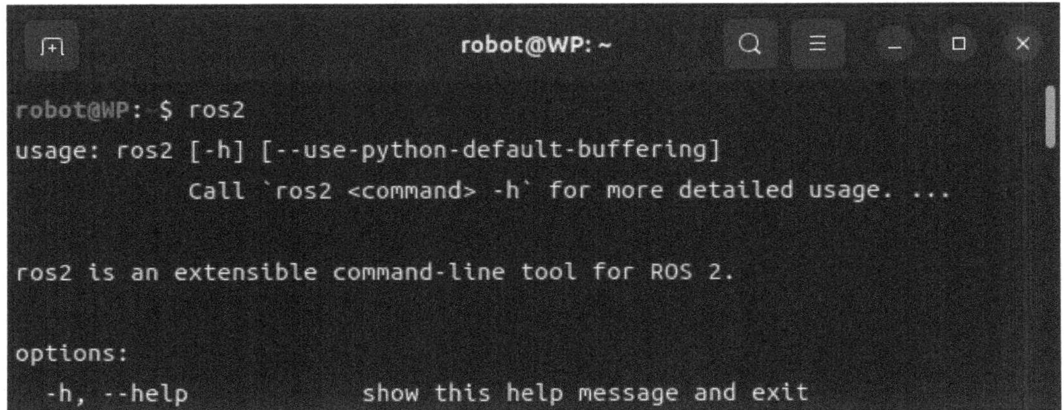

图 2-19　ROS2 安装成功

2.4 从 APT 软件源安装应用程序

安装好 ROS2 之后，还需要安装应用程序才能实现具体的功能，其中最常用的应用程序安装方式是从 ROS2 的 APT 软件源进行在线安装。

下面以安装一个速度控制程序为例，学习这种安装方式。具体操作步骤如下：

1）在安装应用程序之前，先更新一下软件源列表。按组合键［Ctrl+Alt+T］打开终端，如图 2-20 所示，执行如下指令。

```
sudo apt update
```

图 2-20　更新软件源列表指令

然后按提示，输入密码并按［Enter］键，等待软件源列表更新完成。

2）要安装的应用程序名称为“rqt_robot_steering”。一般在安装指令中需要将名称中的“_”替换成“-”，同时在名称前加上“ros-<ROS2 版本名称>-”。所以，如图 2-21 所示，最终的安装指令如下。

```
sudo apt install ros-humble-rqt-robot-steering
```

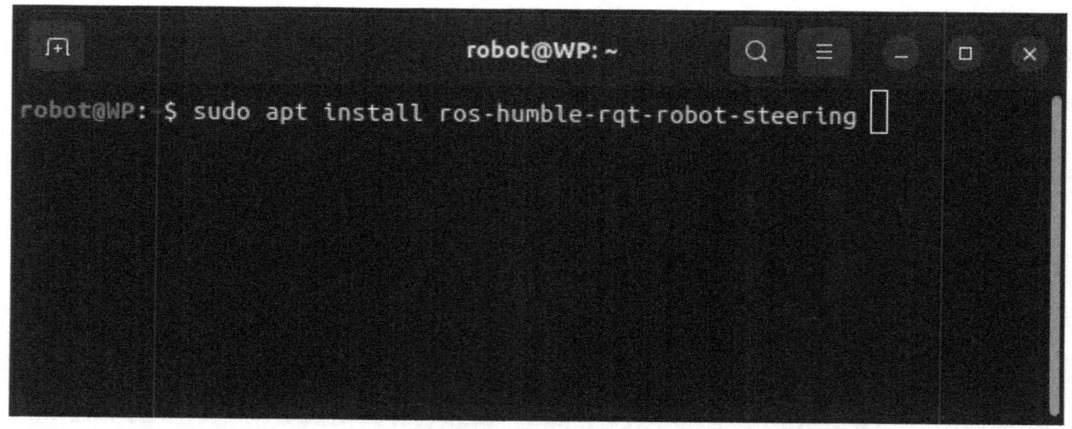

图 2-21　安装速度控制软件包

3）安装完成后，需要运行这个程序。如图 2-22 所示，在终端执行如下指令。

```
ros2 run rqt_robot_steering rqt_robot_steering
```

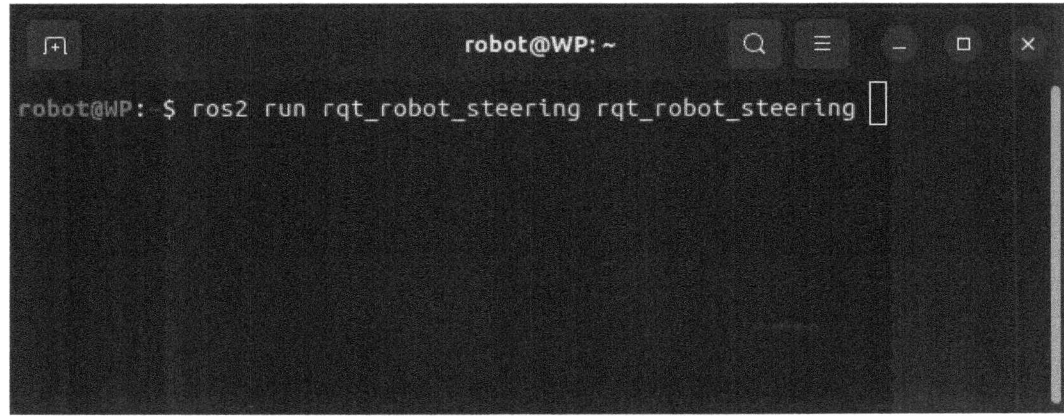

图 2-22　运行速度控制程序

需要注意的是，这条指令里的软件名称和安装指令里的不同，这里用的是“_”而不是安装指令里的“-”。执行完毕后，会弹出如图 2-23 所示的窗口，说明这个程序运行成功了。

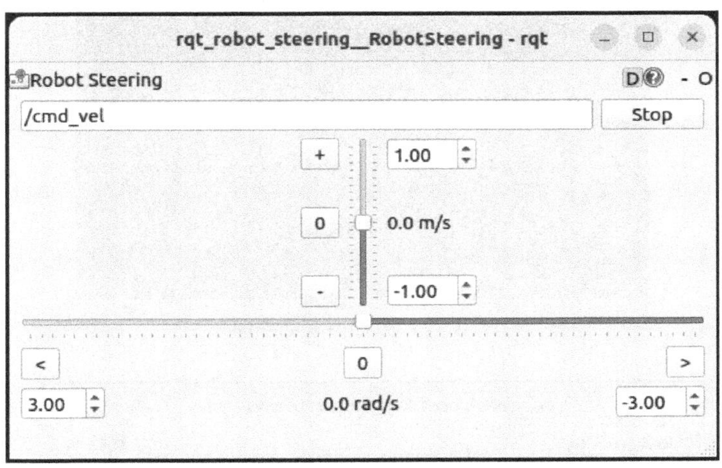

图 2-23　速度控制程序窗口

4）这个应用是一个速度控制程序，需要一个被控对象来测试它的功能。保持速度控制程序处于运行状态，再打开一个新的终端，如图 2-24 所示，在新的终端执行如下指令。

```
ros2 run turtlesim turtlesim_node
```

这条指令会启动一个如图 2-25 所示的界面，里面有一只小海龟。

下面就要用之前运行的速度控制程序来驱使这只小海龟动起来。如图 2-26 所示，将速度控制程序对话框上方编辑框中的内容修改为“/turtle1/cmd_vel”，然后拖动界面中间的滑块。

图 2-24　运行小海龟仿真程序

图 2-25　仿真小海龟界面

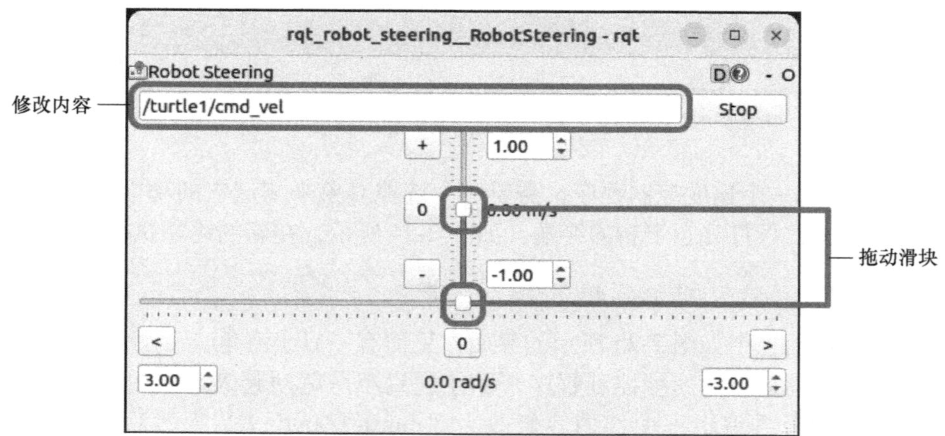

图 2-26　调整速度控制程序

再切换到仿真小海龟界面，就可以看到小海龟开始运动，并在背景中留下运动轨迹，如图 2-27 所示。

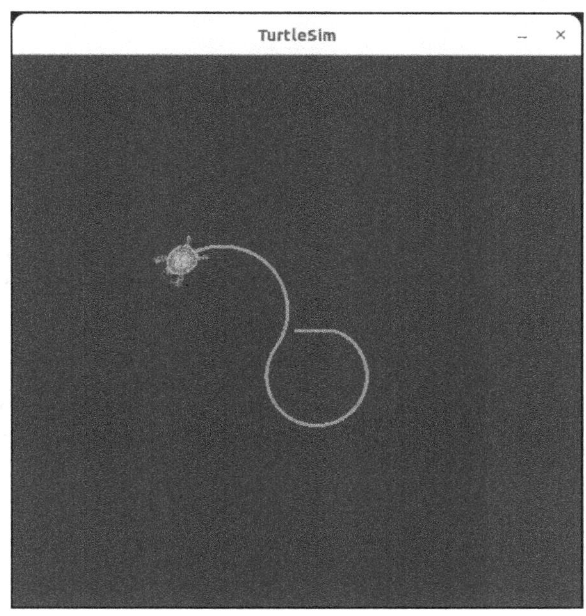

图 2-27　仿真小海龟开始运动

2.5　ROS2 的工作空间

使用 APT 软件源安装的 ROS2 应用程序都是一些二进制的可执行文件，如果需要从源代码开始构建 ROS2 应用程序，就需要建立一个工作空间，在这个工作空间里构建 ROS2 的项目工程，编写代码，然后编译成可执行程序。这个工作空间其实是一个文件夹，其内部的子文件夹按照一定的命名和位置规则组织好即可。工作空间的创建非常简单，按组合键［Ctrl+Alt+T］打开一个新的终端，如图 2-28 所示，执行如下指令。

```
mkdir -p ~/ros2_ws/src
```

图 2-28　创建工作空间文件夹

这样工作空间就创建完成了。此时虽然工作空间没有项目工程，但是也可以进行编译。如图 2-29 所示，在终端执行如下指令，进入工作空间。

```
cd ~/ros2_ws
```

图 2-29 进入工作空间

然后按照图 2-30 所示执行如下指令，进行编译。

```
colcon build
```

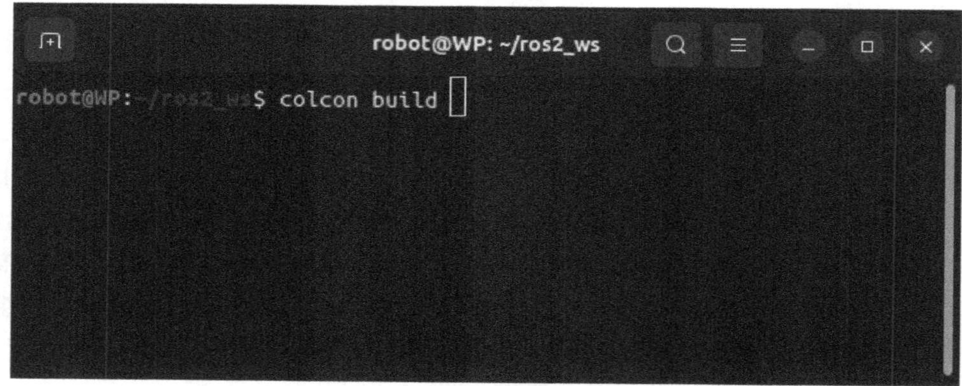

图 2-30 编译指令

最后会出现如图 2-31 所示的提示信息，说明编译完成。

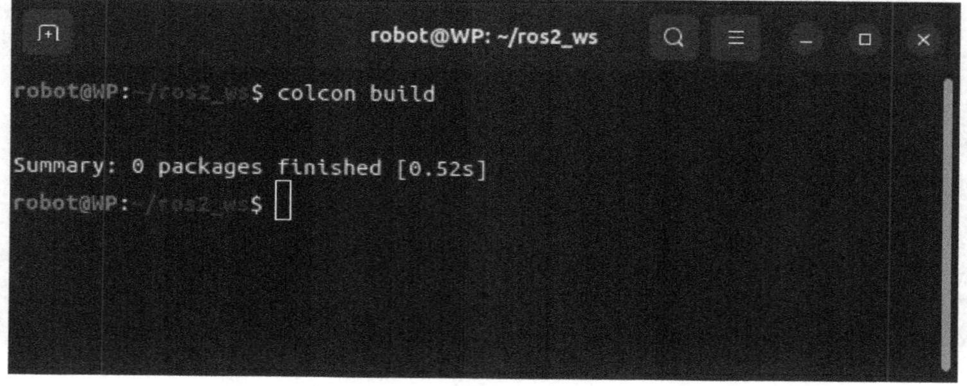

图 2-31 编译完成

2.6 从 Github 下载安装应用程序

工作空间创建好之后，可以下载并编译一些开源项目，然后实际运行起来，体验一下整个流程。这里介绍一个开源的仿真项目“wpr_simulation2”，该项目工程里包含了后面实验将会用到的仿真环境。这个项目可以从 Github 上下载，需要用到一个叫作 Git 的工具软件。如图 2-32 所示，这个工具软件可以在终端执行如下指令进行安装。

```
sudo apt install git
```

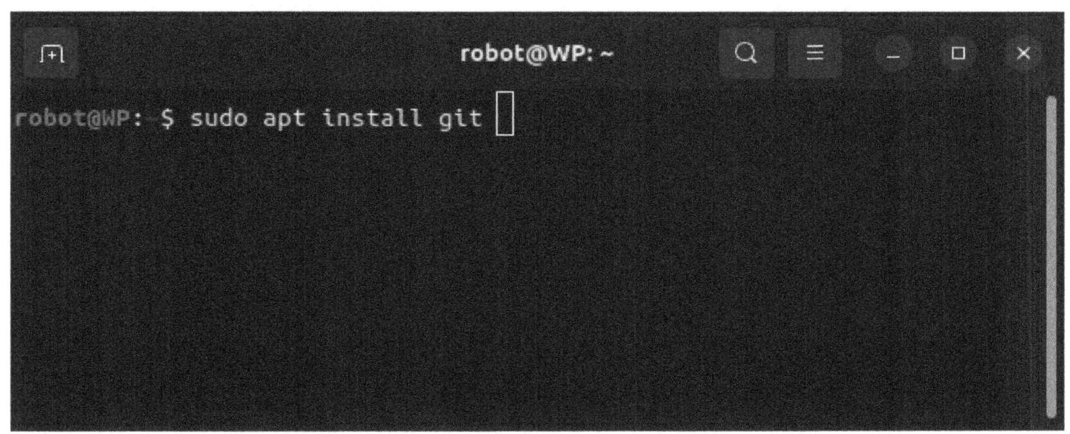

图 2-32　安装 Git

安装完成后，就可以开始下载源码工程了。按组合键［Ctrl+Alt+T］启动 Ubuntu 的终端窗口，如图 2-33 所示，输入如下指令，进入工作空间的 src 文件夹。

```
cd ~/ros2_ws/src/
```

图 2-33　进入工作空间 src 文件夹

然后如图 2-34 所示，执行如下指令，下载“wpr_simulation2”项目的源码包。

```
git clone https://github.com/6-robot/wpr_simulation2.git
```

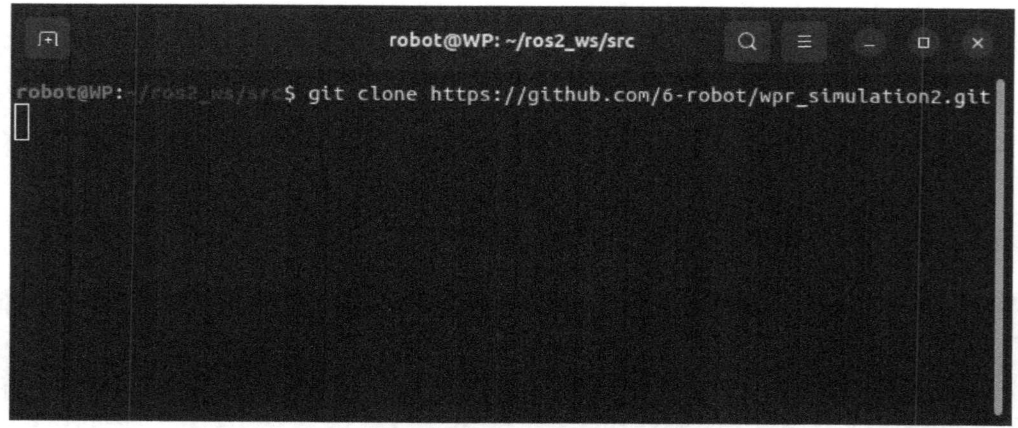

图 2-34　从 Github 下载 wpr_simulation2 源码包

如果 Github 的下载速度太慢，可以执行如下指令从 Gitee 下载，如图 2-35 所示。

```
git clone https://gitee.com/s-robot/wpr_simulation2.git
```

图 2-35　从 Gitee 下载 wpr_simulation2 源码包

安装编译这个项目需要的依赖项如图 2-36 所示，执行如下指令进入脚本文件夹。

```
cd wpr_simulation2/scripts/
```

然后如图 2-37 所示，执行如下指令，在脚本文件夹中运行依赖项的安装脚本。

```
./install_for_humble.sh
```

按［Enter］键，提示输入管理员密码。在输入密码的时候，终端并不会显示输入的字符，所以只需要按密码顺序敲击键盘即可，不要看到终端没有显示字符就以为没有输入成功。密码输入完毕后，按［Enter］键确认，等待一段时间，让依赖项安装完成，并注意观察依赖项安装过程中是否报错，如果出现网络问题的报错可以尝试多运行几遍。所有依赖项安装完毕后，如图 2-38 所示，执行如下指令回退到工作空间文件夹。

```
cd ~/ros2_ws/
```

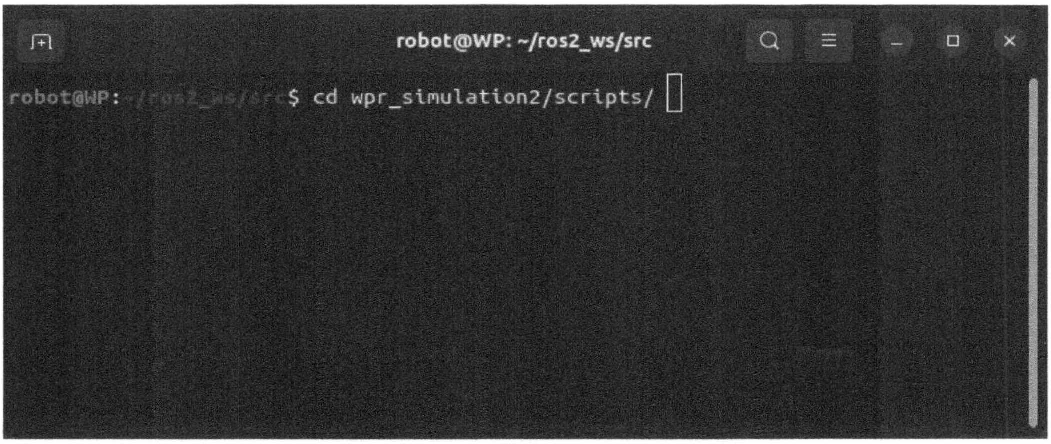

robot@WP: ~/ros2_ws/src
robot@WP:~/ros2_ws/src$ cd wpr_simulation2/scripts/

图 2-36 进入依赖项，安装脚本文件夹

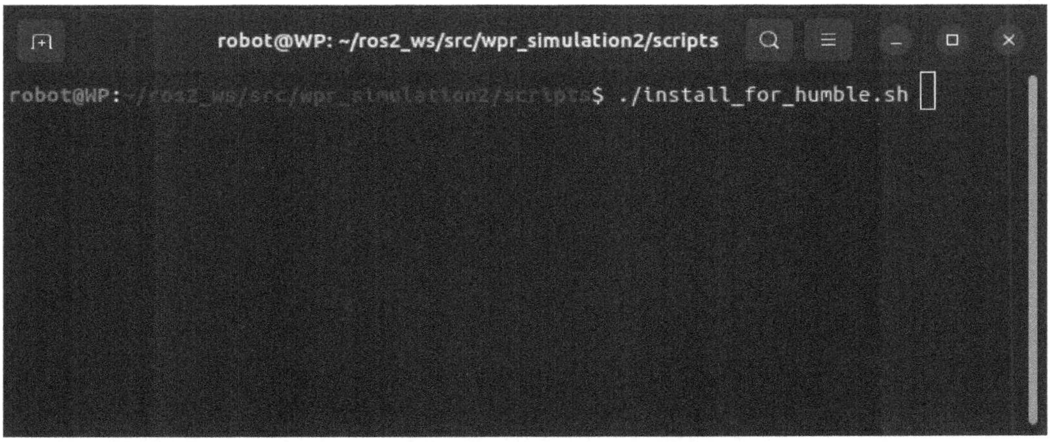

robot@WP: ~/ros2_ws/src/wpr_simulation2/scripts
robot@WP:~/ros2_ws/src/wpr_simulation2/scripts$ ./install_for_humble.sh

图 2-37 运行依赖项的安装脚本

robot@WP: ~/ros2_ws/src/wpr_simulation2/scripts
robot@WP:~/ros2_ws/src/wpr_simulation2/scripts$ cd ~/ros2_ws/

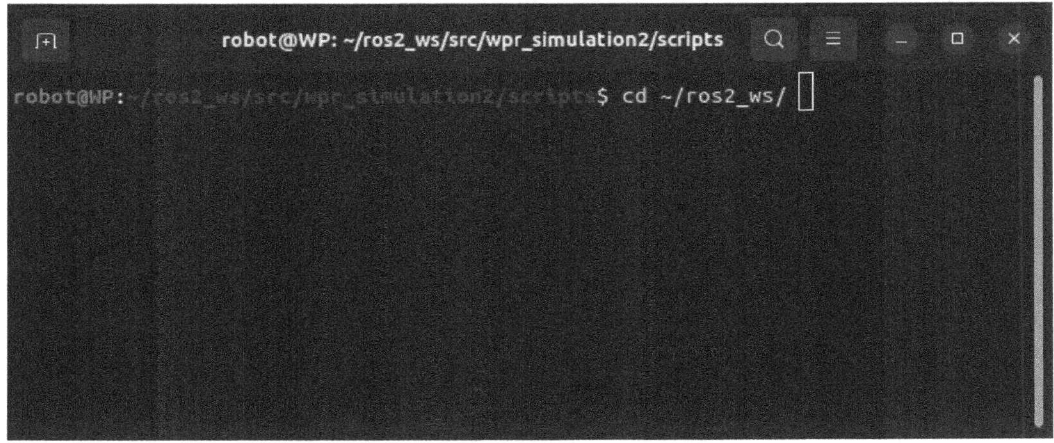

图 2-38 回退到工作空间文件夹

如图 2-39 所示，在工作空间文件夹下执行如下编译指令。

```
colcon build
```

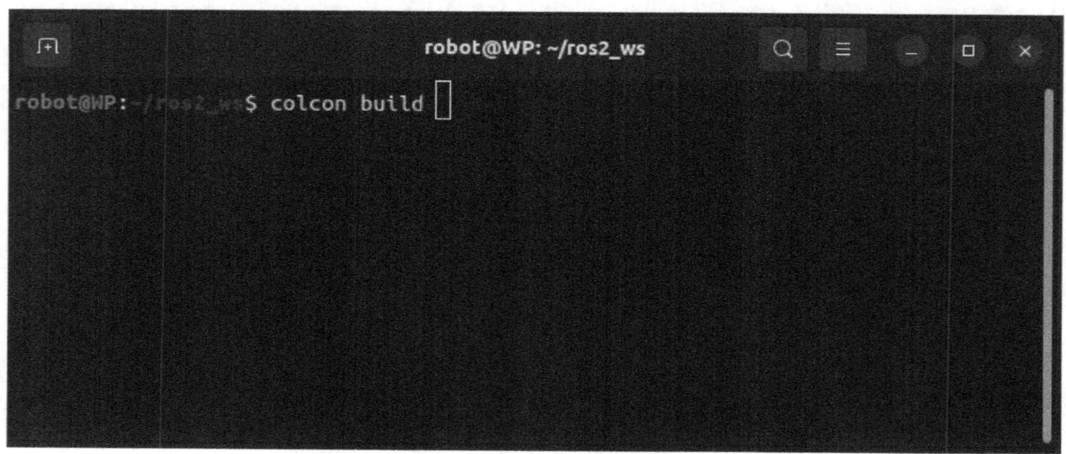

图 2-39　编译工作空间的源码包

如果编译没有问题，可以看到如图 2-40 所示的提示信息。

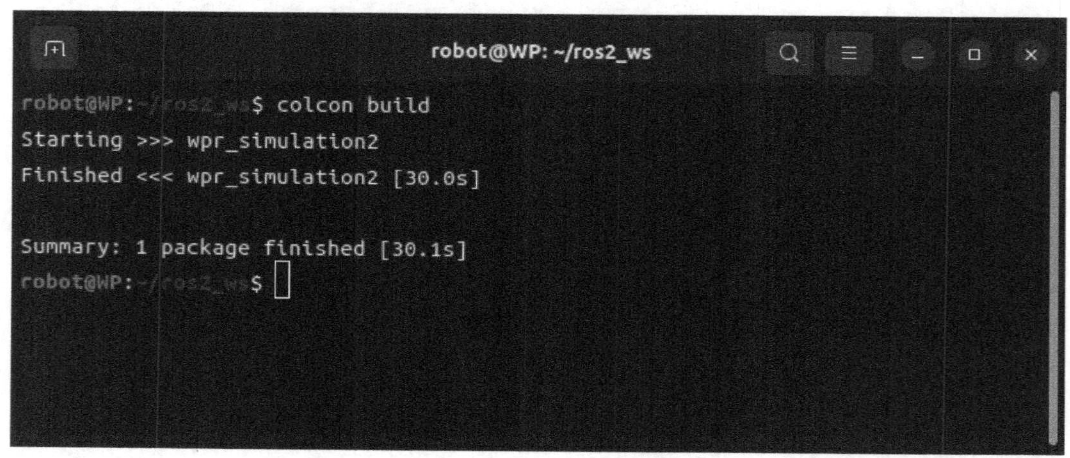

图 2-40　编译成功的提示信息

编译完成后，就可以试着运行编译后的程序，看看效果。如图 2-41 所示，保持路径还在工作空间中，执行如下指令。

```
source install/setup.bash
```

然后使用 ros2 指令启动“wpr_simulation2”的一组应用程序，如图 2-42 所示，在终端执行如下指令。

```
ros2 launch wpr_simulation2 wpb_simple.launch.py
```

执行这条指令之后，会弹出如图 2-43 所示的界面，界面中有一台虚拟的机器人，面前摆着一个书柜，这就是“wpr_simulation2”的一个仿真程序。

图 2-41　加载工作空间环境变量

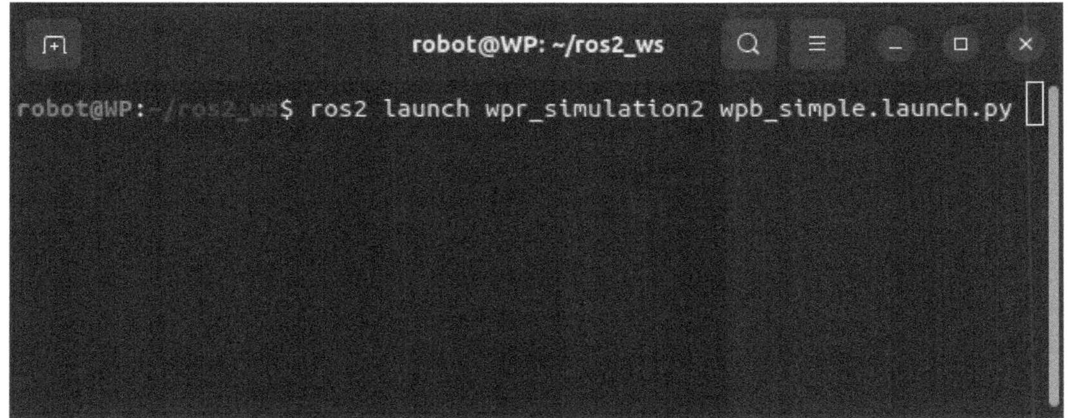

图 2-42　运行仿真程序

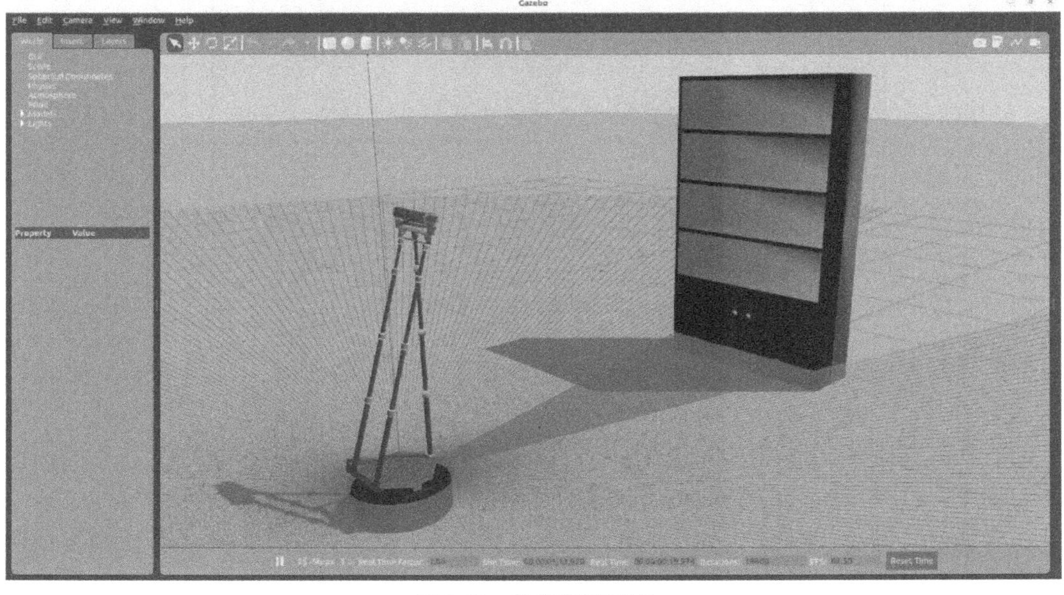

图 2-43　仿真程序界面

使用前面经 APT 软件源安装的速度控制程序，也可以控制这台机器人。保持运行仿真程序的终端，按组合键［Ctrl+Alt+T］启动第二个新的终端。如图 2-44 所示，在新终端执行如下指令。

```
ros2 run rqt_robot_steering rqt_robot_steering
```

图 2-44　运行速度控制程序

执行之后，又出现了之前的速度控制程序窗口。要用这个程序控制仿真界面中的机器人，还需要稍微做一点调整：将窗口上方编辑框中的内容修改为“/cmd_vel”，然后拖动界面中间的滑块，如图 2-45 所示。

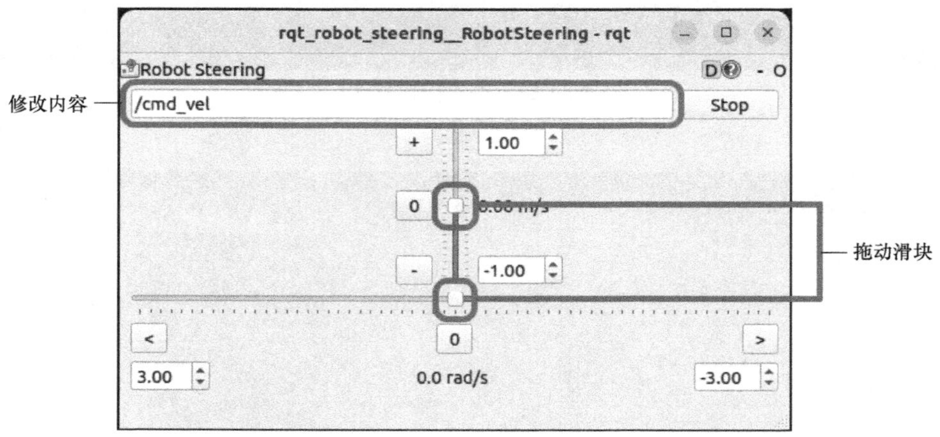

图 2-45　速度控制程序的调整

此时再切换到仿真界面，可以看到机器人离开了原来的位置，开始移动，如图 2-46 所示。

此时的工作空间文件夹中会出现多个子目录，都是编译过程中产生的。工作空间文件就在用户的主文件夹下，可以在 Ubuntu 的文件管理器中打开查看，如图 2-47 所示。

一个编译后的工作空间可能包含如下内容，可以在文件管理器中查看工作空间文件夹并做对比。

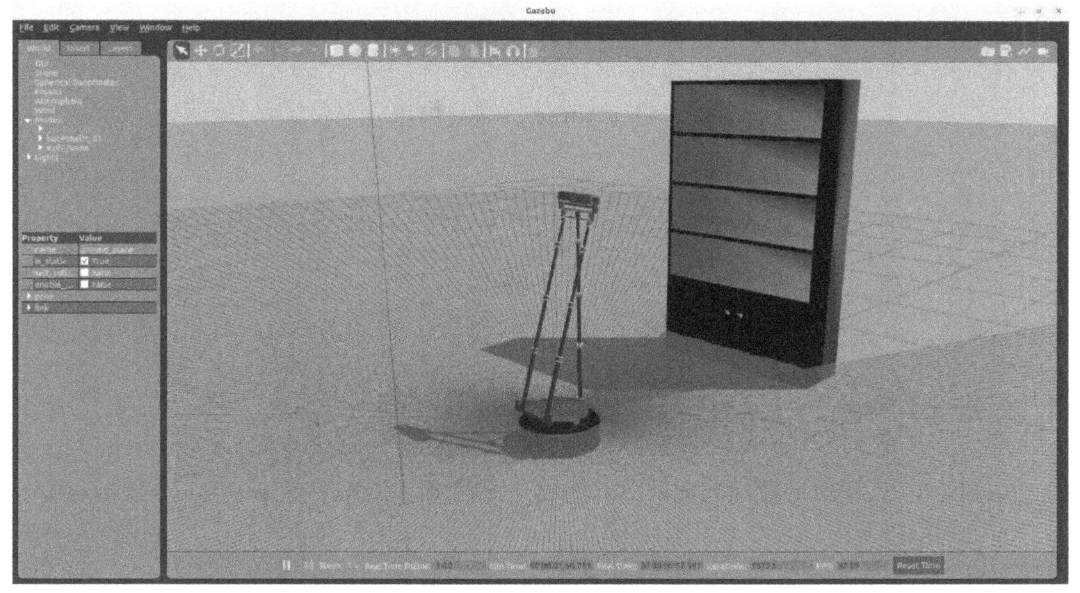

图 2-46　仿真机器人开始移动

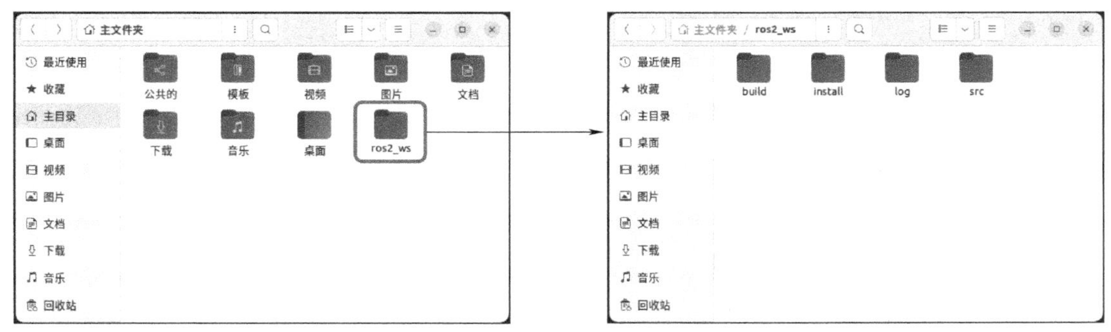

图 2-47　工作空间文件夹

```
ros2_ws---自定义的工作空间。
    |---build：编译目录，该目录下会为每一个功能包创建一个单独子目录。
    |---install：安装目录，该目录下会为每一个功能包创建一个单独子目录。
    |---log：日志目录，用于存储日志文件。
    |---src：用于存储功能包源码的目录。
            |--C++功能包
                |--package.xml：包信息，比如：包名、版本、作者、依赖项。
                |--CMakeLists.txt：配置编译规则，比如源文件、依赖项、目
标文件。
                |--src：C++源文件目录。
                |--include：头文件目录。
                |--msg：消息接口文件目录。
                |--srv：服务接口文件目录。
```

```
        |--action:动作接口文件目录。
    |--Python 功能包
        |--package.xml:包信息,比如:包名、版本、作者、依赖项。
        |--setup.py:与 C++功能包的 CMakeLists.txt 类似。
        |--setup.cfg:功能包基本配置文件。
        |--resource:资源目录。
        |--test:存储测试相关文件。
        |--功能包同名目录:Python 源文件目录。
```

2.7 Visual Studio Code 编辑器

在 Ubuntu 中开发 ROS 程序有比较多的集成开发环境（Integrated Development Environment, IDE）。官方网站推荐可以参考 http://wiki.ros.org/IDEs。其中 Visual Studio Code（VSCode）是微软开发的一款跨平台开源编辑器，具有免费、开源、配置简单、插件丰富和便于代码调试等优点，得到越来越广泛的应用。

2.7.1 安装 Visual Studio Code

在浏览器中打开 VSCode 官方下载地址：https://code.visualstudio.com。如图 2-48 所示，单击［.deb］按钮，下载适用于 Ubuntu 系统的安装文件。

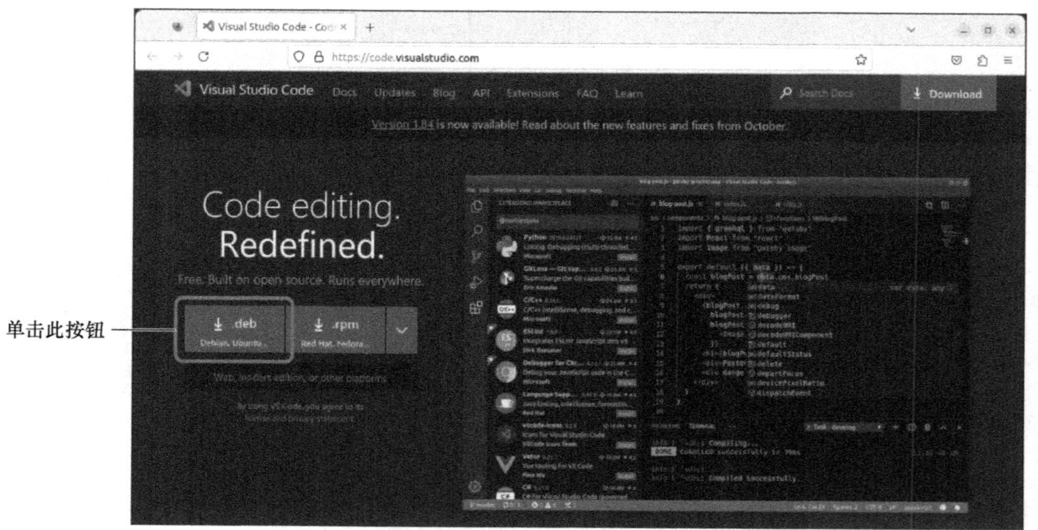

图 2-48　VSCode 安装文件下载界面

单击下载按钮后，浏览器右上角会弹出一个小窗口，显示文件的下载进度，如图 2-49 所示。

当下载完成后，在下载进度窗口的右上角会显示一个文件夹图标，如图 2-50 所示。单击此图标，会在文件管理器中打开下载窗口。

在下载窗口中，可以看到下载好的安装文件。如图 2-51 所示，用鼠标右键单击窗口空白处，在弹出的快捷菜单中选择［在终端打开］。

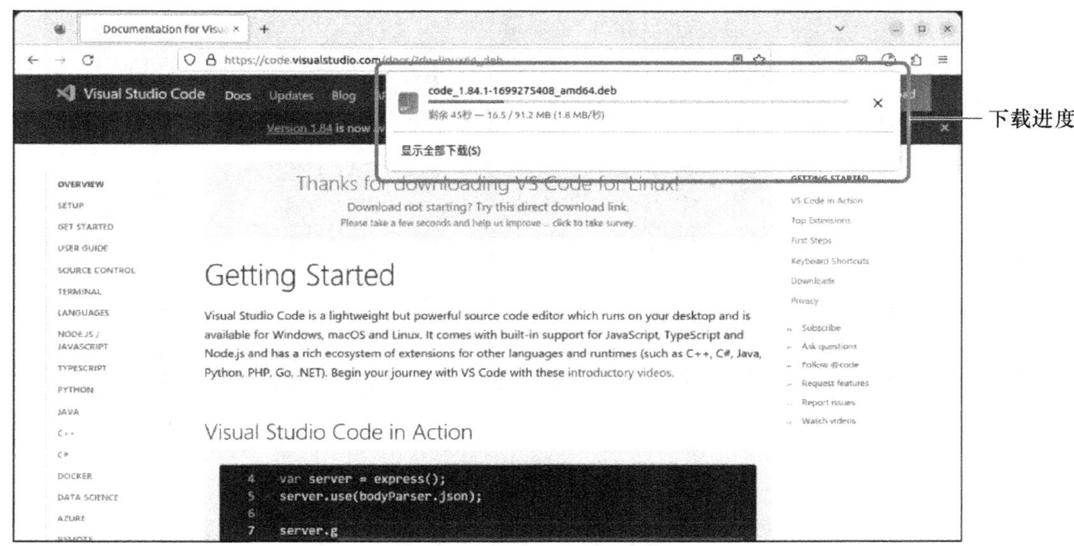

图 2-49　安装文件下载进度显示

图 2-50　下载完毕的进度窗口

图 2-51　在下载文件夹弹出右键菜单

此时会弹出一个终端窗口，所处的文件夹为“~/下载”。先输入“sudo dpkg -i code_”然后按［Tab］键，让命令行自动补齐后面的文件名，如图 2-52 所示。按［Enter］键后，提示输入管理员密码。输入完毕后，按［Enter］键确认，开始安装 VSCode。

安装完毕后，如图 2-53 所示，直接在终端输入“code”并按［Enter］键，就能启动 VSCode，启动后的界面如图 2-54 所示。

图 2-52　执行 VSCode 安装指令

图 2-53　启动 VSCode

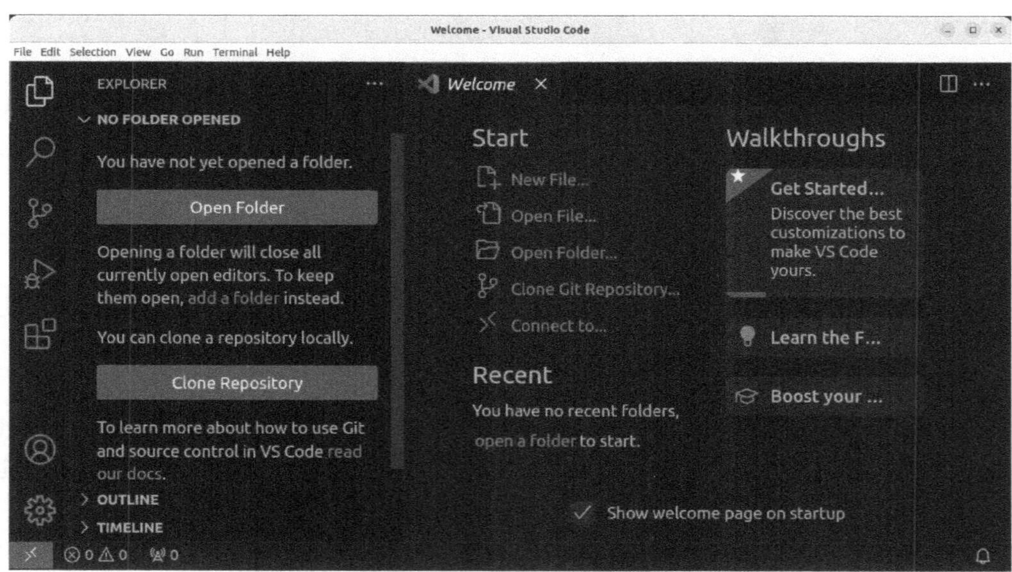

图 2-54　VSCode 初始界面

VSCode 启动后，会在 Ubuntu 桌面左侧的任务栏中显示图标。为了下次启动方便，可以用鼠标右键单击任务栏中的 VSCode 图标，在弹出的快捷菜单中选择［添加到收藏夹］。这样 VSCode 图标就会常驻在左侧的任务栏中，即使程序退出也不会消失。下次需要启动时，直接在任务栏中单击该图标即可。

2.7.2　安装中文插件

为了方便后续的开发，可以给 VSCode 安装一些插件。首先安装中文插件，如图 2-55 所示，单击 VSCode 左侧的插件按钮，在弹出的窗口上方搜索“chinese”。找到“Chinese 中文（简体）”，然后单击［Install］按钮进行安装。

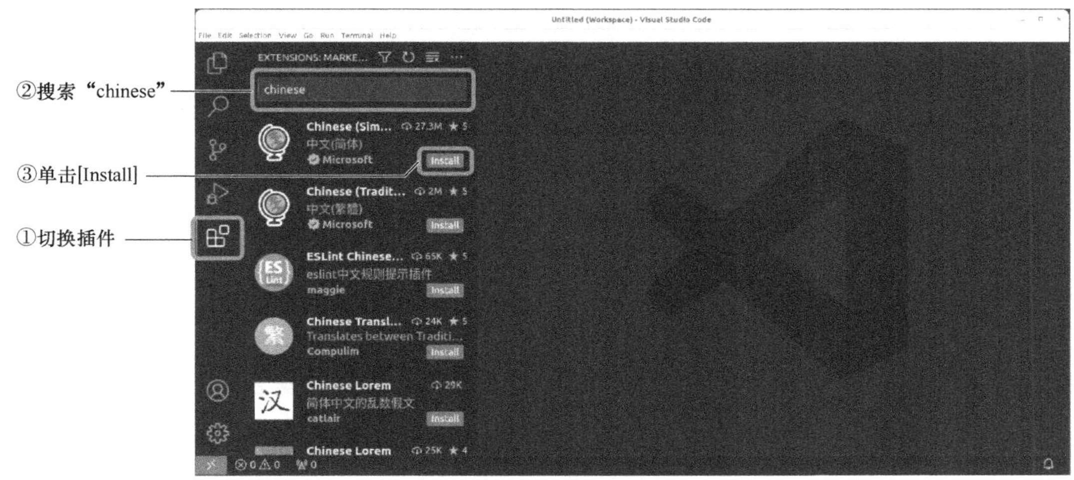

图 2-55　安装中文插件

安装完毕后，会在右下角弹出一个小对话框，如图 2-56 所示。单击［Change Language and Restart］按钮，VSCode 会关闭并重启。

图 2-56　重启切换中文按钮

软件重新启动后，界面变成中文版本，如图 2-57 所示。

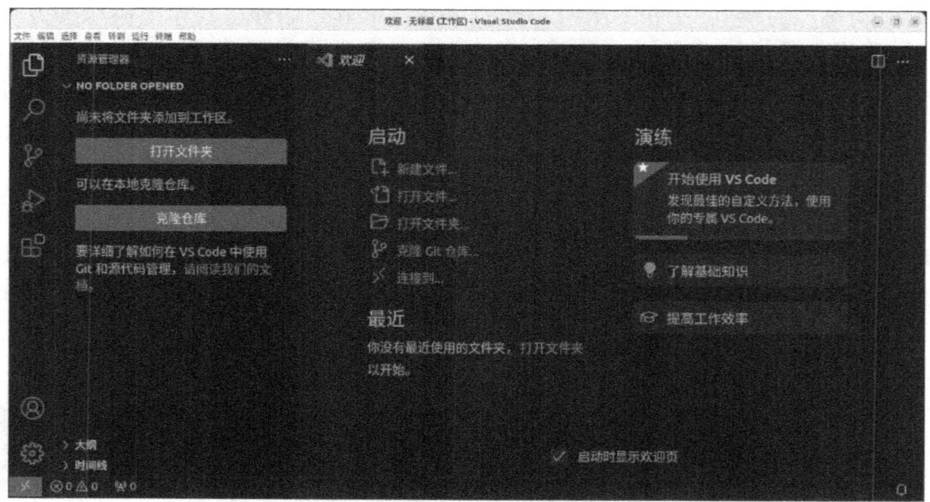

图 2-57　中文简体界面

2.7.3　安装 CMake 插件

在 ROS2 的开发过程中，会涉及很多 CMake 文件。在 VSCode 中安装 CMake 插件，能够把 CMake 文件的不同元素的文字用不同颜色显示，极大地方便了后续开发。单击插件按钮，在弹出的窗口上方搜索“cmake”，找到 CMake 插件，然后单击［安装］按钮进行安装，如图 2-58 所示。

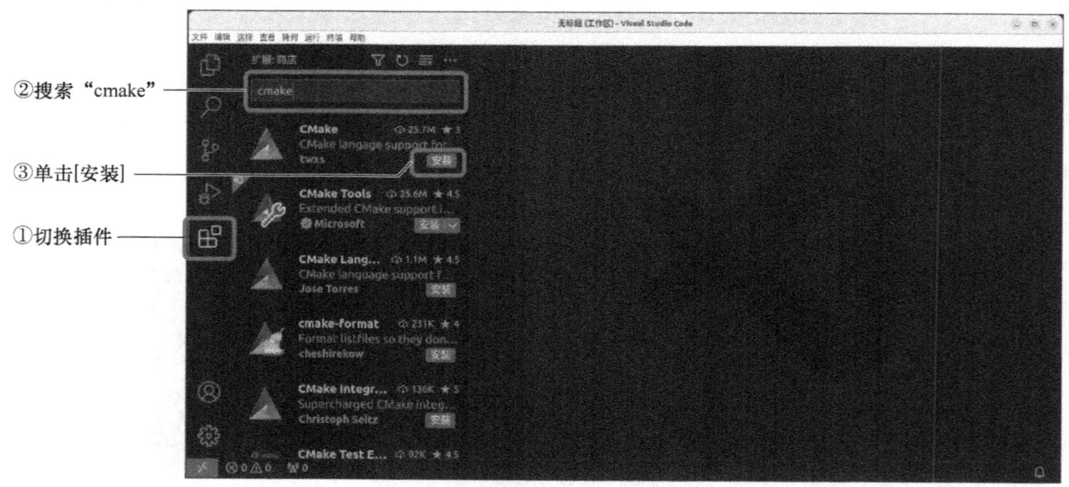

图 2-58　安装 CMake 插件

2.7.4　导入工作空间文件夹

在前面的实验中，已经创建了一个工作空间 ros2_ws，可以将其导入 VSCode，这样每次启动 VSCode，就能在［资源浏览器］窗口中查看和编辑这个工作空间里的文件。如图 2-59 所示，先单击 VSCode 顶部菜单栏中的［文件］按钮，在下拉列表中选择［将文件夹添加到工作区］。

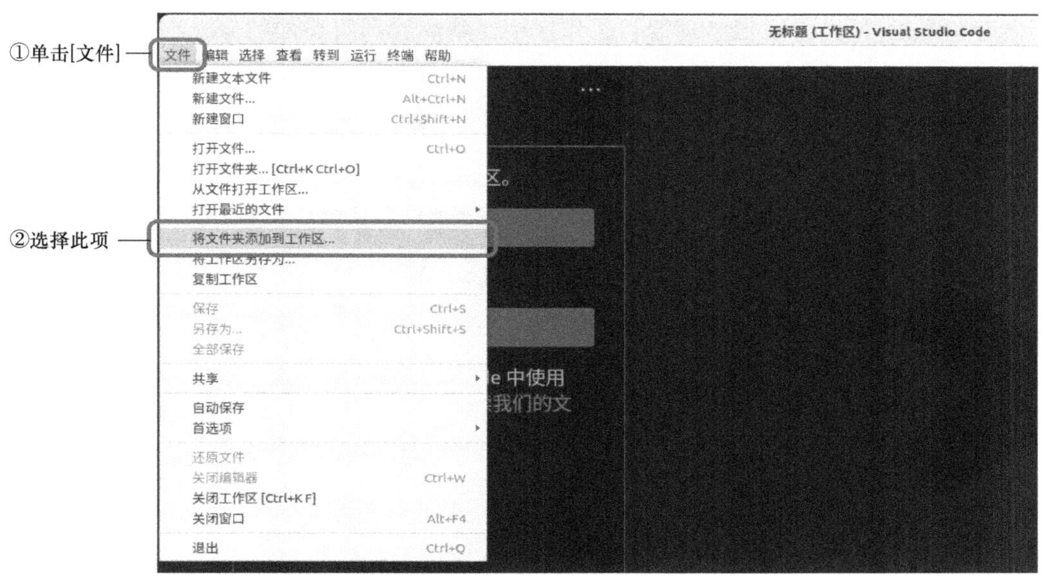

图 2-59 导入工作空间文件夹

此时会弹出一个［将文件夹添加到工作区］对话框。如图 2-60 所示，在对话框中单击［主目录］，在文件列表中双击工作空间中的文件夹图标（这里是“ros2_ws”），进入工作空间。

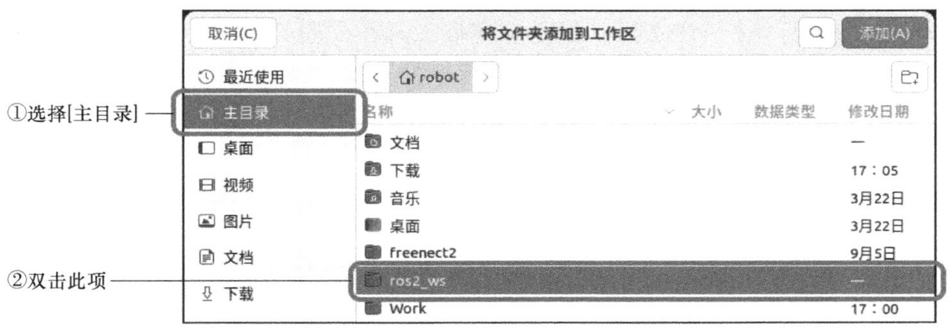

图 2-60 选择工作空间文件夹

如图 2-61 所示，选择工作空间中的 src 文件夹，然后单击［添加］按钮，就能将这个 src 文件夹添加到 VSCode 的工作区里。

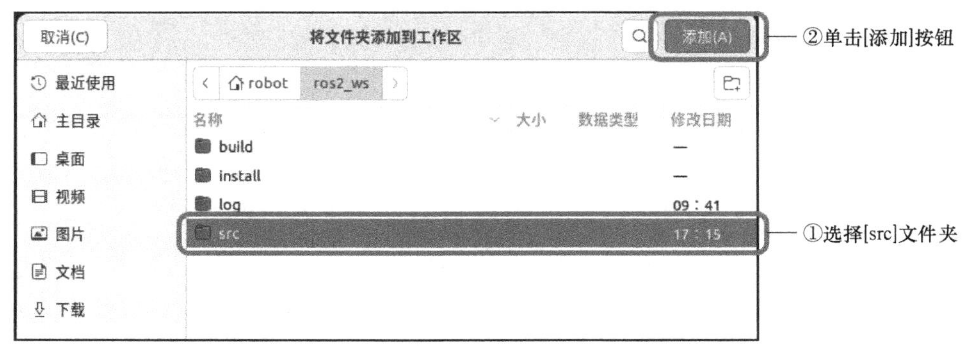

图 2-61 导入 src 文件夹

之后在 VSCode 的［资源管理器］工作区中，就能看到所添加的 src 文件夹的内容，如图 2-62 所示。ROS2 的源码工程都会放在这个 src 文件夹里，方便在 VSCode 里进行编写和修改。

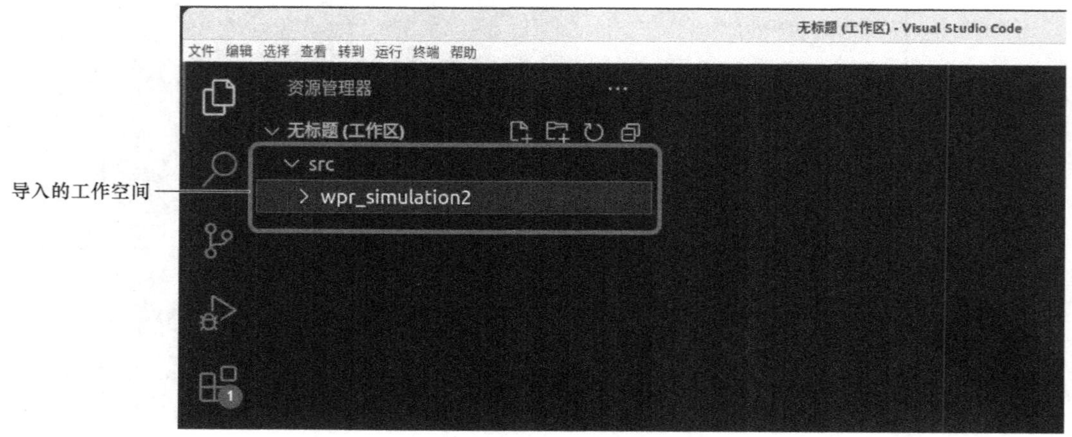

图 2-62　已经导入的文件夹

2.8　Terminator 终端工具

Ubuntu 中自带了一个终端工具，但是该终端工具在同时打开多个窗口时，显示得不够直观，且切换也不方便。为了便于进行 ROS2 程序的多窗口运行，建议安装 Terminator 终端工具。

这个工具在 Ubuntu 自带的软件源中就有，可以直接通过指令安装，具体操作步骤如下。

1）首先确认 Ubuntu 处于连接互联网的状态，然后如图 2-63 所示，执行如下指令，更新软件源。

```
sudo apt update
```

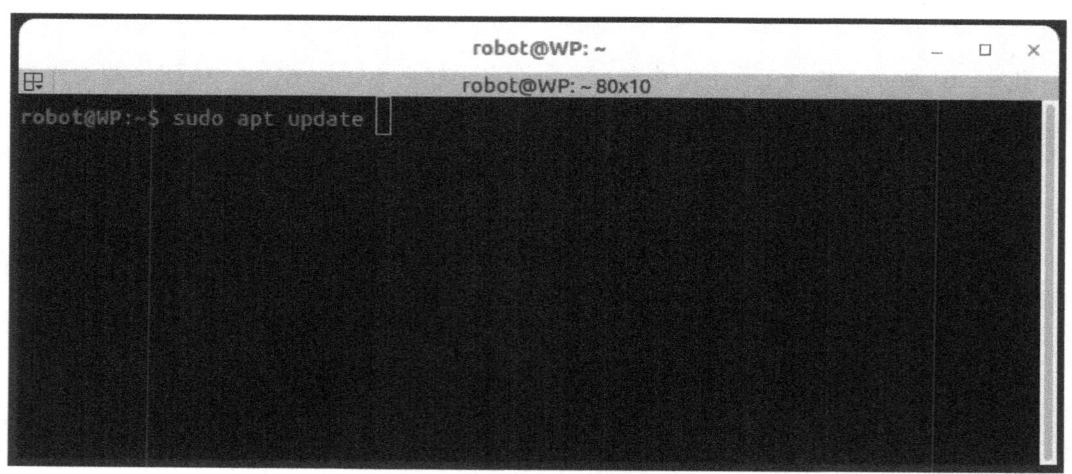

图 2-63　更新软件源

执行指令后，输入密码，等待软件源更新完毕。

2）如图 2-64 所示，执行如下指令，安装 Terminator 终端工具。

```
sudo apt install terminator
```

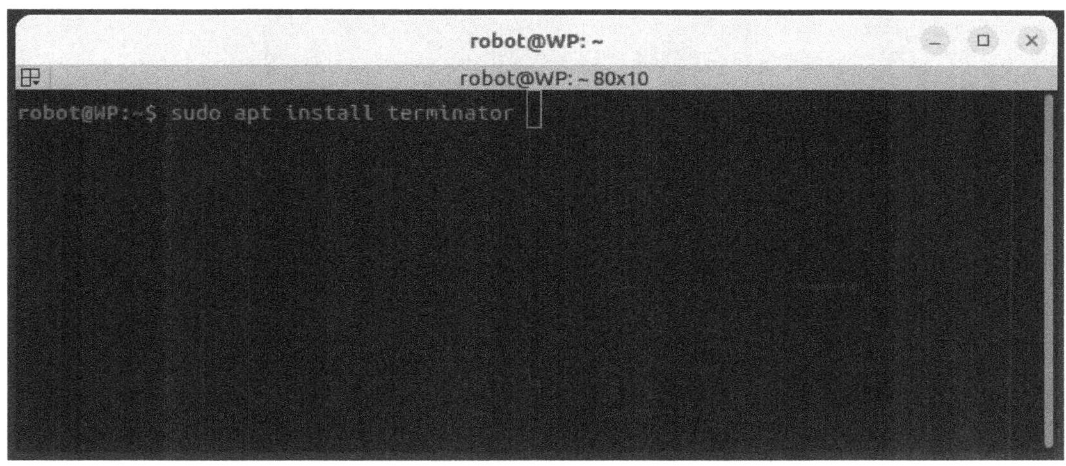

图 2-64　安装 Terminator 终端工具

执行指令后会提示输入管理员密码，输入密码后，即可安装 Terminator 终端工具。

2.9　本章小结

本章首先简单介绍了 ROS，并将 ROS2 和 ROS1 进行了对比；接着对 ROS2 系统架构进行了详细说明；然后对 ROS2 的安装方法进行了详细介绍；最后，介绍了 ROS2 常用的工具软件 Git、仿真项目 wpr_simulation2、VSCode 编辑器和相关插件以及 Terminator 终端工具的安装。

第 3 章 ROS2编程基础

在进行 ROS2 的程序开发之前，需要了解一些基本的 ROS2 程序概念，并通过动手编写代码，理解这些概念在程序中的具体实现。

3.1 节点和软件包

节点（Node）和软件包（Package）是 ROS2 程序的组织形式。其中节点相当于一个 ROS2 的程序文件。当运行一个 ROS2 程序时，实际上运行的就是一个或者多个节点文件。软件包是节点文件的容器，通常是一个包含了一系列配置文件的目录。而节点源码文件，就放在软件包目录的某个子文件夹（一般是 src 文件夹）中。下面通过编写一个节点程序来理解这两个概念。

3.1.1 创建软件包

首先在工作空间中创建一个软件包。如图 3-1 所示，打开一个新的终端窗口，输入如下指令进入 ROS2 工作空间。

```
cd ~/ros2_ws/src
```

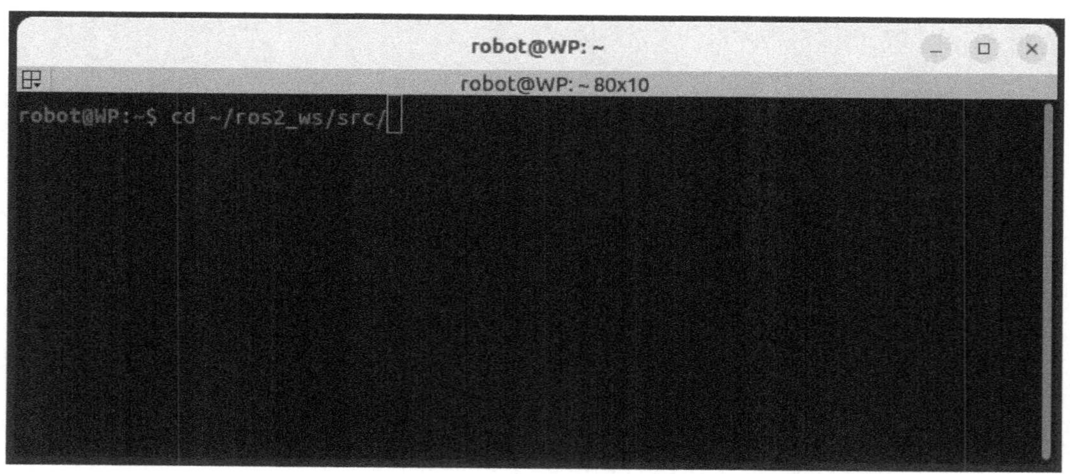

图 3-1 进入 ROS2 工作空间

然后用如下指令创建一个名为“my_pkg”的软件包，如图 3-2 所示。

```
ros2 pkg create my_pkg
```

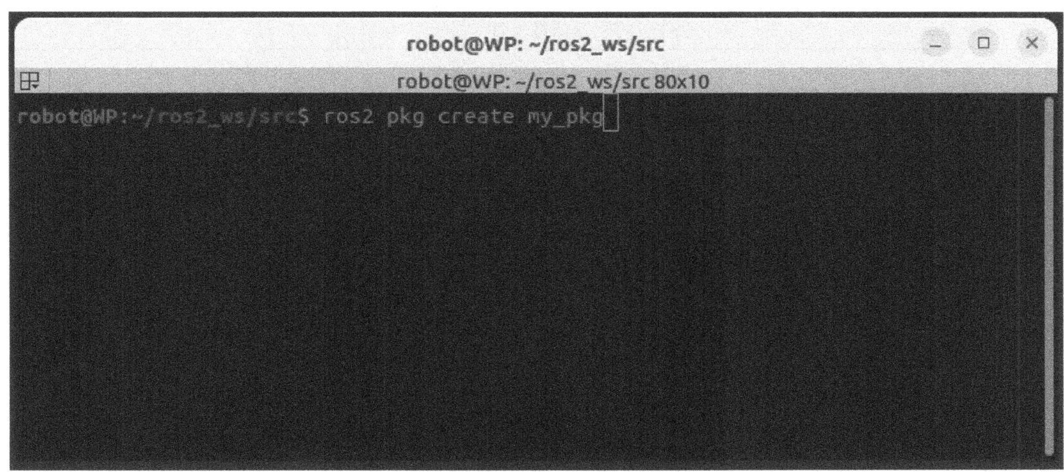

图 3-2　创建名为“my_pkg”的软件包

执行该指令后，会出现如图 3-3 所示的提示信息。

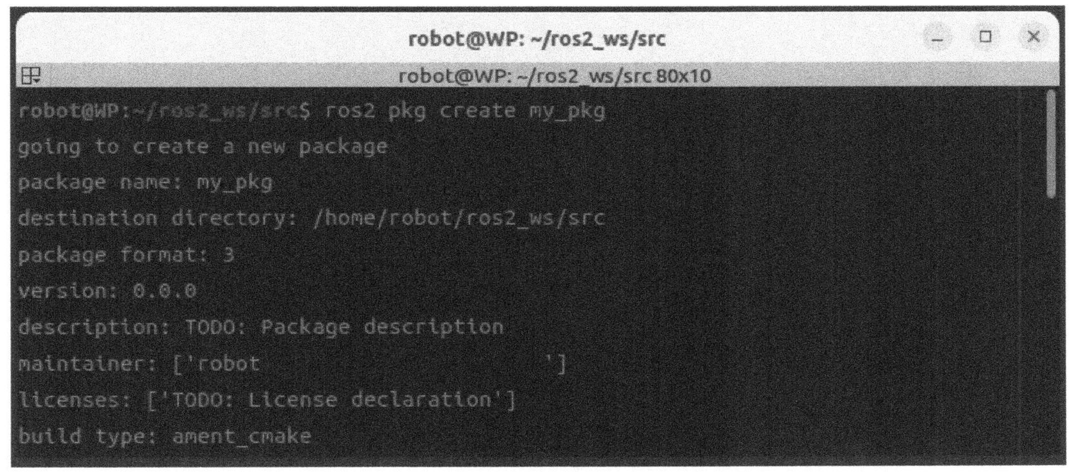

图 3-3　软件包创建成功提示信息

然后打开 VSCode，可以在［资源管理器］窗口中看到工作空间的［src］下新增加了一个［my_pkg］软件包。单击该软件包左侧的箭头，可以将其展开，其中包含的项目如图 3-4 所示。

该软件包目录里各个项目的用途见表 3-1。

表 3-1　［my_pkg］软件包中各项目的用途

项目	用途
include	用于存放头文件的子目录
src	用于存放节点源码文件的子目录

（续）

项目	用途
CMakeLists. txt	这个软件包的编译规则描述文件
package. xml	这个软件包的配置信息文件

包含了上述项目的这么一个文件夹，就是一个软件包。

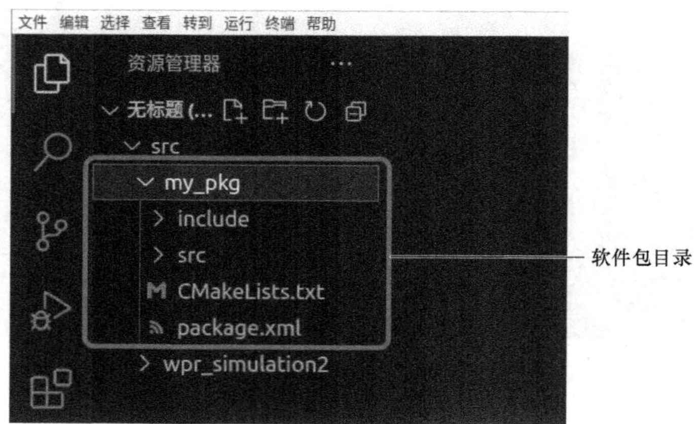

图 3-4 ［my_pkg］软件包目录

3.1.2 编写节点

创建好软件包后，接下来在这个软件包中创建一个节点，具体操作步骤如下。

1. 编写节点代码

先创建这个节点的源码文件。用鼠标右键单击图 3-5 中软件包下的［src］子目录，在弹出的快捷菜单中选择［新建文件］。

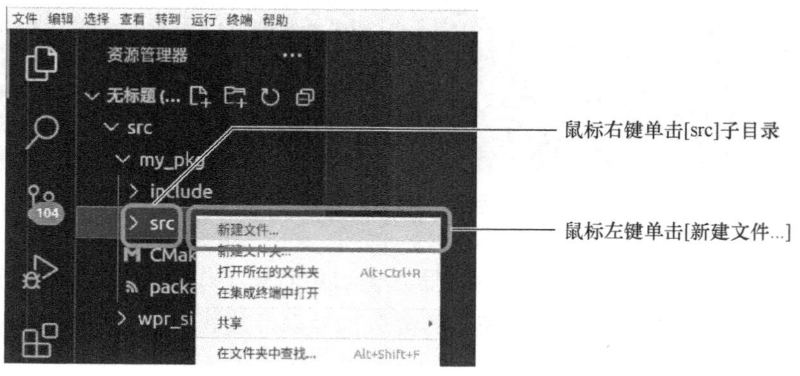

图 3-5 新建文件

此时会提示输入文件名，如图 3-6 所示，输入“my_node. cpp”，然后按［Enter］键，就会创建一个名为“my_node. cpp”的源码文件。

此时在右侧的编辑区可以编写这个源码文件的内容，如图 3-7 所示。

下面编写这个源码文件，其内容如下，如图 3-8 所示。

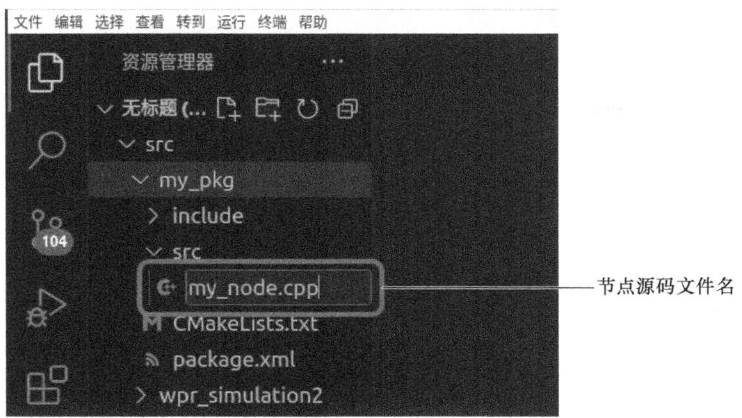

图 3-6　创建名为“my_node. cpp”的源码文件

图 3-7　编辑源码文件的内容

```
#include "rclcpp/rclcpp.hpp"

int main(int argc, char * argv[])
{
    rclcpp::init(argc, argv);

    auto node = std::make_shared<rclcpp::Node>("my_node");

    RCLCPP_INFO(node->get_logger(), "Hello world!");
    while (rclcpp::ok())
    {
        ;
    }

    rclcpp::shutdown();

    return 0;
}
```

图 3-8　源码文件内容

```
#include "rclcpp/rclcpp.hpp"

int main(int argc,char *argv[])
{
  rclcpp::init(argc,argv);

  auto node=std::make_shared<rclcpp::Node>("my_node");

  RCLCPP_INFO(node->get_logger(),"Hello world!");
  while (rclcpp::ok())
  {
    ;
  }
  rclcpp::shutdown();

  return 0;
}
```


上述代码可以从 wpr_simulation2 的例程文件中找到。如果编译报错，可以与 wpr_simulation2\demo_cpp\3_my_node.cpp 文件中的代码进行比对。

下面是对这个节点代码的解释。

```
#include "rclcpp/rclcpp.hpp"
```

这行代码导入了 ROS2 的 C++库，包括 rclcpp 头文件，为后续代码提供 ROS2 相关功能和类。

```
int main(int argc,char *argv[])
{
  rclcpp::init(argc,argv);
```

这段代码是 main() 函数的开始，接收命令行参数 argc 和 argv。rclcpp::init(argc,argv) 用于初始化节点。

```
  auto node=std::make_shared<rclcpp::Node>("my_node");
```

这行代码使用 std::make_shared() 函数创建一个节点对象，并将其地址赋值到共享指针 node 里，节点名称为“my_node”。

```
  RCLCPP_INFO(node->get_logger(),"Hello world!");
```

这行代码输出一条信息“Hello world!”到运行这个节点的终端窗口中。node->get_logger() 获取节点的日志记录器，RCLCPP_INFO 是一个宏，用于将指定的信息通过 ROS2 的日志打印功能显示到终端窗口中。

```
    while (rclcpp::ok())
    {
        ;
    }
```

这是一个无限循环，rclcpp::ok() 检查 ROS2 是否正在运行。只要 ROS2 保持运行状态，循环将继续执行。

```
    rclcpp::shutdown();
```


当这个节点的运行状态被用户按组合键［Ctrl+C］打断时，就会跳出 while() 循环，执行到这一句。这行代码用于关闭节点，并释放节点占用的资源。

```
    return 0;
}
```

这是 main() 函数的结束，返回值为 0，表示程序成功执行并正常退出。

代码编写完毕后，需要按组合键［Ctrl+S］保存刚才编写的代码。保存成功后，编辑界面文件名后面的圆点符号会变成一个叉符号，如图 3-9 所示。

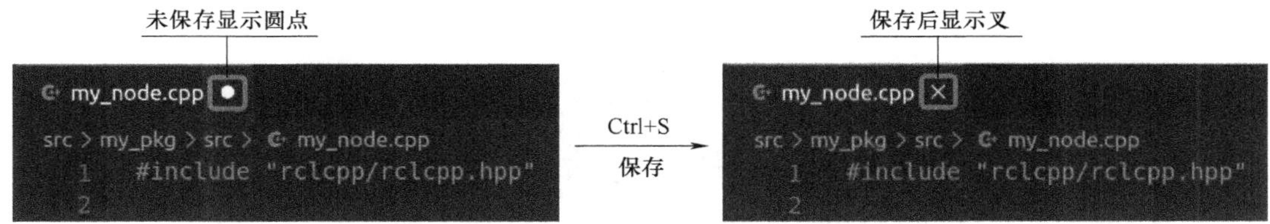

图 3-9　保存源码文件内容

2. 设置编译规则

节点源码的编译规则写在 my_pkg 的 CMakeLists. txt 文件中。如图 3-10 所示，在 VSCode 中打开这个文件。

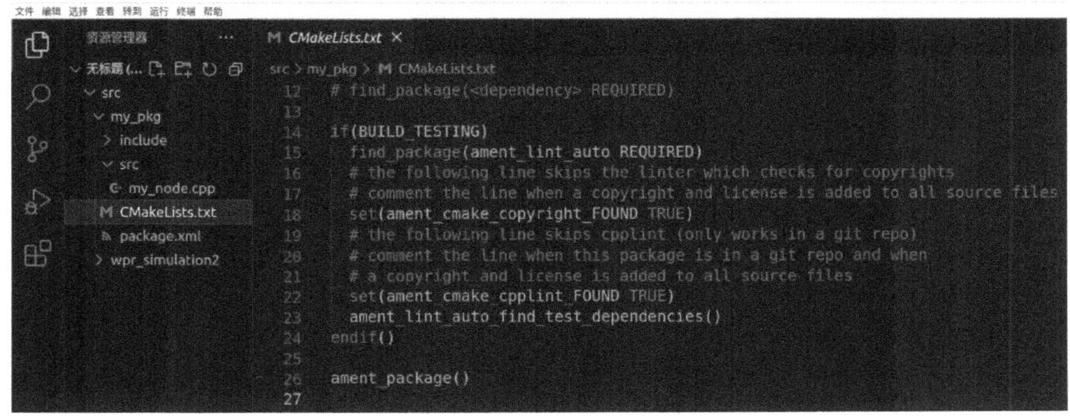

图 3-10　打开 CMakeLists. txt 文件

在这个文件里添加 my_node 节点的编译规则。如图 3-11 所示，首先使用如下代码寻找节点源码中用到的 rclcpp 依赖项。

```
find_package(rclcpp REQUIRED)
```

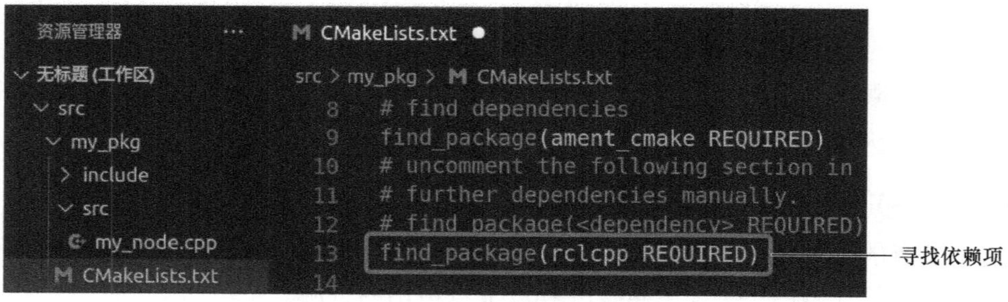

图 3-11　寻找依赖项

然后使用如下代码添加节点源码的编译规则，如图 3-12 所示。

```
add_executable(my_node src/my_node.cpp)
ament_target_dependencies(my_node "rclcpp")
```

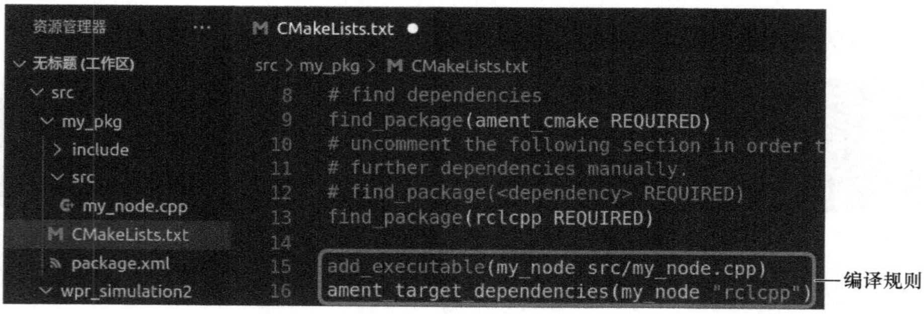

图 3-12　添加节点源码编译规则

最后使用如下代码添加节点编译完成后的安装规则，如图 3-13 所示。

```
install(TARGETS
  my_node
  DESTINATION lib/${PROJECT_NAME})
```

这些内容可以从 wpr_simulation2 的例程文件中找到。如果编译报错，可以与 wpr_simulation2\demo_cmakelists\3_my_node.txt 文件中的代码进行比对。

上述规则添加完毕后，一定要按组合键［Ctrl+S］保存文件，否则规则无法生效。

3. 修改软件包信息

在 VSCode 中打开［my_pkg］下的［package.xml］文件，修改软件包信息，如图 3-14 所示。

使用如下代码添加依赖项信息，如图 3-15 所示。

```
<depend>rclcpp</depend>
```

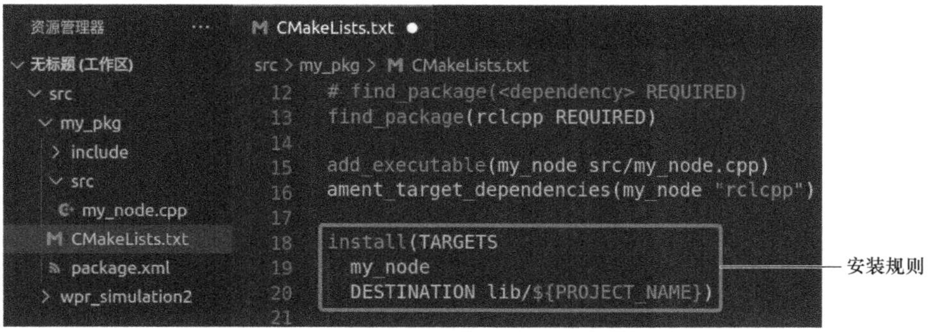

```
# find_package(<dependency> REQUIRED)
find_package(rclcpp REQUIRED)

add_executable(my_node src/my_node.cpp)
ament_target_dependencies(my_node "rclcpp")

install(TARGETS
  my_node
  DESTINATION lib/${PROJECT_NAME})
```

安装规则

图 3-13　添加节点编译完成后的安装规则

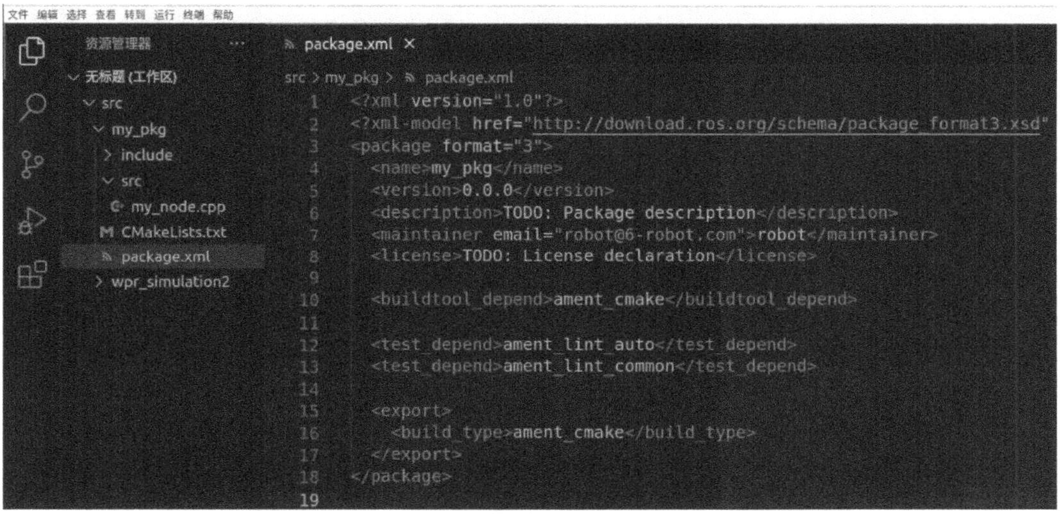

```
<?xml version="1.0"?>
<?xml-model href="http://download.ros.org/schema/package_format3.xsd"
<package format="3">
  <name>my_pkg</name>
  <version>0.0.0</version>
  <description>TODO: Package description</description>
  <maintainer email="robot@6-robot.com">robot</maintainer>
  <license>TODO: License declaration</license>

  <buildtool_depend>ament_cmake</buildtool_depend>

  <test_depend>ament_lint_auto</test_depend>
  <test_depend>ament_lint_common</test_depend>

  <export>
    <build_type>ament_cmake</build_type>
  </export>
</package>
```

图 3-14　修改软件包信息

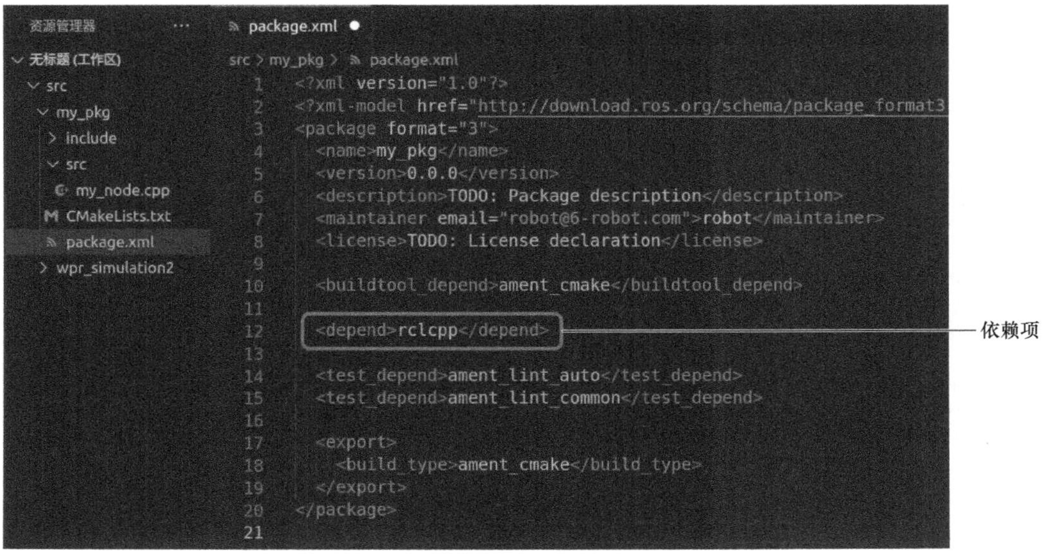

```
<?xml version="1.0"?>
<?xml-model href="http://download.ros.org/schema/package_format3
<package format="3">
  <name>my_pkg</name>
  <version>0.0.0</version>
  <description>TODO: Package description</description>
  <maintainer email="robot@6-robot.com">robot</maintainer>
  <license>TODO: License declaration</license>

  <buildtool_depend>ament_cmake</buildtool_depend>

  <depend>rclcpp</depend>

  <test_depend>ament_lint_auto</test_depend>
  <test_depend>ament_lint_common</test_depend>

  <export>
    <build_type>ament_cmake</build_type>
  </export>
</package>
```

依赖项

图 3-15　添加依赖项信息

这些内容可以从 wpr_simulation2 的例程文件中找到。如果编译报错，可以与 wpr_simulation2\demo_package\3_my_node.xml 文件中的代码进行比对。

文件修改后，一定要按组合键［Ctrl+S］保存文件，否则新的包信息无法生效。

4. 编译软件包

修改完上述文件后，打开终端窗口。执行如下指令，进入工作空间，如图 3-16 所示。

```
cd ~/ros2_ws/
```

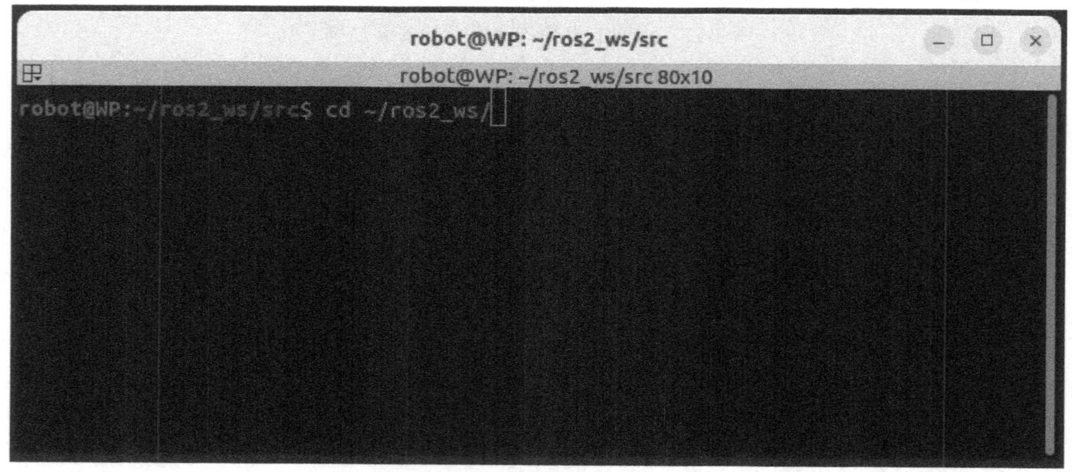

图 3-16　进入 ROS2 工作空间

然后执行如下指令，对工作空间中的所有软件包进行编译，如图 3-17 所示。

```
colcon build
```

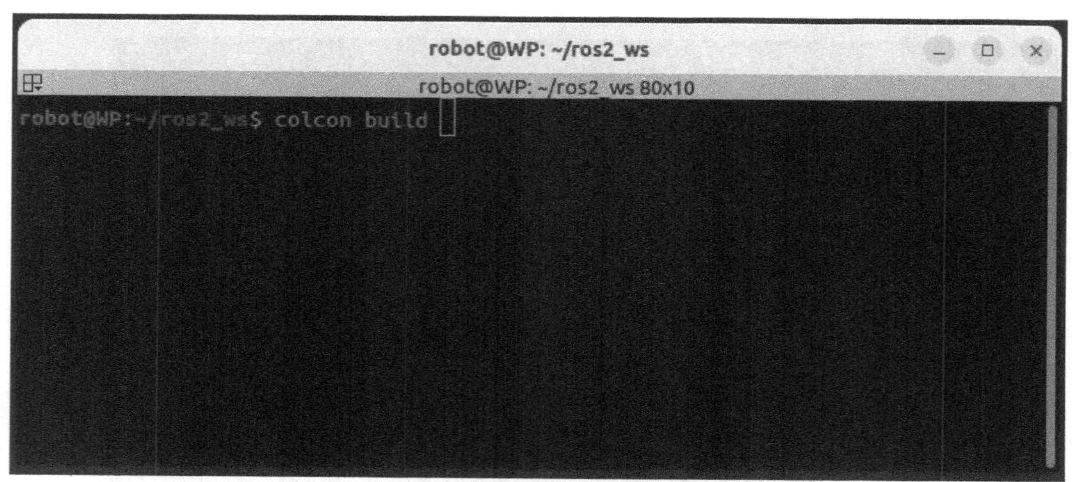

图 3-17　编译软件包

如果编译顺利的话，会显示如图 3-18 所示提示信息，表示编译成功。

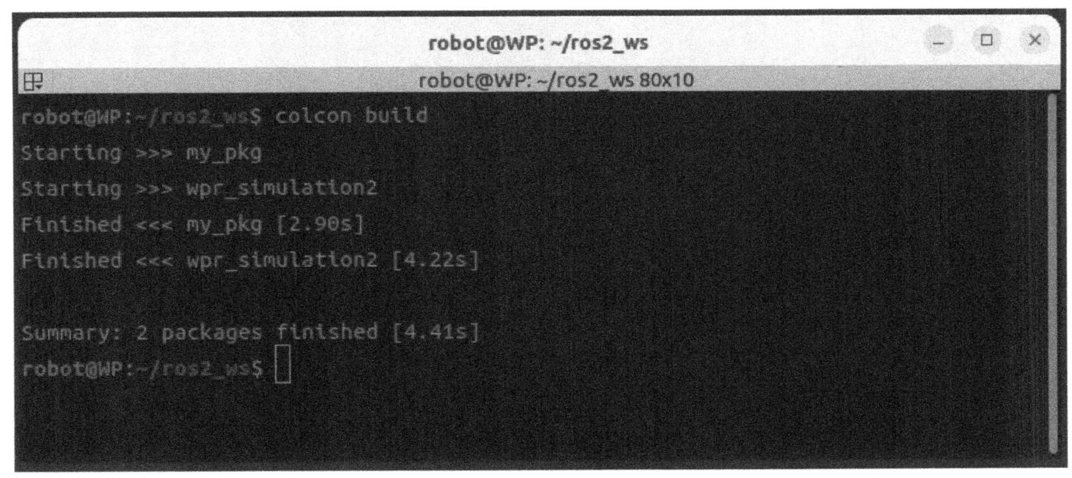

图 3-18　编译成功提示信息

3.1.3　运行节点

下面来运行刚才编写的节点。在运行前，需要加载一下当前工作空间中的环境设置参数，这样 ros2 指令才能找到刚才编译后的软件包和节点文件。如图 3-19 所示，保持终端的当前路径依然在工作空间目录 ros2_ws 中，然后执行如下指令。

```
source install/setup.bash
```

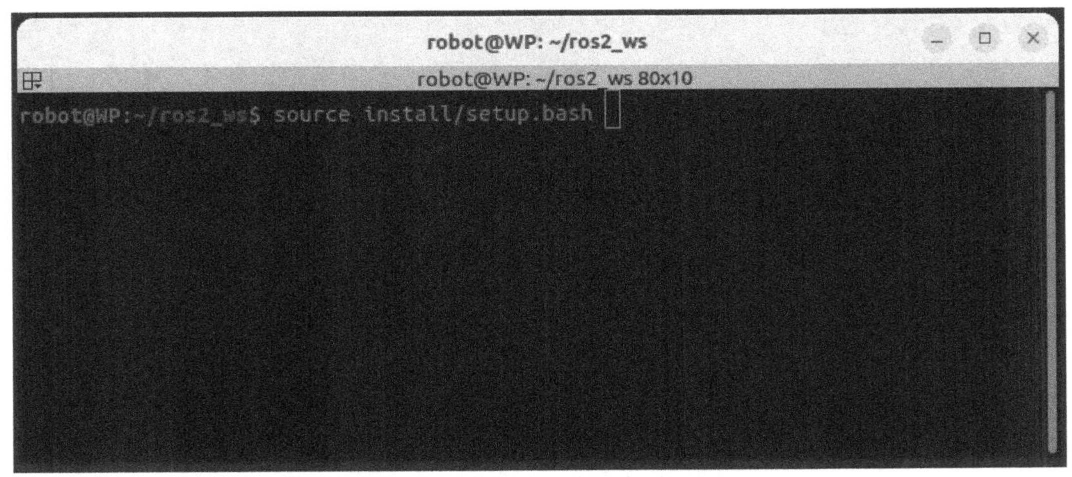

图 3-19　加载当前工作空间中的环境设置

然后，使用如下指令运行刚才编写的 my_node 节点，如图 3-20 所示。

```
ros2 run my_pkg my_node
```

节点运行起来之后，如图 3-21 所示，可以在终端看到之前在 my_node 节点输出的“Hello world!”信息。

如果想终止这个 my_node 节点的运行，如图 3-22 所示，可以在终端窗口按组合键［Ctrl+C］。

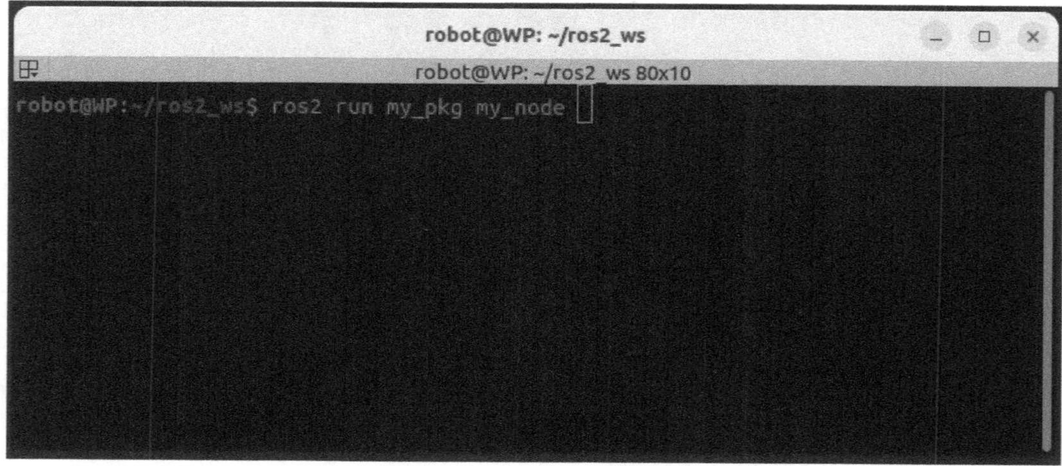

图 3-20　运行 my_node 节点

图 3-21　节点输出信息

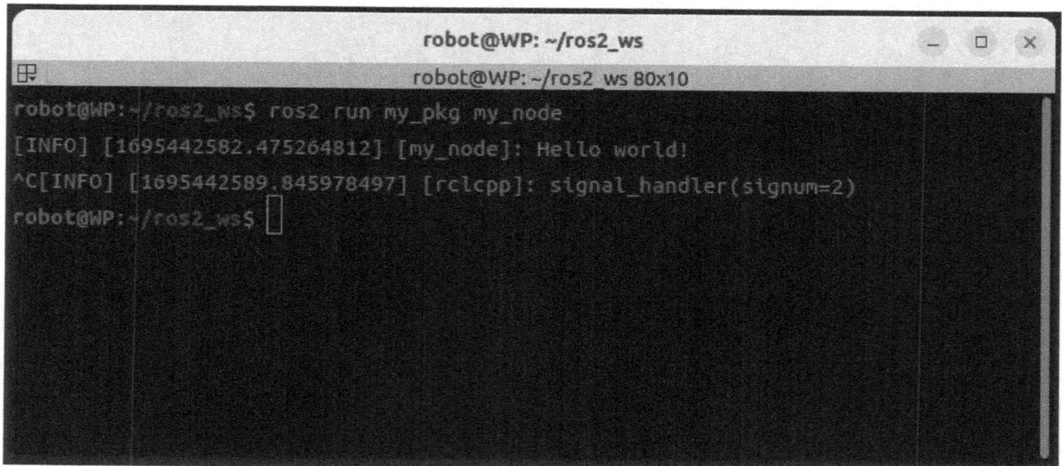

图 3-22　终止节点运行

此时可以看到节点已经退出运行，终端的输入提示符又出现，等待新的指令输入。

3.1.4 练习题

1）用自己的话，概述一下什么是节点，什么是软件包。

2）一个节点可以从属于多个软件包吗？

3）一个软件包可以包含多个节点吗？

3.2 话题和消息

在 ROS2 中，节点之间的通信最常用的方式是话题（Topic）和消息（Message）。其中话题可以理解为一个网络聊天室，不同的节点可通过话题名称（可以理解为聊天室的名称）来加入这个话题。在这个话题聊天室里发言的节点，可以称为发布者（Publisher）；而聊天室中所有看到发言内容的节点，可以称为订阅者（Subscriber）。

在话题聊天室中传送的发言内容，就是消息。所以上述通信机制可以概括为：

1）发布者将要发送的数据打包成消息，然后发送到话题中。

2）订阅者订阅一个话题，从话题中获取消息，然后把消息中的数据解析出来，进行后续的计算和使用。

其中发布者和订阅者所使用的消息格式必须一致，否则无法完成通信。在 ROS2 中定义了丰富的消息格式，下面将使用其中的字符串消息格式 std_msgs::String 来实现一个发布者和订阅者。可以通过这个编程实验来学习使用话题和消息这种通信形式。

3.2.1 编写话题发布者

通过以上内容的学习，该如何进行话题发布者的编写呢？具体操作步骤如下。

1. 创建软件包

首先在工作空间中创建一个软件包。如图 3-23 所示，按组合键［Ctrl+Alt+T］打开一个新的终端窗口，输入如下指令，进入 ROS2 工作空间。

```
cd ~/ros2_ws/src/
```

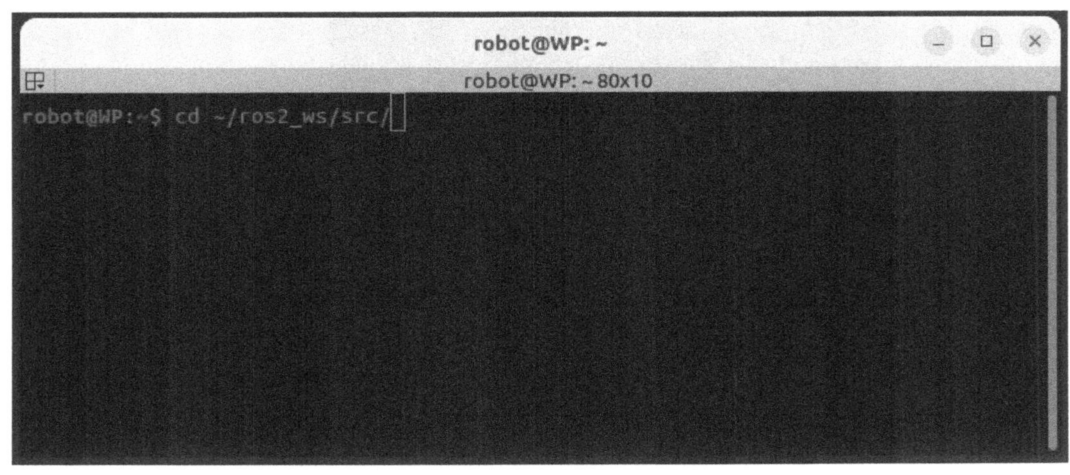

图 3-23　进入 ROS2 工作空间

然后用如下指令创建一个名为“topic_pkg”的软件包，如图 3-24 所示。

```
ros2 pkg create topic_pkg
```

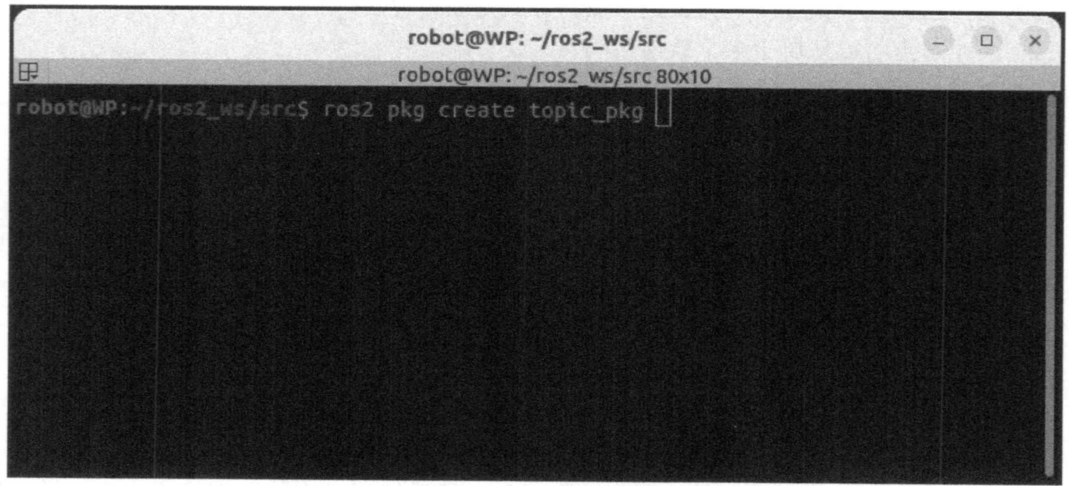

图 3-24　创建名为“topic_pkg”的软件包

打开 VSCode，可以在［资源管理器］窗口中看到工作空间的［src］下新增加了一个［topic_pkg］软件包，将其展开后，其中包含的项目如图 3-25 所示。

图 3-25　［topic_pkg］软件包目录

创建好软件包后，接下来在这个软件包中创建一个节点。

2. 编写节点代码

先创建这个节点的源码文件。用鼠标右键单击图 3-26 中软件包下的［src］子目录，在弹出的快捷菜单中选择［新建文件］。

此时会提示输入文件名。如图 3-27 所示，输入“publisher_node. cpp”，然后按［Enter］键，就会创建一个名为“publisher_node. cpp”的源码文件。

在编辑区可以编写这个源码文件，其内容如下，如图 3-28 所示。

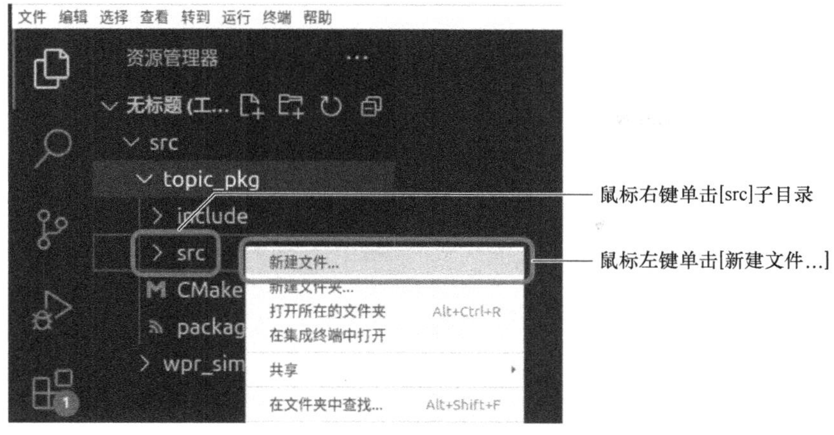

图 3-26 新建文件

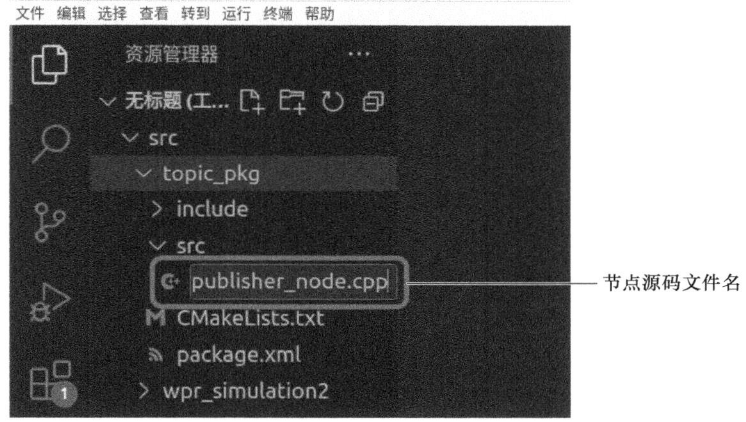

图 3-27 创建名为“publisher_node. cpp”的源码文件

```
#include "rclcpp/rclcpp.hpp"
#include "std_msgs/msg/string.hpp"

int main(int argc, char * argv[])
{
  rclcpp::init(argc, argv);

  auto node = std::make_shared<rclcpp::Node>("publisher_node");

  auto publisher = node->create_publisher<std_msgs::msg::String>("/my_topic", 10);

  std_msgs::msg::String message;
  message.data = "Hello World!";

  rclcpp::Rate loop_rate(1);

  while (rclcpp::ok())
  {
    publisher->publish(message);
    loop_rate.sleep();
  }

  rclcpp::shutdown();

  return 0;
}
```

图 3-28 源码文件内容

```
#include "rclcpp/rclcpp.hpp"
#include "std_msgs/msg/string.hpp"

int main(int argc,char * argv[])
{
  rclcpp::init(argc,argv);

  auto node=std::make_shared<rclcpp::Node>("publisher_node");

  auto publisher=node->create_publisher<std_msgs::msg::String>("/my_
topic",10);

  std_msgs::msg::String message;
  message.data="Hello World!";

  rclcpp::Rate loop_rate(1);

  while (rclcpp::ok())
  {
    publisher->publish(message);
    loop_rate.sleep();
  }

  rclcpp::shutdown();

  return 0;
}
```

上述代码可以从 wpr_simulation2 的例程文件中找到。如果编译报错，可以与 wpr_simulation2\demo_cpp\3_publisher_node.cpp 文件中的代码进行比对。

下面是对这个节点代码的解释。

```
#include "rclcpp/rclcpp.hpp"
#include "std_msgs/msg/string.hpp"
```

这两行代码分别导入了 ROS2 的 C++库和字符串消息类型 std_msgs::msg::String 的头文件。std_msgs::msg::String 是一个 ROS2 预定义的消息类型，表示一个字符串。

```
int main(int argc,char * argv[])
{
  rclcpp::init(argc,argv);
```

这段代码是 main( ) 函数的开始，接收命令行参数 argc 和 argv。rclcpp::init （argc,

argv）用于初始化节点。

```
auto node=std::make_shared<rclcpp::Node>("publisher_node");
```

这行代码创建了一个节点对象，并使用 std::make_shared() 函数将这个节点的共享指针传递给 node。这个节点名称为“publisher_node”。

```
auto publisher=node->create_publisher<std_msgs::msg::String>("/my_
topic",10);
```


这行代码使用 node->create_publisher() 函数创建了一个发布者对象并赋值给 publisher。发布的消息类型是 std_msgs::msg::String，发布话题名称为“/my_topic”，10 表示发送缓冲的队列大小。

```
std_msgs::msg::String message;
message.data="Hello World!";
```

这段代码创建了一个 std_msgs::msg::String 类型的消息包对象 message，并将字符串"Hello World!" 赋值给消息包的 data 字段。

```
rclcpp::Rate loop_rate(1);
```

这行代码创建了一个循环频率对象“loop_rate”，参数 1 表示循环的频率为 1Hz，即每秒循环一次。后面会用这个 loop_rate 来控制 while() 循环的执行频率。

```
while (rclcpp::ok())
{
  publisher->publish(message);
  loop_rate.sleep();
}
```

这是一个无限循环，rclcpp::ok() 检查 ROS2 是否正在运行。在循环中，通过 publisher 的 publish() 函数将消息包 message 发布到话题上，然后通过 loop_rate.sleep() 等待循环频率的时间间隔。

```
rclcpp::shutdown();
```

当节点运行过程中收到系统的关闭要求时会执行这行代码。这行代码用于关闭节点，释放节点占用的资源。

```
  return 0;
}
```

这是 main() 函数的结束，返回值为 0，表示程序成功执行并正常退出。

代码编写完毕后，需要按组合键［Ctrl+S］保存刚才编写的代码。保存成功后，编辑界面文件名后面的圆点符号会变成一个叉符号。

3. 设置编译规则

节点源码的编译规则写在 topic_pkg 的 CMakeLists.txt 文件中。在 VSCode 中打开这个文件，在这个文件中添加 publisher_node 节点的编译规则。如图 3-29 所示，首先使用如下代码寻找节点源码中用到的依赖项。

```
find_package(rclcpp REQUIRED)
find_package(std_msgs REQUIRED)
```

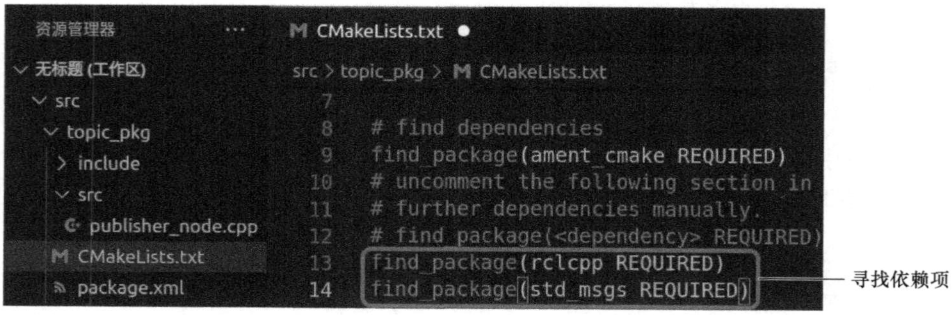

图 3-29　寻找依赖项

然后使用如下代码添加节点源码的编译规则，如图 3-30 所示。

```
add_executable(publisher_node src/publisher_node.cpp)
ament_target_dependencies(publisher_node "rclcpp"  "std_msgs")
```

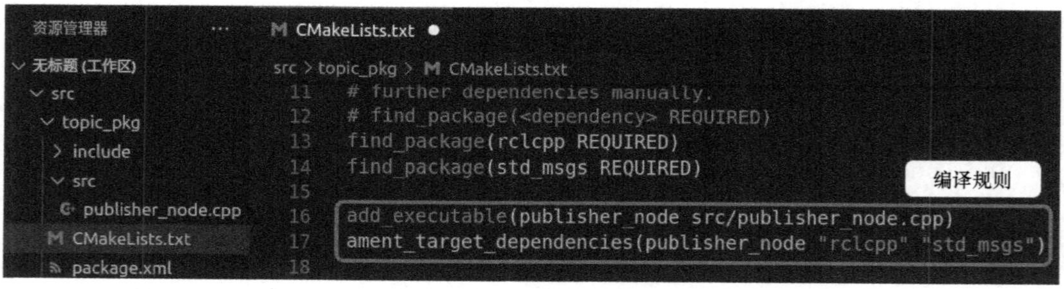

图 3-30　添加节点源码的编译规则

最后使用如下代码添加节点编译完成后的安装规则，如图 3-31 所示。

```
install(TARGETS
  publisher_node
  DESTINATION lib/${PROJECT_NAME})
```

这些内容可以从 wpr_simulation2 的例程文件中找到。如果编译报错，可以与 wpr_simulation2\demo_cmakelists\3_publisher_node.txt 文件中的代码进行比对。

上述规则添加完毕后，一定要保存文件，否则规则无法生效。

4. 修改软件包信息

在 VSCode 中打开［topic_pkg］下的［package.xml］文件，使用如下代码添加依赖项信息，如图 3-32 所示。

```
<depend>rclcpp</depend>
<depend>std_msgs</depend>
```

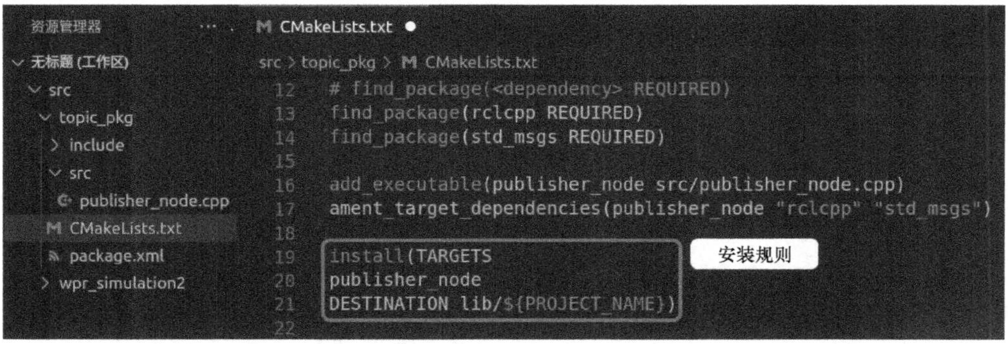

```
# find_package(<dependency> REQUIRED)
find_package(rclcpp REQUIRED)
find_package(std_msgs REQUIRED)

add_executable(publisher_node src/publisher_node.cpp)
ament_target_dependencies(publisher_node "rclcpp" "std_msgs")

install(TARGETS
publisher_node
DESTINATION lib/${PROJECT_NAME})
```

安装规则

图 3-31 添加节点编译后的安装规则

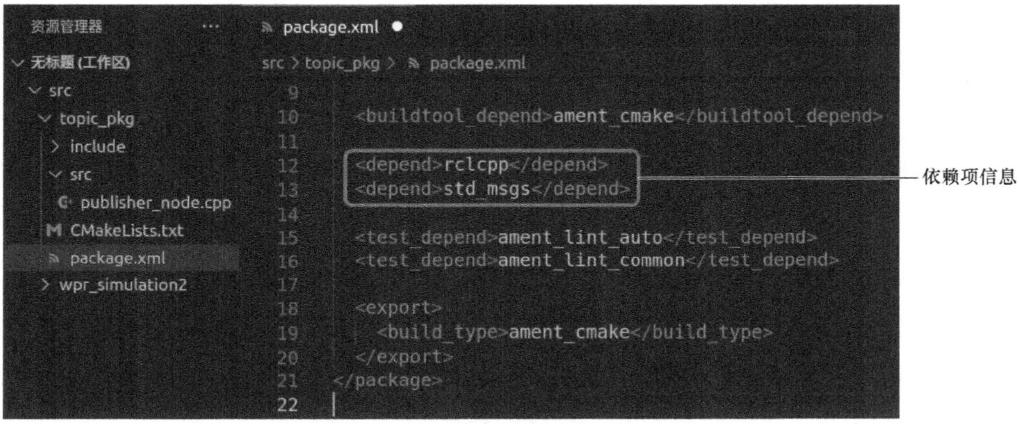

```
  <buildtool_depend>ament_cmake</buildtool_depend>

  <depend>rclcpp</depend>
  <depend>std_msgs</depend>

  <test_depend>ament_lint_auto</test_depend>
  <test_depend>ament_lint_common</test_depend>

  <export>
    <build_type>ament_cmake</build_type>
  </export>
</package>
```

依赖项信息

图 3-32 添加依赖项信息

这些内容可以从 wpr_simulation2 的例程文件中找到。如果编译报错，可以与 wpr_simulation2\demo_package\3_my_node. xml 文件中的代码进行比对。

文件修改后，一定要保存文件，否则所添加的信息无法生效。

5. 编译软件包

修改完上述文件后，打开终端窗口，执行如下指令，进入工作空间，如图 3-33 所示。

```
cd ~/ros2_ws/
```

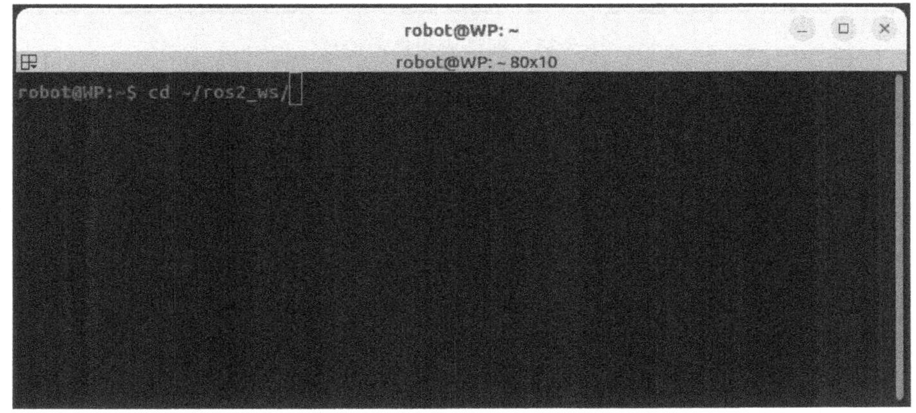

图 3-33 进入 ROS2 工作空间

然后执行如下指令，对工作空间中的所有软件包进行编译，如图 3-34 所示。

```
colcon build
```

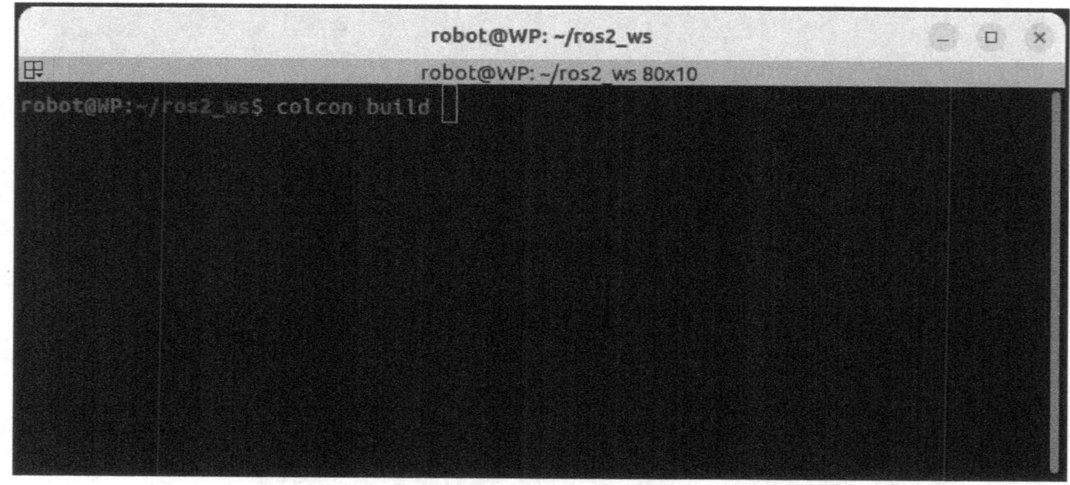

图 3-34　编译软件包

如果编译顺利的话，会显示如图 3-35 所示提示信息，表示编译成功。

```
robot@WP:~/ros2_ws$ colcon build
Starting >>> topic_pkg
Starting >>> wpr_simulation2
Finished <<< topic_pkg [3.82s]
Finished <<< wpr_simulation2 [5.88s]

Summary: 2 packages finished [6.05s]
robot@WP:~/ros2_ws$
```

图 3-35　编译成功提示信息

6. 运行节点

下面运行刚才编写的节点。在运行前，需要加载一下当前工作空间中的环境设置，这样 ros2 指令才能找到刚才编译后的软件包和节点文件。如图 3-36 所示，保持终端的当前路径依然在工作空间目录 ros2_ws 中，然后执行如下指令。

```
source install/setup.bash
```

然后，使用如下指令运行刚才编写的 publisher_node 节点，如图 3-37 所示。

```
ros2 run topic_pkg publisher_node
```

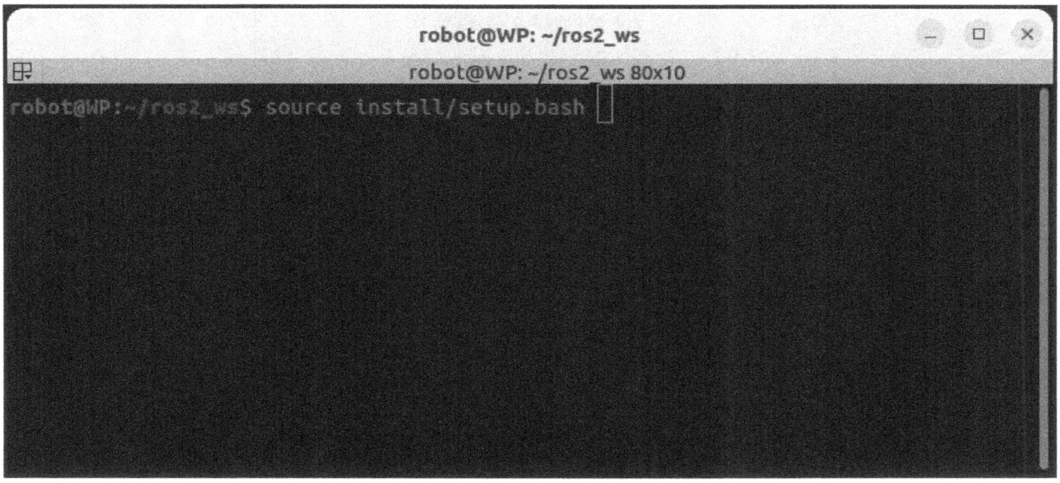

```
robot@WP: ~/ros2_ws
robot@WP: ~/ros2_ws 80x10
robot@WP:~/ros2_ws$ source install/setup.bash
```

图 3-36　加载当前工作空间中的环境设置

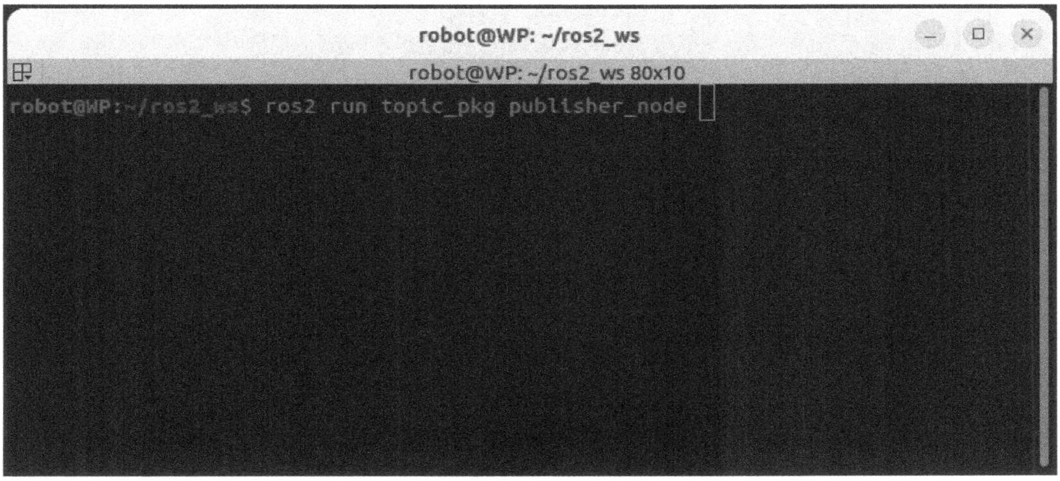

```
robot@WP: ~/ros2_ws
robot@WP: ~/ros2_ws 80x10
robot@WP:~/ros2_ws$ ros2 run topic_pkg publisher_node
```

图 3-37　运行 publisher_node 节点

节点运行起来之后，终端没有提示。这时可以使用一些 ROS2 自带的工具指令来查看话题的当前状况。第一个工具是用来查看当前话题列表的指令。如图 3-38 所示，在 Terminator 终端中，按组合键［Ctrl+Shift+O］，将终端分为上、下两个子窗口。上面的窗口仍然保持 publisher_node 运行，下面的窗口可以输入新的指令并运行。

在新的终端子窗口中输入如下指令，如图 3-39 所示。

```
ros2 topic list
```

按［Enter］键执行后，会看到当前的 ROS2 网络中正在活跃的话题列表，如图 3-40 所示。

在列表中，可以看到一个名称为“/my_topic”的话题。与前面节点源码中的话题名称一致，说明这个是 publisher_node 节点发布的话题。然后可以使用指令查看这个话题里发布的消息内容。在终端子窗口中输入如下指令，如图 3-41 所示。

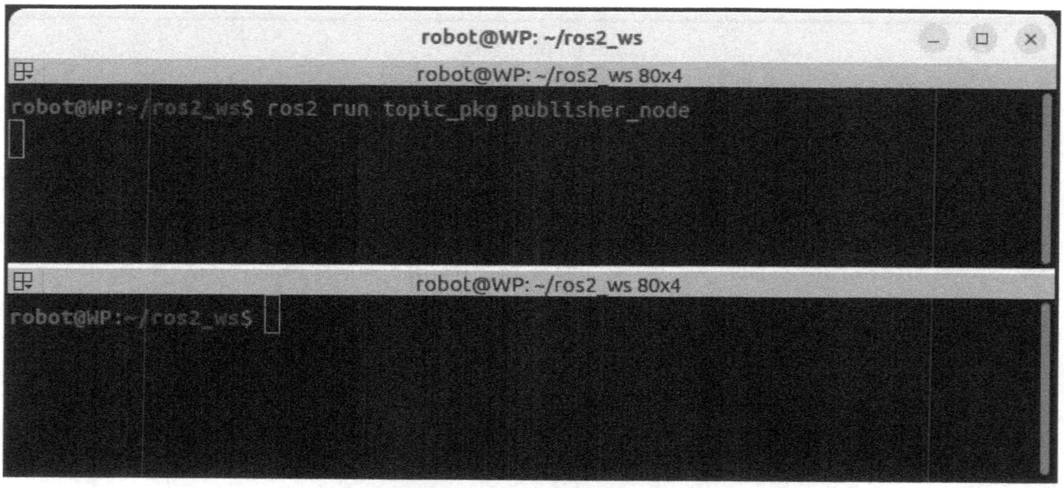

robot@WP: ~/ros2_ws
robot@WP: ~/ros2_ws 80x4
robot@WP:~/ros2_ws$ ros2 run topic_pkg publisher_node
robot@WP: ~/ros2_ws 80x4
robot@WP:~/ros2_ws$

图 3-38　查看当前话题列表的指令

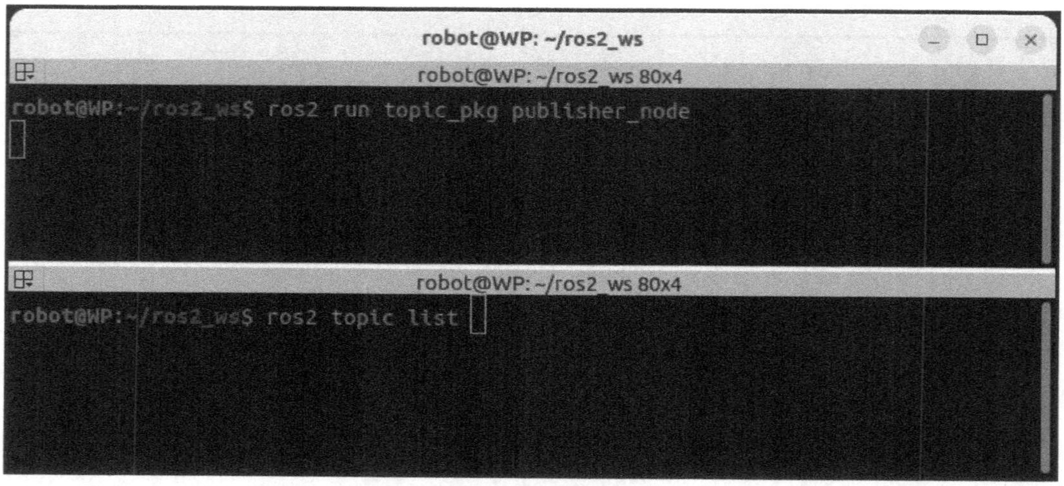

robot@WP: ~/ros2_ws
robot@WP: ~/ros2_ws 80x4
robot@WP:~/ros2_ws$ ros2 run topic_pkg publisher_node
robot@WP: ~/ros2_ws 80x4
robot@WP:~/ros2_ws$ ros2 topic list

图 3-39　输入新指令

robot@WP: ~/ros2_ws
robot@WP: ~/ros2_ws 80x4
robot@WP:~/ros2_ws$ ros2 run topic_pkg publisher_node
robot@WP: ~/ros2_ws 80x4
robot@WP:~/ros2_ws$ ros2 topic list
/my_topic
/parameter_events
/rosout
robot@WP:~/ros2_ws$

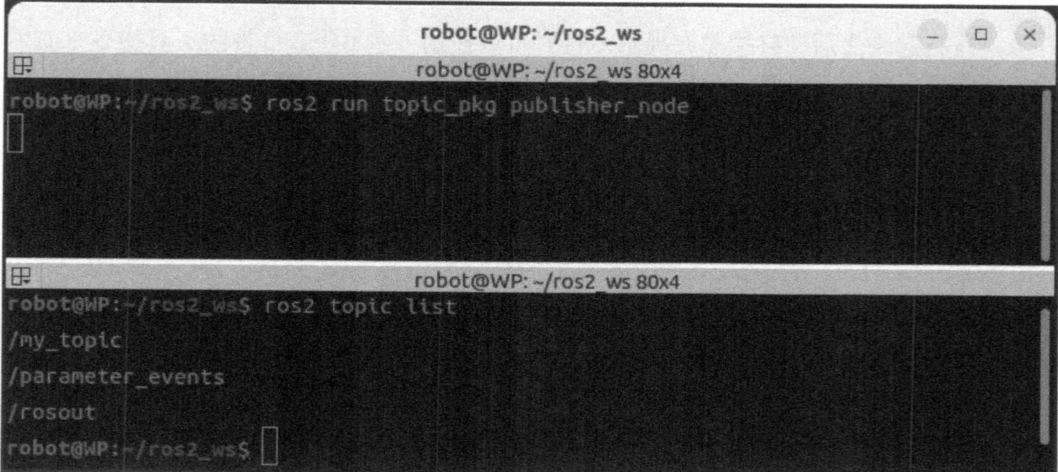

图 3-40　活跃的话题列表

```
ros2 topic echo /my_topic
```

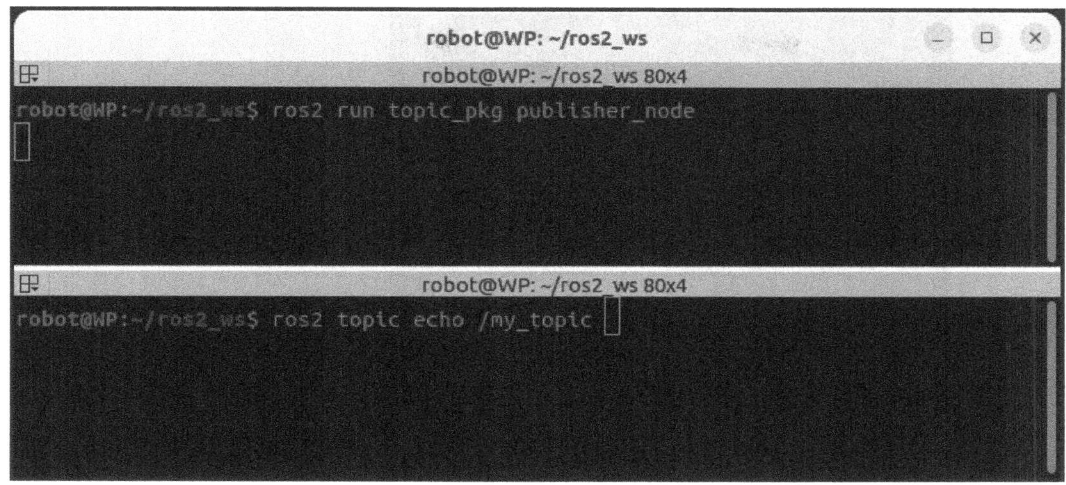

图 3-41　查看话题发布的消息内容

按［Enter］键执行后，可以看到终端出现了“data：Hello World!”的内容信息，如图 3-42 所示。

```
robot@WP: ~/ros2_ws
robot@WP: ~/ros2_ws 80x4
robot@WP:~/ros2_ws$ ros2 run topic_pkg publisher_node

robot@WP: ~/ros2_ws 80x4
robot@WP:~/ros2_ws$ ros2 topic echo /my_topic
data: Hello World!
---
data: Hello World!
---
```

图 3-42　输出内容消息

对照前面的节点源码，可以确认这就是 publisher_node 节点在话题中发送的消息内容，说明 publisher_node 这个发布者节点已经成功地在指定话题里发布了指定内容的消息包。

3.2.2　编写话题订阅者

在上一小节中，创建了一个名为“topic_pkg”的软件包，并在这个软件包中实现了一个发布者节点。在这一小节中，在这个 topic_pkg 软件包中添加一个订阅者节点。

1. 添加节点源码文件

打开 VSCode，在［资源管理器］窗口中找到［topic_pkg］软件包目录，用鼠标右键单击软件包下的［src］子目录，在弹出的快捷菜单中选择［新建文件］，如图 3-43 所示。

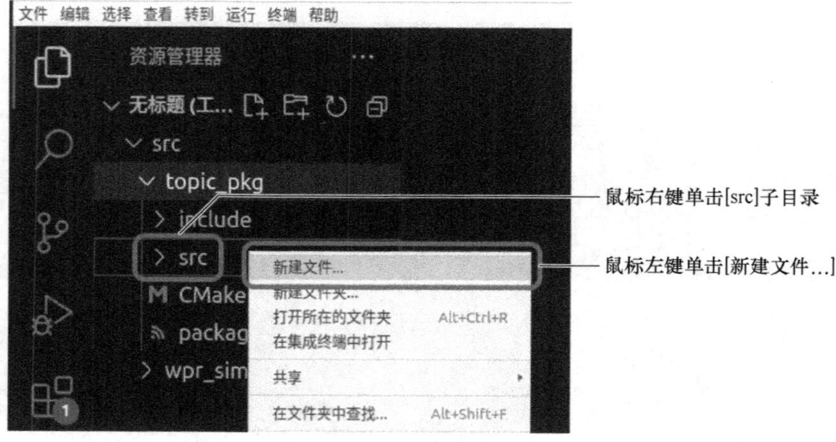

图 3-43　新建文件

此时会提示输入文件名，在图 3-44 所示位置输入“subscriber_node. cpp”，然后按［Enter］键，创建一个名为“subscriber_node. cpp”的源码文件。

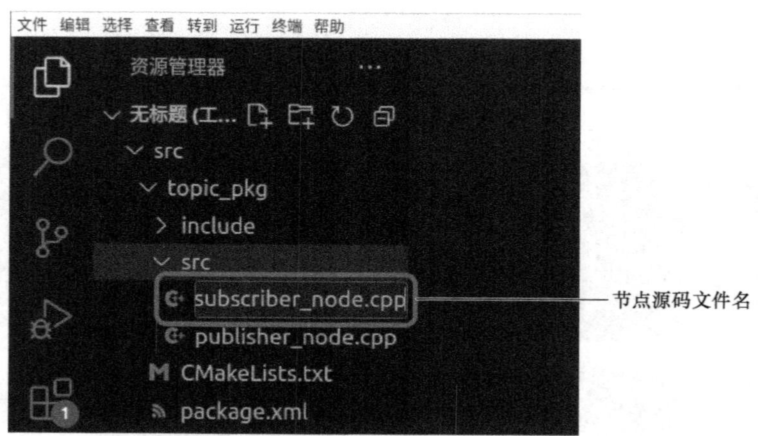

图 3-44　创建名为“subscriber_node. cpp”的源码文件

2. 编写节点代码

在 VSCode 的编辑区编写 subscriber_node. cpp，其内容如下，如图 3-45 所示。

```
#include "rclcpp/rclcpp.hpp"
#include "std_msgs/msg/string.hpp"

std::shared_ptr<rclcpp::Node> node;

void Callback(const std_msgs::msg::String::SharedPtr msg)
{
    RCLCPP_INFO(node->get_logger(),"Receive:%s",msg->data.c_str());
}
```

```
int main(int argc,char * argv[])
{
  rclcpp::init(argc,argv);

  node=std::make_shared<rclcpp::Node>("subscriber_node");

  auto subscriber=node->create_subscription<std_msgs::msg::String>("/
my_topic",10,&Callback);

  rclcpp::spin(node);

  rclcpp::shutdown();

  return 0;
}
```


图 3-45　编写 subscriber_node. cpp 的内容

上述代码可以从 wpr_simulation2 的例程文件中找到。如果编译报错，可以与 wpr_simulation2\demo_cpp\3_subscriber_node. cpp 文件中的代码进行比对。

下面是对这个节点代码的解释。

```
#include "rclcpp/rclcpp.hpp"
#include "std_msgs/msg/string.hpp"
```

这两行代码分别导入了 ROS2 的 C++库和字符串消息类型 std_msgs::msg::String 的头文件。std_msgs::msg::String 是一个 ROS2 预定义的消息类型，表示一个字符串。

```
std::shared_ptr<rclcpp::Node> node;
```

这行代码声明了一个名为“node”的共享指针，指向 rclcpp::Node 类型的对象。后面会在主函数 main() 中为这个指针创建一个节点对象。这个 node 声明在文件开头，是为了让它变成一个全局指针，这样在回调函数和主函数中都可以对它进行操作和访问。

```
void Callback(const std_msgs::msg::String::SharedPtr msg)
{
    RCLCPP_INFO(node->get_logger(),"Receive:%s",msg->data.c_str());
}
```


这是一个回调函数。在后面的代码中，会将它设置为接收到话题消息后的回调函数。它接收一个 std_msgs::msg::String 类型的共享指针 msg 作为参数，这个 msg 就是接收到的消息包。在函数体内，使用 RCLCPP_INFO 宏将接收到的消息内容显示到运行节点的终端窗口中。node->get_logger() 得到节点的日志打印对象；msg->data 是消息包中的字符串数据；c_str() 将消息包中的字符串类型转换为 C 语言风格的字符串类型，这样才能用 RCLCPP_INFO 宏进行显示。

```
int main(int argc,char *argv[])
{
  rclcpp::init(argc,argv);
```

这段代码是 main() 函数的开始，接收命令行参数 argc 和 argv。rclcpp::init(argc,argv) 用于初始化节点。

```
  node=std::make_shared<rclcpp::Node>("subscriber_node");
```

这行代码使用 std::make_shared() 函数创建一个节点对象，并将这个对象的共享指针赋值给共享指针 node。这个节点名称为“subscriber_node”。

```
  auto subscriber=node->create_subscription<std_msgs::msg::String>("/
my_topic",10,&Callback);
```

这行代码使用 node->create_subscription() 函数创建了一个订阅者对象 subscriber，并将这个对象的指针赋值给 subscriber。订阅的消息类型是 std_msgs::msg::String，订阅的话题名称为“/my_topic”，10 表示接收消息包的缓冲队列大小。回调函数 Callback() 在前面已经有定义，它将在接收到消息时被调用。

```
  rclcpp::spin(node);
```

这行代码启动节点的主循环，使节点开始处理消息并调用回调函数。rclcpp::spin() 函数将使 main() 函数卡在这行代码上不继续往下执行，保持节点处于运行状态，直到节点被强制关闭。

```
  rclcpp::shutdown();
```

当节点运行过程中收到系统的关闭要求时会执行这一行代码，以关闭节点，释放节点占用的资源。

```
  return 0;
}
```

这是 main( ) 函数的结束，返回值为 0，表示程序成功执行并正常退出。

代码编写完毕后，需要保存代码。保存成功后，编辑界面文件名后面的圆点符号会变成一个叉符号。

3. 设置编译规则

节点源码的编译规则写在 topic_pkg 的 CMakeLists. txt 文件里。在 VSCode 中打开并编辑这个文件。在上一小节中，已经添加了编译需要的依赖项。这里只需要使用如下代码添加新的节点源码编译规则，如图 3-46 所示。


```
add_executable(subscriber_node src/subscriber_node.cpp)
ament_target_dependencies(subscriber_node "rclcpp" "std_msgs")
```

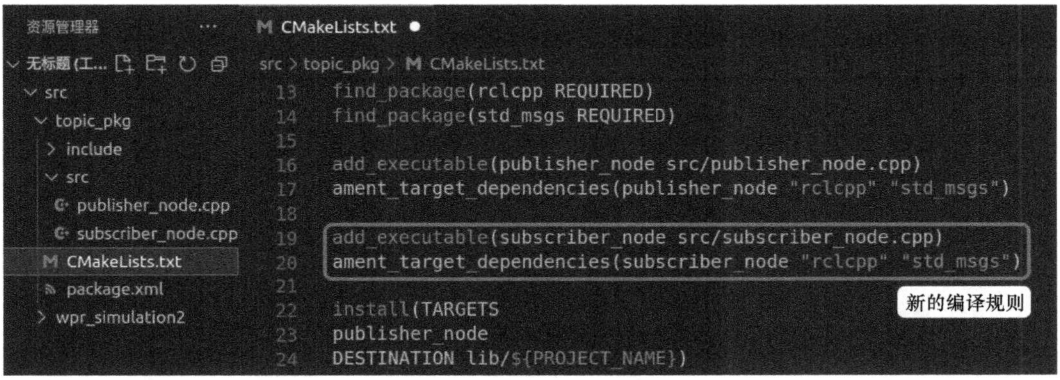

图 3-46　添加新的节点源码编译规则

最后修改安装规则，修改后的安装规则如下，即在图 3-47 所示上一小节的 publisher_node 后面添加一个 subscriber_node。

```
install(TARGETS
  publisher_node
subscriber_node
  DESTINATION lib/${PROJECT_NAME})
```

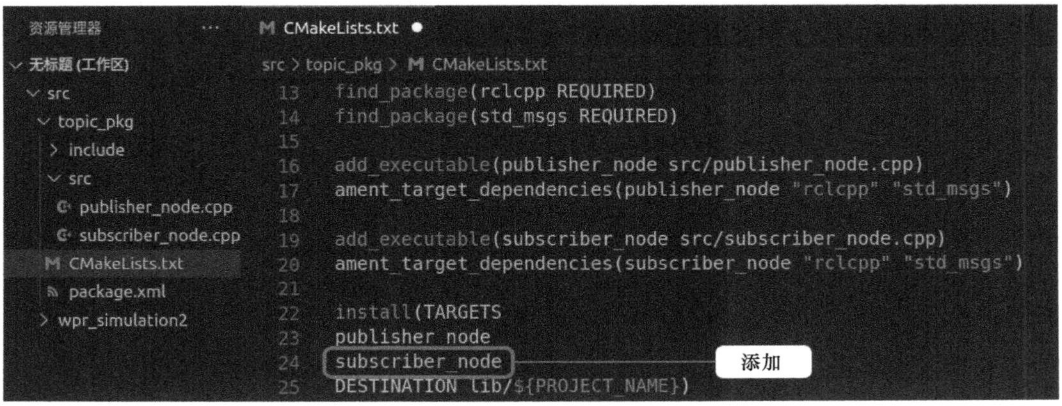

图 3-47　修改安装规则

这些内容可以从 wpr_simulation2 的例程文件中找到。如果编译报错，可以与 wpr_simulation2\demo_cmakelists\3_subscriber_node. txt 文件中的代码进行比对。

上述规则修改完毕后，一定要保存文件，否则规则无法生效。另外在上一小节里，已经在 package. xml 中添加了依赖项，所以这一小节无须再进行这一步操作。

4. 编译软件包

修改完上述文件后，打开终端窗口，执行如下指令，进入工作空间，如图 3-48 所示。

```
cd ~/ros2_ws/
```

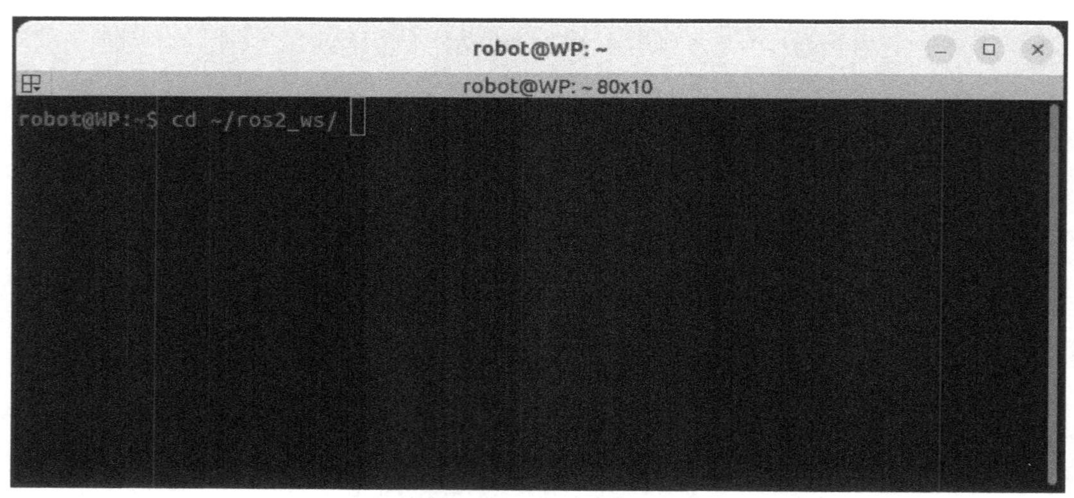

图 3-48　进入 ROS2 工作空间

然后执行如下指令，对工作空间中的所有软件包进行编译，如图 3-49 所示。

```
colcon build
```

图 3-49　编译软件包

如果编译顺利的话，会显示如图 3-50 所示信息，表示编译成功。

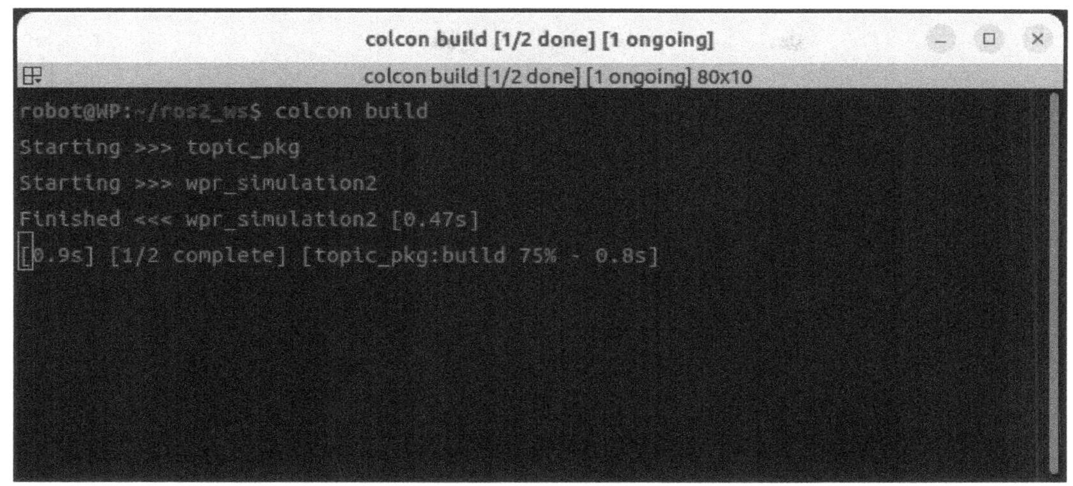

图 3-50 编译成功界面

5. 运行节点

在运行前，需要加载当前工作空间中的环境设置，这样 ros2 指令才能找到编译后的软件包和节点文件。如图 3-51 所示，保持终端的当前路径依然在工作空间目录 ros2_ws 中，执行如下指令。

```
source install/setup.bash
```

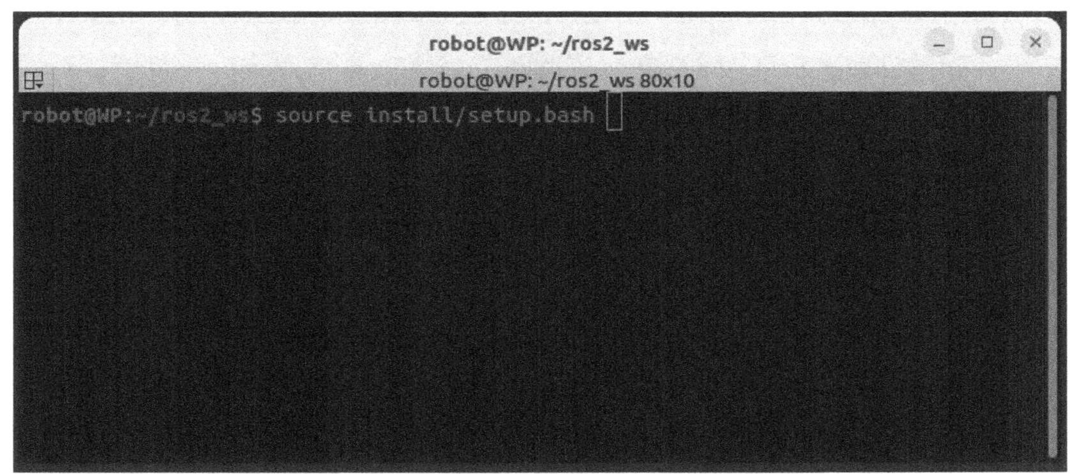

图 3-51 加载当前工作空间中的环境设置

然后，先使用如下指令运行上一小节编写的 publisher_node 节点，如图 3-52 所示。

```
ros2 run topic_pkg publisher_node
```

publisher_node 节点运行起来之后，再运行这一小节编写的 subscriber_node 节点。如图 3-53 所示，在 Terminator 终端中，按组合键［Ctrl+Shift+O］，终端分为上、下两个子窗口。

其中上面的窗口仍然保持 publisher_node 节点运行，下面的窗口将用来运行 subscriber_node 节点。在下面的窗口中执行如下指令，如图 3-54 所示。

图 3-52　运行 publisher_node 节点

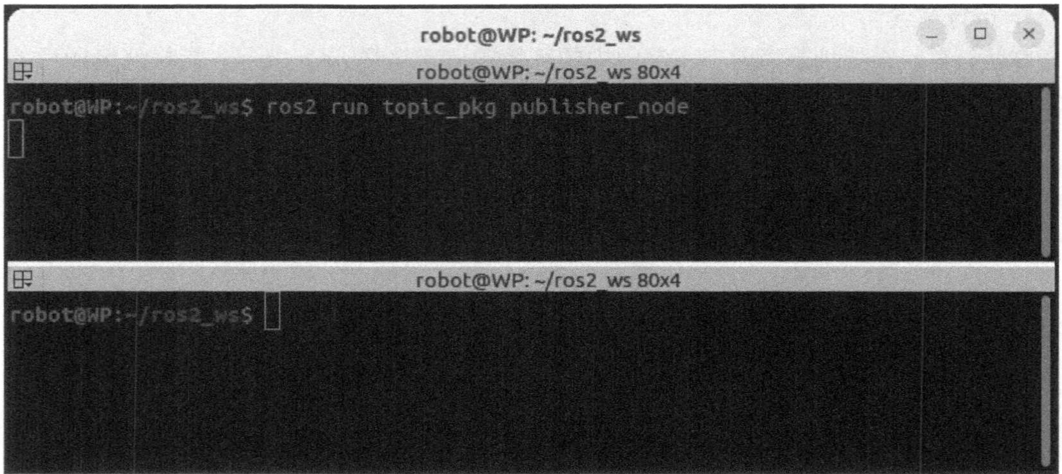

图 3-53　两个终端子窗口

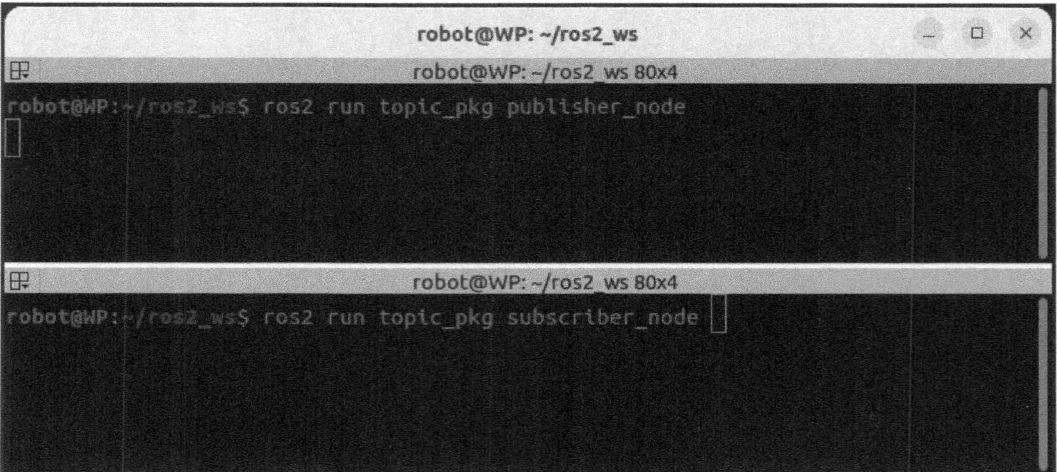

图 3-54　运行 subscriber_node 节点

```
ros2 run topic_pkg subscriber_node
```

按［Enter］键执行后，可以看到图3-55运行subscriber_node节点的窗口中出现了“Receive:Hello World!”的内容。

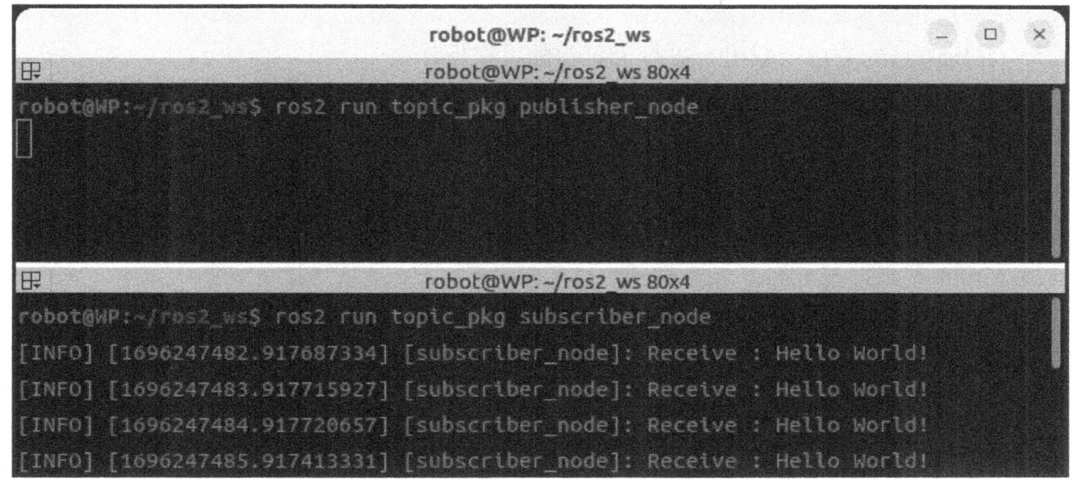

图3-55　输出内容

这就是subscriber_node节点接收到publisher_node节点发送来的消息内容。说明subscriber_node和publisher_node这两个节点通过话题“/my_topic”建立起了数据通信，使用std_msgs::msg::String类型的消息包在两个节点间传递数据。

3.2.3　练习题

1）用自己的话，概述一下什么是话题，什么是消息，什么是发布者，什么是订阅者。

2）思考：一个话题可以发布多个消息吗?

3）思考：一个消息可以发布到多个话题中去吗?

4）思考：一个话题可以有多个发布者吗?

5）思考：一个话题可以有多个订阅者吗?

3.3　面向对象的节点实现

3.3.1　话题发布者的类封装

在前面的实验里，使用的都是过程式编程，可以很清晰地展示节点的运行过程。但是在大量的开源项目中，最流行的是面向对象的编程方式，也就是将节点封装成类（Class）。

为了让读者能够更好地融入ROS2的开源社区，下面将学习如何将前面使用过程式编程的节点代码封装成类。先以发布者节点为例，具体操作步骤如下：

1）构建一个名称为“PublisherNode”的类。其父类设置为rclcpp::Node，以继承rclcpp::Node的所有功能。

2）消息发布需要用到的发布对象和消息包，将以成员对象的形式，声明在类的结构定义里。这样在类的所有成员函数里，都可以直接使用它们。

3）在 PublisherNode 类的构造函数里进行话题发布这类初始化操作。

4）消息的发布操作，由原来的 while( ) 循环，替换成定时器激发。在 PublisherNode 类的构造函数里进行定时器的启动。

5）在定时器的响应函数里，进行消息包的发送操作。

6）在 main( ) 函数里构建这个类的实例对象，并运行这个对象。

调整后的代码可以在 wpr_simulation2\demo_cpp\3_publisher_class. cpp 进行查阅。

代码内容如下。

```
#include "rclcpp/rclcpp.hpp"
#include "std_msgs/msg/string.hpp"

class PublisherNode:public rclcpp::Node
{
public:
  PublisherNode()
    :Node("publisher_node")
  {
    publisher_=create_publisher<std_msgs::msg::String>("/my_topic",
10);
    timer_=create_wall_timer(
      std::chrono::milliseconds(1000),
      std::bind(&PublisherNode::publishMessage,this)
      );
  }

private:
  void publishMessage()
  {
    message_.data="Hello World!";
    publisher_->publish(message_);
  }

  rclcpp::Publisher<std_msgs::msg::String>::SharedPtr publisher_;
  std_msgs::msg::String message_;
  rclcpp::TimerBase::SharedPtr timer_;
};

int main(int argc,char *argv[])
```

```
{
  rclcpp::init(argc,argv);
  auto node=std::make_shared<PublisherNode>();
  rclcpp::spin(node);
  rclcpp::shutdown();
  return 0;
}
```


对这段代码的解释如下。

```
#include "rclcpp/rclcpp.hpp"
#include "std_msgs/msg/string.hpp"
```

这两行代码分别导入了 ROS2 的 C++库和字符串消息类型 std_msgs::msg::String 的头文件。

```
class PublisherNode:public rclcpp::Node
{
```

这行代码定义了一个 PublisherNode 类，继承自 rclcpp::Node。这样这个类可继承父类的所有功能，包括发布对象的生成。这些功能在这个类的成员函数里都可以直接调用。

```
public:
  PublisherNode()
    :Node("publisher_node")
  {
    publisher_=create_publisher<std_msgs::msg::String>("/my_topic",10);
    timer_=create_wall_timer(
      std::chrono::milliseconds(1000),
      std::bind(&PublisherNode::publishMessage,this)
      );
  }
```

在 PublisherNode 类的构造函数中，首先调用 rclcpp::Node 的构造函数，并设置节点名称为“publisher_node”。然后，使用 create_publisher() 函数创建一个发布者对象 publisher_，发布的消息类型是 std_msgs::msg::String，消息发布到名为“/my_topic”的话题上，10 表示发送缓冲的队列长度为 10 个消息包。接下来，使用 create_wall_timer() 函数创建一个定时器对象 timer_，定时器的周期为 1000ms（1s）。当达到定时周期时，会调用 PublisherNode 类中的 publishMessage() 函数。

```
private:
  void publishMessage()
  {
    message_.data="Hello World!";
```

```
    publisher_->publish(message_);
  }
```

这是 PublisherNode 类的私有成员 publishMessage() 函数的定义。在函数体内，将字符串“Hello World!”赋值给消息对象 message_的 data 字段，然后通过发布者对象 publisher_将该消息发布到话题上。在前面的构造函数里已经将这个函数设置为定时器的响应函数，所以达到定时周期时，会自动调用这个函数。


```
  rclcpp::Publisher<std_msgs::msg::String>::SharedPtr publisher_;
  std_msgs::msg::String message_;
  rclcpp::TimerBase::SharedPtr timer_;
};
```

这几行代码声明了 PublisherNode 类的私有成员变量。publisher_是一个发布者对象的共享指针，用于发布消息。message_是一个 std_msgs::msg::String 类型的消息对象，用于存储待发布的消息。timer_是一个定时器对象的共享指针，用于定时触发消息发布。将这 3 个变量设置成类的私有成员，就可以在类的所有成员函数里直接访问。到这里，话题发布者 PublisherNodeo 类的定义就完成了。后面会在 main() 函数里构造这个类的实例对象，并让其运行起来。

```
int main(int argc,char *argv[])
{
  rclcpp::init(argc,argv);
  auto node=std::make_shared<PublisherNode>();
  rclcpp::spin(node);
  rclcpp::shutdown();
  return 0;
}
```

这是程序的主函数 main()。在函数体内，首先调用 rclcpp::init（argc，argv）初始化节点。然后，使用 std::make_shared() 函数创建一个 PublisherNode 类的对象，并把它的共享指针赋值给 node。接下来，调用 rclcpp::spin（node）启动节点的主循环，使节点开始处理消息和定时器的回调函数。最后，当节点运行过程中收到系统的关闭要求时，通过调用 rclcpp::shutdown() 关闭节点，释放节点占用的资源。返回值为 0，表示程序成功执行并正常退出。

如上就是对发布者节点的代码进行类封装。可以将封装后的代码替换到 3.2.1 小节的 publisher_node.cpp 文件中，然后按照 3.2.1 小节的实验流程再编译运行一遍，对比一下效果。

3.3.2 话题订阅者的类封装

完成了对发布者节点的类封装，下面开始对订阅者节点进行类封装，具体操作步骤如下：

1）构建一个名称为“SubscriberNode”的类。其父类设置为 rclcpp::Node，以继承父类的所有功能。

2）将订阅对象声明为类的成员变量，这样在类的所有成员函数里，都可以访问它。

3）在 SubscriberNode 类的构造函数里进行话题订阅操作。

4）在 main( ) 函数里构建这个类的实例对象，并运行这个对象。

调整后的代码可以在 wpr_simulation2\demo_cpp\3_subscriber_class.cpp 进行查阅。

代码内容如下。

```
#include "rclcpp/rclcpp.hpp"
#include "std_msgs/msg/string.hpp"

class SubscriberNode :public rclcpp::Node
{
public:
  SubscriberNode()
    :Node("subscriber_node")
  {
    subscriber_=create_subscription<std_msgs::msg::String>(
      "/my_topic",
      10,
       std::bind(&SubscriberNode::Callback,this,std::placeholders::_
1));
  }

private:
  void Callback(const std_msgs::msg::String::SharedPtr msg)
  {
    RCLCPP_INFO(get_logger(),"Receive :%s",msg->data.c_str());
  }

  rclcpp::Subscription<std_msgs::msg::String>::SharedPtr subscriber_;
};

int main(int argc,char * argv[])
{
  rclcpp::init(argc,argv);
  auto node=std::make_shared<SubscriberNode>();
  rclcpp::spin(node);
  rclcpp::shutdown();
  return 0;
}
```

对这段代码的解释如下。

```
#include "rclcpp/rclcpp.hpp"
#include "std_msgs/msg/string.hpp"
```

这两行代码分别导入了 ROS2 的 C++库和字符串消息类型 std_msgs::msg::String 的头文件。

```
class SubscriberNode:public rclcpp::Node
{
```


这行代码定义了一个订阅者节点 SubscriberNode 类，继承自 rclcpp::Node。这样这个类就可继承父类的所有功能，包括订阅对象的生成。这些功能在这个类的成员函数里都可以直接调用。

```
public:
  SubscriberNode()
    :Node("subscriber_node")
  {
    subscriber_=create_subscription<std_msgs::msg::String>(
      "/my_topic",
      10,
      std::bind(&SubscriberNode::Callback,this,std::placeholders::_
1));
  }
```

在 SubscriberNode 类的构造函数中，首先调用 rclcpp::Node 的构造函数并通过传递参数设置节点名称为“subscriber_node”。然后，使用 create_subscription() 函数创建一个订阅者对象 subscriber_。订阅的消息类型是 std_msgs::msg::String，订阅话题为“/my_topic”，10 表示接收缓冲的队列长度为 10 个消息包。通过 std::bind() 函数将回调函数 Callback() 与当前对象绑定，std::placeholders::_1 表示接收到的消息会作为第一个参数传递给回调函数 Callback()。

```
private:
  void Callback(const std_msgs::msg::String::SharedPtr msg)
  {
    RCLCPP_INFO(get_logger(),"Receive :%s",msg->data.c_str());
  }
```

这是 SubscriberNode 类的私有成员 Callback() 函数的定义。在函数体内，使用 RCLCPP_INFO宏将接收到的消息显示到运行节点的终端窗口中。get_logger() 获取节点的日志打印对象；msg->data 是消息包中的字符串数据；c_str() 将标准字符串类型转换为 C 语言风格的字符串类型，这样才可以使用 RCLCPP_INFO 宏进行显示。

```
  rclcpp::Subscription<std_msgs::msg::String>::SharedPtr subscriber_;
};
```

这行代码声明了 SubscriberNode 类的私有成员变量 subscriber_ ,它是一个订阅者对象的共享指针，用于订阅消息。到这里，话题订阅者 SubscriberNode 类的定义就完成了。后面会在 main( ) 函数里构造这个类的实例对象，并让其运行起来。

```
int main(int argc,char * argv[])
{
  rclcpp::init(argc,argv);
  auto node=std::make_shared<SubscriberNode>();
  rclcpp::spin(node);
  rclcpp::shutdown();
  return 0;
}
```


这是程序的主函数 main( )。在函数体内，首先调用 rclcpp::init（argc，argv）初始化节点。然后，使用 std::make_shared( ) 函数创建一个 SubscriberNode 类的实例对象，并把这个对象的共享指针赋值给 node。接下来，调用 rclcpp::spin（node）启动节点的主循环，使节点开始处理消息并调用回调函数。最后，当节点运行过程中收到系统的关闭要求时，通过调用 rclcpp::shutdown( ) 关闭节点，释放节点占用的资源。返回值为 0，表示程序成功执行并正常退出。

如上就是对订阅者节点进行的类封装。可以将封装后的代码替换到 3.2.2 小节的 subscriber_node.cpp 文件中，然后按照 3.2.2 小节的实验流程再运行一遍，对比一下运行效果。

3.3.3 练习题

1）通过查阅资料，描述什么是过程式编程，什么是面向对象编程。

2）通过查阅资料，描述类（Class）和对象（Object）之间是什么关系。

3）通过查阅资料，了解类的构造函数是什么，它会在什么时候被调用。

4）通过查阅资料，了解面向对象编程相对于过程式编程有哪些优势。

3.4 Launch 文件

在 ROS2 中，可以通过 Launch 文件一次启动多个节点，省去了逐个节点输入指令启动的烦琐操作。在 ROS2 中，支持用 3 种语言来编写 Launch 文件，分别是 XML、YAML 和 Python。其中 XML 的语法和 ROS1 的 Launch 文件格式类似；YAML 格式的 Launch 文件使用比较少；而在 ROS2 的开源社区中，则以 Python 语言的 Launch 文件最为流行。下面将分别使用这 3 种语言构建 Launch 文件，将前面编写的发布者节点和订阅者节点同时运行起来。

3.4.1 XML 格式的 Launch 文件

在 VSCode 中找到前面实验构建的 topic_pkg 软件包，用鼠标右键单击［topic_pkg］，在弹出的快捷菜单中选择［新建文件夹］，如图 3-56 所示。

将这个新建的文件夹命名为“launch”，如图 3-57 所示。

用鼠标右键单击图 3-58 中的［launch］文件夹，在弹出的快捷菜单中选择［新建文件］。

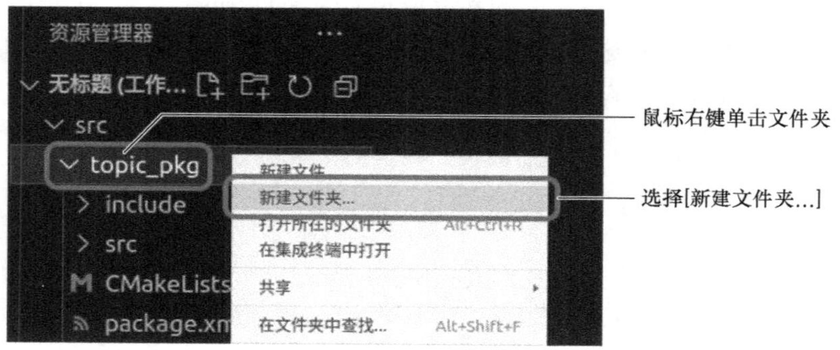

图 3-56　新建文件夹

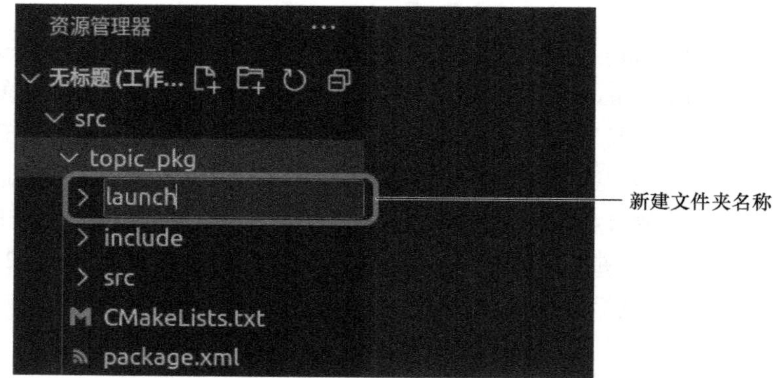

图 3-57　命名新建文件夹为“launch”

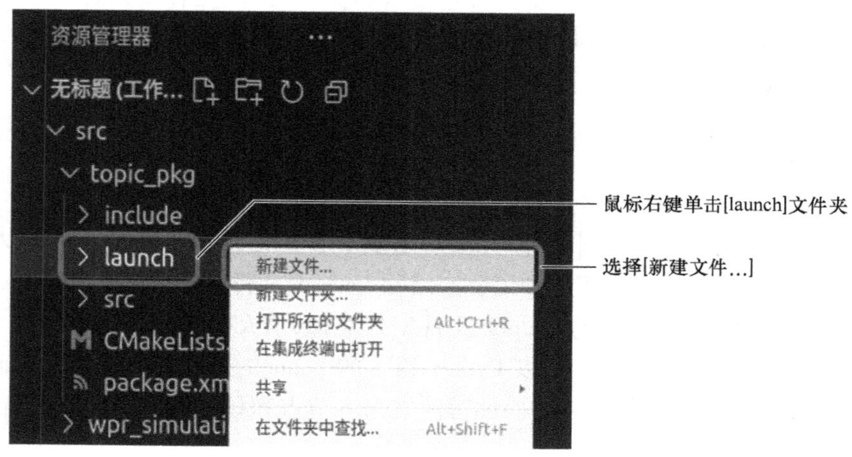

图 3-58　新建文件

将这个新建的文件命名为“pub_sub. launch. xml”，如图 3-59 所示。

然后编写 pub_sub. launch. xml，其内容如下。

```
<launch>
<node pkg="topic_pkg" exec="publisher_node" name="publisher_node" />
```

```
<node pkg="topic_pkg" exec="subscriber_node" name="subscriber_node" />

</launch>
```


图 3-59 命名新建文件为“pub_sub. launch. xml”

在 XML 格式的 Launch 文件里，将每个节点转换为相应的<node>标签。在<node>标签里还有 pkg、exec 和 name3 个属性值。其中，pkg 属性值为要启动的节点所在软件包的名字；exec 属性值为要启动的节点名字；name 属性值为这个节点启动后，在当前的 ROS2 里的别名。一般为了直观表示节点的功能，会将 name 设置成和 exec 属性一样的名字。需要注意的是，这个 name 在 ROS2 里具备唯一性。也就是说，当一个 ROS2 里同时运行两个 name 相同的节点时，先启动的节点会被后启动的同名节点顶替掉。

在这个 Launch 文件中，总共启动了两个节点。第一个是 topic_pkg 的 publisher_node 节点；第二个是同在 topic_pkg 的 subscriber_node 节点。最后，将这两个节点的<node>标签放置在<launch>标签内，形成完整的 Launch 文件。这些内容可以从 wpr_simulation2 的例程文件中找到。如果编译报错，可以与 wpr_simulation2\demo_launch\3_pub_sub. launch. xml 文件中的代码进行比对。

文件内容编写完成后，需要进行保存。

Launch 文件编写完成后，还需要安装才能运行。在 VSCode 中打开 topic_pkg 软件包的 CMakeLists. txt 文件。在文件中添加如下安装规则，如图 3-60 所示。

```
install(
DIRECTORY
  launch
DESTINATION
  share/${PROJECT_NAME}
)
```

这些内容可以从 wpr_simulation2 的例程文件中找到。如果编译报错，可以与 wpr_simulation2\demo_cmakelists\3_launch. txt 文件中的代码进行比对。

同样，文件内容编写完成后，需要进行保存。然后进行安装，打开一个终端窗口，执行如下指令，进入工作空间，如图 3-61 所示。

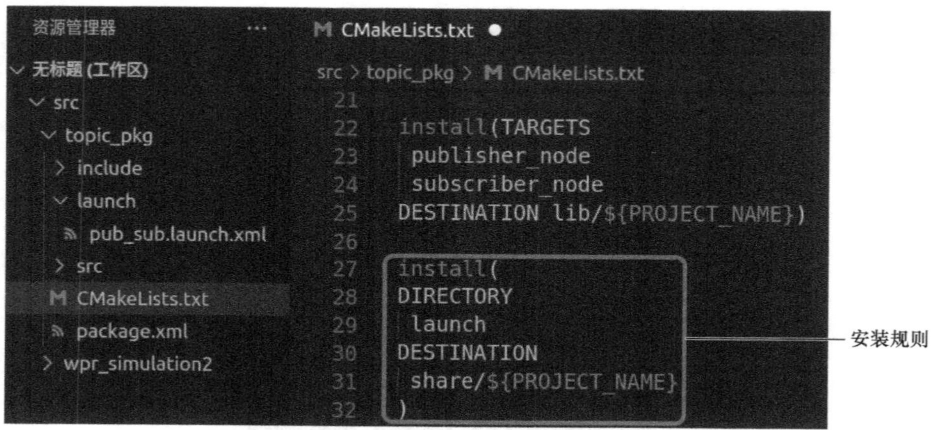

图 3-60　添加安装规则

```
cd ~/ros2_ws/
```

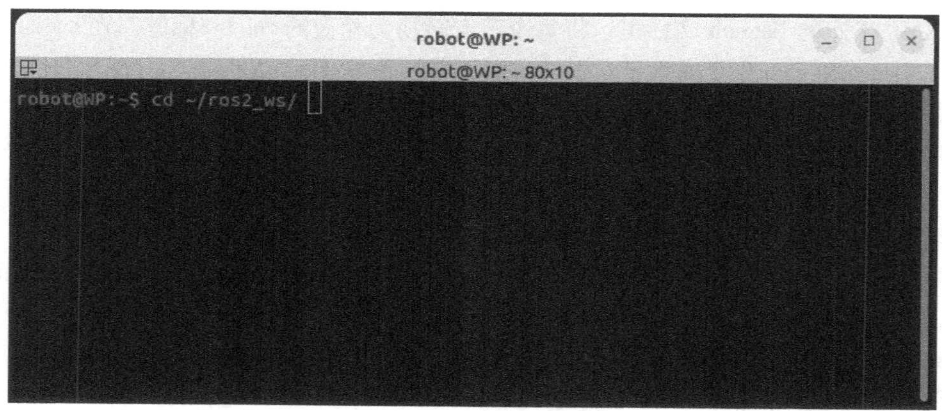

图 3-61　进入 ROS2 工作空间

然后执行如下指令，完成 Launch 文件的安装，如图 3-62 所示。

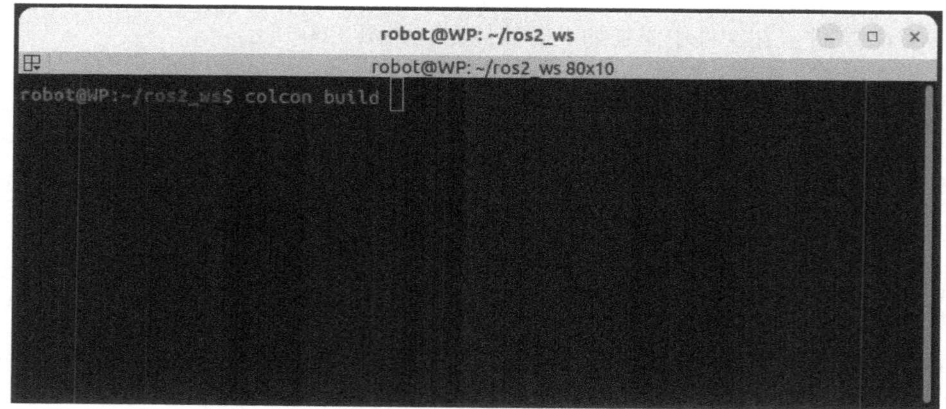

图 3-62　安装 Launch 文件

```
colcon build
```

下面运行这个 Launch 文件。在终端窗口输入如下指令，加载新的设置，如图 3-63 所示。

```
source install/setup.bash
```

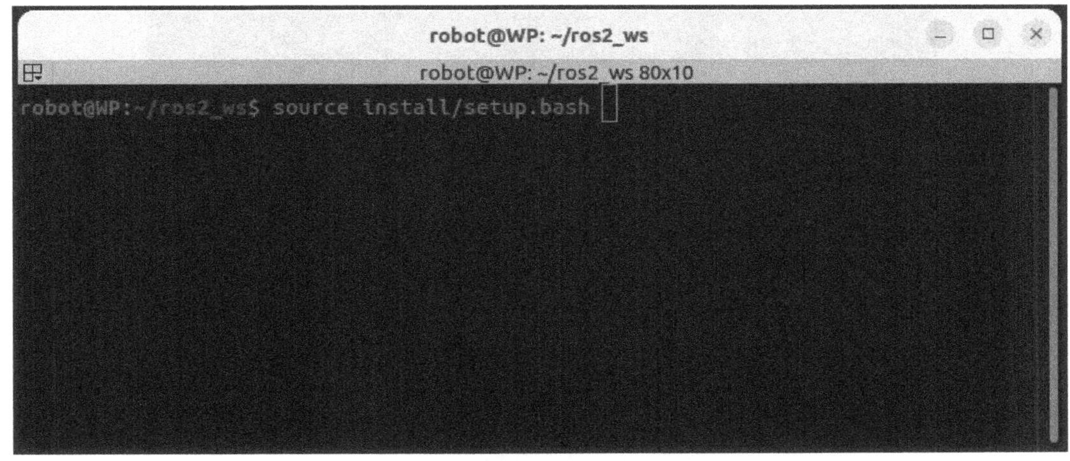

图 3-63 加载新的设置

输入如下指令，运行 Launch 文件，如图 3-64 所示。

```
ros2 launch topic_pkg pub_sub.launch.xml
```

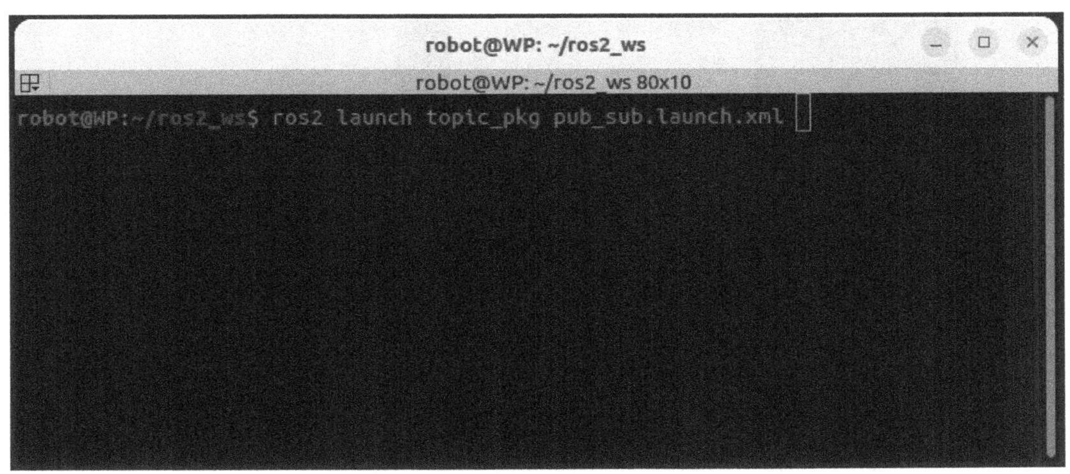

图 3-64 运行 Launch 文件

按［Enter］键执行后，可以看到如图 3-65 所示信息。

可以看到，topic_pkg 软件包 subscriber_node 节点输出了从话题中接收到的字符串消息包。这个消息包是 topic_pkg 软件包的 publisher_node 节点发出来的，说明 publisher_node 节点也运行起来了。发布者节点和订阅者节点通过这个 XML 格式的 Launch 文件都运行起来了。

```
robot@WP: ~/ros2_ws
robot@WP: ~/ros2_ws 91x10
robot@WP:~/ros2_ws$ ros2 launch topic_pkg pub_sub.launch.xml
[INFO] [launch]: All log files can be found below /home/robot/.ros/log/2023-10-03-18-39-52-
840264-WP-10594
[INFO] [launch]: Default logging verbosity is set to INFO
[INFO] [publisher_node-1]: process started with pid [10595]
[INFO] [subscriber_node-2]: process started with pid [10597]
[subscriber_node-2] [INFO] [1696329593.938322760] [subscriber_node]: Receive : Hello World!
[subscriber_node-2] [INFO] [1696329594.938515722] [subscriber_node]: Receive : Hello World!
[subscriber_node-2] [INFO] [1696329595.938424328] [subscriber_node]: Receive : Hello World!
[subscriber_node-2] [INFO] [1696329596.938514253] [subscriber_node]: Receive : Hello World!
```

图 3-65　输出结果

3.4.2　YAML 格式的 Launch 文件

下面继续在 topic_pkg 软件包中实现 YAML 格式的 Launch 文件。如图 3-66 所示，在 VSCode 中找到前面实验构建的［topic_pkg］软件包，用鼠标右键单击其中的［launch］文件夹，在弹出的快捷菜单中选择［新建文件］。

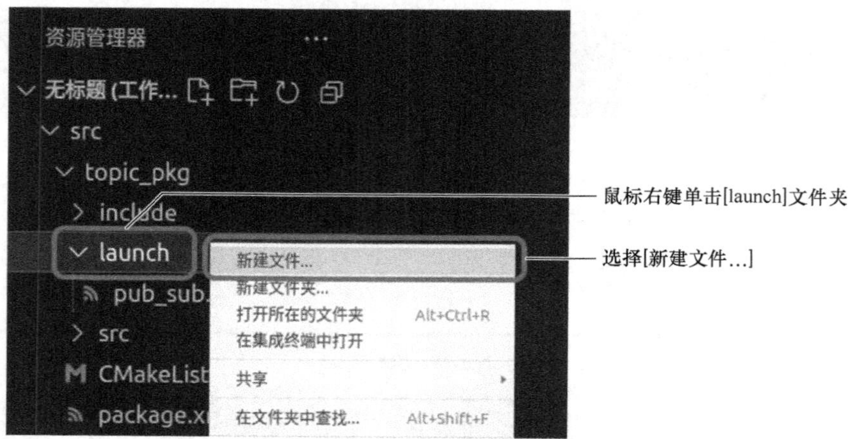

图 3-66　新建文件

将这个新建的文件命名为“pub_sub. launch. yaml”，如图 3-67 所示。

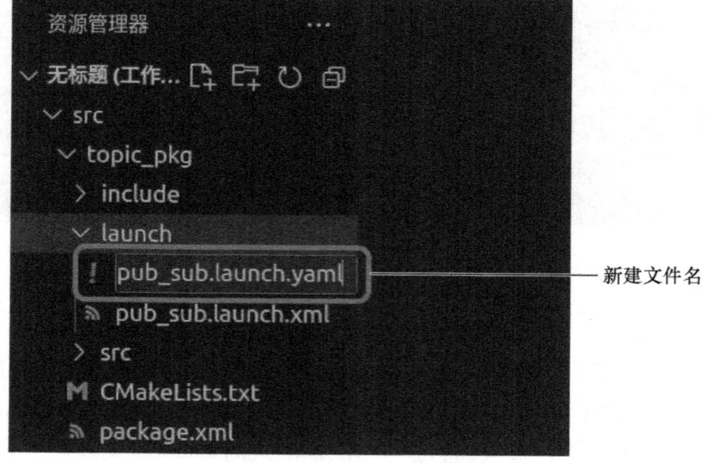

图 3-67　命名新建文件为“pub_sub. launch. yaml”

然后编写 pub_sub. launch. yaml，其内容如下。

```
launch:
-node:
    pkg:"topic_pkg"
    exec:"publisher_node"
    name:"publisher_node"
-node:
    pkg:"topic_pkg"
    exec:"subscriber_node"
    name:"subscriber_node"
```


需要特别注意的是，YAML 格式的文件是按照缩进来判断键值的层级和从属关系的，所以一定要特别仔细地对每一项键值的缩进量进行核对，以免运行时出现错误。

在 YAML 格式的 Launch 文件里，第一行先定义一个名为“launch”的顶级键。在这个顶级键的下面定义了两个 node 列表项，每个 node 列表项都包含了 pkg、exec 和 name 这 3 个属性键。

在这个 Launch 文件中，总共启动了两个节点。第一个是 topic_pkg 的 publisher_node 节点；第二个是同在 topic_pkg 的 subscriber_node 节点。

这些内容可以从 wpr_simulation2 的例程文件中找到。如果编译报错，可以与 wpr_simulation2\demo_launch\3_pub_sub. launch. yaml 文件中的代码进行比对。

文件内容编写完成后，需要进行保存。Launch 文件编写完成后，还需要安装才能运行。在 VSCode 中打开 topic_pkg 软件包的 CMakeLists. txt 文件，确认如下安装规则已经添加。

```
install(
DIRECTORY
  launch
DESTINATION
  share/${PROJECT_NAME}
)
```

如果没有这部分内容，则需要将其添加进去，然后按组合键［Ctrl+S］保存。如图 3-68所示，打开一个终端窗口，执行如下指令，进入工作空间。

```
cd ~/ros2_ws/
```

然后执行如下指令，完成 Launch 文件的安装，如图 3-69 所示。

```
colcon build
```

下面运行这个 Launch 文件。在终端窗口中输入如下指令，加载新的设置，如图 3-70 所示。

```
source install/setup.bash
```

输入如下指令运行 Launch 文件，如图 3-71 所示。

图 3-68　进入 ROS2 工作空间

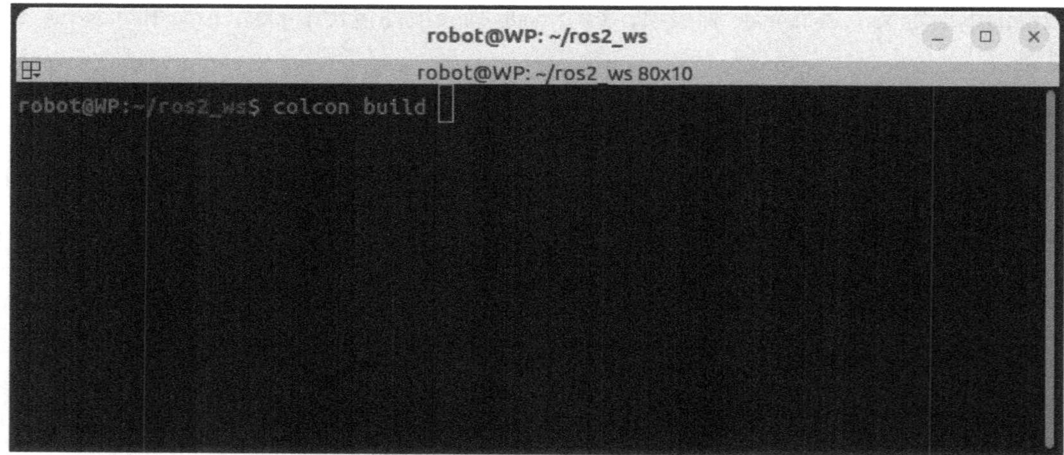

图 3-69　安装 Launch 文件

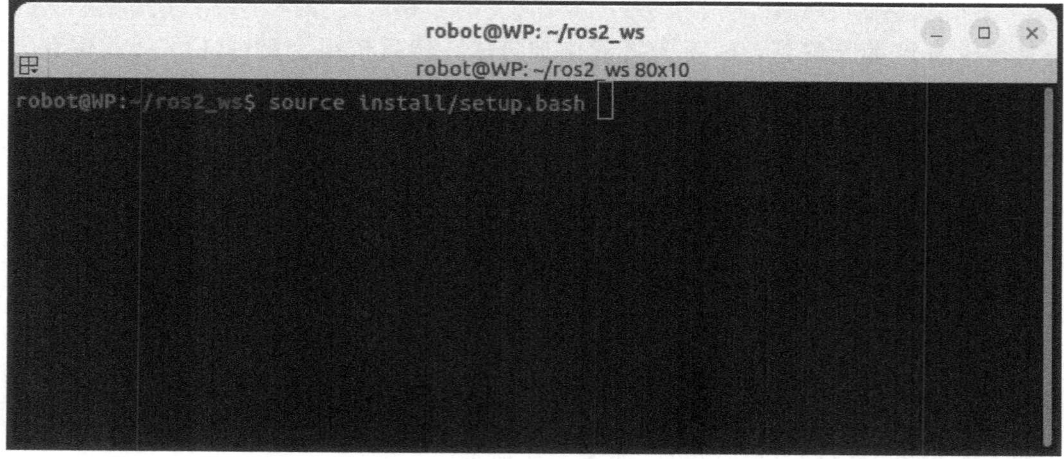

图 3-70　加载新的设置

```
ros2 launch topic_pkg pub_sub.launch.yaml
```

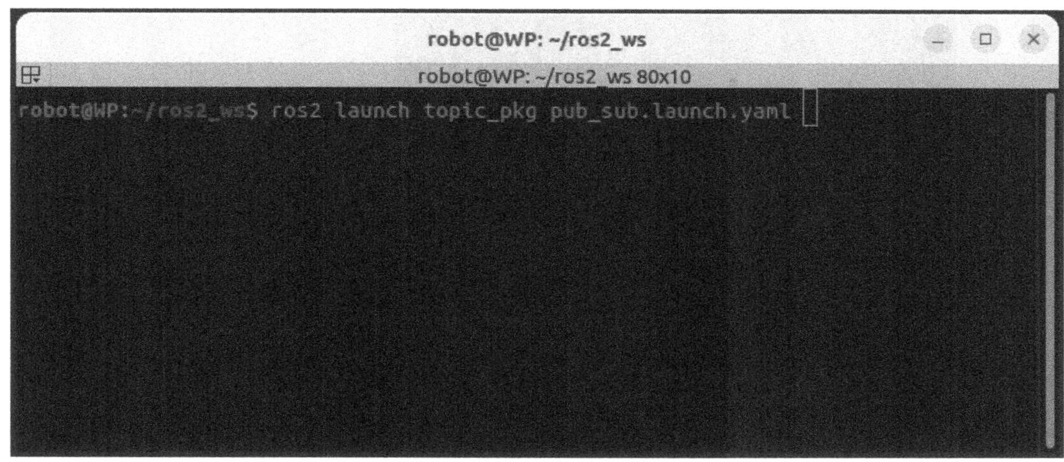

图 3-71　运行 Launch 文件

按［Enter］键执行后，可以看到如图 3-72 所示信息。

```
robot@WP:~/ros2_ws$ ros2 launch topic_pkg pub_sub.launch.yaml
[INFO] [launch]: All log files can be found below /home/robot/.ros/log/2023-10-03-18-59-35-
382503-WP-17592
[INFO] [launch]: Default logging verbosity is set to INFO
[INFO] [publisher_node-1]: process started with pid [17593]
[INFO] [subscriber_node-2]: process started with pid [17595]
[subscriber_node-2] [INFO] [1696330776.481365257] [subscriber_node]: Receive : Hello World!
[subscriber_node-2] [INFO] [1696330777.481406508] [subscriber_node]: Receive : Hello World!
[subscriber_node-2] [INFO] [1696330778.481353885] [subscriber_node]: Receive : Hello World!
[subscriber_node-2] [INFO] [1696330779.481416900] [subscriber_node]: Receive : Hello World!
```

图 3-72　输出结果

可以看到，topic_pkg 软件包 subscriber_node 节点输出了从话题中接收到的字符串消息包。这个消息包是 topic_pkg 软件包的 publisher_node 节点发出来的，说明 publisher_node 节点运行起来了。发布者节点和订阅者节点通过这个 YAML 格式的 Launch 文件都运行起来了。

3.4.3　Python 格式的 Launch 文件

下面继续在 topic_pkg 软件包中实现 Python 格式的 Launch 文件，具体操作步骤如下。

1）如图 3-73 所示在 VSCode 中找到前面实验构建的［topic_pkg］软件包，用鼠标右键单击其中的［launch］文件夹，在弹出的快捷菜单中选择［新建文件］。

将这个新建的文件命名为“pub_sub.launch.py”，如图 3-74 所示。

然后编写 pub_sub.launch.py，其内容如下。

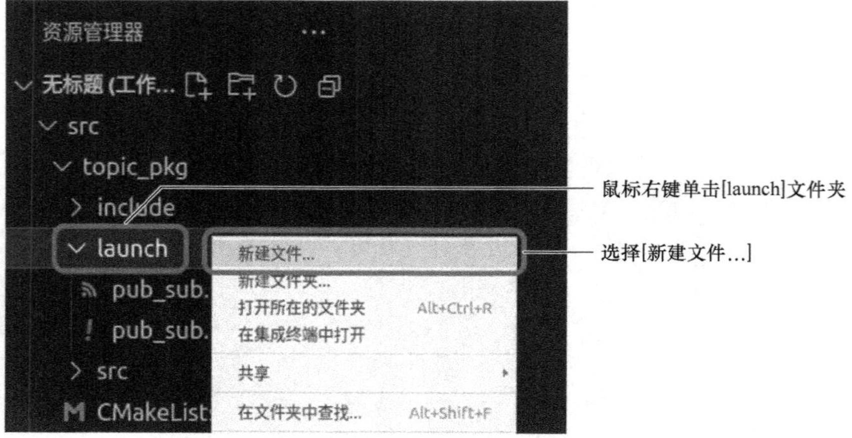

图 3-73　新建文件

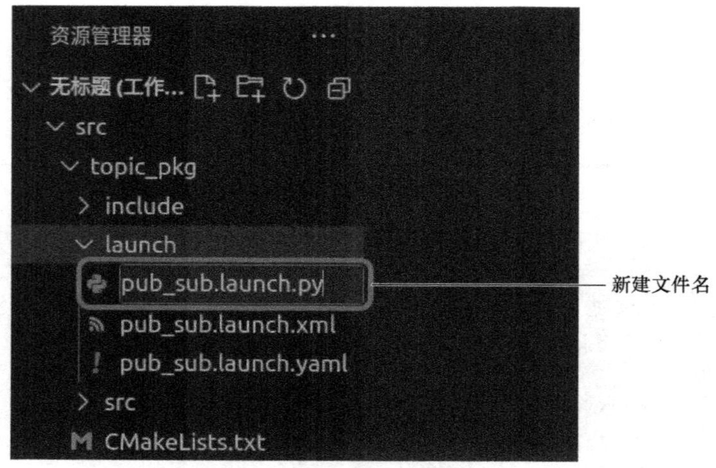

图 3-74　命名新建文件为“pub_sub. launch. py”

```
from launch_ros.actions import Node
from launch import LaunchDescription

def generate_launch_description():

    publisher_cmd=Node(
        package='topic_pkg',
        executable='publisher_node',
        name='publisher_node'
        )

    subscriber_cmd=Node(
```

```
        package='topic_pkg',
        executable='subscriber_node',
        name='subscriber_node'
        )

    ld=LaunchDescription()

    ld.add_action(publisher_cmd)
    ld.add_action(subscriber_cmd)

    return ld
```

需要特别注意的是，Python 格式的文件是按照缩进来判断代码从属于哪个函数的，所以一定要特别仔细地对每一行代码的缩进量进行核对，以免运行时出现错误。下面是对这段代码的解释。

```
from launch_ros.actions import Node
```

这行代码导入 Node 类，该类用于创建节点的启动配置。

```
from launch import LaunchDescription
```

这行代码导入 LaunchDescription 类，该类用于创建 ROS2 Launch 文件的描述。

```
def generate_launch_description():
```

这行代码定义一个函数 generate_launch_description( )，用于生成并返回 LaunchDescription 对象。

```
    publisher_cmd=Node(
            package='topic_pkg',
            executable='publisher_node',
            name='publisher_node'
        )
```

这段代码创建了一个名为 “publisher_cmd 的 Node” 对象，用于配置发布者节点。其中，package 参数指定了节点所属的软件包为 “topic_pkg”；executable 参数指定了节点的可执行文件为 “publisher_node”；name 参数指定了节点运行起来后的别名为 “publisher_node”。

```
    subscriber_cmd=Node(
            package='topic_pkg',
            executable='subscriber_node',
            name='subscriber_node'
        )
```

这段代码创建了一个名为 “subscriber_cmd” 的 Node 对象，用于配置订阅者节点。其中，package 参数指定了节点所属的软件包为 “topic_pkg”；executable 参数指定了节点的可执行文件为“subscriber_node”；name 参数指定了节点运行起来后的别名为“subscriber_node”。

```
ld=LaunchDescription()
```

这行代码创建了一个 LaunchDescription 对象，用于描述这个 Launch 文件的启动内容。

```
ld.add_action(publisher_cmd)
```

这行代码将发布者节点的配置添加到 LaunchDescription 中。

```
ld.add_action(subscriber_cmd)
```

这行代码将订阅者节点的配置添加到 LaunchDescription 中。

```
return ld
```

这行代码将添加了发布者节点配置和订阅者节点配置的 LaunchDescription 对象作为函数的返回值。这个返回值将会驱使 ROS2 将其中所有的节点连带配置好的参数全部启动起来。这个文件的内容可以从 wpr_simulation2 的例程文件中找到。如果编译报错，可以与 wpr_simulation2\demo_launch\3_pub_sub.launch.py 文件中的代码进行比对。

这个 Launch 文件内容编写完成后，需要进行［Ctrl+S］保存。

2）Launch 文件编写完成后，还需要安装才能运行。在 VSCode 中打开 topic_pkg 软件包的 CMakeLists.txt 文件，确认如下安装规则已经添加。

```
install(
DIRECTORY
  launch
DESTINATION
  share/${PROJECT_NAME}
)
```

如果没有这部分内容，则需要将其添加进去，然后按组合键［Ctrl+S］保存。如图 3-75所示，打开一个终端窗口，执行如下指令，进入工作空间。

```
cd ~/ros2_ws/
```

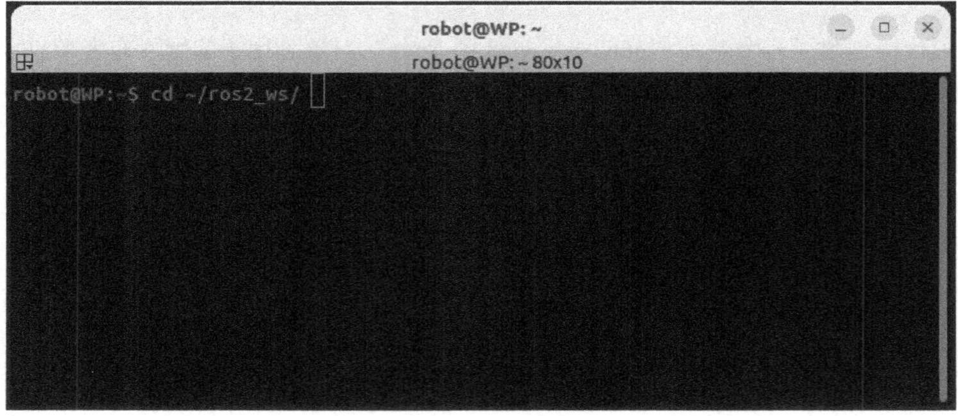

图 3-75　进入 ROS2 工作空间

然后执行如下指令，完成 Launch 文件的安装，如图 3-76 所示。

```
colcon build
```

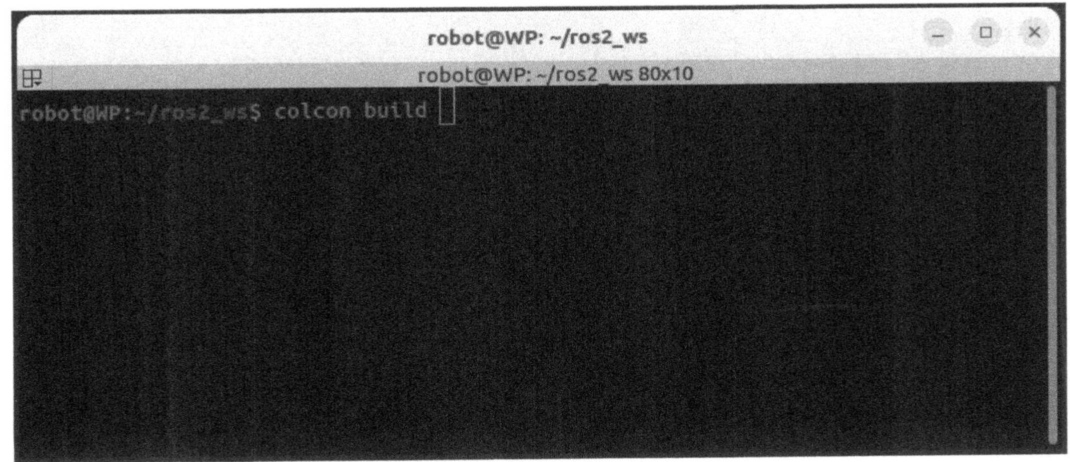

图 3-76 安装 Launch 文件

下面运行这个 Launch 文件。在终端窗口中输入如下指令，加载新的设置，如图 3-77 所示。

```
source install/setup.bash
```

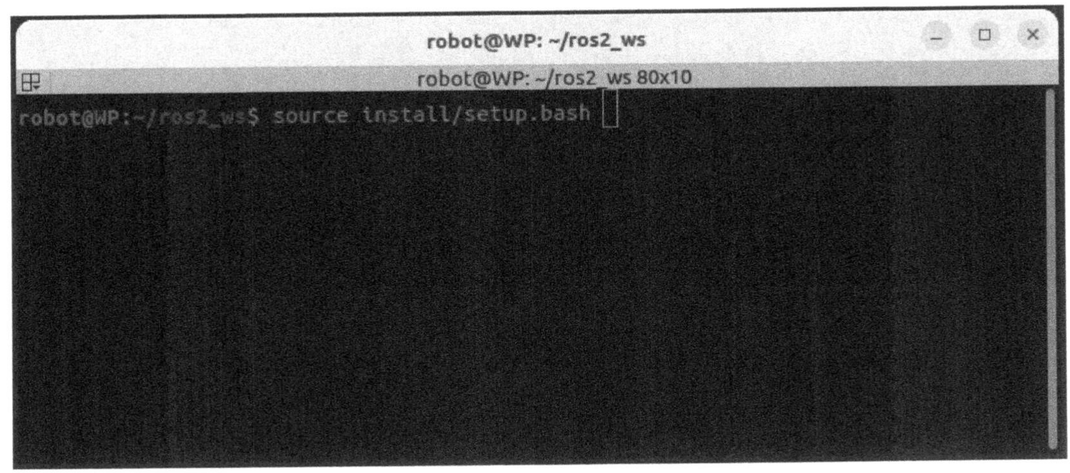

图 3-77 加载新的设置

输入如下指令，运行 Launch 文件，如图 3-78 所示。

```
ros2 launch topic_pkg pub_sub.launch.py
```

按［Enter］键执行后，可以看到如图 3-79 所示信息：

可以看到，topic_pkg 软件包 subscriber_node 节点输出了从话题中接收到的字符串消息包。这个消息包是 topic_pkg 软件包的 publisher_node 节点发出来的，说明 publisher_node 节点也运行起来了。这个 Python 格式的 Launch 文件运行成功。

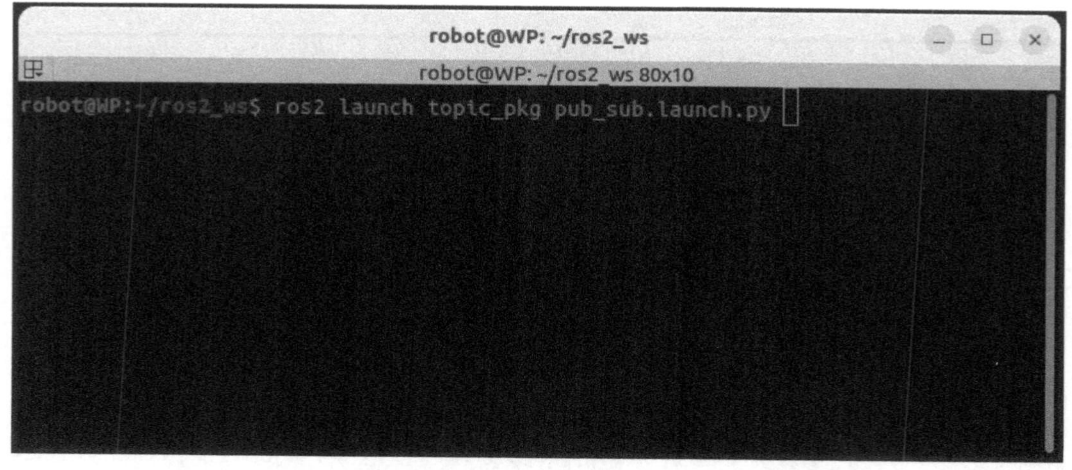

图 3-78　运行 Launch 文件

```
robot@WP:~/ros2_ws$ ros2 launch topic_pkg pub_sub.launch.py
[INFO] [launch]: All log files can be found below /home/robot/.ros/log/2023-10-0
3-19-04-20-598543-WP-18613
[INFO] [launch]: Default logging verbosity is set to INFO
[INFO] [publisher_node-1]: process started with pid [18614]
[INFO] [subscriber_node-2]: process started with pid [18616]
[subscriber_node-2] [INFO] [1696331061.670300879] [subscriber_node]: Receive : H
ello World!
[subscriber_node-2] [INFO] [1696331062.670292544] [subscriber_node]: Receive : H
ello World!
```

图 3-79　输出结果

3.4.4　练习题

1）测试一下，在 XML 格式的 Launch 文件中，改变<node>前面的空格数量，是否会影响执行效果。

2）测试一下，在 YAML 格式的 Launch 文件中，改变 pkg、exec 和 name 前面的空格数量，是否会影响执行效果。

3）测试一下，在 Python 格式的 Launch 文件中，改变节点描述代码前面的空格数量，是否会影响执行效果。

3.5 本章小结

本章主要是对 ROS2 的基本程序概念进行介绍和编程。首先详细介绍了 ROS2 程序的组织形式——节点和软件包，以及节点之间最常用的通信方式——话题和消息的实现；接着，使用面向对象的方式，编程实现节点，包括话题发布者和话题订阅者的类封装；最后，利用 3 种语言构建 Launch 文件，实现一次同时启动多个节点。

第 4 章 ROS2机器人运动控制

学习完发布者节点的实现，本章将学习发布者节点的一个典型应用：控制机器人的运动。

4.1 速度控制消息包格式

对机器人的速度控制是通过向机器人的核心节点发送速度消息来实现的，这个消息的类型在 ROS 里已经有了定义，就是 geometry_msgs::Twist，如图 4-1 所示。

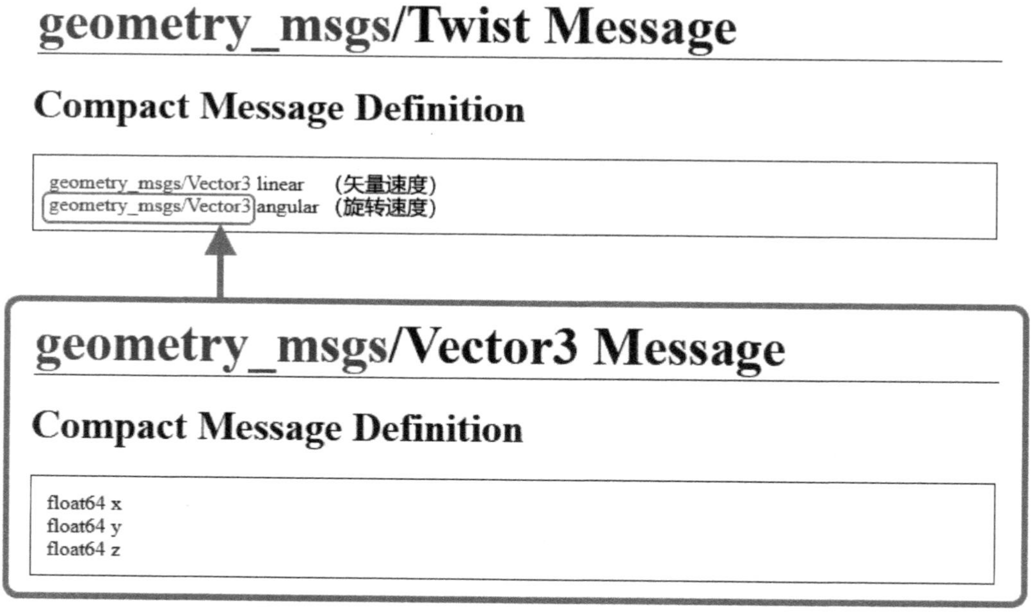

geometry_msgs/Twist Message

Compact Message Definition

geometry_msgs/Vector3 linear （矢量速度）
geometry_msgs/Vector3 angular （旋转速度）

geometry_msgs/Vector3 Message

Compact Message Definition

float64 x
float64 y
float64 z

图 4-1 ROS 中发送的消息

这个消息类型包含了两部分速度值，如图 4-2 所示。

第一部分是矢量速度，如图 4-3 所示，包含 X、Y、Z 3 个值，表示机器人在前后、左右、上下 3 个方向上的平移速度，单位为米/秒（m/s）。

第二部分是旋转速度，如图 4-4 所示，也包含了 X、Y、Z 3 个值，表示机器人在水平前后轴向、水平左右轴向、竖直上下轴向 3 个轴向上的旋转速度值，旋转方向的定义遵循右手定则，数值单位为弧度/秒（rad/s）。

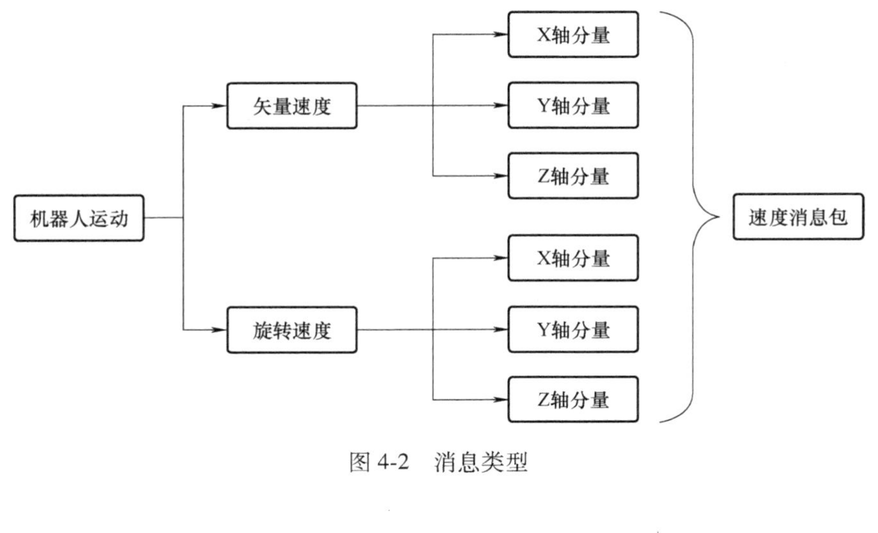

图 4-2　消息类型

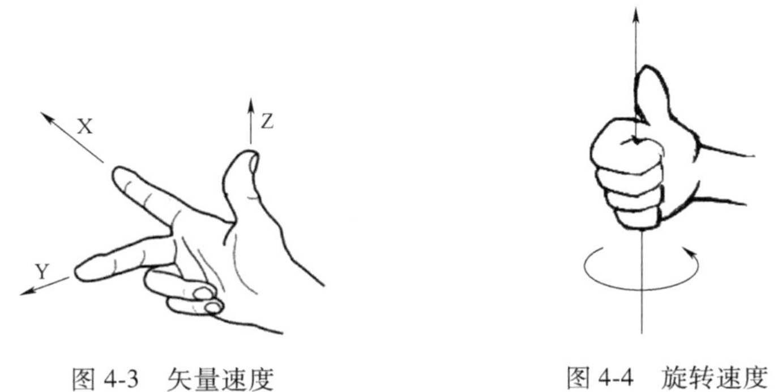

图 4-3　矢量速度　　　　图 4-4　旋转速度

了解了速度消息的类型，还需要知道这个速度消息应该发送到哪个话题。ROS 官方建议（ROS Enhancement Proposals）中的 REP-119 推荐机器人的速度控制话题为“/cmd_vel”。只需要向这个话题发送类型为 geometry_msgs::Twist 的消息包，即可实现对机器人速度的控制。

4.2　机器人运动控制的实现

下面将会实现一个发布者节点，如图 4-5 所示，向“/cmd_vel”话题发布 geometry_msgs::Twist 类型的消息包，以实现对机器人运动速度的控制。

4.2.1　编写速度控制程序

首先在工作空间中创建一个软件包。如图 4-6 所示，打开一个新的终端窗口，输入如下指令，进入 ROS2 工作空间。

```
cd ~/ros2_ws/src/
```

然后用如下指令创建一个名为“vel_pkg”的软件包，如图 4-7 所示。

```
ros2 pkg create vel_pkg
```

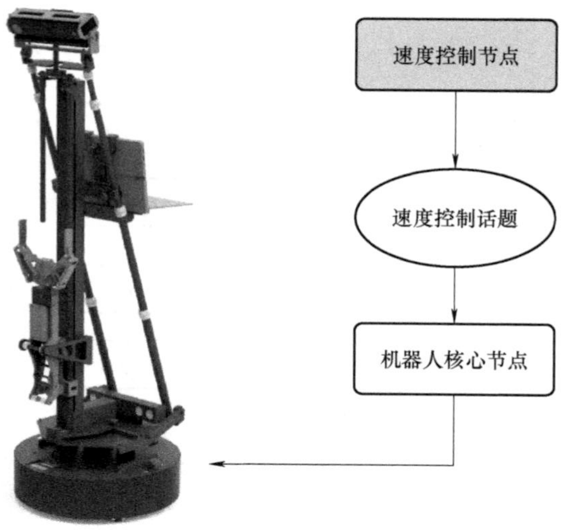

图 4-5　速度控制的数据流向图

图 4-6　进入 ROS2 工作空间

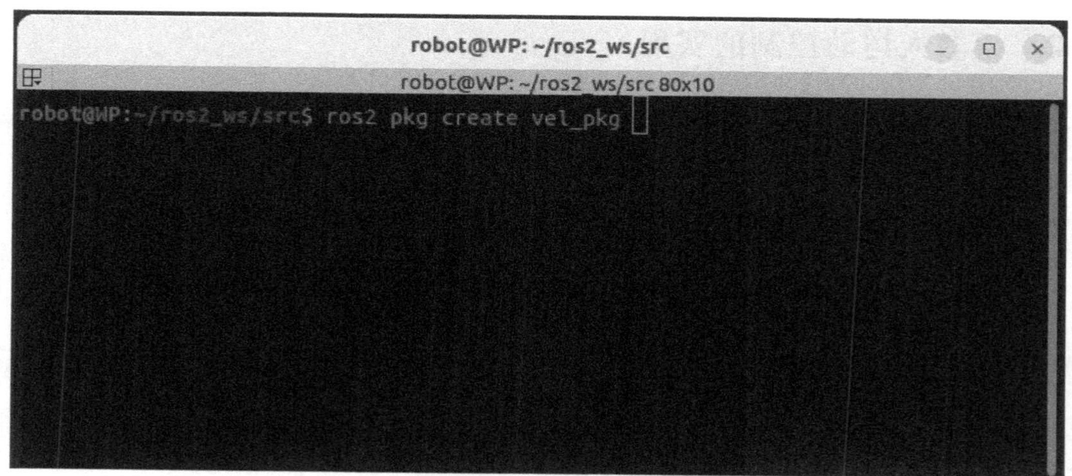

图 4-7　创建名为“vel_pkg”的软件包

创建好软件包后，在这个软件包中创建一个节点。

1. 编写节点代码

先创建这个节点的源码文件。如图 4-8 所示，在 VSCode 的［资源管理器］中找到［vel_pkg］软件包，用鼠标右键单击它的［src］子目录，在弹出的快捷菜单中选择［新建文件］。

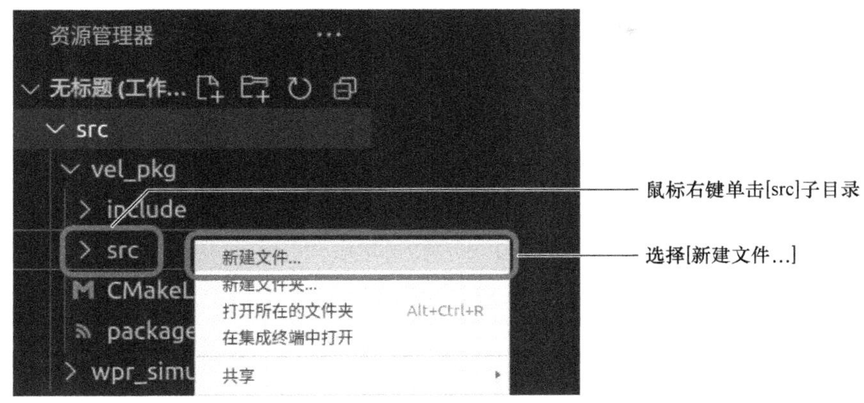

图 4-8　新建文件

此时会提示输入文件名，如图 4-9 所示，输入“vel_node. cpp”，然后按［Enter］键创建文件。

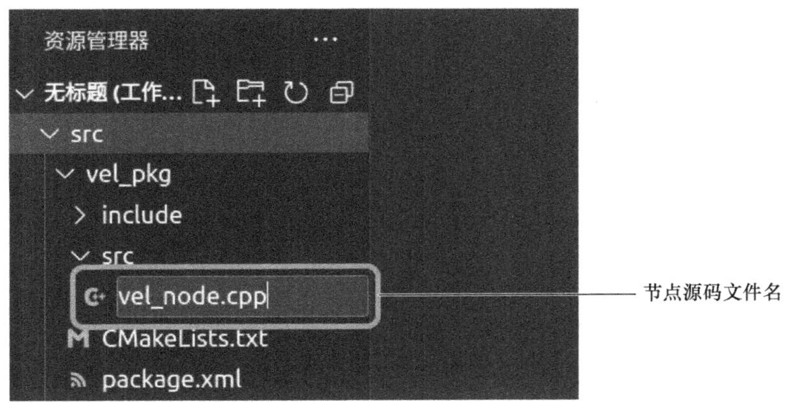

图 4-9　命名新建文件为“vel_node. cpp”

下面编写这个源码文件的内容。

```
#include <rclcpp/rclcpp.hpp>
#include <geometry_msgs/msg/twist.hpp>

int main(int argc,char ** argv)
{
  rclcpp::init(argc,argv);

  auto node=std::make_shared<rclcpp::Node>("velocity_command_node");
```

```
  auto vel_pub=node->create_publisher<geometry_msgs::msg::Twist>("/
cmd_vel",10);

  geometry_msgs::msg::Twist vel_msg;
  vel_msg.linear.x=0.1;
  vel_msg.linear.y=0.0;
  vel_msg.linear.z=0.0;
  vel_msg.angular.x=0.0;
  vel_msg.angular.y=0.0;
  vel_msg.angular.z=0.0;

  rclcpp::Rate loop_rate(30);
  while (rclcpp::ok())
  {
    vel_pub->publish(vel_msg);
    loop_rate.sleep();
  }

  rclcpp::shutdown();

  return 0;
}
```

上述代码可以从 wpr_simulation2 的例程文件中找到。如果编译报错，可以与 wpr_simulation2\demo_cpp\4_velocity_command.cpp 文件中的代码进行比对。

下面是对这个节点代码的解释。

```
#include <rclcpp/rclcpp.hpp>
#include <geometry_msgs/msg/twist.hpp>
```

这部分代码引入了 ROS2 的 C++用户端库头文件和 geometry_msgs 包中的 Twist 消息头文件。

```
int main(int argc,char ** argv)
{
  rclcpp::init(argc,argv);
```

这段代码是 main( ) 函数的开始，接收命令行参数 argc 和 argv。rclcpp::init （argc，argv）用于初始化节点。

```
  auto node=std::make_shared<rclcpp::Node>("velocity_command_node");
```

这行代码创建了一个名为“velocity_command_node”的节点对象。使用 std::make_shared( ) 函数创建这个节点对象的共享指针，并赋值给 node。

```
auto vel_pub=node->create_publisher<geometry_msgs::msg::Twist>("/
cmd_vel",10);
```

这行代码创建了一个发布者对象 vel_pub，使用 node->create_publisher() 函数创建。发布的消息类型是 geometry_msgs::msg::Twist，发布到名为“/cmd_vel”的话题上，10 表示发送缓冲的队列长度为 10 个消息包。

```
geometry_msgs::msg::Twist vel_msg;
vel_msg.linear.x=0.1;
vel_msg.linear.y=0.0;
vel_msg.linear.z=0.0;
vel_msg.angular.x=0.0;
vel_msg.angular.y=0.0;
vel_msg.angular.z=0.0;
```


这段代码创建了一个 geometry_msgs::msg::Twist 类型的消息包 vel_msg。设置消息包中的 x 分量为 0.1，也就是让机器人以 0.1m/s 的速度向前移动。其他速度分量全部置零。

```
rclcpp::Rate loop_rate(30);
```

这行代码创建了一个循环频率对象 loop_rate，参数 30 表示循环的频率为 30Hz，即每秒循环 30 次。后面会用这个频率对象控制 while() 循环的执行频率。

```
while (rclcpp::ok())
{
  vel_pub->publish(vel_msg);
  loop_rate.sleep();
}
```

这是一个无限循环，循环条件 rclcpp::ok() 检查 ROS2 是否正在运行。在循环中，通过 vel_pub 的 publish() 函数将消息包 vel_msg 发布到话题上，然后通过 loop_rate.sleep() 让 while() 短暂阻塞，以控制循环的执行频率。

```
rclcpp::shutdown();
```

当节点运行过程中收到系统的关闭要求时会执行这行代码，用于关闭节点，释放节点占用的资源。

```
  return 0;
}
```

这是 main() 函数的结束，返回值为 0，表示程序成功执行并正常退出。

代码编写完毕后，需要进行保存。保存成功后，编辑界面文件名后面的圆点符号会变成一个叉符号。

2. 设置编译规则

节点源码的编译规则写在 vel_pkg 的 CMakeLists.txt 文件里。在 VSCode 中打开这个文件，在这个文件里添加节点的编译规则。如图 4-10 所示，首先使用如下代码寻找节点代码中用到的 rclcpp 和消息类型等依赖项。

```
find_package(rclcpp REQUIRED)
find_package(geometry_msgs REQUIRED)
```

然后使用如下代码添加节点源码的编译规则。

```
add_executable(vel_node src/vel_node.cpp)
ament_target_dependencies(vel_node "rclcpp" "geometry_msgs")
```

最后使用如下代码添加节点编译完成后的安装规则。

```
install(TARGETS  vel_node
DESTINATION  lib/${PROJECT_NAME})
```

```
M CMakeLists.txt ×
src > vel_pkg > M CMakeLists.txt
# find_package(<dependency> REQUIRED)
find_package(rclcpp REQUIRED)
find_package(geometry_msgs REQUIRED)

add_executable(vel_node src/vel_node.cpp)
ament_target_dependencies(vel_node "rclcpp" "geometry_msgs")

install(TARGETS vel_node
DESTINATION lib/${PROJECT_NAME})

if(BUILD_TESTING)
  find_package(ament_lint_auto REQUIRED)
  # the following line skips the linter which checks for copyrights
  # comment the line when a copyright and license is added to all source files
  set(ament_cmake_copyright_FOUND TRUE)
  # the following line skips cpplint (only works in a git repo)
  # comment the line when this package is in a git repo and when
  # a copyright and license is added to all source files
  set(ament_cmake_cpplint_FOUND TRUE)
  ament_lint_auto_find_test_dependencies()
endif()

ament_package()
```

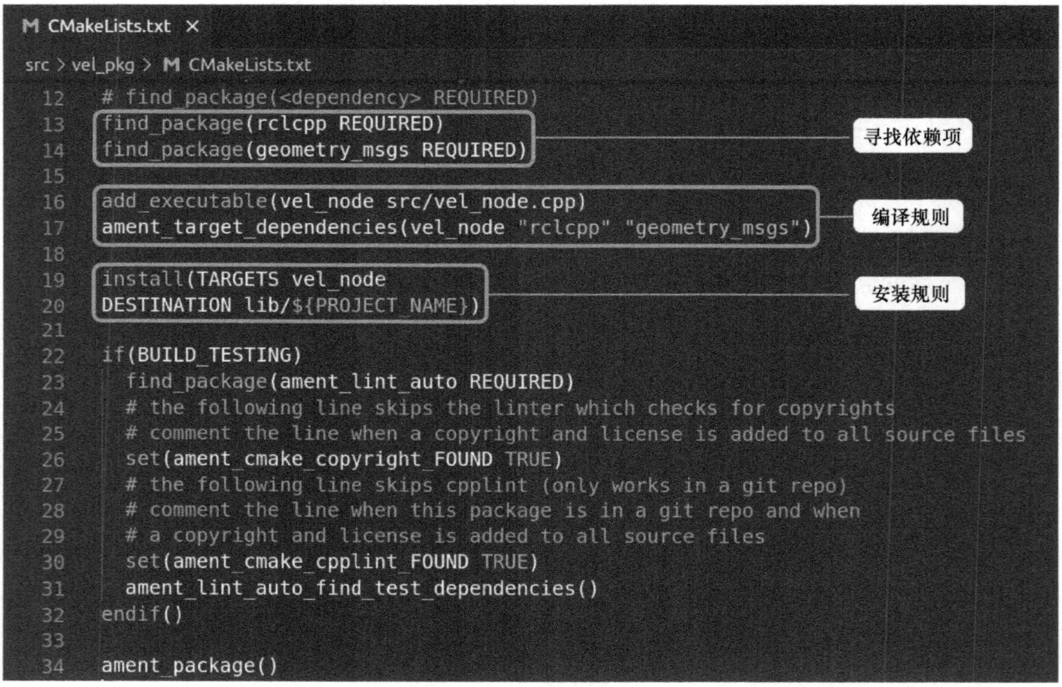

图 4-10　寻找依赖项、添加编译规则和安装规则

这些内容可以从 wpr_simulation2 的例程文件中找到。如果编译报错，可以与 wpr_simulation2\demo_cmakelists\4_vel_node.txt 文件中的代码进行比对。

上述规则添加完毕后，一定要保存文件，否则规则无法生效。

3. 修改软件包信息

在 VSCode 中打开 vel_pkg 软件包的 package.xml 文件，使用如下代码添加依赖项信息，如图 4-11 所示。

```
<depend>rclcpp</depend>
<depend>geometry_msgs</depend>
```

这些内容可以从 wpr_simulation2 的例程文件中找到。如果编译报错，可以与 wpr_simula-

tion2\demo_package\4_vel_node.xml 文件中的代码进行比对。

```
package.xml ×
src > vel_pkg > package.xml
  <description>TODO: Package description</description>
  <maintainer email="robot@6-robot.com">robot</maintainer>
  <license>TODO: License declaration</license>

  <buildtool_depend>ament_cmake</buildtool_depend>

  <depend>rclcpp</depend>
  <depend>geometry_msgs</depend>

  <test_depend>ament_lint_auto</test_depend>
  <test_depend>ament_lint_common</test_depend>

  <export>
    <build_type>ament_cmake</build_type>
  </export>
</package>
```

添加依赖项

图 4-11　添加依赖项

文件修改后，一定要保存文件，否则新的包信息无法生效。

4. 编译软件包

修改完上述文件后，打开终端窗口，执行如下指令，进入工作空间，如图 4-12 所示。

```
cd ~/ros2_ws/
```

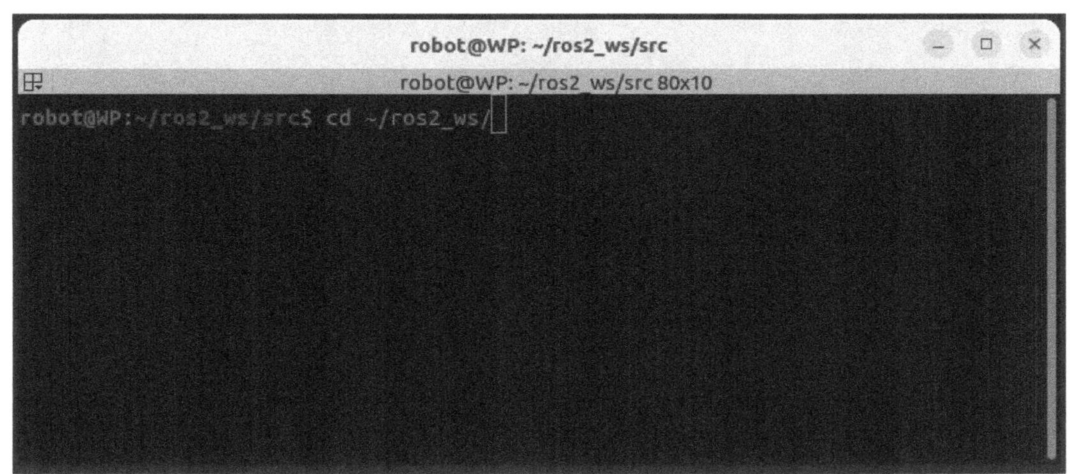

图 4-12　进入 ROS2 工作空间

然后执行如下指令，对工作空间中的所有软件包进行编译，如图 4-13 所示。

```
colcon build
```

如果编译顺利的话，会显示如图 4-14 所示信息，表示编译成功。

5. 节点自测

节点代码编译完成后，可以先进行自测，以便发现单词拼写之类的小失误。在自测前，需要加载当前工作空间中的设置参数，这样 ros2 指令才能找到刚才编译后的软件包和节点文件。如图 4-15 所示，保持终端的当前路径依然在工作空间目录 ros2_ws 中，然后执行如下指令。

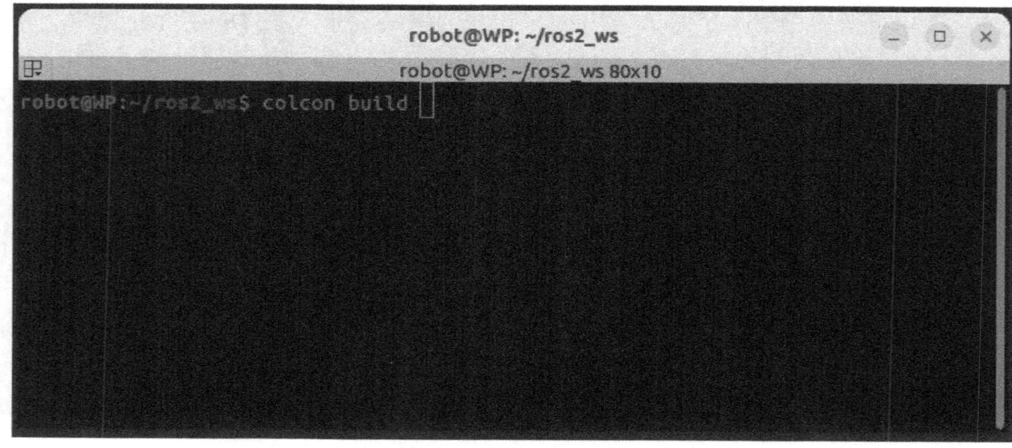

图 4-13　编译软件包

```
robot@WP:~/ros2_ws$ colcon build
Starting >>> vel_pkg
Starting >>> wpr_simulation2
Finished <<< wpr_simulation2 [0.70s]
Finished <<< vel_pkg [3.87s]

Summary: 2 packages finished [4.03s]
robot@WP:~/ros2_ws$
```

图 4-14　编译成功界面

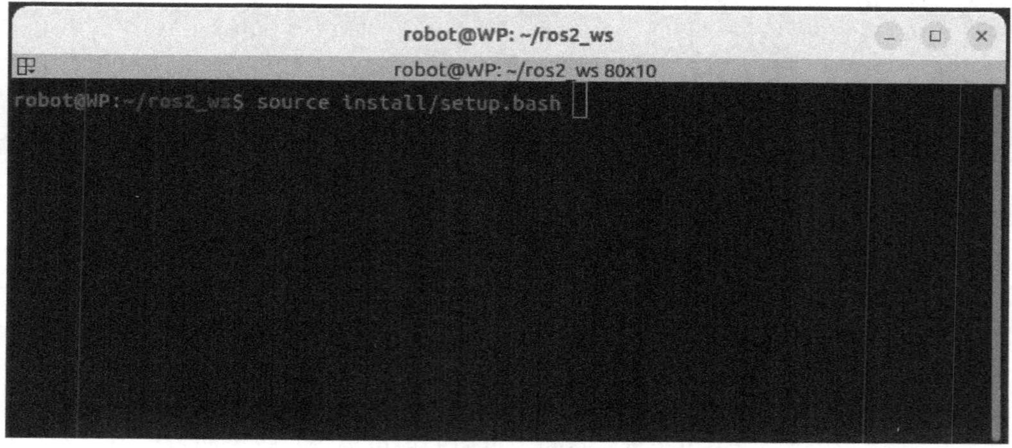

图 4-15　加载当前工作空间中的设置参数

```
source install/setup.bash
```

然后执行如下指令运行刚才编写的节点，如图 4-16 所示。

```
ros2 run vel_pkg vel_node
```

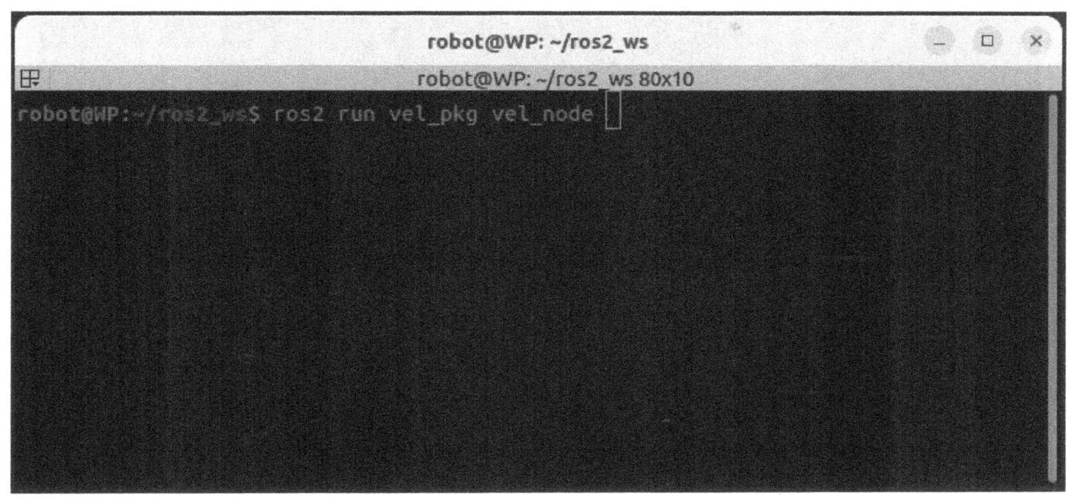

图 4-16 运行节点

按组合键［Ctrl+Shift+O］，将终端分为上、下两个子窗口，在新的窗口中执行如下指令，查看当前正在活跃的话题列表，如图 4-17 所示。

```
ros2 topic list
```

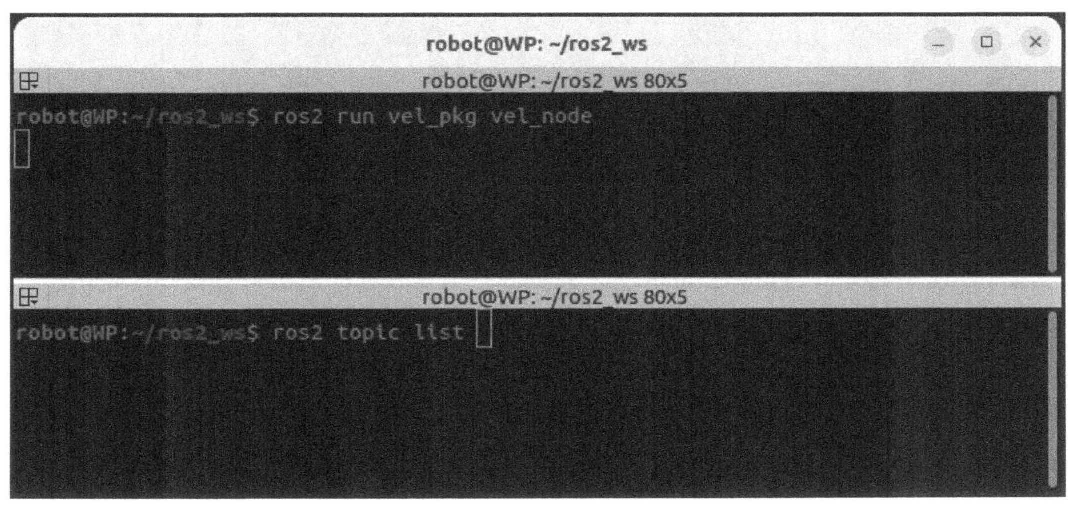

图 4-17 查看活跃的话题列表

执行后会看到如图 4-18 所示的话题列表。

话题列表中的“/cmd_vel”就是前面编写的 vel_node 节点发布的话题。这时再检查一下话题里发布的消息包是否正确，在下面的终端窗口中执行如下指令，如图 4-19 所示。

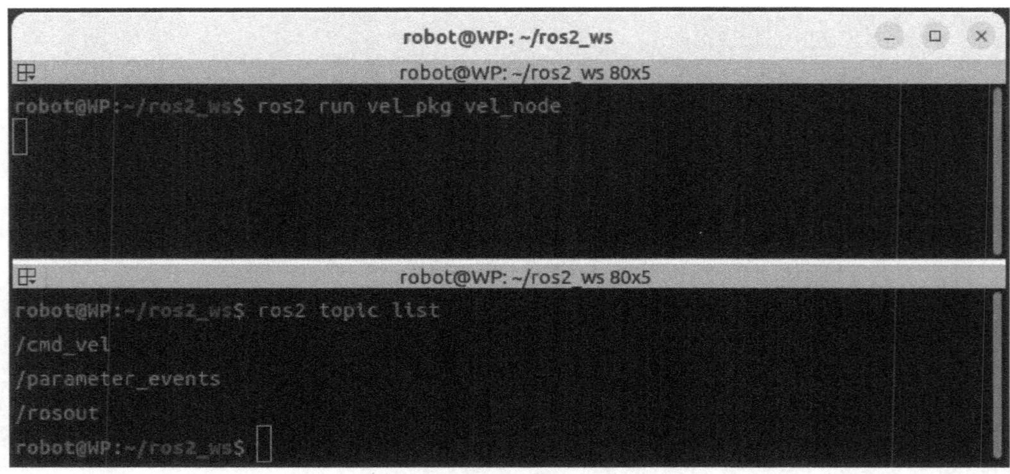

图 4-18　执行结果


```
ros2 topic echo /cmd_vel
```

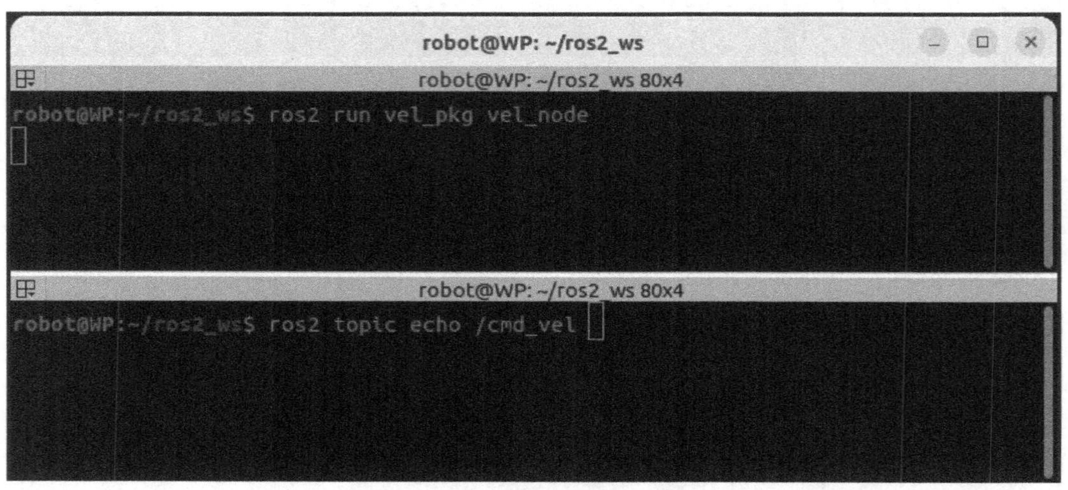

图 4-19　检查消息包是否正确

按［Enter］键后，可以看到下面的终端窗口在不断刷新话题中消息包的数据内容，如图 4-20 所示。

在图 4-20 中可以看到话题中的消息包在不断刷新，消息包的 linear 部分的 x 为 0.1，其他数值都为 0，与节点代码中的描述一致，节点自测通过。

4.2.2　仿真运行速度控制程序

下面来运行前面编写的节点。在运行前，需要确认已经按照 2.6 节下载了 wpr_simulation2 仿真项目。然后，先加载当前工作空间中的环境设置。如图 4-21 所示，保持终端的当前路径依然在工作空间目录 ros2_ws 中，执行如下指令。

```
source install/setup.bash
```

```
robot@WP: ~/ros2_ws
robot@WP: ~/ros2_ws 80x2
robot@WP:~/ros2_ws$ ros2 run vel_pkg vel_node

robot@WP: ~/ros2_ws 80x7
robot@WP:~/ros2_ws$ ros2 topic echo /cmd_vel
linear:
  x: 0.1
  y: 0.0
  z: 0.0
angular:
  x: 0.0
  y: 0.0
```

图 4-20　刷新的数据内容

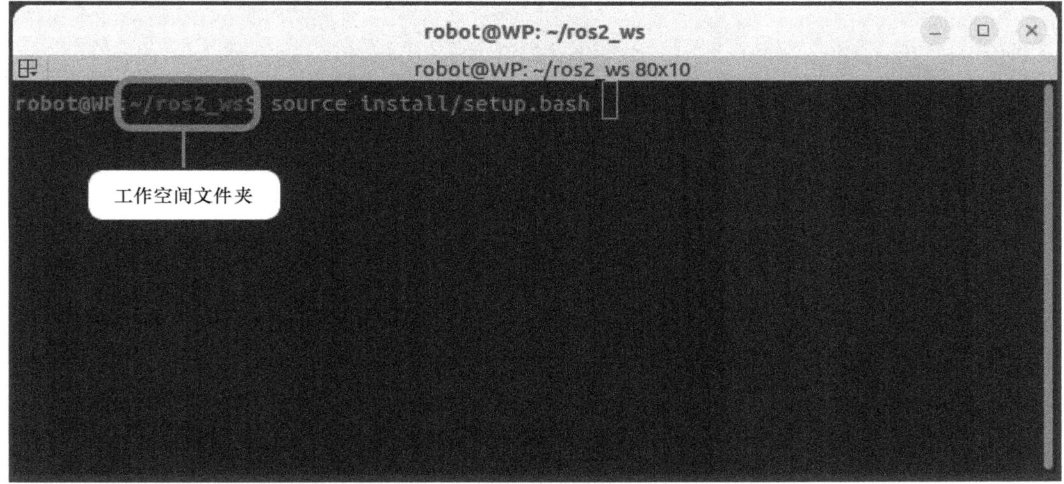

图 4-21　加载当前工作空间中的环境设置

接下来启动带有机器人的仿真环境。执行如下指令，如图 4-22 所示。

```
ros2 launch wpr_simulation2 wpb_simple.launch.py
```

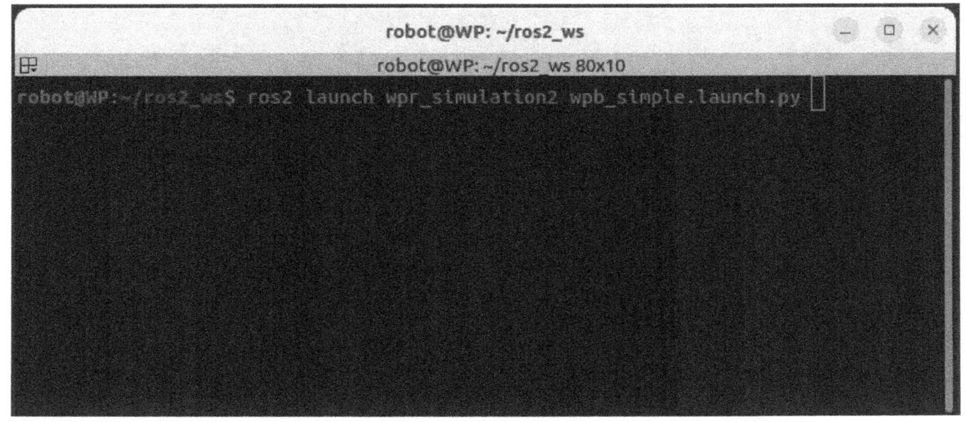

图 4-22　启动带有机器人的工作环境

这时会启动仿真程序的图形窗口，如图 4-23 所示，里面有一台仿真机器人，面对一个书柜。

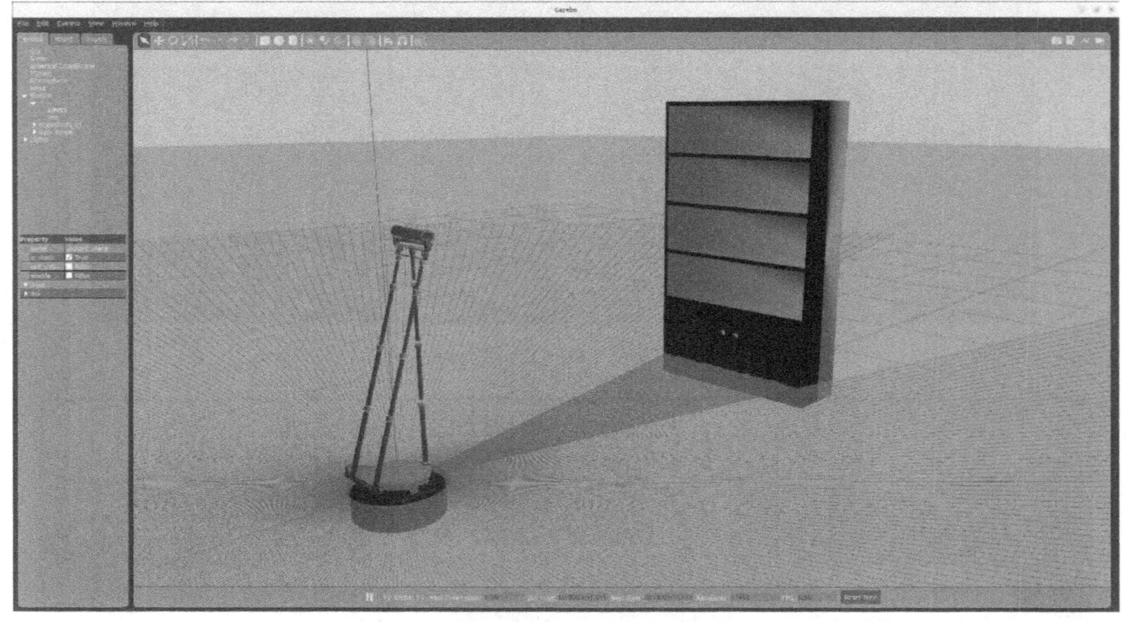

图 4-23　仿真程序的图形窗口

接下来运行刚才编写的速度控制节点 vel_node。如图 4-24 所示，在 Terminator 终端中，按组合键［Ctrl+Shift+O］，将终端分为上、下两个子窗口。

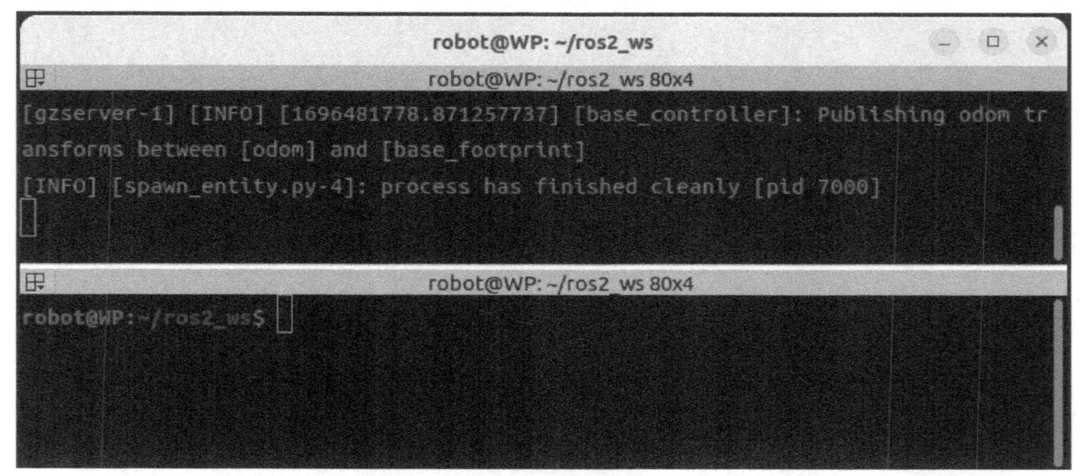

图 4-24　两个终端子窗口

然后，在下面的新窗口中先运行如下指令，加载环境变量，如图 4-25 所示。

```
source install/setup.bash
```

新窗口加载好环境变量后，使用如下指令运行刚才编写的 vel_node 节点，如图 4-26 所示。

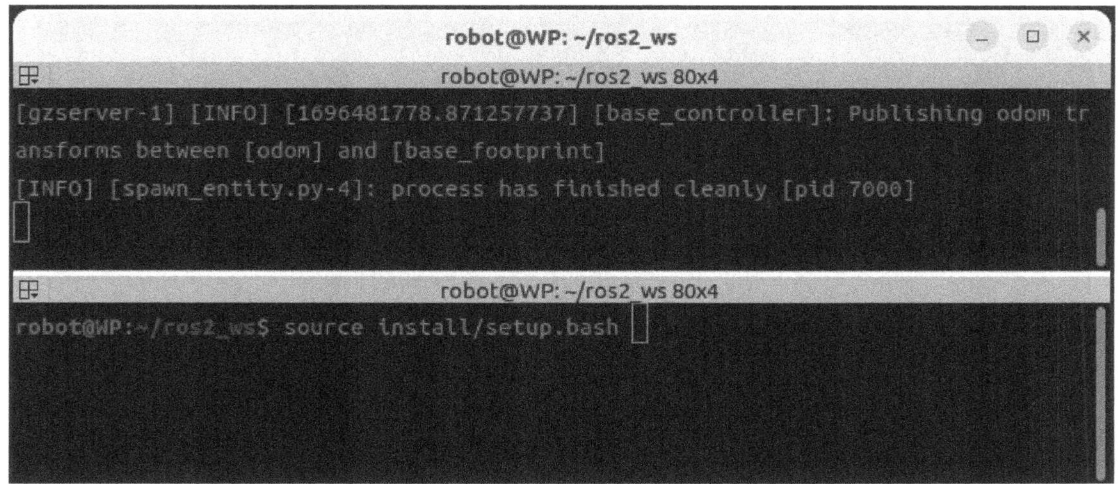

图 4-25　加载环境变量

```
ros2 run vel_pkg vel_node
```

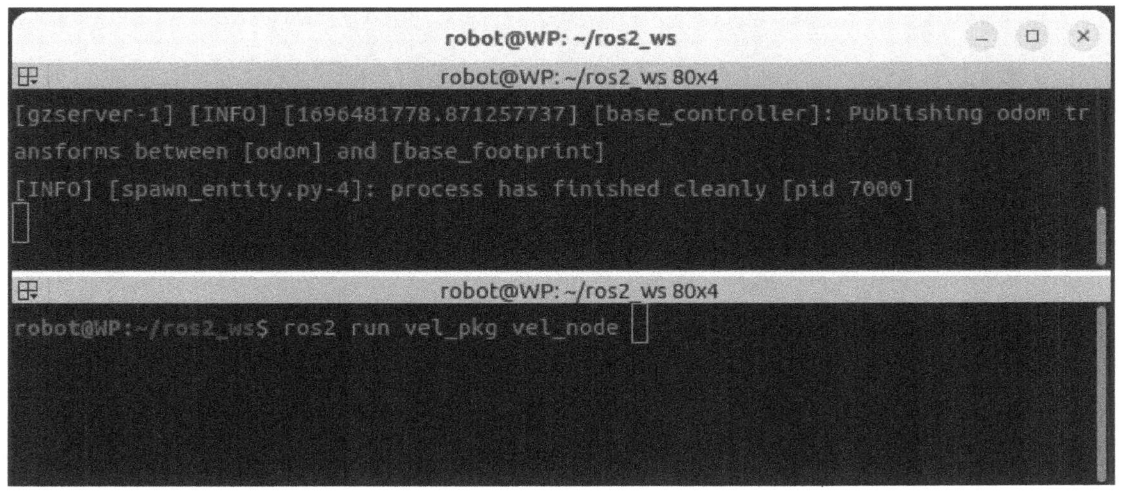

图 4-26　运行 vel_ node 节点

节点运行起来之后，切换到刚才的仿真窗口。如图 4-27 所示，可以看到机器人以 0.1m/s 的速度向前移动，速度控制功能成功实现。

4.2.3　练习题

1）将节点代码中的 vel_msg. linear. x 设置为 0，将 vel_msg. linear. y 设置为 0.1。编译后运行节点，观察机器人的运动状态如何变化。

2）保持机器人向前的直行速度不变，为 vel_msg. angular. z 设置一个数值。编译后运行节点，观察机器人运动状态的变化。

3）尝试将 vel_node. cpp 的代码封装成类。

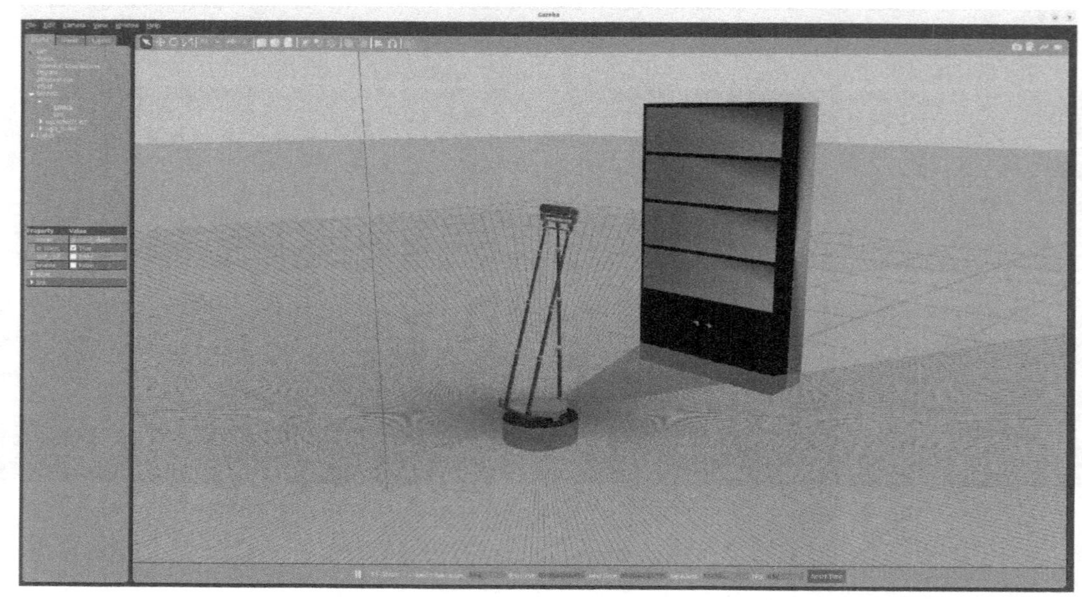

图 4-27　节点运行起来后的仿真窗口

4.3　本章小结

本章主要介绍了发布者节点的一个典型应用，通过编写节点代码、设置编译规则、修改软件包信息、编译软件包、节点自测、仿真运行速度控制程序实现了对机器人运动速度的控制。

第 5 章

激光雷达在ROS2中的使用

5.1　ROS2 中的激光雷达数据

激光雷达是地面移动机器人常用的一种传感器，如图 5-1 所示，其工作原理是用一个高速旋转的激光测距探头将周围 360°内的障碍物分布状况扫描出来。

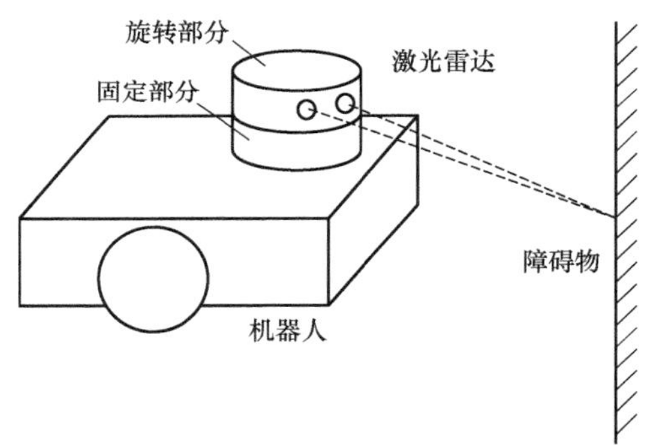

图 5-1　地面移动机器人示意图

激光雷达的旋转部分搭载激光测距探头，它在旋转的过程中每隔一定角度就会测量一次距离值。当它旋转一圈时，刚好可以对周围障碍物进行均匀的测距采样，这样一组测距值就是激光雷达的输出数值。

5.1.1　激光雷达的话题名称

ROS2 中的激光雷达的节点会在指定名称的话题里发布消息。话题名称在 REP-138 中推荐为“/scan”，如图 5-2 所示。

Topics

The following topics are expected to be common to many devices. Note that some of these topics are published by support libraries.

Required for Single Echo LaserScanners

- scan
  - Traditional single return output. (sensor_msgs/LaserScan)
    This is the most compatible topic and represents output from a laser scanner that is not providing multiple returns per beam. This topic is not present for multi-echo laserscanners in multi-echo modes.

Required for Multiecho LaserScanners

- echoes
  - Output of a laser scanner capable of multiple returns per beam. (sensor_msgs/MultiEchoLaserScan)
    This is the topic that is designed to give the most information to users of LaserScans. sensor_msgs/MultiEchoLaserScan is not required to be used by clients. This topic is not present for single echo laserscanners or multi-echo laserscanners in single echo mode.

图 5-2　在指定名称的话题里发布消息

5.1.2 激光雷达的消息包格式

激光雷达的消息类型为 sensor_msgs::LaserScan，其格式如图 5-3 所示。

sensor_msgs/LaserScan Message

```
# Single scan from a planar laser range-finder
#
# If you have another ranging device with different behavior (e.g. a sonar
# array), please find or create a different message, since applications
# will make fairly laser-specific assumptions about this data

Header header            # header中的timestamp（时间戳）表示本次扫描中接收到第一束测距激光反射信号的时间
                         #
                         # header中的frame_id指明了激光雷达的基准坐标系，
                         # 后续内容关于角度方向的描述，都以这个坐标系为基准。
                         #
                         #

float32 angle_min        # 扫描的起始角度（单位：弧度）
float32 angle_max        # 扫描的终止角度（单位：弧度）
float32 angle_increment  # 相邻两次测距的旋转夹角（单位：弧度）

float32 time_increment   # 相邻两次测距的时间差（单位：秒）
                         #
                         #
float32 scan_time        # 两次扫描的起始时间差（单位：秒）

float32 range_min        # 有效测距范围的最小距离（单位：米）
float32 range_max        # 有效测距范围的最大距离（单位：米）

float32[] ranges         # 本次扫描的所有测距值（单位：米）
float32[] intensities    # 所有测距的返回信号强度（单位由厂商自己定义）
                         #
                         #
```

图 5-3 消息类型

5.2 在 RViz2 中查看激光雷达数据

在 ROS2 中，提供了一个图形化工具，可以直观地查看传感器的数据。这个工具的名字为“RViz2”，其中“RViz”是“ROS Visualization Tool”的缩写，“2”表示第 2 代。下面将通过实验来学习 RViz2 的使用，在 RViz2 中查看激光雷达的数据。

5.2.1 RViz2 的使用

首先启动机器人仿真环境。如图 5-4 所示，按组合键［Ctrl+Alt+T］启动 Terminator 终端，先运行如下指令，加载工作空间的环境设置。

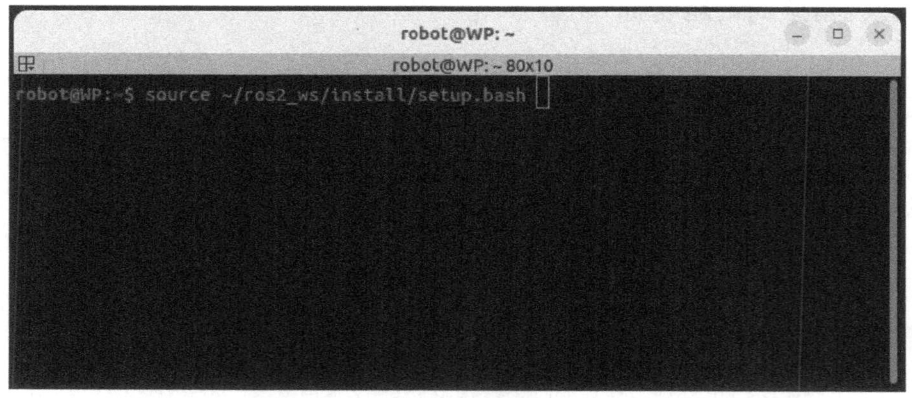

图 5-4 加载工作空间的环境设置

```
source ~/ros2_ws/install/setup.bash
```

然后执行如下指令，启动仿真环境，如图 5-5 所示。

```
ros2 launch wpr_simulation2 wpb_simple.launch.py
```

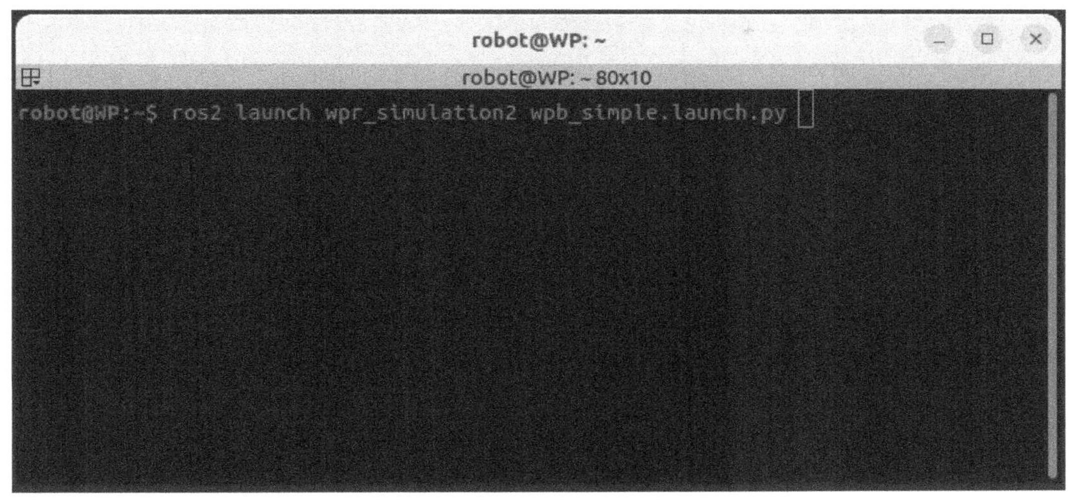

图 5-5　启动仿真环境

这时会弹出一个窗口，如图 5-6 所示，显示一台机器人，面前放置了一个书柜。机器人的激光雷达扫描到了书柜的下半部分。

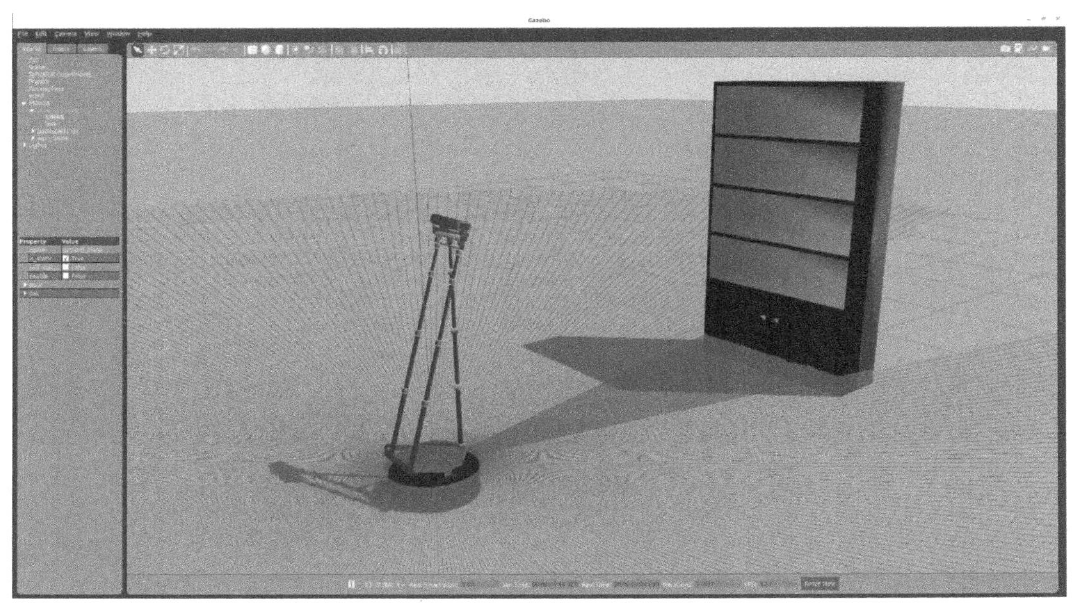

图 5-6　仿真窗口界面

回到终端窗口，按组合键［Ctrl+Shift+O］，将终端分为上下两个子窗口。在下面的新窗口中执行如下指令，加载工作空间的环境设置，如图 5-7 所示。

```
source ~/ros2_ws/install/setup.bash
```

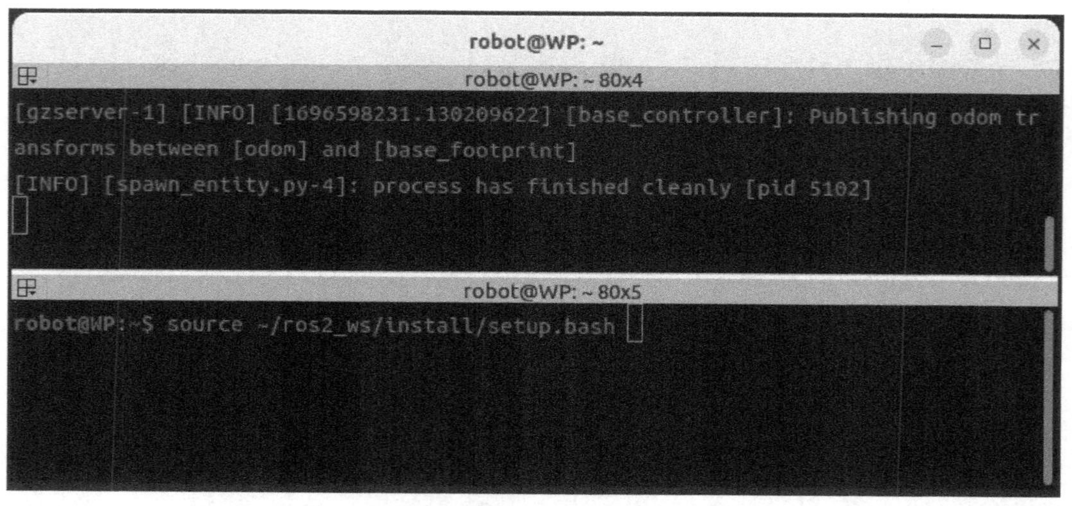

图 5-7　加载工作空间的环境设置

新窗口加载环境变量后，再执行如下指令，启动 RViz2，如图 5-8 所示。

```
rviz2
```

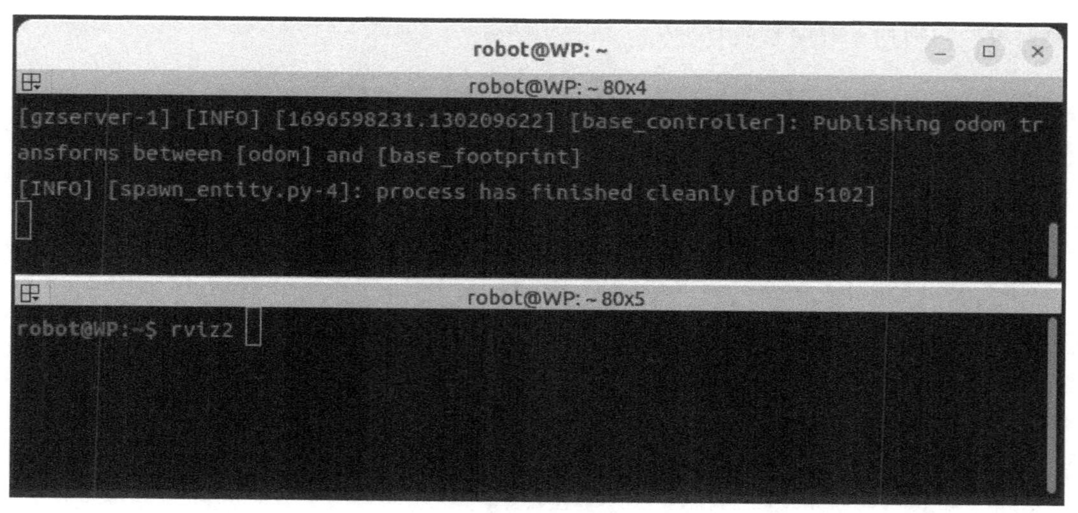

图 5-8　启动 RViz2

这时会弹出一个新的图形化窗口，如图 5-9 所示。

这就是 RViz2 的界面，现在里面还没有显示任何数据，下面开始添加显示内容。单击图 5-10中界面左下角的［Add］按钮。

这时弹出一个对话框，如图 5-11 所示，单击其中的［RobotModel］，然后单击［OK］按钮，确认添加这个显示项目。

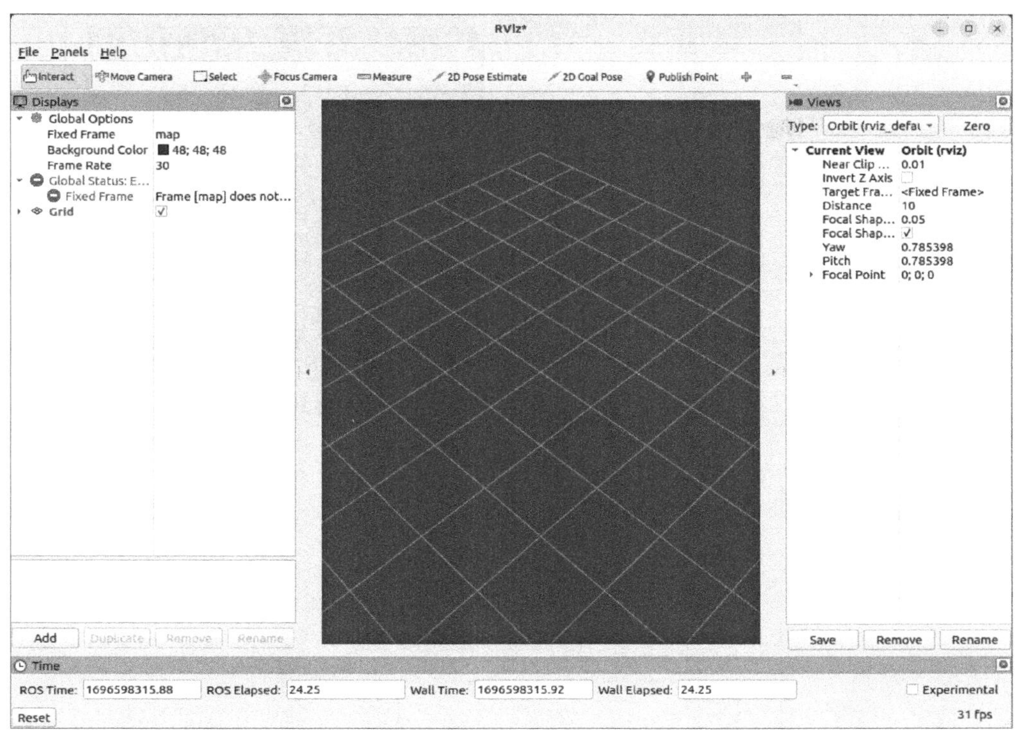

图 5-9　RViz2 窗口

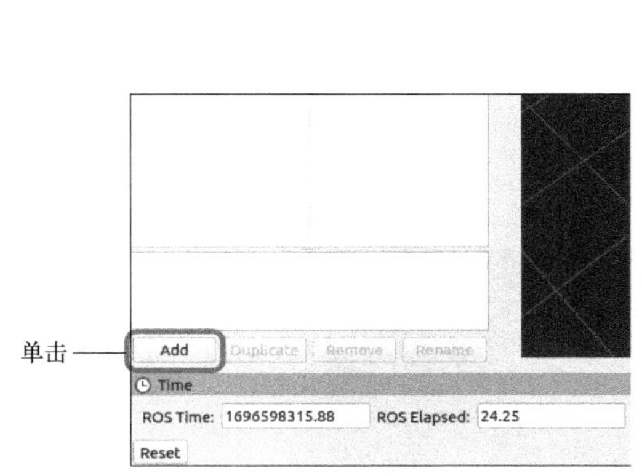

图 5-10　单击［Add］按钮

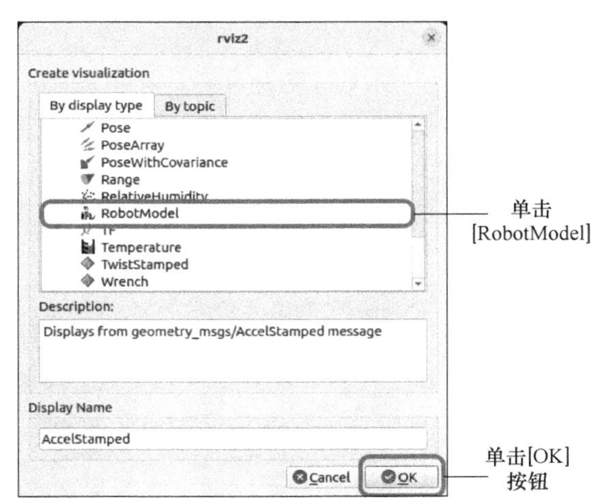

图 5-11　添加［RobotModel］显示项目

这时出现一个新的项目，如图 5-12 所示，单击［▶］可以展开它的属性，将其中的［Description Topic］修改为“/robot_description”，再将最上面的［Fixed Frame］设置为“base_footprint”，就可以在 RViz2 的主视图中看到机器人模型。

然后单击界面左下角的［Add］按钮，如图 5-13 所示，在弹出的对话框中选择［LaserScan］。

在 RViz2 的左侧显示项目里展开［LaserScan］。如图 5-14 所示，将其中的雷达数据话题［Topic］设置为“/scan”，将点云尺寸［Size(m)］修改为“0.03”。

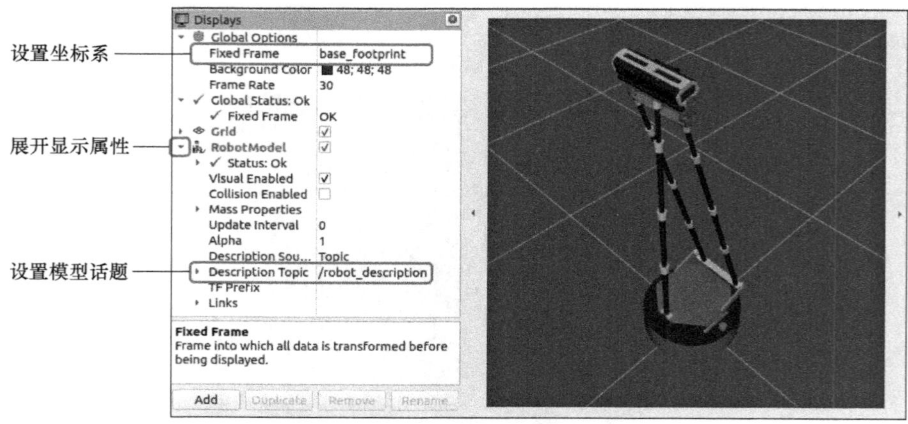

图 5-12　设置主视图机器人模型

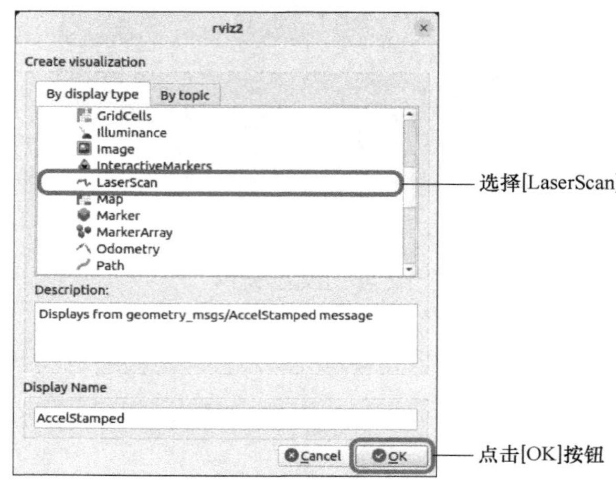

图 5-13　添加 LaserScan 显示项目

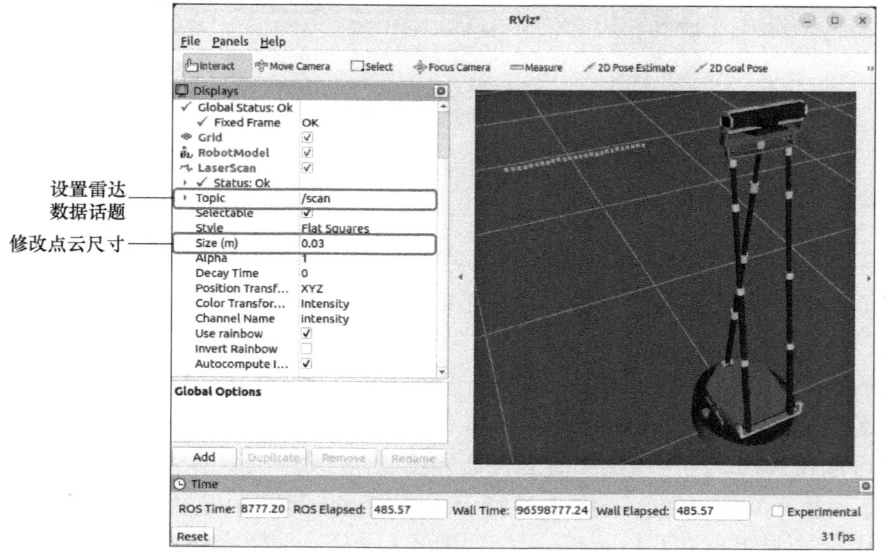

图 5-14　设置数据雷达话题和点云尺寸

图 5-14 彩图

此时在 RViz2 的主视图里，就能看到机器人前方出现了红色的抖动点阵，这就是激光雷达的测距数值可视化后的效果。

5.2.2　界面配置的保存

将 RViz2 配置好以后，可以将当前的界面配置保存成文件。下次启动 RViz2 的时候，可以直接从文件中加载配置，省去了每次都要手动配置显示项目的烦琐过程。如图 5-15 所示，保持已经配置好的 RViz2 界面，不要关闭，单击左上角的［File］菜单，在弹出的选项列表中，选择［Save Config As］（另存为）。

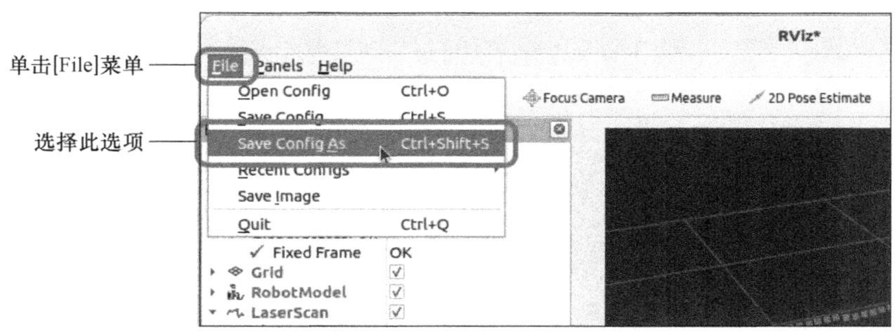

图 5-15　保存界面配置为文件

此时会弹出一个文件保存窗口，如图 5-16 所示。在窗口的左侧选择将文件保存到［主目录］，然后输入要保存的文件名称，这个文件可以任意命名，这里命名为“lidar. rviz”。然后单击［Save］按钮保存文件，这样就把 RViz2 的界面配置保存好了。如图 5-17 所示，打开 Ubuntu 的文件管理器，进入［主目录］，可以看到已经保存好的配置文件。

图 5-16　文件保存窗口

关闭 RViz2 窗口，下面介绍如何在启动 RViz2 时直接加载这个配置文件。

5.2.3　界面配置的加载

保存好的 RViz2 配置文件可以在启动 RViz2 时直接通过指令参数加载。先确认已经按照上一小节的步骤将 RViz2 的配置文件保存为［主目录］下的［lidar. rviz］。如图 5-18 所示，在终端中执行如下指令。

```
rviz2 -d ~/lidar.rviz
```

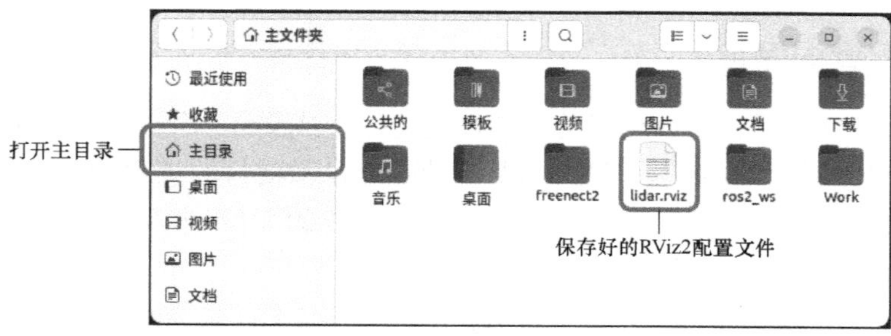

图 5-17　查看［主目录］下保存的文件

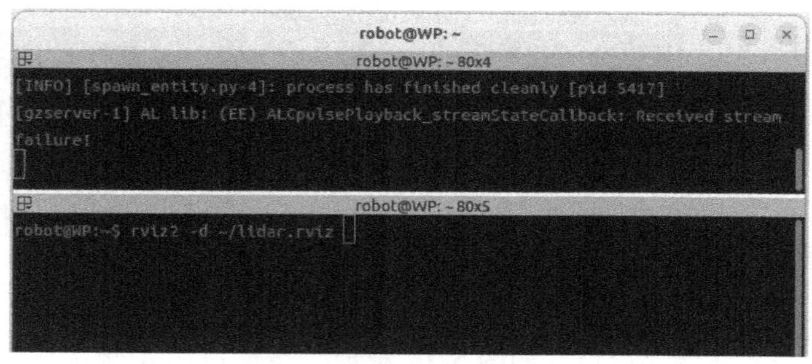

图 5-18　通过指令参数加载配置文件

这条指令中的“-d”表示从文件中加载 RViz2 的界面配置，后面的参数就是配置文件的位置和文件名，其中“~”表示的是“主目录”。执行这条指令后，会弹出 RViz2 窗口。如图 5-19 所示，这时 RViz2 直接显示为之前保存配置时的样子。

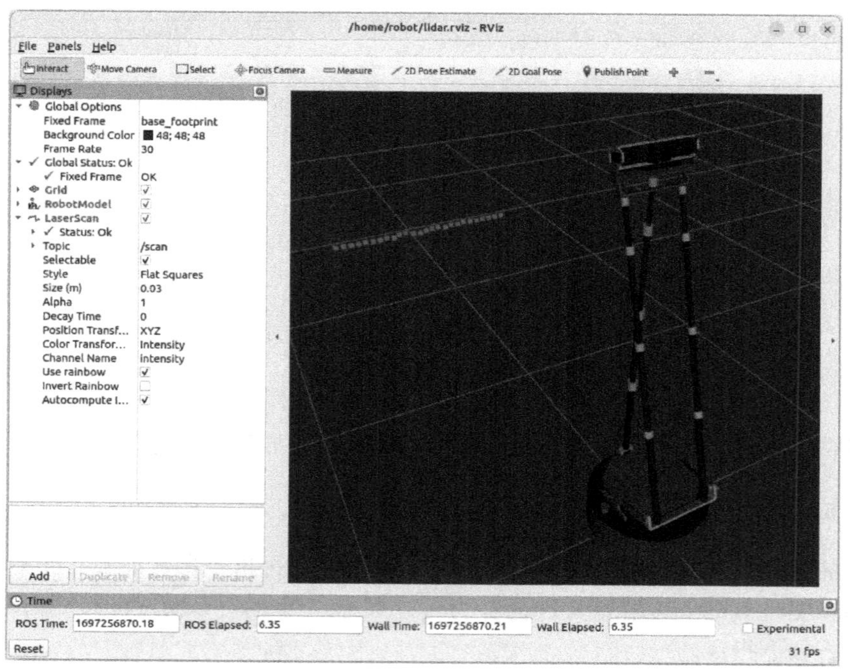

图 5-19　指令执行结果

在 ROS2 中，会经常使用这种加载配置文件的方法。在 Launch 文件中直接启动配置好的 RViz2 窗口，便于开发者观察传感器数据以及程序的运行状况。

5.3　激光雷达数据获取

激光雷达数据的获取是通过订阅激光雷达发布的话题，从话题中获取激光雷达发出的消息包来实现的。如图 5-20 所示，将会实现一个订阅者节点订阅“/scan”话题，从此话题中接收 sensor_msgs::LaserScan 类型的消息包，并解析出雷达的测距值。

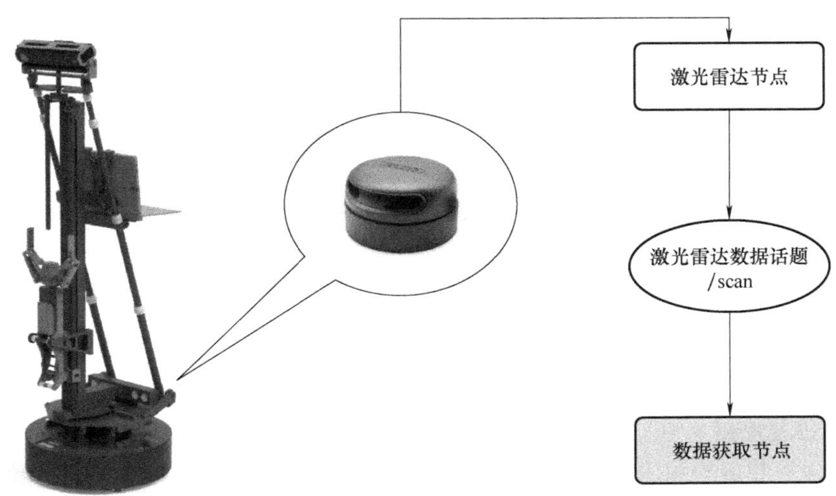

图 5-20　激光雷达数据获取的数据流向图

5.3.1　编写激光雷达数据获取程序

首先在工作空间中创建一个软件包。打开一个新的终端窗口，输入如下指令，进入工作空间，如图 5-21 所示。

```
cd ~/ros2_ws/src/
```

图 5-21　进入工作空间

然后用如下指令创建一个名为“lidar_pkg”的软件包，如图 5-22 所示。

```
ros2 pkg create lidar_pkg
```

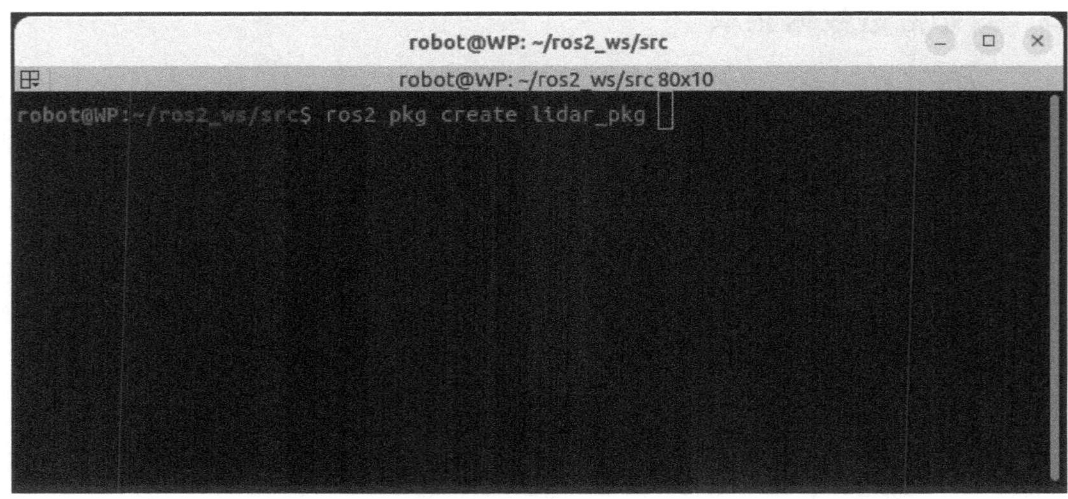

图 5-22　创建名为“lidar_pkg”的软件包

创建好软件包后，接下来在这个软件包中创建一个节点，具体操作步骤如下。

1. 编写节点代码

先创建这个节点的源码文件。如图 5-23 所示，在 VSCode 中找到［lidar_pkg］软件包，用鼠标右键单击它的［src］子目录，在弹出的快捷菜单中选择［新建文件］。

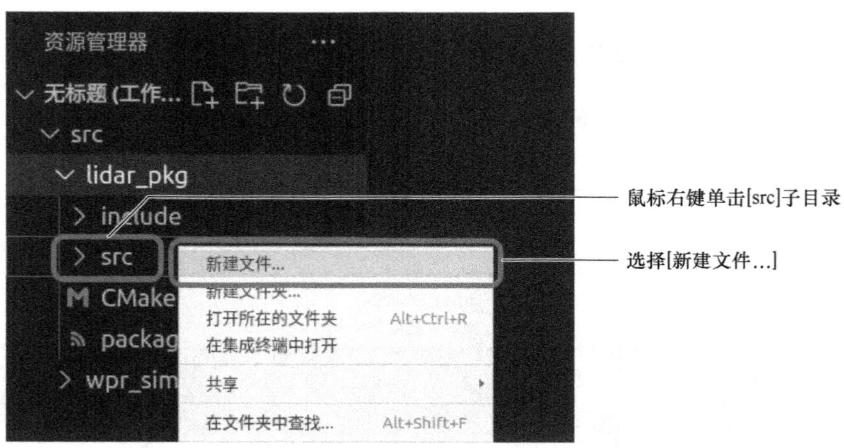

图 5-23　新建文件

此时会提示输入文件名，这里输入“lidar_data. cpp”，然后按［Enter］键创建文件，如图 5-24 所示。

下面编写这个源码文件，其内容如下。

```
#include <rclcpp/rclcpp.hpp>
#include <sensor_msgs/msg/laser_scan.hpp>
```

```
std::shared_ptr<rclcpp::Node> node;

void LidarCallback(const sensor_msgs::msg::LaserScan::SharedPtr msg)
{
    int nNum=msg->ranges.size();

    int nMid=nNum / 2;
    float fMidDist=msg->ranges[nMid];
    RCLCPP_INFO(node->get_logger(),"ranges[%d]=%f m",nMid,fMidDist);
}

int main(int argc,char **argv)
{
    rclcpp::init(argc,argv);

    node=std::make_shared<rclcpp::Node>("lidar_data_node");

    auto lidar_sub=node->create_subscription<sensor_msgs::msg::Laser-
Scan>("/scan",10,LidarCallback);

    rclcpp::spin(node);

    rclcpp::shutdown();

    return 0;
}
```


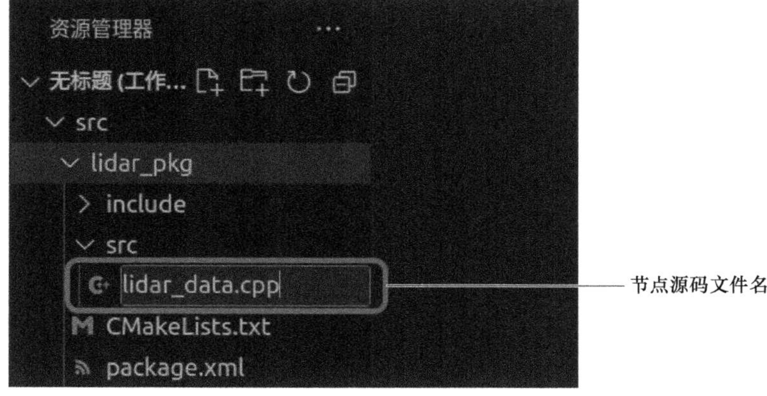

图 5-24　命名新建文件为“lidar_data. cpp”

上述代码可以从 wpr_simulation2 的例程文件中找到。如果编译报错，可以与 wpr_simulation2\demo_cpp\5_lidar_data.cpp 文件中的代码进行比对。

下面是对这个节点代码的解释。

```
#include <rclcpp/rclcpp.hpp>
#include <sensor_msgs/msg/laser_scan.hpp>
```

这两行代码分别导入了 ROS2 的 C++库和激光雷达消息类型 sensor_msgs::msg::LaserScan 的头文件。

```
std::shared_ptr<rclcpp::Node> node;
```

这行代码声明了一个名为“node”的共享指针，指向 rclcpp::Node 类型的对象。在这里声明是为了使其成为全局作用域变量，在回调函数和主函数里都可以访问。

```
void LidarCallback(const sensor_msgs::msg::LaserScan::SharedPtr msg)
{
    int nNum=msg->ranges.size();

    int nMid=nNum / 2;
    float fMidDist=msg->ranges[nMid];
    RCLCPP_INFO(node->get_logger(),"ranges[%d]=%f m",nMid,fMidDist);
}
```

这是一个回调函数。在后面的代码中，会将它设置为接收到激光雷达消息包的回调函数。它接收一个 sensor_msgs::msg::LaserScan 类型的共享指针 msg 作为参数，这个 msg 参数就是携带了激光雷达数据的消息包。这个 msg 消息包里的 ranges 是雷达的测距值数组，数组的排列顺序是从扫描角度的 0°~360°，也就是转一圈又回到 0°。扫描的旋转方向为逆时针方向，如图 5-25 所示。

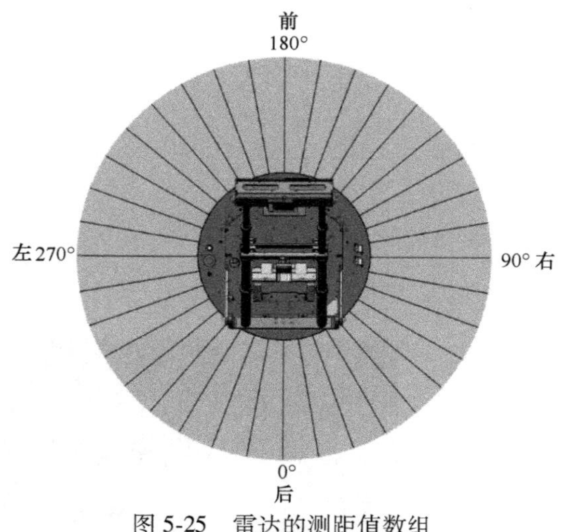

图 5-25　雷达的测距值数组

从图中可以看出，机器人正前方的测距值是 180°的扫描线的测距值，也就是 ranges 数组的最中间索引值对应的测距值。在回调函数 LidarCallback() 中读取这个测距值，先获取激光雷达数据点的数量 nNum，然后计算测距值数组最中间的索引值 nMid，接着获取这个索引处的测距值 fMidDist。这个 fMidDist 就是机器人正前方 180°扫描线对应的测距值，单位为米（m）。最后使用 RCLCPP_INFO 宏将这个测距值显示在终端。

```
int main(int argc,char **argv)
{
  rclcpp::init(argc,argv);
```

这段代码是 main( ) 函数的开始，接收命令行参数 argc 和 argv。rclcpp::init （argc, argv）用于初始化节点。

```
node=std::make_shared<rclcpp::Node>("lidar_data_node");
```

这行代码创建了一个名称为“lidar_data_node”的节点对象。使用 std::make_shared( ) 函数创建这个节点对象的共享指针，并赋值给 node。

```
auto lidar_sub=node->create_subscription<sensor_msgs::msg::LaserScan>
("/scan",10,LidarCallback);
```

这行代码使用 node->create_subscription( ) 函数创建了一个订阅者对象 lidar_sub。订阅的消息类型是 sensor_msgs::msg::LaserScan，订阅话题为“/scan”，10 表示接收缓冲的队列长度为 10 个消息包。回调函数 LidarCallback( ) 在前面已经有定义，它将在接收到雷达消息包时被调用。

```
rclcpp::spin(node);
```

这行代码启动 ROS2 节点的主循环，使节点开始处理消息并调用回调函数。rclcpp::spin( )函数将使节点保持运行状态，直到节点被关闭。


```
rclcpp::shutdown();
```

当节点运行过程中收到系统的关闭要求时会执行这行代码，用于关闭节点，释放节点占用的资源。

```
return 0;
}
```

这是 main( ) 函数的结束，返回值为 0，表示程序成功执行并正常退出。

代码编写完毕后，需要进行保存。保存成功后，编辑界面文件名后面的圆点符号会变成一个叉符号。

2. 设置编译规则

节点源码的编译规则写在 lidar_pkg 的 CMakeLists. txt 文件里。在 VSCode 中打开这个文件，在这个文件里添加节点的编译规则。如图 5-26 所示，首先使用如下代码寻找节点代码中用到的依赖项。

```
M CMakeLists.txt ×
src > lidar_pkg > M CMakeLists.txt
# find_package(<dependency> REQUIRED)
find_package(rclcpp REQUIRED)
find_package(sensor_msgs REQUIRED)

add_executable(lidar_data src/lidar_data.cpp)
ament_target_dependencies(lidar_data "rclcpp" "sensor_msgs")

install(TARGETS lidar_data
DESTINATION lib/${PROJECT_NAME})
```

寻找依赖项

编译规则

安装规则

图 5-26　寻找依赖项、添加编译规则和安装规则

```
find_package(rclcpp REQUIRED)
find_package(sensor_msgs REQUIRED)
```

然后使用如下代码添加节点源码的编译规则。

```
add_executable(lidar_data src/lidar_data.cpp)
ament_target_dependencies(lidar_data "rclcpp" "sensor_msgs")
```

最后使用如下代码添加节点编译完成后的安装规则。

```
install(TARGETS  lidar_data
DESTINATION  lib/${PROJECT_NAME})
```

这些内容可以从 wpr_simulation2 的例程文件中找到。如果编译报错，可以与 wpr_simulation2\demo_cmakelists\5_lidar_data.txt 文件中的代码进行比对。

上述规则添加完毕后，一定要保存文件，否则规则无法生效。

3. 修改软件包信息

在 VSCode 中打开［lidar_pkg］下的［package.xml］文件，使用如下代码添加依赖项，如图 5-27所示。

```
<depend>rclcpp</depend>
<depend>sensor_msgs</depend>
```

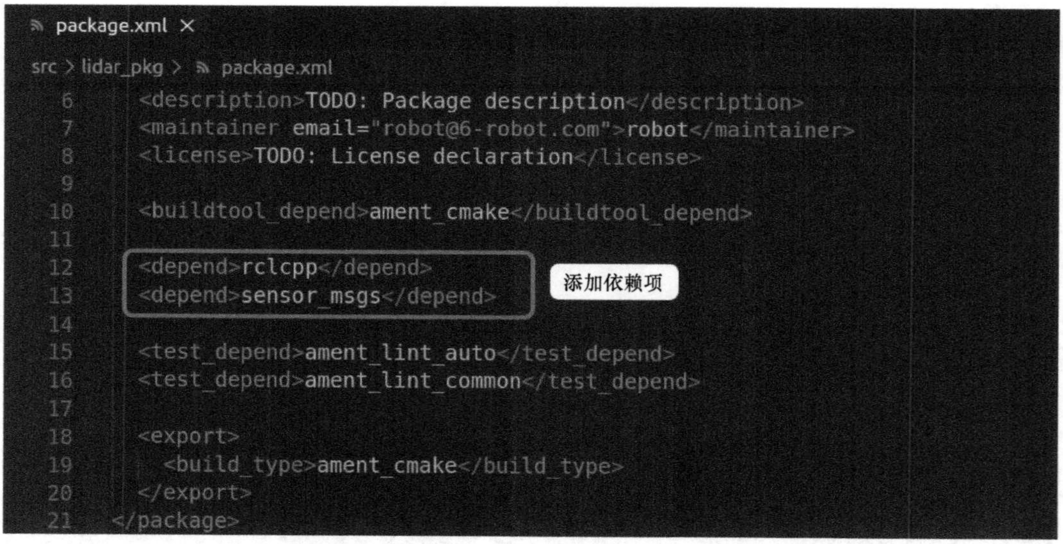

```
package.xml ×
src > lidar_pkg > package.xml
  <description>TODO: Package description</description>
  <maintainer email="robot@6-robot.com">robot</maintainer>
  <license>TODO: License declaration</license>

  <buildtool_depend>ament_cmake</buildtool_depend>

  <depend>rclcpp</depend>
  <depend>sensor_msgs</depend>        添加依赖项

  <test_depend>ament_lint_auto</test_depend>
  <test_depend>ament_lint_common</test_depend>

  <export>
    <build_type>ament_cmake</build_type>
  </export>
</package>
```

图 5-27　添加依赖项

这些内容可以从 wpr_simulation2 的例程文件中找到。如果编译报错，可以与 wpr_simulation2\demo_package\5_lidar_data.xml 文件中的代码进行比对。

文件修改后，一定要保存文件，否则新的包信息无法生效。

4. 编译软件包

修改完上述文件后，打开终端窗口。如图 5-28 所示，执行如下指令，进入工作空间。

```
cd ~/ros2_ws
```

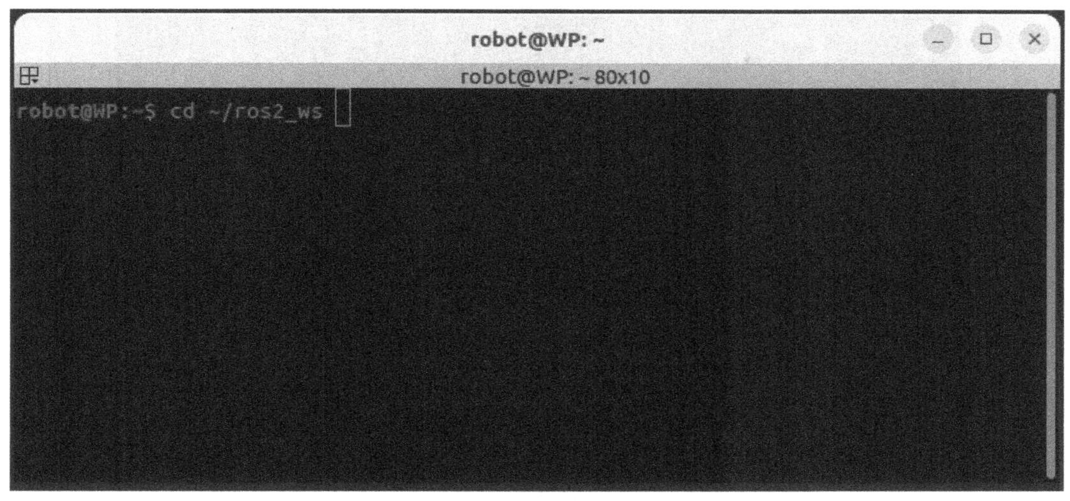

图 5-28　进入工作空间

然后执行如下指令，对工作空间中的所有软件包进行编译，如图 5-29 所示。

```
colcon build
```

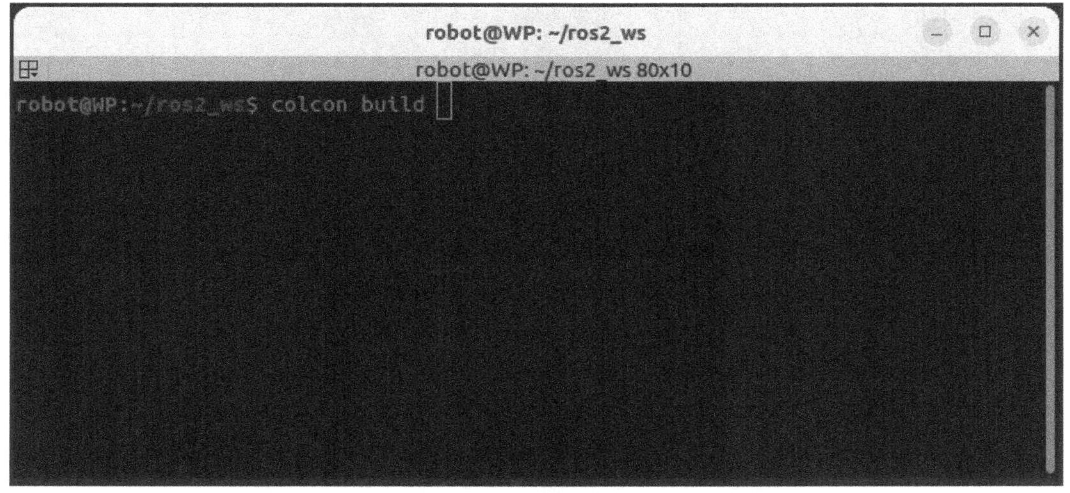

图 5-29　编译软件包

如果编译顺利的话，会显示如图 5-30 所示信息，表示编译成功。

5.3.2　仿真运行激光雷达数据获取程序

下面运行刚才编写的节点。在运行前，确认已经按照 2.6 节下载了 wpr_simulation2 仿真项目。然后，加载当前工作空间中的环境设置，这样 ros2 指令才能找到刚才编译后的软件包和节点文件。如图 5-31 所示，保持终端的当前路径依然在工作空间目录 ros2_ws 中，然后执行如下指令。

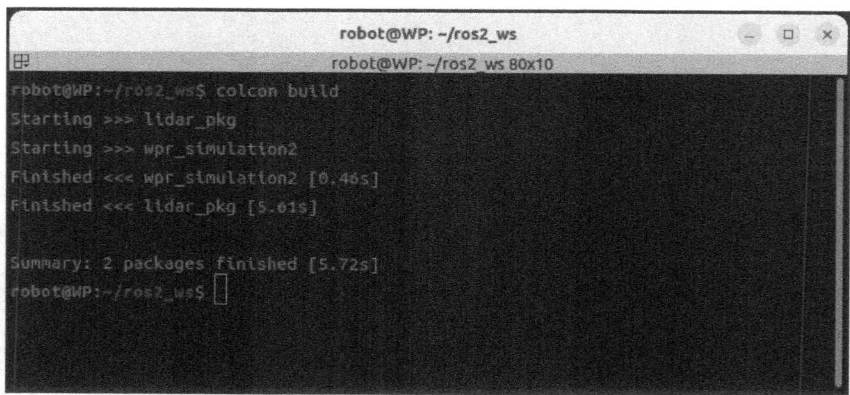

图 5-30　编译成功界面

```
source install/setup.bash
```

图 5-31　加载当前工作空间中的环境设置

然后，先启动带有机器人的仿真环境。如图 5-32 所示，执行如下指令。

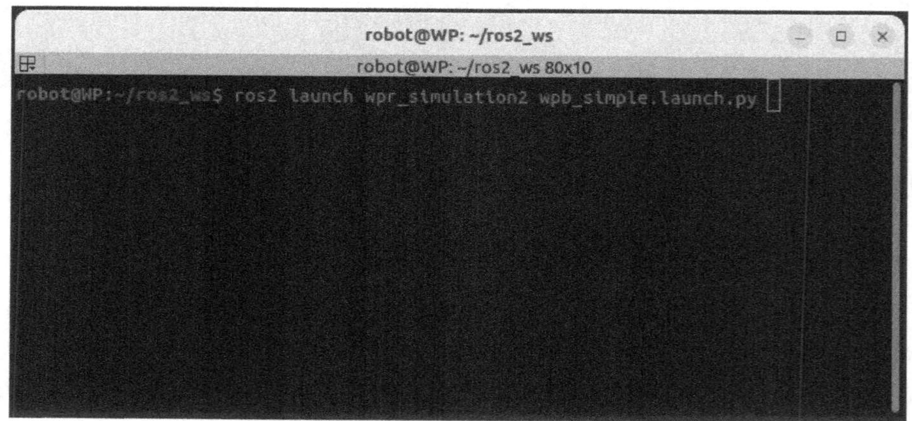

图 5-32　启动带有机器人的仿真环境

```
ros2 launch wpr_simulation2 wpb_simple.launch.py
```

这时会启动一个仿真窗口，如图 5-33 所示，里面有一台仿真机器人，面对一个书柜。

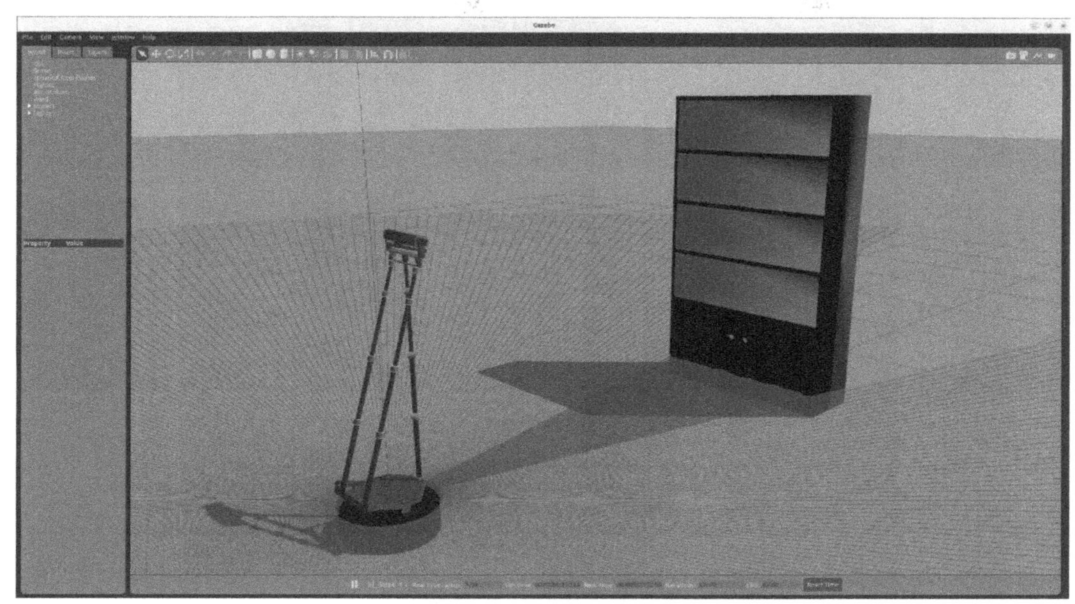

图 5-33　仿真窗口界面

接下来运行刚才编写的节点 lidar_data。如图 5-34 所示，在 Terminator 终端中，按组合键［Ctrl+Shift+O］，将终端分为上、下两个子窗口。

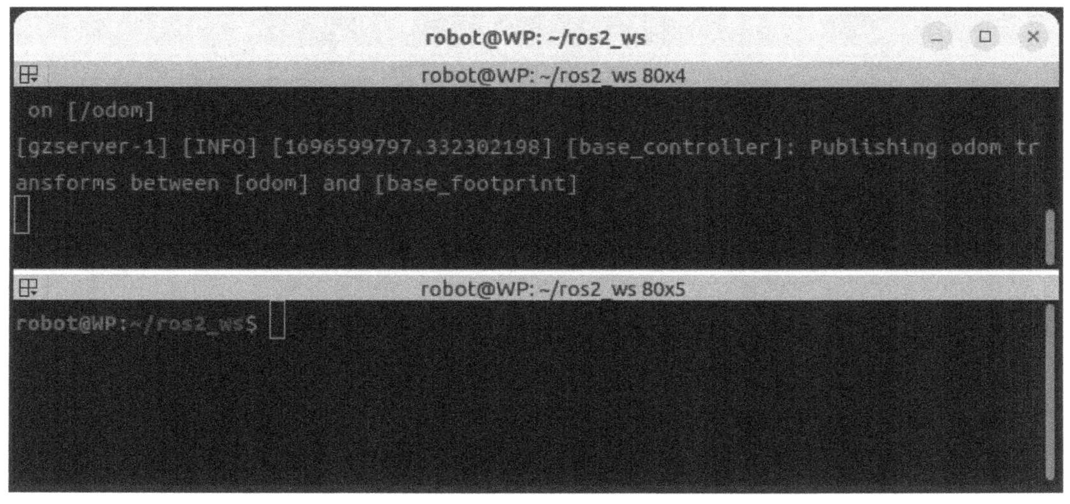

图 5-34　两个终端子窗口

在新的终端窗口中执行如下指令，加载新的工作空间环境设置，如图 5-35 所示。

```
source install/setup.bash
```

然后使用如下指令运行刚才编写的节点，如图 5-36 所示。

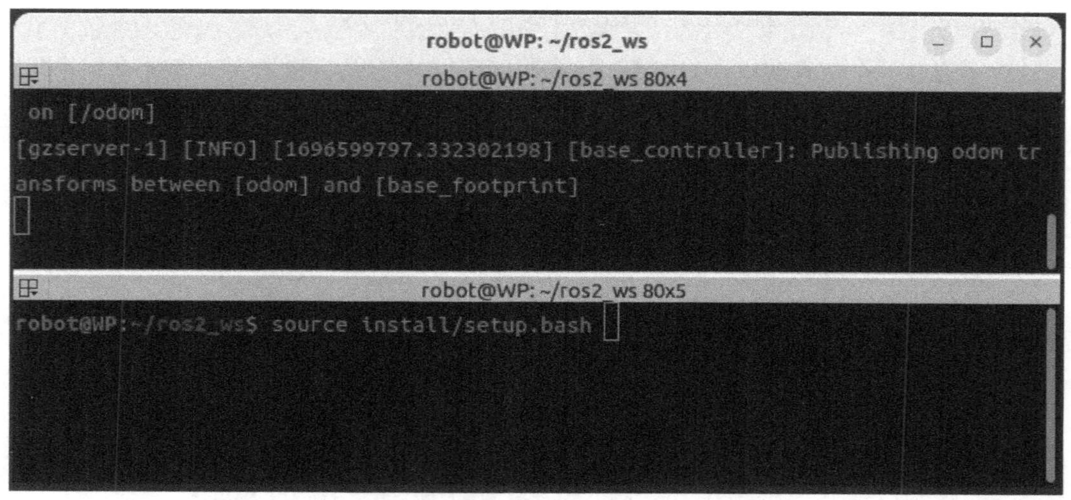

图 5-35　加载新的工作空间环境设置


```
ros2 run lidar_pkg lidar_data
```

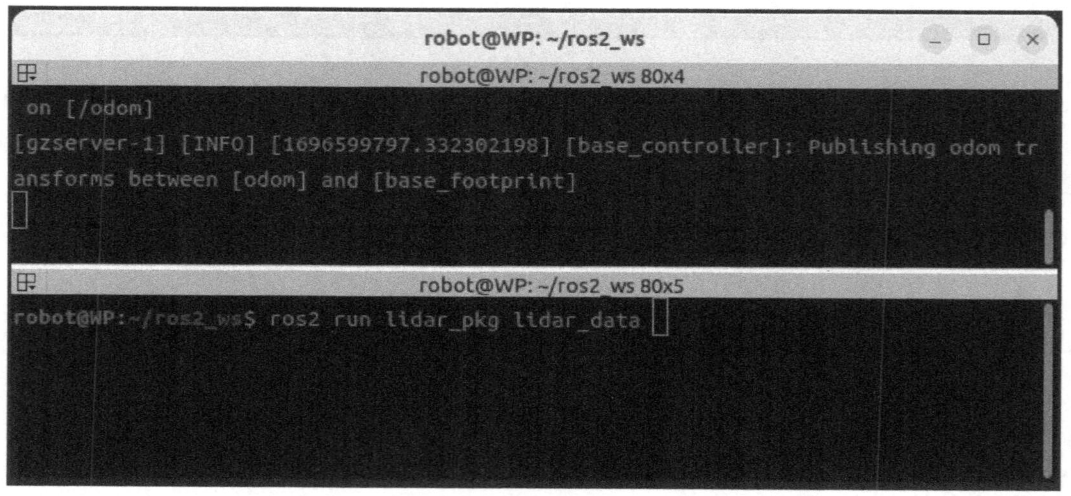

图 5-36　运行编写的节点

节点运行起来之后，可以看到机器人正前方的测距值，如图 5-37 所示。

切换到仿真环境，如图 5-38 所示。

可以看到从机器人到书柜，地面上对应大概两个半方格，每个方格的边长为 1m，也就是 2. 5m 多。可见，其与终端窗口中 lidar_data 显示的测距值大致接近，雷达测距值获取实验成功。

5.3.3　练习题

1）在运行 lidar_data 的同时，再运行上一章的速度控制程序，观察机器人移动过程中雷达测距值如何变化。

2）尝试将 lidar_data. cpp 的代码封装成类。

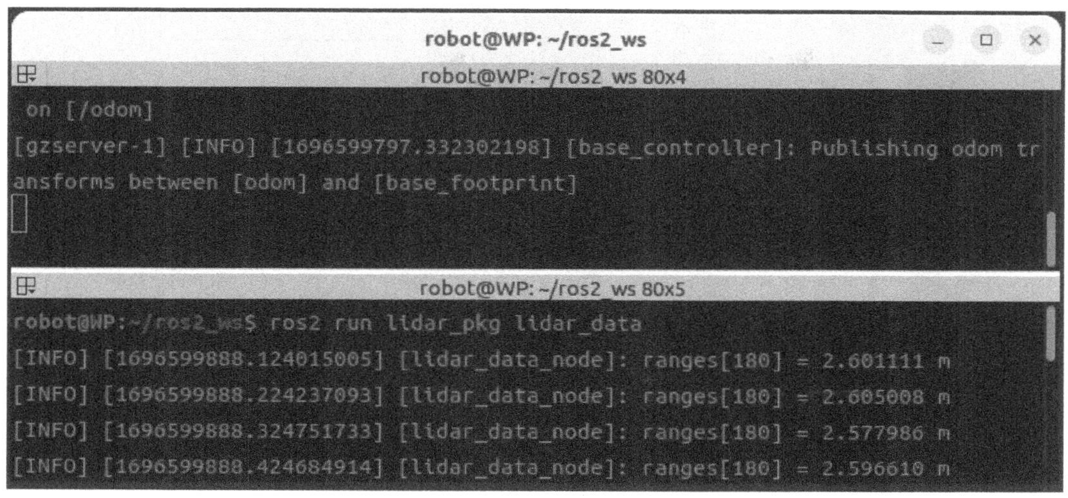

图 5-37　机器人正前方的测距值

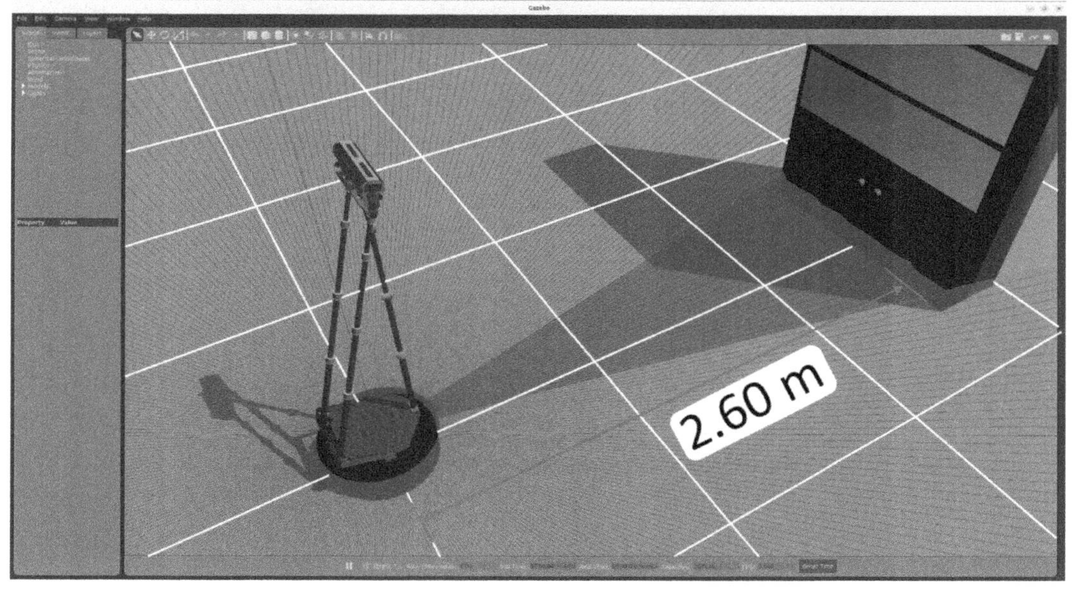

图 5-38　仿真环境中的距离

5.4　基于激光雷达的避障实现

下面将激光雷达数据获取和速度控制进行结合，实现一个避障程序。这个程序会订阅激光雷达数据的“/scan”话题，从中接收激光雷达节点发来的 sensor_msgs::LaserScan 类型消息包，并解析出雷达测距值。根据雷达测距值让机器人做出反应：前方没有障碍物就前进，前方遇到障碍物就转向。将根据测距值计算出来的速度值打包成 geometry_msgs::Twist 类型的消息包，发布到“/cmd_vel”话题中。机器人底盘节点会从“/cmd_vel”话题获取速度值并执行，以此来实现机器人的避障行为，如图 5-39 所示。

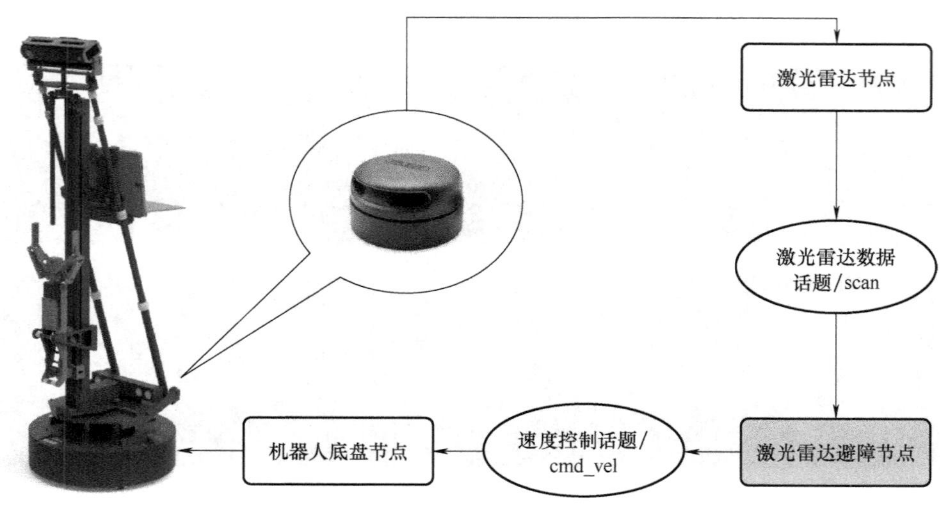

图 5-39　激光雷达避障功能的数据流向图

5.4.1　编写激光雷达避障程序

按照上一个实验，在工作空间中创建一个 lidar_pkg 软件包。如果已经创建好了，可以直接使用，不用重复创建。在编写代码前，先用流程图梳理避障的实现逻辑，如图 5-40 所示。

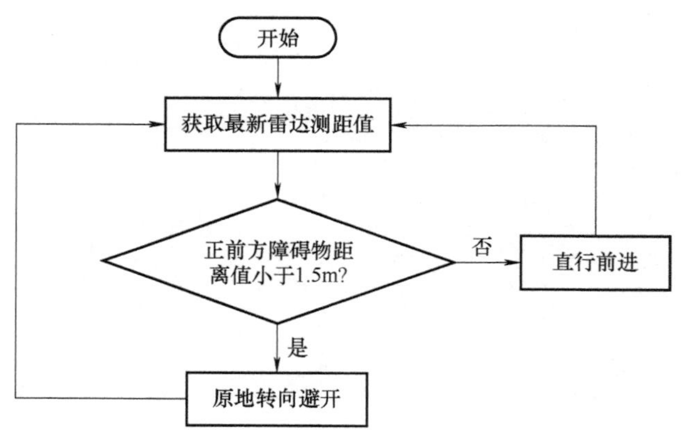

图 5-40　避障逻辑流程图

从激光雷达数据话题获取最新的雷达测距值，从中判断前方障碍物的距离。然后根据这个距离，控制机器人执行相应的动作：当前方障碍物距离小于 1.5m 时，机器人原地旋转，避开障碍物；当旋转到前方 1.5m 内没有障碍物时，则直行前进。

通过这样一个简单的避障逻辑，来学习如何使用激光雷达数据，具体操作步骤如下。

1. 编写节点代码

先创建这个节点的源代码文件。如图 5-41 所示，在 VSCode 中找到［lidar_pkg］软件包，用鼠标右键单击它的［src］子目录，在弹出的快捷菜单中选择［新建文件］。

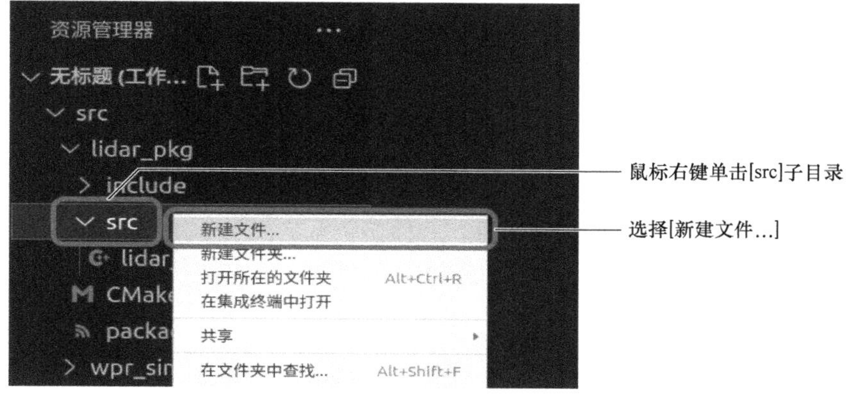

图 5-41　新建文件

此时会提示输入文件名，如图 5-42 所示，输入“lidar_behavior. cpp”，然后按［Enter］键创建文件。

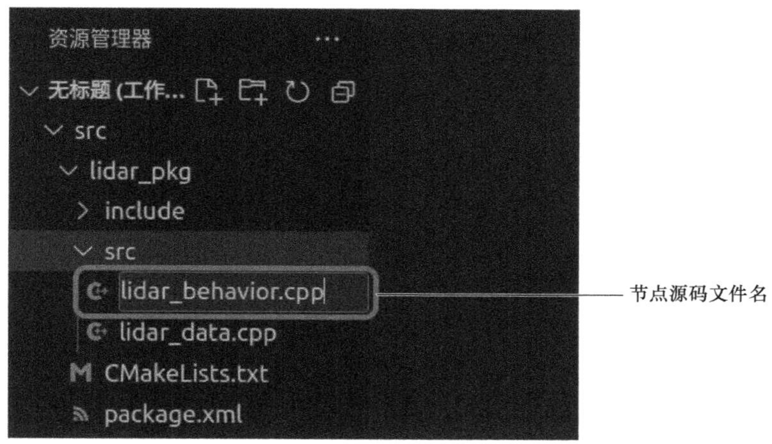

图 5-42　命名新建文件为“lidar_behavior. cpp”

下面编写这个源码文件，其内容如下。

```
#include <rclcpp/rclcpp.hpp>
#include <sensor_msgs/msg/laser_scan.hpp>
#include <geometry_msgs/msg/twist.hpp>

std::shared_ptr<rclcpp::Node> node;
rclcpp::Publisher<geometry_msgs::msg::Twist>::SharedPtr vel_pub;
int nCount=0;

void LidarCallback(const sensor_msgs::msg::LaserScan::SharedPtr msg)
{
    int nNum=msg->ranges.size();
```

```
    int nMid=nNum / 2;
    float fMidDist=msg->ranges[nMid];
    RCLCPP_INFO(node->get_logger(),"ranges[%d]=%f m",nMid,fMidDist);

    if(nCount > 0)
    {
        nCount--;
        return;
    }

    geometry_msgs::msg::Twist vel_msg;
    if(fMidDist < 1.5f)
    {
        vel_msg.angular.z=0.3;
        nCount=100;
    }
    else
    {
        vel_msg.linear.x=0.1;
    }
    vel_pub->publish(vel_msg);
}

int main(int argc,char ** argv)
{
    rclcpp::init(argc,argv);

    node=std::make_shared<rclcpp::Node>("lidar_behavior_node");

    vel_pub=node->create_publisher<geometry_msgs::msg::Twist>("/cmd_
vel",10);
    auto lidar_sub=node->create_subscription<sensor_msgs::msg::Laser-
Scan>("/scan",10,LidarCallback);

    rclcpp::spin(node);

    rclcpp::shutdown();

    return 0;
}
```

上述代码可以从 wpr_simulation2 的例程文件中找到。如果编译报错，可以与 wpr_simulation2\demo_cpp\5_lidar_behavior. cpp 文件中的代码进行比对。

下面是对这个节点代码的解释。

```
#include <rclcpp/rclcpp.hpp>
#include <sensor_msgs/msg/laser_scan.hpp>
#include <geometry_msgs/msg/twist.hpp>
```

这部分代码引入了 ROS2 的 C++用户端库头文件、sensor_msgs 包中的 LaserScan 消息头文件（激光雷达消息包类型）和 geometry_msgs 包中的 Twist 消息头文件（速度控制消息包类型）。

```
std::shared_ptr<rclcpp::Node> node;
```

这行代码声明了一个名为“node”的共享指针，指向 rclcpp::Node 类型的对象。在这里声明是为了使其成为全局作用域变量，在回调函数和主函数中都可以访问。

```
rclcpp::Publisher<geometry_msgs::msg::Twist>::SharedPtr vel_pub;
```


这行代码声明了一个名为“vel_pub”的发送对象指针。后面会在 main() 函数里对它进行初始化，并在回调函数中使用它来发送速度指令消息包。

```
int nCount=0;
```

这行代码定义了一个计数值变量。后面会在回调函数里使用它来对机器人转向时间进行计数。

```
void LidarCallback(const sensor_msgs::msg::LaserScan::SharedPtr msg)
{
    int nNum=msg->ranges.size();

    int nMid=nNum / 2;
    float fMidDist=msg->ranges[nMid];
    RCLCPP_INFO(node->get_logger(),"ranges[%d]=%f m",nMid,fMidDist);
```

这是一个回调函数，在后面的代码中会将它设置为接收到激光雷达消息包的回调函数。它接收一个 sensor_msgs::msg::LaserScan 类型的共享指针 msg 作为参数，这个 msg 参数就是携带了激光雷达数据的消息包。这个 msg 消息包里的 ranges 就是雷达的测距值数组。这个数组的排列顺序是从扫描角度的 0°~360°，也就是转了一圈又回到 0°。扫描方向为逆时针方向，参见图 5-25。

从图 5-25 中可以看出，机器人正前方的测距值是 180°的扫描线的测距值，也就是 ranges 数组的最中间索引值对应的测距值。所以这段代码其实是读取这个测距值：先获取激光雷达数据点的数量 nNum，然后计算测距值数组的中间索引 nMid，接着读取中间索引处的测距值 fMidDist。这个 fMidDist 就是机器人正前方 180°扫描线对应的测距值，单位为米（m）。最后使用 RCLCPP_INFO 宏将这个测距值显示在终端。

```
    if(nCount > 0)
```

```
    {
        nCount--;
        return;
    }

    geometry_msgs::msg::Twist vel_msg;
    if(fMidDist < 1.5f)
    {
        vel_msg.angular.z=0.3;
        nCount=100;
    }
    else
    {
        vel_msg.linear.x=0.1;
    }
    vel_pub->publish(vel_msg);
}
```


这段代码是避障逻辑的具体实现。这里有个需要说明的客观因素：激光雷达的扫描线很细，而机器人的底盘是有宽度的。如果仅凭一条扫描线的测距值就判断前方有没有障碍物，那么机器人侧面就有可能会蹭到障碍物。所以这里有一种简单的处理方法：当机器人最前方的扫描线检测到障碍物时，让机器人原地旋转一个比较大的角度。这样就可以很大概率避免机器人侧面撞击到障碍物。回到这段代码，先读后半部分：构建一个速度控制消息包 vel_msg，然后根据前面得到的机器人正前方测距值 fMidDist 进行速度控制消息包的赋值。当正前方测距值小于 1.5m 时，将 vel_msg 设置为原地逆时针方向旋转，速度为 0.3rad/s。若前方测距值超过 1.5m，则将 vel_msg 设置为向前直行，速度为 0.1m/s。这里有个变量 nCount，它的作用是让机器人在接下来的一段时间内维持上一个行为。比如在前方测距值小于 1.5m 时，速度控制消息包设置为原地旋转，并将 nCount 赋值 100。那么在接下来的 100 次的这个回调函数调用期间，程序执行到 if(nCount>0) 时，都会将 nCount 减 1，然后返回，不执行后面对 fMidDist 的判断以及对 vel_msg 的赋值。也就是在这随后的 100 次回调函数执行过程中，机器人都会维持之前的原地转向行为。100 次调用之后，nCount 被减到 0，程序再次进行对 fMidDist 的判断以及对 vel_msg 的赋值。最终呈现的效果就是，一旦机器人检测到障碍物，就会维持一段时间的原地转向行为。当转向持续时间结束时，机器人已经转动了一个较大的角度后，再恢复障碍物检测来决定是否直行的机制。

```
int main(int argc,char ** argv)
{
  rclcpp::init(argc,argv);
```

这段代码是 main() 函数的开始，接收命令行参数 argc 和 argv。rclcpp::init (argc, argv) 用于初始化节点。

```
node=std::make_shared<rclcpp::Node>("lidar_behavior_node");
```

这行代码创建了一个名称为“lidar_behavior_node”的节点对象。使用 std::make_shared()函数创建这个节点对象的共享指针，并赋值给 node。

```
vel_pub=node->create_publisher<geometry_msgs::msg::Twist>("/cmd_
vel",10);
```

这行代码使用 node-> create_publisher() 函数创建了一个发布者对象 vel_pub。发布的消息类型是 geometry_msgs::msg::Twist，发布话题为“/cmd_vel”，10 表示发送缓冲的队列长度为 10 个消息包。在前面的回调函数中，控制机器人运动的消息包就是通过这个发布对象发送给机器人节点的。

```
auto lidar_sub=node->create_subscription<sensor_msgs::msg::LaserScan>
("/scan",10,LidarCallback);
```

这行代码使用 node->create_ subscription() 函数创建了一个订阅者对象 lidar_sub。订阅的消息类型是 sensor_msgs::msg::LaserScan，订阅话题为“/scan”，10 表示接收缓冲的队列长度为 10 个消息包。回调函数 LidarCallback() 在前面已经有定义，它将在接收到雷达消息包时被调用。


```
rclcpp::spin(node);
```

这行代码启动 ROS2 节点的主循环，使节点开始处理消息并调用回调函数。rclcpp::spin() 函数将使节点保持运行状态，直到节点被关闭。

```
rclcpp::shutdown();
```

当节点运行过程中收到系统的关闭要求时会执行这行代码，用于关闭节点，释放节点占用的资源。

```
return 0;
}
```

这是 main() 函数的结束，返回值为 0，表示程序成功执行并正常退出。

代码编写完毕后，需要保存代码。保存成功后，编辑界面文件名后面的圆点符号会变成一个叉符号。

2. 设置编译规则

节点源码的编译规则写在 lidar_pkg 的 CMakeLists. txt 文件里。在 VSCode 中打开这个文件，在这个文件里添加节点的编译规则。如图 5-43 所示，首先使用如下代码寻找节点代码中用到的依赖项。

```
find_package(rclcpp REQUIRED)
find_package(sensor_msgs REQUIRED)
find_package(geometry_msgs REQUIRED)
```

然后使用如下代码添加节点源码的编译规则。

```
add_executable(lidar_behavior src/lidar_behavior.cpp)
```

```
ament_target_dependencies(lidar_behavior "rclcpp" "sensor_msgs" "geometry_msgs")
```

最后使用如下代码在安装规则里添加新的节点。

```
install(TARGETS  lidar_data  lidar_behavior
DESTINATION  lib/${PROJECT_NAME})
```

```
CMakeLists.txt
src > lidar_pkg > CMakeLists.txt
# find_package(<dependency> REQUIRED)
find_package(rclcpp REQUIRED)
find_package(sensor_msgs REQUIRED)
find_package(geometry_msgs REQUIRED)

add_executable(lidar_data src/lidar_data.cpp)
ament_target_dependencies(lidar_data "rclcpp" "sensor_msgs")

add_executable(lidar_behavior src/lidar_behavior.cpp)
ament_target_dependencies(lidar_behavior "rclcpp" "sensor_msgs" "geometry_msgs")

install(TARGETS lidar_data lidar_behavior
DESTINATION lib/${PROJECT_NAME})
```

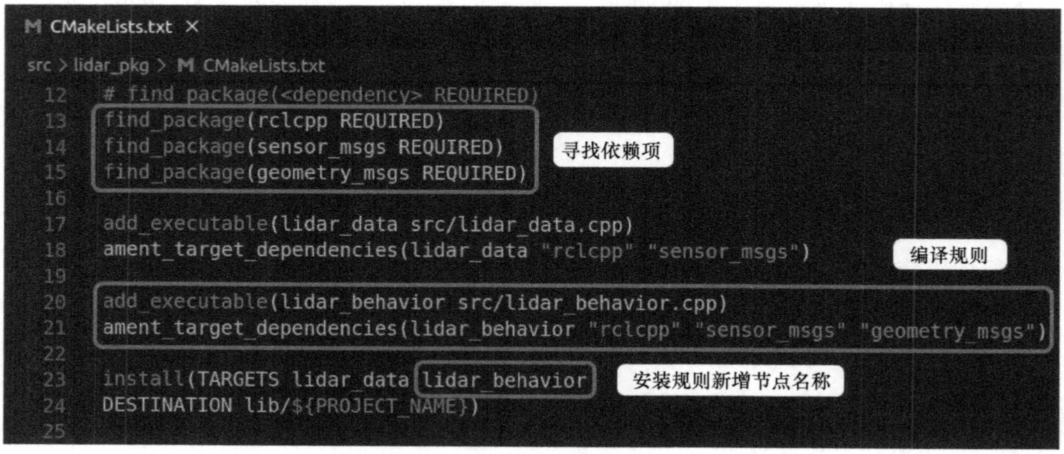

图 5-43　寻找依赖项、添加编译规则和新增节点名称

这些内容可以从 wpr_simulation2 的例程文件中找到。如果编译报错，可以与 wpr_simulation2\demo_cmakelists\5_lidar_behavior. txt 文件中的代码进行比对。

上述规则添加完毕后，一定要保存文件，否则规则无法生效。

3. 修改软件包信息

在 VSCode 中打开［lidar_pkg］下的［package. xml］文件，使用如下代码添加依赖项信息，如图 5-44 所示。

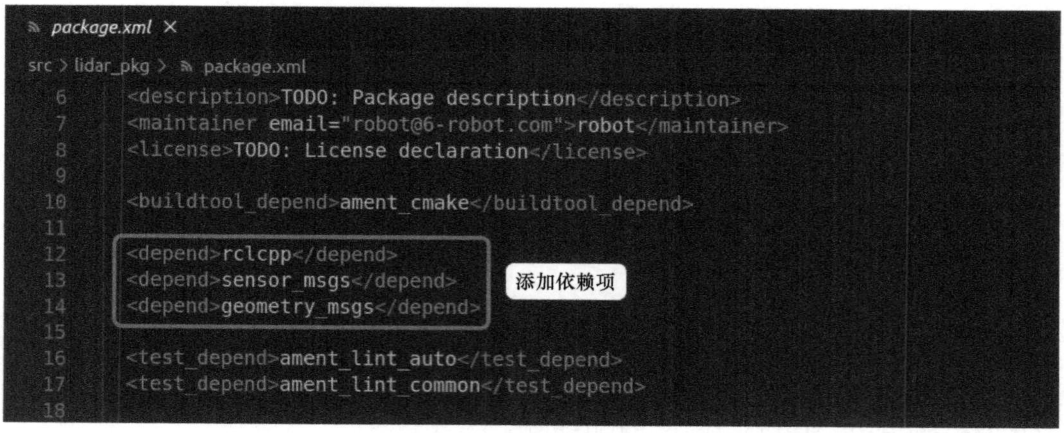

```
package.xml
src > lidar_pkg > package.xml
<description>TODO: Package description</description>
<maintainer email="robot@6-robot.com">robot</maintainer>
<license>TODO: License declaration</license>

<buildtool_depend>ament_cmake</buildtool_depend>

<depend>rclcpp</depend>
<depend>sensor_msgs</depend>
<depend>geometry_msgs</depend>

<test_depend>ament_lint_auto</test_depend>
<test_depend>ament_lint_common</test_depend>
```


图 5-44　添加依赖项信息

```
<depend>rclcpp</depend>
```

```
<depend>sensor_msgs</depend>
<depend>geometry_msgs</depend>
```

这些内容可以从 wpr_simulation2 的例程文件中找到。如果编译报错，可以与 wpr_simulation2\demo_package\5_lidar_behavior.xml 文件中的代码进行比对。

如果之前已经添加过了，可以不必重复添加。文件修改后，一定要保存文件，否则新的包信息无法生效。

4. 编译软件包

修改完上述文件后，打开终端窗口，执行如下指令，进入工作空间，如图 5-45 所示。

```
cd ~/ros2_ws/
```

图 5-45　进入工作空间

然后执行如下指令，对工作空间中的所有软件包进行编译，如图 5-46 所示。

```
colcon build
```

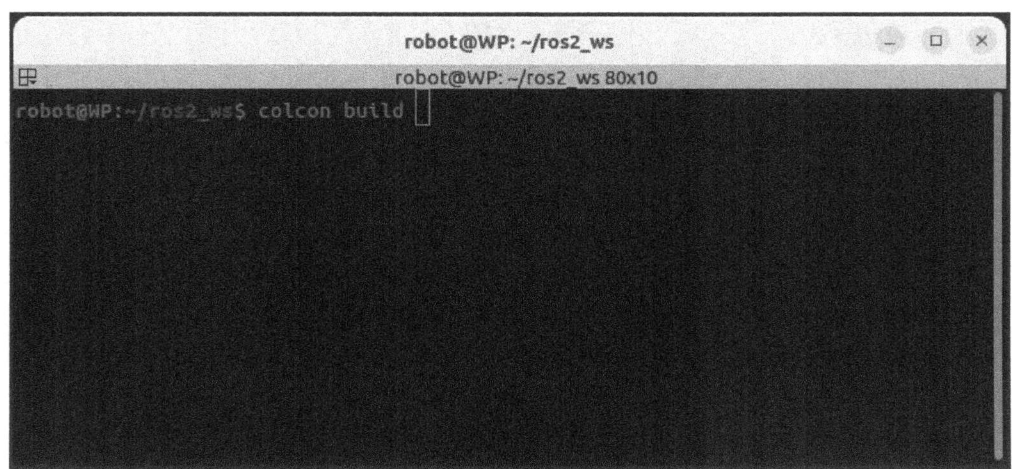

图 5-46　编译软件包

如果编译顺利的话，会显示如图 5-47 所示信息，表示编译成功。

```
robot@WP: ~/ros2_ws
robot@WP: ~/ros2_ws 80x10
robot@WP:~/ros2_ws$ colcon build
Starting >>> lidar_pkg
Starting >>> wpr_simulation2
Finished <<< wpr_simulation2 [0.44s]
Finished <<< lidar_pkg [5.13s]

Summary: 2 packages finished [5.23s]
robot@WP:~/ros2_ws$
```

图 5-47　编译成功界面

5.4.2　仿真运行激光雷达避障程序

下面运行刚才编写的节点。在运行前，确认已经按照 2.6 节下载了 wpr_simulation2 仿真项目。然后，加载当前工作空间中的设置参数，这样 ros2 指令才能找到刚才编译后的软件包和节点文件。如图 5-48 所示，保持终端的当前路径依然在工作空间目录 ros2_ws 中，然后执行如下指令。

```
source install/setup.bash
```

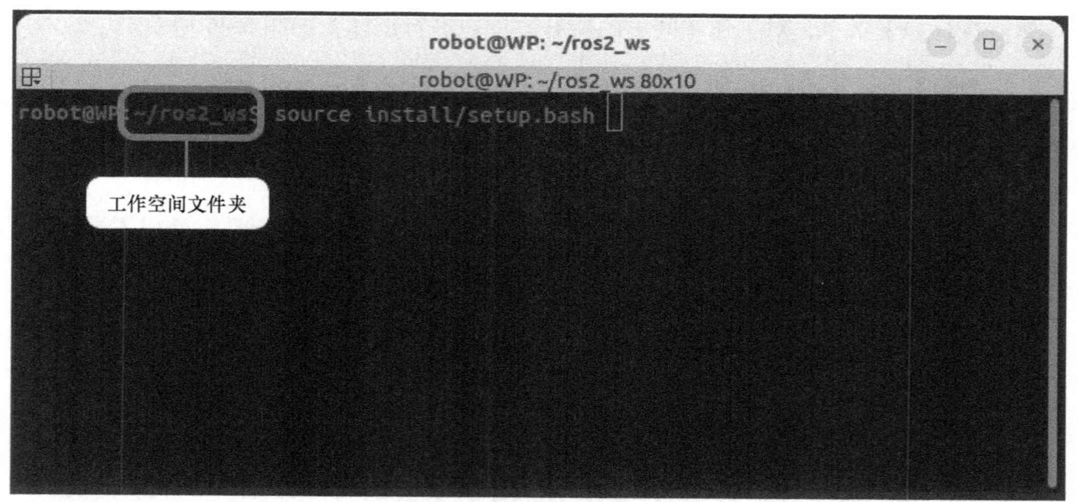

图 5-48　加载当前工作空间中的环境设置

然后，先启动带有机器人的仿真环境。如图 5-49 所示，执行如下指令。

```
ros2 launch wpr_simulation2 wpb_simple.launch.py
```

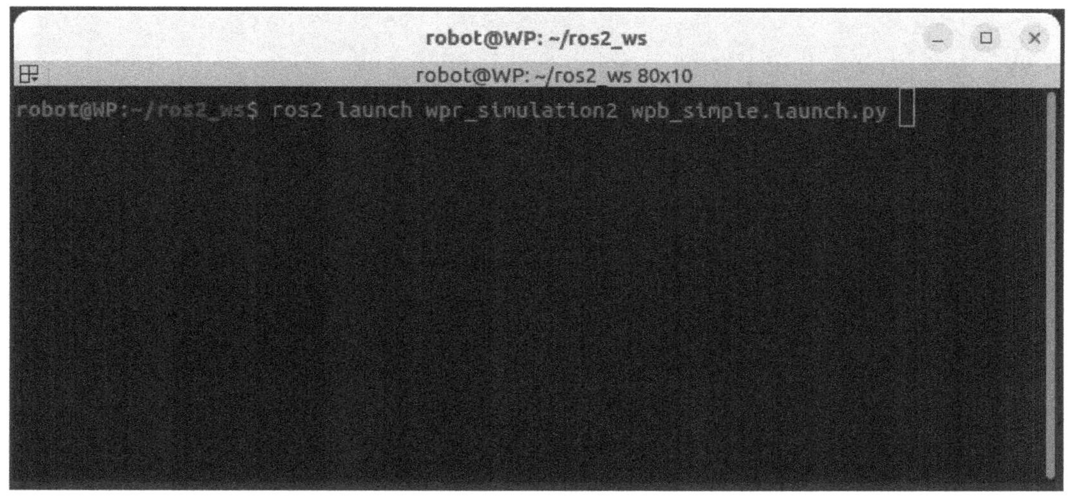

图 5-49　启动带有机器人的仿真环境

这时会启动一个仿真窗口，如图 5-50 所示，里面有一台仿真机器人，面对一个书柜。

图 5-50　仿真窗口

接下来运行刚才编写的避障节点。如图 5-51 所示，在 Terminator 终端中，按组合键［Ctrl+Shift+O］，将终端分为上、下两个子窗口。

使用如下指令，在新的终端窗口中加载新的工作空间环境设置，如图 5-52 所示。

```
source install/setup.bash
```

然后使用如下指令运行刚才编写的避障节点，如图 5-53 所示。

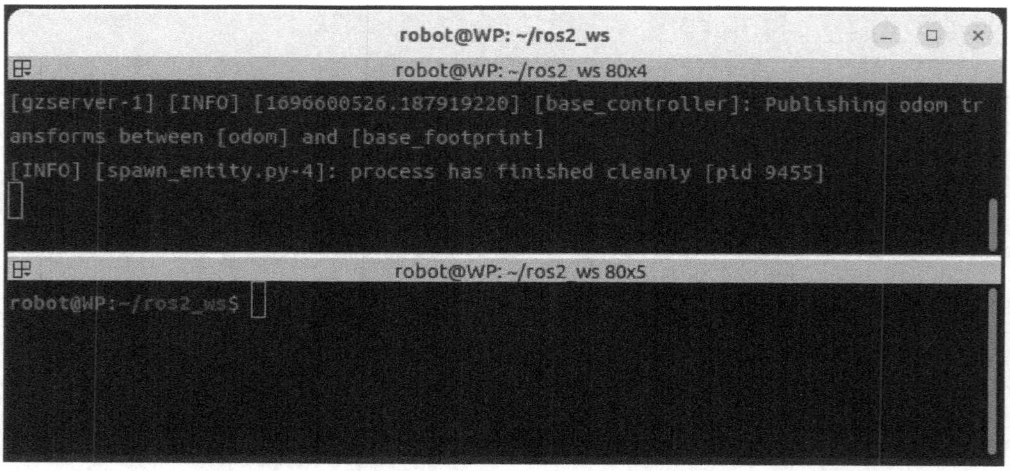

robot@WP: ~/ros2_ws
robot@WP: ~/ros2_ws 80x4
[gzserver-1] [INFO] [1696600526.187919220] [base_controller]: Publishing odom tr
ansforms between [odom] and [base_footprint]
[INFO] [spawn_entity.py-4]: process has finished cleanly [pid 9455]
robot@WP: ~/ros2_ws 80x5
robot@WP:~/ros2_ws$

图 5-51　两个终端子窗口

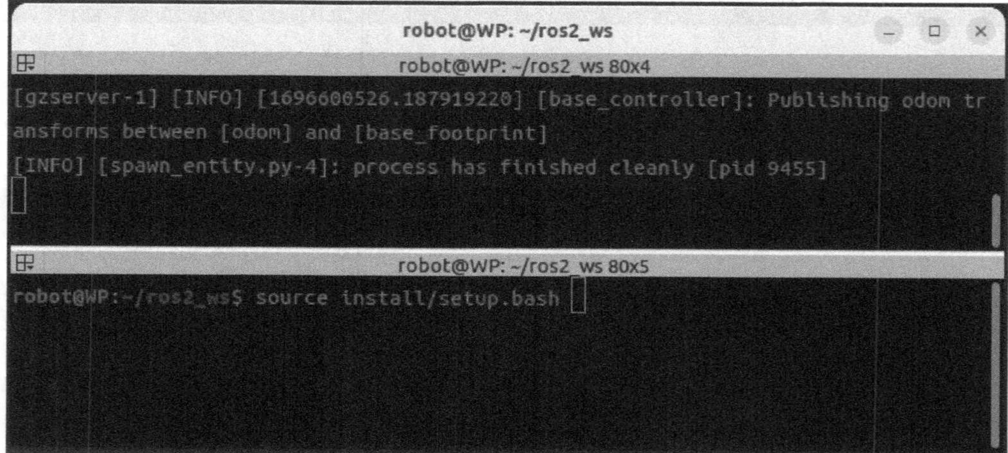

图 5-52　加载新的工作空间环境设置

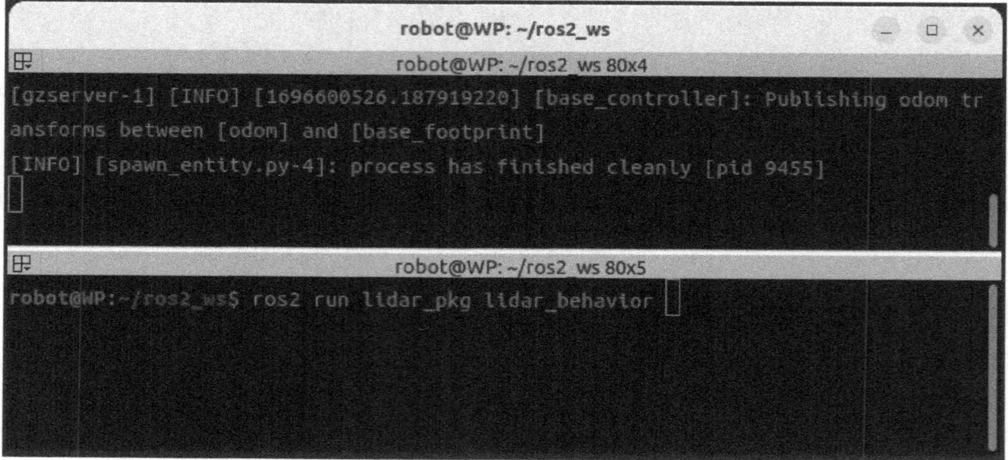

图 5-53　运行避障节点

```
ros2 run lidar_pkg lidar_behavior
```

节点运行起来之后，切换到刚才的仿真窗口。如图 5-54 所示，可以看到机器人以 0.1m/s 的速度向前移动。

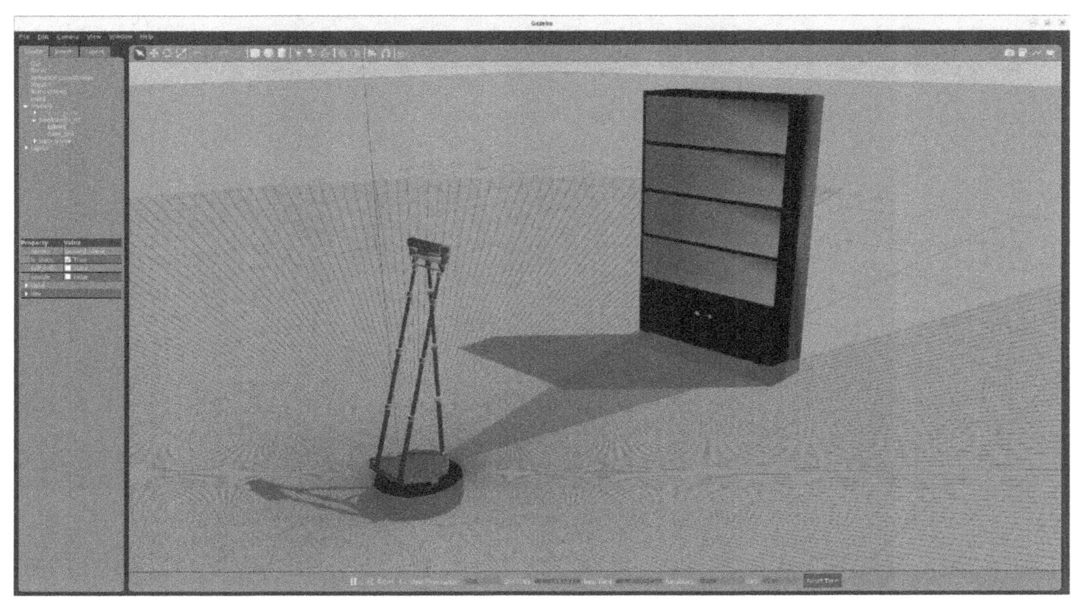

图 5-54　仿真窗口中的机器人向前移动

当机器人距离书柜 1.5m 时，机器人停止前进，开始向左逆时针方向旋转，如图 5-55 所示。

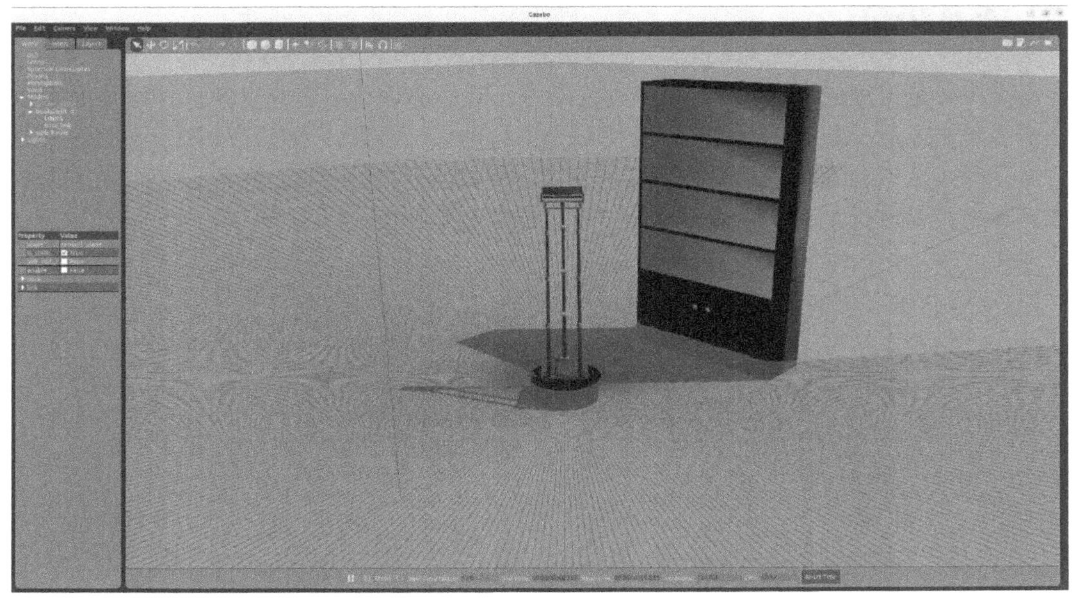

图 5-55　仿真窗口中的机器人向左逆时针方向旋转

旋转一段时间后，机器人恢复直行，顺利地避开前方的书柜，如图 5-56 所示。

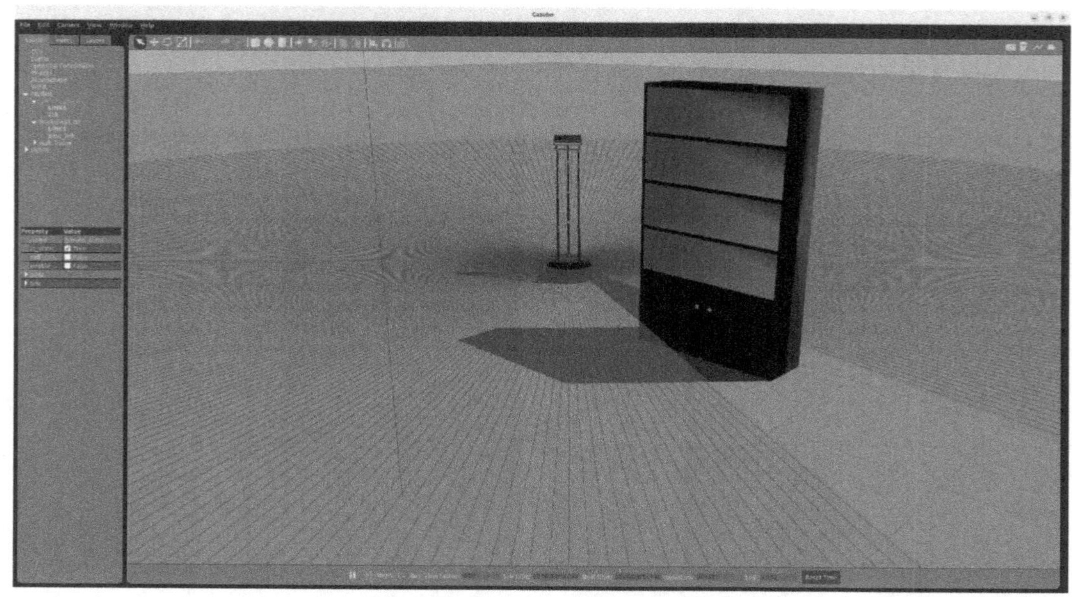

图 5-56　仿真窗口中的机器人恢复直行

5.4.3　练习题

1） 尝试将避障条件的 1.5m 修改为其他数值，查看机器人避障效果的变化。
2） 尝试将 lidar_behavior.cpp 的代码封装成类。

5.5　本章小结

本章主要是对激光雷达在 ROS2 中的使用进行介绍和编程。首先介绍了 ROS2 中的激光雷达消息包格式以及如何在 RViz2 中查看激光雷达数据；接着，通过订阅激光雷达发布的话题，从话题中获取激光雷达发出的消息包，进而获得激光雷达数据；最后，将激光雷达数据获取和速度控制进行结合，编程实现了一个机器人避障功能。

第 6 章 IMU在ROS2中的使用

6.1 ROS2 中的 IMU 数据

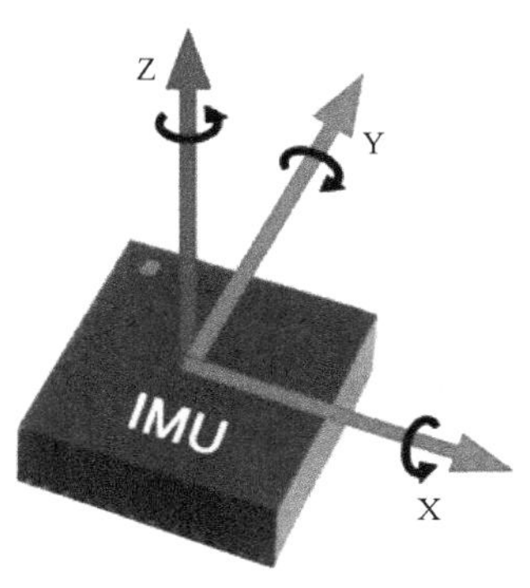

图 6-1 IMU 示意图

IMU（Inertial Measurement Unit，惯性测量单元）是一种用于测量和感知物体运动状态的传感器装置。如图 6-1 所示，它通常由多个惯性传感器组成，包括加速度计、陀螺仪和磁强计，用于测量宿主载体在空间中的加速度、角速度和磁场强度等参数。

IMU 被广泛应用于机器人领域，包括无人机、自动驾驶汽车、机器人手臂、人体运动追踪系统等。它能为机器人提供实时而精确的运动参数，使机器人能够感知自身的运动姿态，并做出相应的反应和决策。

6.1.1 IMU 的话题名称

与激光雷达一样，ROS2 中的 IMU 节点会在特定的话题里发布数据消息。话题名称在 REP-145 中建议使用“/imu/data_raw”“/imu/data”和“/imu/mag”，每个话题里的消息包内容如图 6-2 所示。

Topics

The following topics are expected to be common to many devices - an IMU device driver is expected to publish at least one. Note that some of these topics may be also published by support libraries, rather than the base driver implementation. All message types below are supplemented with a std_msgs/Header, containing time and coordinate frame information.

- *imu/data_raw* (sensor_msgs/Imu)
  - Sensor output grouping accelerometer (*linear_acceleration*) and gyroscope (*angular_velocity*) data.
- *imu/data* (sensor_msgs/Imu)
  - Same as *imu/data_raw*, with an included quaternion orientation estimate (*orientation*).
- *imu/mag* (sensor_msgs/MagneticField)
  - Sensor output containing magnetometer data.

All message types provide a covariance matrix (see REP 103 [1]) alongside the data field (**_covariance*). If the data's covariance is unknown, all elements of the covariance matrix should be set to 0, unless overridden by a parameter. If a data field is unreported, the first element (*0*) of the covariance matrix should be set to *-1*.

图 6-2 ROS2 中的 IMU 话题内容建议

从表 6-1 可以看出，信息最完整的是“/imu/data”话题中的数据，这是 IMU 融合好的机器人姿态数据。接下来会使用这个话题的消息数据来进行后续实验。

表 6-1　ROS2 中的 IMU 话题名称及内容

话题名称	内容
/imu/data_raw	加速度计输出的矢量加速度和陀螺仪输出的旋转加速度
/imu/data	/imu/data_raw 的数据再加上融合后的四元数姿态描述
/imu/mag	磁强计输出的磁场强度数据

6.1.2　IMU 的消息包格式

IMU 消息的类型为 sensor_msgs::Imu，其消息包格式如图 6-3 所示。

sensor_msgs/Imu Message

```
# This is a message to hold data from an IMU (Inertial Measurement Unit)
#
# 加速度的数值单位是 米/秒^2，旋转速度的数值单位为 弧度/秒。
#
# 如果协方差数值已知，就将其填充到协方差矩阵中。
# 若协方差数值未知，则将协方差矩阵全部置为零。
#
#
# 若协方差矩阵对应的数值不存在(比如IMU没有输出orientation姿态数据)，那么该协方差矩阵的第一个数值置为 -1。
# 如果要使用这个消息包里的某个数据，需要先对其协方差矩阵的第一个数值进行一个判断:
# 如果数值为 -1，表明要使用的数据是不存在的，不要再去读取它。
#

Header header

geometry_msgs/Quaternion orientation
float64[9] orientation_covariance # Row major about x, y, z axes

geometry_msgs/Vector3 angular_velocity
float64[9] angular_velocity_covariance # Row major about x, y, z axes

geometry_msgs/Vector3 linear_acceleration
float64[9] linear_acceleration_covariance # Row major x, y z
```

图 6-3　IMU 的消息包格式

这个消息包分为以下 4 个部分。

1）这个消息包格式的头部是个 header，记录了消息发送的时间戳和坐标系 ID。

2）变量 orientation 是机器人的姿态描述，类型是 Quaternion，也就是四元数，用于描述机器人当前的俯仰、滚转和航向角度。数组 orientation_convariance 是这个姿态描述的协方差矩阵。

3）变量 angular_velocity 是机器人的旋转角速度，类型是 Vector3，用于描述机器人在 X 轴、Y 轴、Z 轴 3 个坐标轴上的旋转速度。数组 angular_velocity_convariance 是这个旋转角速度的协方差矩阵。

4）变量 linear_acceleration 是机器人的矢量加速度，类型也是 Vector3，描述的是 X 轴、Y 轴、Z 轴 3 个坐标轴上的速度增减情况，也就是加速度。数组 linear_acceleration_convariance 是这个矢量加速度的协方差矩阵。

可以看到，上述的 3 个数据成员都各自带了一个协方差矩阵，主要用于后期的优化和滤波。在这个消息包格式的注释部分，描述了这个协方差矩阵的数值含义：若协方差数值已知，则将其填充到协方差矩阵中；若协方差数值未知，则将协方差矩阵的数值全部置为零；

若协方差矩阵对应的数值不存在，那么该协方差矩阵的第一个数值置为 -1。

6.2 IMU 数据获取

IMU 数据的获取是通过订阅 IMU 节点发布的话题，从话题中获取 IMU 节点发出的消息包来实现的，如图 6-4 所示。

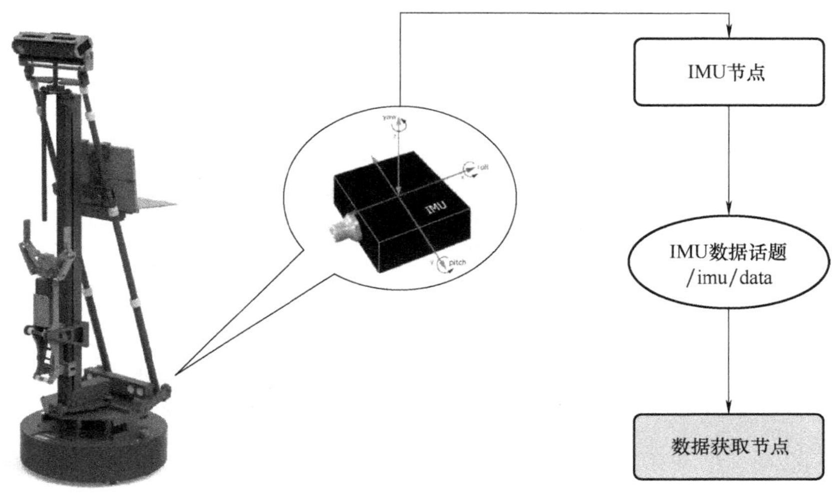

图 6-4 IMU 数据获取的数据流向图

下面将实现一个订阅者节点订阅 “/imu/data” 话题，从此话题中接收 sensor_msgs::Imu 类型的消息包，并解析出机器人的滚转、俯仰和航向角等姿态数据。

6.2.1 编写 IMU 数据获取程序

首先在工作空间中创建一个软件包。如图 6-5 所示，打开一个新的终端窗口，输入如下指令，进入工作空间。

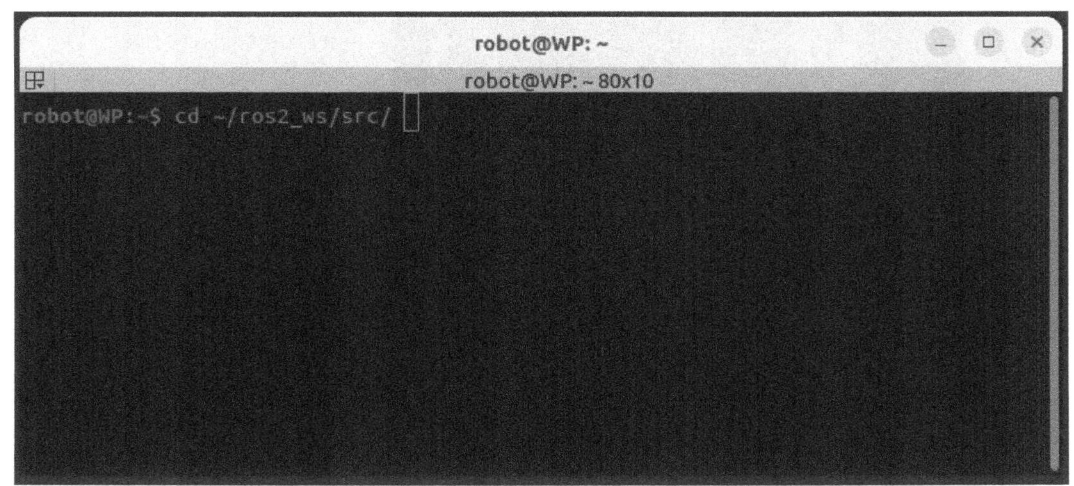

图 6-5 进入工作空间

```
cd ~/ros2_ws/src/
```

然后用如下指令创建一个名为“imu_pkg”的软件包，如图 6-6 所示。

```
ros2 pkg create imu_pkg
```

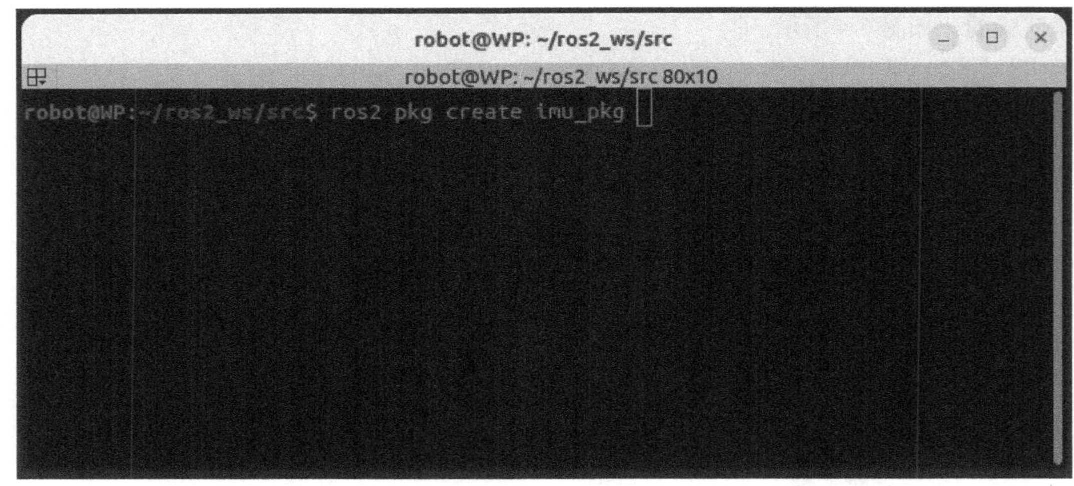

图 6-6　创建名为“imu_pkg”的软件包

创建好软件包后，接下来在这个软件包中创建一个节点，具体操作步骤如下。

1. 编写节点代码

先创建这个节点的源码文件。如图 6-7 所示，在 VSCode 中找到［imu_pkg］软件包，用鼠标右键单击它的［src］子目录，在弹出的快捷菜单中选择［新建文件］。

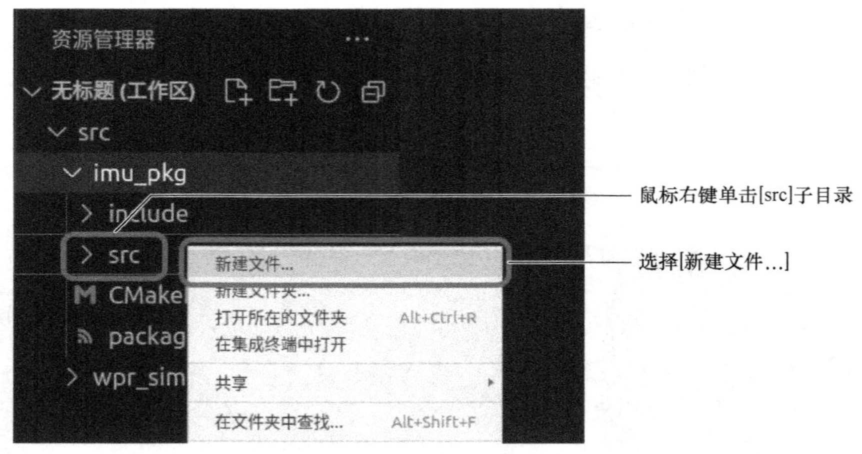

图 6-7　新建文件

此时会提示输入文件名，如图 6-8 所示，输入“imu_data. cpp”，然后按［Enter］键创建文件。

下面编写这个源码文件，其内容如下。

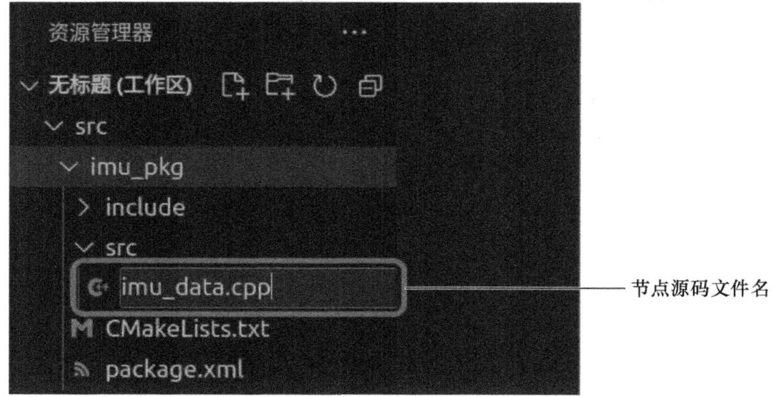

图 6-8　命名新建文件为“imu_data. cpp”

```
#include <rclcpp/rclcpp.hpp>
#include <sensor_msgs/msg/imu.hpp>
#include <tf2/LinearMath/Quaternion.h>
#include <tf2/LinearMath/Matrix3x3.h>

std::shared_ptr<rclcpp::Node> node;

void IMUCallback(const sensor_msgs::msg::Imu::SharedPtr msg)
{
    tf2::Quaternion tf2_quaternion;
    tf2_quaternion.setX(msg->orientation.x);
    tf2_quaternion.setY(msg->orientation.y);
    tf2_quaternion.setZ(msg->orientation.z);
    tf2_quaternion.setW(msg->orientation.w);

    tf2::Matrix3x3 matrix(tf2_quaternion);

    double roll,pitch,yaw;
    matrix.getRPY(roll,pitch,yaw);
    roll=roll * 180 / M_PI;
    pitch=pitch * 180 / M_PI;
    yaw=yaw * 180 / M_PI;
    RCLCPP_INFO(node->get_logger(),"roll=%.0f pitch=%.0f yaw=%.0f",
roll,pitch,yaw);
}

int main(int argc,char ** argv)
```

```
{
    rclcpp::init(argc,argv);

    node=std::make_shared<rclcpp::Node>("imu_data_node");

    auto sub=node->create_subscription<sensor_msgs::msg::Imu>("/imu/
data",10,IMUCallback);

    rclcpp::spin(node);

    rclcpp::shutdown();

    return 0;
}
```

上述代码可以从 wpr_simulation2 的例程文件中找到。若编译报错，可以与 wpr_simulation2\demo_cpp\6_imu_data.cpp 文件中的代码进行对比。

下面是对这个节点代码的解释。


```
#include <rclcpp/rclcpp.hpp>
#include <sensor_msgs/msg/imu.hpp>
#include <tf2/LinearMath/Quaternion.h>
#include <tf2/LinearMath/Matrix3x3.h>
```

这段代码是包含所需头文件的指令。引入 ROS2 的 C++函数接口、IMU 消息类型以及用于处理四元数和矩阵的 tf2 库。

```
std::shared_ptr<rclcpp::Node> node;
```

这行代码声明了一个名为“node”的共享指针，指向 rclcpp::Node 类型的对象。在这里声明是为了使其成为全局作用域变量，能同时在回调函数和主函数中访问它。

```
void IMUCallback(const sensor_msgs::msg::Imu::SharedPtr msg)
{
```

这是一个回调函数。在后面的代码中会将它设置为接收到 IMU 消息包的回调函数。它接收一个 sensor_msgs::msg::Imu 类型的共享指针 msg 作为参数，这个 msg 参数就是携带了 IMU 数据的消息包。在回调函数中会对这个 msg 进行解析。

```
    tf2::Quaternion tf2_quaternion;
    tf2_quaternion.setX(msg->orientation.x);
    tf2_quaternion.setY(msg->orientation.y);
    tf2_quaternion.setZ(msg->orientation.z);
    tf2_quaternion.setW(msg->orientation.w);
```

这段代码创建了一个 tf2::Quaternion 对象 tf2_quaternion，并使用 IMU 消息中的四元数数据设置其各个分量（x、y、z、w）。将四元数转换成 tf2::Quaternion 对象是为了后面使用 tf2 库的函数对其进行处理。

```
    tf2::Matrix3x3 matrix(tf2_quaternion);

    double roll,pitch,yaw;
    matrix.getRPY(roll,pitch,yaw);
    roll=roll * 180 / M_PI;
    pitch=pitch * 180 / M_PI;
    yaw=yaw * 180 / M_PI;
```

这段代码先使用 tf2::Matrix3x3 将 tf2::Quaternion 对象转换为旋转矩阵对象，然后使用旋转矩阵对象的 getRPY() 函数计算欧拉角（roll、pitch、yaw）。接着，将欧拉角的单位从弧度换算为角度。

```
    RCLCPP_INFO(node->get_logger(),"roll=%.0f pitch=%.0f yaw=%.0f",
roll,pitch,yaw);
}
```

在回调函数的结尾，使用 RCLCPP_INFO 宏将这个欧拉角数值显示在终端。

```
int main(int argc,char ** argv)
{
    rclcpp::init(argc,argv);
```

这段代码是 main() 函数的开始，接收命令行参数 argc 和 argv。rclcpp::init（argc，argv）用于初始化这个节点。

```
    node=std::make_shared<rclcpp::Node>("imu_data_node");
```

这行代码创建了一个名称为“imu_data_node”的节点对象。使用 std::make_shared() 函数创建这个节点对象的共享指针，并赋值给 node。

```
    auto sub=node->create_subscription<sensor_msgs::msg::Imu>("/imu/
data",10,IMUCallback);
```

这行代码使用 node->create_subscription() 函数创建了一个订阅者对象 sub。订阅的消息类型是 sensor_msgs::msg::Imu，订阅话题为“/imu/data”，10 表示接收缓冲的队列长度为 10 个消息包。回调函数 IMUCallback() 在前面已经有定义，它将在接收到 IMU 消息包时被调用。

```
    rclcpp::spin(node);
```

这行代码启动节点的主循环，使节点开始处理消息并调用回调函数。rclcpp::spin() 函数将使节点保持运行状态，直到节点被关闭。

```
    rclcpp::shutdown();
```

当节点运行过程中收到系统的关闭要求时会执行这行代码，用于关闭节点，释放节点占用的资源。

```
  return 0;
}
```

这是 main( ) 函数的结束，返回值为 0，表示程序成功执行并正常退出。

代码编写完毕后，需要保存代码。保存成功后，编辑界面文件名后面的圆点符号会变成一个叉符号。

2. 设置编译规则

节点源码的编译规则写在 imu_pkg 的 CMakeLists. txt 文件里。在 VSCode 中打开这个文件，在这个文件里添加节点的编译规则。如图 6-9 所示，首先使用如下代码寻找节点代码中用到的依赖项。

```
find_package(rclcpp REQUIRED)
find_package(sensor_msgs REQUIRED)
find_package(tf2 REQUIRED)
```

然后使用如下代码添加节点源码的编译规则。

```
add_executable(imu_data src/imu_data.cpp)
ament_target_dependencies(imu_data "rclcpp" "sensor_msgs" "tf2")
```


最后使用如下代码添加节点编译完成后的安装规则。

```
install(TARGETS  imu_data
DESTINATION  lib/${PROJECT_NAME})
```

```
M CMakeLists.txt ×
src > imu_pkg > M CMakeLists.txt
12  # find_package(<dependency> REQUIRED)
13  find_package(rclcpp REQUIRED)
14  find_package(sensor_msgs REQUIRED)      寻找依赖项
15  find_package(tf2 REQUIRED)
16                                                         编译规则
17  add_executable(imu_data src/imu_data.cpp)
18  ament_target_dependencies(imu_data "rclcpp" "sensor_msgs" "tf2")
19
20  install(TARGETS imu_data
21  DESTINATION lib/${PROJECT_NAME})        安装规则
22
```

图 6-9　寻找依赖项、添加编译规则和安装规则

这些内容可以从 wpr_simulation2 的例程文件中找到。如果编译报错，可以与 wpr_simulation2\demo_cmakelists\6_imu_data. txt 文件中的代码进行比对。

上述规则添加完毕后，一定要保存文件，否则规则无法生效。

3. 修改软件包信息

在 VSCode 中打开［imu_pkg］下的［package. xml］文件，使用如下代码添加依赖项信息，如图 6-10 所示。

```
<depend>rclcpp</depend>
<depend>sensor_msgs</depend>
<depend>tf2</depend>
```

```
package.xml ×
src > imu_pkg > package.xml
  <description>TODO: Package description</description>
  <maintainer email="robot@6-robot.com">robot</maintainer>
  <license>TODO: License declaration</license>

  <buildtool_depend>ament_cmake</buildtool_depend>

  <depend>rclcpp</depend>
  <depend>sensor_msgs</depend>
  <depend>tf2</depend>

```

添加依赖项

图 6-10　添加依赖项

这些内容可以从 wpr_simulation2 的例程文件中找到。如果编译报错，可以与 wpr_simulation2\demo_package\6_imu_data. xml 文件中的代码进行比对。

文件修改后，一定要保存文件，否则新的包信息无法生效。

4. 编译软件包

修改完上述文件后，打开终端窗口，如图 6-11 所示，执行如下指令，进入工作空间。

```
cd ~/ros2_ws/
```

图 6-11　进入工作空间

然后执行如下指令，对工作空间里的所有软件包进行编译，如图 6-12 所示。

```
colcon build
```

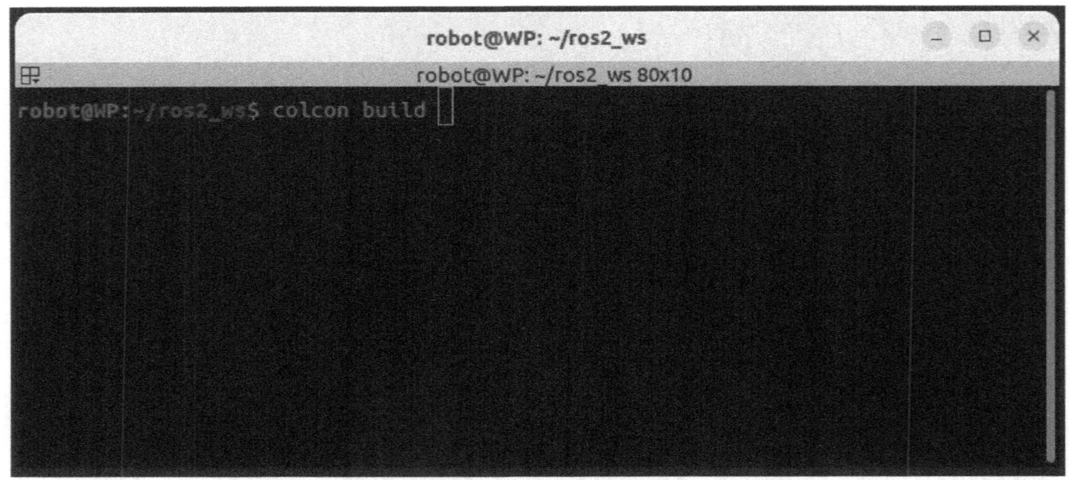

图 6-12　编译软件包

如果编译顺利的话，会显示如图 6-13 所示信息，表示编译成功。


```
robot@WP:~/ros2_ws$ colcon build
Starting >>> imu_pkg
Starting >>> wpr_simulation2
Finished <<< wpr_simulation2 [0.49s]
Finished <<< imu_pkg [4.96s]

Summary: 2 packages finished [5.06s]
robot@WP:~/ros2_ws$
```

图 6-13　编译成功界面

6.2.2　仿真运行 IMU 数据获取程序

下面运行刚才编写的节点。在运行前，确认已经按照 2.6 节下载了 wpr_simulation2 仿真项目。然后，加载当前工作空间中的环境设置，这样 ros2 指令才能找到刚才编译后的软件包和节点文件。如图 6-14 所示，保持终端的当前路径依然在工作空间目录 ros2_ws 中，然后执行如下指令。

```
source install/setup.bash
```

然后，先启动带有机器人的仿真环境。如图 6-15 所示，执行如下指令。

```
ros2 launch wpr_simulation2 wpb_simple.launch.py
```

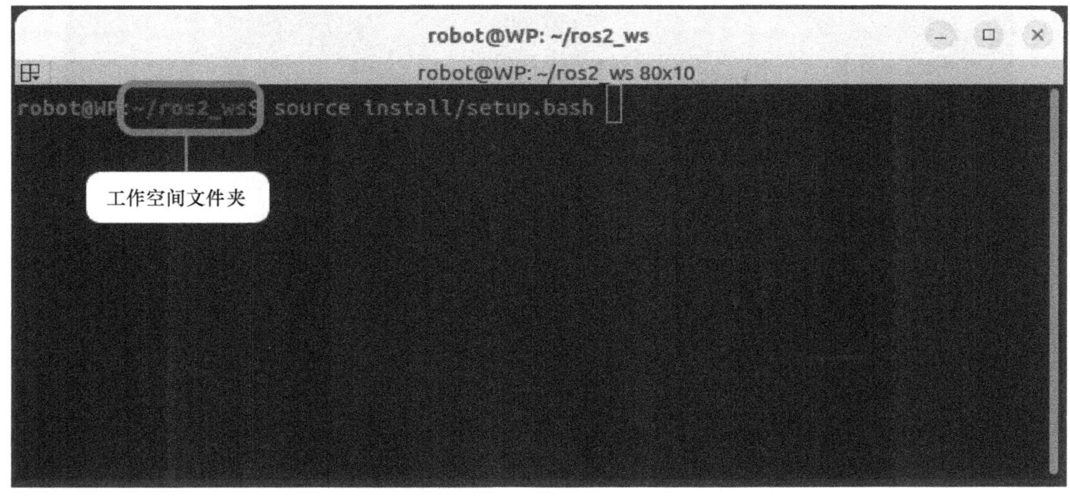

图 6-14　加载工作空间中的环境设置

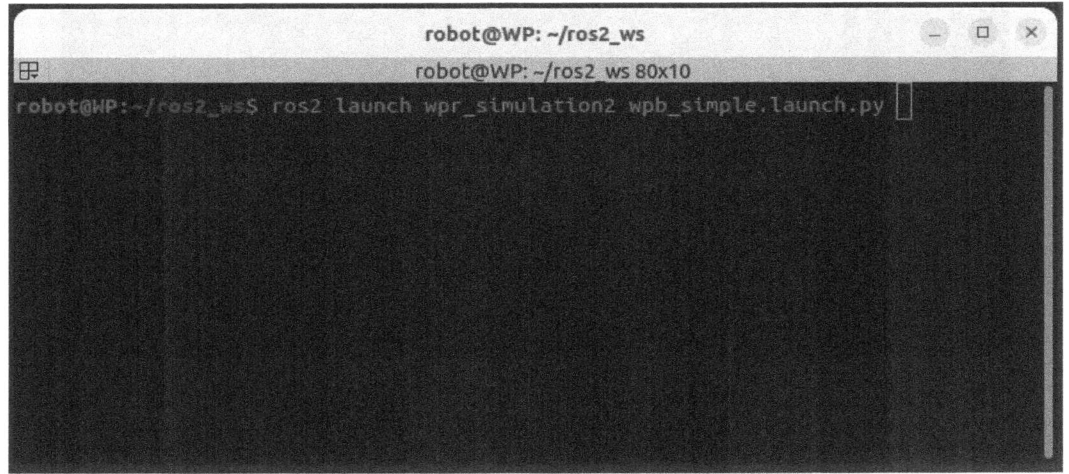

图 6-15　启动带有机器人的仿真环境

这时会启动一个仿真窗口，如图 6-16 所示，里面有一台仿真机器人，面对一个书柜。

接下来运行刚才编写的节点 imu_data。如图 6-17 所示，在 Terminator 终端中按组合键［Ctrl+Shift+O］，将终端分为上、下两个子窗口。

在新的终端窗口中执行如下指令，加载新的工作空间环境设置，如图 6-18 所示。

```
source install/setup.bash
```

然后使用如下指令运行刚才编写的节点，如图 6-19 所示。

```
ros2 run imu_pkg imu_data
```

节点运行起来之后，可以看到机器人当前的姿态角度数值，如图 6-20 所示。

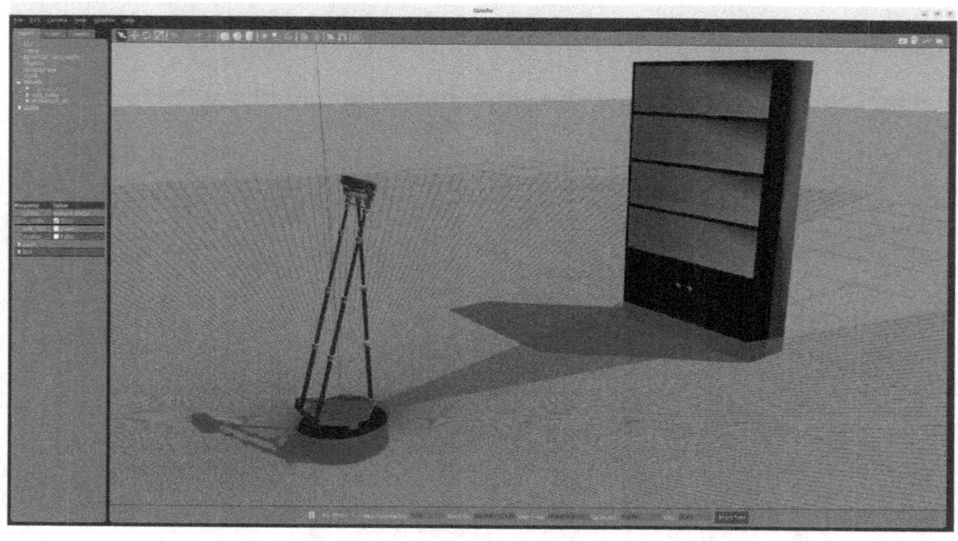

图 6-16　启动的仿真窗口

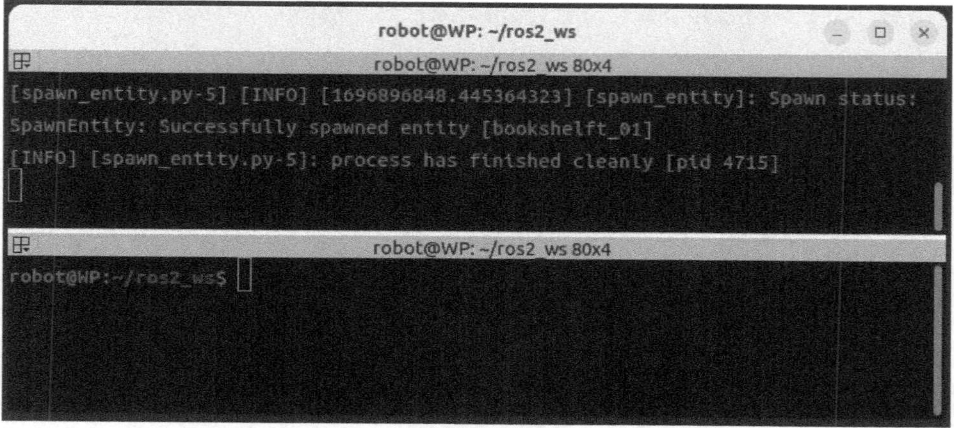

图 6-17　Terminator 分出两个终端子窗口

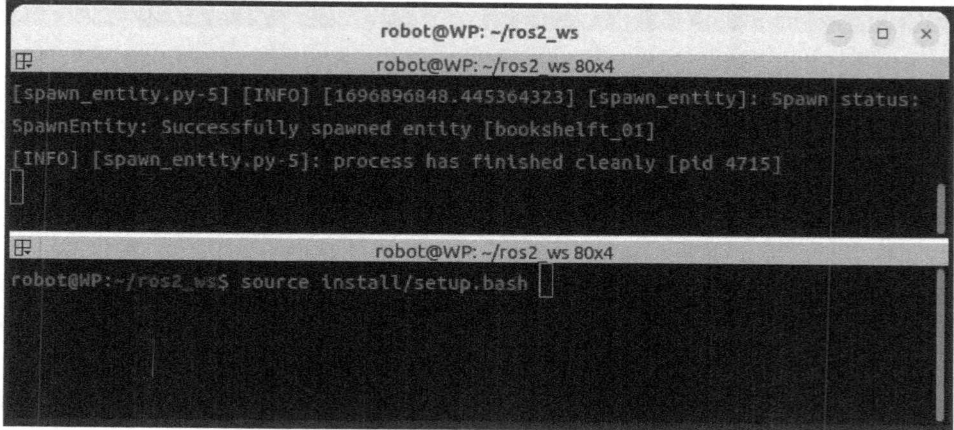

图 6-18　加载新的工作空间环境设置

```
robot@WP: ~/ros2_ws
robot@WP: ~/ros2_ws 80x4
[spawn_entity.py-5] [INFO] [1696896848.445364323] [spawn_entity]: Spawn status:
SpawnEntity: Successfully spawned entity [bookshelft_01]
[INFO] [spawn_entity.py-5]: process has finished cleanly [pid 4715]

robot@WP: ~/ros2_ws 80x4
robot@WP:~/ros2_ws$ ros2 run imu_pkg imu_data
```

图 6-19　运行节点

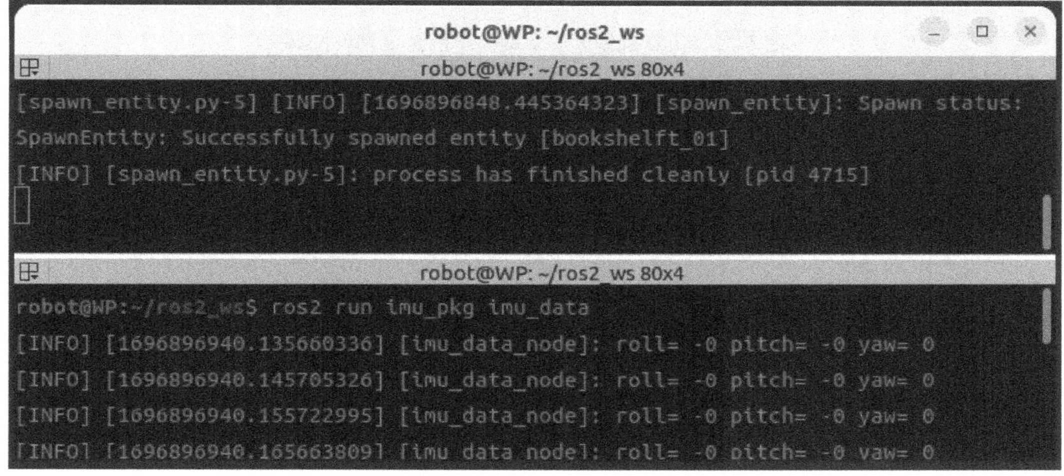

图 6-20　机器人当前的姿态角度数值

下面通过改变机器人的姿态来观察节点获取的数值是否会跟着变化。切换到仿真环境，单击图 6-21 所示工具栏中的［］按钮。

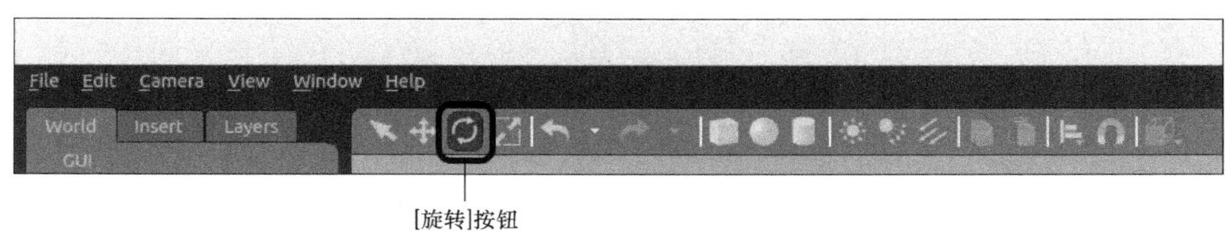

图 6-21　单击仿真窗口的［］按钮

然后选中仿真环境中的机器人模型，如图 6-22 所示，这时机器人周围会出现正交的 3 个颜色的圆环，分别可以改变机器人的 X 轴、Y 轴、Z 轴 3 个轴向上的姿态角度。

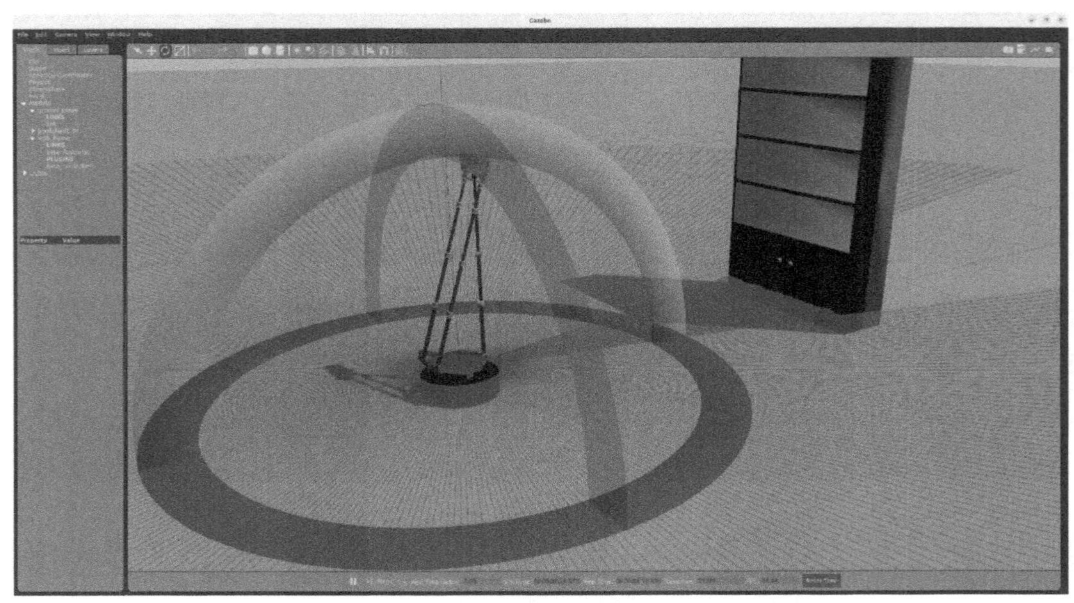

图 6-22　仿真机器人 3 个轴向上的角度调整圆环

将指针移动到水平旋转的圆环上，将机器人原地旋转一个角度，如图 6-23 所示。

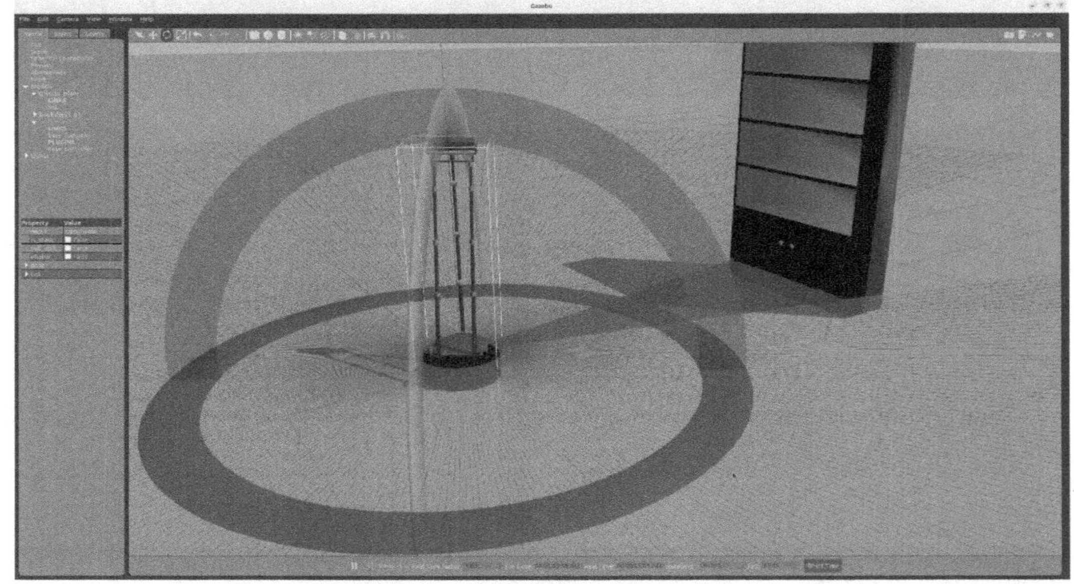

图 6-23　通过圆环将机器人旋转一个角度

这时切换到终端窗口，如图 6-24 所示。

可以看到，机器人的航向角 yaw 的值发生了相应的变化，IMU 数据获取实验成功。

6.2.3　练习题

1）在运行 imu_data 的同时运行第 4 章的速度控制程序，给机器人发送一个原地旋转的速度控制量，观察机器人移动过程中航向角 yaw 的值如何变化。

2）尝试将 imu_data. cpp 的代码封装成类。

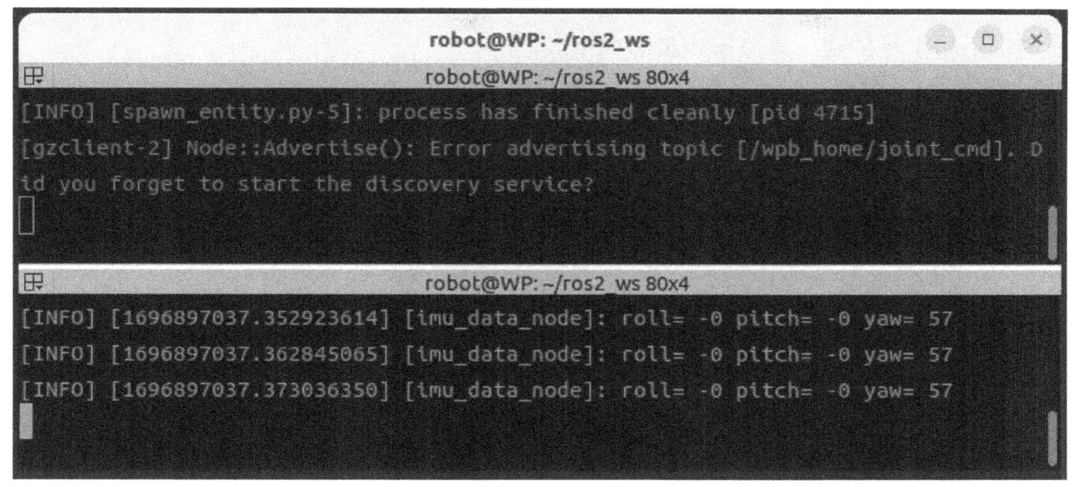

图 6-24　终端窗口显示信息

6.3　基于 IMU 的航向锁定实现

下面将在前一个实验的基础上，实现一个航向锁定的功能。编写一个节点，先订阅“/imu/data”话题，从此话题中接收 IMU 节点发来的 sensor_msgs::Imu 类型消息包，解析出机器人的姿态角度。设置一个目标航向角度，让机器人朝着这个航向运动。若运行过程中机器人的姿态被改变了，导致航向角与目标角度不一致，则根据航向角偏差值，计算出纠偏速度值，打包成 geometry_msgs::Twist 类型的消息包，发布到“/cmd_vel”话题中。机器人底盘节点会从“/cmd_vel”话题中获取速度值并执行，以此来实现航向锁定的行为，如图 6-25所示。

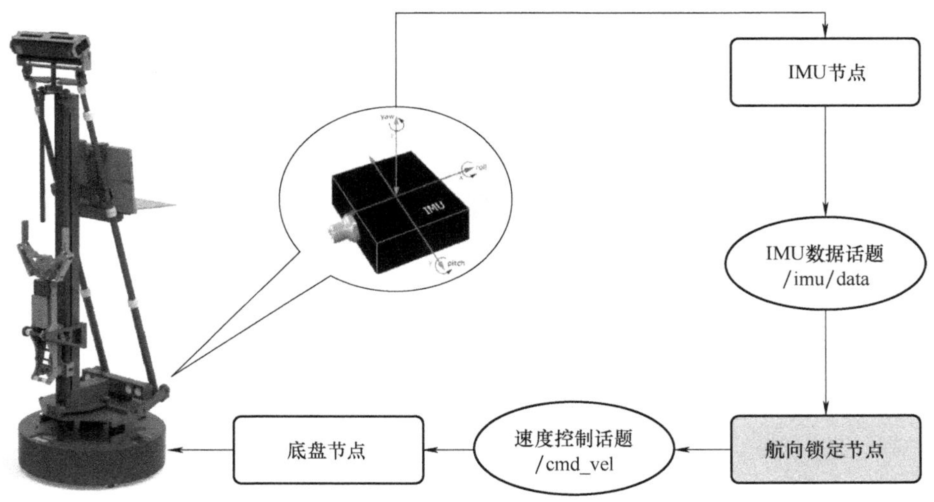

图 6-25　航向锁定功能的数据流向图

6.3.1 编写航向锁定程序

按照上一个实验，在工作空间中创建一个 imu_pkg 软件包。如果已经创建好了，可以直接使用，不用重复创建。具体操作步骤如下。

1. 编写节点代码

先创建这个节点的源码文件。如图 6-26 所示，在 VSCode 中找到［imu_pkg］软件包，用鼠标右键单击它的［src］子目录，在弹出的快捷菜单中选择［新建文件］。

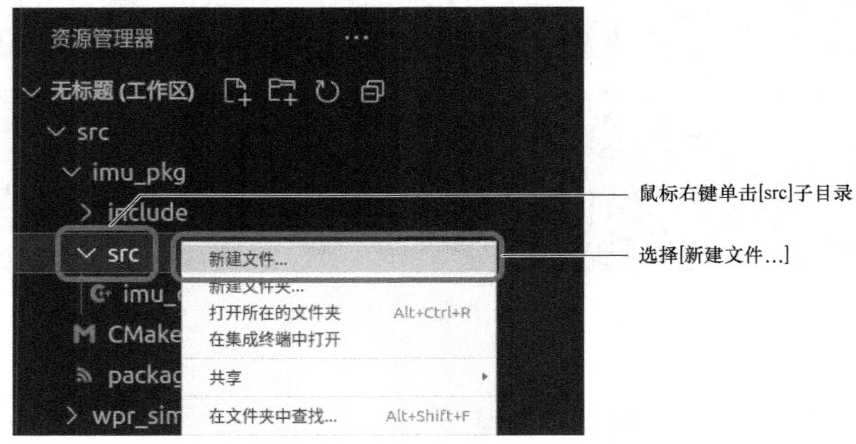

图 6-26 新建文件

此时会提示输入文件名，如图 6-27 所示，输入“imu_behavior. cpp”，然后按［Enter］键创建文件。

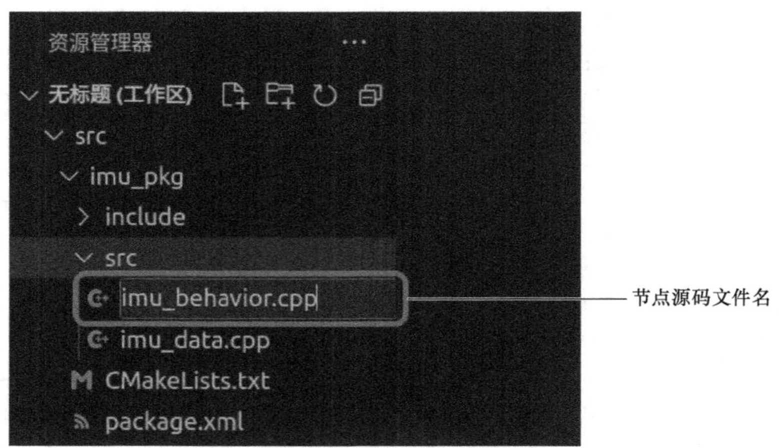

图 6-27 命名新建文件为“imu_behavior. cpp”

下面编写这个源码文件，其内容如下。

```
#include <rclcpp/rclcpp.hpp>
#include <sensor_msgs/msg/imu.hpp>
```

```
#include <geometry_msgs/msg/twist.hpp>
#include <tf2/LinearMath/Quaternion.h>
#include <tf2/LinearMath/Matrix3x3.h>

std::shared_ptr<rclcpp::Node> node;
rclcpp::Publisher<geometry_msgs::msg::Twist>::SharedPtr vel_pub;

void IMUCallback(const sensor_msgs::msg::Imu::SharedPtr msg)
{
    tf2::Quaternion tf2_quaternion;
    tf2_quaternion.setX(msg->orientation.x);
    tf2_quaternion.setY(msg->orientation.y);
    tf2_quaternion.setZ(msg->orientation.z);
    tf2_quaternion.setW(msg->orientation.w);

    tf2::Matrix3x3 matrix(tf2_quaternion);

    double roll,pitch,yaw;
    matrix.getRPY(roll,pitch,yaw);
    roll=roll * 180 / M_PI;
    pitch=pitch * 180 / M_PI;
    yaw=yaw * 180 / M_PI;
    RCLCPP_INFO(node->get_logger(),"roll=%.0f pitch=%.0f yaw=%.0f",
roll,pitch,yaw);

    double target_yaw=90;

    geometry_msgs::msg::Twist vel_msg;
    double diff_angle=target_yaw -yaw;
    vel_msg.angular.z=diff_angle * 0.01;
    vel_msg.linear.x=0.1;
    vel_pub->publish(vel_msg);
}

int main(int argc,char ** argv)
{
    rclcpp::init(argc,argv);

    node=rclcpp::Node::make_shared("imu_behavior_node");
```

```
    auto sub=node->create_subscription<sensor_msgs::msg::Imu>("/imu/
data",10,IMUCallback);

    vel_pub=node->create_publisher<geometry_msgs::msg::Twist>("/cmd_
vel",10);

    rclcpp::spin(node);

    rclcpp::shutdown();

    return 0;
}
```

上述代码可以从 wpr_simulation2 的例程文件中找到。如果编译报错，可以与 wpr_simulation2\demo_cpp\6_imu_behavior. cpp 文件中的代码进行比对。

下面是对这个节点代码的解释。


```
#include <rclcpp/rclcpp.hpp>
#include <sensor_msgs/msg/imu.hpp>
#include <geometry_msgs/msg/twist.hpp>
#include <tf2/LinearMath/Quaternion.h>
#include <tf2/LinearMath/Matrix3x3.h>
```

这部分代码引入了 ROS2 的 C++用户端库头文件、sensor_msgs 包中的 Imu 消息头文件（IMU 消息包类型）、geometry_msgs 包中的 Twist 消息头文件（速度控制消息包类型）以及用于处理四元数和矩阵的 tf2 库。

```
std::shared_ptr<rclcpp::Node> node;
```

这行代码声明了一个名为“node”的共享指针，后面会用它来指向节点对象。在这里声明是为了使其成为全局作用域变量，在回调函数和主函数里都可以访问。

```
rclcpp::Publisher<geometry_msgs::msg::Twist>::SharedPtr vel_pub;
```

这行代码声明了一个名为“vel_pub”的共享指针，后面会用它来指向速度发送对象。在这里声明是为了使其成为全局作用域变量，在回调函数和主函数里都可以访问。

```
void IMUCallback(const sensor_msgs::msg::Imu::SharedPtr msg)
{
```

这是一个回调函数。在后面的代码中，会将它设置为接收到 IMU 消息包的回调函数。它接收一个 sensor_msgs::msg::Imu 类型的共享指针 msg 作为参数，这个 msg 参数就是携带了 IMU 数据的消息包。在回调函数里，会对这个 msg 进行解析。

```
    tf2::Quaternion tf2_quaternion;
    tf2_quaternion.setX(msg->orientation.x);
```

```
    tf2_quaternion.setY(msg->orientation.y);
    tf2_quaternion.setZ(msg->orientation.z);
    tf2_quaternion.setW(msg->orientation.w);
```

这段代码创建了一个 tf2::Quaternion 对象 tf2_quaternion，并使用 IMU 消息中的四元数数据设置其各个分量（x、y、z、w）。将四元数转换成 tf2::Quaternion 对象是为了后面使用 tf2 库的函数对其进行处理。

```
    tf2::Matrix3x3 matrix(tf2_quaternion);

    double roll,pitch,yaw;
    matrix.getRPY(roll,pitch,yaw);
    roll=roll * 180 / M_PI;
    pitch=pitch * 180 / M_PI;
    yaw=yaw * 180 / M_PI;
```

这段代码先使用 tf2::Matrix3x3 将 tf2::Quaternion 对象转换为旋转矩阵对象，然后使用旋转矩阵对象的 getRPY() 函数计算欧拉角（roll，pitch，yaw）。接着，将欧拉角的单位从弧度换算为角度。

```
    RCLCPP_INFO(node->get_logger(),"roll=%.0f pitch=%.0f yaw=%.0f",
  roll,pitch,yaw);
```


这行代码使用 RCLCPP_INFO 宏将这个欧拉角数值显示在终端。

```
    double target_yaw=90;
```

这行代码设置了一个目标航向角，后面会驱使机器人朝向这个目标航向角。这个角度可以设置任意值，这里设置 90°。

```
    geometry_msgs::msg::Twist vel_msg;
    double diff_angle=target_yaw -yaw;
    vel_msg.angular.z=diff_angle * 0.01;
    vel_msg.linear.x=0.1;
    vel_pub->publish(vel_msg);
}
```

这段代码定义了一个速度控制消息包，类型为 geometry_msgs::msg::Twist，名称为 vel_msg。然后计算机器人当前航向角和目标航向角的差值，乘以一个比例系数（这里取 0.01）作为机器人原地旋转速度 angular.z 的控制量。机器人的矢量速度 linear.x 设置为 0.1m/s，方向为向前直行。最后将这个速度控制消息包通过消息发布对象指针 vel_pub 发送给机器人驱动节点，回调函数到此结束。

```
int main(int argc,char ** argv)
{
  rclcpp::init(argc,argv);
```

这段代码是 main( ) 函数的开始，接收命令行参数 argc 和 argv。rclcpp::init （argc, argv）用于初始化节点。

```
node=rclcpp::Node::make_shared("imu_behavior_node");
```

这行代码创建了一个名称为“imu_behavior_node”的节点对象。使用 std::make_shared( ) 函数创建这个节点对象的共享指针，并赋值给 node。

```
auto sub=node->create_subscription<sensor_msgs::msg::Imu>("/imu/da-
ta",10,IMUCallback);
```

这行代码使用 node->create_subscription( ) 函数创建了一个订阅者对象 sub。订阅的消息类型是 sensor_msgs::msg::Imu，订阅话题为“/imu/data”，10 表示接收缓冲的队列长度为 10 个消息包。回调函数 IMUCallback( ) 在前面已经有定义，它将在接收到 IMU 消息包时被调用。

```
vel_pub=node->create_publisher<geometry_msgs::msg::Twist>("/cmd_
vel",10);
```

这行代码使用 node-> create_publisher( ) 函数创建了一个发布者对象 vel_pub。发布的消息类型是 geometry_msgs::msg::Twist，发布话题为“/cmd_vel”，10 表示发送缓冲的队列长度为 10 个消息包。在前面的回调函数中，控制机器人运动的消息包就是通过这个发布对象发送给机器人节点的。


```
rclcpp::spin(node);
```

这行代码启动节点的主循环，使节点开始处理消息并调用回调函数。rclcpp::spin( ) 函数将使节点保持运行状态，直到节点被关闭。

```
rclcpp::shutdown();
```

当节点运行过程中收到系统的关闭要求时会执行这行代码，用于关闭节点，释放节点占用的资源。

```
return 0;
}
```

这是 main( ) 函数的结束，返回值为 0，表示程序成功执行并正常退出。

代码编写完毕后，需要保存代码。保存成功后，编辑界面文件名后面的圆点符号会变成一个叉符号。

2. 设置编译规则

节点源码的编译规则写在 imu_pkg 的 CMakeLists. txt 文件里。在 VSCode 中打开这个文件，在这个文件里添加节点的编译规则。如图 6-28 所示，首先使用如下代码寻找节点代码中用到的依赖项。

```
find_package(rclcpp REQUIRED)
find_package(sensor_msgs REQUIRED)
find_package(tf2 REQUIRED)
find_package(geometry_msgs REQUIRED)
```

然后使用如下代码添加节点源码的编译规则。

```
add_executable(imu_behavior src/imu_behavior.cpp)
ament_target_dependencies(imu_behavior "rclcpp" "sensor_msgs" "tf2" "
geometry_msgs")
```

最后使用如下代码在安装规则里添加新的节点。

```
install(TARGETS  imu_data  imu_behavior
DESTINATION  lib/${PROJECT_NAME})
```

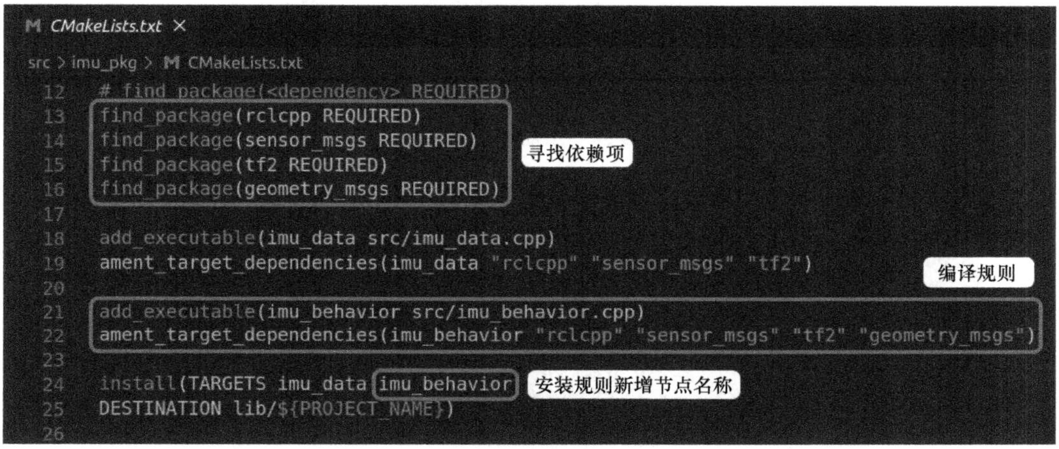

图 6-28　寻找依赖项、添加编译规则和新增节点名称

这些内容可以从 wpr_simulation2 的例程文件中找到。如果编译报错，可以与 wpr_simulation2\demo_cmakelists\6_imu_behavior.txt 文件中的代码进行比对。

上述规则添加完毕后，一定要保存文件，否则规则无法生效。

3. 修改软件包信息

在 VSCode 中打开［imu_pkg］下的［package.xml］文件，使用如下代码添加依赖项信息，如图 6-29 所示。

```
<depend>rclcpp</depend>
<depend>sensor_msgs</depend>
<depend>tf2</depend>
<depend>geometry_msgs</depend>
```

这些内容可以从 wpr_simulation2 的例程文件中找到。如果编译报错，可以与 wpr_simulation2\demo_package\6_imu_behavior.xml 文件中的代码进行比对。

如果之前已经添加过了，可以不必重复添加。文件修改后，一定要保存文件，否则新的包信息无法生效。

4. 编译软件包

修改完上述文件后，打开终端窗口。执行如下指令，进入工作空间，如图 6-30 所示。

```
cd ~/ros2_ws/
```

```
package.xml ×
src > imu_pkg > package.xml
  <description>TODO: Package description</description>
  <maintainer email="robot@6-robot.com">robot</maintainer>
  <license>TODO: License declaration</license>

  <buildtool_depend>ament_cmake</buildtool_depend>

  <depend>rclcpp</depend>
  <depend>sensor_msgs</depend>
  <depend>tf2</depend>
  <depend>geometry_msgs</depend>

  <test_depend>ament_lint_auto</test_depend>
  <test_depend>ament_lint_common</test_depend>
```

添加依赖项

图 6-29　添加依赖项信息

图 6-30　进入工作空间

然后执行如下指令，对工作空间中的所有软件包进行编译，如图 6-31 所示。

```
colcon build
```

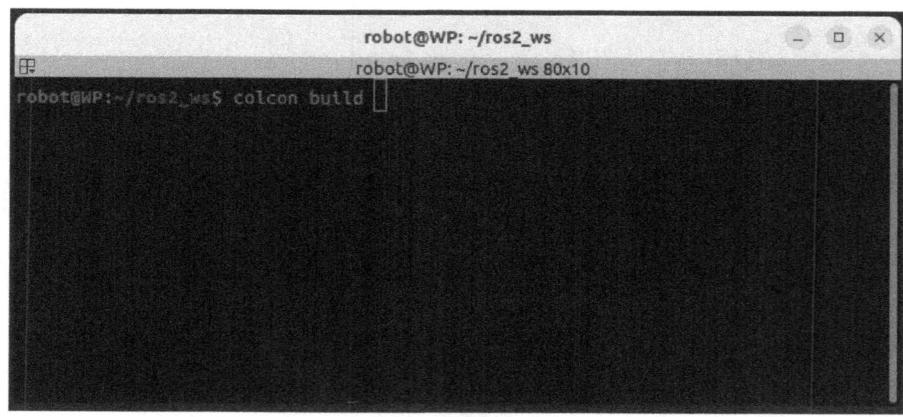

图 6-31　编译软件包

如果编译顺利的话，会显示如图 6-32 所示信息，表示编译成功。

```
robot@WP: ~/ros2_ws
robot@WP: ~/ros2_ws 80x10
robot@WP:~/ros2_ws$ colcon build
Starting >>> imu_pkg
Starting >>> wpr_simulation2
Finished <<< wpr_simulation2 [0.44s]
Finished <<< imu_pkg [5.13s]

Summary: 2 packages finished [5.24s]
robot@WP:~/ros2_ws$
```

图 6-32 编译成功界面

6.3.2 仿真运行航向锁定程序

下面运行刚才编写的节点。在运行前，确认已经按照 2.6 节下载了 wpr_simulation2 仿真项目。然后，加载当前工作空间中的环境设置，这样 ros2 指令才能找到刚才编译后的软件包和节点文件。如图 6-33 所示，保持终端的当前路径依然在工作空间目录 ros2_ws 中，然后执行如下指令。


```
source install/setup.bash
```

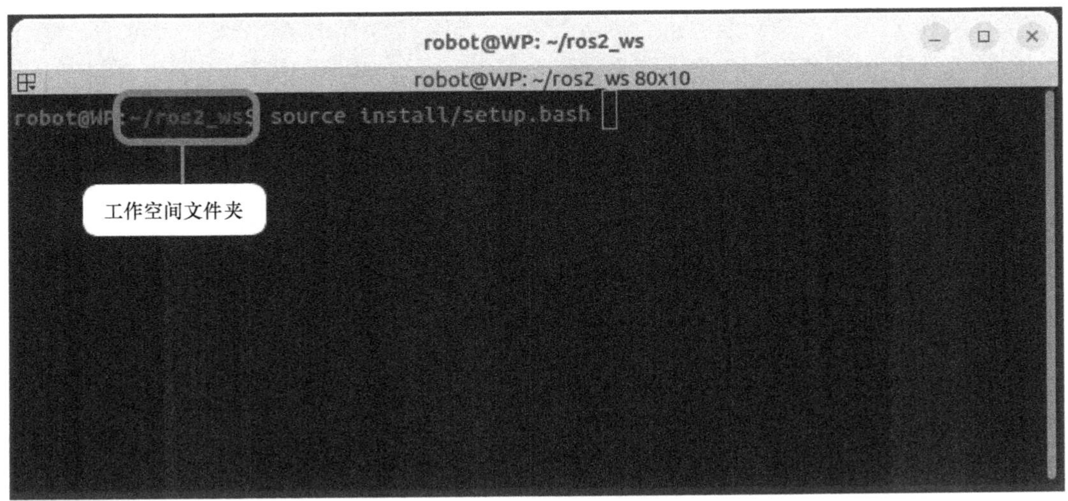

图 6-33 加载当前工作空间中的环境设置

然后，先启动带有机器人的仿真环境。如图 6-34 所示，执行如下指令。

```
ros2 launch wpr_simulation2 wpb_simple.launch.py
```

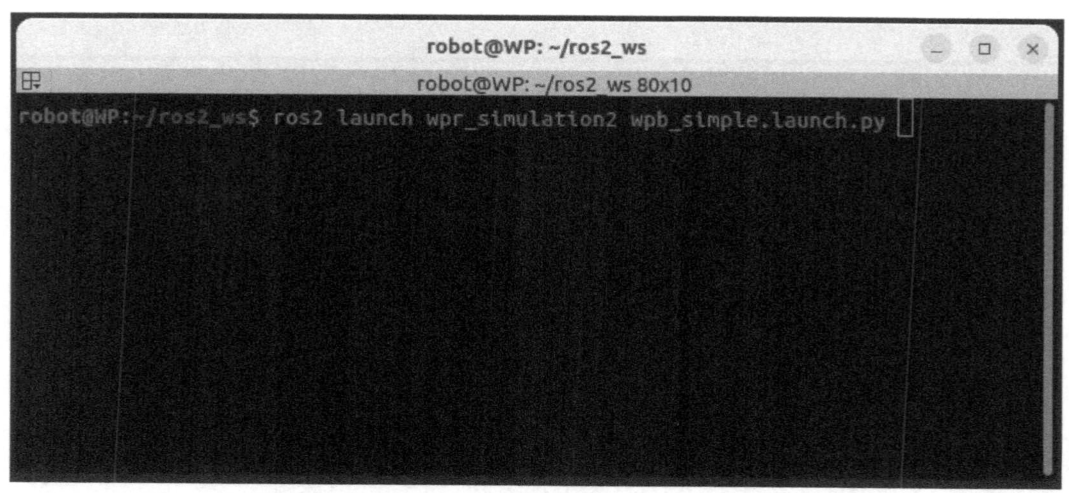

图 6-34 启动带有机器人的仿真环境

这时会启动一个仿真窗口，如图 6-35 所示，里面有一台仿真机器人，面对一个书柜。

图 6-35 仿真窗口

接下来运行刚才编写的节点。如图 6-36 所示，在 Terminator 终端中按组合键［Ctrl+Shift+O］，将终端分为上、下两个子窗口。

在新的终端窗口中加载新的工作空间环境设置，如图 6-37 所示。

```
source install/setup.bash
```

然后使用如下指令运行刚才编写的节点，如图 6-38 所示。

```
ros2 run imu_pkg imu_behavior
```

```
robot@WP: ~/ros2_ws
robot@WP: ~/ros2_ws 80x4
[INFO] [spawn_entity.py-4]: process has finished cleanly [pid 29790]
[gzclient-2] Node::Advertise(): Error advertising topic [/wpb_home/joint_cmd]. D
id you forget to start the discovery service?
robot@WP: ~/ros2_ws 80x4
robot@WP:~/ros2_ws$
```

图 6-36 Terminator 分出两个终端子窗口

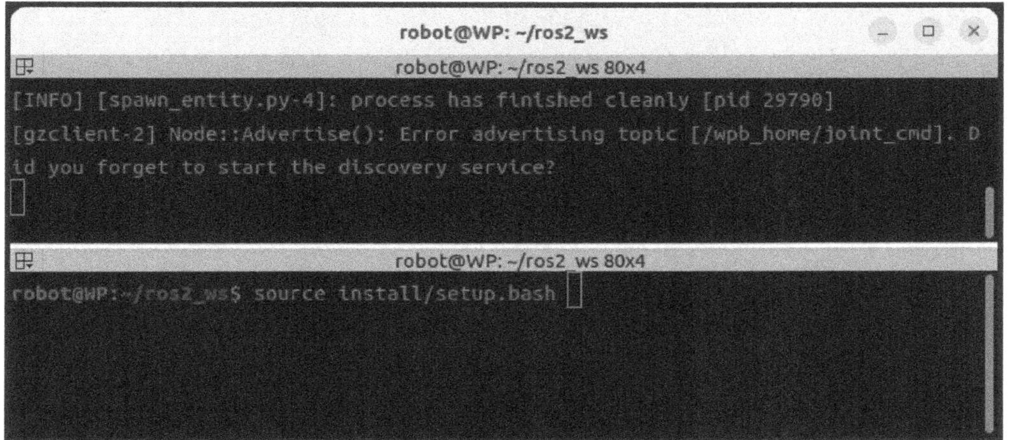

图 6-37 加载新的工作空间环境设置

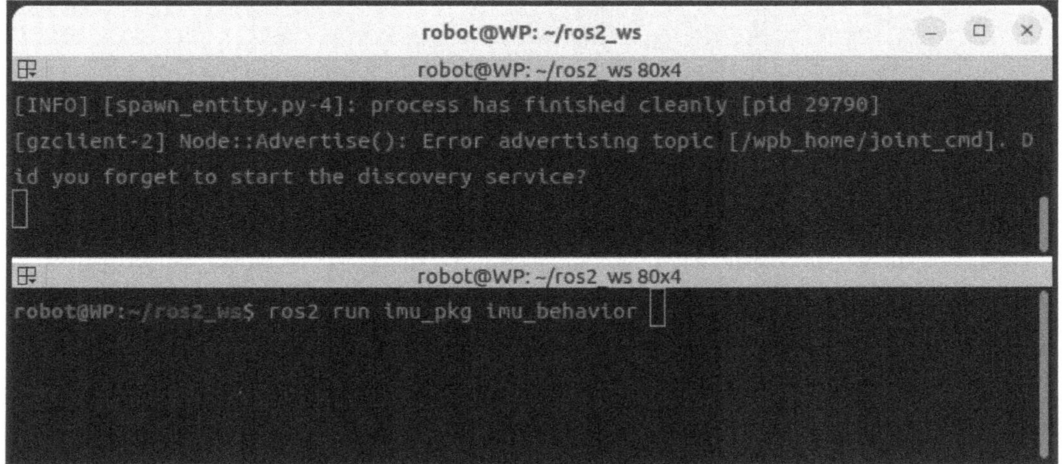

图 6-38 运行节点

节点运行起来之后，切换到刚才的仿真窗口。如图 6-39 所示，可以看到机器人一边旋转，一边向着左侧 90°的方向移动。当转到面向左侧方向时，机器人不再转动，变成直行。

图 6-39　仿真窗口中机器人旋转移动

这时尝试改变机器人的航向，单击图 6-40 所示仿真窗口工具栏中的［旋转］按钮。

图 6-40　单击仿真窗口中的［旋转］按钮

然后选中仿真环境中的机器人模型，如图 6-41 所示，这时机器人周围会出现正交的 3 个颜色的圆环，分别可以改变机器人的 X 轴、Y 轴、Z 轴 3 个轴向上的姿态角度。

将指针移动到水平旋转的圆环上，将机器人旋转一个角度，如图 6-42 所示。

机器人姿态发生改变后，它会立刻调整自己的朝向，再次转向 90°航向的方向，如图 6-43所示。

这相当于机器人已经锁定 90°方向为自己的目标航向，航向锁定功能成功实现。

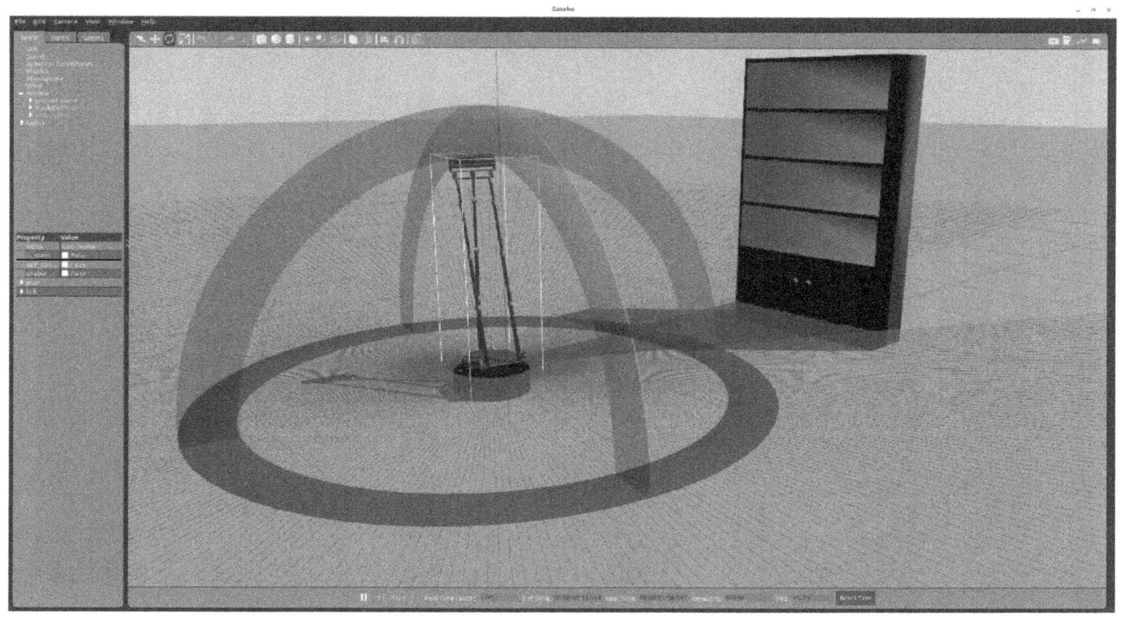

图 6-41 仿真窗口中机器人的姿态调整圆环

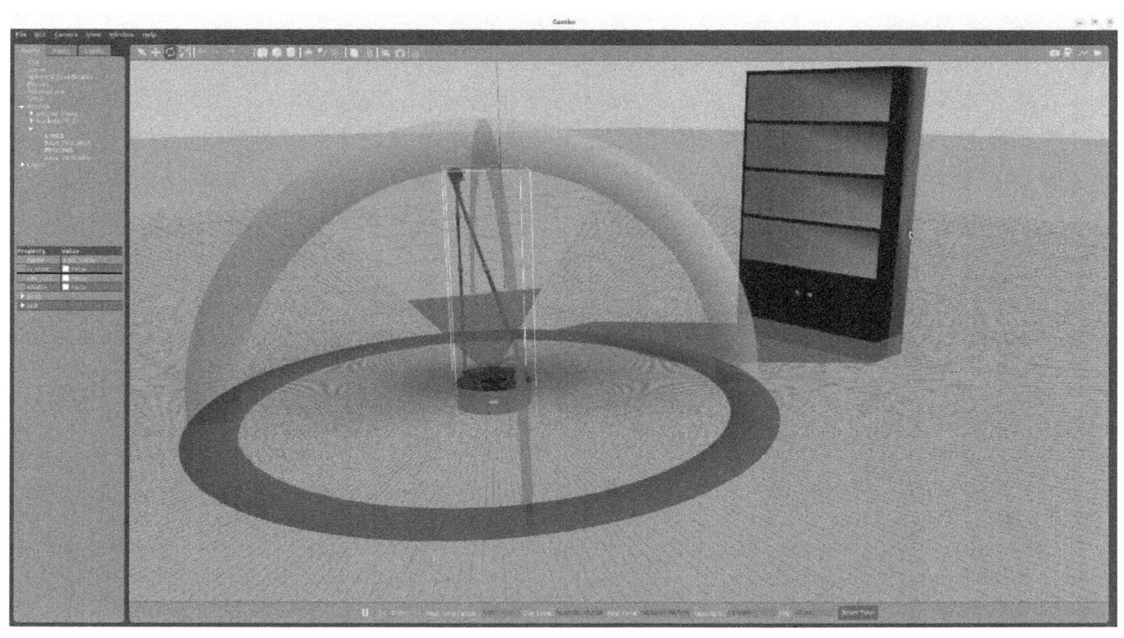

图 6-42 在仿真环境中水平旋转机器人

6.3.3 练习题

1）尝试修改目标航向角 target_yaw 的数值，查看机器人运动的变化。

2）尝试将 imu_behavior. cpp 的代码封装成类。

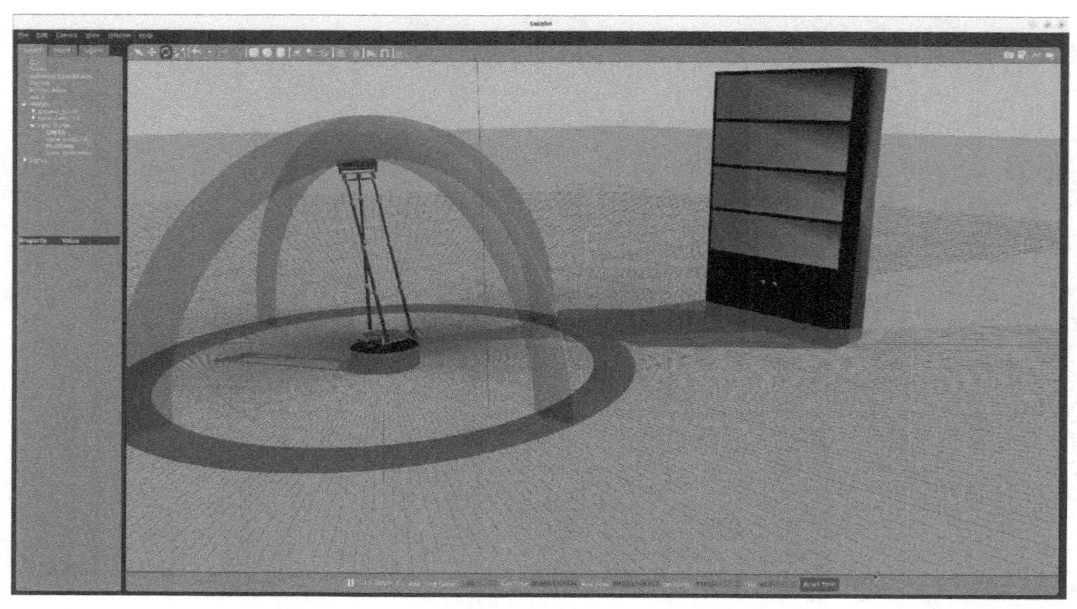

图 6-43　仿真窗口机器人调整自己的朝向

6.4　本章小结

本章主要是对 IMU 在 ROS2 中的使用进行介绍和编程。首先介绍了 ROS2 中的 IMU 消息包格式；接着，通过订阅 IMU 节点发布的话题，从话题中获取 IMU 节点发出的消息包，进而获得 IMU 数据；最后，基于获得的 IMU 数据，编程实现了一个机器人航向锁定功能。

第7章 ROS2中的SLAM环境建图

7.1 SLAM建图原理

首先简单了解一下SLAM建图的原理。SLAM的英文全称是“Simultaneous Localization and Mapping”，直译就是“即时定位与地图构建”。SLAM最早由Smith、Self和Cheeseman于1988年提出，由于其重要的理论与应用价值，被很多学者认为是实现真正全自主移动机器人的关键。要理解SLAM，先得理解激光雷达的数据特点。激光雷达的扫描数据可以理解为一个障碍物分布的切面图，如图7-1所示，其反映的是在一个特定高度上，障碍物面向雷达的边缘形状和分布位置。

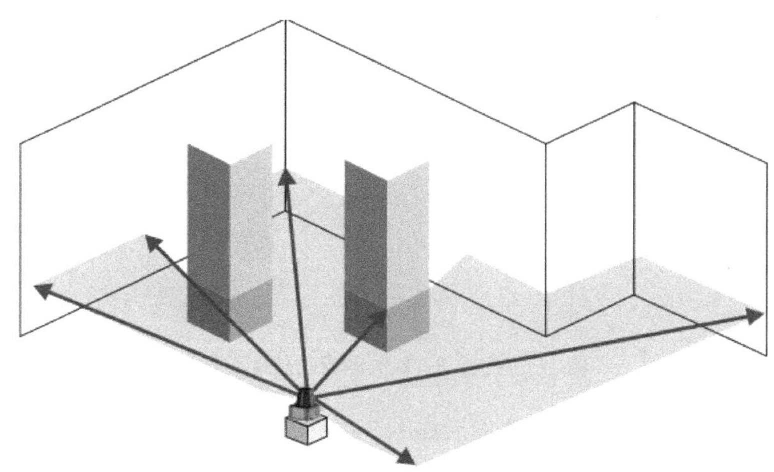

图7-1 激光雷达扫描切面

所以，当携带激光雷达的机器人在环境中运动时，它在某一个时刻只能得到有限范围内的障碍物的部分轮廓和其在机器人本体坐标系中的相对位置。比如，图7-2反映了一个机器人在相邻的A、B、C 3个位置时激光雷达扫描到的障碍物轮廓。

虽然此时还不知道位置A、B、C的相互关系，但是通过仔细观察，可以发现在A、B、C 3个位置所扫描到的障碍物轮廓的某一些部分是可以匹配重合的。因为这3个位置离得比较近，我们就假设扫描到的障碍物轮廓的相似部分就是同一个障碍物，这样就可以试着将相似部分的障碍物轮廓叠加重合在一起，得到一个更大的障碍物轮廓图案。比如，位置A和位置 B 的障碍物轮廓叠加后如图 7-3 所示。

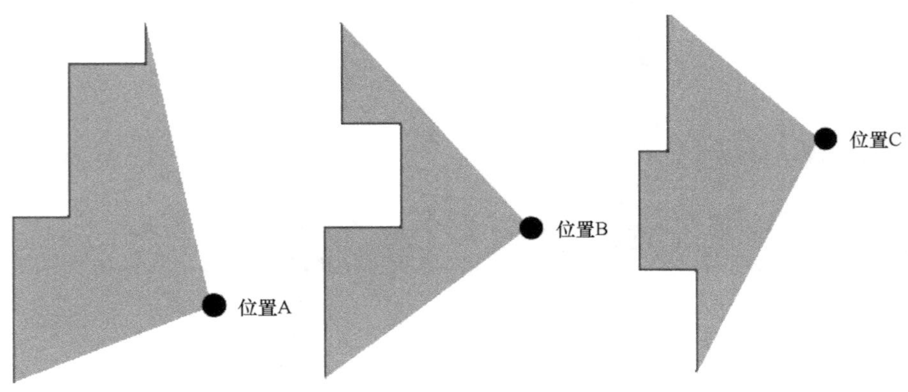

图 7-2　在各个位置扫描的障碍物轮廓

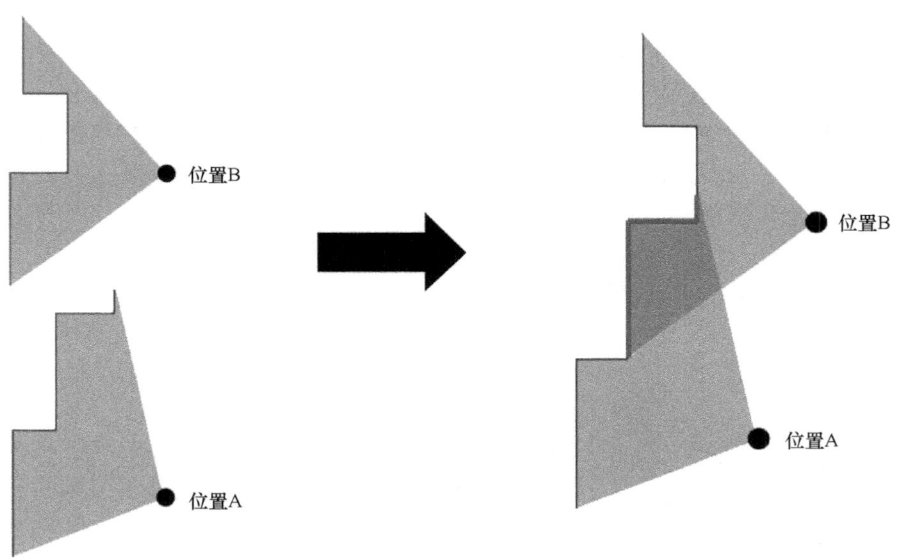

图 7-3　位置 A、B 的障碍物轮廓叠加

位置 B 和位置 C 的障碍物轮廓叠加后如图 7-4 所示。

按照这样的方法，将激光雷达扫描到的连续多个位置的障碍物轮廓拼合在一起，就能形成一个比较完整的平面地图。这个地图是一个二维平面上的地图，其反映的是在激光雷达的扫描面上，整个环境里的障碍物轮廓和分布情况。在构建地图的过程中，还可以根据障碍物轮廓的重合关系，反推出机器人所走过的这几个位置之间的相互关系以及机器人在地图中所处的位置，这就同时完成了地图构建和机器人的自身实时定位这两项功能，这也就是 SLAM 的全称“Simultaneous Localization and Mapping”的由来。同样以前面的 A、B、C 3 个位置为例，将 3 个位置的激光雷达扫描轮廓拼合在一起，就能得到一个相对更完整的平面地图，同时也得出了 A、B、C 3 个位置在这个地图中的位置，如图 7-5 所示。

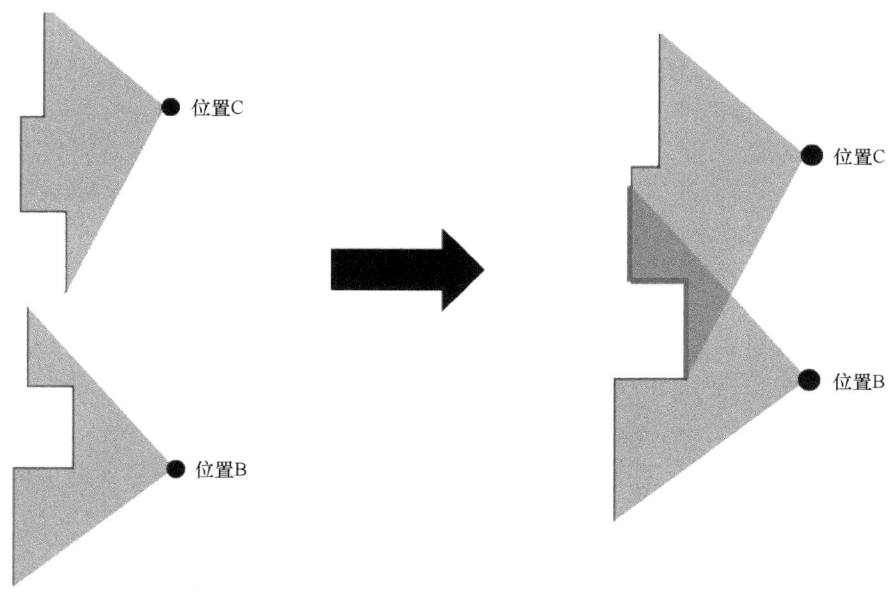

图 7-4　位置 B、C 的障碍物轮廓叠加

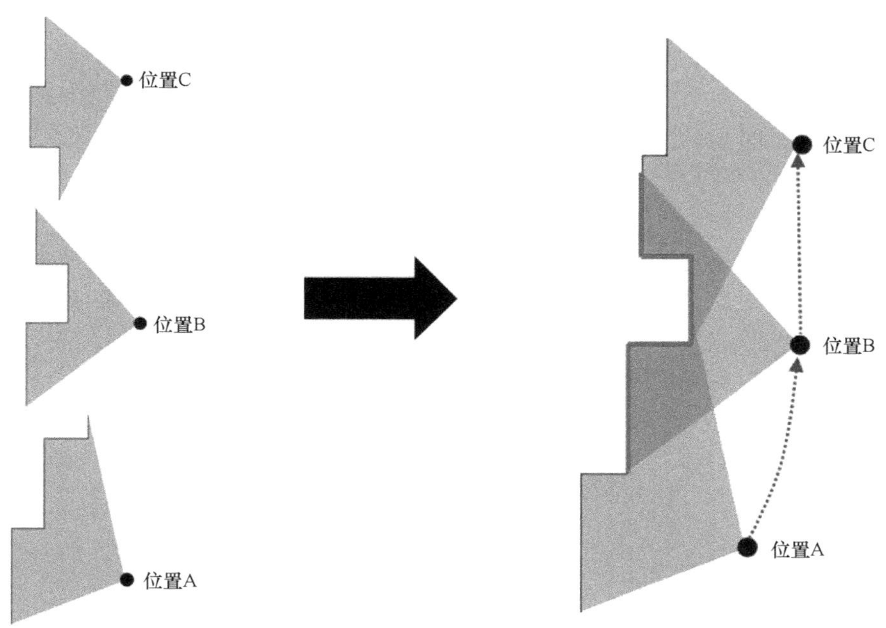

图 7-5　位置 A、B、C 的障碍物轮廓叠加

7.2　SLAM Toolbox 简介

在 ROS2 的官方教程中，推荐使用 SLAM Toolbox 来替代 ROS1 的 Hector Mapping 和 Gmapping 等建图软件包。SLAM Toolbox 是由工程师 Steve Macenski 在 Simbe Robotics 公司就职期间构建的一套 2D SLAM 开源项目。该项目具备如下功能。

1）根据激光雷达数据创建环境地图，并能将地图数据进行保存。

2）可以在没有先验地图的情况下启动“激光雷达里程计”模式，进行机器人定位，并且支持局部的回环闭合操作，可大幅修正累积误差。

3）采用局部地图和后端优化的工作方式，可以在建图过程中持续对拼接误差进行修正，不像 Hector Mapping 和 Gmapping 那样只是简单的覆盖，所以建图质量大幅提升。

4）支持在建图结束后，从停止的地方继续建图。

5）除了保存最终地图，还可以对建图过程中的局部地图进行序列化保存，使得再次建图时继续优化地图成为可能。

6）支持同步和异步两种建图模式。

7）附带 RViz2 插件，可以在 RViz2 中对建图过程中的数据进行图形化操作。

要在 ROS2 中使用 SLAM Toolbox，需要先安装相关软件包。安装指令如下。

```
sudo apt install ros-<ROS2 版本名称>-slam-toolbox
```

在 Humble 版本的 ROS2 中安装相关软件包的指令如下。

```
sudo apt install ros-humble-slam-toolbox
```

上面的软件包安装完成后，就可以在 ROS2 中使用 SLAM Toolbox 了。

7.3 仿真环境实现 SLAM 建图

下面介绍如何在仿真环境中使用 SLAM Toolbox 进行 SLAM 建图。为了观察建图的过程，还会启动 RViz 2，以实时显示建图的进展情况，建图时的数据流向如图 7-6 所示。

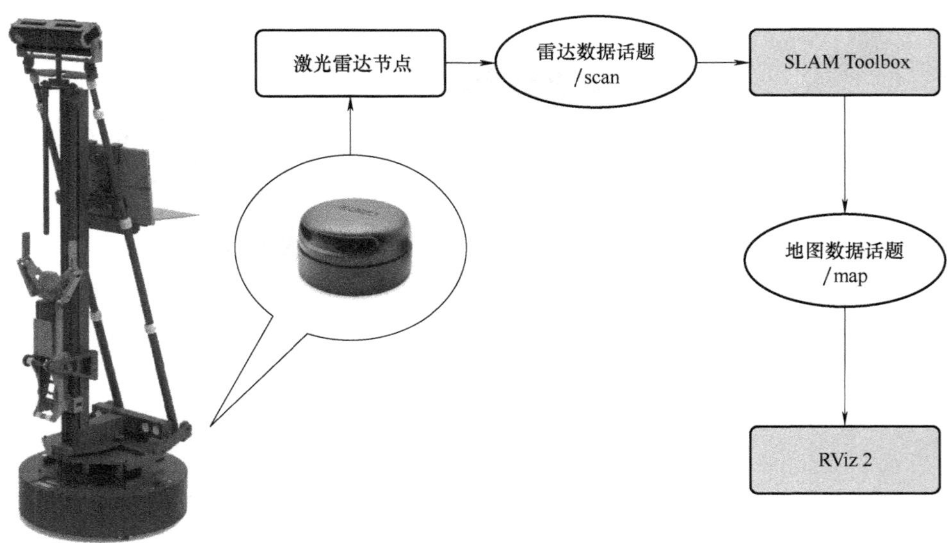

图 7-6 SLAM 建图的数据流向图

7.3.1 SLAM Toolbox 的启动

SLAM Toolbox 的启动比较简单，只需要启动 slam_toolbox 软件包里的建图节点，配置好相关参数，就可以启动建图了。下面通过编写一个 Launch 文件来启动 SLAM Toolbox。首先在工作空间中创建一个软件包。如图 7-7 所示，打开一个新的终端窗口，输入如下指令，进入工作空间。

```
cd ~/ros2_ws/src
```

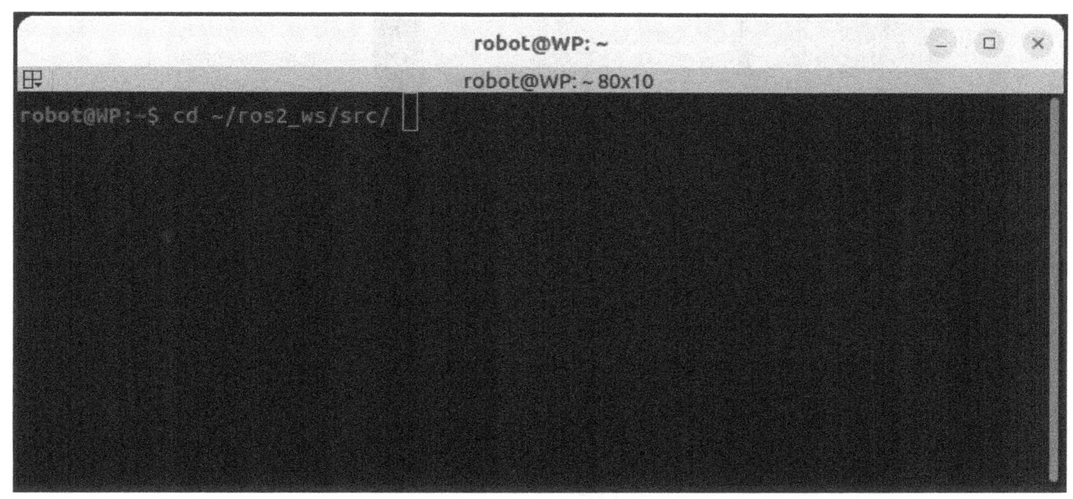

图 7-7　进入工作空间

然后用如下指令创建一个名为“slam_pkg”的软件包，如图 7-8 所示。

```
ros2 pkg create slam_pkg
```


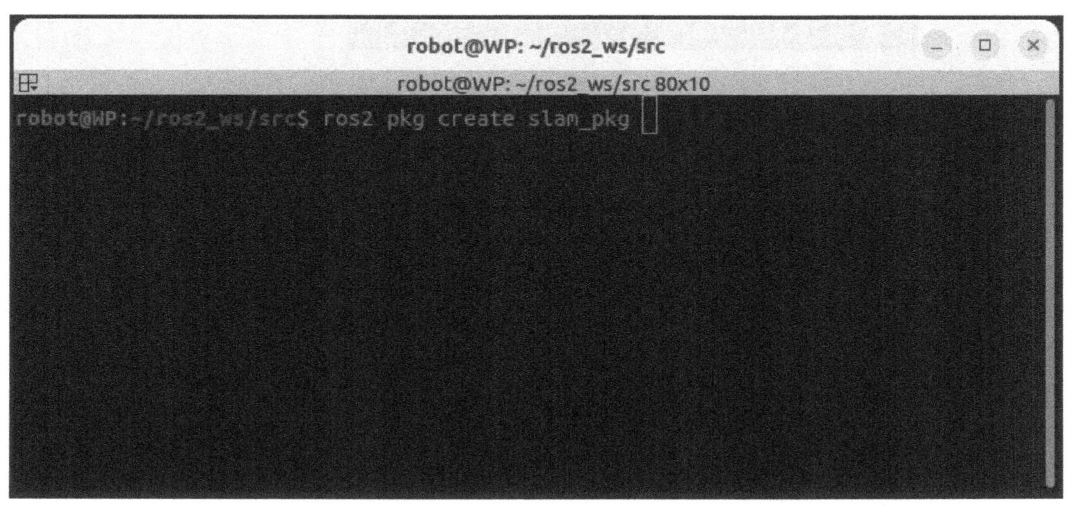

图 7-8　创建名为“slam_pkg”的软件包

接下来在这个软件包中实现 SLAM 建图功能，具体操作步骤如下。

1. 编写 Launch 文件代码

先创建建图用的 Launch 文件。如图 7-9 所示，在 VSCode 中找到［slam_pkg］软件包，用鼠标右键单击它，在弹出的快捷菜单中选择［新建文件夹］。

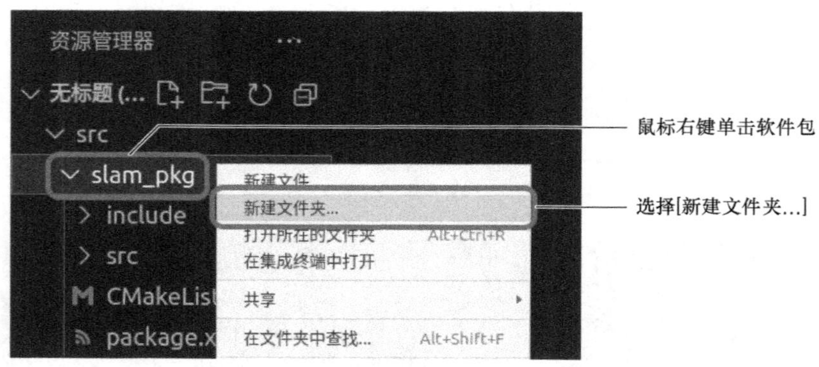

图 7-9　新建文件夹

将新的文件夹命名为“launch”，如图 7-10 所示。

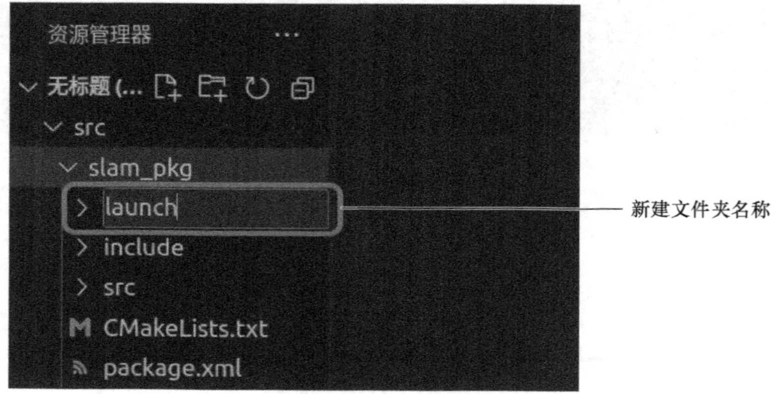

图 7-10　命名新建文件夹为“launch”

用鼠标右键单击图 7-11 中的［launch］文件夹，在弹出的快捷菜单中选择［新建文件］。

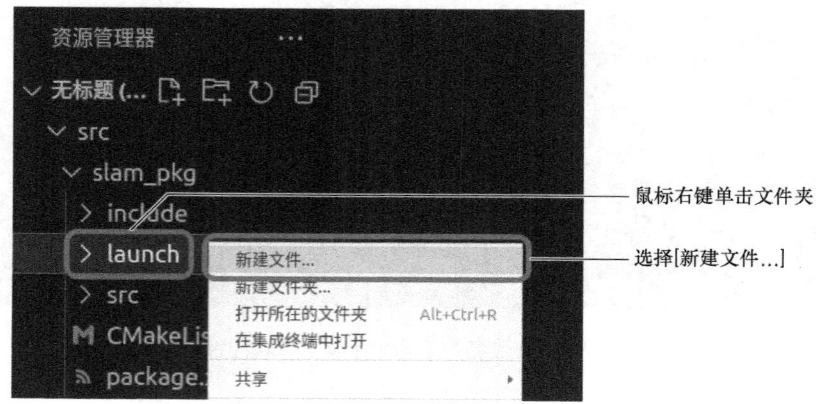

图 7-11　新建文件

将新的文件命名为“slam. launch. py”，如图 7-12 所示。

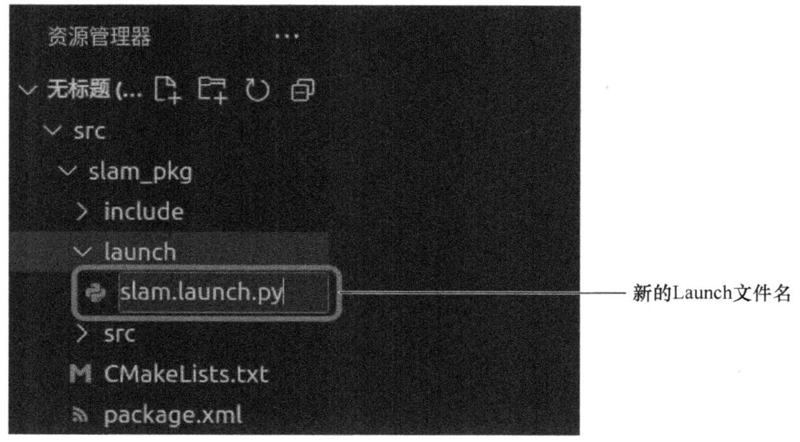

图 7-12　命名新建文件为“slam. launch. py”

下面编写这个 Launch 文件，其内容如下。

```
import os
from launch import LaunchDescription
from launch_ros.actions import Node
from ament_index_python.packages import get_package_share_directory

def generate_launch_description():

    slam_params={
        "use_sim_time":True,
        "base_frame":"base_footprint",
        "odom_frame":"odom",
        "map_frame":"map"
    }
    slam_cmd=Node(
        package="slam_toolbox",
        executable="sync_slam_toolbox_node",
        parameters=[slam_params]
    )

    rviz_file=os.path.join(get_package_share_directory('wpr_simula-
tion2'),'rviz','slam.rviz')
    rviz_cmd=Node(
        package='rviz2',
        executable='rviz2',
        name='rviz2',
```

```
        arguments=['-d',rviz_file]
    )

    ld=LaunchDescription()
    ld.add_action(slam_cmd)
    ld.add_action(rviz_cmd)

    return ld
```

上述内容可以从 wpr_simulation2 的例程文件中找到。如果编译报错，可以与 wpr_simulation2\demo_launch\7_slam.launch.py 文件中的代码进行比对。

下面是对这个 Launch 文件的解释。

```
import os
```

这行代码用于导入 Python 标准库中的 os 模块。后面会使用这个模块的 os.path.join( ) 函数组合出文件路径。

```
from launch import LaunchDescription
```

这行代码用于导入 LaunchDescription 类。在这个 Launch 文件中，会使用 LaunchDescription 对象 ld 来描述需要启动的节点以及为它们配置的参数。

```
from launch_ros.actions import Node
```


这行代码用于导入 Node 类。需要用它在 Launch 文件中描述要启动的节点，并为节点设置参数和属性。

```
from ament_index_python.packages import get_package_share_directory
```

这行代码用于导入 get_package_share_directory( ) 函数。这个函数可以在 Launch 文件中获取指定软件包的 share 目录路径，以便使用其中的文件。

```
def generate_launch_description():
```

这行代码用于定义一个函数 generate_launch_description( )，用于生成 LaunchDescription 对象。

```
    slam_params={
        "use_sim_time":True,
        "base_frame":"base_footprint",
        "odom_frame":"odom",
        "map_frame":"map"
    }
```

这段代码用于创建一个字典 slam_params，对 SLAM 节点的参数进行配置。因为是在仿真环境中建图，所以仿真时间 use_sim_time 设置为 True；机器人坐标系 base_frame 设置为 base_footprint；里程计坐标系 odom_frame 设置为 odom；地图坐标系 map_frame 设置为 map。

```
slam_cmd=Node(
    package="slam_toolbox",
    executable="sync_slam_toolbox_node",
    parameters=[slam_params]
)
```

这段代码用于创建一个名为“slam_cmd”的Node节点对象。该节点属于slam_toolbox软件包，节点文件名为“sync_slam_toolbox_node”。将上面的slam_params作为参数传递给节点，让节点按照这个参数执行建图功能。

```
rviz_file=os.path.join(get_package_share_directory('wpr_simula-
tion2'),'rviz','slam.rviz')
```

这段代码使用os.path.join()函数组合出一个文件路径rviz_file，后面会将这个路径传递给RViz2，让RViz2从这个文件里加载显示项目的配置。这个rviz_file的最终路径指向wpr_simulation2软件包下的rviz子目录里的slam.rviz文件。这是事先已经创建好的RViz2界面配置文件，专门用于SLAM建图过程的显示。直接使用这个配置文件可以省去手动配置的烦琐操作。

```
rviz_cmd=Node(
    package='rviz2',
    executable='rviz2',
    name='rviz2',
    arguments=['-d', rviz_file]
)
```

这段代码用于创建一个名为“rviz_cmd”的Node节点对象。该节点属于“rviz2”软件包，节点文件名为“rviz2”，其实就是RViz2的节点，通过arguments属性为RViz2节点设置参数。参数“-d”表示从文件中加载RViz2的界面配置，这个文件就是前面rviz_file指向的wpr_simulation2软件包下rviz子目录里的slam.rviz文件。

```
ld=LaunchDescription()
ld.add_action(slam_cmd)
ld.add_action(rviz_cmd)
```

这段代码用于创建一个LaunchDescription对象ld，并将前面创建的slam_cmd和rviz_cmd节点描述添加为启动节点的动作。

```
return ld
```

最后，将LaunchDescription对象ld作为函数generate_launch_description()的返回值。当运行这个Launch文件时，会将ld里描述的节点按照对应的参数进行启动。

文件编写完毕后，需要进行保存。保存成功后，编辑界面文件名后面的圆点符号会变成一个叉符号。

2. 设置安装规则

Launch文件编写完成后，还需要为其设置安装规则，才能将其安装到最终执行的目录中。安装规则写在 slam_pkg 的 CMakeLists. txt 文件中。如图 7-13 所示，在 VSCode 中打开这个文件，添加如下内容。

```
install(
DIRECTORY
  launch
DESTINATION
  share/${PROJECT_NAME})
```

```
CMakeLists.txt
src > slam_pkg > CMakeLists.txt
# find_package(<dependency> REQUIRED)

install(
DIRECTORY
  launch
DESTINATION
  share/${PROJECT_NAME})
```

launch文件安装规则

图 7-13　添加 launch 文件安装规则

这些内容可以从 wpr_simulation2 的例程文件中找到。如果编译报错，可以与 wpr_simulation2\demo_cmakelists\7_slam. txt 文件中的代码进行比对。

上述规则添加完毕后，一定要保存文件，否则规则无法生效。

3. 编译软件包

修改完上述文件后，打开终端窗口。如图 7-14 所示，执行如下指令，进入工作空间。

```
cd ~/ros2_ws/
```

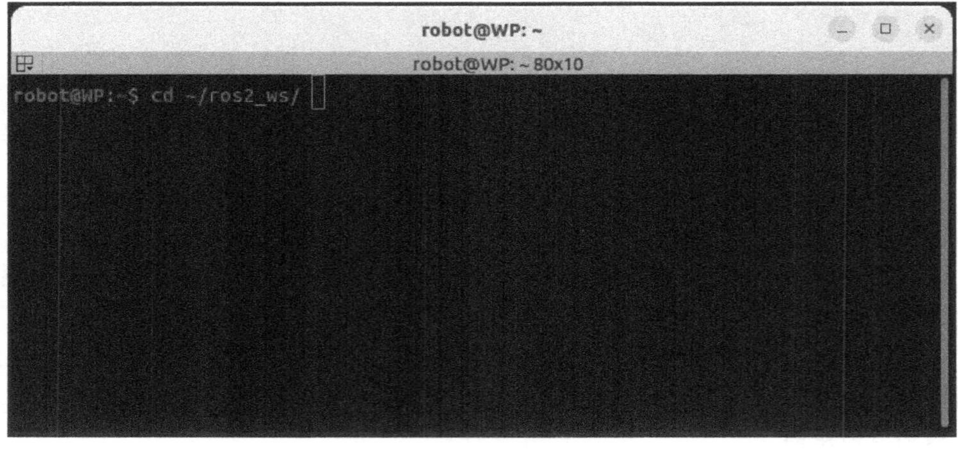

图 7-14　进入工作空间

然后执行如下指令，对工作空间中的所有软件包进行编译，如图 7-15 所示。

```
colcon build
```

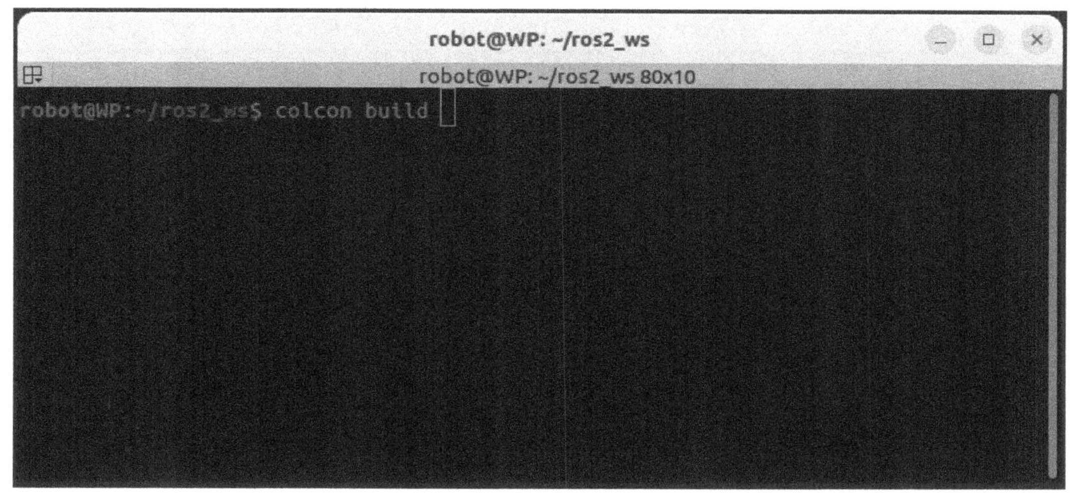

图 7-15　编译软件包

如果编译顺利的话，会显示如图 7-16 所示信息，表示编译成功。

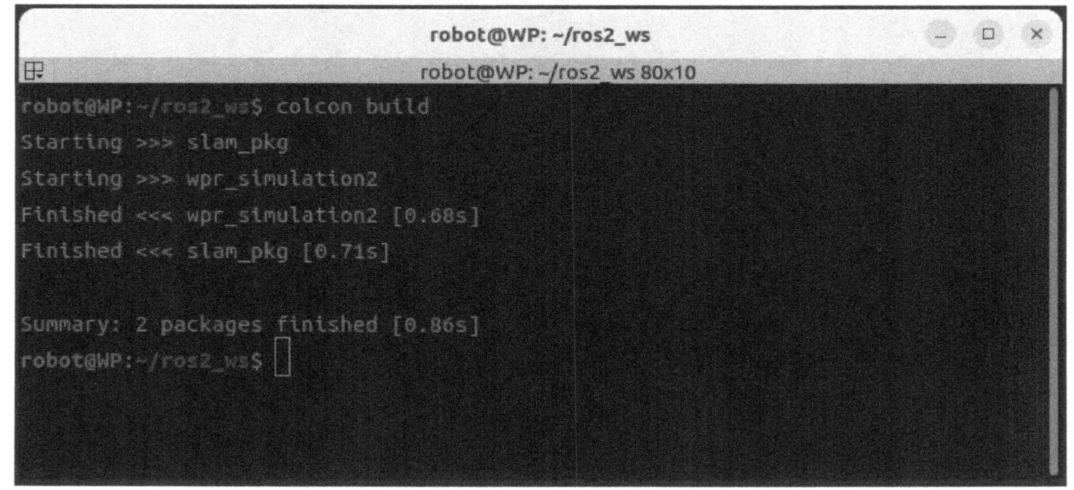

图 7-16　编译成功界面

7.3.2　仿真环境建图

下面运行刚才编写的 Launch 文件。在运行前，确认已经按照 2.6 节下载了 wpr_simulation2 仿真项目。然后，先加载当前工作空间中的环境设置。如图 7-17 所示，保持终端的当前路径依然在工作空间目录 ros2_ws 中，然后执行如下指令。

```
source install/setup.bash
```

然后，启动带有机器人的仿真环境，如图 7-18 所示，执行如下指令。

```
ros2 launch wpr_simulation2 robocup_home.launch.py
```

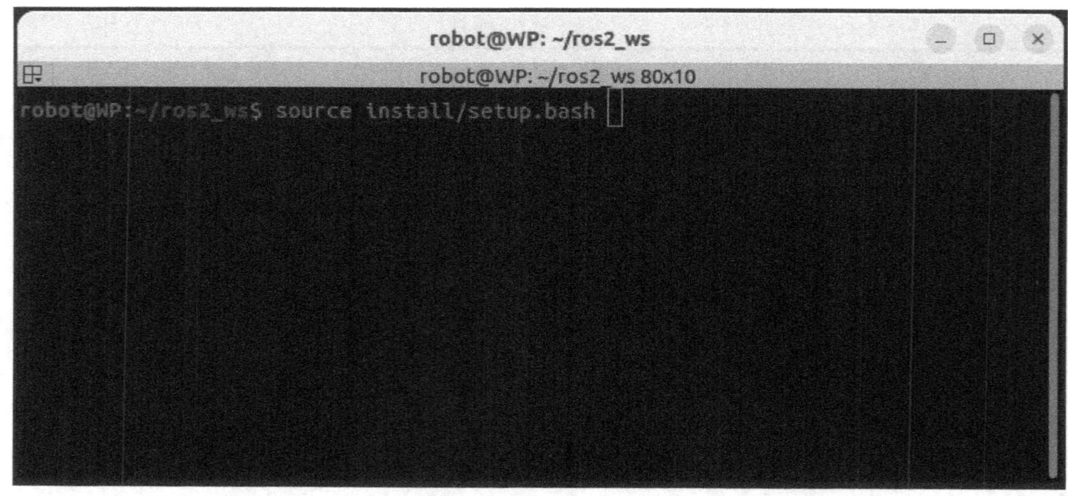

图 7-17　加载当前工作空间中的环境设置

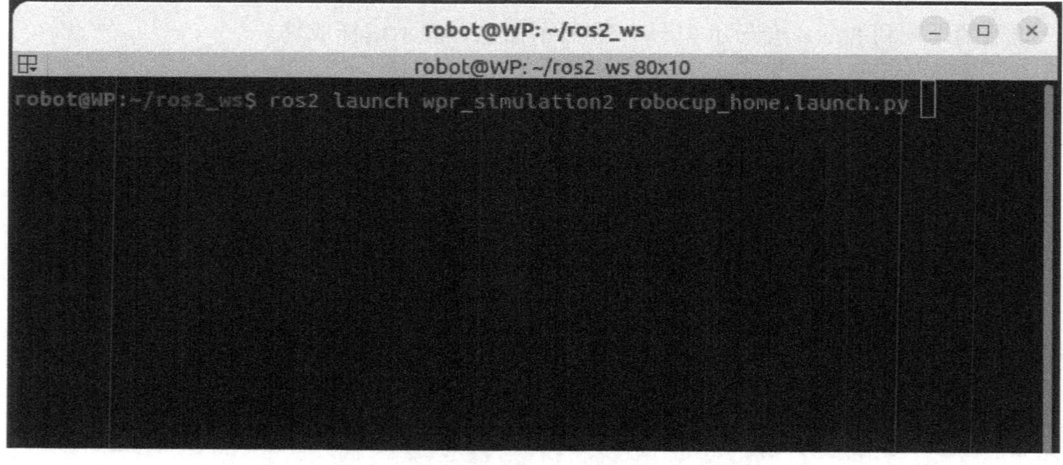

图 7-18　启动带有机器人的仿真环境

这时会启动仿真环境，如图 7-19 所示，这是一个 RoboCup@ Home 家庭服务机器人比赛的仿真场景，下面将在这个场景中进行 SLAM 建图。

运行刚才编写的启动 SLAM Toolbox 的 Launch 文件。如图 7-20 所示，在 Terminator 终端中按组合键［Ctrl+Shift+O］，将终端分为上、下两个子窗口。在新的终端窗口中执行如下指令，加载工作空间的环境设置。

```
source install/setup.bash
```

然后执行如下指令，运行刚才编写的 Launch 文件，如图 7-21 所示。

```
ros2 launch slam_pkg slam.launch.py
```

执行这个 Launch 文件后，会弹出一个 RViz2 窗口，如图 7-22 所示。

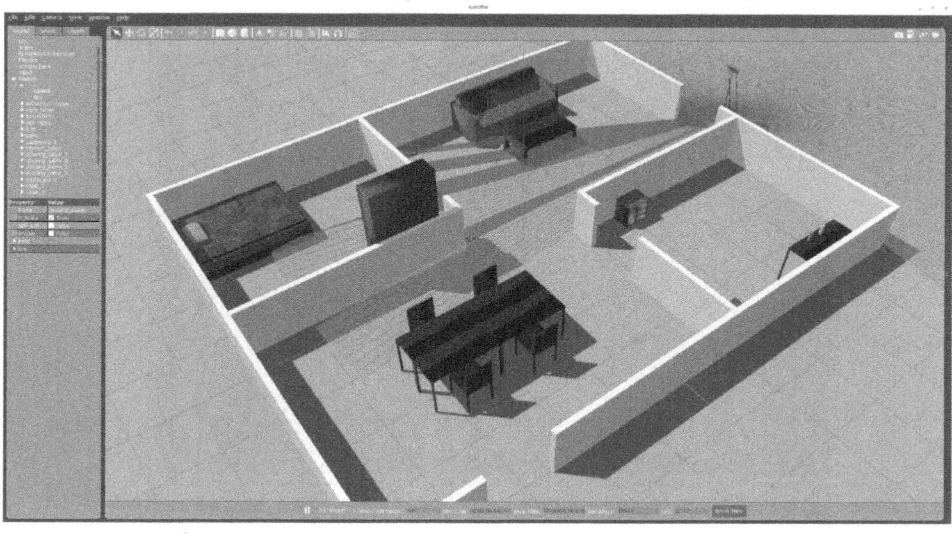

图 7-19　RoboCup@ Home 家庭服务机器人比赛的仿真场景

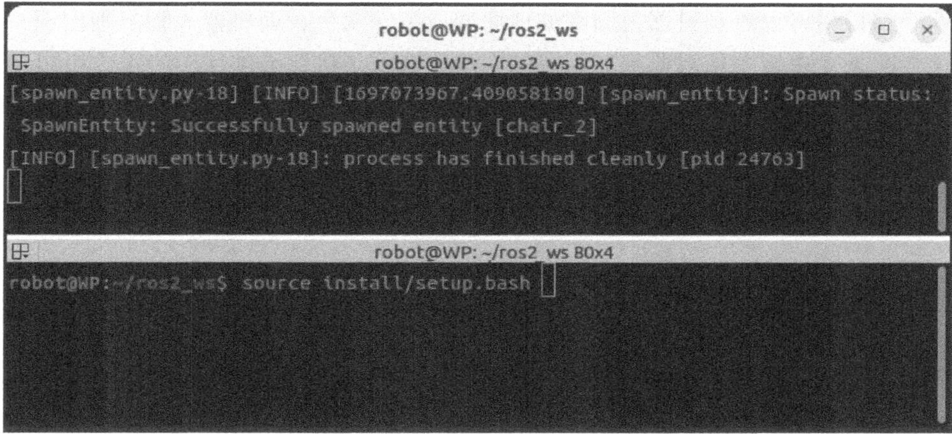

图 7-20　加载工作空间环境设置

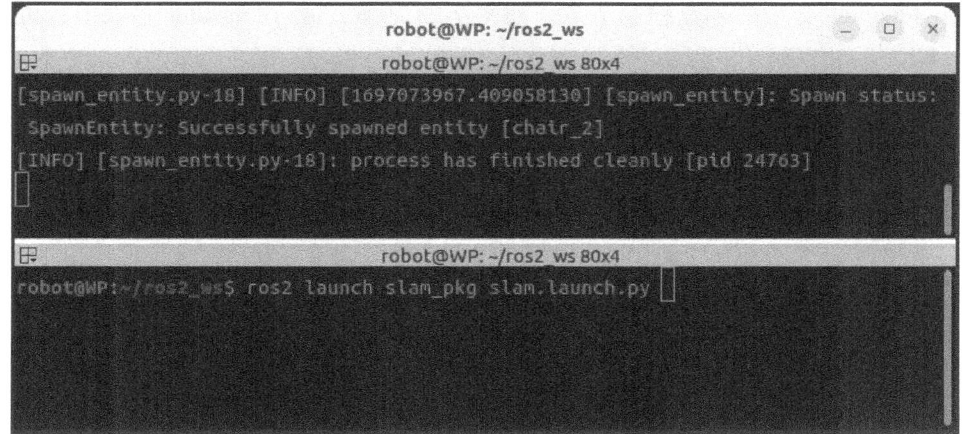

图 7-21　运行 Launch 文件

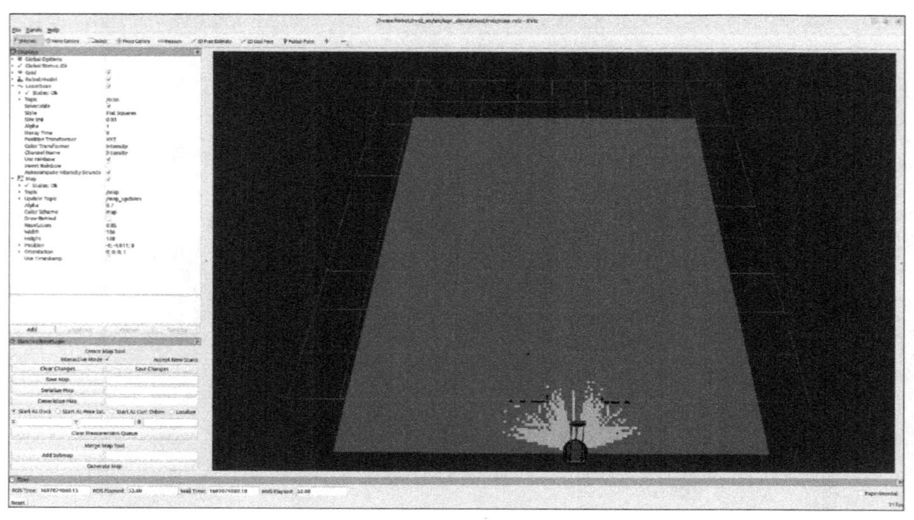

图 7-22　初始状态的 RViz2 窗口

在这个窗口中可以看到机器人周围的地面变成了深灰色，而机器人脚下则出现一片白色图案，这个图案是由很多条线段叠加而成的，这些线段是机器人本体中心地面投影与每一个激光雷达红色障碍点的连线，也就是测距激光飞行的轨迹，表示这条线段路过的轨迹没有检测到障碍物。地图中各个颜色及其代表的意义见表 7-1。

表 7-1　地图颜色及其代表意义

地图颜色	代表意义
红色	激光雷达探测到的障碍点（障碍物轮廓点阵）
灰色	还没有探索到的未知区域
白色	已经探明的不存在静态障碍物的区域
黑色	静态障碍物轮廓

SLAM 启动后，还需要控制机器人在环境中移动，把场景地图全都扫描出来。这里使用一个 wpr_simulation2 中的键盘控制节点。如图 7-23 所示，在 Terminator 终端中，再次按组

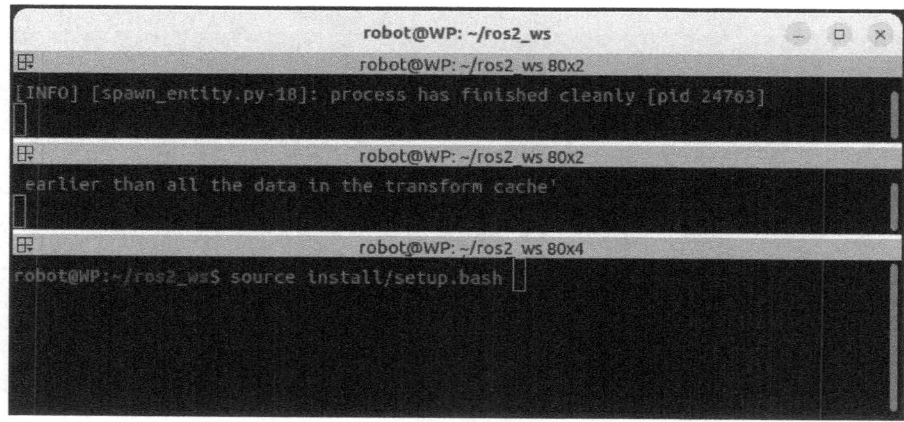

图 7-23　加载工作空间环境设置

合键［Ctrl+Shift+O］，这时会分出第 3 个命令行窗口。在第 3 个窗口中执行如下指令，加载工作空间环境设置。

```
source install/setup.bash
```

然后执行如下指令，启动键盘控制节点，如图 7-24 所示。

```
ros2 run wpr_simulation2 keyboard_vel_cmd
```

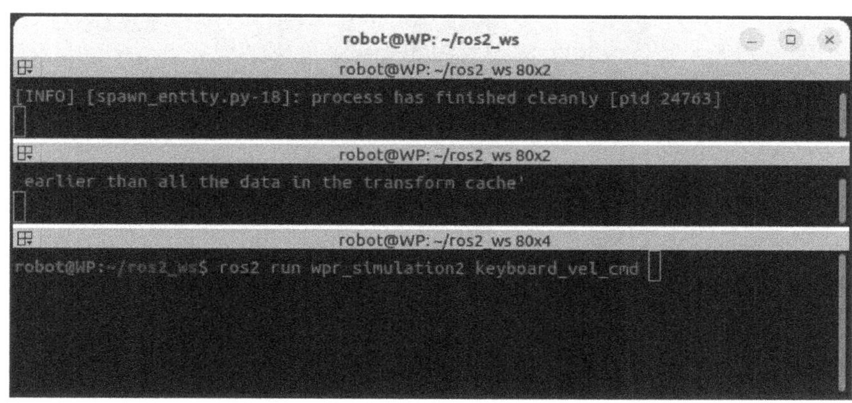

图 7-24　启动键盘控制节点

保持 Terminator 终端窗口位于所有窗口的前边，且第 3 个窗口的标题栏为红色，如图 7-25 所示，这样才能让键盘控制节点始终能够接收到键盘按下的信号。

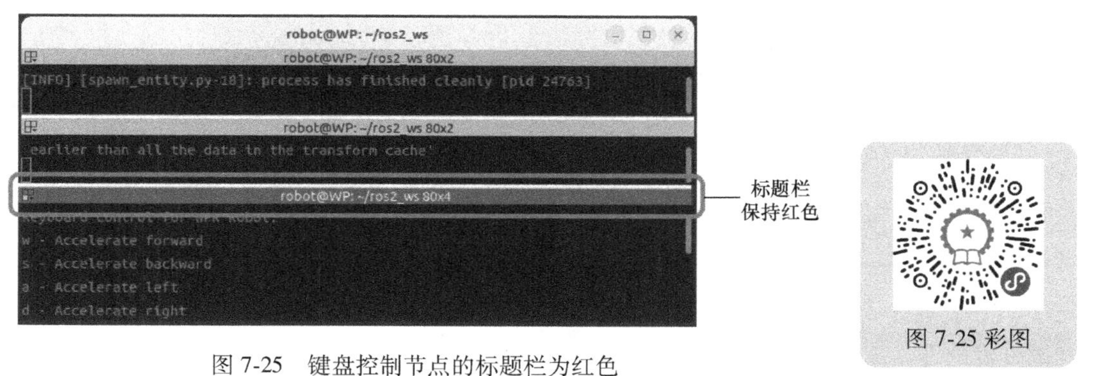

图 7-25　键盘控制节点的标题栏为红色

如图 7-26 所示，按键盘上的对应按键，就可以控制机器人移动。

用键盘控制机器人移动时，只需要按一下按键就可以让机器人沿着对应方向移动，不需要一直按着不放。必要的时候使用［Space］键刹车。如图 7-27 所示，机器人在场景里巡游一遍之后，就可以看到建好的地图了。

7.3.3　地图的保存

地图建好以后，可以将地图保存成文件。后面的导航实验会加载这些地图文件，作为路径规划和自身定位的依据。如图 7-28 所示，保持 Terminator 终端的第 3 个窗口标题为红色，按键盘上的［X］键，退出键盘控制程序。

图 7-26　控制机器人移动的按键示意图

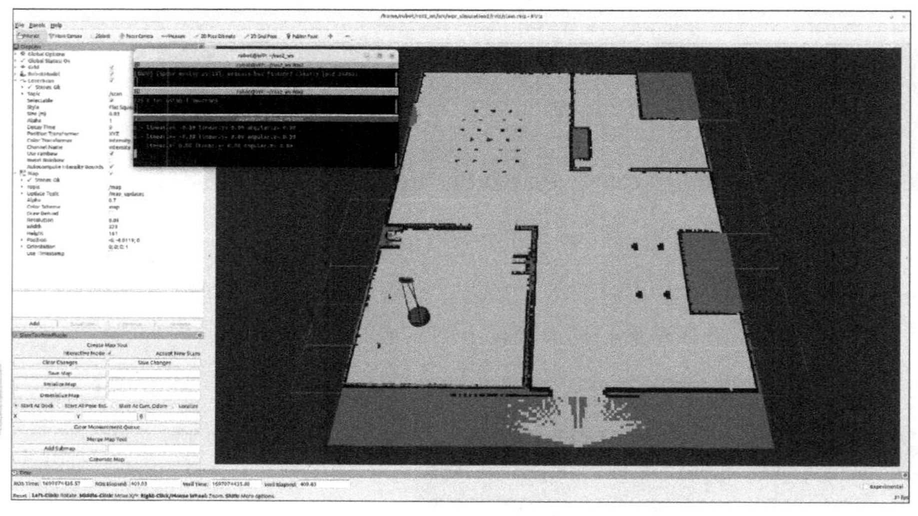

图 7-27　建好地图的 Rviz2 界面

图 7-27 彩图

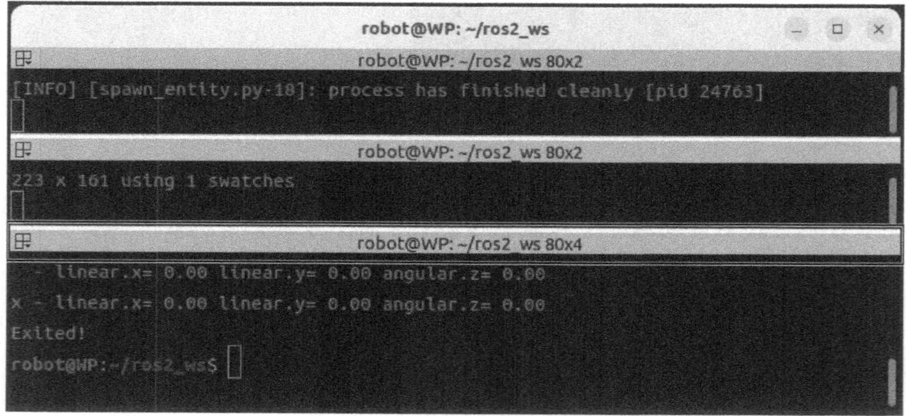

图 7-28　退出键盘控制程序

图 7-28 彩图

然后执行如下指令，如图 7-29 所示。

```
ros2 run nav2_map_server map_saver_cli -f map
```

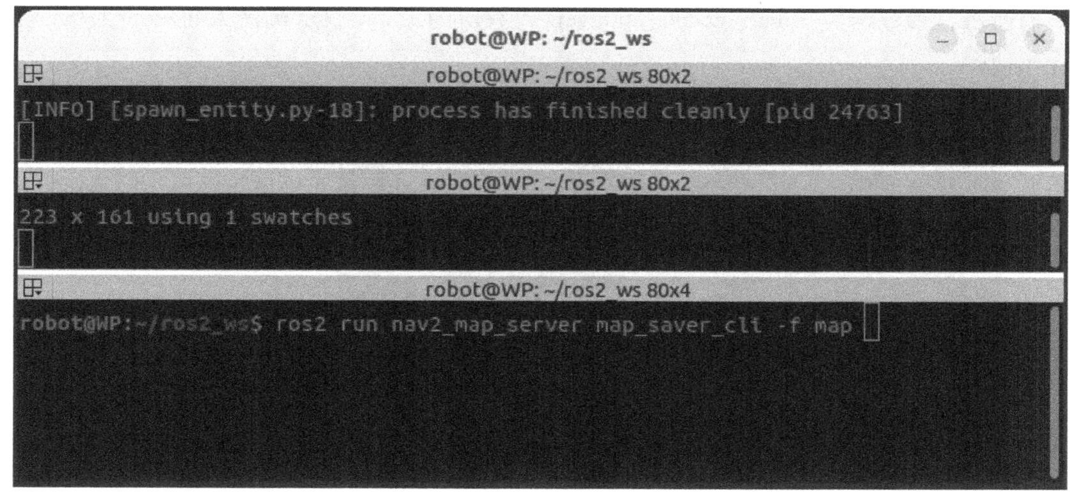

图 7-29　在当前路径下创建两个地图文件

这样会在终端窗口的当前路径（~/ros2_ws）下创建两个地图文件：map. pgm 和 map. yaml，如图 7-30 所示。

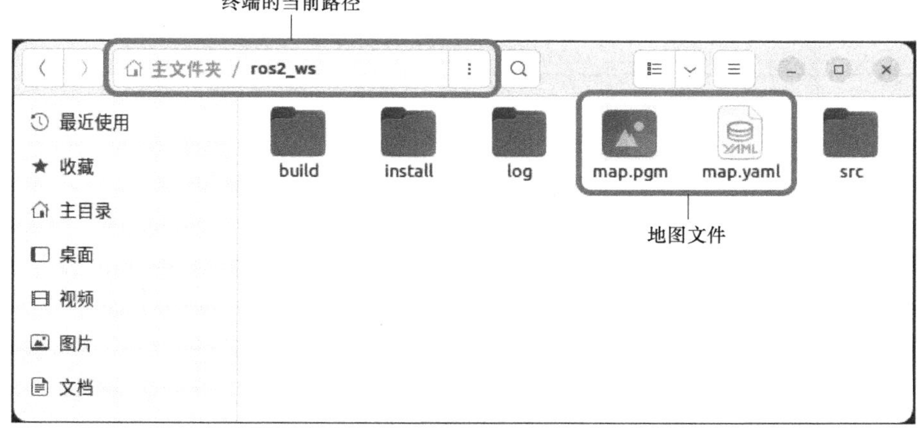

图 7-30　两个地图文件示例

7.3.4　SLAM Toolbox 的参数设置

除了上面例子的几个参数，SLAM Toolbox 还提供了大量的参数可供设置。具体的参数列表可以参考 https://github.com/SteveMacenski/slam_toolbox 或 https://gitee.com/s-robot/slam_toolbox。

在上述网页最下方的“Configuration”段落，列出了 SLAM Toolbox 的所有参数，每个参数后面还有一段简单的参数描述。可以根据需要选取相应的参数，填写到 slam. launch. py 中进行参数设置。

例如，设置地图更新间隔参数 map_update_interval 的具体操作步骤如下。

在 slam_pkg 软件包的 slam. launch. py 文件中为字典 slam_params 添加一个参数，如图 7-31所示，参数名为“map_update_interval”，数值为 1.0，表示机器人每移动 1.0m 就更新一次地图。

```
slam.launch.py ×
src > slam_pkg > launch > slam.launch.py
def generate_launch_description():

    slam_params = {
        "use_sim_time": True,
        "base_frame": "base_footprint",
        "odom_frame": "odom",
        "map_frame": "map",
        "map_update_interval": 1.0
    }
```


图 7-31　添加 SLAM 参数

修改完 slam. launch. py 后，要保存文件，否则新参数无法生效。然后对 slam_pkg 进行编译，激活 CMakelists. txt 中的安装规则，将新的 slam. launch. py 文件安装到执行目录中。如图 7-32 所示，在终端执行如下指令。

```
cd ~/ros2_ws/
```

图 7-32　进入工作空间

如图 7-33 所示，执行如下指令。

```
colcon build
```

运行修改后的 slam. launch. py。按照前面的步骤，如图 7-34 所示，在 Terminator 的 3 个子窗口重新执行如下指令。

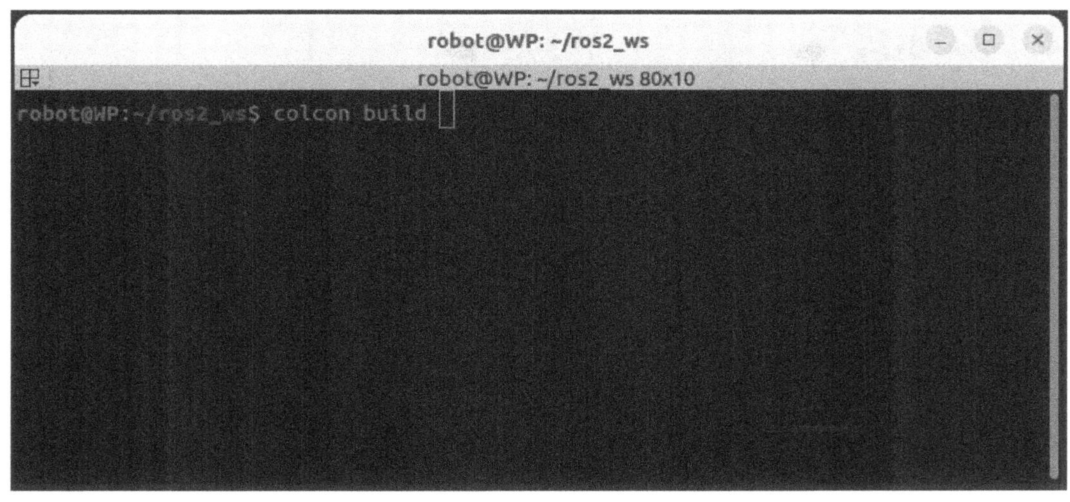

图 7-33　编译

```
ros2 launch wpr_simulation2 robocup_home.launch.py
ros2 launch slam_pkg slam.launch.py
ros2 run wpr_simulation2 keyboard_vel_cmd
```

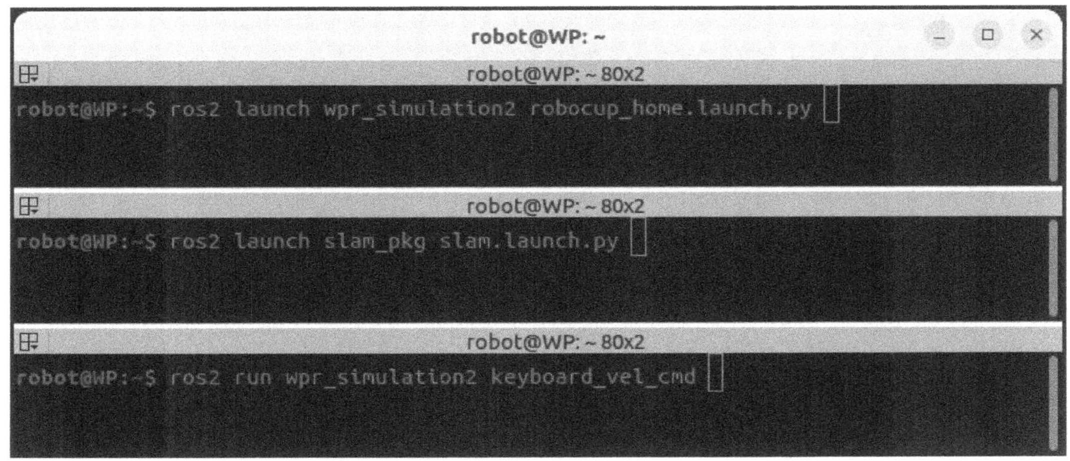

图 7-34　重新执行指令

用键盘控制机器人在仿真环境里建图，注意观察地图刷新频率的变化。

7.3.5　练习题

1）从 SLAM Toolbox 的参数列表中找出地图分辨率的参数，将其添加到 slam. launch. py 文件中。运行测试，并与默认参数的建图精细度进行对比。

2）试着对 slam. launch. py 文件进行扩充，将仿真环境加载和键盘控制都一并添加进去，实现一条指令就能启动仿真环境、SLAM Toolbox、RViz2 和键盘控制节点。

7.4 本章小结

本章主要是对 ROS2 中的 SLAM 环境建图进行介绍和编程。首先详细说明了在 ROS2 中的 SLAM 建图原理；接着，对 ROS2 官方教程中推荐使用的 SLAM Toolbox 进行了介绍；最后，介绍如何在仿真环境中使用 SLAM Toolbox 进行 SLAM 建图，并实时显示建图的进展情况。

第 8 章 ROS2中的NAV2自主导航

在 ROS2 中，使用一套名为“NAV2”的子系统来替代 ROS1 中的 Navigation 导航系统，整体架构延续了 Navigation 的设计，增加了一些新的功能模块，部分模块的名称也发生了变化。

8.1 NAV2 的组成结构

图 8-1 列出了 NAV2 的主要功能和服务，以及它们之间的流程关系，箭头连线上的序号表示流程的执行顺序。

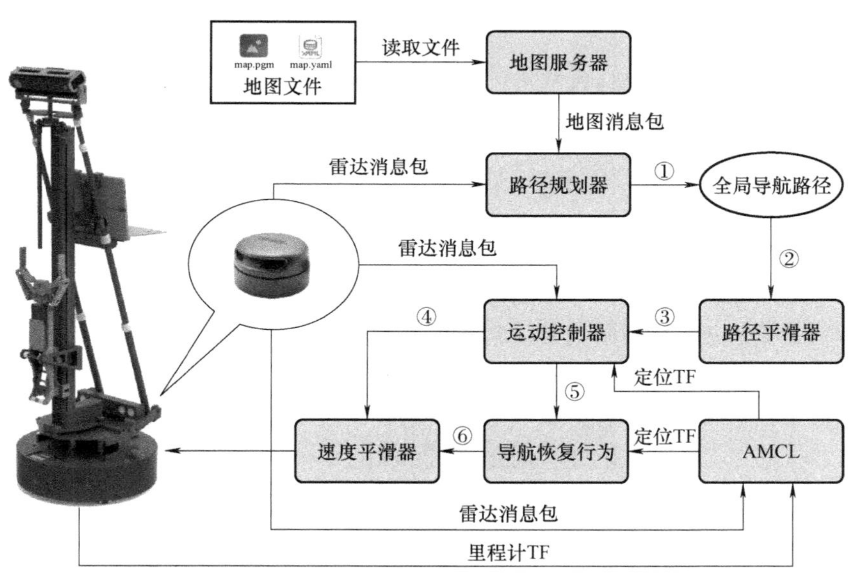

图 8-1 NAV2 的组成结构

下面将按照流程的执行顺序，逐个介绍其中的功能模块。

8.1.1 地图服务器

导航需要地图作为路径规划的依据，这个地图数据是由地图服务器提供的。它会将上一章保存的地图文件加载进来，如图 8-2 所示，然后发布到“/map”话题中，供其他节点订阅获取。

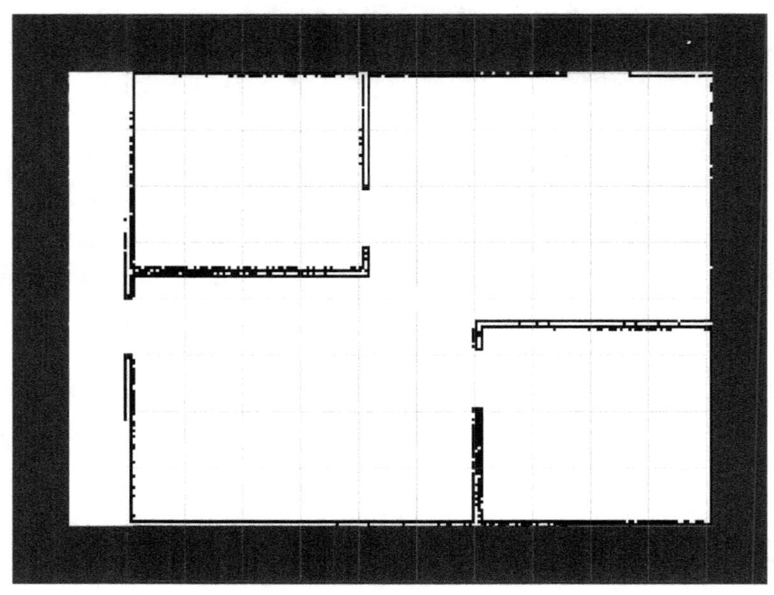

图 8-2　地图服务器发布的全局地图

8.1.2　路径规划器

路径规划器负责生成全局导航路径。它先从地图服务器的“/map”话题获取全局地图，再从机器人的激光雷达话题获取激光雷达的测距点云。将两者叠加后，生成避障用的全局代价地图。这里有两个知识点：

1）什么是代价地图？

机器人在地图里移动是需要付出“代价”的，这个“代价”有显性的也有隐性的。比如行走的距离，绕远路会使机器人电量消耗大，这是最明显的“代价”；又比如过于贴近障碍物，万一机器人定位误差稍微变大，就有可能发生磕碰，这是隐性的“代价”。

代价地图就是用于描述环境中各个位置“代价”的地图。

2）为什么从“/map”话题获取全局地图之后，还需要激光雷达的测距点云？

因为从“/map”话题获得的全局地图是 map_server 从文件中加载的过去记录的地图（上一章 SLAM 建立的地图），而当前地图可能已经有了变化。这种变化有很多种可能，或许只是路上多了个行人，也可能曾经开着的门关上了。远处的变化机器人看不到，先不考虑。近处的变化可以用激光雷达侦测扫描，这就是为何全局代价地图需要融合激光雷达的测距点云来生成。

如图 8-3 所示，全局代价地图里，在障碍物的边缘会膨胀出一层半透明的渐变区域，这代表的就是机器人可能与障碍物发生碰撞的隐性“代价”。越靠近障碍物，与障碍物碰撞的风险越大，于是颜色越鲜艳，隐性“代价”越大。

如图 8-4 所示，生成了代价地图之后，路径规划器使用 A * 和 Dijkstra's 这类路径规划算法生成一条连接起始点和目标点的路径曲线（对应图 8-1 中的①），这就是规划出的全局导航路径。

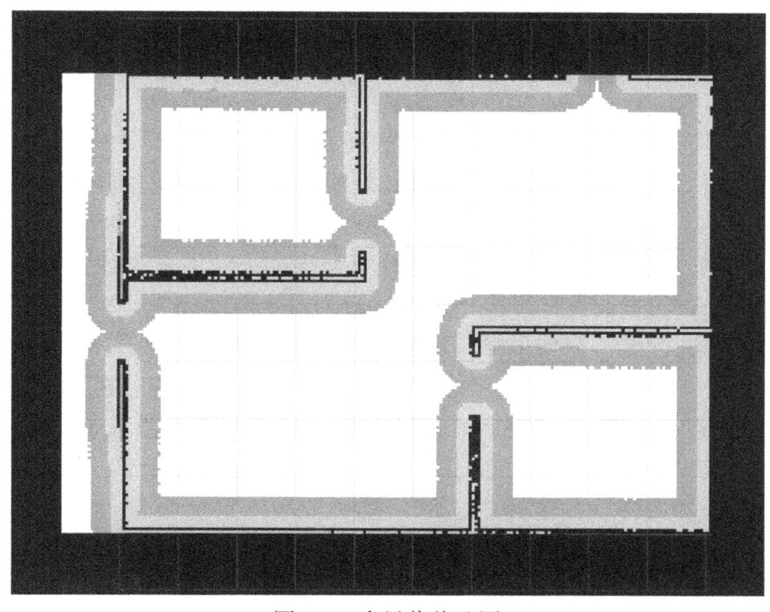

图 8-3 彩图

图 8-3　全局代价地图

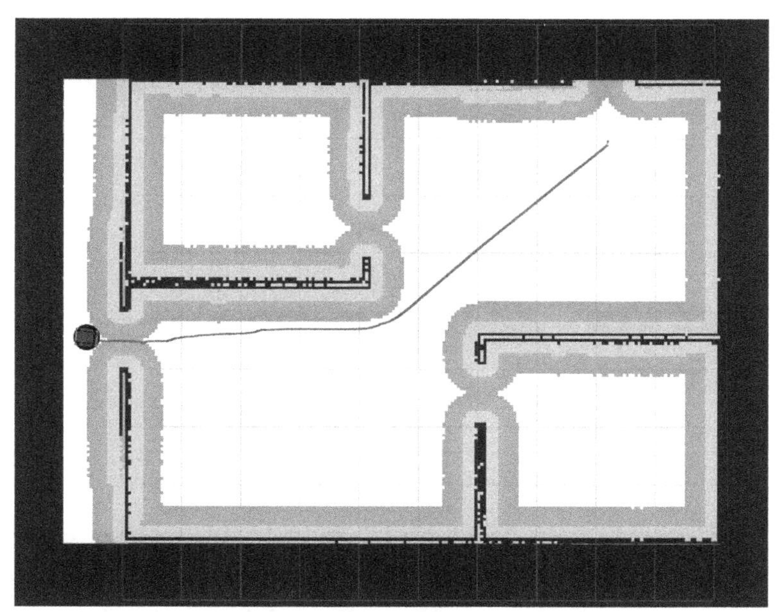

图 8-4　全局导航路径

8.1.3　路径平滑器

路径规划器生成的路径曲线是一条理论路线，它不会考虑机器人底盘的实际运动特性（比如阿克曼底盘无法原地旋转）。所以路径规划器生成的原始路径有可能包含一些急转弯、锐角转折等让机器人运动起来不太平稳的特征（对应图 8-1 中的②）。这时就需要路径平滑器对路径进行优化，在不碰撞障碍物的情况下让路径的折线部分尽可能圆滑；同时在一些危险路段让路径线路尽可能远离障碍物，避免机器人因为定位误差或者控制不善而与障碍物发生剐蹭。

8.1.4 AMCL

有了全局导航路径之后，机器人可以沿着这条路径去往目标点。但这需要机器人知道自己在地图中的位置，不然就不知道自己和目标点的相对距离，也就没法去贴合路径。在NAV2中，使用AMCL进行机器人的自我定位。AMCL的英文全称为Adaptive Monte Carlo Localization，中文名为“自适应蒙特卡罗定位”。这是一种基于概率统计的粒子滤波算法，其核心思想是散播一系列随机分布的机器人位姿粒子，在运行的每个时间帧中，根据机器人的传感器观测和运动模型对粒子进行更新和重采样，从中挑选可信度最高的粒子，然后把这个粒子所表示的位姿信息作为机器人的当前位姿。在后面的导航实验中，可以在机器人周围观察到许多绿色的小箭头，如图8-5所示。这些小箭头就是AMCL在机器人周围散播的“粒子”，每个绿色箭头的图案中心就是这枚“粒子”代表机器人可能的位置，箭头的方向代表机器人可能的朝向。在机器人移动的过程中，每一枚“粒子”都会按照里程计的变化进行相应的移动，然后通过激光雷达和地图障碍物的吻合程度判断自己位姿的可信度。可信度较低的“粒子”会逐个消除，而可信度最高的“粒子”会被认为是机器人的当前位姿。所以随着机器人的移动，这些“粒子”会逐渐收敛，最终汇集到可信度最高的“粒子”周围，如图8-6所示。

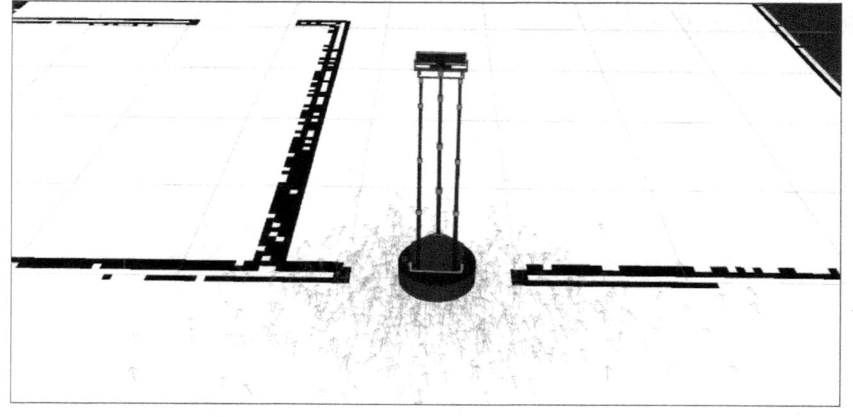

图8-5彩图

图8-5　机器人使用AMCL定位的粒子分布

图8-6　机器人移动过程中“粒子”自动收敛

8.1.5　运动控制器

有了全局导航路径后，还需要控制机器人按照全局导航路径从起始点运动到目标点，这就需要用到运动控制器。运动控制器会从路径平滑器获取优化后的最终路径曲线（对应图 8-1 中的③），然后根据 AMCL 给出的机器人定位信息，规划出机器人当前位置的运动策略，尽量贴合这条路径曲线。运动控制器按照策略计算出机器人的运动速度，然后通过话题发送速度控制消息包给速度平滑器（对应图 8-1 中的④），最终由速度平滑器来控制机器人运动。

需要注意的是，运动控制器只是“尽量”让机器人贴合路径曲线去移动。因为路径规划器和路径平滑器所产生的全局导航路径是基于过去建立的地图生成的，对于导航时出现的新变化并没有考虑进去。一些情况下，比如当路径轨迹上出现临时障碍物时，运动控制器就需要做出变通处理：短暂地偏离路径轨迹，绕过障碍物，再回归到路径曲线上来。这里就要借助一个叫作“局部代价地图”的功能来协助完成。那么这个局部代价地图和前面的全局代价地图有什么区别呢？要知道，在真实的环境里，并不是只有机器人在移动，在商场里有行人，在马路上有汽车，在工业环境中也有其他正在移动作业的 AGV（自动导引车）。这些不停运动着的交通参与者，有很多是在全局导航地图中看不到的（毕竟建图时这些障碍物还没有出现）。所以需要一个小范围（一般是在激光雷达探测距离内）的局部代价地图，在机器人移动过程中，让这个局部代价地图的范围跟着机器人走，始终围绕在机器人周围，以弥补全局代价地图没有体现临时障碍物的缺点。

由此，可以看出 NAV2 的设计意图：路径规划器相当于手机里的导航 APP（应用），通过路径规划器规划一条全局导航路径，就好比导航 APP 规划了一条导航路线；运动控制器相当于拿着手机的人，它会尽量按着规划的全局导航路径走，但是会根据导航路上遇到的临时情况进行一些灵活的变通，最终的目的都是安全平稳地到达导航目标点。这就是图 8-1 中从①到④的处理过程。那么图 8-1 中的⑤和⑥又是怎么回事呢？这就该导航恢复行为出场了。

8.1.6　导航恢复行为

导航恢复行为的作用是让机器人从极端情况下脱离险境。这些极端情况包括：

1）在机器人的雷达盲区残留了之前扫描的动态障碍物。现在障碍物可能已经离开，但是因为是在雷达盲区，代价地图的数据没有更新。

2）机器人被好奇的人群团团围住，导致无法规划一条能够到达目标点的路径。

3）机器人因为算法或者驱动电路的控制精度问题，与障碍物发生碰撞，甚至被障碍物卡住无法移动。

当检测到这些情况时，机器人的控制权就会从运动控制器转移给导航恢复行为（对应图 8-1 中的⑤）。这些恢复行为包括：

1）ClearingActions，清除代价地图里的所有障碍物信息（包括盲区里残留的障碍物），根据当前雷达获取的实时数据，生成新的障碍物信息和代价地图，尝试规划出一条到达目标点的新路径。

2）nav2_behaviors/Spin，机器人原地旋转，用激光雷达之类的传感器不停刷新地图，直到检测到动态障碍物出现变化，规划出一条能够到达目标点的新路径。

3）nav2_behaviors/Wait，机器人按兵不动，静静等待一段时间，期待当前的状况自己发生变化，危险情况能够自行解除。

4）nav2_behaviors/BackUp，机器人往后退一段距离，尝试挣脱障碍物的围困。

这些行为也是通过话题发送速度控制消息包给速度平滑器（对应图 8-1 中的⑥），由速度平滑器来驱动机器人进行移动的。

8.1.7 速度平滑器

机器人速度的突变，会导致机器人出现运动抖动，或者急加速、急减速的情况。这些情况会对机器人的电动机和驱动电路造成冲击，缩短其寿命甚至烧毁一些器件。另外，过于突然的速度变化，有可能让机器人倾斜，影响激光雷达数据的准确性，严重的甚至会让机器人倾覆。这就需要速度平滑器来进行一些保护。速度平滑器的作用是将上游控制器发送来的速度进行平滑处理，避免出现速度数值的突变，尽量保护硬件设备的安全运行。速度平滑器通常会运行在一个比较高的频率，比上游控制器的控制频率要高数倍。这样它就能将上游控制器发来的速度值进行离散插值，将一个突变的数值变化过程分解成一个逐步变化的过程。

8.1.8 行为树管理器

图 8-1 描述的只是 NAV2 的默认处理流程，这个流程是通过一种名为“行为树”的形式来组织的。行为树其实是有限状态机的一种实现形式，跟普通编程语言中使用“if…else…”来构建的多层分支判断是一个效果，只是使用“树”这种形式，画成图形会更加直观且逻辑清晰。在 ROS2 中内置了一个行为树管理器（BT Navigator），专门用来进行“行为树”的管理。它基于 BehaviorTree. CPP 库进行开发，可以使用 XML（可扩展标记语言）来进行行为树的描述。比如，NAV2 的默认行为树如图 8-7 所示。

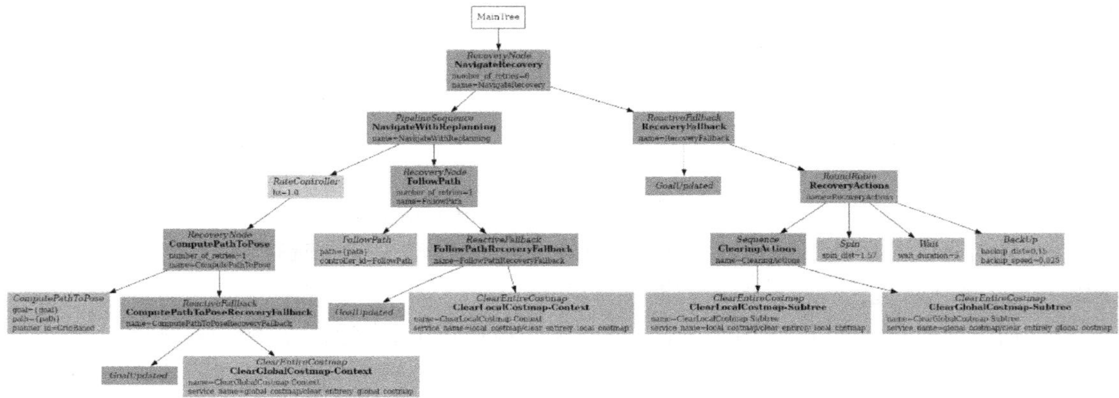

图 8-7　NAV2 的默认行为树

对应的行为树描述代码如下。

```
<root main_tree_to_execute="MainTree">
    <BehaviorTree ID="MainTree">
        <RecoveryNode number_of_retries="6" name="NavigateRecovery">
            <PipelineSequence name="NavigateWithReplanning">
```

```
            <RateController hz="1.0">
                <RecoveryNode number_of_retries="1" name="ComputePath-
ToPose">
                    <ComputePathToPose goal="{goal}" path="{path}"
planner_id="GridBased"/>
                    <ReactiveFallback name="ComputePathToPoseRecov-
eryFallback">
                        <GoalUpdated/>
                        <ClearEntireCostmap name="ClearGlobalCostmap-
Context" service_name="global_costmap/clear_entirely_global_costmap"/>
                    </ReactiveFallback>
                </RecoveryNode>
            </RateController>
            <RecoveryNode number_of_retries="1" name="FollowPath">
                <FollowPath path="{path}" controller_id="FollowPath"/>
                <ReactiveFallback name="FollowPathRecoveryFallback">
                    <GoalUpdated/>
                    <ClearEntireCostmap name="ClearLocalCostmap-Con-
text" service_name="local_costmap/clear_entirely_local_costmap"/>
                </ReactiveFallback>
            </RecoveryNode>
        </PipelineSequence>
        <ReactiveFallback name="RecoveryFallback">
            <GoalUpdated/>
            <RoundRobin name="RecoveryActions">
                <Sequence name="ClearingActions">
                    <ClearEntireCostmap name=" ClearLocalCostmap-
Subtree" service_name="local_costmap/clear_entirely_local_costmap"/>
                    <ClearEntireCostmap name="ClearGlobalCostmap-Sub-
tree" service_name="global_costmap/clear_entirely_global_costmap"/>
                </Sequence>
                <Spin spin_dist="1.57"/>
                <Wait wait_duration="5"/>
                <BackUp backup_dist="0.15" backup_speed="0.025"/>
            </RoundRobin>
        </ReactiveFallback>
    </RecoveryNode>
  </BehaviorTree>
</root>
```

开发者可以通过编写自己的行为树来替换 NAV2 默认的处理流程，或者把 NAV2 默认的处理流程当作行为树的一个分支，设计一个更庞大的行为树逻辑。这种可以将小行为树嫁接形成大行为树的设计，赋予开发者在导航行为设计上拥有极高的灵活性和扩展性。不过作为初学者，不建议对 NAV2 的默认行为树进行修改。因为目前行为树的调试还不太方便，如果行为树的设计出现逻辑疏漏，调试起来会非常麻烦。而且 NAV2 的默认行为树已经设计得相当简洁、完善，简单调整一些参数数值，就能够满足大部分导航任务的要求，直接使用就行。但是对 NAV2 的这些功能机制需要有所了解，这对后面使用 NAV2 进行导航和设置导航参数都有帮助。

8.1.9 练习题

1）画出 NAV2 的结构组成图，并简述 NAV2 的默认处理流程。

2）列出 NAV2 的主要功能模块，并简述每个模块的功能。

8.2 使用 NAV2 进行自主导航

8.2.1 NAV2 的安装

要在 ROS2 中使用 NAV2，需要先安装相应的软件包，在终端中执行如下指令。

```
sudo apt install ros-<ros2-distro>-navigation2
```

在 Humble 版本的 ROS2 中，NAV2 安装指令如下，如图 8-8 所示。

```
sudo apt install ros-humble-navigation2
```


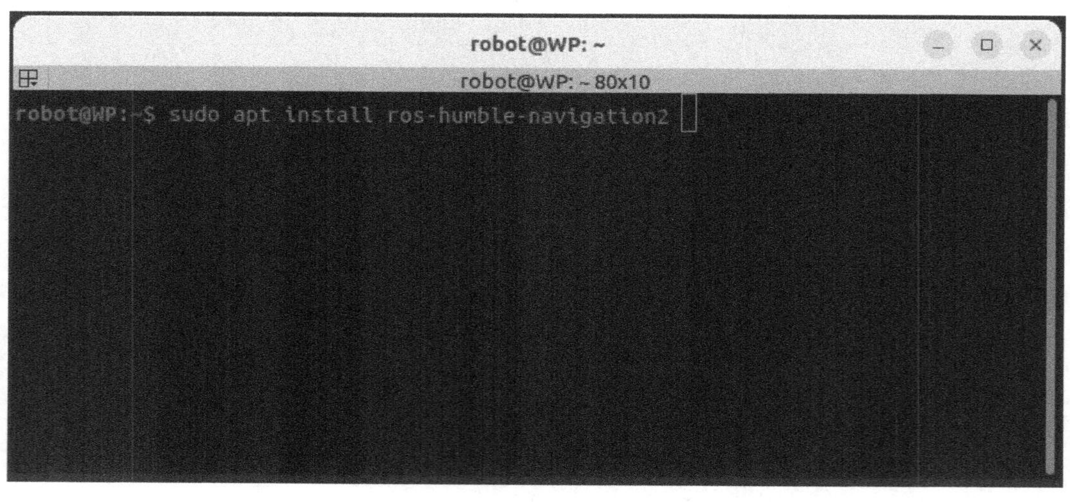

图 8-8　NAV2 安装指令

上面的软件包安装完成后，就可以在 ROS2 中使用 NAV2 了。从上一节的内容可知，NAV2 包含数个功能不同的控制器组件，每个控制器组件还包含了大量的参数。如果从零开始编写 Launch 文件，启动这些组件并逐个设置参数，将会是一个极其烦琐且容易出错的过程。ROS2 官方建议安装一个 NAV2 的 Bringup 软件包，借助这个软件包的 Launch 文件来启动 NAV2。这个软件包的安装指令如下。

```
sudo apt install ros-<ros2-distro>-nav2-bringup
```

在 Humble 版本的 ROS2 中，其安装指令如下，如图 8-9 所示。

```
sudo apt install ros-humble-nav2-bringup
```

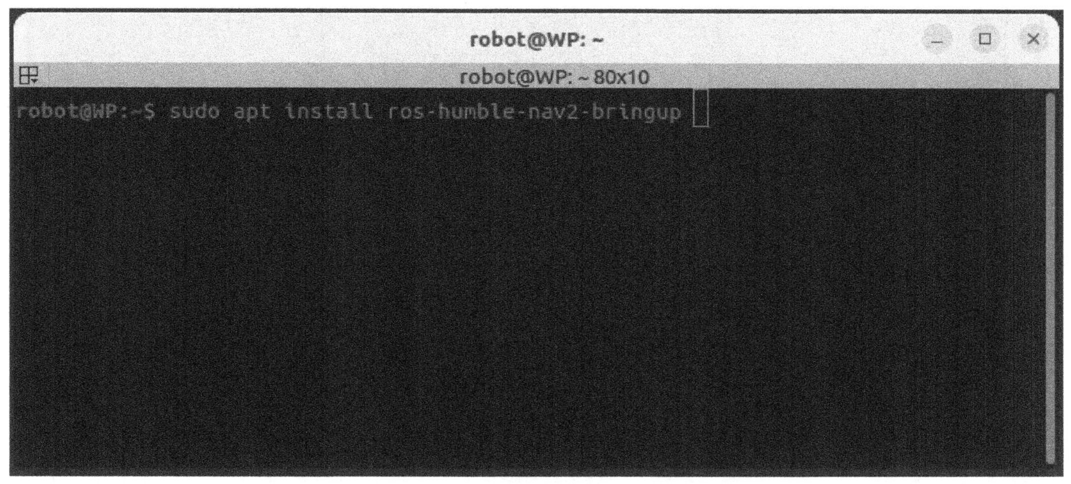

图 8-9　NAV2 的 Bringup 软件包安装指令

安装完这些软件包之后，就可以开始使用 NAV2 了。下面将介绍如何在仿真环境中使用 NAV2 实现自主导航功能。

8. 2. 2　使用 NAV2 实现自主导航

1. 准备地图文件

在 ROS2 中实现导航功能，需要为路径规划器提供地图信息。这就需要按照上一章的步骤，使用 SLAM Toolbox 对环境进行建图，并保存地图到文件中，还需要确认已经按照 2. 6 节下载了 wpr_simulation2 仿真项目。如图 8-10 所示，按组合键［Ctrl + Alt + T］启动 Terminator 终端，执行如下指令，加载工作空间的环境设置。

```
source ~/ros2_ws/install/setup.bash
```

然后如图 8-11 所示，执行如下指令，启动 wpr_simulation2 的建图功能。

```
ros2 launch wpr_simulation2 slam.launch.py
```

执行指令后，弹出仿真窗口和 RViz2 窗口。将 RViz2 窗口移动到仿真窗口的前面，需要看着 RViz2 窗口进行建图操作。然后回到终端，按组合键［Ctrl+Shift+O］，这时会分出第 2 个命令行窗口。如图 8-12 所示，在第 2 个窗口中执行如下指令，加载工作空间的环境设置。

```
source ~/ros2_ws/install/setup.bash
```

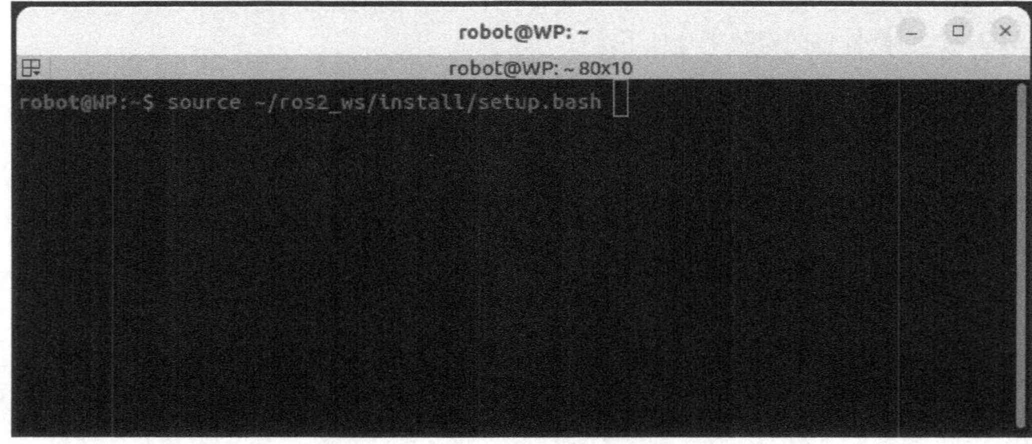

图 8-10　加载工作空间的环境设置

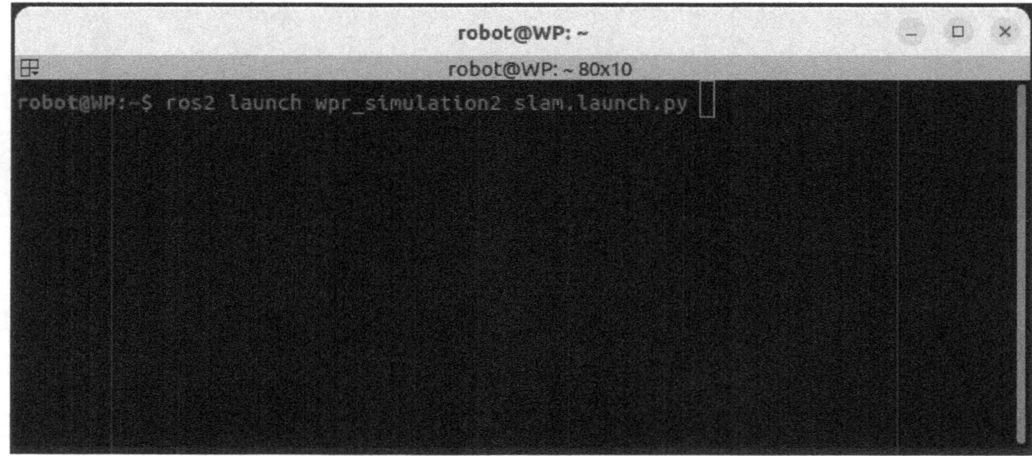

图 8-11　启动 wpr_simulation2 建图功能

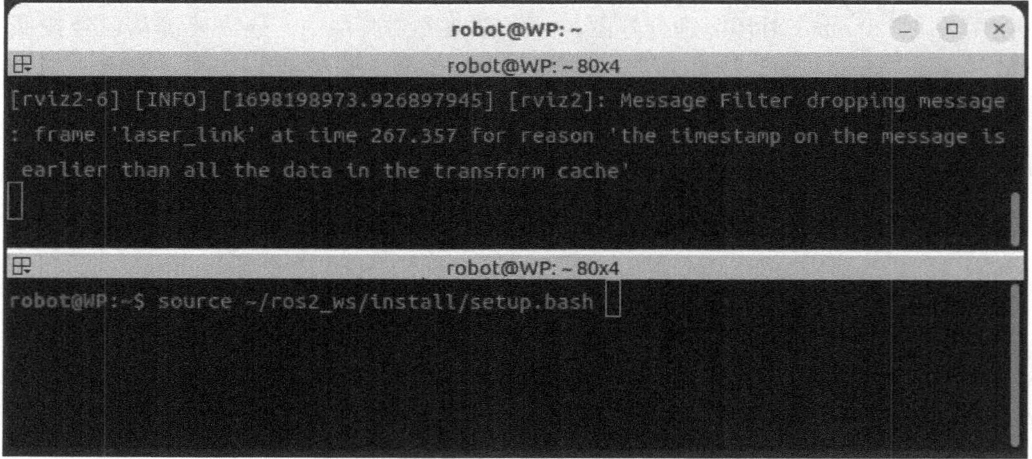

图 8-12　加载工作空间的环境设置

然后如图 8-13 所示，执行如下指令，启动键盘控制节点。

```
ros2 run wpr_simulation2 keyboard_vel_cmd
```

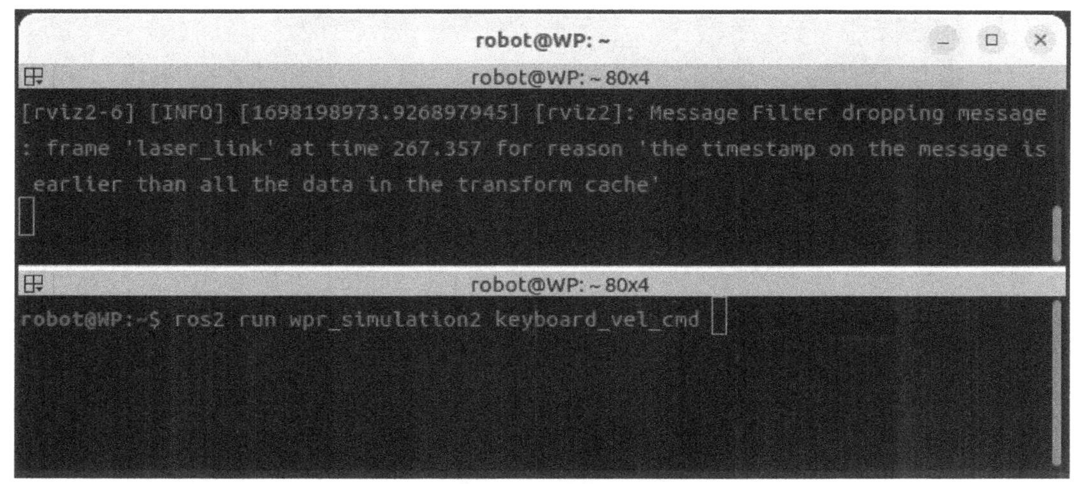

图 8-13 启动键盘控制节点

如图 8-14 所示，这时保持 Terminator 终端窗口位于所有窗口的前边，且第 2 个窗口的标题栏为红色，这样才能让键盘控制节点始终能够接收到键盘按下的信号。

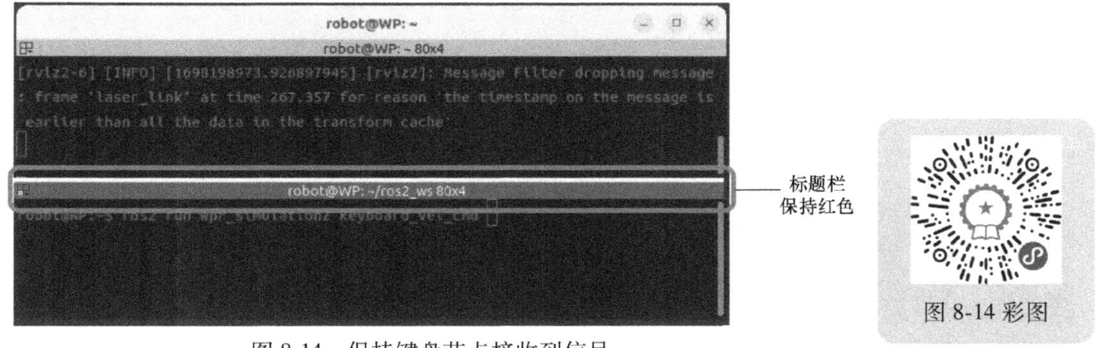

图 8-14 保持键盘节点接收到信号

图 8-14 彩图

如图 8-15 所示，按键盘上的按键就可以控制机器人移动了。

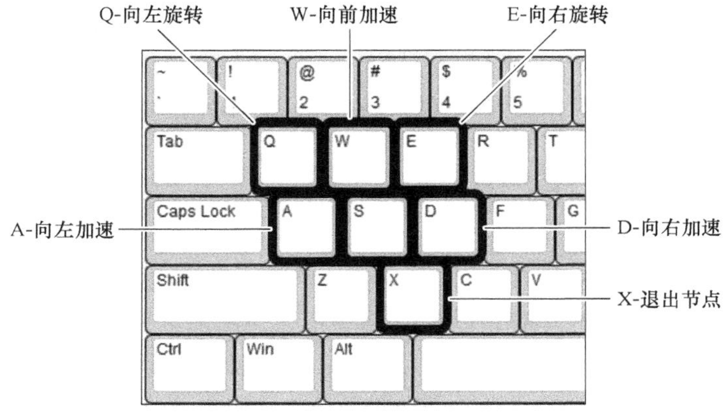

图 8-15 控制机器人移动的按键示意图

如图 8-16 所示，机器人在场景里巡游一遍之后，就可以看到建好的地图了。

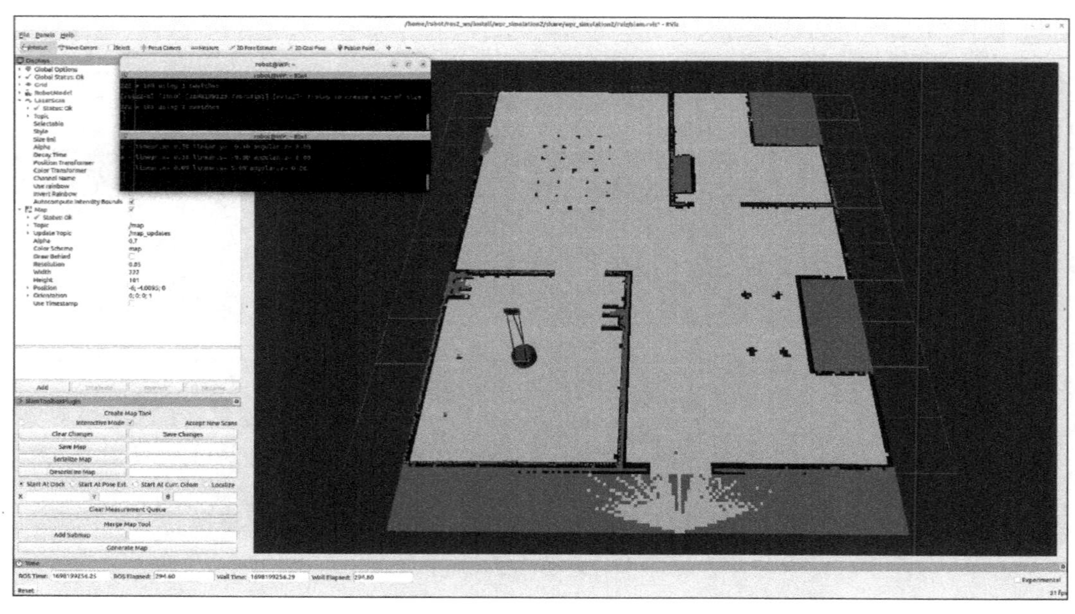

图 8-16　地图建设完毕

保持 Terminator 终端的第 2 个窗口标题为红色，按键盘上的［X］键，退出键盘控制程序。然后如图 8-17 所示，执行如下指令。

```
ros2 run nav2_map_server map_saver_cli -f map
```

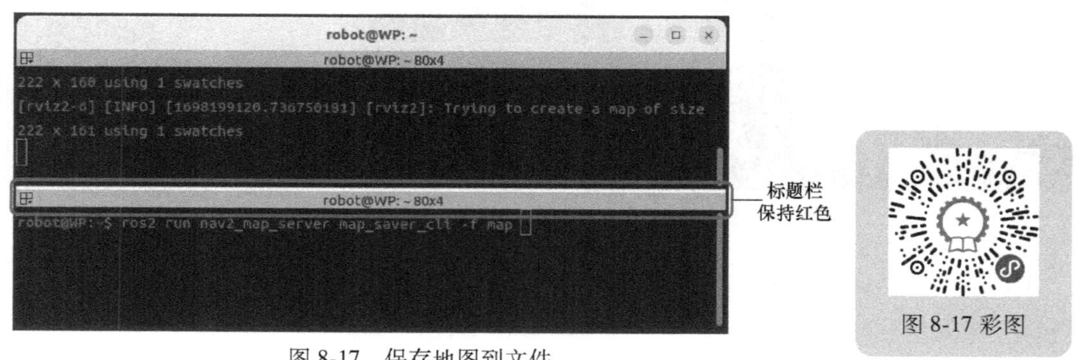

图 8-17　保存地图到文件

图 8-17 彩图

如图 8-18 所示，这样会在终端窗口的当前路径下创建两个地图文件：map. pgm 和 map. yaml。

如图 8-19 所示，将这两个文件复制到 wpr_simulation2 的 maps 文件夹下，之后从这个文件夹加载地图文件。

2. 编写导航 Launch 文件

地图有了，下面开始进行导航功能的具体实现。借助前面安装的 nav2_bringup 软件包，NAV2 的使用就比较简单了。只需要启动 nav2_bringup 软件包里的 bringup_launch. py 文件，并传递设置好的参数，就能启动 NAV2 了。下面通过编写一个 Launch 文件来实现这部分内容。

首先在工作空间中创建一个软件包。如图 8-20 所示，打开一个新的终端窗口，输入如下指令，进入工作空间。

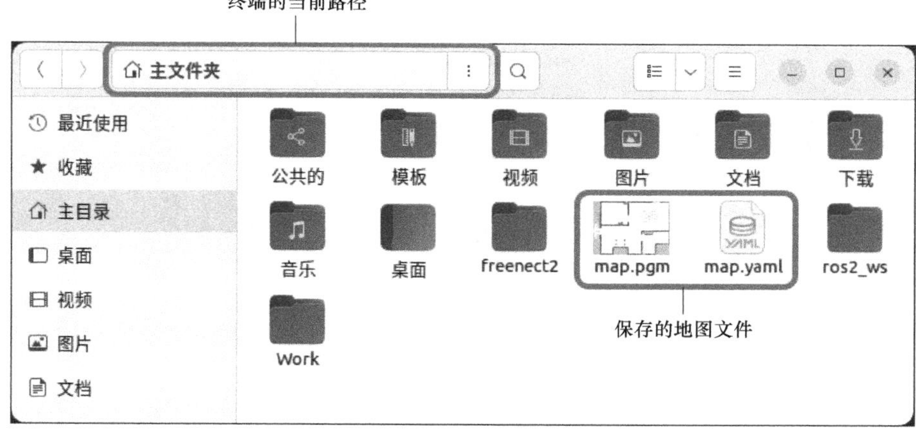

图 8-18　地图文件的保存位置

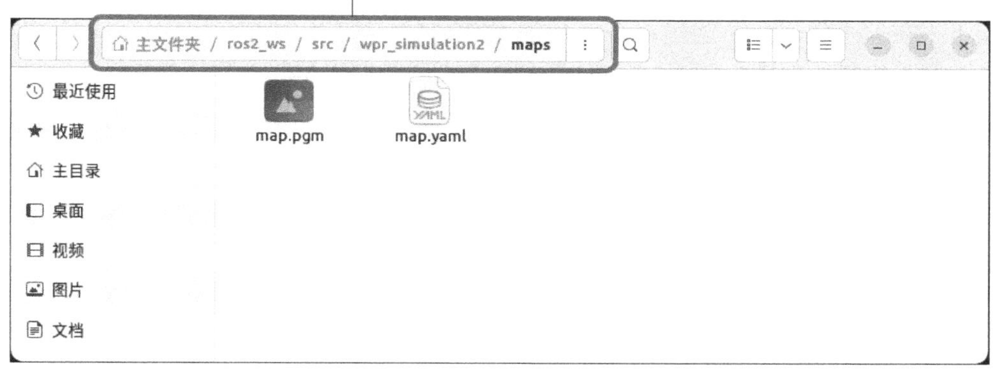

图 8-19　将地图文件复制到 maps 文件夹下


```
cd ~/ros2_ws/src
```

图 8-20　进入工作空间

然后如图 8-21 所示，用如下指令创建一个名为“nav_pkg”的软件包。

```
ros2 pkg create nav_pkg
```

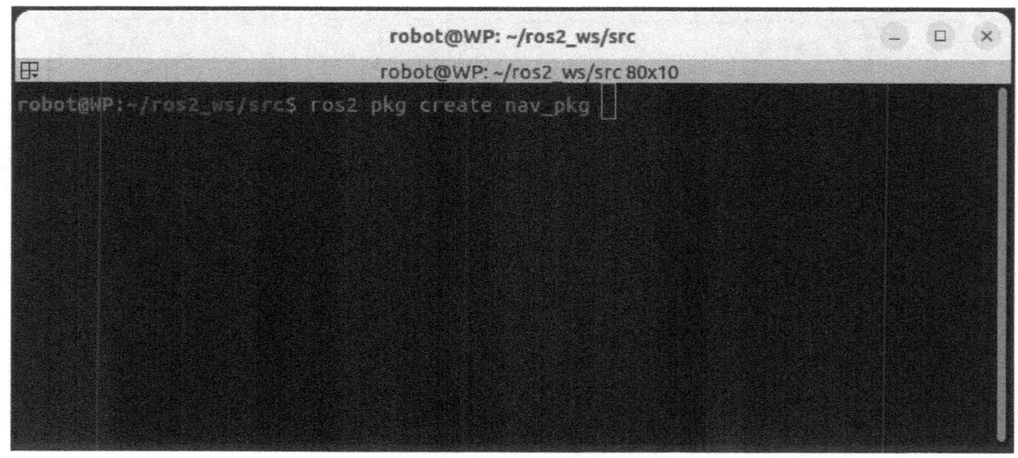

图 8-21　创建名为“nav_pkg”的软件包

接下来在这个软件包中创建一个 Launch 文件。在 VSCode 中找到［nav_pkg］软件包，用鼠标右键单击它，如图 8-22 所示，在弹出的快捷菜单中选择［新建文件夹］。

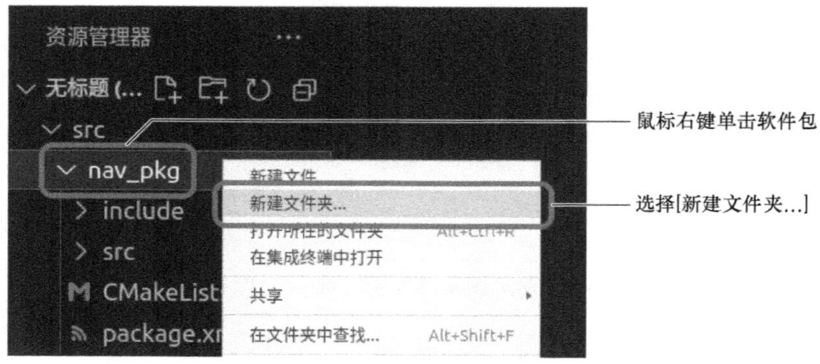

图 8-22　在［nav_pkg］下新建文件夹

如图 8-23 所示，将新的文件夹命名为“launch”。

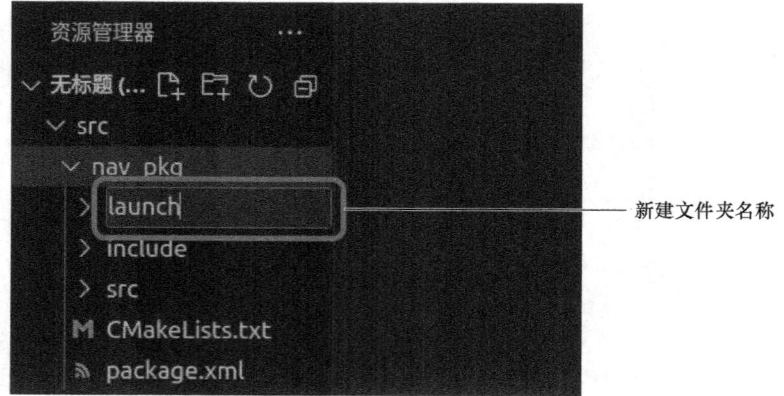

图 8-23　将新建文件夹命名为“launch”

如图 8-24 所示，用鼠标右键单击这个［launch］文件夹，在弹出的快捷菜单中选择［新建文件］。

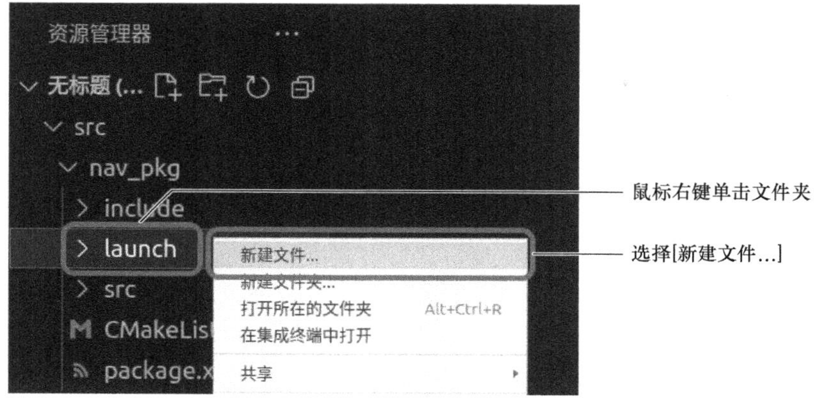

图 8-24　在［launch］文件夹下新建 Launch 文件

如图 8-25 所示，将新的文件命名为“nav. launch. py”。

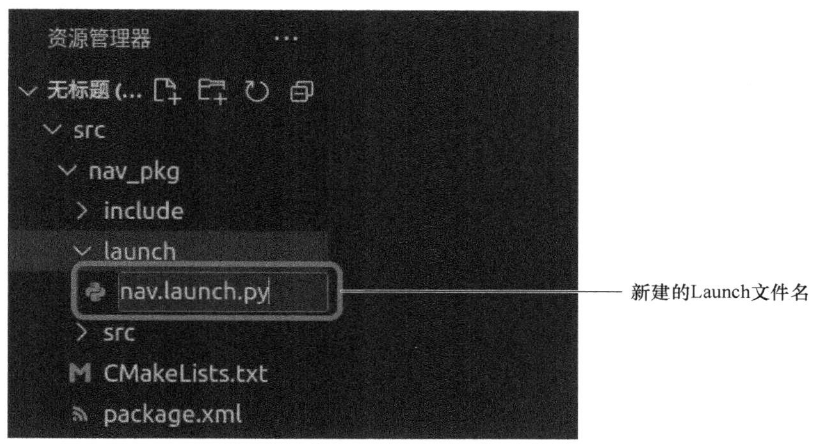

图 8-25　将新的 Launch 文件命名为“nav. launch. py”

下面编写这个 Launch 文件，其内容如下。

```
import os
from launch import LaunchDescription
from launch_ros.actions import Node
from ament_index_python.packages import get_package_share_directory
from launch.actions import IncludeLaunchDescription
from launch.launch_description_sources import PythonLaunchDescrip-
tionSource

def generate_launch_description():

    map_file=os.path.join(
```

```
        get_package_share_directory('wpr_simulation2'),
        'maps',
        'map.yaml'
    )

    nav_param_file=os.path.join(
        get_package_share_directory('wpr_simulation2'),
        'config',
        'nav2_params.yaml'
    )

    nav2_launch_dir=os.path.join(
        get_package_share_directory('nav2_bringup'),
        'launch'
    )

    navigation_cmd=IncludeLaunchDescription(
        PythonLaunchDescriptionSource([nav2_launch_dir,'/bringup_
launch.py']),
        launch_arguments={
            'map': map_file,
            'use_sim_time': 'True',
            'params_file': nav_param_file}.items(),
    )

    rviz_file=os.path.join(get_package_share_directory('wpr_simula-
tion2'),'rviz','navi.rviz')
    rviz_cmd=Node(
            package='rviz2',
            executable='rviz2',
            name='rviz2',
            arguments=['-d',rviz_file]
        )

    ld=LaunchDescription()
    ld.add_action(navigation_cmd)
    ld.add_action(rviz_cmd)

    return ld
```

上述内容可以从 wpr_simulation2 的例程文件中找到。如果编译报错，可以与 wpr_simulation2\demo_launch\8_nav. launch. py 文件中的代码进行比对。

下面是对这个 Launch 文件的解释。

```
import os
```

这行代码用于导入 Python 标准库中的 os 模块。后面会使用 os. path. join( ) 函数组合文件路径。

```
from launch import LaunchDescription
```

这行代码用于导入 LaunchDescription 类。在这个 Launch 文件中，会使用 LaunchDescription 对象 ld 来描述需要启动的节点以及为它们配置的参数。

```
from launch_ros. actions import Node
```

这行代码用于导入 Node 类。需要用它在 Launch 文件中描述要启动的节点，并为节点设置参数和属性。

```
from ament_index_python. packages import get_package_share_directory
```

这行代码用于导入 get_package_share_directory( ) 函数。这个函数可以在 Launch 文件中获取指定软件包的 share 目录路径，以便使用其中的文件。

```
from launch. actions import IncludeLaunchDescription
```

这行代码从 launch. actions 模块中导入 IncludeLaunchDescription 类，该类用于在 Launch 文件中包含其他 Launch 文件。

```
from launch. launch _ description _ sources import PythonLaunchDescrip-
tionSource
```

这行代码从 launch. launch_description_sources 模块中导入 PythonLaunchDescriptionSource 类，该类用于指定要包含的 Launch 文件的路径。

```
def generate_launch_description():
```

这行代码定义了一个函数 generate_launch_description( )，用于生成 LaunchDescription 对象。

```
    map_file=os. path. join(
        get_package_share_directory('wpr_simulation2'),
        'maps',
        'map. yaml'
    )
```

这段代码使用 get_package_share_directory( ) 函数获取 wpr_simulation2 软件包的 share 目录路径，并将“maps/map. yaml”追加到路径后面，得到了完整的地图文件路径，并赋值给 map_file。后面会把这个地图文件路径传递给 NAV2 作为地图加载位置。

```
    nav_param_file=os. path. join(
```

```
    get_package_share_directory('wpr_simulation2'),
    'config',
    'nav2_params.yaml'
)
```

这段代码使用 get_package_share_directory( ) 函数获取 wpr_simulation2 软件包的 share 目录路径，并将“config/nav2_params. yaml”追加到路径后面，得到了完整的文件路径，并赋值给 nav_param_file。这个 nav2_params. yaml 文件就是 NAV2 的参数文件，里面包含了导航功能的各个功能模块的参数数值。后面会将这个参数文件的路径传递给 NAV2 进行参数的加载设置。

```
nav2_launch_dir=os.path.join(
    get_package_share_directory('nav2_bringup'),
    'launch'
)
```

这段代码使用 get_package_share_directory( ) 函数获取上面安装过的 nav2_bringup 软件包的 share 目录路径，并将“launch”追加到路径后面，得到了 nav2_bringup 的 launch 文件夹的完整路径，并赋值给 nav2_launch_dir。后面会从这个路径中加载 NAV2 的启动 Launch 文件，并传递相应的参数，实现 NAV2 的启动。

```
navigation_cmd=IncludeLaunchDescription(
    PythonLaunchDescriptionSource([nav2_launch_dir,'/bringup_
launch.py']),
    launch_arguments={
        'map': map_file,
        'use_sim_time': 'True',
        'params_file': nav_param_file}.items(),
)
```


这段代码创建了一个名为“navigation_cmd”的 IncludeLaunchDescription 对象，它指定了要包含的 Launch 文件的路径为上一条 nav2_launch_dir 再加上“/bringup_launch. py”，也就是 nav2_bringup 软件包的 launch 文件夹下的 bringup_launch. py 文件。通过 launch_arguments 属性为这个 Launch 文件传递一些配置参数。其中，'map'设置为前面定义的 map_file（地图文件的完整路径）；'use_sim_time'设置为 True（表示使用仿真时间）；'params_file'设置为 nav_param_file（导航参数文件的完整路径）。

```
rviz_file=os.path.join(get_package_share_directory('wpr_simula-
tion2'),'rviz','navi.rviz')
```

这行代码使用 os. path. join( ) 函数组合出一个文件路径 rviz_file，后面会将这个路径指向的文件传递给 RViz2，以配置 RViz2 的显示界面。这个 rviz_file 的路径指向 wpr_simulation2 软件包下的 rviz 文件夹中的 navi. rviz 文件，这是事先已经创建好的 RViz2 界面配置文件，专门用于 NAV2 导航过程的显示。直接使用这个配置文件可以省去手动配置的烦琐过程。

```
    rviz_cmd=Node(
        package='rviz2',
        executable='rviz2',
        name='rviz2',
        arguments=['-d',rviz_file]
    )
```

这段代码用于创建一个名为“rviz_cmd”的 Node 节点对象。该节点属于 rviz2 软件包，节点文件名为“rviz2”，其实就是 RViz2 的节点。通过 arguments 属性为 RViz2 节点设置参数。参数“-d”表示从文件中加载 RViz2 的界面配置方案，这个文件就是前面 rviz_file 指向的 wpr_simulation2 软件包下 rviz 文件夹中的 navi. rviz 文件。

```
    ld=LaunchDescription()
    ld.add_action(navigation_cmd)
    ld.add_action(rviz_cmd)
```

这段代码用于创建一个 LaunchDescription 对象 ld，并将前面创建的 navigation_cmd 和 rviz_cmd节点描述添加为启动节点的动作。

```
    return ld
```

最后，将 LaunchDescription 对象 ld 作为函数 generate_launch_description( ) 的返回值。这样当运行这个 Launch 文件时，会将 ld 里描述的节点按照对应的参数全部启动起来。

文件编写完成后，需要进行保存。保存成功后，编辑界面文件名后面的圆点符号会变成一个叉符号。

3. 设置安装规则

Launch 文件编写完成后，还需要为其设置安装规则，才能将其安装到最终执行的目录中。安装规则写在 nav_pkg 的 CMakeLists. txt 文件中。如图 8-26 所示，在 VSCode 中打开这个文件，使用如下代码添加安装规则。


```
install(
DIRECTORY
    launch
DESTINATION
    share/${PROJECT_NAME})
```

这些内容可以从 wpr_simulation2 的例程文件中找到。如果编译报错，可以与 wpr_simulation2\demo_cmakelists\8_nav. txt 文件中的代码进行比对。

上述规则添加完毕后，一定要保存文件，否则规则无法生效。

4. 编译软件包

修改完上述文件后，打开终端窗口。如图 8-27 所示，执行如下指令，进入工作空间。

```
cd ~/ros2_ws
```

然后如图 8-28 所示，执行如下指令，对工作空间中的所有软件包进行编译。

```
colcon build
```

```
CMakeLists.txt ×
src > nav_pkg > CMakeLists.txt
# find_package(<dependency> REQUIRED)

install(
DIRECTORY
  launch
DESTINATION
  share/${PROJECT_NAME})
```

Launch文件安装规则

图 8-26　添加安装规则

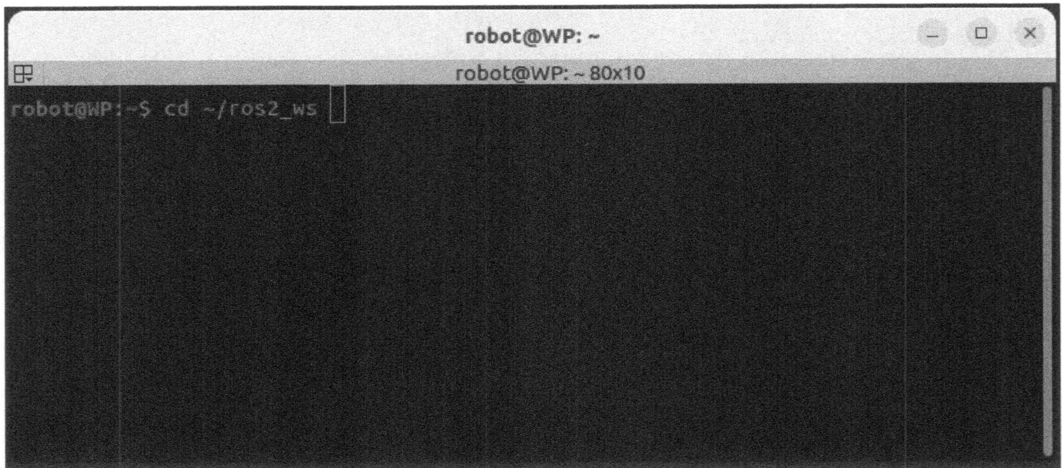

图 8-27　进入工作空间

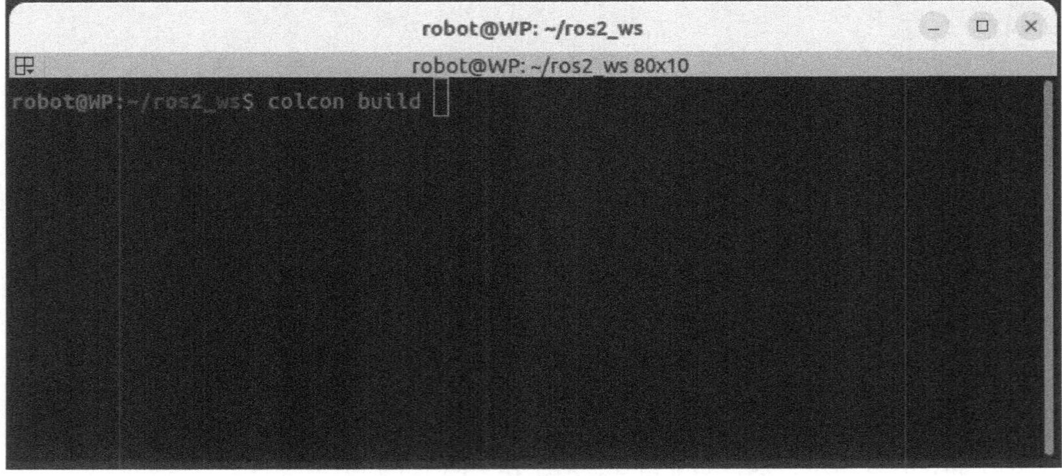

图 8-28　对工作空间中的所有软件包进行编译

如果编译顺利的话，会显示如图 8-29 所示信息，表示编译成功。

```
robot@WP: ~/ros2_ws
robot@WP: ~/ros2_ws 80x10
robot@WP:~/ros2_ws$ colcon build
Starting >>> nav_pkg
Starting >>> wpr_simulation2
Finished <<< nav_pkg [0.39s]
Finished <<< wpr_simulation2 [5.57s]

Summary: 2 packages finished [5.74s]
robot@WP:~/ros2_ws$
```

图 8-29　编译成功

8.2.3　仿真环境运行自主导航

下面运行刚编写的 Launch 文件。在运行前，确认已经按照 2.6 节下载了 wpr_simulation2 仿真项目。然后，保持终端的当前位置还在工作空间目录 ros2_ws 中，如图 8-30 所示，在终端中执行如下指令。

```
source install/setup.bash
```

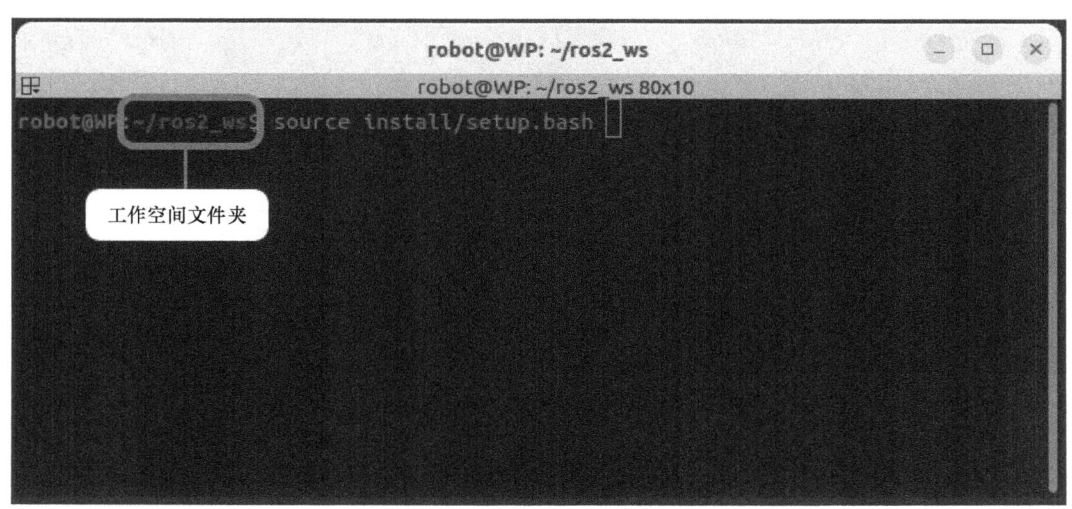

图 8-30　加载工作空间的环境设置

接着，启动带有机器人的仿真环境。如图 8-31 所示，执行如下指令。

```
ros2 launch wpr_simulation2 robocup_home.launch.py
```

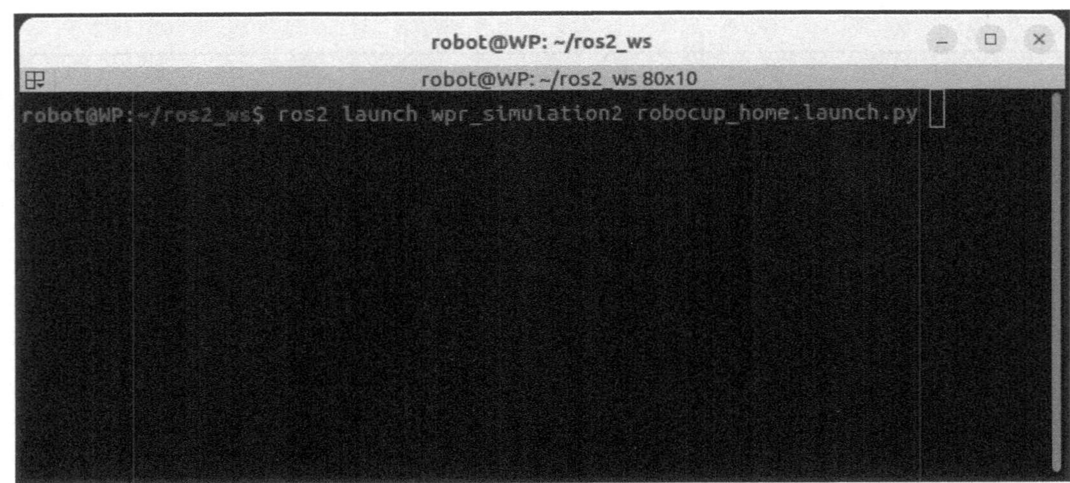

图 8-31　启动仿真环境

这时会启动仿真环境，如图 8-32 所示，这是一个 RoboCup@ Home 家庭服务机器人比赛的仿真场地，下面将在这个场景中使用 NAV2 进行自主导航。

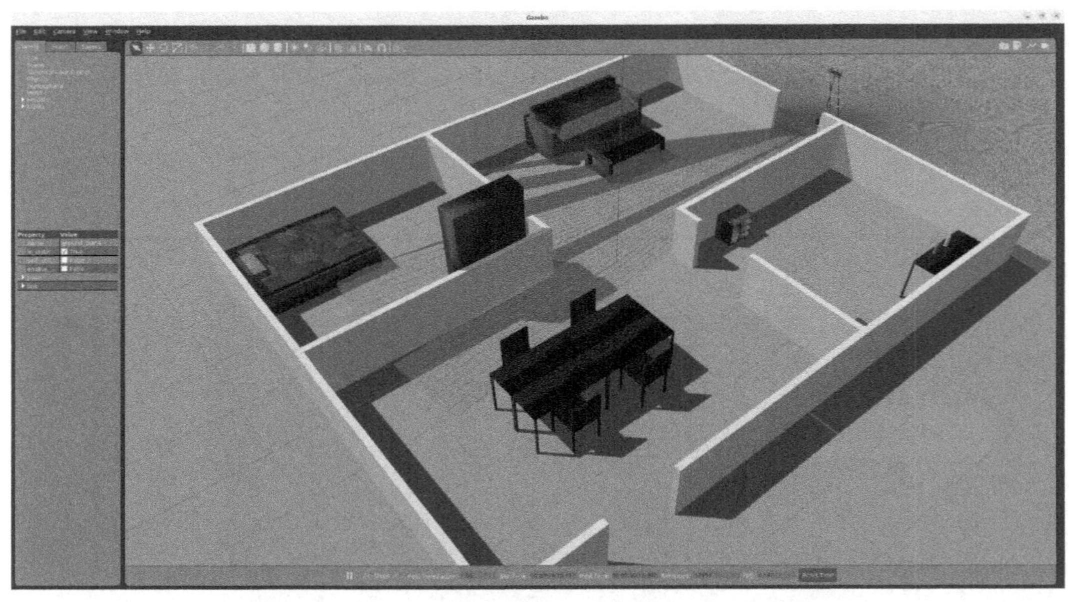

图 8-32　RoboCup@ Home 家庭服务机器人比赛的仿真场地

运行刚编写的 NAV2 的启动 Launch 文件。如图 8-33 所示，在 Terminator 终端中，按组合键［Ctrl+Shift+O］，将终端分为上下两个子窗口。在新的终端窗口中执行如下指令，加载工作空间环境设置。

```
source install/setup.bash
```

如图 8-34 所示，执行如下指令，运行刚编写的 Launch 文件。

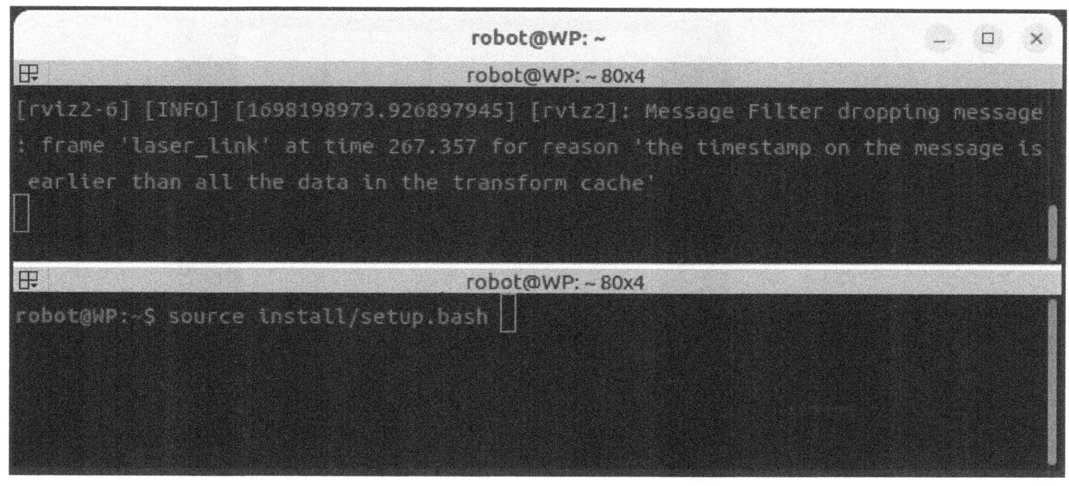

图 8-33　加载工作空间环境设置

```
ros2 launch nav_pkg nav. launch. py
```

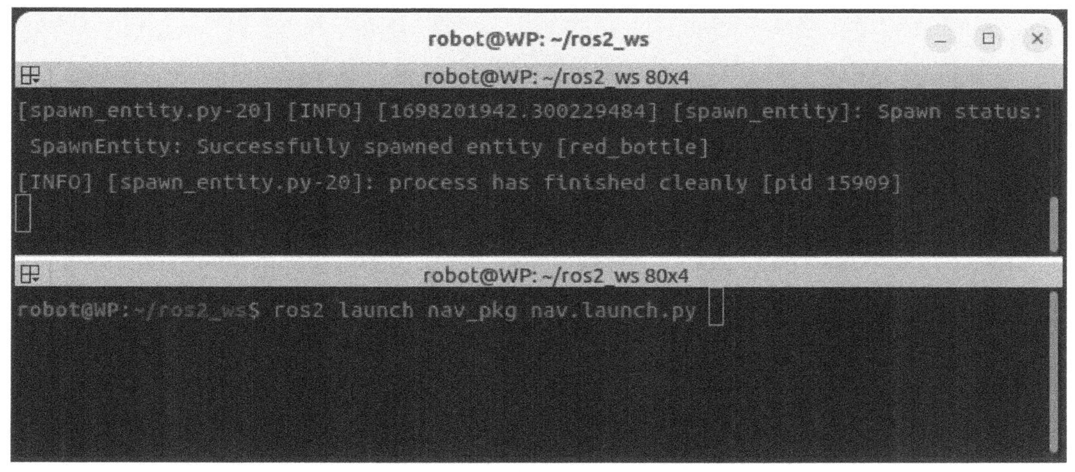

图 8-34　运行 Launch 文件

如图 8-35 所示，执行这个 Launch 文件后，弹出一个 RViz2 窗口。

在这个窗口中可以看到已经加载好的环境地图，但是没有显示机器人模型，因为 NAV2 并不知道机器人的初始位置，需要手动设置一下。如图 8-36 所示，首先，看看仿真窗口中机器人的位置。记住这个位置，后面要在 RViz2 中将机器人的初始位置设置到这里。

如图 8-37 所示，设置机器人的初始位置需要单击 RViz2 工具栏中的［2D Pose Estimate］按钮。

然后在 RViz2 的地图中找到机器人所在的位置，按住鼠标左键不放。这时，会出现一个绿色箭头，代表的是机器人在初始位置的朝向，如图 8-38 所示。继续按住鼠标左键不放，在屏幕上拖动画圈，可以控制绿色箭头的朝向。

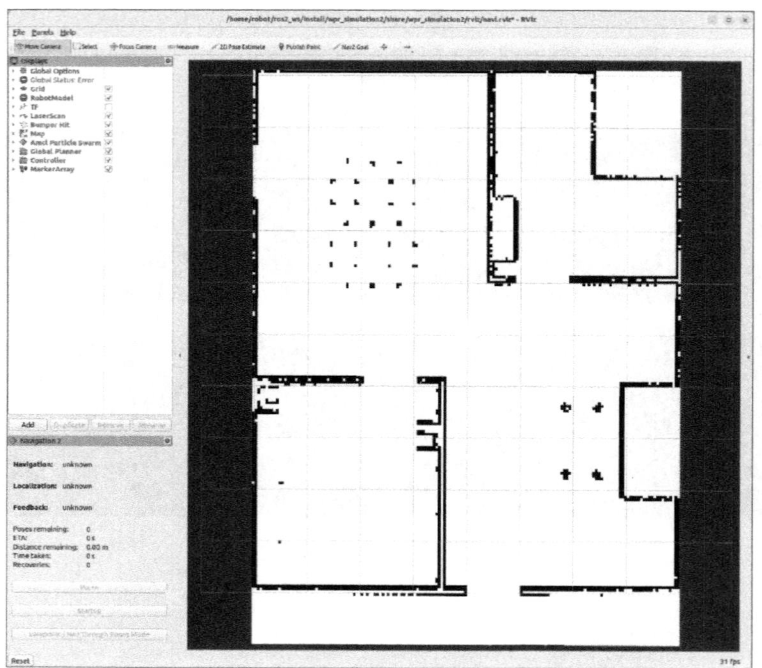

图 8-35　导航状态下的 RViz2 窗口

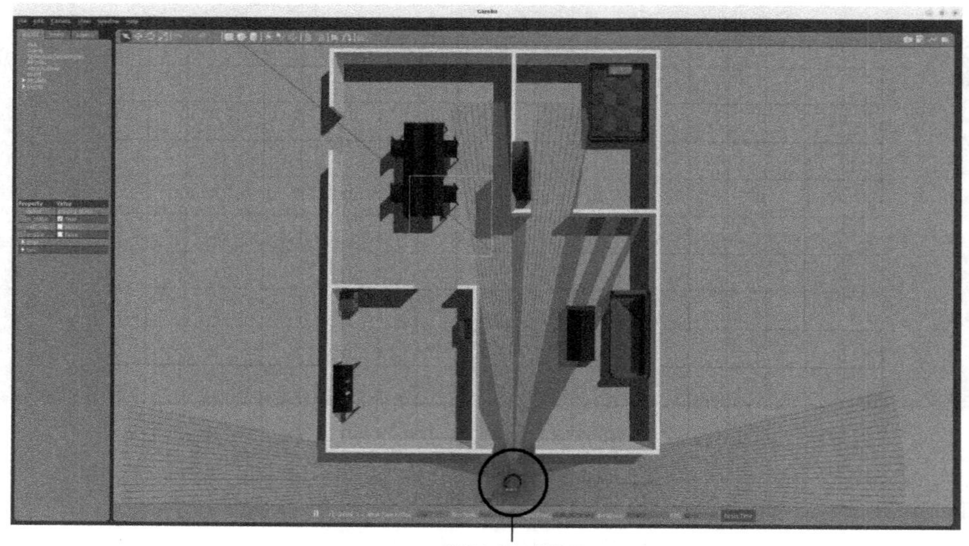

图 8-36　仿真环境中的机器人初始位置

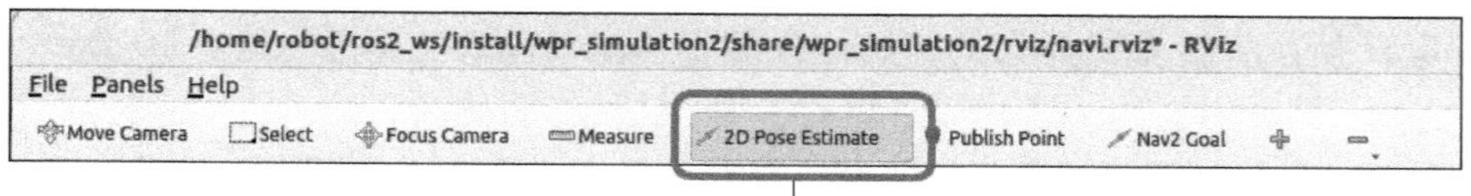

图 8-37　在 RViz2 中为机器人设置初始位置

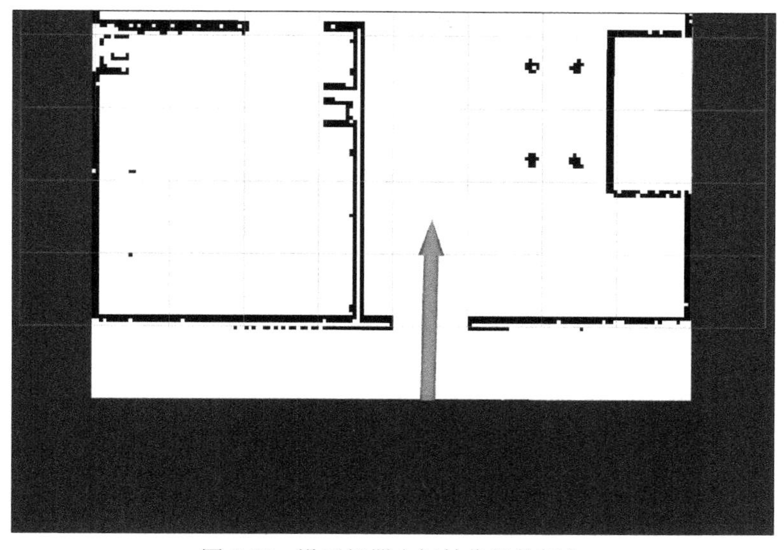

图 8-38 彩图

图 8-38　设置机器人初始位置的朝向

将绿色箭头的朝向拖动到与机器人朝向一致，松开鼠标左键，机器人的模型就会出现在所设置的位置，且朝向与之前绿色箭头一样，这样就把机器人的初始位置设置好了。如图 8-39 所示，可以看到此时代价地图和 AMCL 的粒子群也出现在地图中。

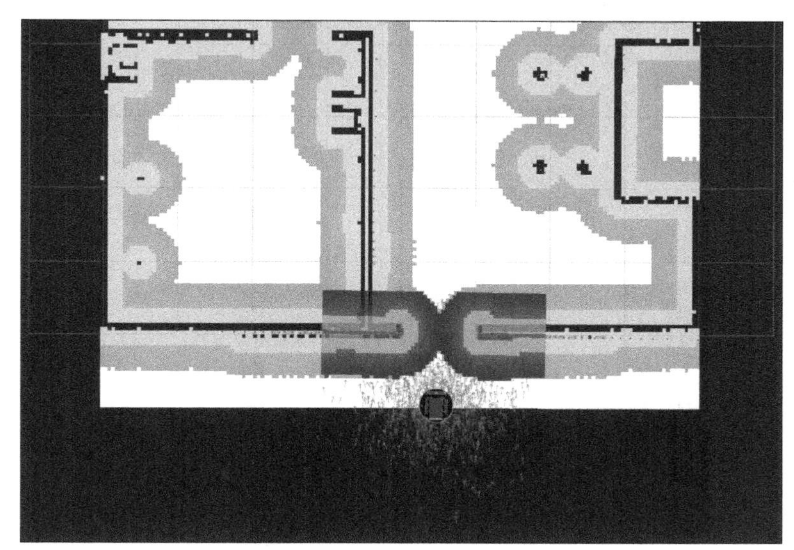

图 8-39 彩图

图 8-39　初始位置设置完毕

设置好机器人的初始位置后，还需要为机器人指定导航的目标地点。如图 8-40 所示，单击 RViz2 界面工具栏中的［Nav2 Goal］按钮。

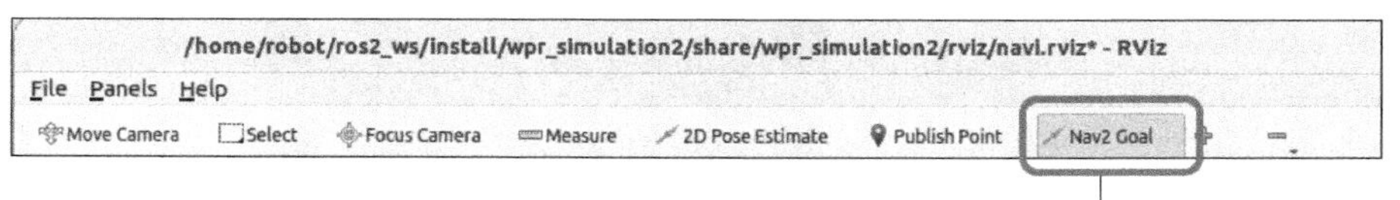

图 8-40　设置导航目标地点

然后如图 8-41 所示，单击 RViz2 中地图上的导航目标点（通常在白色区域里选择一个地点），此时会再次出现绿色箭头。与前面的操作一样，按住鼠标左键不放，在屏幕上拖动画圈，设置机器人移动到终点后的朝向。

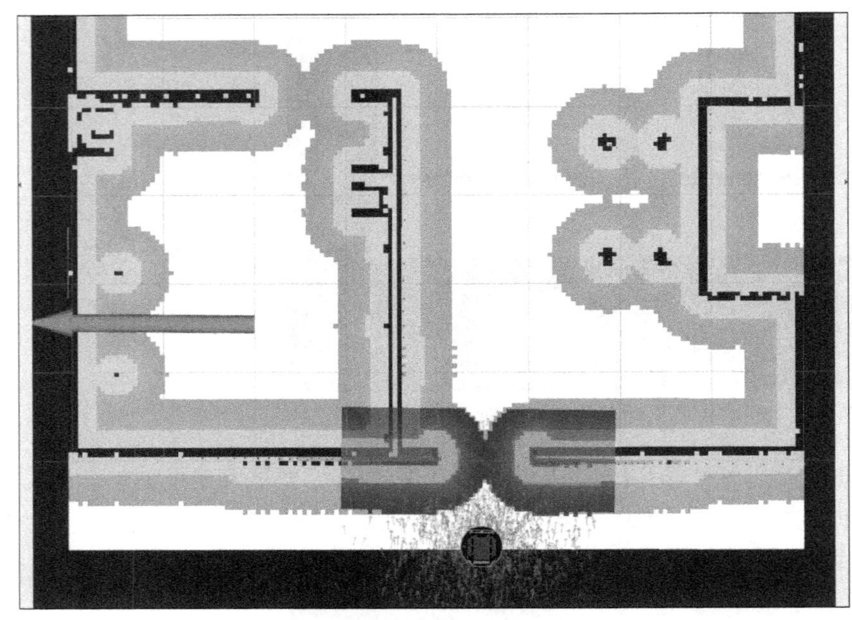

图 8-41 彩图

图 8-41　设置机器人到达目标终点的朝向

选择完目标朝向后，松开鼠标左键，如图 8-42 所示，路径规划器会自动规划出一条紫色的路径。这条路径从机器人当前点出发，避开障碍物，一直到导航目标点结束。

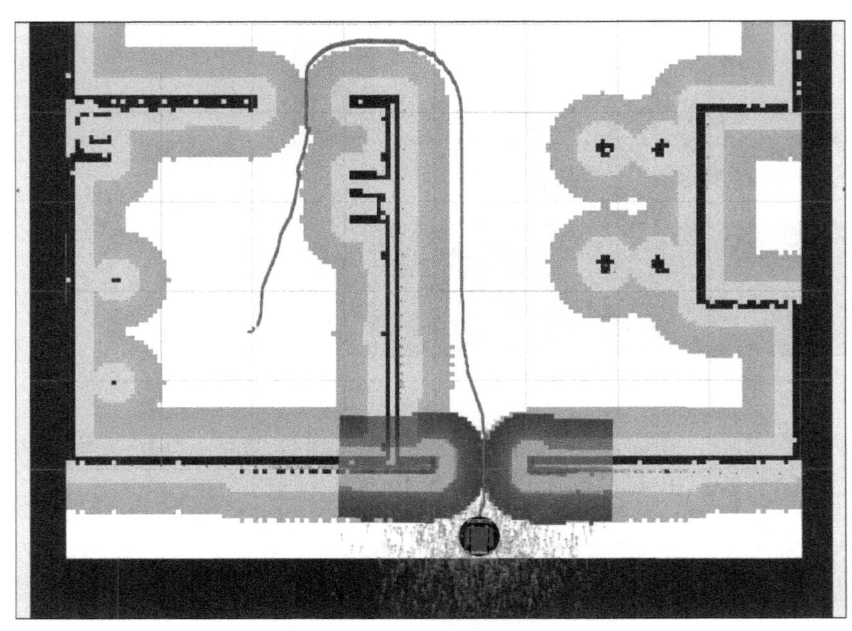

图 8-42 彩图

图 8-42　路径规划完毕

路径规划完成后，机器人模型会开始沿着这条路径移动。如图 8-43 所示，此时切换到仿真窗口，可以看到机器人也开始沿着这条路径移动。

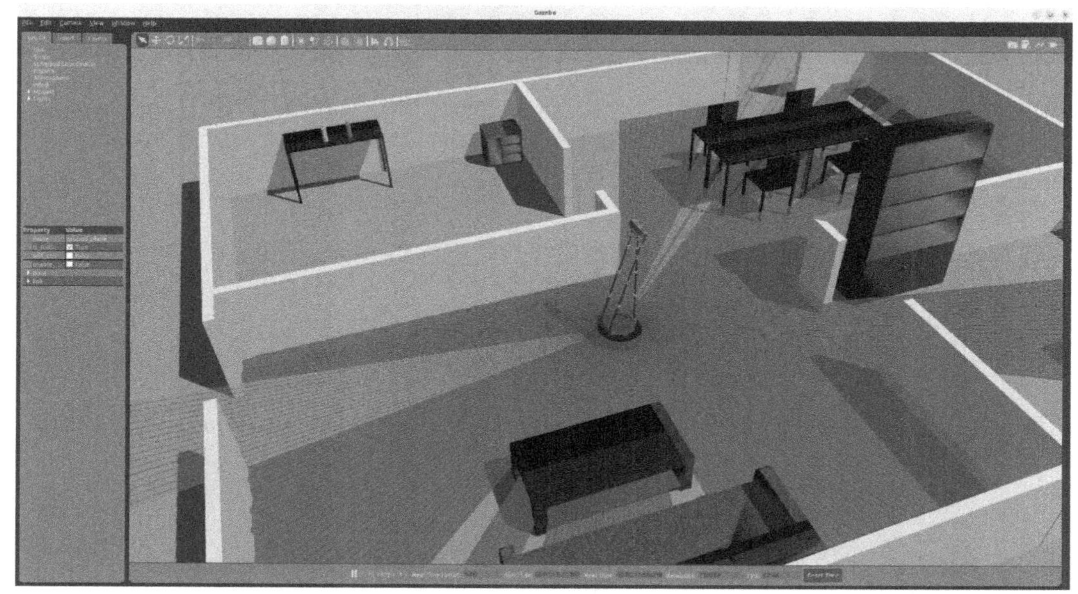

图 8-43　仿真窗口中的机器人开始移动

机器人到终点后，会原地旋转，调整航向角，如图 8-44 所示，最终朝向刚才设置目标点时绿色箭头的方向。

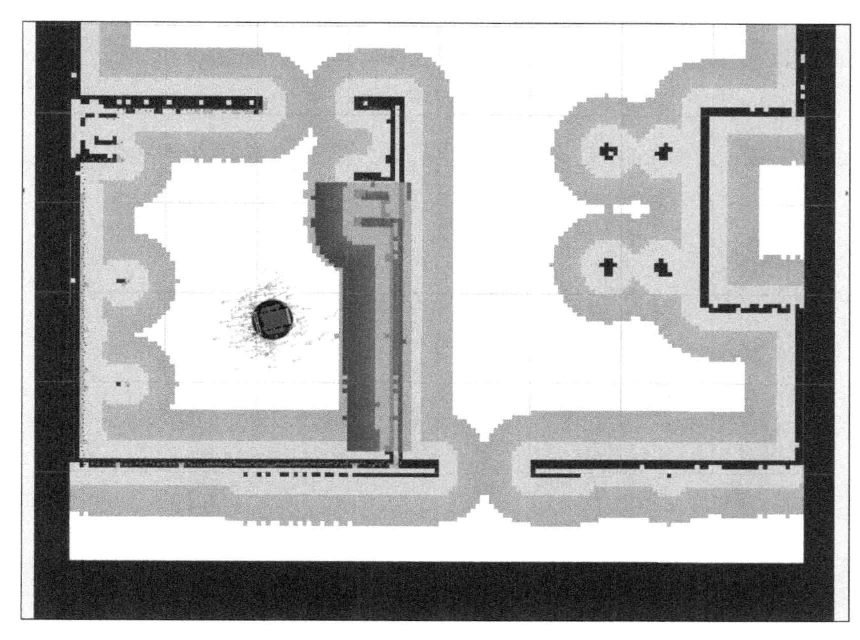

图 8-44　机器人到达目标终点

图 8-44 彩图

至此，一个基本的自主导航过程就完成了。下面增加一点难度，测试一下机器人的动态避障效果。如图 8-45 所示，切换到仿真窗口，单击工具栏中的放置圆柱体按钮。

图 8-45　仿真窗口的放置圆柱体按钮

如图 8-46 所示，在仿真场景中放置一个圆柱体。

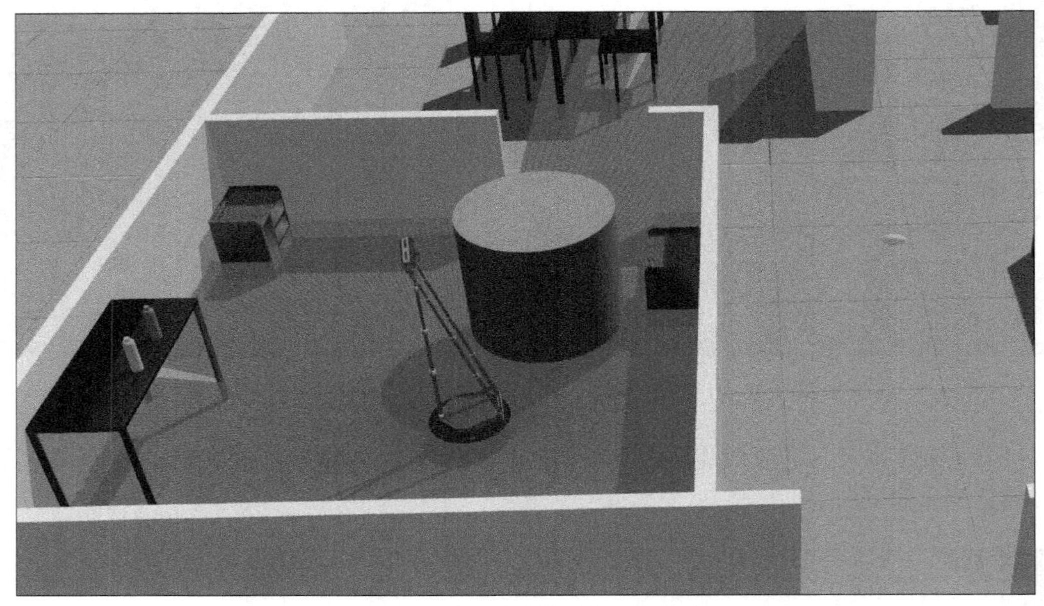

图 8-46　放置圆柱体到仿真场景中

然后如图 8-47 所示，设置一个新的导航目标点，让机器人的导航路径从圆柱体上穿过。

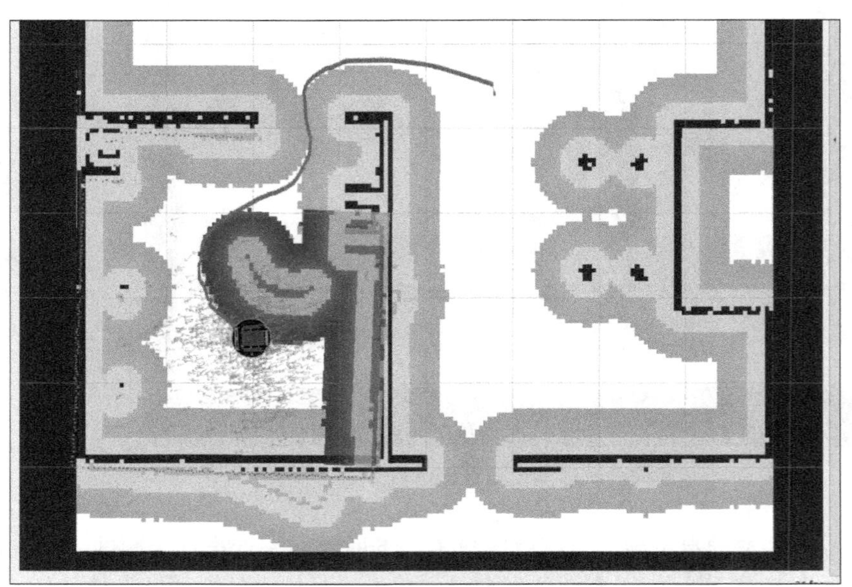

图 8-47　设置新的导航目标点

可以看到，NAV2 规划了新的路径，绕开了障碍物，这就是 NAV2 的动态避障能力。

8.2.4　NAV2 的参数设置

1. 参数文件

NAV2 的导航行为是通过行为树来描述的，所以导航参数的设置主要围绕行为树里的节点来进行。在前面的导航实现中，行为树的构建是通过调用 nav2_bringup 软件包的 bringup_launch. py 文件来完成的。这个行为树在 8. 1. 8 小节中已经做过介绍，是 NAV2 的默认行为树。参数的设置是通过传递 nav2_params. yaml 文件来实现的，这个文件位于 wpr_simulation2 软件包的 config 文件夹下，它其实也是从 nav2_bringup 软件包里复制而来的，只是根据机器人的尺寸和性能做了一些调整。所以这个 nav2_params. yaml 文件里的参数就是为 NAV2 的默认行为树设置的。只需要按照官方的参数说明对这个文件里的数值进行修改，就能实现导航参数的设置，下面将介绍修改参数的操作方法。

2. 参数格式

如图 8-48 所示，在 VSCode 中，可以在［wpr_simulation2］的［config］文件夹下找到这个 nav2_params. yaml 文件。

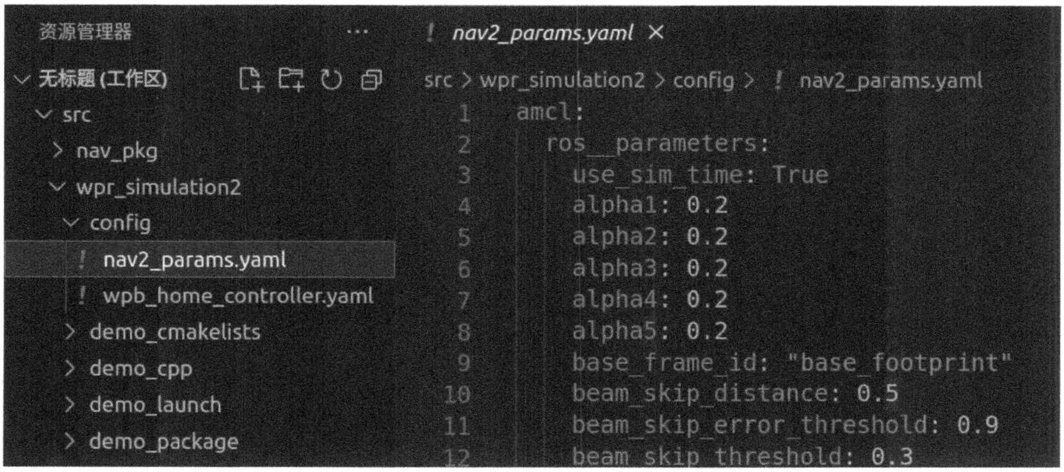

图 8-48　nav2_params. yaml 文件

可以看到，这些参数都遵循如下格式。

```
[功能模块]:
ros__parameters:
    [参数名称 1]:[参数数值 1]
    [参数名称 2]:[参数数值 2]
    [参数名称 3]:[参数数值 3]
    …
```

比如在 nav2_params. yaml 文件中，第一组参数是 AMCL 的，所以看到的内容如下。

```
amcl:
  ros__parameters:
    use_sim_time: True
    alpha1: 0.2
    alpha2: 0.2
    alpha3: 0.2
  …
```

其中 amcl 是功能模块的名称；use_sim_time 是第一个参数，数值为 True；alpha1 是第二个参数，数值为 0.2；alpha2 是第三个参数，数值为 0.2；以此类推。

3. 参数内容

了解了参数文件的格式，下面来看看参数的内容含义。因为使用的是 NAV2 的默认行为树，树上的节点都是 NAV2 内置的功能节点，所以可以从 NAV2 的官方网站查到所有参数的详细解释。NAV2 的官方网址为 https://navigation.ros.org/。

在这个网站的左侧导航栏中，可以找到［Configuration Guide］（设置向导），如图 8-49 所示。

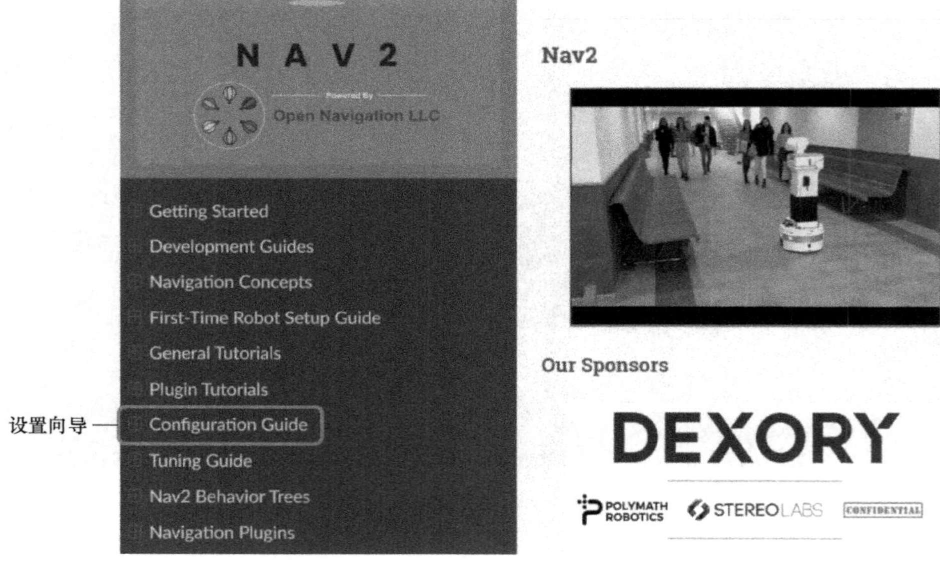

图 8-49　NAV2 官网的设置向导项

单击它，将会列出 NAV2 内置的所有功能模块列表。如图 8-50 所示，选择相应的功能模块，就能看到这个功能模块的参数列表。列表中包括参数的含义解释、类型说明以及默认值。

在表 8-1 中根据功能模块找到要修改的 yaml 文件条目，然后在 nav2_params.yaml 文件中找到对应的条目，修改数值并保存，再重新启动导航的 Launch 文件，就完成了 NAV2 的参数设置。

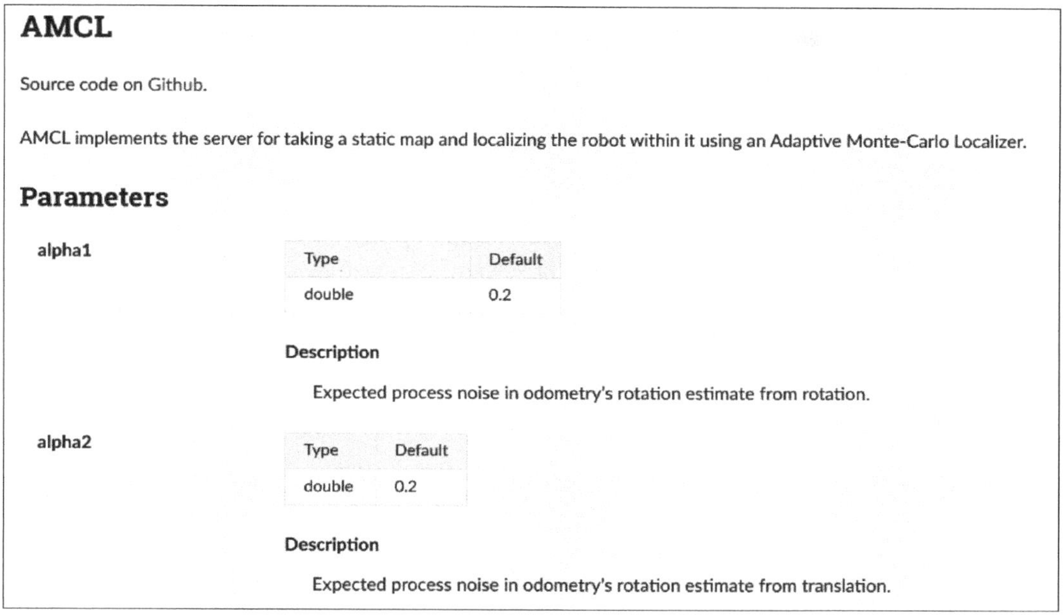

AMCL

Source code on Github.

AMCL implements the server for taking a static map and localizing the robot within it using an Adaptive Monte-Carlo Localizer.

Parameters

alpha1

Type	Default
double	0.2

Description

Expected process noise in odometry's rotation estimate from rotation.

alpha2

Type	Default
double	0.2

Description

Expected process noise in odometry's rotation estimate from translation.

图 8-50　AMCL 的参数列表

表 8-1　参数文件的功能模块，yaml 文件条目及 NAV2 官网条目

yaml 文件条目	功能模块	NAV2 官网条目
amcl	AMCL	AMCL
bt_navigator	行为树管理器	Behavior-Tree Navigator
controller_server	运动控制器	Controller Server
		DWB Controller
local_costmap	局部代价地图	Costmap 2D
global_costmap	全局代价地图	
map_server	地图服务器	Map Server / Saver
map_saver		
planner_server	路径规划器	Planner Server
		NavFn Planner
smoother_server	路径平滑器	Smoother Server
		Simple Smoother
behavior_server	导航恢复行为	Behavior Tree XML Nodes
waypoint_follower	到达航点后行为	Waypoint Follower
velocity_smoother	速度平滑器	Velocity Smoother

8.2.5　练习题

1）修改 local_costmap 和 global_costmap 的 inflation_radius 参数，编译后重新启动导航，

观察代价地图出现了什么变化，测试机器人导航过程中的避障效果。

2）在机器人导航路径上放置多个障碍物，让机器人无法规划新路径。静待一段时间，观察机器人是否会激活导航恢复行为，同时查阅终端窗口是否显示导航恢复行为的相关信息。

8.3 开源导航插件的使用

本节介绍一款开源的地图导航可视化插件，可以在地图上设置多个目标航点，然后通过简单的消息发送，就能驱使机器人导航前往指定的航点，极大地提升在 ROS2 中调用 NAV2 导航服务的开发体验。

8.3.1 安装导航插件

这款导航插件是在 Github 上开源的，使用前需要下载源码并编译安装。如图 8-51 所示，在终端执行如下指令，进入工作空间的源码目录

```
cd ~/ros2_ws/src
```

图 8-51　进入工作空间的源码目录

然后如图 8-52 所示，执行如下指令，从 Github 下载导航插件源码。

```
git clone https://github.com/6-robot/wp_map_tools.git
```

如果 Github 的下载速度太慢，可以执行如下指令从 Gitee 下载，如图 8-53 所示。

```
git clone https://gitee.com/s-robot/wp_map_tools.git
```

如图 8-54 所示，源码下载完毕后，执行如下指令，进入这个插件源码目录的 scripts 文件夹。

```
cd ~/ros2_ws/src/wp_map_tools/scripts/
```

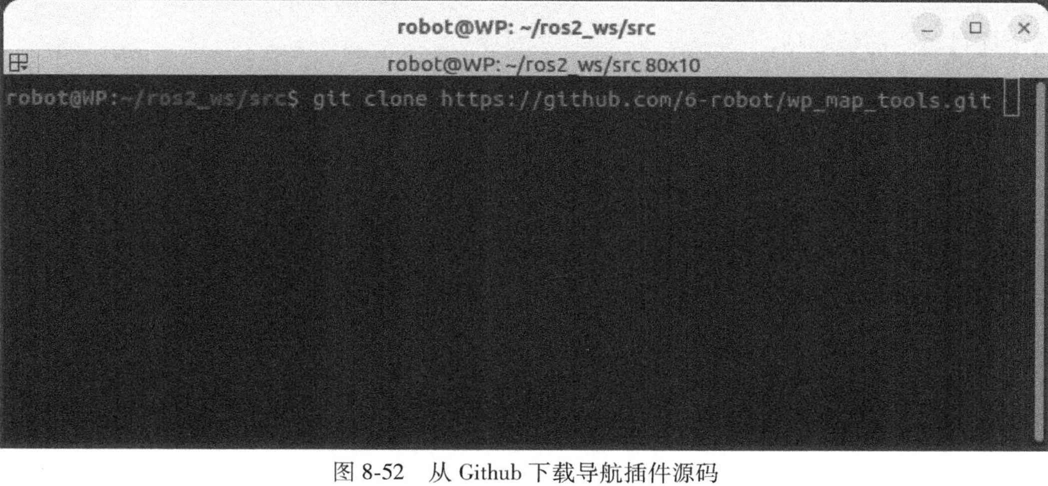

图 8-52　从 Github 下载导航插件源码

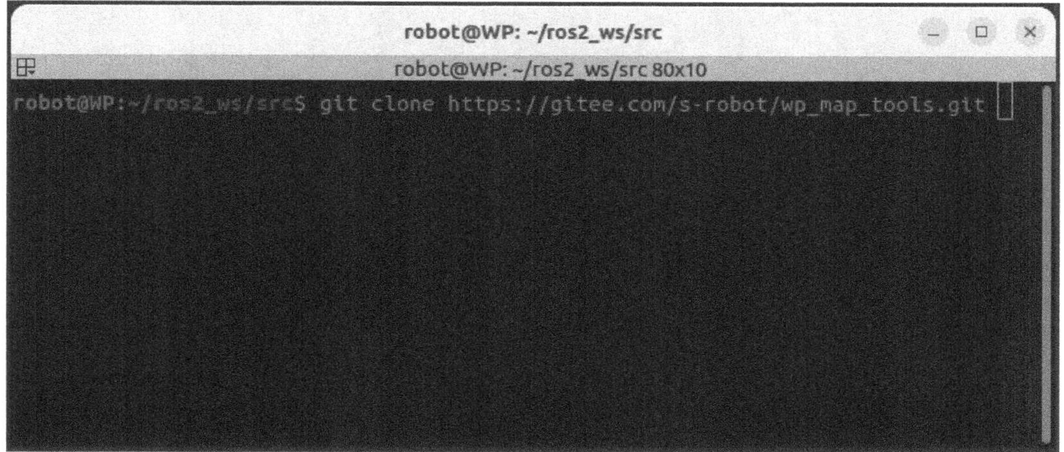

图 8-53　从 Gitee 下载导航插件源码

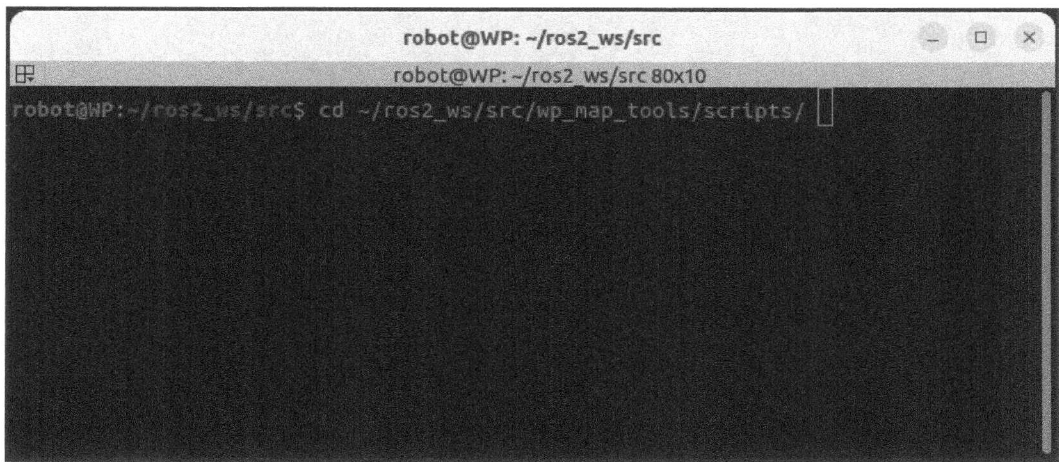

图 8-54　进入 scripts 文件夹

如图 8-55 所示，根据 ROS2 的具体版本，运行对应名称的脚本，执行如下指令，安装编译这个项目需要的依赖项。

```
./install_for_humble.sh
```

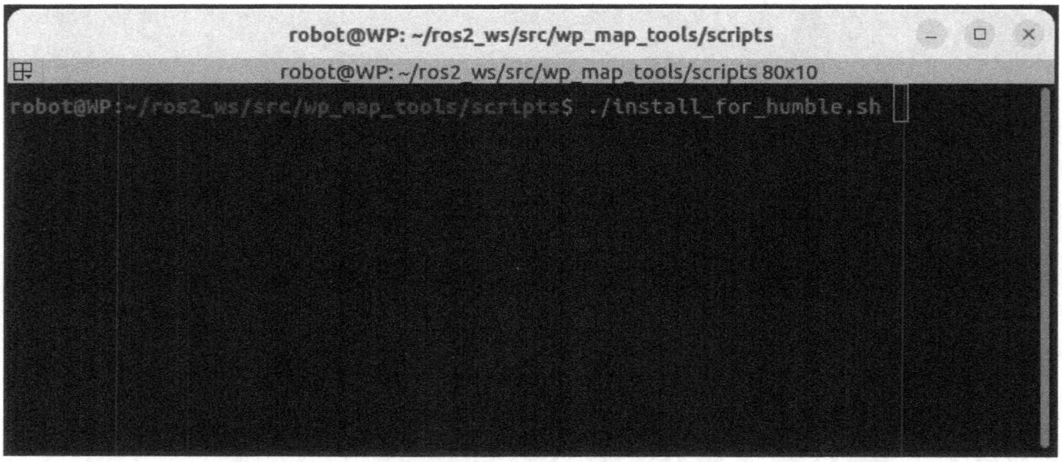

图 8-55　安装编译所需依赖项

依赖项安装完毕后，如图 8-56 所示，执行如下指令，回退到工作空间的主目录。

```
cd ~/ros2_ws/
```

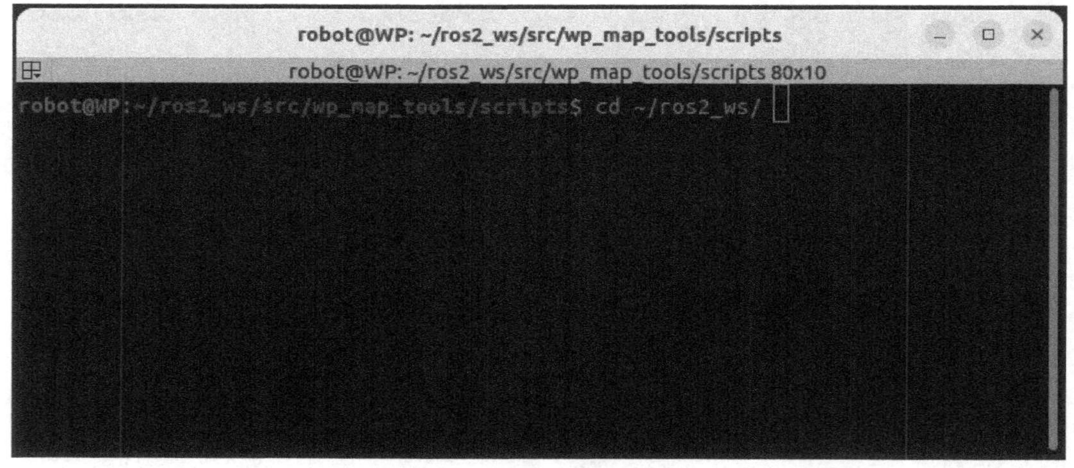

图 8-56　回退到工作空间的主目录

如图 8-57 所示，执行如下指令，编译刚才下载的插件源码包。

```
colcon build
```

编译完成后，就可以使用这个插件了。

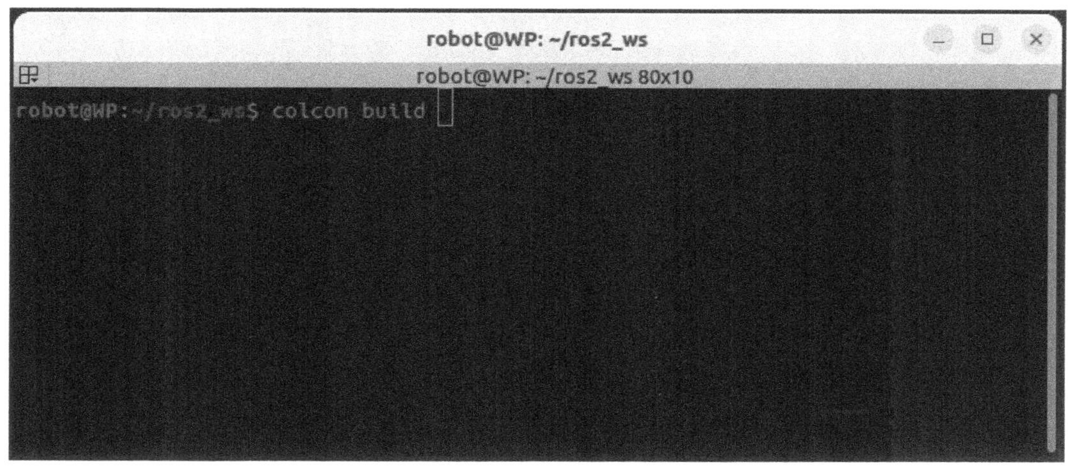

图 8-57　编译源码包

8.3.2　添加航点

使用导航插件在地图中添加航点非常方便。如图 8-58 所示，首先需要按照 8.2.2 小节的步骤建好环境地图，并把地图文件复制到 wpr_simulation2 的 maps 文件夹中。

把地图文件复制到maps文件夹

主文件夹 / ros2_ws / src / wpr_simulation2 / maps

最近使用
收藏
主目录
桌面
视频
图片
文档

map.pgm
map.yaml

图 8-58　把地图文件复制到 maps 文件夹中

如图 8-59 所示，打开一个终端，在终端执行如下指令，进入工作空间。

```
cd ~/ros2_ws
```

如图 8-60 所示，接着执行如下指令，加载工作空间中的环境设置。

```
source install/setup.bash
```

然后，如图 8-61 所示，执行如下指令启动带有导航插件的 RViz2 窗口。

```
ros2 launch wp_map_tools add_waypoint_sim.launch.py
```

按［Enter］键执行会启动 RViz2 窗口，如图 8-62 所示，在窗口中可以看到之前创建的地图。

图 8-59　进入工作空间

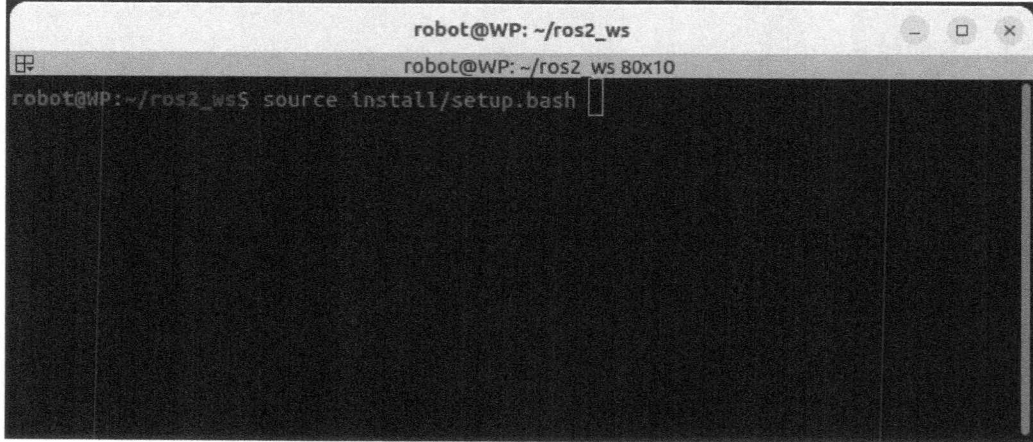

图 8-60　加载环境设置

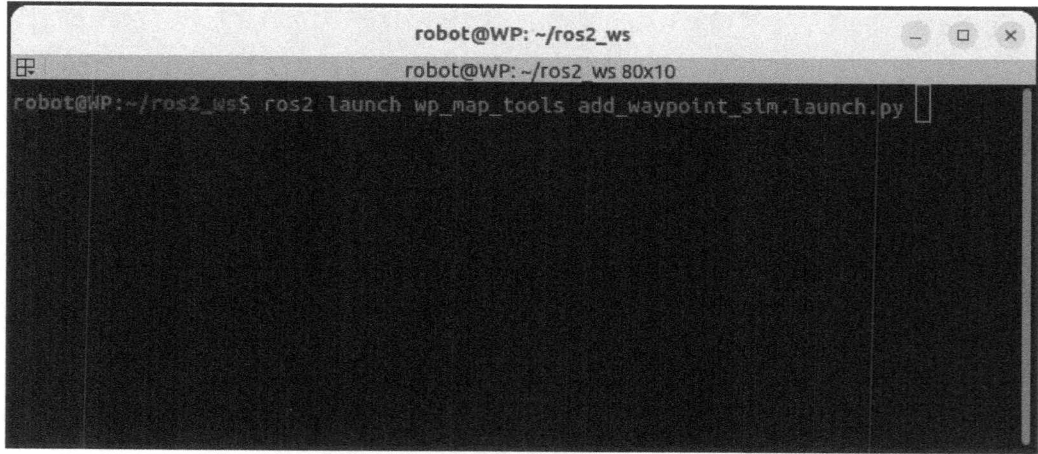

图 8-61　启动带有导航插件的 RViz2 窗口

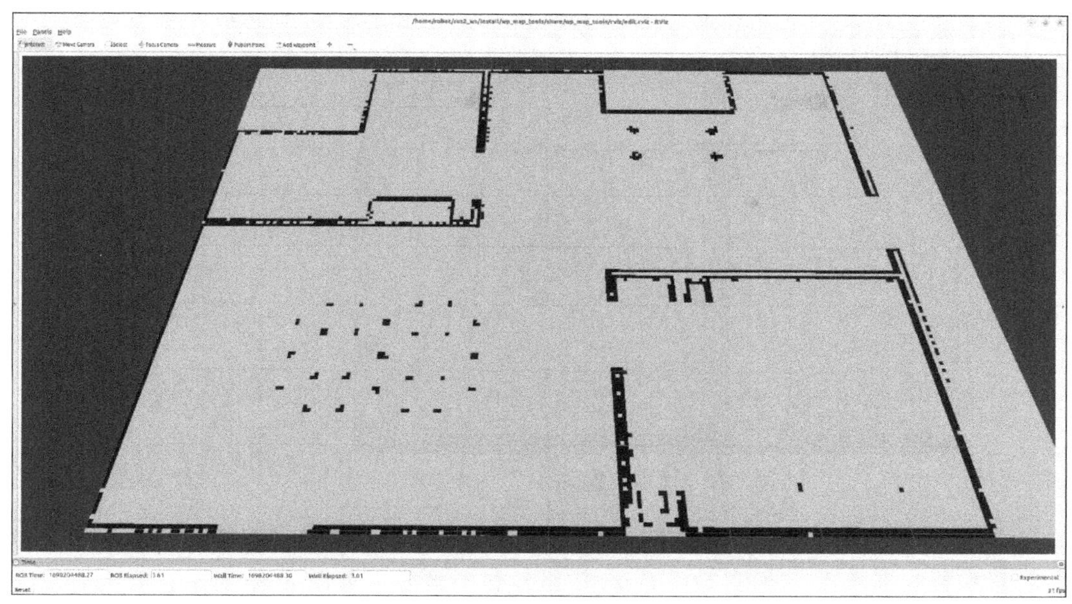

图 8-62　显示地图的 RViz2 窗口

如图 8-63 所示，在 RViz2 工具栏中新增了一个［Add Waypoint］按钮。

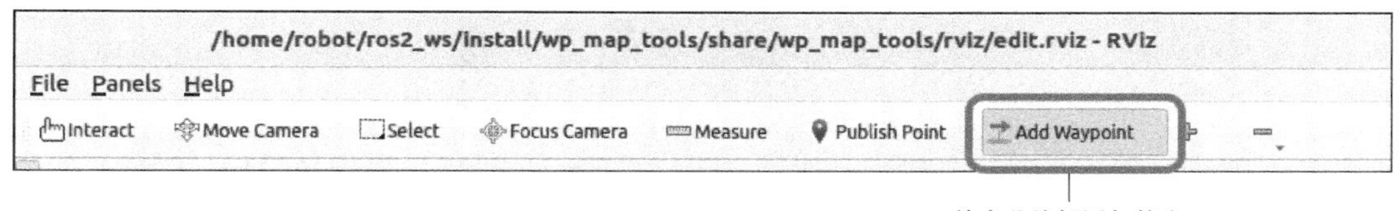

图 8-63　在 RViz2 工具栏中添加航点按钮

单击［Add Waypoint］按钮，就可以在地图上添加航点。如图 8-64 所示，在 RViz2 窗口的地图中找到要添加航点的位置，按住鼠标左键不放，会出现一个绿色箭头，箭头的尾部就是所添加的航点的坐标位置。拖动鼠标，绿色箭头会跟着旋转，箭头指向就是这个航点的朝向。

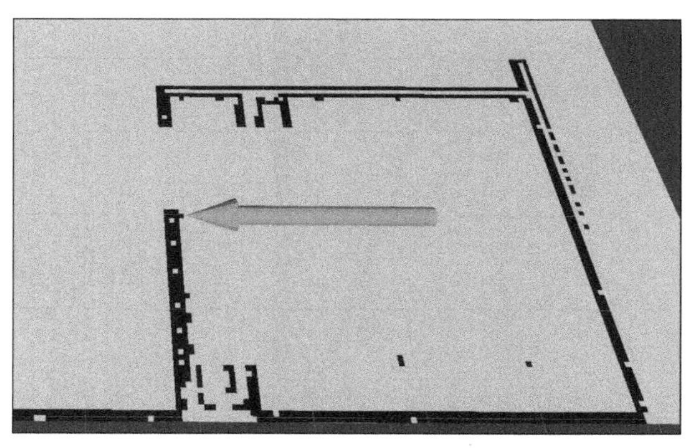

图 8-64　设置航点朝向

图 8-64 彩图

确定好航点朝向后，松开鼠标左键，会出现一个紫色的箭头三维模型，如图 8-65 所示，完成了一个航点的设置。

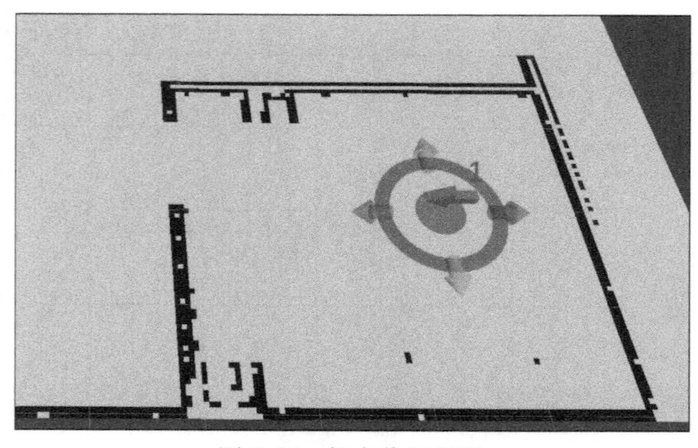

图 8-65 彩图

图 8-65　航点位置显示

航点的上方有个数字“1”，这是自动生成的航点名称，后面可以进行修改。如果对航点的位置和朝向不满意，还可以在 RViz2 中继续进行调整。如图 8-66 所示，单击航点标记旁边的红色箭头并拖动，可以在前后方向上调整航点位置。

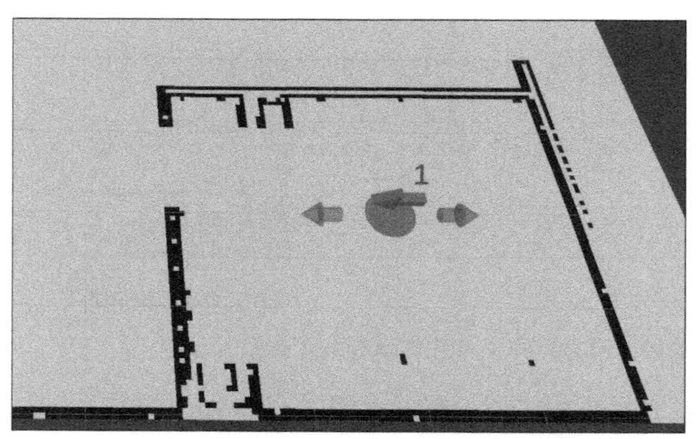

图 8-66 彩图

图 8-66　在前后方向上调整航点位置

如图 8-67 所示，单击航点标记旁边的绿色箭头并拖动，可以在左右方向上调整航点位置。

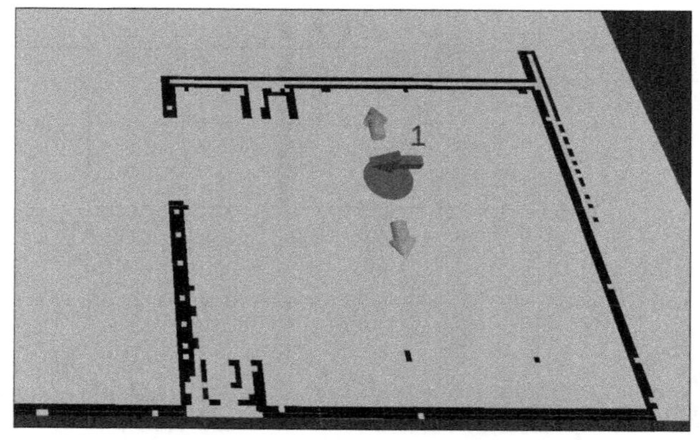

图 8-67 彩图

图 8-67　在左右方向上调整航点位置

如图 8-68 所示，单击航点标记周围的蓝色圆环并拖动，可以改变航点的朝向。

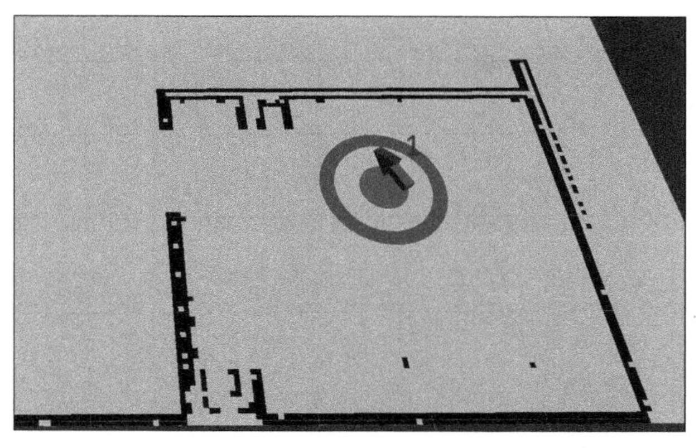

图 8-68　改变航点朝向

图 8-68 彩图

如图 8-69 所示，使用上述方法，可以在地图上设置多个航点。

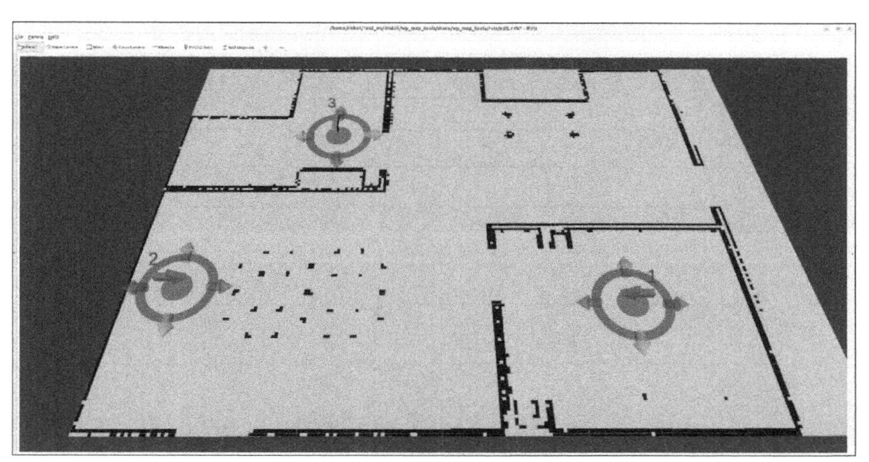

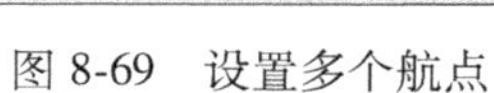
图 8-69　设置多个航点

图 8-69 彩图

航点设置完毕后，可以将这些航点信息保存成文件。如图 8-70 所示，保持 RViz2 界面别关闭，在 Terminator 终端中，按组合键［Ctrl+Shift+O］，将终端分为上、下两个子窗口。在新的终端窗口中执行如下指令，加载工作空间的环境设置。

```
source install/setup.bash
```

然后如图 8-71 所示，执行如下指令，启动航点保存节点，将航点信息保存成文件。

```
ros2 run wp_map_tools wp_saver
```

如图 8-72 所示，执行完毕后，在用户的主文件夹下会生成一个名为“waypoints. yaml”的文件。

如图 8-73 所示，这个文件中保存的就是设置的航点信息，双击打开这个文件，可以对其内容进行编辑。

可以看到，这个 waypoints. yaml 文件的内容包含以下两部分。

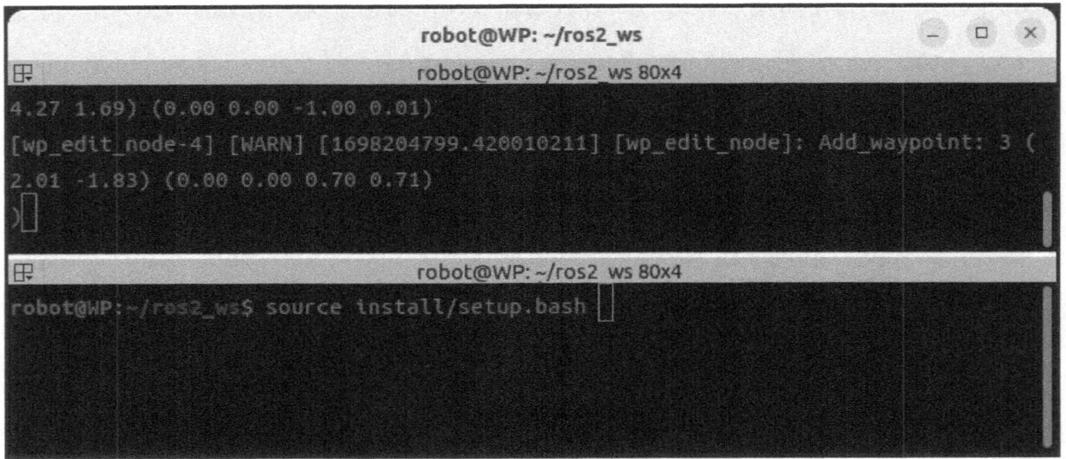

图 8-70　加载工作空间的环境设置

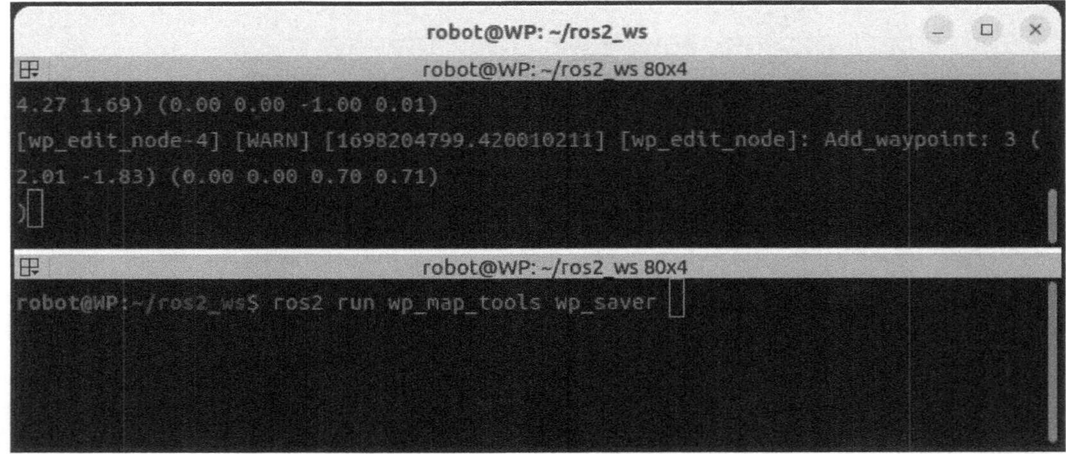

图 8-71　启动航点保存节点

图 8-72　航点文件

1）Waypoints_Num：这个文件中包含的航点数量。

2）Waypoint_(n)：其中（n）为1～3的数字编号，表示这是第几个航点信息。

每个航点信息还包括如下项目：

Type：航点的类型。

Name：航点的名称。

Pos_x/y/z：航点在地图中的空间坐标。

ori_x/y/z/w：航点的姿态朝向，这是一组四元数描述。

在这个文件中可以直接对航点的名称、三维空间坐标以及姿态朝向进行修改。在后面的实验中会用到这种修改方式。

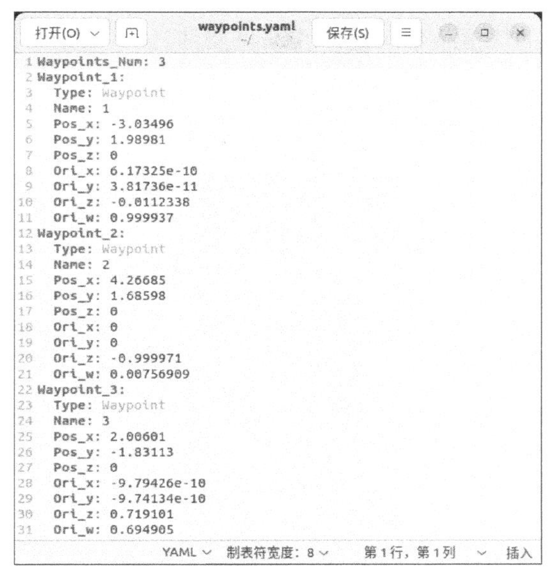

图8-73　航点文件的内容

8.3.3　启动导航服务

NAV2原生的导航接口调用比较烦琐，在wp_map_tools软件包中准备了如下两个节点可以简化这个调用过程。

1）wp_edit_node节点。这个节点会从主文件夹下的waypoints.yaml文件中获取之前保存的航点信息，供其他节点查询使用。

2）wp_navi_server节点。这个节点会从话题“/waterplus/navi_waypoint”中获取导航的目标航点名称，然后从wp_edit_node节点查询该航点的坐标和朝向，接着调用NAV2的原生导航接口，完成导航任务。导航完成后，会向话题“/waterplus/navi_result”发送信息“navi done”，提示导航已经完成。

有了这两个节点，就可以通过话题通信完成导航任务，下面将介绍如何使用这两个节点。首先按照8.2.2小节的步骤在工作空间中创建一个nav_pkg软件包。如果已经创建好了，可以直接使用，不必重复创建。

下面开始编写Launch文件。

如图8-74所示，先创建一个Launch文件，在这个Launch文件中启动NAV2和上述两个

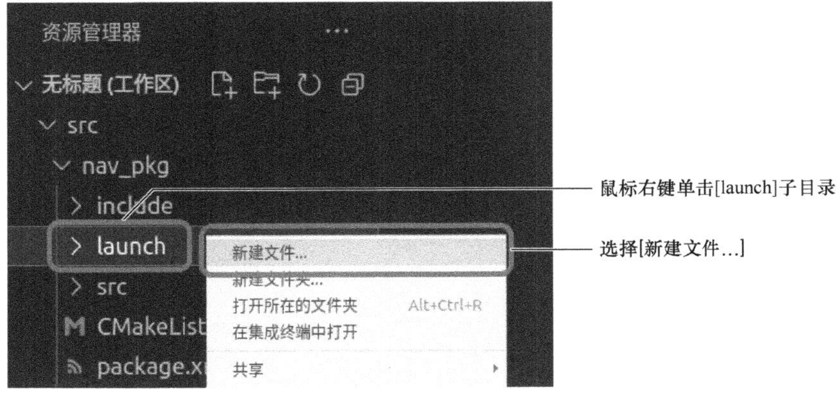

图8-74　新建Launch文件

节点。在 VSCode 中找到［nav_pkg］软件包，用鼠标右键单击它的［launch］子目录，在弹出的快捷菜单中选择［新建文件］。

此时会提示输入文件名，如图 8-75 所示，这里输入“waypoint_nav. launch. py”，然后按［Enter］键创建文件。

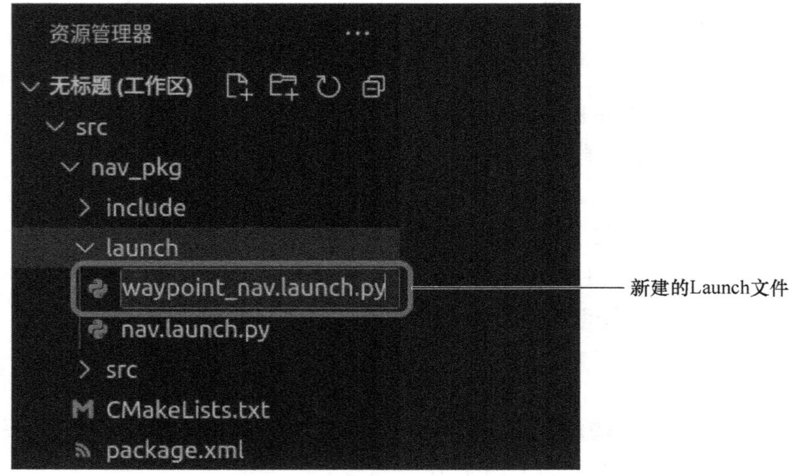

图 8-75　为 Launch 文件命名

下面编写这个 Launch 文件，其内容如下。

```
import os
from launch import LaunchDescription
from launch_ros.actions import Node
from ament_index_python.packages import get_package_share_directory
from launch.actions import IncludeLaunchDescription
from launch.launch_description_sources import PythonLaunchDescrip-
tionSource

def generate_launch_description():

    map_file=os.path.join(
        get_package_share_directory('wpr_simulation2'),
        'maps',
        'map.yaml'
    )

    nav_param_file=os.path.join(
        get_package_share_directory('wpr_simulation2'),
        'config',
```

```
        'nav2_params.yaml'
    )

    nav2_launch_dir=os.path.join(
        get_package_share_directory('nav2_bringup'),
        'launch'
    )

    navigation_cmd=IncludeLaunchDescription(
        PythonLaunchDescriptionSource([nav2_launch_dir,'/bringup_
launch.py']),
        launch_arguments={
            'map': map_file,
            'use_sim_time': 'True',
            'params_file': nav_param_file}.items(),
    )

    rviz_file=os.path.join(get_package_share_directory('wp_map_tools'),
'rviz','navi.rviz')
    rviz_cmd=Node(
            package='rviz2',
            executable='rviz2',
            name='rviz2',
            arguments=['-d',rviz_file]
        )

    wp_edit_cmd=Node(
            package='wp_map_tools',
            executable='wp_edit_node',
            name='wp_edit_node'
        )

    wp_navi_server_cmd=Node(
            package='wp_map_tools',
            executable='wp_navi_server',
            name='wp_navi_server'
        )

    ld=LaunchDescription()
```

```
    ld.add_action(navigation_cmd)
    ld.add_action(rviz_cmd)
    ld.add_action(wp_edit_cmd)
    ld.add_action(wp_navi_server_cmd)

    return ld
```

上述内容可以从 wpr_simulation2 的例程文件中找到。如果编译报错，可以与 wpr_simulation2\demo_launch\8_waypoint_nav.launch.py 文件中的代码进行比对。

下面是对这个 Launch 文件的解释。

```
import os
```

这行代码用于导入 Python 标准库中的 os 模块。后面会使用 os.path.join() 函数组合出文件路径。

```
from launch import LaunchDescription
```

这行代码用于导入 LaunchDescription 类。在这个 Launch 文件中，会使用 LaunchDescription 类的对象 ld 来描述需要启动的节点以及为它们配置的参数。

```
from launch_ros.actions import Node
```

这行代码用于导入 Node 类。需要用它在 Launch 文件中描述要启动的节点，并为节点设置参数和属性。

```
from ament_index_python.packages import get_package_share_directory
```

这行代码用于导入 get_package_share_directory() 函数。这个函数可以在 Launch 文件中获取指定软件包的 share 目录路径，以便使用其中的文件。


```
from launch.actions import IncludeLaunchDescription
```

这行代码从 launch.actions 模块中导入 IncludeLaunchDescription 类，该类用于在 Launch 文件中包含其他 Launch 文件。

```
from launch.launch_description_sources import PythonLaunchDescrip-
tionSource
```

这行代码从 launch.launch_description_sources 模块中导入 PythonLaunchDescriptionSource 类，该类用于指定要包含的 Launch 文件的路径。

```
def generate_launch_description():
```

这行代码用于定义一个函数 generate_launch_description()，用于生成 LaunchDescription 对象。

```
    map_file=os.path.join(
        get_package_share_directory('wpr_simulation2'),
        'maps',
```

```
    'map.yaml'
)
```

这段代码使用 get_package_share_directory() 函数获取 wpr_simulation2 软件包的 share 目录路径，并将“maps/map.yaml”追加到路径后面，得到完整的地图文件路径。将这个路径赋值给 map_file，后面会把这个地图文件路径传递给 NAV2 作为地图加载位置。

```
nav_param_file=os.path.join(
    get_package_share_directory('wpr_simulation2'),
    'config',
    'nav2_params.yaml'
)
```

这段代码使用 get_package_share_directory() 函数获取 wpr_simulation2 软件包的 share 目录路径，并将“config/nav2_params.yaml”追加到路径后面，得到完整的参数文件路径。路径里的 nav2_params.yaml 文件就是 NAV2 的参数文件，里面包含了导航功能的各个功能模块的参数数值。将这个路径赋值给 nav_param_file，后面会将这个参数文件的路径传递给 NAV2 进行参数的加载设置。

```
nav2_launch_dir=os.path.join(
    get_package_share_directory('nav2_bringup'),
    'launch'
)
```

这段代码使用 get_package_share_directory() 函数获取上面安装过的 nav2_bringup 软件包的 share 目录路径，并将“launch”追加到路径后面，得到 Launch 文件的完整路径。将这个路径赋值给 nav2_launch_dir。后面会从这个路径中加载 NAV2 的启动 Launch 文件，并传递相应的参数，实现 NAV2 的启动。

```
navigation_cmd=IncludeLaunchDescription(
    PythonLaunchDescriptionSource([nav2_launch_dir,'/bringup_
launch.py']),
    launch_arguments={
        'map': map_file,
        'use_sim_time':'True',
        'params_file': nav_param_file}.items(),
)
```

这段代码创建了一个名为“navigation_cmd”的 IncludeLaunchDescription 对象。它指定了要包含的 Launch 文件的路径为上一条 nav2_launch_dir 再加上“/bringup_launch.py”，也就是 nav2_bringup 软件包的 launch 目录下的 bringup_launch.py 文件。使用 launch_arguments 属性向这个 Launch 文件传递一组配置参数。其中，‘map’设置为前面定义的 map_file（地图文件的完整路径）；‘use_sim_time’设置为 True（表示使用仿真时间）；‘params_file’设置为 nav_param_file（导航参数文件的完整路径）。

```
rviz_file=os.path.join(get_package_share_directory('wp_map_tools
'),'rviz','navi.rviz')
```

这行代码使用 os. path. join( ) 函数组合出一个文件路径 rviz_file，后面会将这个路径指向的文件传递给 RViz2，以配置 RViz2 的显示界面。根据这行代码，rviz_file 路径指向 wp_map_tools 软件包下的 rviz 子目录中的 navi. rviz 文件。这是事先已经创建好的 RViz2 界面配置文件，专门用于航点导航过程的显示。

```
rviz_cmd=Node(
    package='rviz2',
    executable='rviz2',
    name='rviz2',
    arguments=['-d',rviz_file]
)
```

这段代码用于创建一个名为“rviz_cmd”的 Node 节点对象。该节点属于 rviz2 软件包，节点文件名为“rviz2”，其实就是 RViz2 的节点。通过 arguments 属性为 RViz2 节点设置参数。参数“-d”表示从文件中加载 RViz2 的界面配置信息，这个文件就是前面 rviz_file 指向的 wp_map_tools 软件包下 rviz 文件夹中的 navi. rviz 文件。

```
wp_edit_cmd=Node(
        package='wp_map_tools',
        executable='wp_edit_node',
        name='wp_edit_node'
    )
```

这段代码用于创建一个名为“wp_edit_cmd”的 Node 节点对象。该节点属于 wp_map_tools 软件包，节点文件名为“wp_edit_node”。这个节点会读取主文件夹下的 waypoints. yaml 文件，并向其他节点提供航点坐标查询服务。


```
wp_navi_server_cmd=Node(
        package='wp_map_tools',
        executable='wp_navi_server',
        name='wp_navi_server'
    )
```

这段代码用于创建一个名为“wp_navi_server_cmd”的 Node 节点对象。该节点属于 wp_map_tools 软件包，节点文件名为“wp_navi_server”。这个节点会从话题获取导航目标航点的名称，按照名称查询该航点坐标，并完成去往该航点的导航任务。

```
ld=LaunchDescription()
ld.add_action(navigation_cmd)
ld.add_action(rviz_cmd)
ld.add_action(wp_edit_cmd)
ld.add_action(wp_navi_server_cmd)
```

这段代码用于创建一个 LaunchDescription 对象 ld，并将前面创建的 4 个节点描述都添加为启动节点的动作。

```
return ld
```

最后，将 LaunchDescription 对象 ld 作为函数 generate_launch_description( ) 的返回值。这样当运行这个 Launch 文件时，会将 ld 里描述的节点按照对应的参数进行启动。

文件编写完毕后，需要进行保存。保存成功后，编辑界面文件名后面的圆点符号会变成一个叉符号。最后再按照 8.2.2 小节的步骤，添加编译和安装规则。如果已经添加过，这里可以不用重复操作。

8.3.4　构建航点导航程序

下面编写一个节点，向话题“/waterplus/navi_waypoint”发送导航目的地的航点名称，激活 wp_navi_server 节点的导航功能，完成导航任务。

1. 编写节点代码

先创建这个节点的源代码文件。如图 8-76 所示，在 VSCode 中找到［nav_pkg］软件包，用鼠标右键单击它的［src］文件夹，在弹出的快捷菜单中选择［新建文件］。

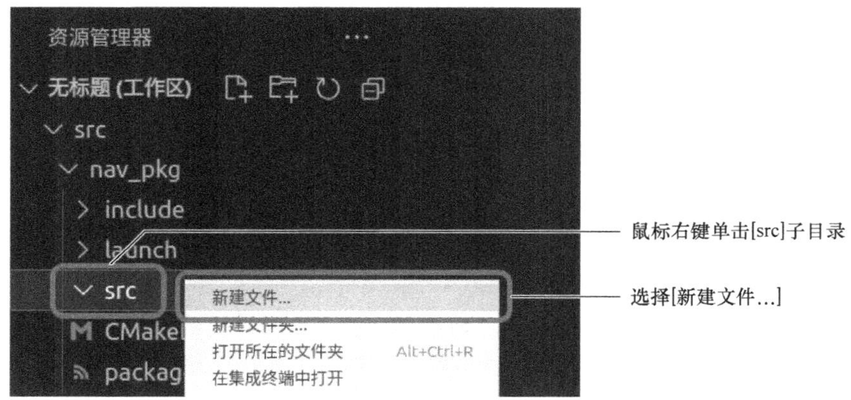

图 8-76　新建文件

此时会提示输入文件名，如图 8-77 所示，这里输入“waypoint_navigation.cpp”，然后按［Enter］键创建文件。

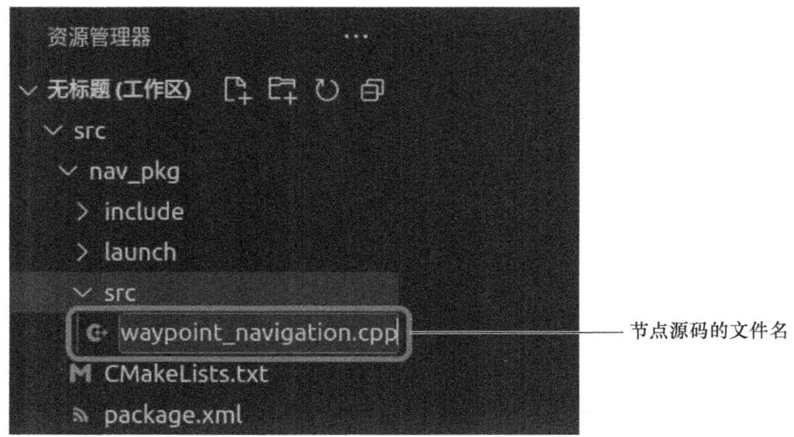

图 8-77　为文件命名

下面编写这个源代码文件，其内容如下。

```
#include <rclcpp/rclcpp.hpp>
#include <std_msgs/msg/string.hpp>

std::shared_ptr<rclcpp::Node> node;

void ResultCallback(const std_msgs::msg::String::SharedPtr msg)
{
    if(msg->data=="navi done")
    {
        RCLCPP_INFO(node->get_logger(),"Arrived !");
    }
}

int main(int argc,char** argv)
{
    rclcpp::init(argc,argv);
    node=std::make_shared<rclcpp::Node>("waypoint_navigation_node");

    auto navigation_pub = node->create_publisher<std_msgs::msg::
String>(
        "/waterplus/navi_waypoint",10);
    auto result_sub=node->create_subscription<std_msgs::msg::String>(
        "/waterplus/navi_result",10,ResultCallback);

    rclcpp::sleep_for(std::chrono::milliseconds(1000));

    std_msgs::msg::String waypoint_msg;
    waypoint_msg.data="1";
    navigation_pub->publish(waypoint_msg);

    rclcpp::spin(node);

    rclcpp::shutdown();
    return 0;
}
```

上述代码可以从 wpr_simulation2 的例程文件中找到。如果编译报错，可以与 wpr_simulation2\demo_cpp\8_waypoint_navigation.cpp 文件中的代码进行比对。

下面是对这个节点代码的解释。

```
#include <rclcpp/rclcpp.hpp>
#include <std_msgs/msg/string.hpp>
```

这部分代码引入了 ROS2 的 C++用户端库头文件、std_msgs 包中的 String 消息包类型。

```
std::shared_ptr<rclcpp::Node> node;
```

这行代码声明了一个名为“node”的共享指针，后面会用它来指向节点对象。在这里声明是为了使其成为全局作用域变量，在回调函数和主函数里都可以访问。

```
void ResultCallback(const std_msgs::msg::String::SharedPtr msg)
{
    if(msg->data=="navi done")
    {
        RCLCPP_INFO(node->get_logger(),"Arrived !");
    }
}
```

这段代码定义了一个名为“ResultCallback()”的回调函数，后面会指定这个函数用来接收 wp_navi_server 节点发来的导航结束信号。这个函数的参数是 std_msgs::msg::String 类型的消息包，如果这个消息包的 data 字段为字符串 navi done，则说明导航结束。这时在终端输出“Arrived !”信息，表明节点已经收到这个信号，知道导航任务结束了。

```
int main(int argc,char** argv)
{
    rclcpp::init(argc,argv);
```

这段代码是 main() 函数的开始，接收命令行参数 argc 和 argv。rclcpp::init (argc, argv) 用于初始化节点。


```
    node=std::make_shared<rclcpp::Node>("waypoint_navigation_node");
```

这行代码创建了一个名为“waypoint_navigation_node”的节点对象。使用 std::make_shared() 函数创建这个节点对象的共享指针，并赋值给 node。

```
    auto navigation_pub = node->create_publisher<std_msgs::msg::String>(
        "/waterplus/navi_waypoint",10);
```

这段代码创建了一个名为“navigation_pub”的发布者，它将 std_msgs::msg::String 类型的消息发布到“/waterplus/navi_waypoint”话题中，发送缓冲的队列长度为 10 个消息包。后面会使用这个发布对象发送导航的目标航点名称。

```
    auto result_sub=node->create_subscription<std_msgs::msg::String>(
        "/waterplus/navi_result",10,ResultCallback);
```

这段代码创建了一个名为“result_sub”的订阅者，它订阅了“/waterplus/navi_result”话题，并将从这个话题中接收到的消息传递给 ResultCallback() 回调函数，接收缓冲队列的长度为 10 个消息包。

```
    rclcpp::sleep_for(std::chrono::milliseconds(1000));
```

程序到这暂停 1000ms（也就是 1s），等待前面的话题发布和订阅操作完成。

```
    std_msgs::msg::String waypoint_msg;
    waypoint_msg.data = "1";
    navigation_pub->publish(waypoint_msg);
```

这段代码创建了一个名为“waypoint_msg”的消息包，类型为 std_msgs::msg::String。将消息包的 data 字段赋值为“1”，也就是要导航去往的航点名称。然后使用 navigation_pub 发布者将这个消息包发送到“/waterplus/navi_waypoint”话题中去。wp_navi_server 节点会从这个话题中获得包含目标航点名称的消息包，然后调用 NAV2 的原生接口完成这个导航任务。

```
    rclcpp::spin(node);
```

这行代码使节点开始运行。rclcpp::spin() 函数将使节点保持运行状态，直到节点被关闭。

```
    rclcpp::shutdown();
```

当节点运行过程中收到系统的关闭要求时会执行这行代码，用于关闭节点，释放节点占用的资源。

```
    return 0;
}
```

这是 main() 函数的结束，返回值为 0，表示程序成功执行并正常退出。

代码编写完成后，需要进行保存。保存成功后，编辑界面文件名后面的圆点符号会变成一个叉符号。

2. 设置编译规则

节点源码的编译规则写在 nav_pkg 的 CMakeLists.txt 文件里。如图 8-78 所示，在 VSCode 中打开这个文件，在这个文件里添加节点的编译规则。首先使用如下代码寻找节点代码中用到的依赖项。

```
find_package(rclcpp REQUIRED)
find_package(std_msgs REQUIRED)
```

然后使用如下代码添加节点源码的编译规则。

```
add_executable(waypoint_navigation src/waypoint_navigation.cpp)
ament_target_dependencies(waypoint_navigation "rclcpp" "std_msgs")
```

最后使用如下代码在安装规则里添加新的节点。

```
install(TARGETS  waypoint_navigation
DESTINATION  lib/${PROJECT_NAME})
```

这些内容可以从 wpr_simulation2 的例程文件中找到。如果编译报错，可以与 wpr_simula-

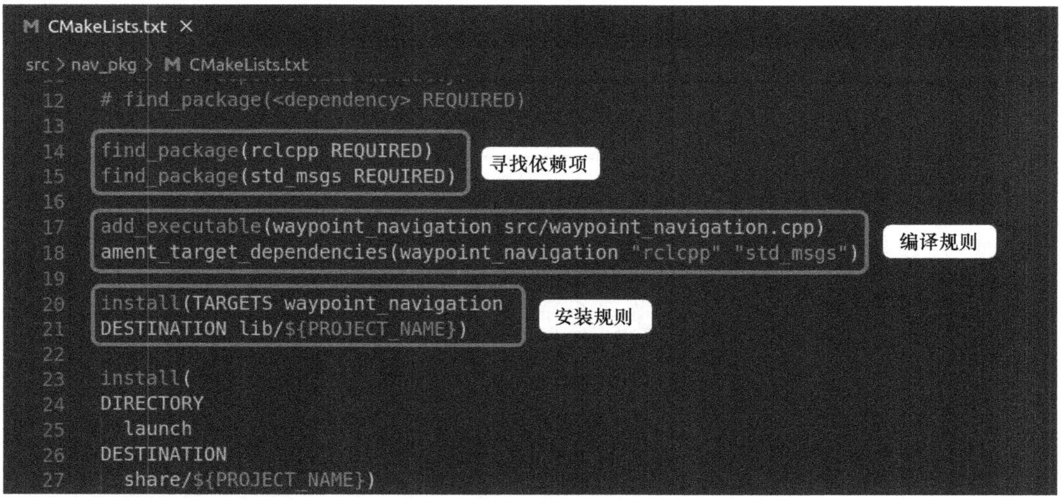

```
CMakeLists.txt
src > nav_pkg > CMakeLists.txt
# find_package(<dependency> REQUIRED)

find_package(rclcpp REQUIRED)
find_package(std_msgs REQUIRED)

add_executable(waypoint_navigation src/waypoint_navigation.cpp)
ament_target_dependencies(waypoint_navigation "rclcpp" "std_msgs")

install(TARGETS waypoint_navigation
DESTINATION lib/${PROJECT_NAME})

install(
DIRECTORY
  launch
DESTINATION
  share/${PROJECT_NAME})
```

寻找依赖项
编译规则
安装规则

图 8-78　寻找依赖项、添加编译规则和安装规则

tion2\demo_cmakelists\8_waypoint_navigation. txt 文件中的代码进行比对。

上述规则添加完毕后，一定要保存文件，否则规则无法生效。

3. 修改软件包信息

如图 8-79 所示，在 VSCode 中打开 nav_pkg 下的 package. xml 文件，使用如下代码添加依赖项信息。

```
<depend>rclcpp</depend>
<depend>std_msgs</depend>
```

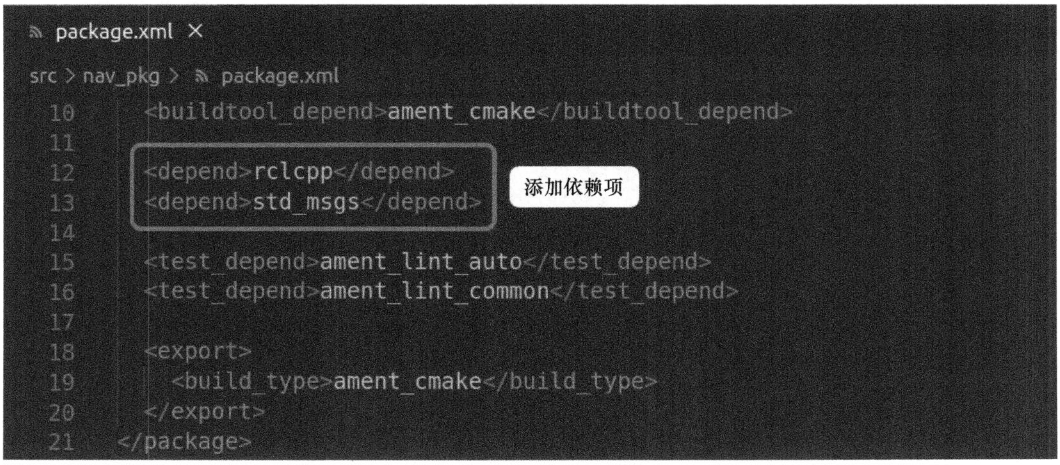

```
package.xml
src > nav_pkg > package.xml
  <buildtool_depend>ament_cmake</buildtool_depend>

  <depend>rclcpp</depend>
  <depend>std_msgs</depend>

  <test_depend>ament_lint_auto</test_depend>
  <test_depend>ament_lint_common</test_depend>

  <export>
    <build_type>ament_cmake</build_type>
  </export>
</package>
```

添加依赖项

图 8-79　添加依赖项

这些内容可以从 wpr_simulation2 的例程文件中找到。如果编译报错，可以与 wpr_simulation2\demo_package\8_waypoint_navigation. xml 文件中的代码进行比对。

文件修改后，一定要保存文件，否则新的包信息无法生效。

4. 编译软件包

修改完上述文件后，打开终端窗口。如图 8-80 所示，执行如下指令，进入工作空间。

```
cd ~/ros2_ws
```

图 8-80　进入工作空间

然后如图 8-81 所示，执行如下指令，对工作空间中的所有软件包进行编译。

```
colcon build
```

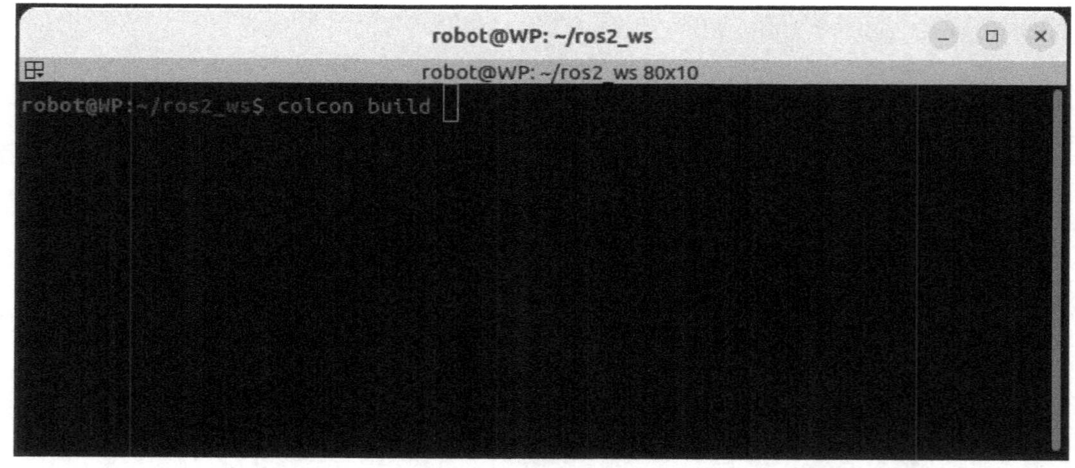

图 8-81　编译软件包

如果编译顺利的话，会显示如图 8-82 所示信息，表示编译成功。

8.3.5　仿真运行航点导航程序

下面将在仿真环境中运行刚编写的 Launch 文件和导航节点。在运行前，确认已经按照 2.6 节下载了 wpr_simulation2 仿真项目。然后，保持终端的当前位置还在工作空间目录 ros2_ws 中，如图 8-83 所示，在终端执行如下指令。

```
robot@WP: ~/ros2_ws
robot@WP: ~/ros2_ws 80x10
robot@WP:~/ros2_ws$ colcon build
Starting >>> nav_pkg
Starting >>> wp_map_tools
Starting >>> wpr_simulation2
Finished <<< wp_map_tools [0.48s]
Finished <<< wpr_simulation2 [0.52s]
Finished <<< nav_pkg [5.22s]

Summary: 3 packages finished [5.33s]
robot@WP:~/ros2_ws$
```

图 8-82　编译成功

```
source install/setup.bash
```

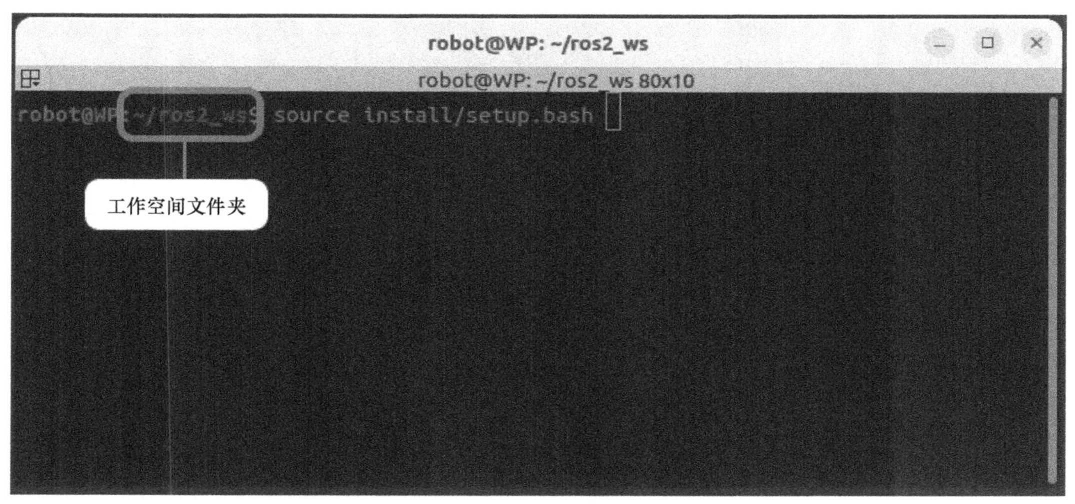

图 8-83　加载工作空间的环境设置

接着，启动带有机器人的仿真环境。如图 8-84 所示，执行如下指令。

```
ros2 launch wpr_simulation2 robocup_home.launch.py
```

这时会启动仿真环境，如图 8-85 所示。

运行刚编写的导航服务 Launch 文件。如图 8-86 所示，在 Terminator 终端中，按组合键［Ctrl+Shift+O］，将终端分为上、下两个子窗口。在新的终端窗口中执行如下指令，加载工作空间的环境设置。

```
source install/setup.bash
```

如图 8-87 所示，执行如下指令，运行刚编写的 Launch 文件。

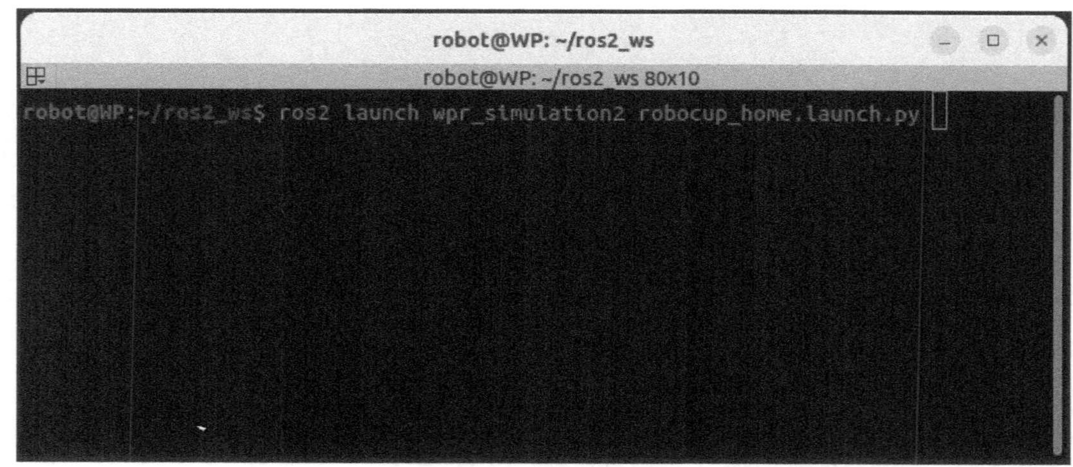

图 8-84　启动仿真环境

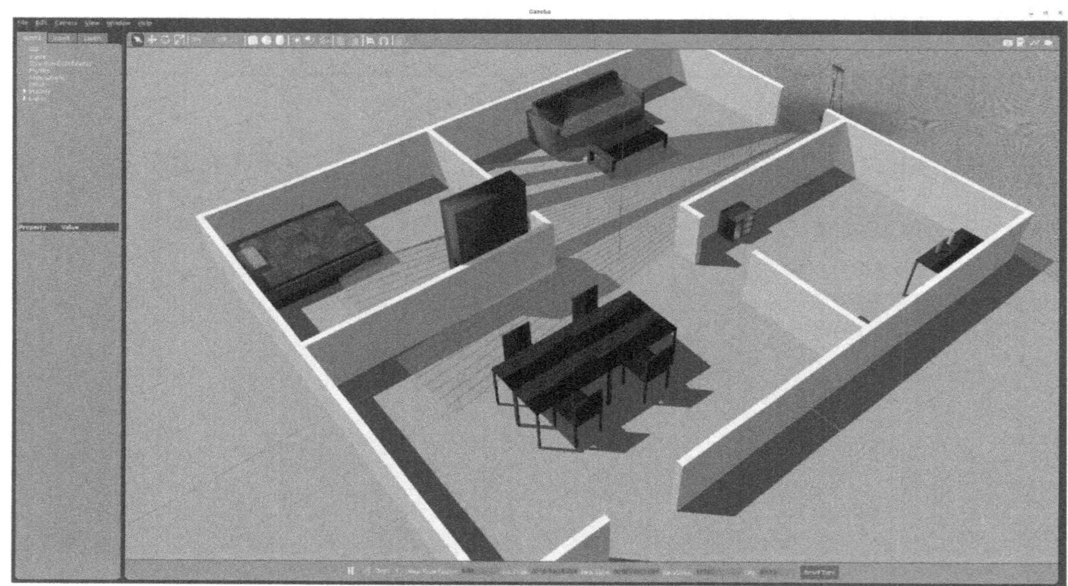

图 8-85　仿真环境窗口


```
ros2 launch nav_pkg waypoint_nav.launch.py
```

如图 8-88 所示，执行这个 Launch 文件后，弹出一个 RViz2 窗口，显示了地图以及之前设置好的航点标记。

此时窗口中还没有显示机器人模型，需要手动设置一下机器人的初始位置。如图 8-89 所示，单击一下 RViz2 工具栏中的［2D Pose Estimate］按钮。

然后在 RViz2 的地图中找到机器人所在的位置，按住鼠标左键不放。如图 8-90 所示，这时会出现一个绿色箭头，代表的是机器人在初始位置的朝向。继续按住鼠标左键不放，在屏幕上拖动画圈，可以控制绿色箭头的朝向。

```
robot@WP: ~/ros2_ws
robot@WP: ~/ros2_ws 80x4
[gzserver-1] [INFO] [1698414417.468062829] [base_controller]: Publishing odom tr
ansforms between [odom] and [base_footprint]
[INFO] [spawn_entity.py-4]: process has finished cleanly [pid 15273]

robot@WP: ~/ros2_ws 80x4
robot@WP:~/ros2_ws$ source install/setup.bash
```

图 8-86　加载工作空间的环境设置

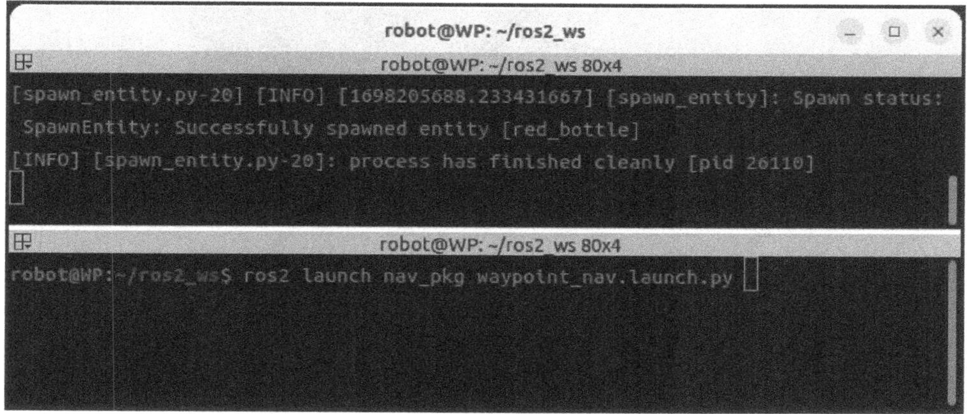

图 8-87　运行 Launch 文件

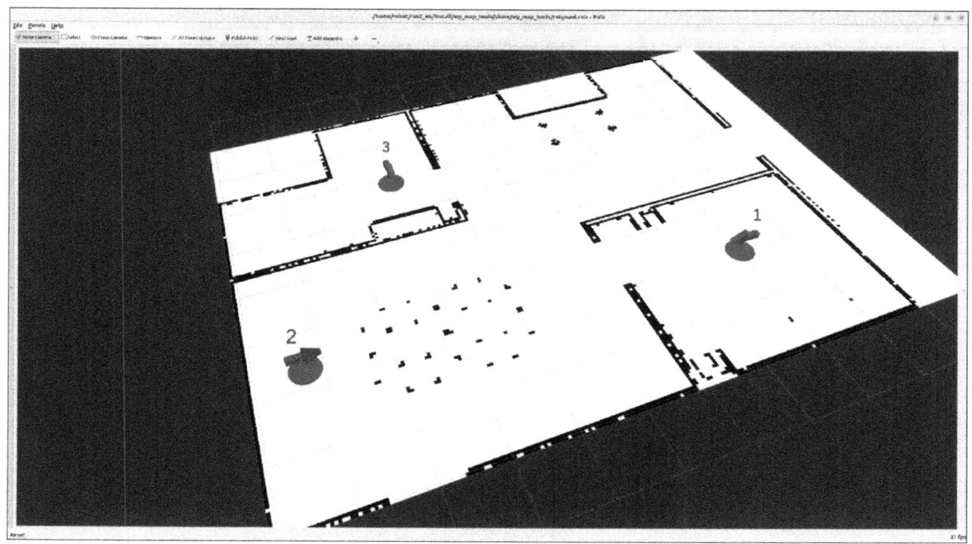

图 8-88　带航点标记的 RViz2 窗口

/home/robot/ros2_ws/install/wp_map_tools/share/wp_map_tools/rviz/navi.rviz - RViz

File Panels Help

Move Camera Select Focus Camera Measure 2D Pose Estimate Publish Point Nav2 Goal Add Waypoint

单击此按钮设置机器人初始位置

图 8-89 RViz2 的初始位置设置按钮

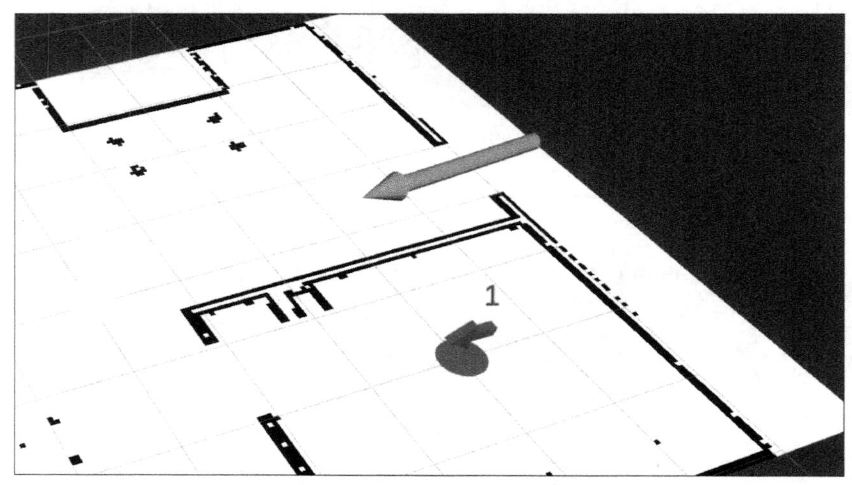

图 8-90 彩图

图 8-90 设置机器人初始位置朝向

如图 8-91 所示，将绿色箭头的朝向拖动到与机器人朝向一致，松开鼠标左键，机器人的模型就出现在所设置的位置，这样就把机器人的初始位置设置好了。

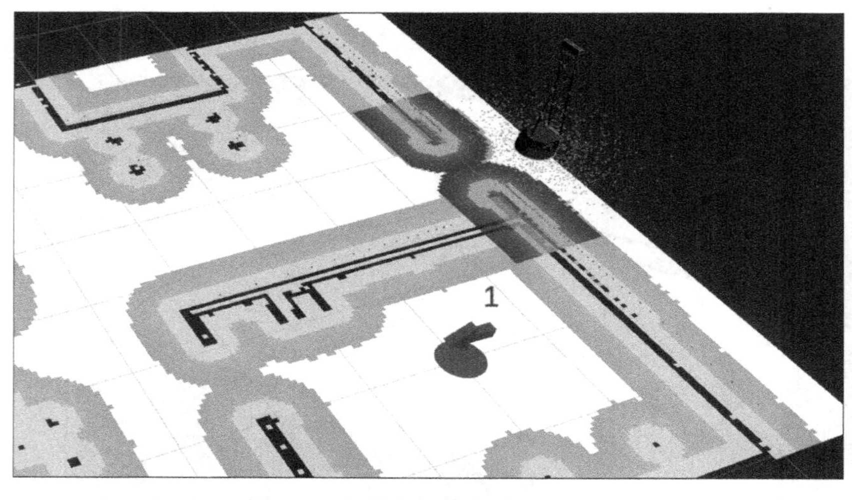

图 8-91 彩图

图 8-91 机器人初始位置设置完毕

下面运行前面编写的航点导航节点。在 Terminator 终端中，再次按组合键［Ctrl+Shift+O］，会分出第 3 个子窗口。如图 8-92 所示，在新的终端窗口中执行如下指令，加载工作空间的环境设置。

```
source install/setup.bash
```

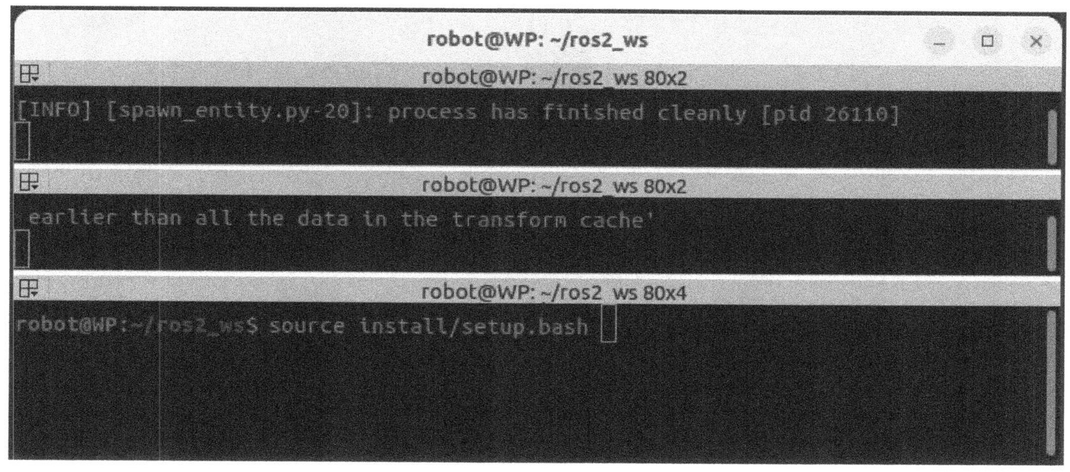

图 8-92　加载工作空间的环境设置

如图 8-93 所示，接着执行如下指令，运行刚编写的节点。

```
ros2 run nav_pkg waypoint_navigation
```

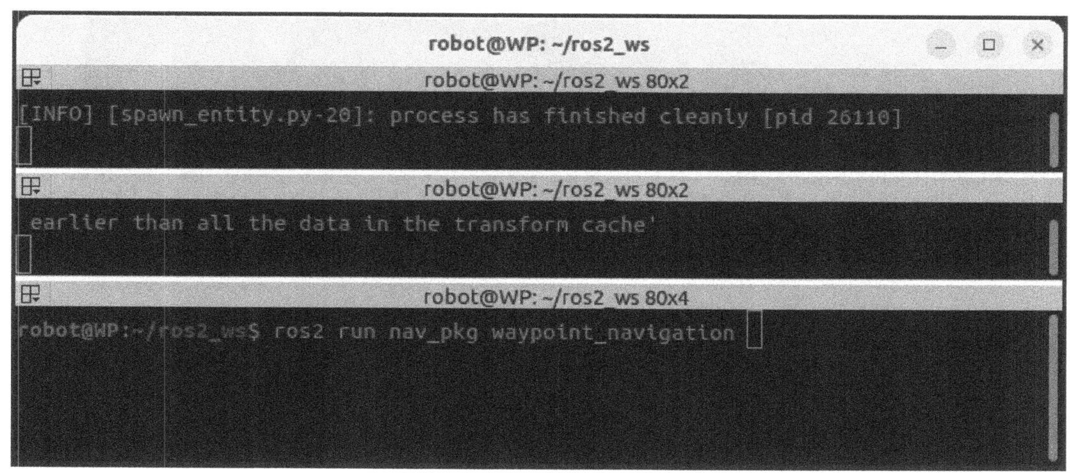

图 8-93　运行导航节点

如图 8-94 所示，运行节点之后，RViz2 中便规划出去往航点“1”的路线，机器人按照路线开始移动。

如图 8-95 所示，机器人导航到目标航点位置后，会调整自己的朝向，直到与航点“1”的标记箭头方向一致。

机器人调整好朝向角后，便停止不动了，导航任务完成。

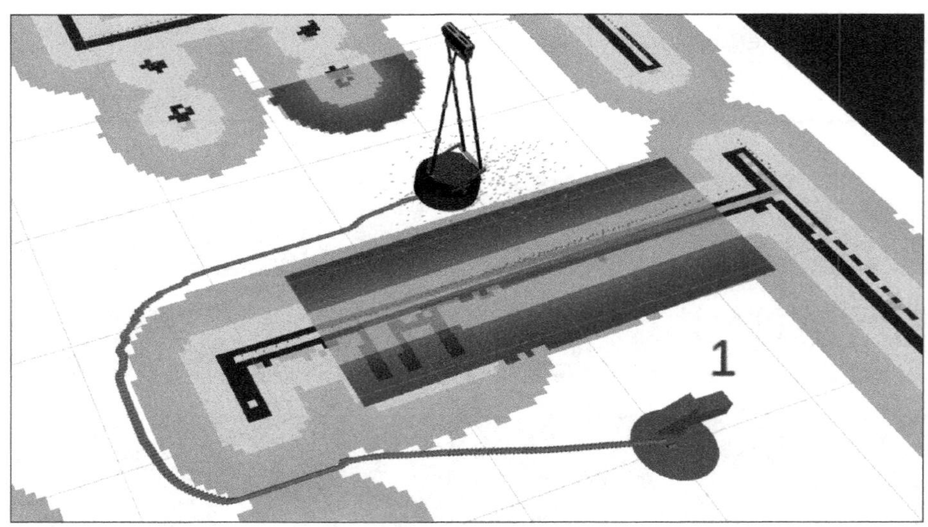

图 8-94　机器人按照路线移动

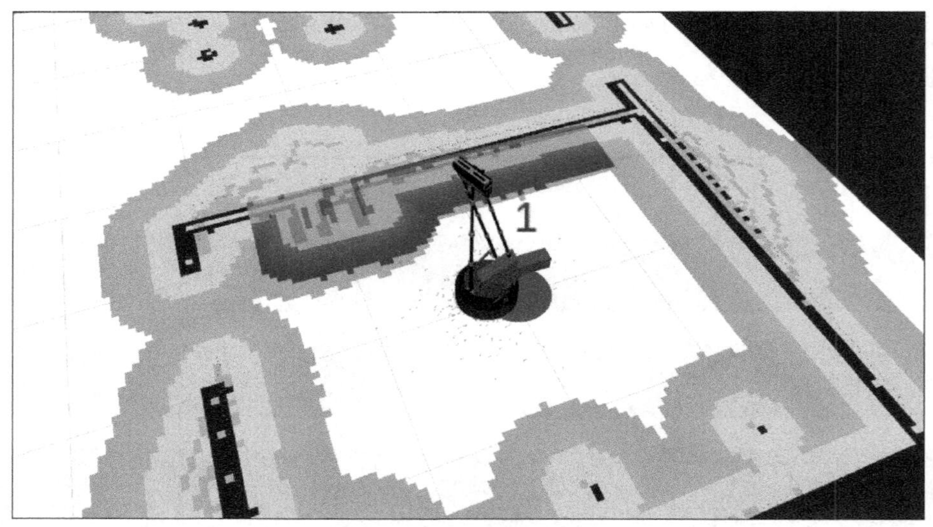

图 8-95　机器人到达导航目标点

8.3.6　练习题

1）使用导航插件在地图中多设置几个航点，然后修改 waypoint_navigation 节点代码，让机器人分别去往不同的航点。

2）对 waypoint_navigation 节点代码进行扩展，实现机器人在多个航点之间进行连续导航。比如，地图中有“1”“2”“3”3 个航点。让机器人先导航到航点“1”，然后去往航点“2”，完成后再去往航点“3”。

8.4　本章小结

本章主要是对 ROS2 中的 NAV2 导航系统进行介绍和编程。首先详细介绍了 NAV2 的组成结构和各功能模块；接着，构建了一个 NAV2 自主导航应用实例，包括准备地图文件、编写导航 Launch 文件、设置安装规则、编译软件包、仿真环境运行自主导航、NAV2 的参数设置；最后，基于一款开源的地图导航可视化插件，实现在地图上设置多个目标航点，通过消息发送，驱使机器人导航到指定的航点。该插件极大地提升了在 ROS2 中调用 NAV2 导航服务的开发体验。

第 9 章 ROS2中的视觉图像应用

9.1 视觉图像数据的获取

作为 ROS2 视觉图像的开篇实验，这次将完成一个基本功能：在 ROS2 中获取机器人相机的视觉图像。在这个实验里，将了解图像数据是以什么形式存在于 ROS2 中，以及如何转换成我们熟悉的 OpenCV 格式的，为后续的视觉编程实验奠定基础。

如图 9-1 所示，视觉图像数据的获取是通过订阅相机驱动节点发布的话题，从话题中获取相机发出的消息包来实现的。相机的话题名称一般是"<相机名称>/<可选分辨率>/image_raw"的格式。在这个实验中，机器人头部安装的是 Kinect V2 RGB-D 相机，所以对应的话题名称为"/kinect2/qhd/image_raw"，话题中的消息包格式为 sensor_msgs::Image。

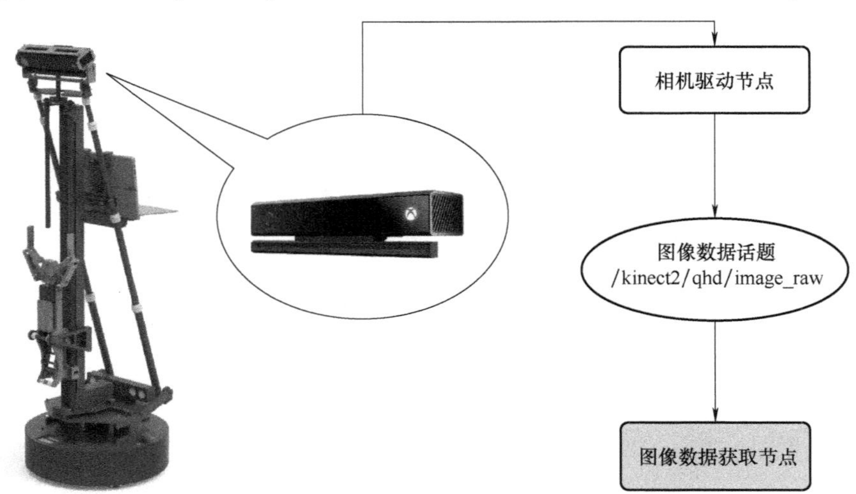

图 9-1 视觉图像数据获取的数据流向图

这个实验将实现一个订阅者节点，订阅相机发布的话题"/kinect2/qhd/image_raw"，从此话题中接收 sensor_msgs::Image 类型的消息包，并将其中的图像数据转换成 OpenCV 格式。最后使用 OpenCV 的图形显示接口，将图像显示在图形窗口中。

9.1.1 编写图像数据获取程序

首先在工作空间中创建一个软件包。如图 9-2 所示，打开一个新的终端窗口，输入如下指令，进入工作空间。

```
cd ~/ros2_ws/src
```

图 9-2　进入工作空间

然后如图 9-3 所示，用如下指令创建一个名为“cv_pkg”的软件包（“cv”是“Computer Vision”的简称）。

```
ros2 pkg create cv_pkg
```

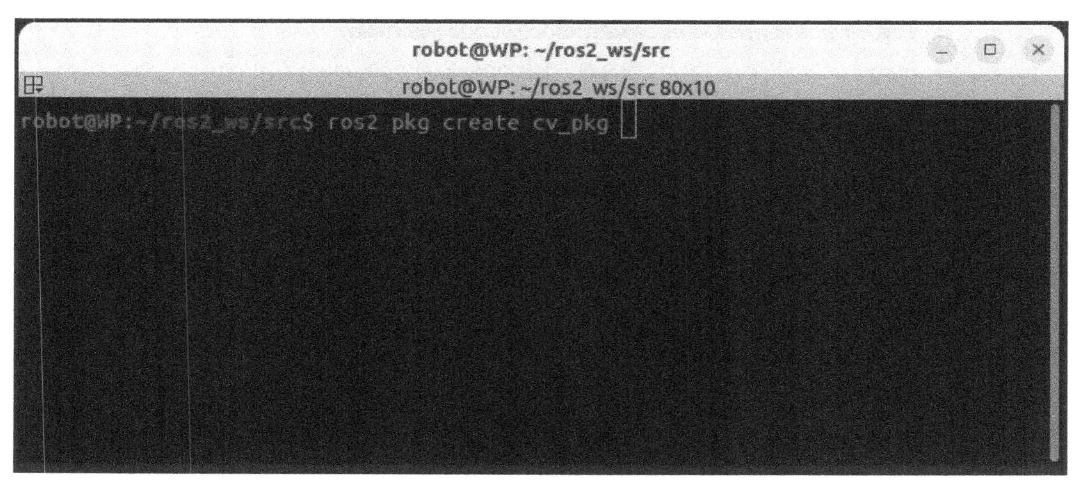

图 9-3　创建软件包

创建好软件包后，接下来在这个软件包中创建一个节点。

1. 编写节点代码

先创建节点的源码文件。如图 9-4 所示，在 VSCode 中找到［cv_pkg］软件包，用鼠标右键单击它的［src］子文件夹，在弹出的快捷菜单中选择［新建文件］。

如图 9-5 所示，此时会提示输入文件名，这里输入“cv_image.cpp”，然后按［Enter］键创建文件。

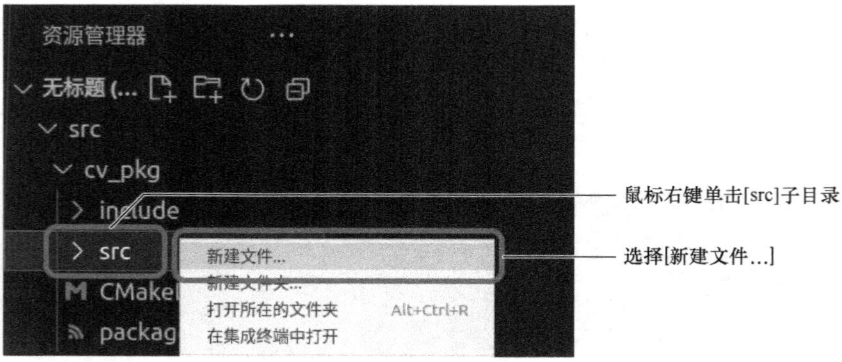

图 9-4　新建文件

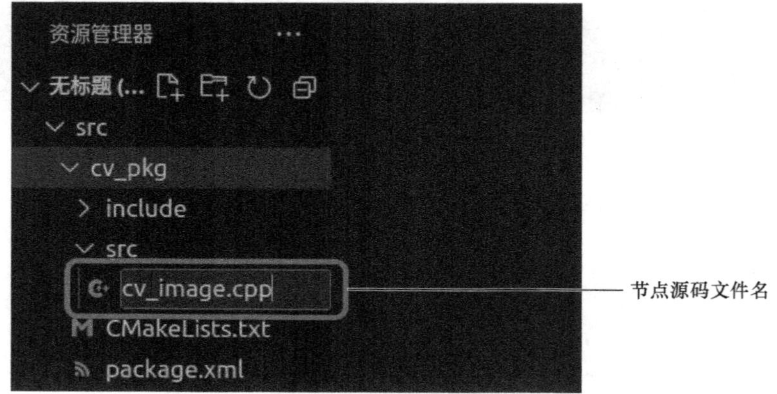

图 9-5　为文件命名

下面编写这个源码文件，其内容如下。

```
#include <rclcpp/rclcpp.hpp>
#include <sensor_msgs/msg/image.hpp>
#include <cv_bridge/cv_bridge.h>
#include <opencv2/imgproc/imgproc.hpp>
#include <opencv2/highgui/highgui.hpp>

std::shared_ptr<rclcpp::Node> node;

void CamRGBCallback(const sensor_msgs::msg::Image::SharedPtr msg)
{
    cv_bridge::CvImagePtr cv_ptr;
    cv_ptr=cv_bridge::toCvCopy(msg, sensor_msgs::image_encodings::
BGR8);

    cv::Mat imgOriginal=cv_ptr->image;
```

```
        cv::imshow("RGB",imgOriginal);
        cv::waitKey(1);
}

int main(int argc,char ** argv)
{
        rclcpp::init(argc,argv);
        node=std::make_shared<rclcpp::Node>("cv_image_node");

        auto rgb_sub = node->create_subscription<sensor_msgs::msg::
Image>(
            "/kinect2/qhd/image_raw",1,CamRGBCallback);

        cv::namedWindow("RGB");

        rclcpp::spin(node);

        cv::destroyAllWindows();

        rclcpp::shutdown();

        return 0;
}
```

上述代码可以从 wpr_simulation2 的例程文件中找到。如果编译报错，可以与 wpr_simulation2\demo_cpp\9_cv_image.cpp 文件中的代码进行比对。

下面是对这个节点代码的解释。

```
#include <rclcpp/rclcpp.hpp>
#include <sensor_msgs/msg/image.hpp>
```

这两行代码导入了 ROS2 的 C++库和图像消息类型 sensor_msgs::Image 的头文件。

```
#include <cv_bridge/cv_bridge.h>
```

这行代码导入了用于在 ROS2 消息格式和 OpenCV 图像格式之间进行转换的功能函数头文件。

```
#include <opencv2/imgproc/imgproc.hpp>
#include <opencv2/highgui/highgui.hpp>
```

这两行代码导入了 OpenCV 的图像处理功能和图形显示功能的函数头文件。

```
std::shared_ptr<rclcpp::Node> node;
```

这行代码声明了一个名为"node"的共享指针，指向 rclcpp::Node 类型的对象。在这里声明是为了使其成为全局变量，在回调函数和主函数里都可以访问。

```
void CamRGBCallback(const sensor_msgs::msg::Image::SharedPtr msg)
{
```

这是一个回调函数。在后面的代码中，会将它设置为接收到相机图像消息包的回调函数。它接收一个 sensor_msgs::msg::Image 类型的共享指针 msg 作为参数，这个 msg 参数就是携带了相机图像数据的消息包，将会在这个回调函数中进行处理。

```
    cv_bridge::CvImagePtr cv_ptr;
    cv_ptr = cv_bridge::toCvCopy(msg, sensor_msgs::image_encodings::
BGR8);
```

这两行代码先定义一个 cv_bridge::CvImagePtr 类型的指针 cv_ptr，然后调用 cv_bridge::toCvCopy 将 ROS2 图像消息转换为 OpenCV 的图像类型数据，并将这个数据存储地址赋值给 cv_ptr。

```
    cv::Mat imgOriginal = cv_ptr->image;
```

这行代码用于定义一个 OpenCV 类型的图形对象 imgOriginal，用于从 cv_ptr 中将图像数据取出来。

```
    cv::imshow("RGB",imgOriginal);
    cv::waitKey(1);
```

这两行代码先使用 cv::imshow 将 imgOriginal 中的图像显示在一个图形窗口中，窗口的标题为“RGB”。然后调用 cv::waitKey() 函数，让程序停顿 1ms，留出时间让“RGB”这个图形窗口能够显示出来。

```
int main(int argc,char **argv)
{
    rclcpp::init(argc,argv);
```

这段代码是 main() 函数的开始，接收命令行参数 argc 和 argv。rclcpp::init（argc，argv）用于初始化节点。


```
    node = std::make_shared<rclcpp::Node>("cv_image_node");
```

这行代码创建了一个名称为“cv_image_node”的节点对象。使用 std::make_shared() 函数创建这个节点对象的共享指针，并赋值给 node。

```
    auto rgb_sub = node->create_subscription<sensor_msgs::msg::Image>(
        "/kinect2/qhd/image_raw",1,CamRGBCallback);
```

这段代码使用 node 节点的 create_subscription() 函数创建一个订阅者对象 rgb_sub。订阅的消息类型是 sensor_msgs::msg::Image，订阅话题为“/kinect2/qhd/image_raw”，参数 1 表示接收缓冲的队列长度为 1 个消息包。回调函数 CamRGBCallback() 在前面已经有定义，它将在接收到相机图像消息包时被调用。

```
    cv::namedWindow("RGB");
```

这行代码用于初始化一个图形窗口，窗口标题为“RGB”。在前面的回调函数中，会使用这个窗口显示节点获取到的相机图像。

```
    rclcpp::spin(node);
```

这行代码启动节点的主循环，使节点开始处理消息并调用回调函数。rclcpp::spin( ) 函数将使节点保持运行状态，直到节点被关闭。

```
    cv::destroyAllWindows();
```

当节点运行过程中收到系统的关闭要求时会执行这行代码，用于关闭并释放所有 OpenCV 窗口占用的资源。

```
    rclcpp::shutdown();
```

这行代码用于关闭节点，释放节点占用的资源。

```
    return 0;
}
```

这是 main( ) 函数的结束，返回值为 0，表示程序成功执行并正常退出。

代码编写完成后，需要进行保存。保存成功后，编辑界面文件名后面的圆点符号会变成一个叉符号。

2. 设置编译规则

节点源代码的编译规则写在 cv_pkg 的 CMakeLists. txt 文件里。如图 9-6 所示，在 VSCode 中打开这个文件，在这个文件里添加节点的编译规则。首先使用如下代码寻找节点代码中用到的依赖项。

```
find_package(rclcpp REQUIRED)
find_package(sensor_msgs REQUIRED)
find_package(cv_bridge REQUIRED)
find_package(OpenCV REQUIRED)
```


图 9-6　寻找依赖项、添加编译规则和安装规则

然后使用如下代码添加节点源代码的编译规则。

```
add_executable(cv_image src/cv_image.cpp)
ament_target_dependencies(cv_image "rclcpp" "sensor_msgs" "cv_bridge" "OpenCV")
```

最后使用如下代码添加节点编译完成后的安装规则。

```
install(TARGETS  cv_image
DESTINATION  lib/${PROJECT_NAME})
```

这些内容可以从 wpr_simulation2 的例程文件中找到。如果编译报错，可以与 wpr_simulation2\demo_cmakelists\9_cv_image.txt 文件中的代码进行比对。

上述规则添加完毕后，一定要保存文件，否则规则无法生效。

3. 修改软件包信息

如图 9-7 所示，在 VSCode 中打开［cv_pkg］下的［package.xml］文件，使用如下代码添加依赖项信息。

```
<depend>rclcpp</depend>
<depend>sensor_msgs</depend>
<depend>cv_bridge</depend>
<depend>OpenCV</depend>
```

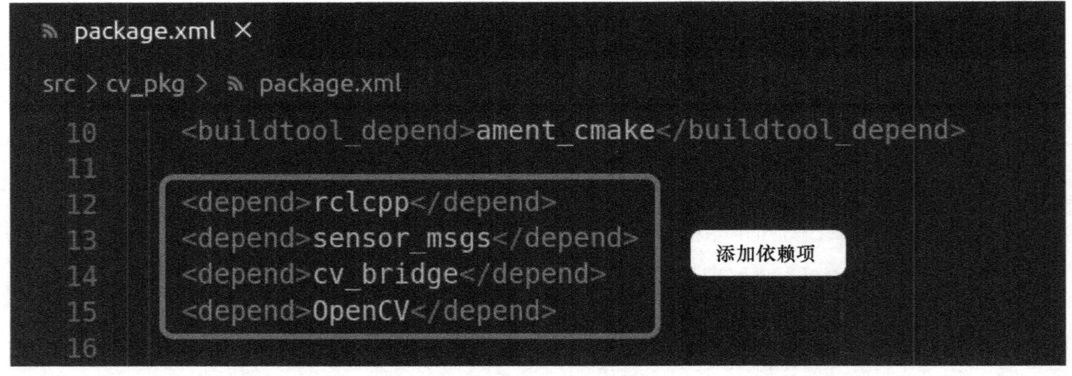

图 9-7　添加依赖项

这些内容可以从 wpr_simulation2 的例程文件中找到。如果编译报错，可以与 wpr_simulation2\demo_package\9_cv_image.xml 文件中的代码进行比对。

文件修改完成后，一定要保存文件，否则新的包信息无法生效。

4. 编译软件包

修改完上述文件后，打开终端窗口。如图 9-8 所示，执行如下指令，进入工作空间。

```
cd ~/ros2_ws
```

然后如图 9-9 所示，执行如下指令，对工作空间中的所有软件包进行编译。

```
colcon build
```

如果编译顺利的话，会显示如图 9-10 所示信息，表示编译成功。

robot@WP: ~
robot@WP: ~ 80x10
robot@WP:~$ cd ~/ros2_ws

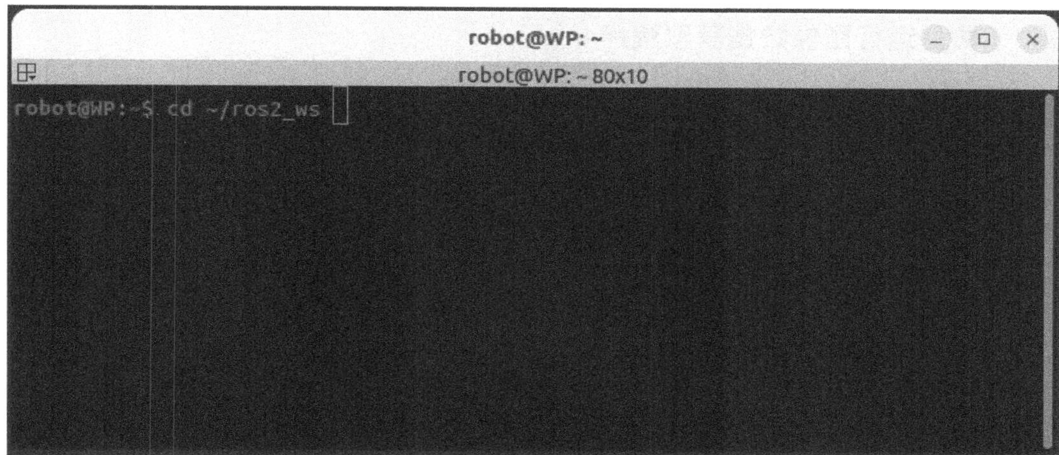

图 9-8　进入工作空间

robot@WP: ~/ros2_ws
robot@WP: ~/ros2_ws 80x10
robot@WP:~/ros2_ws$ colcon build

图 9-9　编译软件包

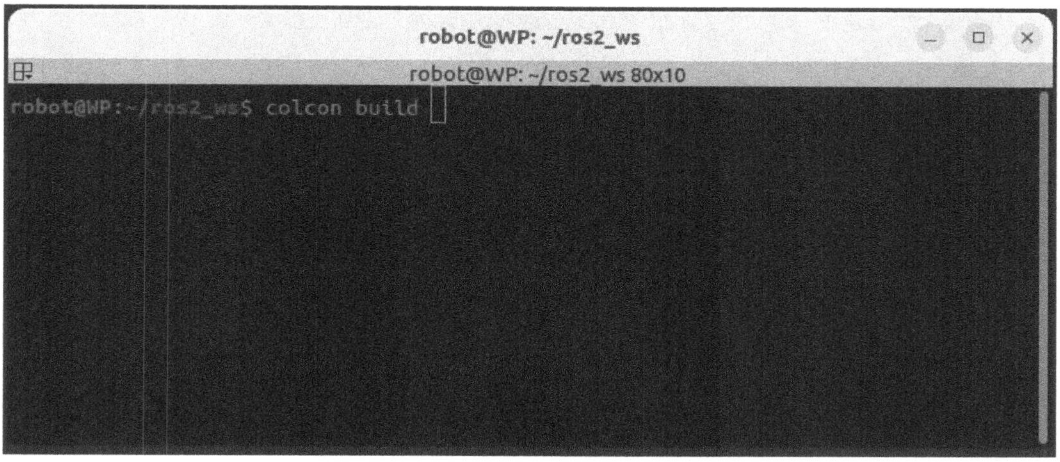

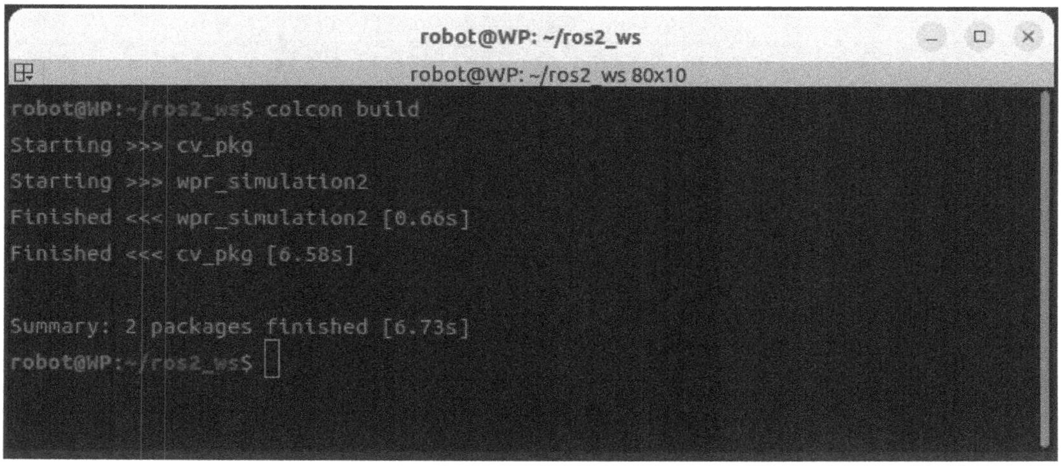

robot@WP: ~/ros2_ws
robot@WP: ~/ros2_ws 80x10
robot@WP:~/ros2_ws$ colcon build
Starting >>> cv_pkg
Starting >>> wpr_simulation2
Finished <<< wpr_simulation2 [0.66s]
Finished <<< cv_pkg [6.58s]
Summary: 2 packages finished [6.73s]
robot@WP:~/ros2_ws$

图 9-10　编译成功

9.1.2 仿真运行图像数据获取程序

下面运行刚编写的节点。在运行前，确认已经按照 2.6 节下载了 wpr_simulation2 仿真项目。然后，加载当前工作空间中的环境设置，这样 ros2 指令才能找到刚才编译后的软件包和节点文件。保持终端的当前路径依然在工作空间目录 ros2_ws 中，然后如图 9-11 所示，执行如下指令。

```
source install/setup.bash
```

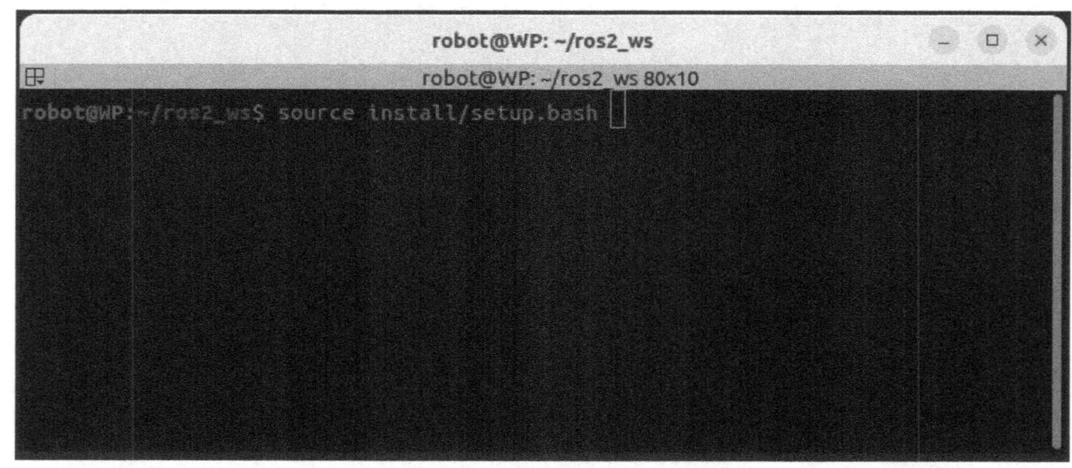

图 9-11　加载工作空间的环境设置

然后如图 9-12 所示，启动带有机器人的仿真环境，执行如下指令。

```
ros2 launch wpr_simulation2 wpb_balls.launch.py
```

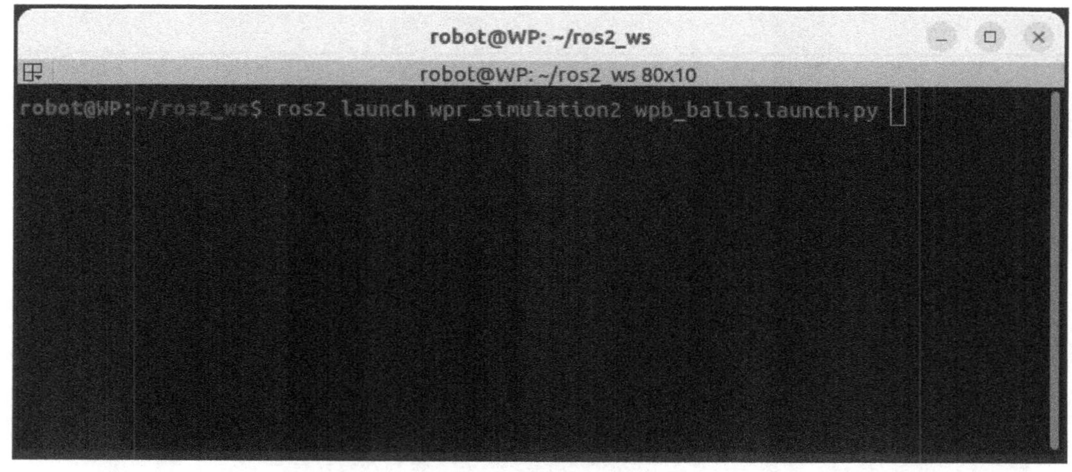

图 9-12　启动仿真环境

这时会启动仿真环境，里面有一台虚拟机器人。机器人的面前放置了数个不同颜色的球，机器人的头部相机俯视着这些球，如图 9-13 所示。

图 9-13　仿真环境窗口

图 9-13 彩图

接下来运行刚才编写的节点 cv_image。如图 9-14 所示，在 Terminator 终端中，按组合键［Ctrl+Shift+O］，将终端分为上下两个子窗口。在新的终端窗口中先执行如下指令，加载工作空间的环境设置。

```
source install/setup.bash
```

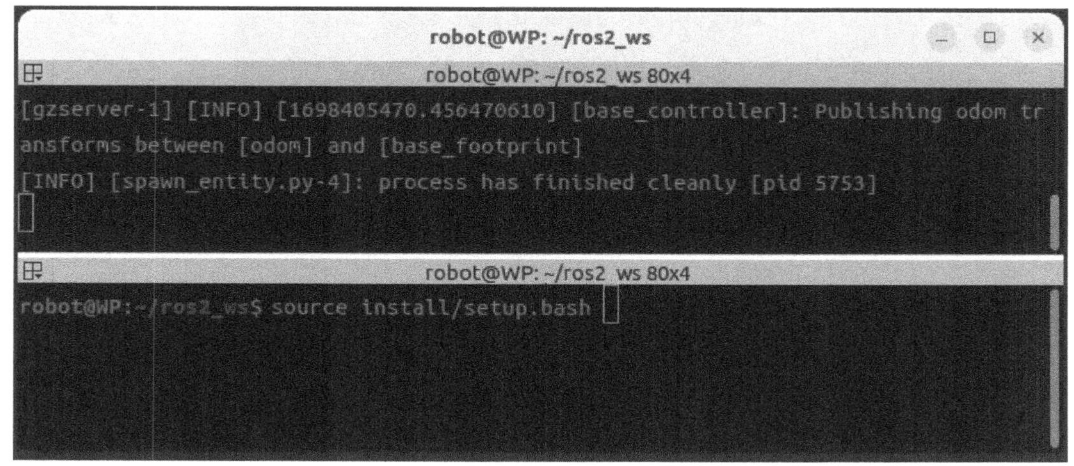

图 9-14　加载工作空间的环境设置

然后如图 9-15 所示，执行如下指令，运行刚才编写的节点。

```
ros2 run cv_pkg cv_image
```

如图 9-16 所示，节点运行起来之后，会弹出一个［RGB］窗口，显示机器人头部相机所看到的 4 个不同颜色球的图像。

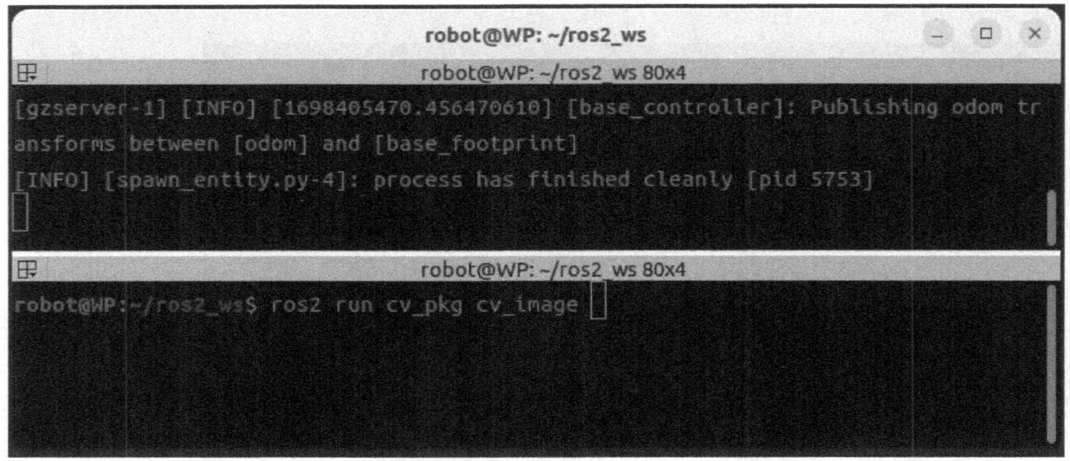

图 9-15　运行节点

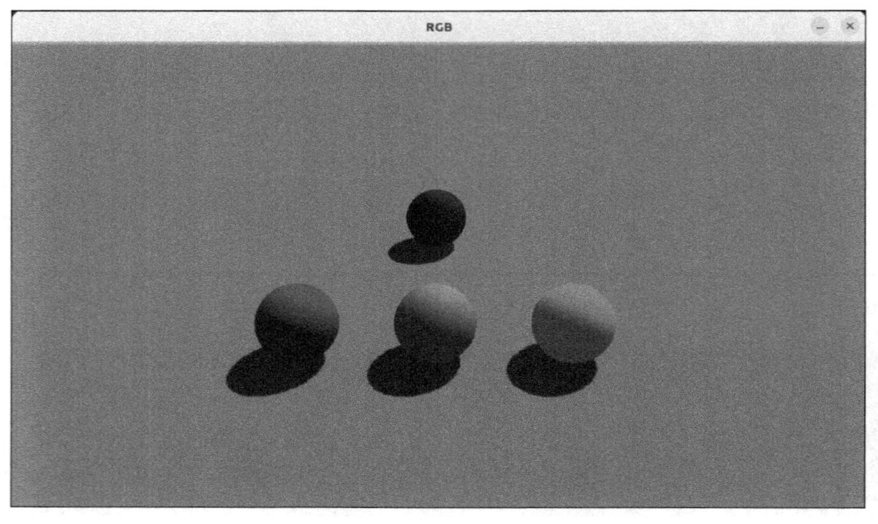

图 9-16 彩图

图 9-16 ［RGB］窗口

为了测试这个图像是不是实时获取的，可以借助 wpr_simulation2 附带的程序让中间的橘色球动起来，以便进行对比观察。如图 9-17 所示，在 Terminator 终端中，按组合键［Ctrl+Shift+O］，将分出第 3 个子窗口。在新的终端窗口中先执行如下指令，加载工作空间的环境设置。

```
source install/setup.bash
```

然后如图 9-18 所示，执行小球运动指令。

```
ros2 run wpr_simulation2 ball_random_move
```

如图 9-19 所示，执行之后，可以看到仿真窗口中的橘色球开始随机运动。

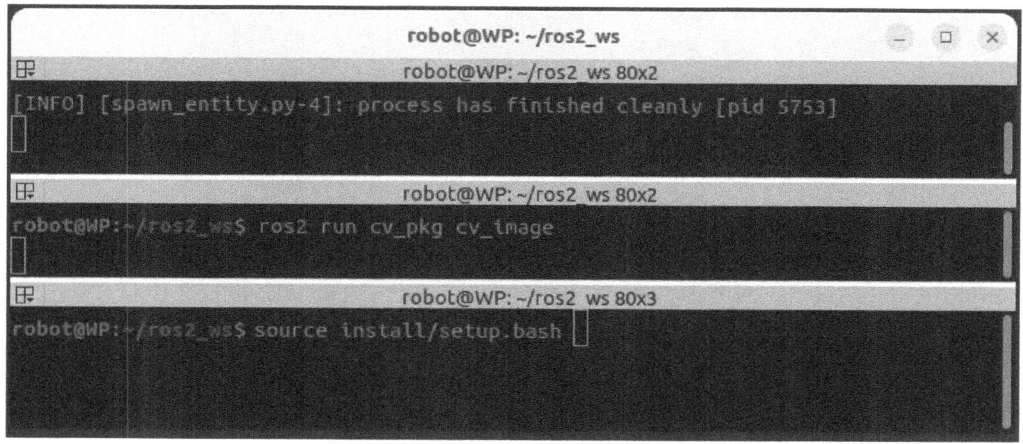

图 9-17　加载工作空间的环境设置

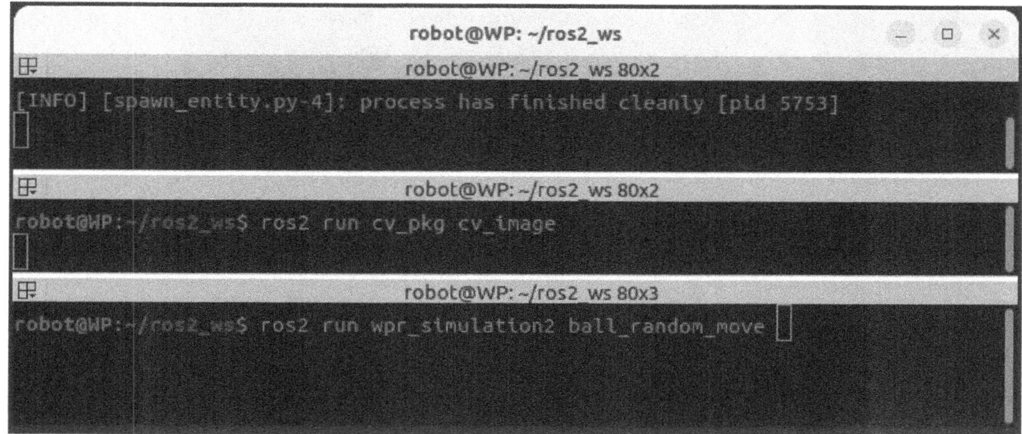

图 9-18　执行小球运动指令

图 9-19　橘色球随机运动

图 9-19 彩图

如图 9-20 所示，此时再切换到［RGB］窗口，可以看到图像中的橘色球也跟着运动，说明这个采集到的图像是实时更新的。

图 9-20 彩图

图 9-20 ［RGB］窗口中橘色球的运动

另外，还可以试试下面这些指令，让其他颜色的球也动起来。

红色球随机运动	ros2 run wpr_simulation2 ball_random_move red_ball
绿色球随机运动	ros2 run wpr_simulation2 ball_random_move green_ball
蓝色球随机运动	ros2 run wpr_simulation2 ball_random_move blue_ball

9.1.3 练习题

1）查阅 OpenCV 的函数接口，尝试将相机图像保存成一个图片文件。

2）尝试将 cv_image. cpp 的代码封装成类。

9.2 OpenCV 颜色特征提取和目标定位

在上一节的实验里，实现了从机器人的头部相机获取机器人的视觉图像。这一次将继续深入，使用 OpenCV 实现机器人视觉中的颜色特征提取和目标定位功能。在编写代码前，先设计一下这个程序的实现思路：

1）对机器人视觉图像进行颜色空间转换，从 RGB 空间转换到 HSV 空间，排除光照影响。

2）对转换后的图像进行二值化处理，将目标物分割提取出来。

3）对提取到的目标像素进行计算统计，得出目标物的质心坐标。

9.2.1 编写颜色特征提取和目标定位程序

首先在工作空间中创建一个名为“cv_pkg”的软件包，如果前面已经创建过，这里可以直接跳过。如图 9-21 所示，打开一个新的终端窗口，输入如下指令，进入工作空间。

```
cd ~/ros2_ws/src
```

图 9-21　进入工作空间

然后如图 9-22 所示，执行如下指令，创建软件包。

```
ros2 pkg create cv_pkg
```

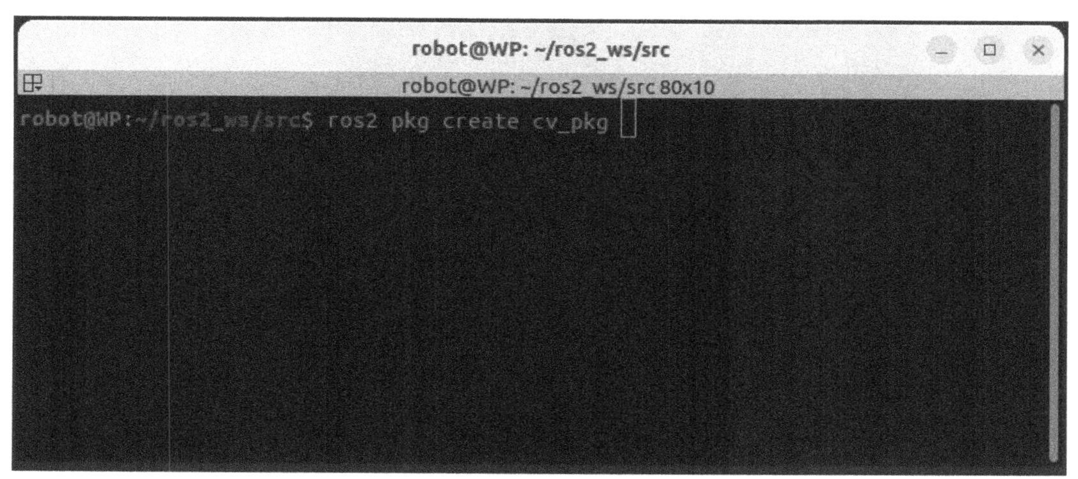

图 9-22　创建软件包

创建好软件包后，接下来在这个软件包中创建一个节点。

1. 编写节点代码

先创建这个节点的源代码文件。如图 9-23 所示，在 VSCode 中找到［cv_pkg］软件包，用鼠标右键单击它的［src］子目录，在弹出的快捷菜单中选择［新建文件］。

如图 9-24 所示，此时会提示输入文件名，这里输入“cv_hsv. cpp”，然后按［Enter］键创建文件。

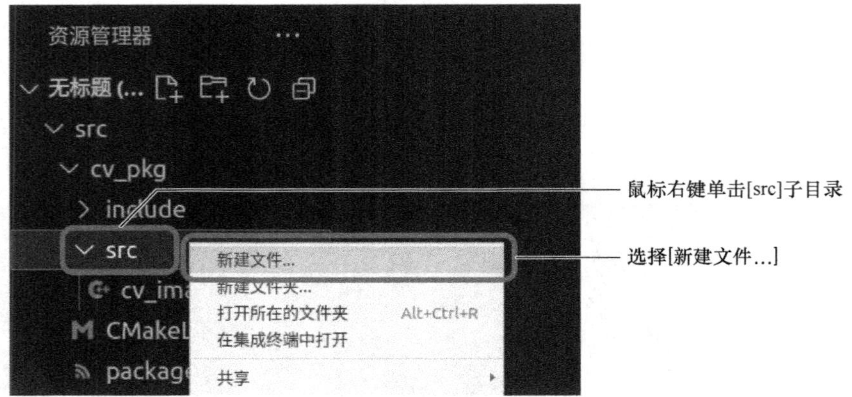

图 9-23　新建文件

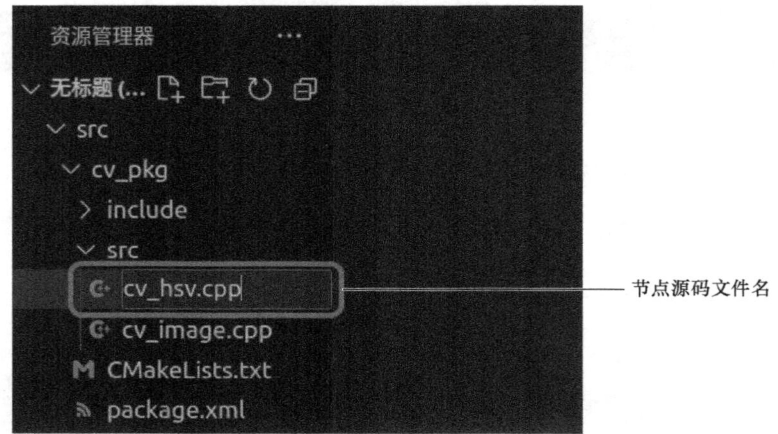

图 9-24　为文件命名

下面编写这个源代码文件，其内容如下。


```
#include <rclcpp/rclcpp.hpp>
#include <sensor_msgs/msg/image.hpp>
#include <cv_bridge/cv_bridge.h>
#include <opencv2/imgproc/imgproc.hpp>
#include <opencv2/highgui/highgui.hpp>

std::shared_ptr<rclcpp::Node> node;

using namespace cv;
using namespace std;

static int iLowH=10;
```

```
static int iHighH=40;

static int iLowS=90;
static int iHighS=255;

static int iLowV=1;
static int iHighV=255;

void CamRGBCallback(const sensor_msgs::msg::Image::SharedPtr msg)
{
    cv_bridge::CvImagePtr cv_ptr;
    cv_ptr = cv_bridge::toCvCopy(msg, sensor_msgs::image_encodings::
BGR8);

    Mat imgOriginal=cv_ptr->image;

    Mat imgHSV;
    cvtColor(imgOriginal,imgHSV,COLOR_BGR2HSV);

    vector<Mat> hsvSplit;
    split(imgHSV,hsvSplit);
    equalizeHist(hsvSplit[2],hsvSplit[2]);
    merge(hsvSplit,imgHSV);

    Mat imgThresholded;
    inRange(imgHSV,
        Scalar(iLowH,iLowS,iLowV),
        Scalar(iHighH,iHighS,iHighV),
        imgThresholded);

    Mat element=getStructuringElement(MORPH_RECT,Size(5,5));
    morphologyEx(imgThresholded,imgThresholded,MORPH_OPEN,element);
    morphologyEx(imgThresholded,imgThresholded,MORPH_CLOSE,element);

    int nTargetX=0;
    int nTargetY=0;
    int nPixCount=0;
    int nImgWidth=imgThresholded.cols;
    int nImgHeight=imgThresholded.rows;
```

```
    for(int y=0;y < nImgHeight;y++)
    {
        for(int x=0;x < nImgWidth;x++)
        {
            if(imgThresholded.data[y * nImgWidth+x]==255)
            {
                nTargetX+=x;
                nTargetY+=y;
                nPixCount++;
            }
        }
    }
    if(nPixCount > 0)
    {
        nTargetX /=nPixCount;
        nTargetY /=nPixCount;
        printf ("Target (%d,%d) PixelCount =%d\n",nTargetX,nTargetY,
nPixCount);
        Point line_begin=Point(nTargetX-10,nTargetY);
        Point line_end=Point(nTargetX+10,nTargetY);
        line(imgOriginal,line_begin,line_end,Scalar(255,0,0));
        line_begin.x=nTargetX;line_begin.y=nTargetY-10;
        line_end.x=nTargetX;line_end.y=nTargetY+10;
        line(imgOriginal,line_begin,line_end,Scalar(255,0,0));
    }
    else
    {
        printf("Target disappeared...\n");
    }

    imshow("RGB",imgOriginal);
    imshow("HSV",imgHSV);
    imshow("Result",imgThresholded);
    cv::waitKey(5);
}

int main(int argc,char **argv)
{
    rclcpp::init(argc,argv);
```

```
    node=std::make_shared<rclcpp::Node>("cv_hsv_node");

    auto rgb_sub=node->create_subscription<sensor_msgs::msg::Image>(
        "/kinect2/qhd/image_raw",1,CamRGBCallback);

    namedWindow("Threshold",WINDOW_AUTOSIZE);

    createTrackbar("LowH","Threshold",&iLowH,179);
    createTrackbar("HighH","Threshold",&iHighH,179);

    createTrackbar("LowS","Threshold",&iLowS,255);
    createTrackbar("HighS","Threshold",&iHighS,255);

    createTrackbar("LowV","Threshold",&iLowV,255);
    createTrackbar("HighV","Threshold",&iHighV,255);

    namedWindow("RGB");
    namedWindow("HSV");
    namedWindow("Result");

    rclcpp::spin(node);

    cv::destroyAllWindows();

    rclcpp::shutdown();
    return 0;
}
```

上述代码可以从 wpr_simulation2 的例程文件中找到。如果编译出错，可以与 wpr_simulation2\demo_cpp\9_cv_hsv. cpp 文件中的代码进行比对。

下面是对这个节点代码的解释。

```
#include <rclcpp/rclcpp.hpp>
#include <sensor_msgs/msg/image.hpp>
```

这两行代码导入了 ROS2 的 C++库和图像消息类型 sensor_msgs::Image 的头文件。

```
#include <cv_bridge/cv_bridge.h>
```

这行代码导入了用于在 ROS2 消息格式和 OpenCV 图像格式之间进行转换的功能函数头文件。

```
#include <opencv2/imgproc/imgproc.hpp>
#include <opencv2/highgui/highgui.hpp>
```

这两行代码导入了 OpenCV 的图像处理功能和图形显示函数的头文件。

```
std::shared_ptr<rclcpp::Node> node;
```

这行代码声明了一个名为“node”的共享指针，指向 rclcpp::Node 类型的对象。在这里声明是为了使其成为全局作用域变量，在回调函数和主函数里都可以访问。

```
using namespace cv;
using namespace std;
```

这两行代码引入 cv 和 std 命名空间，这样在代码中使用 OpenCV 和 C++标准库中的函数和类时，可以不用再加“cv::”和“std::”之类的前缀，以减小代码长度，提高可读性。

```
static int iLowH=10;
static int iHighH=40;

static int iLowS=90;
static int iHighS=255;

static int iLowV=1;
static int iHighV=255;
```

这段代码定义了一组变量，用于设置图像阈值的参数。这 6 行代码分别表示色调（Hue）的下限和上限值、饱和度（Saturation）的下限和上限值，以及明亮度（Value）的下限和上限值。

```
void CamRGBCallback(const sensor_msgs::msg::Image::SharedPtr msg)
{
```

这是一个回调函数。在后面的代码中，会将它设置为接收到相机图像消息包的回调函数。它接收一个 sensor_msgs::msg::Image 类型的共享指针 msg 作为参数，这个 msg 参数就是携带了相机图像数据的消息包，将会在这个回调函数中进行处理。


```
    cv_bridge::CvImagePtr cv_ptr;
    cv_ptr=cv_bridge::toCvCopy(msg,sensor_msgs::image_encodings::
BGR8);
```

这两行代码先定义了一个 cv_bridge::CvImagePtr 类型的指针 cv_ptr，然后调用 cv_bridge::toCvCopy 将 ROS2 图像消息转换为 OpenCV 的图像类型数据，并将这个数据存储地址赋值给 cv_ptr。

```
    Mat imgOriginal=cv_ptr->image;
```

这行代码定义了一个 OpenCV 的 Mat 类型对象 imgOriginal，从 cv_ptr 中将 RGB 彩色图像数据取出来。

```
    Mat imgHSV;
    cvtColor(imgOriginal,imgHSV,COLOR_BGR2HSV);
```

这两行代码先定义了一个 Mat 类型对象 imgHSV，然后将相机采集到的彩色图像从 RGB（红、绿、蓝）描述转换成 HSV（色调、饱和度、明亮度）描述，并将转换结果保存到 imgHSV 对象中。将传统的 RGB 图像转换成 HSV 描述，可以在很大程度上排除光照对颜色检测的影响，从而获得更好的颜色检测结果。在图形处理领域，这是一种常见操作。

```
vector<Mat> hsvSplit;
split(imgHSV,hsvSplit);
```

这两行代码先创建了一个 Mat 类型的图像数组 hsvSplit，然后使用 OpenCV 的 split() 函数将 HSV 图像 imgHSV 分离为 3 个单通道图像：H（色调）、S（饱和度）和 V（明亮度）。分离后的通道图像数据将分别存储在 hsvSplit 数组中。其中 hsvSplit[0] 是 H 值按像素顺序排列成的单通道图像；svSplit[1] 是 S 值按像素顺序排列成的单通道图像；svSplit[2] 是 V 值按像素顺序排列成的单通道图像。

```
equalizeHist(hsvSplit[2],hsvSplit[2]);
```

上面说了，svSplit[2] 是 V 值按像素顺序排列成的单通道图像。所以这行代码是对 V 通道的数值进行直方图均衡化操作。equalizeHist() 函数用于对单通道图像进行直方图均衡化，它能够增强图像的对比度和亮度分布。这里将 V 通道图像同时作为输入和输出，即对 V 通道图像进行原位直方图均衡化，可以改善图像的亮度分布，提高图像的视觉质量，使得图像中的细节更加突出。

```
merge(hsvSplit,imgHSV);
```

这行代码使用 merge() 函数将分离后的 H、S、V 3 个单通道图像重新合并为一个 HSV 三通道图像，并将合并后的图像赋值到 imgHSV 中。经过前面的处理，合并后的图像颜色明亮度得到了改善，方便后面进行阈值分割。

```
Mat imgThresholded;
inRange(imgHSV,
    Scalar(iLowH,iLowS,iLowV),
    Scalar(iHighH,iHighS,iHighV),
    imgThresholded);
```

这段代码先定义了一个 Mat 类型对象 imgThresholded，然后调用 OpenCV 的 inRange() 函数，使用文件开头定义的 H（色调）、S（饱和度）和 V（明亮度）3 组阈值参数对 HSV 图像 imgHSV 进行阈值分割。符合阈值条件的像素置为 255（显示为白色），不符合阈值条件的像素置为 0（显示为黑色）。分割后的数组结果其实就是一张黑白图像：白色像素为符合阈值条件的像素，黑色像素为不符合阈值条件的像素。这种操作在图像处理中叫作“二值化”，二值化的结果赋值到 imgThresholded 对象中，后面会把它显示出来，用于观察阈值分割的效果。在后面的主函数 main() 中，还会为这 3 组阈值参数设置调节滑块，可以在图形界面上实时调节这 3 组阈值参数的数值。

```
Mat element=getStructuringElement(MORPH_RECT,Size(5,5));
```

这行代码创建了一个形态学操作的结构元素。getStructuringElement() 函数用于创建指定形状和尺寸的结构元素，这里使用了矩形（MORPH_RECT），并指定了大小为 5×5 的结构元素。结构元素在形态学操作中用于定义操作的邻域范围和形状。

```
morphologyEx(imgThresholded,imgThresholded,MORPH_OPEN,element);
```

这行代码使用刚才定义的 5×5 结构元素对二值化图像 imgThresholded 进行开运算。开运算是形态学操作中的一种，操作流程是先进行腐蚀（Erosion）操作，然后进行膨胀（Dilation）操作。开运算可以去除图像中小的噪点或细小的物体，同时保持较大物体的形状和结构。在这个函数的参数里，MORPH_OPEN 表示执行开运算操作，element 是之前创建的 5×5 结构元素。imgThresholded 既是输入也是输出，意味着对 imgThresholded 进行开运算后，去除了图像中小的噪点和干扰，最终结果又存回 imgThresholded。

```
morphologyEx(imgThresholded,imgThresholded,MORPH_CLOSE,element);
```

这行代码使用刚才定义的 5×5 结构元素对二值化图像 imgThresholded 进行闭运算。闭运算也是形态学操作中的一种，操作流程是先进行膨胀操作，然后进行腐蚀操作。闭运算可以填充图像中的小孔洞和细小缝隙，让贴得很近的大块特征区域能够连成一体，或者去除球体上反光区域的干扰。在这个函数的参数里，MORPH_CLOSE 表示执行闭运算操作，element 是之前创建的结构元素，imgThresholded 既是输入也是输出，意味着对输入图像 imgThresholded 进行闭运算后，填充了图像中小的反光区域，结果又存回 imgThresholded。

```
int nTargetX=0;
int nTargetY=0;
int nPixCount=0;
int nImgWidth=imgThresholded.cols;
int nImgHeight=imgThresholded.rows;
for(int y=0;y < nImgHeight;y++)
{
    for(int x=0;x < nImgWidth;x++)
    {
        if(imgThresholded.data[y * nImgWidth+x]==255)
        {
            nTargetX+=x;
            nTargetY+=y;
            nPixCount++;
        }
    }
}
```


这段代码用于对二值化图像 imgThresholded 进行像素统计：对符合阈值条件的像素（也就是数值为 255 的像素），累加这些像素的 x 和 y 坐标值，同时用变量 nPixCount 统计符合阈值条件像素的个数。后面将累加后的 x 和 y 坐标值除以像素个数（nPixCount），就能得到这些像素组成的颜色区域的质心坐标（也可以认为就是这种颜色特征的物体中心）。

```
    if(nPixCount > 0)
    {
        nTargetX /=nPixCount;
        nTargetY /=nPixCount;
        printf("Target (%d,%d) PixelCount =%d\n",nTargetX,nTargetY,
nPixCount);
```

这里没有马上将累加后的 x 和 y 坐标值除以 nPixCount，而是先判断一下 nPixCount 是否大于 0，避免算法出现除以 0 的情况，导致程序报错退出。如果 nPixCount 大于 0，则将累加后的 x 和 y 坐标值除以像素个数（nPixCount），得到这些像素组成的颜色区域的质心坐标。

```
        Point line_begin=Point(nTargetX-10,nTargetY);
        Point line_end=Point(nTargetX+10,nTargetY);
        line(imgOriginal,line_begin,line_end,Scalar(255,0,0));
        line_begin.x=nTargetX;line_begin.y=nTargetY-10;
        line_end.x=nTargetX;line_end.y=nTargetY+10;
        line(imgOriginal,line_begin,line_end,Scalar(255,0,0));
    }
```

得到特征像素组成的颜色区域的质心坐标后，使用 OpenCV 的 line() 函数在质心坐标的位置画两个正交的线段，组成一个十字图案，在图像上标注出质心坐标位置。至此，特征像素点个数 nPixCount 大于 0 的情况（也就是视野里有特征目标物的情况）处理结束，后面 else 会处理视野里没有特征目标物的情况。

```
    else
    {
        printf("Target disappeared...\n");
    }
```

这个 else 里面是 nPixCount 不大于 0 的情况，也就是图像中没有找到符合颜色特征的像素的情况。这时可以认为目标物从视野里消失了，printf() 显示一段信息，提示目标物消失。


```
    imshow("RGB",imgOriginal);
    imshow("HSV",imgHSV);
    imshow("Result",imgThresholded);
    cv::waitKey(5);
```

这段代码使用 imshow 函数将相机的彩色图像 imgOriginal 显示在［RGB］窗口中，将转换后的 HSV 图像 imgHSV 显示在［HSV］窗口中，将二值化后的黑白图像 imgThresholded 显示在［Result］窗口中，供开发者查看参数的效果。然后调用 cv::waitKey() 函数，让程序停顿 5ms，留出时间让这 3 个图形窗口能够显示出来。

```
int main(int argc,char ** argv)
{
    rclcpp::init(argc,argv);
```

这段代码是 main() 函数的开始，接收命令行参数 argc 和 argv。rclcpp::init（argc，argv）用于初始化节点。

```
node=std::make_shared<rclcpp::Node>("cv_hsv_node");
```

这行代码创建了一个名称为“cv_hsv_node”的节点对象。使用 std::make_shared() 函数创建这个节点对象的共享指针，并赋值给 node。

```
auto rgb_sub=node->create_subscription<sensor_msgs::msg::Image>(
    "/kinect2/qhd/image_raw",1,CamRGBCallback);
```

这两行代码使用 node 节点的 create_subscription() 函数创建一个订阅者对象 rgb_sub。订阅的消息类型是 sensor_msgs::msg::Image，订阅话题为“/kinect2/qhd/image_raw”，参数 1 表示接收缓冲的队列长度为 1 个消息包。回调函数 CamRGBCallback() 在前面已经有定义，它将在接收到相机图像消息包时被调用。

```
namedWindow("Threshold",WINDOW_AUTOSIZE);

createTrackbar("LowH","Threshold",&iLowH,179);
createTrackbar("HighH","Threshold",&iHighH,179);

createTrackbar("LowS","Threshold",&iLowS,255);
createTrackbar("HighS","Threshold",&iHighS,255);

createTrackbar("LowV","Threshold",&iLowV,255);
createTrackbar("HighV","Threshold",&iHighV,255);
```

这段代码先初始化一个图形窗口，窗口标题为“Threshold”，然后调用 createTrackbar() 函数在这个图形窗口中添加 6 条数值滑块，分别绑定 H（色调）、S（饱和度）和 V（明亮度）3 组阈值参数，这样就可以在节点运行时通过拖动这个［Threshold］窗口里的滑块实时调整 3 组阈值的具体数值。


```
namedWindow("RGB");
namedWindow("HSV");
namedWindow("Result");
```

这段代码用于初始化 3 个图形窗口，窗口标题分别为“RGB”“HSV”和“Result”。在前面的回调函数中，会使用这些窗口显示相机的彩色图像、颜色描述转换的中间图以及最后目标识别的结果。

```
rclcpp::spin(node);
```

这行代码启动节点的主循环，使节点开始处理消息并调用回调函数。rclcpp::spin() 函数将使节点保持运行状态，直到节点被关闭。

```
cv::destroyAllWindows();
```

当节点运行过程中收到系统的关闭要求时会执行这行代码，用于关闭并释放所有

OpenCV 窗口占用的资源。

```
    rclcpp::shutdown();
```

这行代码用于关闭节点，释放节点占用的资源。

```
    return 0;
}
```

这是 main( ) 函数的结束，返回值为 0，表示程序成功执行并正常退出。

代码编写完成后，需要进行保存。保存成功后，编辑界面文件名后面的圆点符号会变成一个叉符号。

2. 设置编译规则

节点源代码的编译规则写在 cv_pkg 的 CMakeLists.txt 文件里。如图 9-25 所示，在 VSCode 中打开这个文件，在这个文件里添加节点的编译规则。首先使用如下代码寻找节点代码中用到的依赖项。

```
find_package(rclcpp REQUIRED)
find_package(sensor_msgs REQUIRED)
find_package(cv_bridge REQUIRED)
find_package(OpenCV REQUIRED)
```

然后使用如下代码添加节点源代码的编译规则。

```
add_executable(cv_hsv src/cv_hsv.cpp)
ament_target_dependencies(cv_hsv "rclcpp" "sensor_msgs" "cv_bridge"
"OpenCV")
```

最后使用如下代码添加节点编译完成后的安装规则。

```
install(TARGETS  cv_hsv
DESTINATION  lib/${PROJECT_NAME})
```

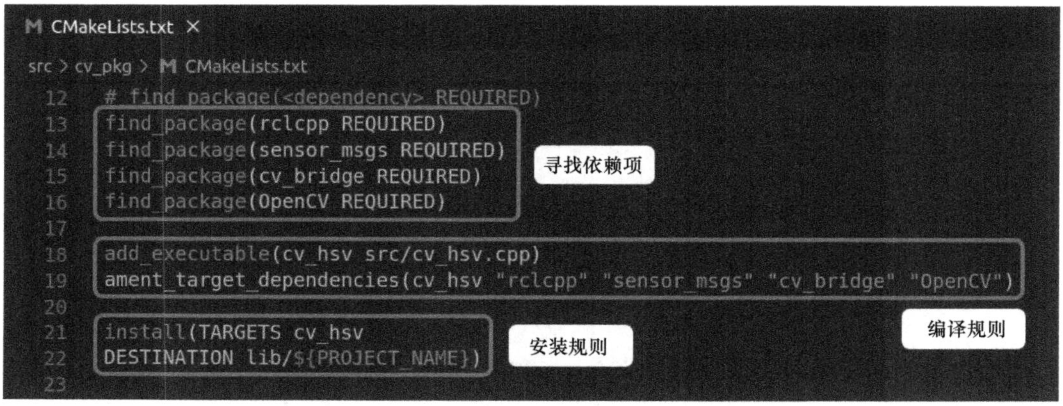

图 9-25　寻找依赖项、添加编译规则和安装规则

这些内容可以从 wpr_simulation2 的例程文件中找到。如果编译报错，可以与 wpr_simula-

tion2\demo_cmakelists\9_cv_hsv. txt 文件中的内容进行比对。

上述规则添加完毕后，一定要保存文件，否则编译规则无法生效。

3. 修改软件包信息

如图 9-26 所示，在 VSCode 中打开［cv_pkg］下的［package. xml］文件，使用如下代码添加依赖项信息。

```
<depend>rclcpp</depend>
<depend>sensor_msgs</depend>
<depend>cv_bridge</depend>
<depend>OpenCV</depend>
```

```
package.xml ×
src > cv_pkg > package.xml
  <buildtool_depend>ament_cmake</buildtool_depend>

  <depend>rclcpp</depend>
  <depend>sensor_msgs</depend>
  <depend>cv_bridge</depend>
  <depend>OpenCV</depend>
```

添加依赖项

图 9-26　添加依赖项

这些内容可以从 wpr_simulation2 的例程文件中找到。如果编译报错，可以与 wpr_simulation2\demo_package\9_cv_hsv. xml 文件中的内容进行比对。

文件修改完成后，一定要保存文件，否则新的包信息无法生效。

4. 编译软件包

修改完上述文件后，打开终端窗口。如图 9-27 所示，执行如下指令，进入工作空间。

```
cd ~/ros2_ws
```

图 9-27　进入工作空间

然后如图 9-28 所示，执行如下指令，对工作空间中的所有软件包进行编译。

```
colcon build
```

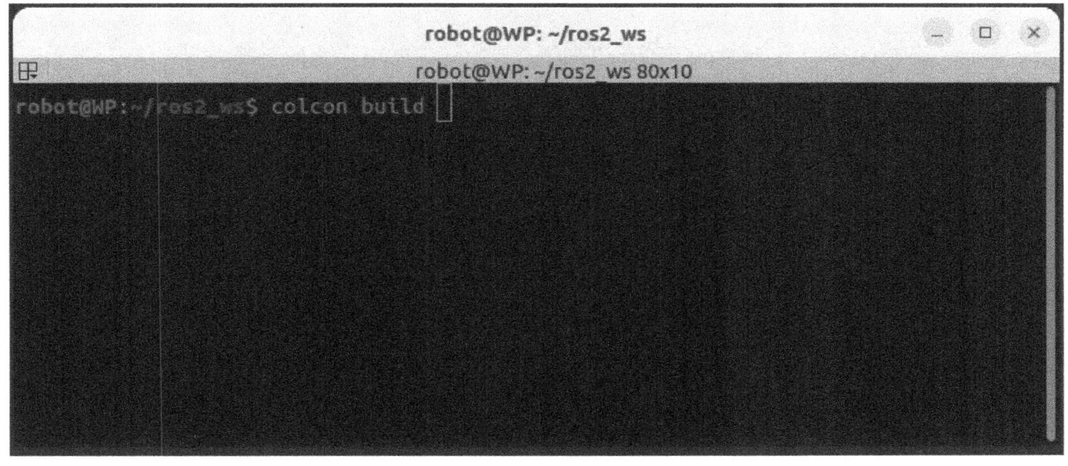

图 9-28　编译软件包

如果编译顺利的话，会显示如图 9-29 所示信息，表示编译成功。

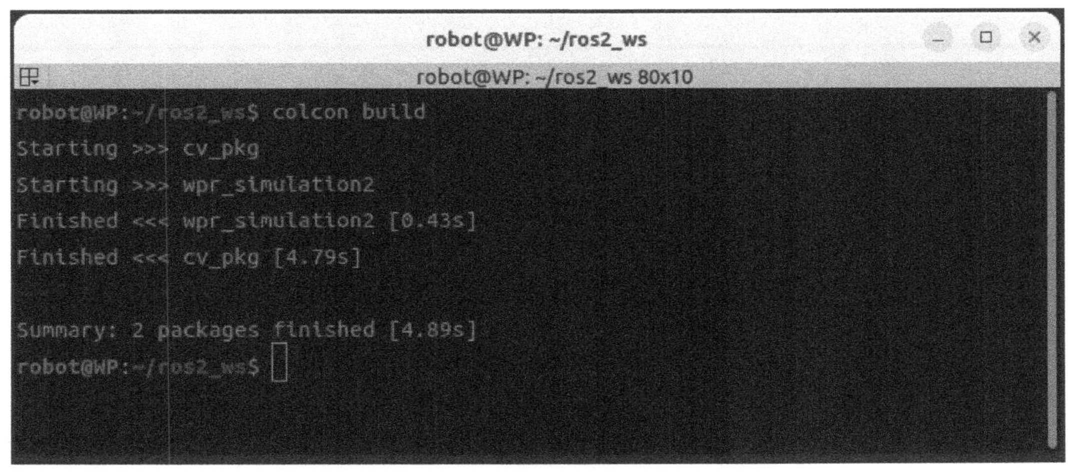

图 9-29　编译成功

9.2.2　仿真运行颜色特征提取和目标定位程序

下面运行刚编写的节点。在运行前，确认已经按照 2.6 节下载了 wpr_simulation2 仿真项目。然后，需要加载当前工作空间中的环境设置，这样 ros2 指令才能找到刚才编译后的软件包和节点文件。保持终端的当前路径依然在工作空间目录 ros2_ws 中，然后如图 9-30 所示，执行如下指令。

```
source install/setup.bash
```

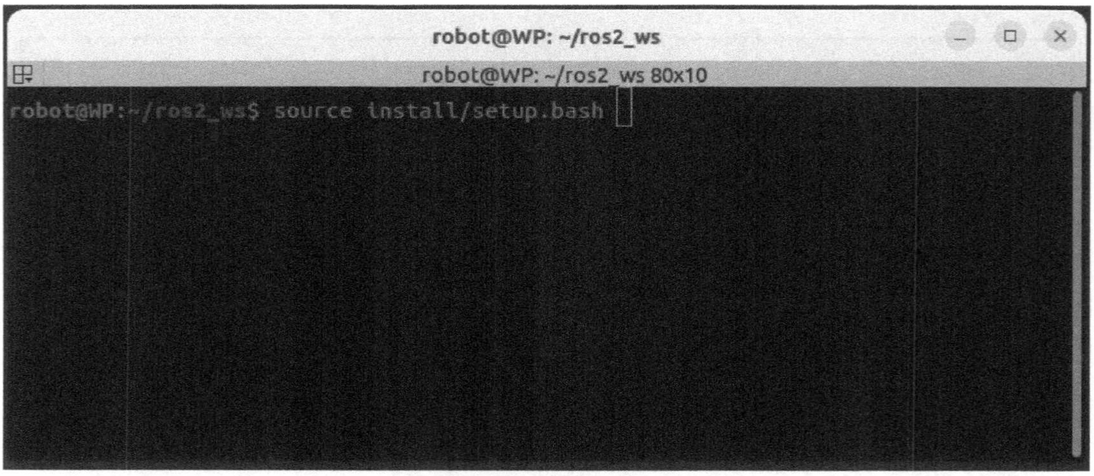

图 9-30　加载工作空间的环境设置

然后如图 9-31 所示，执行如下指令，启动带有机器人的仿真环境。

```
ros2 launch wpr_simulation2 wpb_balls.launch.py
```

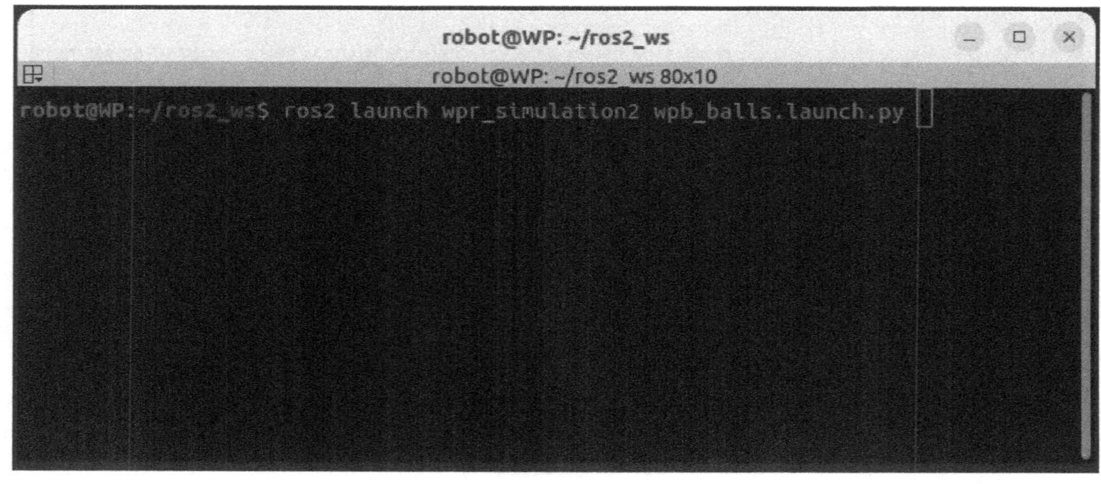

图 9-31　启动仿真环境

这时会启动仿真窗口，里面有一台虚拟机器人。机器人的面前放置了数个不同颜色的球，机器人的头部相机俯视着这些球，如图 9-32 所示。

接下来运行刚才编写的节点 cv_hsv。如图 9-33 所示，在 Terminator 终端中，按组合键［Ctrl+Shift+O］，将终端分为上、下两个子窗口。在新的终端窗口中执行如下指令，加载工作空间的环境设置。

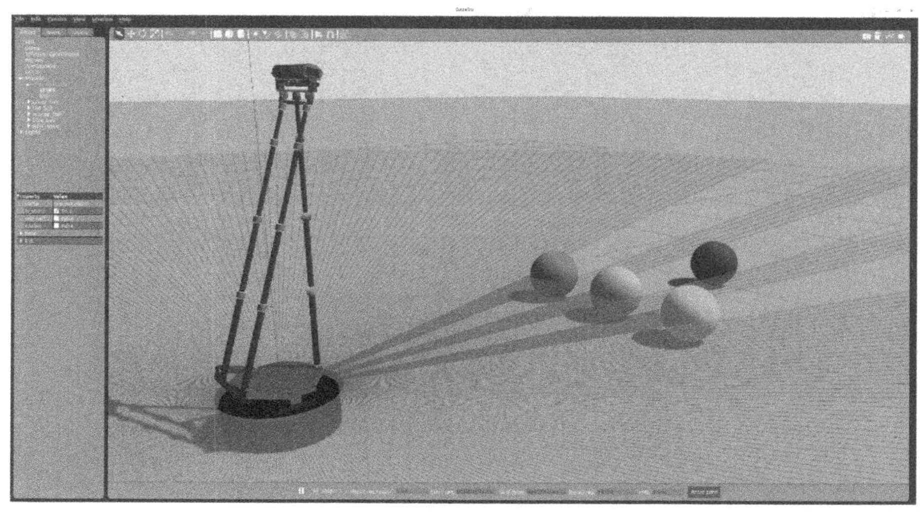

图 9-32 彩图

图 9-32　仿真窗口

```
source install/setup.bash
```

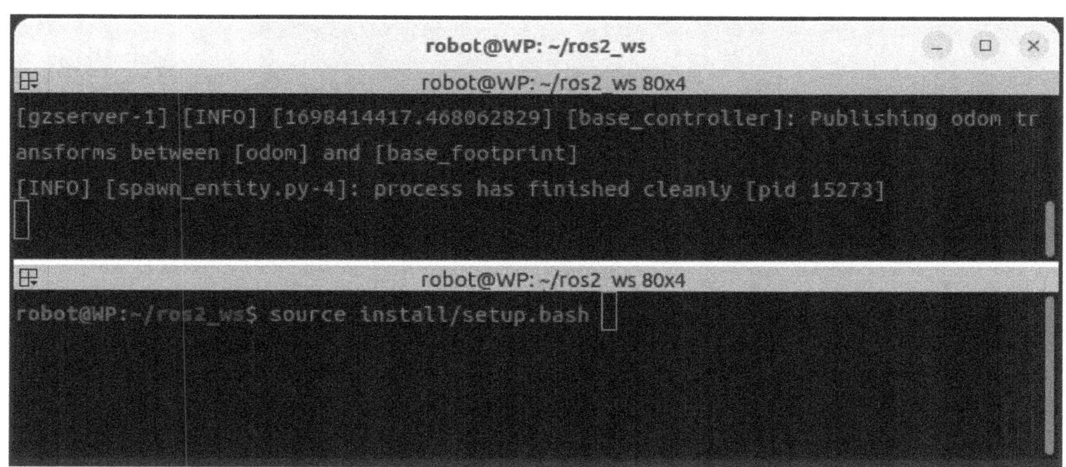

图 9-33　加载工作空间的环境设置

然后如图 9-34 所示，执行如下指令，运行刚编写的节点。

```
ros2 run cv_pkg cv_hsv
```

节点运行起来之后，会弹出以下 4 个窗口。

1）［RGB］窗口，如图 9-35 所示，显示的是机器人头部相机所看到的 4 个不同颜色球的图像。

2）［HSV］窗口，如图 9-36 所示，显示的是转换后的 HSV 图像。

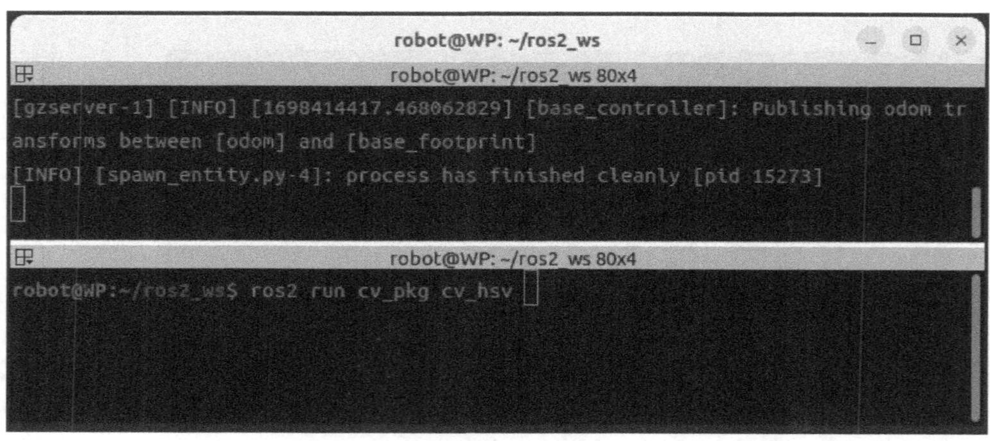

图 9-34　运行节点

图 9-35　［RGB］窗口

图 9-35 彩图

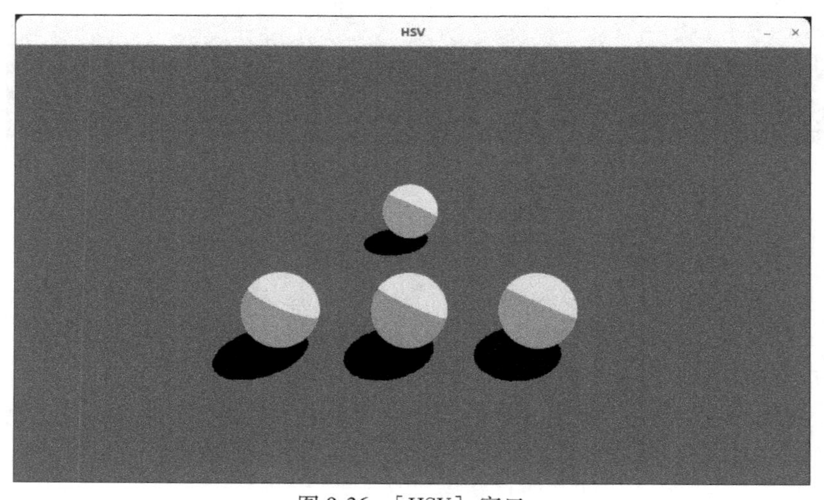

图 9-36　［HSV］窗口

图 9-36 彩图

3）［Result］窗口，如图 9-37 所示，显示的是转换颜色描述并二值化后的结果。白色的部分是检测到目标物的像素区域，黑色的部分是被剔除掉的非目标物的像素区域。可以看到，目前是将橘色球作为追踪目标。

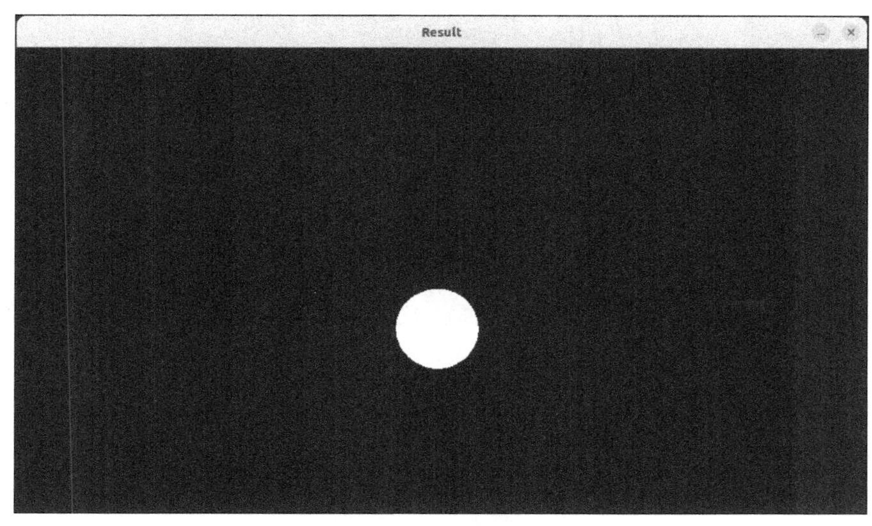

图 9-37　［Result］窗口

4）［Threshold］窗口，如图 9-38 所示，显示的是当前使用的 HSV 颜色阈值数值。可以直接拖动窗口中的滑块来改变阈值大小，在其他窗口中会实时显示阈值变化的效果。

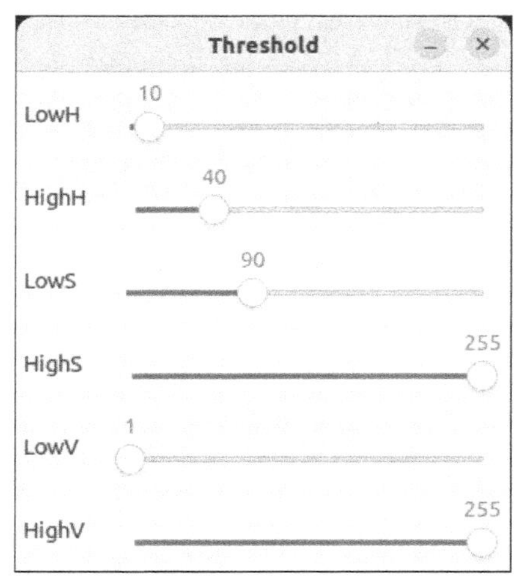

图 9-38　［Threshold］窗口

如图 9-39 所示，切换到运行 cv_hsv 节点的终端窗口，可以看到追踪的目标物的中心坐标值。

机器人使用的相机是 Kinect V2，它的 QHD 图像分辨率是 960×540。颜色质心的坐标原点在图像的左上角，对照终端显示的质心坐标值和前面 RGB 图像中绘出的目标位置（蓝色十字标记），可以看到最后计算的目标物质心坐标和图像显示结果大致相同。

为了测试目标追踪的效果，可以借助 wpr_simulation2 附带的程序节点让中间的橘色球动起来。如图 9-40 所示，在 Terminator 终端中，按组合键［Ctrl+Shift+O］，将分出第 3 个子窗口。在新窗口中执行如下指令，加载工作空间的环境设置。

```
source install/setup.bash
```

然后如图 9-41 所示，输入如下指令，启动球随机运动的节点。

```
ros2 run wpr_simulation2 ball_random_move
```

```
robot@WP: ~/ros2_ws
robot@WP: ~/ros2_ws 80x4
[gzserver-1] [INFO] [1698414417.468062829] [base_controller]: Publishing odom tr
ansforms between [odom] and [base_footprint]
[INFO] [spawn_entity.py-4]: process has finished cleanly [pid 15273]

robot@WP: ~/ros2_ws 80x4
Target (475, 325) PixelCount = 6832
Target (475, 325) PixelCount = 6832
Target (475, 325) PixelCount = 6832
```

图 9-39　终端窗口显示目标物中心坐标

```
robot@WP: ~/ros2_ws
robot@WP: ~/ros2_ws 80x2
[INFO] [spawn_entity.py-4]: process has finished cleanly [pid 15273]

robot@WP: ~/ros2_ws 80x3
Target (475, 325) PixelCount = 6832
Target (475, 325) PixelCount = 6832

robot@WP: ~/ros2_ws 80x2
robot@WP:~/ros2_ws$ source install/setup.bash
```

图 9-40　加载工作空间的环境设置

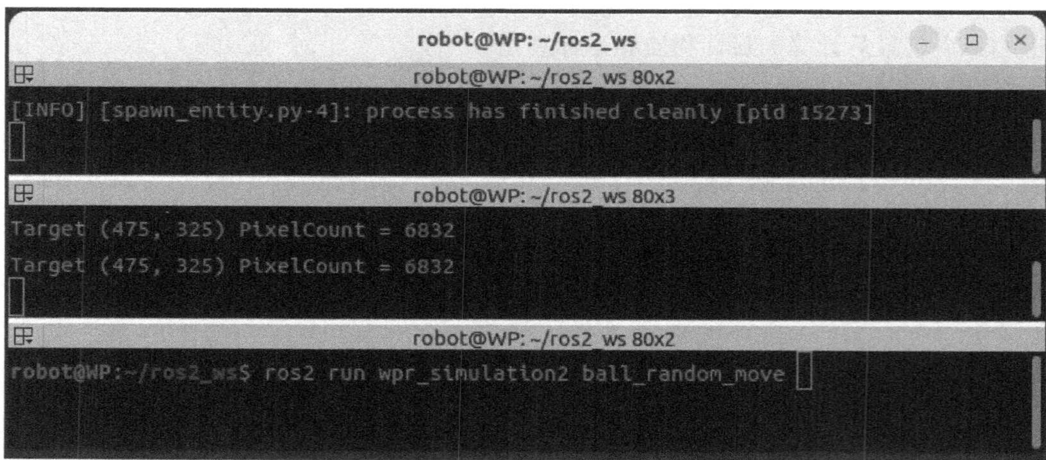

图 9-41　启动球随机运动的节点

如图 9-42 所示，执行之后，可以看到仿真窗口中的橘色球开始随机运动。

图 9-42 彩图

图 9-42　仿真窗口

如图 9-43 所示，此时再切换到［Result］窗口，观察图像中橘色目标球移动时，颜色特征提取的效果。

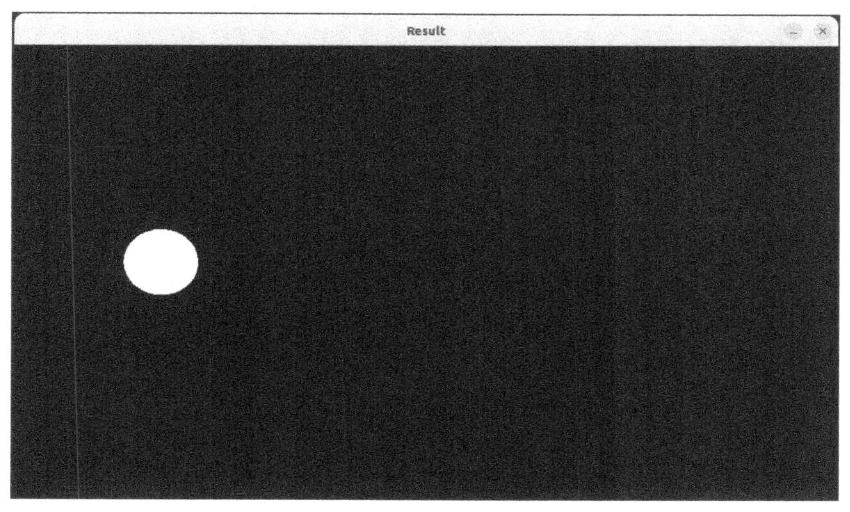

图 9-43　颜色特征提取效果

另外，还可以试试调整一下阈值，追踪其他颜色的球。然后通过下面这些指令，让其他颜色的球也动起来。

红色球随机运动	ros2 run wpr_simulation2 ball_random_move red_ball
绿色球随机运动	ros2 run wpr_simulation2 ball_random_move green_ball
蓝色球随机运动	ros2 run wpr_simulation2 ball_random_move blue_ball

9.2.3 练习题

1）调整程序中的阈值数值，尝试让节点程序分别锁定红色球、绿色球和蓝色球的位置。
2）尝试将 cv_hsv.cpp 的代码封装成类。

9.3 基于视觉图像的目标追踪实现

在上一节的实验里，使用 OpenCV 实现了机器人视觉中的颜色特征提取和目标定位功能。如图 9-44 所示，这一次将对目标定位功能进行扩展，根据目标位置计算速度并输出给机器人，让机器人跟随球移动，实现一个目标追踪的闭环控制。

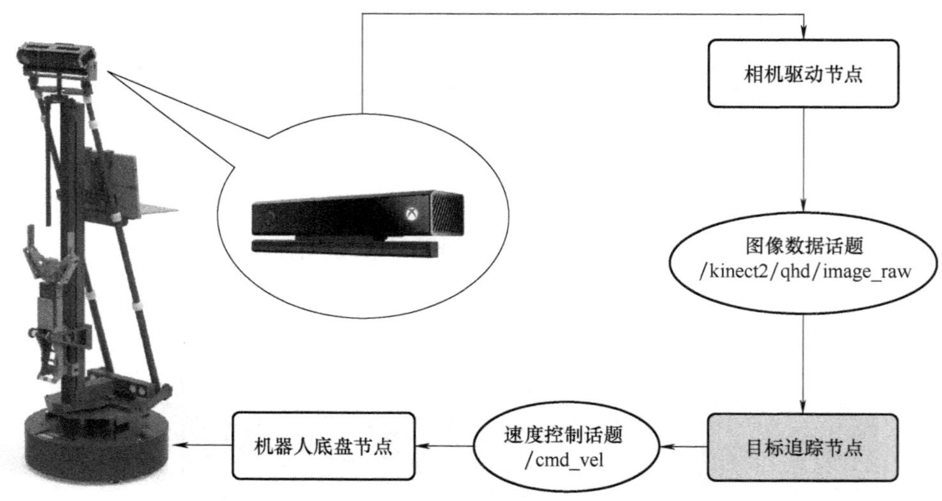

图 9-44 目标追踪的数据流向图

在编写例程代码前，先设计一下这个程序的实现思路：
1）对机器人视觉图像进行颜色空间转换，从 RGB 空间转换到 HSV 空间，排除光照影响。
2）对转换后的图像进行二值化处理，将目标物分割提取出来。
3）对提取到的目标像素进行计算统计，得出目标物的质心坐标。
4）根据目标位置计算机器人运动速度，完成目标追踪功能。

9.3.1 编写目标追踪程序

首先在工作空间中创建一个名为“cv_pkg”的软件包，如果前面已经创建过，这里可以直接跳过。如图 9-45 所示，打开一个新的终端窗口，输入如下指令，进入工作空间。

```
cd ~/ros2_ws/src
```

然后如图 9-46 所示，执行如下指令，创建软件包。

```
ros2 pkg create cv_pkg
```

创建好软件包后，接下来在这个软件包中创建一个节点。

1. 编写节点代码

先创建这个节点的源码文件。如图 9-47 所示，在 VSCode 中找到［cv_pkg］软件包，用鼠标右键单击它的［src］子目录，在弹出的快捷菜单中选择［新建文件...］。

图 9-45　进入工作空间

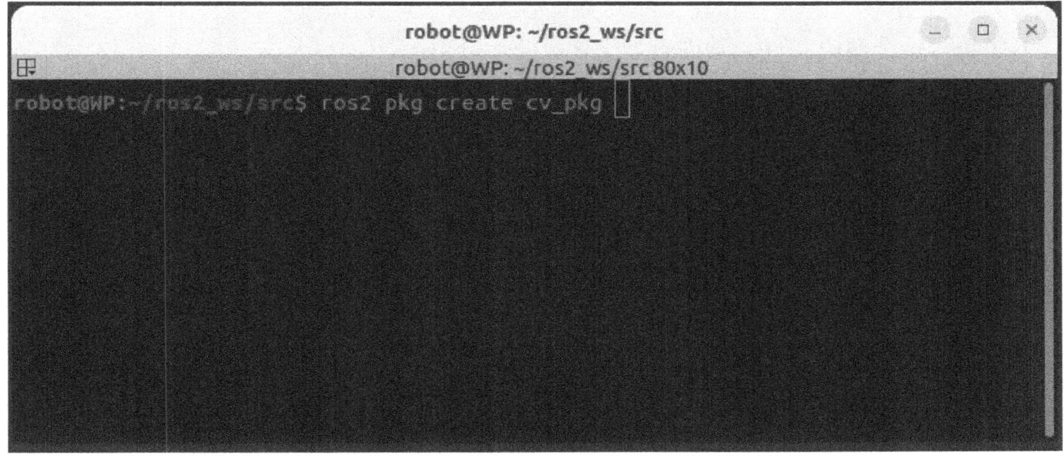

图 9-46　创建软件包

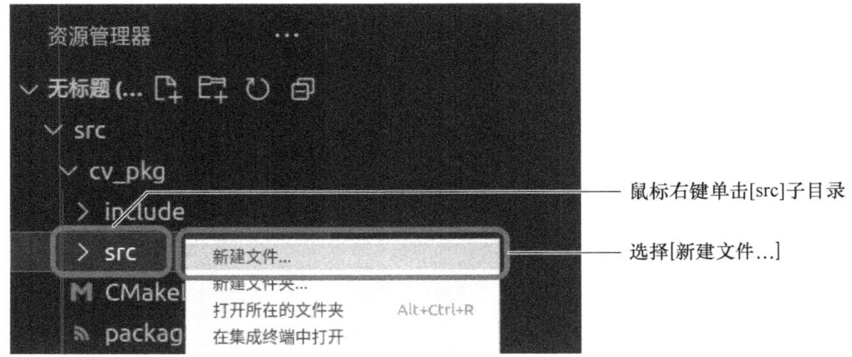

图 9-47　新建文件

如图 9-48 所示，此时会提示输入文件名，这里输入“cv_follow. cpp”，然后按［Enter］键创建文件。

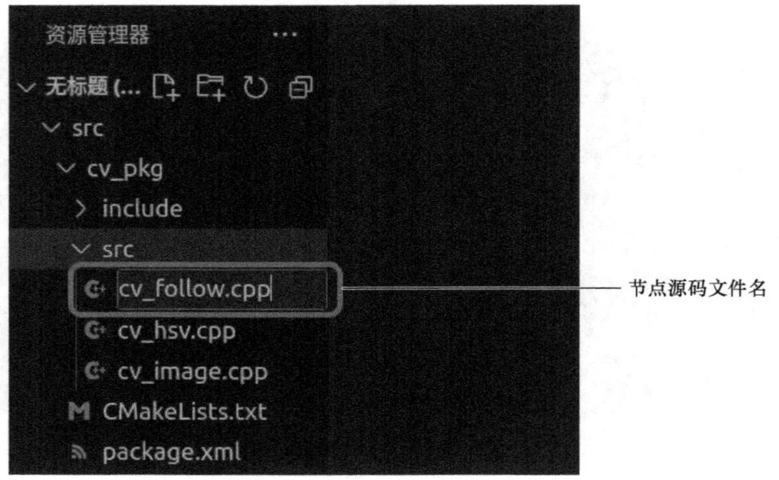

图 9-48　为文件命名

下面编写这个源码文件，其内容如下。

```
#include <rclcpp/rclcpp.hpp>
#include <sensor_msgs/msg/image.hpp>
#include <cv_bridge/cv_bridge.h>
#include <opencv2/imgproc/imgproc.hpp>
#include <opencv2/highgui/highgui.hpp>
#include <geometry_msgs/msg/twist.hpp>

std::shared_ptr<rclcpp::Node> node;

using namespace cv;
using namespace std;

static int iLowH=10;
static int iHighH=40;

static int iLowS=90;
static int iHighS=255;

static int iLowV=1;
static int iHighV=255;

geometry_msgs::msg::Twist vel_cmd;
```

```
rclcpp::Publisher<geometry_msgs::msg::Twist>::SharedPtr vel_pub;

void Cam_RGB_Callback(const sensor_msgs::msg::Image::SharedPtr msg)
{
    cv_bridge::CvImagePtr cv_ptr;
    cv_ptr=cv_bridge::toCvCopy(msg,sensor_msgs::image_encodings::BGR8);

    Mat imgOriginal=cv_ptr->image;

    Mat imgHSV;
    vector<Mat> hsvSplit;
    cvtColor(imgOriginal,imgHSV,COLOR_BGR2HSV);

    split(imgHSV,hsvSplit);
    equalizeHist(hsvSplit[2],hsvSplit[2]);
    merge(hsvSplit,imgHSV);

    Mat imgThresholded;
    inRange(imgHSV,
        Scalar(iLowH,iLowS,iLowV),
        Scalar(iHighH,iHighS,iHighV),
        imgThresholded);

    Mat element=getStructuringElement(MORPH_RECT,Size(5,5));
    morphologyEx(imgThresholded,imgThresholded,MORPH_OPEN,element);
    morphologyEx(imgThresholded,imgThresholded,MORPH_CLOSE,element);

    int nTargetX=0;
    int nTargetY=0;
    int nPixCount=0;
    int nImgWidth=imgThresholded.cols;
    int nImgHeight=imgThresholded.rows;
    for(int y=0;y < nImgHeight;y++)
    {
        for(int x=0;x < nImgWidth;x++)
        {
            if(imgThresholded.data[y * nImgWidth+x]==255)
            {
                nTargetX+=x;
```

```
                nTargetY+=y;
                nPixCount++;
            }
        }
    }
    if(nPixCount > 0)
    {
        nTargetX /=nPixCount;
        nTargetY /=nPixCount;
        printf("Target(%d,%d)  PixelCount=%d\n",nTargetX,nTargetY,
nPixCount);
        Point line_begin=Point(nTargetX-10,nTargetY);
        Point line_end=Point(nTargetX+10,nTargetY);
        line(imgOriginal,line_begin,line_end,Scalar(255,0,0),3);
        line_begin.x=nTargetX;line_begin.y=nTargetY-10;
        line_end.x=nTargetX;line_end.y=nTargetY+10;
        line(imgOriginal,line_begin,line_end,Scalar(255,0,0),3);

        float fVelFoward=(nImgHeight/2-nTargetY)*0.002;
        float fVelTurn=(nImgWidth/2-nTargetX)*0.003;
        vel_cmd.linear.x=fVelFoward;
        vel_cmd.linear.y=0;
        vel_cmd.linear.z=0;
        vel_cmd.angular.x=0;
        vel_cmd.angular.y=0;
        vel_cmd.angular.z=fVelTurn;
    }
    else
    {
        printf("Target disappeared...\n");
        vel_cmd.linear.x=0;
        vel_cmd.linear.y=0;
        vel_cmd.linear.z=0;
        vel_cmd.angular.x=0;
        vel_cmd.angular.y=0;
        vel_cmd.angular.z=0;
    }

    vel_pub->publish(vel_cmd);
```

```
    imshow("Result",imgThresholded);
    imshow("RGB",imgOriginal);
    cv::waitKey(5);
}

int main(int argc,char** argv)
{
    rclcpp::init(argc,argv);
    node=std::make_shared<rclcpp::Node>("cv_follow_node");

    vel_pub=node->create_publisher<geometry_msgs::msg::Twist>("/cmd_
vel",10);
    auto sub=node->create_subscription<sensor_msgs::msg::Image>(
        "/kinect2/qhd/image_raw",10,Cam_RGB_Callback);

    namedWindow("RGB");
    namedWindow("Result");

    rclcpp::spin(node);

    cv::destroyAllWindows();
    rclcpp::shutdown();

    return 0;
}
```

上述代码可以从 wpr_simulation2 的例程文件中找到。如果编译报错，可以与 wpr_simulation2\demo_cpp\9_cv_follow. cpp 文件中的代码进行比对。

下面是对这个节点代码的解释。

```
#include <rclcpp/rclcpp.hpp>
#include <sensor_msgs/msg/image.hpp>
```

这两行代码导入了 ROS2 的 C++库和图像消息类型 sensor_msgs::Image 的头文件。

```
#include <cv_bridge/cv_bridge.h>
```

这行代码导入了用于在 ROS2 消息格式和 OpenCV 图像格式之间进行转换的功能函数头文件。

```
#include <opencv2/imgproc/imgproc.hpp>
#include <opencv2/highgui/highgui.hpp>
```

这两行代码导入了 OpenCV 的图像处理功能和图形显示功能函数的头文件。

```
#include <geometry_msgs/msg/twist.hpp>
```

这行代码导入了运动控制消息类型 geometry_msgs::Twist 的头文件。

```
std::shared_ptr<rclcpp::Node> node;
```

这行代码声明了一个名为“node”的共享指针，指向 rclcpp::Node 类型的对象。在这里声明是为了使其成为全局变量，在回调函数和主函数里都可以访问。

```
using namespace cv;
using namespace std;
```

这两行代码引入 cv 和 std 命名空间，这样在代码中使用 OpenCV 和 C++标准库中的函数和类时，可以不用再加“cv::”和“std::”之类的前缀，以减小代码长度，提高可读性。

```
static int iLowH=10;
static int iHighH=40;

static int iLowS=90;
static int iHighS=255;

static int iLowV=1;
static int iHighV=255;
```

这段代码定义了一组变量，用于设置图像阈值的参数。这 6 行代码分别表示色调（Hue）的下限和上限值、饱和度（Saturation）的下限和上限值，以及明亮度（Value）的下限和上限值。

```
geometry_msgs::msg::Twist vel_cmd;
rclcpp::Publisher<geometry_msgs::msg::Twist>::SharedPtr vel_pub;
```

这两行代码声明了一个 geometry_msgs::msg::Twist 类型的消息包 vel_cmd，后面会用于控制机器人的运动。另外还声明了一个发布者指针 vel_pub，后面会先在主函数 main( ) 中对它进行初始化，然后在回调函数中使用它发布机器人的运动控制指令。


```
void Cam_RGB_Callback(const sensor_msgs::msg::Image::SharedPtr msg)
{
```

这是一个回调函数。在后面的代码中，会将它设置为接收到相机图像消息包的回调函数。它接收一个 sensor_msgs::msg::Image 类型的共享指针 msg 作为参数，这个 msg 参数就是携带了相机图像数据的消息包，将会在这个回调函数中进行处理。

```
    cv_bridge::CvImagePtr cv_ptr;
    cv_ptr = cv_bridge::toCvCopy(msg, sensor_msgs::image_encodings::
BGR8);
```

这两行代码先定义了一个 cv_bridge::CvImagePtr 类型的指针 cv_ptr，然后调用 cv_bridge::toCvCopy 将 ROS 图像消息转换为 OpenCV 的图像类型数据，并将这个数据存储地址赋值给 cv_ptr。

```
Mat imgOriginal=cv_ptr->image;
```

这行代码定义了一个 OpenCV 的 Mat 类型对象 imgOriginal，用于从 cv_ptr 中将 RGB 彩色图像数据取出来。

```
Mat imgHSV;
vector<Mat> hsvSplit;
cvtColor(imgOriginal,imgHSV,COLOR_BGR2HSV);
```

这段代码先定义了一个 Mat 类型对象 imgHSV，然后创建一个 Mat 类型的图像数组 hsvSplit，最后将相机采集到的彩色图像从 RGB（红、绿、蓝）描述转换成 HSV（色调、饱和度、明亮度）描述，并将转换结果保存到 imgHSV 对象中。将传统的 RGB 图像转换成 HSV 描述，可以在很大程度上排除光照对颜色检测的影响，从而获得更好的颜色检测结果。

```
split(imgHSV,hsvSplit);
```

这行代码使用 OpenCV 的 split() 函数将 HSV 图像 imgHSV 分离为 3 个单通道图像：H（色调）、S（饱和度）和 V（明亮度）。分离后的通道图像数据将分别存储在 hsvSplit 数组中。

```
equalizeHist(hsvSplit[2],hsvSplit[2]);
```

这行代码使用 equalizeHist() 函数对 V 通道进行直方图均衡化操作。这样可以改善图像的亮度分布，提高图像的视觉质量，使得图像中的细节更加突出。

```
merge(hsvSplit,imgHSV);
```

这行代码使用 merge() 函数将分离后的 H、S、V 3 个单通道图像重新合并为一个三通道的 HSV 图像，并将合并后的图像赋值到 imgHSV 中。经过前面的处理，合并后的图像颜色明亮度得到了改善，以方便后面进行阈值分割。

```
Mat imgThresholded;
inRange(imgHSV,
    Scalar(iLowH,iLowS,iLowV),
    Scalar(iHighH,iHighS,iHighV),
    imgThresholded);
```


这段代码先定义了一个 Mat 类型对象 imgThresholded，然后调用 OpenCV 的 inRange() 函数，使用文件开头定义的 H（色调）、S（饱和度）和 V（明亮度）3 组阈值参数对 HSV 图像 imgHSV 进行阈值分割。符合阈值条件的像素置为 255（显示为白色），不符合阈值条件的像素置为 0（显示为黑色），也就是“二值化”。处理后的结果赋值到 imgThresholded 对象中，后面会把它显示出来，以便于观察阈值分割的效果。

```
Mat element=getStructuringElement(MORPH_RECT,Size(5,5));
morphologyEx(imgThresholded,imgThresholded,MORPH_OPEN,element);
morphologyEx(imgThresholded,imgThresholded,MORPH_CLOSE,element);
```

这段代码先对图像 imgThresholded 进行开运算，去除了图像中小的噪点干扰，然后再进行闭运算，填充图像中球体上小的反光区域。

```
int nTargetX=0;
int nTargetY=0;
int nPixCount=0;
int nImgWidth=imgThresholded.cols;
int nImgHeight=imgThresholded.rows;
for(int y=0;y < nImgHeight;y++)
{
    for(int x=0;x < nImgWidth;x++)
    {
        if(imgThresholded.data[y * nImgWidth+x]==255)
        {
            nTargetX+=x;
            nTargetY+=y;
            nPixCount++;
        }
    }
}
```

这段代码用于对二值化图像 imgThresholded 进行像素统计：对符合阈值条件的像素（也就是数值为 255 的像素），累加这些像素的 x 和 y 坐标值，同时用变量 nPixCount 统计符合阈值条件像素的个数。后面将累加后的 x 和 y 坐标值除以像素个数（nPixCount），就能得到这些像素组成的颜色区域的质心坐标。

```
if(nPixCount > 0)
{
    nTargetX /=nPixCount;
    nTargetY /=nPixCount;
    printf ("Target (%d,%d) PixelCount =%d\n",nTargetX,nTargetY,
nPixCount);
```

这里没有马上将累加后的 x 和 y 坐标值除以 nPixCount，而是先判断一下 nPixCount 是否大于 0，避免出现除以 0 的情况，导致程序报错退出。只有（nPixCount）大于 0，才将累加后的 x 和 y 坐标值除以像素个数（nPixCount），得到这些像素组成的颜色区域的质心坐标（可以认为就是这种颜色特征的物体中心）。

```
    Point line_begin=Point(nTargetX 10,nTargetY);
    Point line_end=Point(nTargetX+10,nTargetY,3);
    line(imgOriginal,line_begin,line_end,Scalar(255,0,0),3);
    line_begin.x=nTargetX;line_begin.y=nTargetY 10;
    line_end.x=nTargetX;line_end.y=nTargetY+10;
```

```
    line(imgOriginal,line_begin,line_end,Scalar(255,0,0),3);
```

得到特征像素组成的颜色区域的质心坐标后，使用 OpenCV 的 line( ) 函数在质心坐标的位置画两条正交的线段，组成一个十字图案，在图像上标注出质心坐标位置。

```
    float fVelFoward=(nImgHeight/2-nTargetY)*0.002;
    float fVelTurn=(nImgWidth/2-nTargetX)*0.003;
    vel_cmd.linear.x=fVelFoward;
    vel_cmd.linear.y=0;
    vel_cmd.linear.z=0;
    vel_cmd.angular.x=0;
    vel_cmd.angular.y=0;
    vel_cmd.angular.z=fVelTurn;
}
```

使用得到的目标物质心坐标，计算机器人追踪运动的速度值。这里假定机器人追上目标时，预期目标物应该位于机器人视野图像的正中心，也就是横坐标为 nImgWidth/2，纵坐标为 nImgHeight/2。于是可以用目标物当前坐标值去减视野中心的坐标值，得到一组误差值。将这组误差值乘以比例系数，作为速度值输出给机器人，就可以控制机器人运动，驱使机器人去对准目标。具体的实现，就是把纵坐标差值乘以一个系数 0.002 作为机器人前后移动的速度值，把横坐标差值乘以一个系数 0.003 作为机器人的旋转速度值。将这组控制数值赋值到速度控制消息包 vel_cmd 中，准备发送给机器人去执行。至此，特征像素点个数 nPixCount 大于 0 的情况（也就是视野里有特征目标物的情况）处理结束，后面 else 会处理视野里没有特征目标物的情况。

```
else
{
    printf("Target disappeared...\n");
    vel_cmd.linear.x=0;
    vel_cmd.linear.y=0;
    vel_cmd.linear.z=0;
    vel_cmd.angular.x=0;
    vel_cmd.angular.y=0;
    vel_cmd.angular.z=0;
}
```

如果 nPixCount 不大于 0（其实就是等于 0），就会进入这个 else 分支。此时图像中没有符合颜色特征的像素，可以认为目标物从视野里消失了。调用 printf( ) 显示一段信息，提示目标物消失，然后将速度控制消息包 vel_cmd 的控制量全部清零，发送给机器人，就能让机器人停止运动，避免机器人看不到目标物后胡乱运动，最终失去控制。

```
vel_pub->publish(vel_cmd);
```

这行代码使用速度发布对象 vel_pub 将前面赋值的速度控制消息包 vel_cmd 发送到话题

“/cmd_vel”上，机器人底盘节点会从该话题获取这个节点发送的速度控制消息包并执行。

```
    imshow("Result",imgThresholded);
    imshow("RGB",imgOriginal);
    cv::waitKey(5);
```

这段代码先使用 imshow 函数将二值化后的黑白图像 imgThresholded 显示在［Result］窗口中，将相机的彩色图像 imgOriginal 显示在［RGB］窗口中，供开发者观察目标追踪的效果。然后调用 cv::waitKey() 函数，让程序停顿 5ms，留出时间让这两个图形窗口能够显示出来。

```
int main(int argc,char ** argv)
{
    rclcpp::init(argc,argv);
```

这段代码是 main() 函数的开始，接收命令行参数 argc 和 argv。rclcpp::init（argc，argv）用于初始化节点。

```
    node=std::make_shared<rclcpp::Node>("cv_follow_node");
```

这行代码创建了一个名称为“cv_follow_node”的节点对象。使用 std::make_shared() 函数创建这个节点对象的共享指针，并赋值给 node。

```
    vel_pub=node->create_publisher<geometry_msgs::msg::Twist>("/cmd_
vel",10);
```

这行代码用于对速度控制消息包发布者指针 vel_pub 进行初始化。使用 node 的 create_publisher() 函数创建一个发布者对象，并将其地址赋值给 vel_pub。发布的消息包类型为 geometry_msgs::msg::Twist，发布的话题名称为“/cmd_vel”。

```
    auto sub=node->create_subscription<sensor_msgs::msg::Image>(
        "/kinect2/qhd/image_raw",10,Cam_RGB_Callback);
```

这两行代码使用 node 节点的 create_subscription() 函数创建一个订阅者对象 sub。订阅的消息类型是 sensor_msgs::msg::Image，订阅话题为“/kinect2/qhd/image_raw”，参数 10 表示接收缓冲的队列长度为 10 个消息包。回调函数 Cam_RGB_Callback() 在前面已经有定义，它将在接收到相机图像消息包时被调用。


```
    namedWindow("RGB");
    namedWindow("Result");
```

这两行代码用于初始化两个图形窗口，窗口标题分别为“RGB”和“Result”。在前面的回调函数中，会使用这些窗口显示相机的彩色图像和最后目标识别的结果。

```
    rclcpp::spin(node);
```

这行代码启动节点的主循环，使节点开始处理消息并调用回调函数。rclcpp::spin() 函数将使节点保持运行状态，直到节点被关闭。

```
    cv::destroyAllWindows();
```

当节点运行过程中收到系统的关闭要求时会执行这行代码，用于关闭并释放所有 OpenCV 窗口占用的资源。

```
    rclcpp::shutdown();
```

这行代码用于关闭节点，释放节点占用的资源。

```
    return 0;
}
```

这是 main( ) 函数的结束，返回值为 0，表示程序成功执行并正常退出。

代码编写完成后，需要进行保存。保存成功后，编辑界面文件名后面的圆点符号会变成一个叉符号。

2. 设置编译规则

节点源代码的编译规则写在 cv_pkg 的 CMakeLists.txt 文件里。如图 9-49 所示，在 VSCode 中打开这个文件，在这个文件里添加节点的编译规则。首先使用如下代码寻找节点代码中用到的依赖项。

```
find_package(rclcpp REQUIRED)
find_package(sensor_msgs REQUIRED)
find_package(cv_bridge REQUIRED)
find_package(OpenCV REQUIRED)
find_package(geometry_msgs REQUIRED)
```

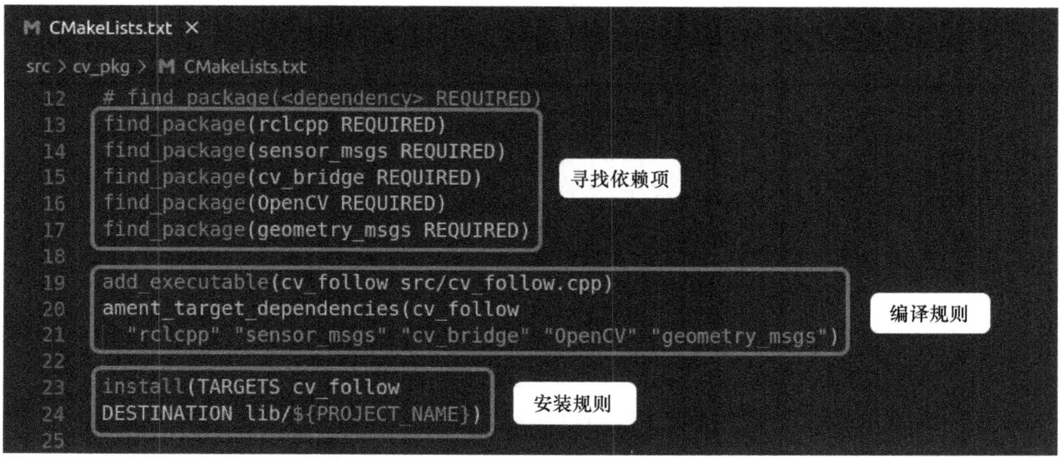

图 9-49 寻找依赖项、添加编译规则和安装规则

然后使用如下代码添加节点源代码的编译规则。

```
add_executable(cv_follow src/cv_follow.cpp)
ament_target_dependencies(cv_follow
   "rclcpp" "sensor_msgs" "cv_bridge" "OpenCV"  "geometry_msgs")
```

最后使用如下代码添加节点编译完成后的安装规则。

```
install(TARGETS  cv_follow
DESTINATION  lib/${PROJECT_NAME})
```

这些内容可以从 wpr_simulation2 的例程文件中找到。如果编译报错，可以与 wpr_simulation2\demo_cmakelists\9_cv_follow.txt 文件中的代码进行比对。

上述规则添加完毕后，一定要保存文件，否则规则无法生效。

3. 修改软件包信息

如图 9-50 所示，在 VSCode 中打开［cv_pkg］下的［package.xml］文件，使用如下代码添加依赖项信息。

```
<depend>rclcpp</depend>
<depend>sensor_msgs</depend>
<depend>cv_bridge</depend>
<depend>OpenCV</depend>
<depend>geometry_msgs</depend>
```

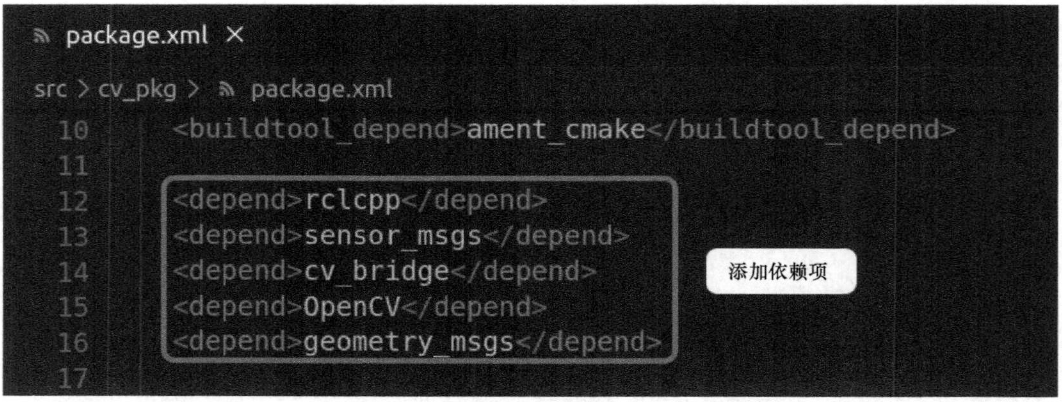

图 9-50　添加依赖项

这些内容可以从 wpr_simulation2 的例程文件中找到。如果编译报错，可以与 wpr_simulation2\demo_package\9_cv_follow.xml 文件中的代码进行比对。

文件修改后，一定要保存文件，否则新的包信息无法生效。

4. 编译软件包

修改完上述文件后，打开终端窗口。如图 9-51 所示，执行如下指令，进入工作空间。

```
cd ~/ros2_ws
```

然后如图 9-52 所示，执行如下指令，对工作空间中的所有软件包进行编译。

```
colcon build
```

如果编译顺利的话，会显示如图 9-53 所示信息，表示编译成功。

robot@WP: ~
robot@WP: ~ 80x10
robot@WP:~$ cd ~/ros2_ws

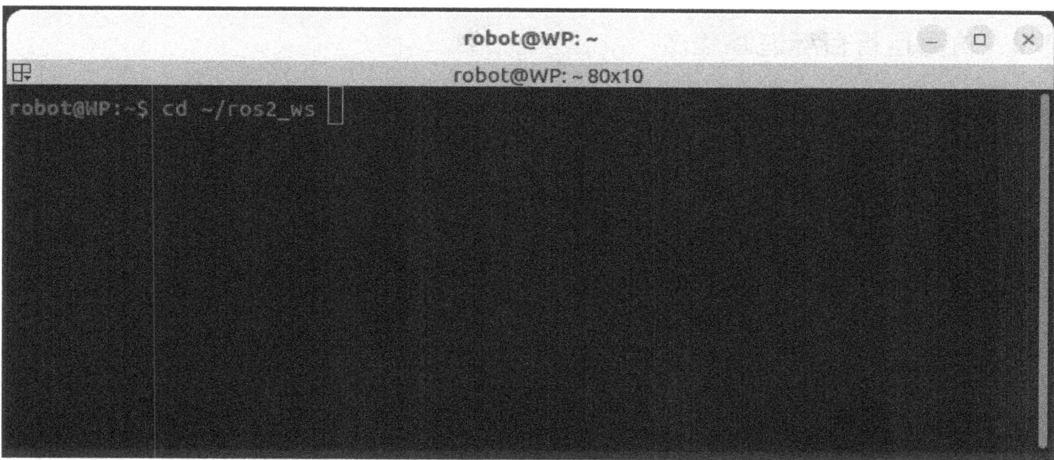

图 9-51　进入工作空间

robot@WP: ~/ros2_ws
robot@WP: ~/ros2_ws 80x10
robot@WP:~/ros2_ws$ colcon build

图 9-52　编译软件包

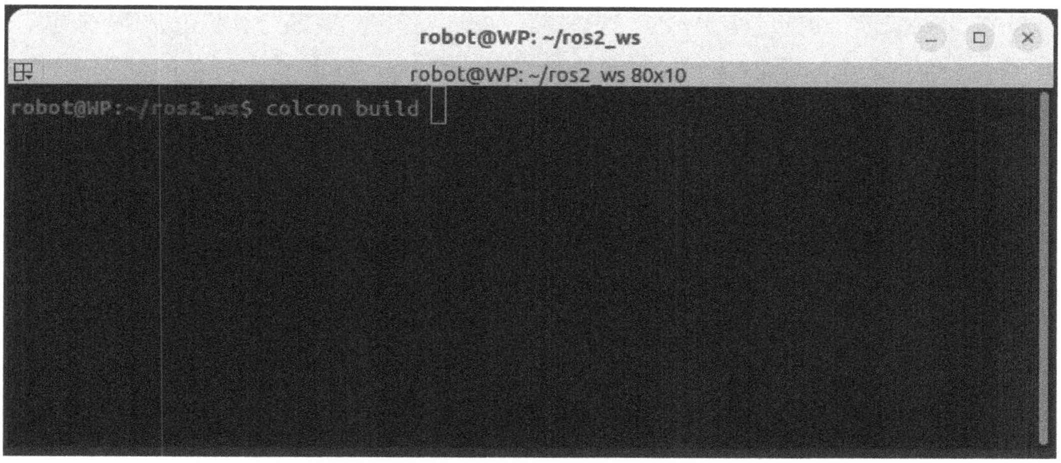

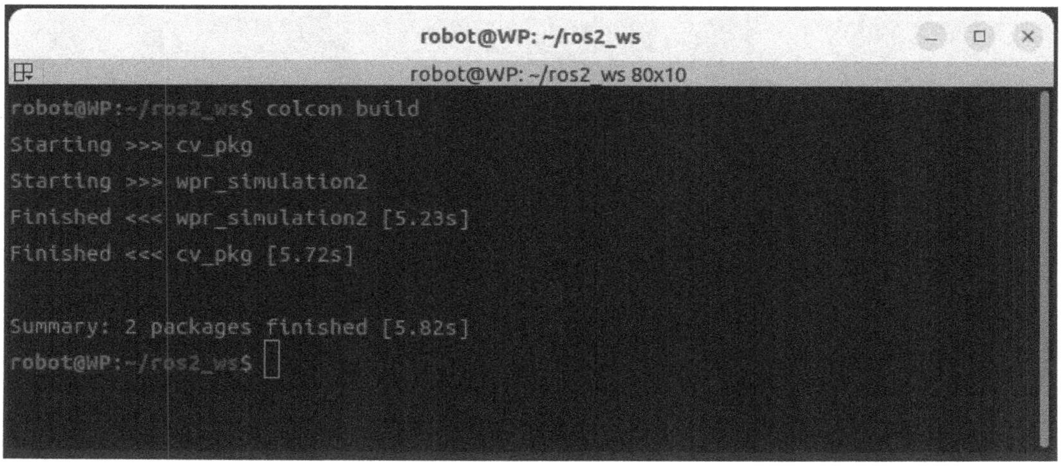

robot@WP: ~/ros2_ws
robot@WP: ~/ros2_ws 80x10
robot@WP:~/ros2_ws$ colcon build
Starting >>> cv_pkg
Starting >>> wpr_simulation2
Finished <<< wpr_simulation2 [5.23s]
Finished <<< cv_pkg [5.72s]
Summary: 2 packages finished [5.82s]
robot@WP:~/ros2_ws$

图 9-53　编译成功

9.3.2 仿真运行目标追踪程序

下面运行刚编写的节点。在运行前，确认已经按照 2.6 节下载了 wpr_simulation2 仿真项目。然后，需要加载当前工作空间中的环境设置，这样 ros2 指令才能找到刚才编译后的软件包和节点文件。如图 9-54 所示，保持终端的当前路径依然在工作空间目录 ros2_ws 中，然后执行如下指令。

```
source install/setup.bash
```

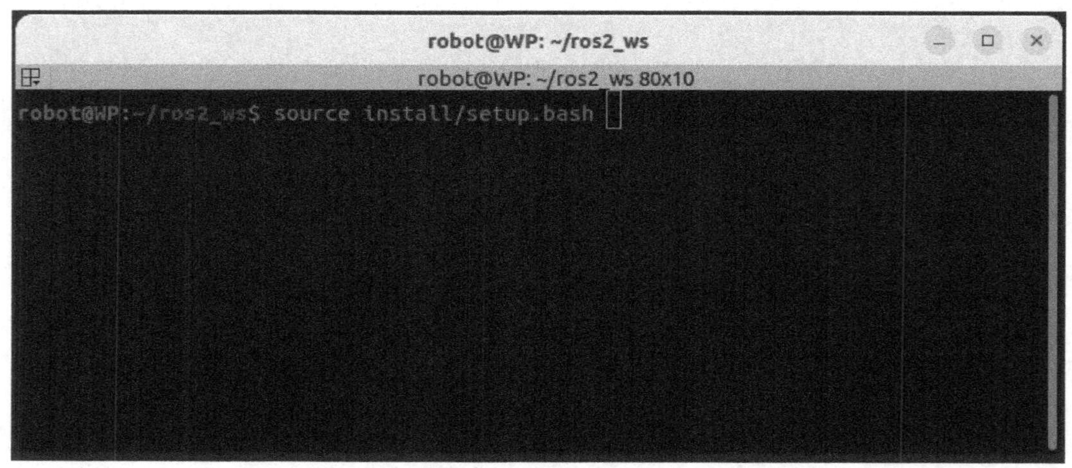

图 9-54 加载工作空间的环境设置

然后如图 9-55 所示，先执行如下指令，启动带有机器人的仿真环境。

```
ros2 launch wpr_simulation2 wpb_balls.launch.py
```

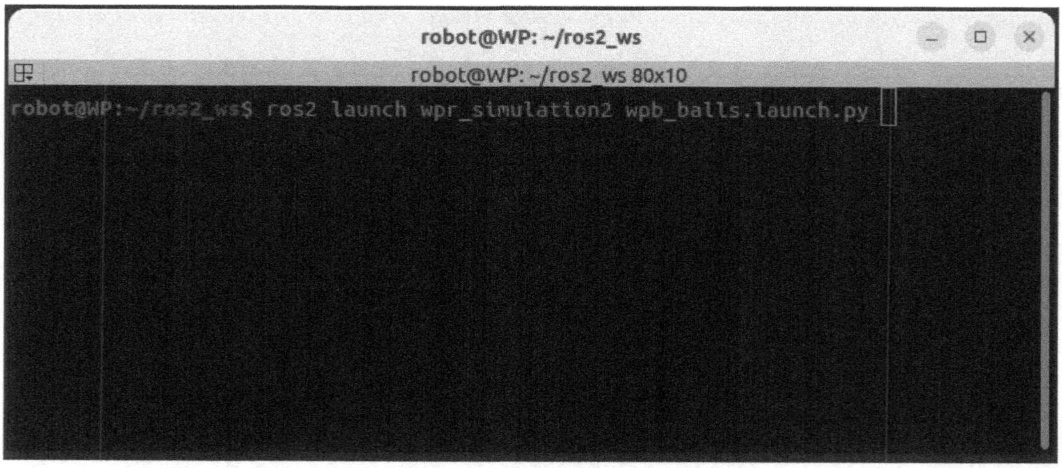

图 9-55 启动仿真环境

这时会启动仿真窗口，里面有一台虚拟机器人。机器人的面前放置了数个不同颜色的球，机器人的头部相机俯视着这些球，如图 9-56 所示。

图 9-56 彩图

图 9-56　仿真窗口

接下来运行刚才编写的节点 cv_hsv。在 Terminator 终端中，按组合键［Ctrl+Shift+O］，将终端分为上、下两个子窗口。如图 9-57 所示，先在新的终端窗口中执行如下指令，加载工作空间的环境设置。

```
source install/setup.bash
```

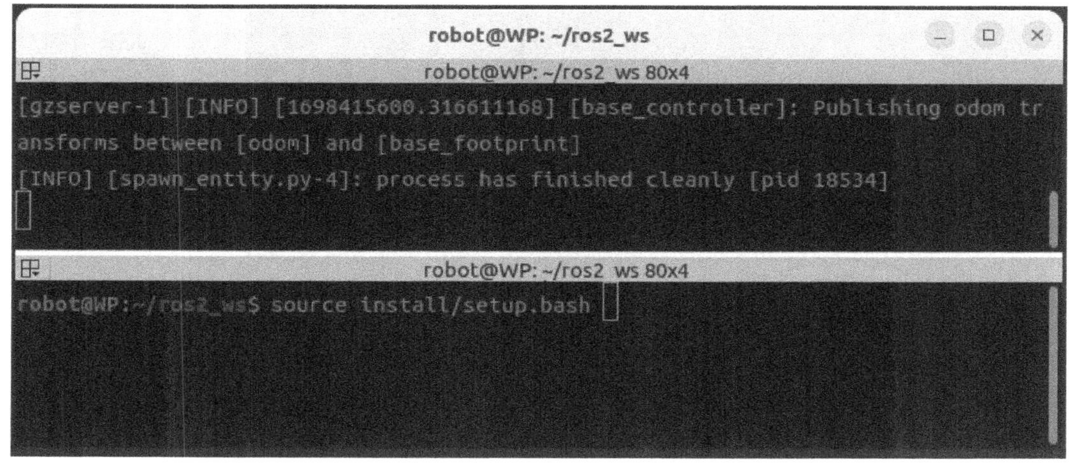

图 9-57　加载工作空间的环境设置

然后如图 9-58 所示，执行如下指令，运行刚才编写的节点。

```
ros2 run cv_pkg cv_follow
```

节点运行起来之后，会弹出以下两个窗口。

1）［RGB］窗口，如图 9-59 所示，显示的是机器人头部相机所看到的 4 个不同颜色球的图像。

```
robot@WP: ~/ros2_ws
robot@WP: ~/ros2_ws 80x4
[gzserver-1] [INFO] [1698415600.316611168] [base_controller]: Publishing odom tr
ansforms between [odom] and [base_footprint]
[INFO] [spawn_entity.py-4]: process has finished cleanly [pid 18534]

robot@WP: ~/ros2_ws 80x4
robot@WP:~/ros2_ws$ ros2 run cv_pkg cv_follow
```

图 9-58　运行节点

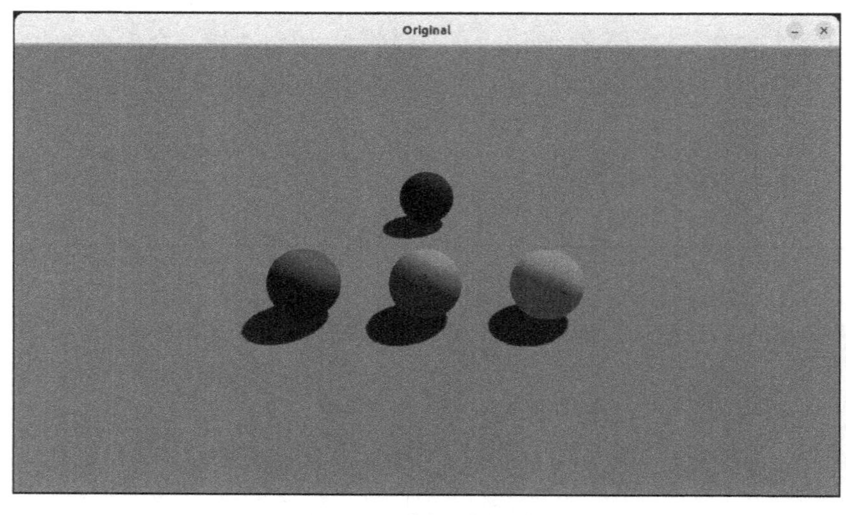

图 9-59 彩图

图 9-59　［RGB］窗口

2）［Result］窗口，如图 9-60 所示，显示的是转换颜色描述并二值化后的结果。白色的部分是检测到目标物的像素区域，黑色的部分是被剔除掉的非目标物的像素区域。可以看到，目前是将橘色球作为追踪目标。

切换到仿真窗口，可以看到里面的机器人对准橘色球，轻微向后移动，与橘色球保持固定距离。如图 9-61 所示，在运行 cv_follow 节点的终端窗口，可以看到追踪目标物的中心坐标值在不停地刷新。

为了测试机器人追踪目标球的效果，可以借助 wpr_simulation2 附带的程序让橘色球动起来。如图 9-62 所示，在 Terminator 终端中，按组合键［Ctrl+Shift+O］，将分出第 3 个子窗口。在新窗口中执行如下指令，加载工作空间的环境设置。

```
source install/setup.bash
```

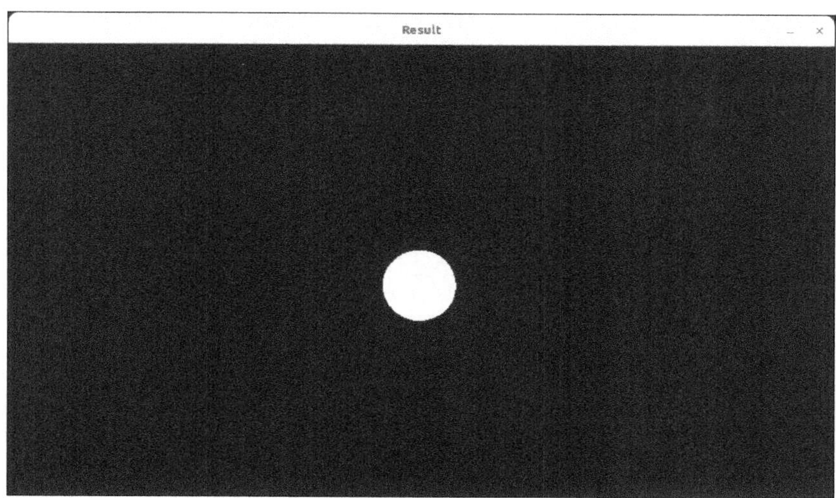

图 9-60 ［Result］窗口

```
robot@WP: ~/ros2_ws
robot@WP: ~/ros2_ws 80x2
[INFO] [spawn_entity.py-4]: process has finished cleanly [pid 18534]
robot@WP: ~/ros2_ws 80x6
Target (479, 277) PixelCount = 5374
Target (479, 277) PixelCount = 5374
Target (479, 277) PixelCount = 5374
Target (479, 277) PixelCount = 5374
Target (479, 277) PixelCount = 5374
```

图 9-61 终端显示目标物中心坐标值

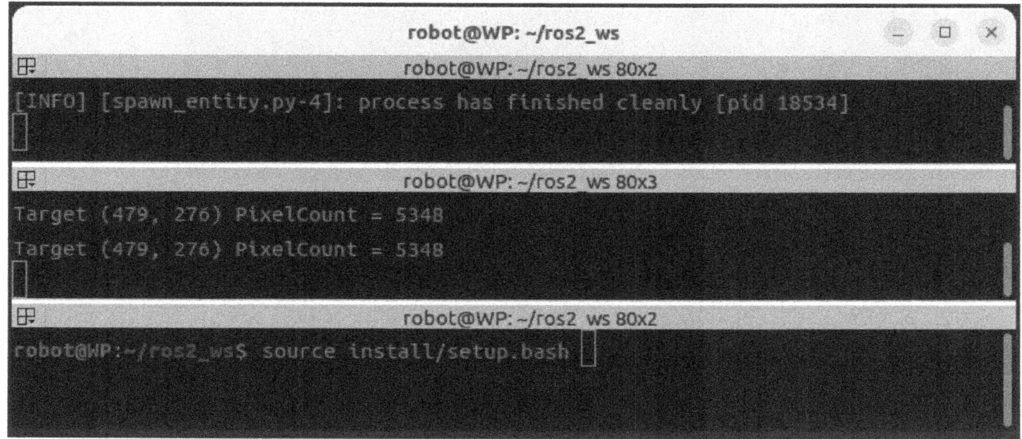

图 9-62 加载工作空间的环境设置

如图 9-63 所示，新的窗口加载环境设置后，输入如下指令，启动球随机运动的节点。

```
ros2 run wpr_simulation2 ball_random_move
```

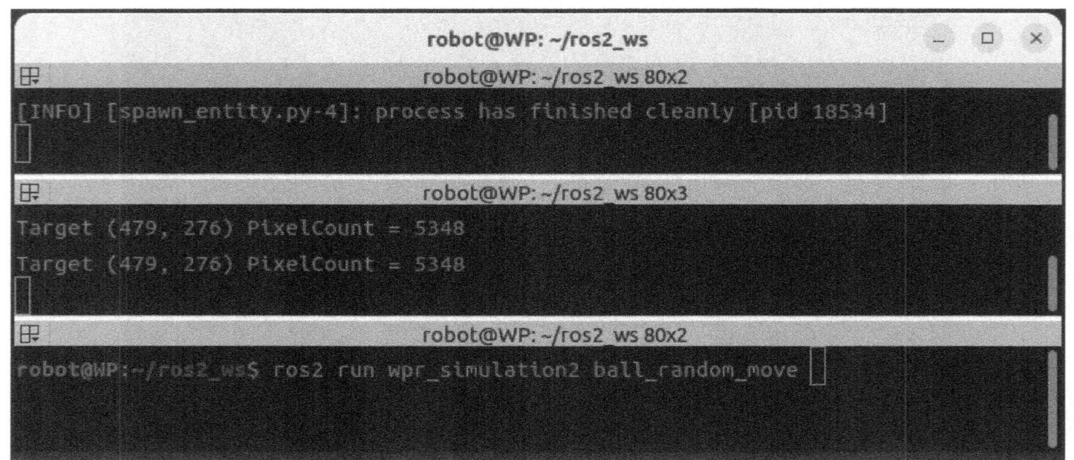

图 9-63　启动球随机运动的节点

如图 9-64 所示，执行之后，可以看到仿真窗口中的橘色球开始随机运动，而机器人也追着橘色球在移动。

图 9-64 彩图

图 9-64　仿真窗口

如图 9-65 所示，此时再切换到［RGB］窗口，观察蓝色十字标记对橘色目标球的追踪效果。

经过前面 3 个实验，终于将识别检测和运动行为结合起来，形成了一个典型的视觉闭环控制系统。机器人与外部世界的交互，形式虽然多样，但是本质上都是这样一套“识别→定位→操作”的闭环控制系统。通过这样一个简单的例子，了解和学习这种实现思路，可以为将来构建更复杂的机器人系统奠定基础。

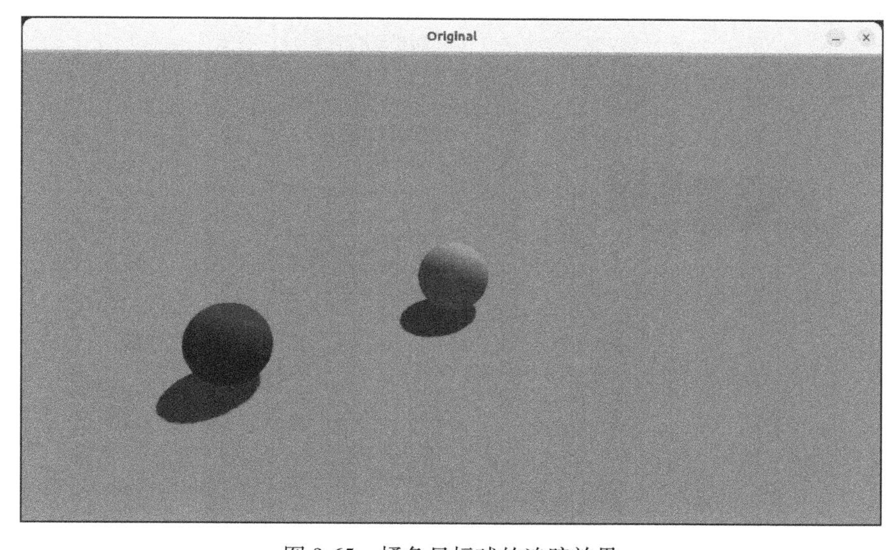

图 9-65 彩图

图 9-65　橘色目标球的追踪效果

9.3.3　练习题

1）调整程序中的阈值数值，尝试让机器人分别追踪红色球、绿色球和蓝色球。

2）尝试将 cv_follow. cpp 的代码封装成类。

9.4　基于视觉图像的人脸检测实现

在前面的实验中，使用的都是颜色特征进行视觉识别。在视觉的应用中，还有使用图形特征进行识别的案例。这一节将来体验一下使用图形学特征进行人脸检测的效果。当然，对于初学者来说，从零开始编写一个人脸检测算法过于复杂，所以需要借助现成的人脸识别算法库来实现人脸检测。这个算法库的调用在 wpr_simulation2 的 face_detector. py 节点中已经实现，直接使用即可。

如图 9-66 所示，face_detector. py 节点会订阅话题“/face_detector_input”，作为人脸图像的输入。图像中的人脸被检测到后，其坐标值会被发布到话题“/face_position”中。所以，这个实验只需要编写一个节点，从相机的话题中获取图片，转发给 face_detector. py 节点进行人脸检测，然后从“/face_position”话题获取人脸坐标结果即可。

在编写代码前，需要安装人脸检测节点 face_detector. py 的依赖项。打开一个新的终端窗口，如图 9-67 所示，输入如下指令，进入依赖项安装目录。

```
cd ~/ros2_ws/src/wpr_simulation2/scripts/
```

然后如图 9-68 所示，执行如下指令，安装人脸检测节点的依赖项。

```
./install_dep_face.sh
```

因为网络的原因，这些依赖项的安装时间会比较长，需要耐心等待。

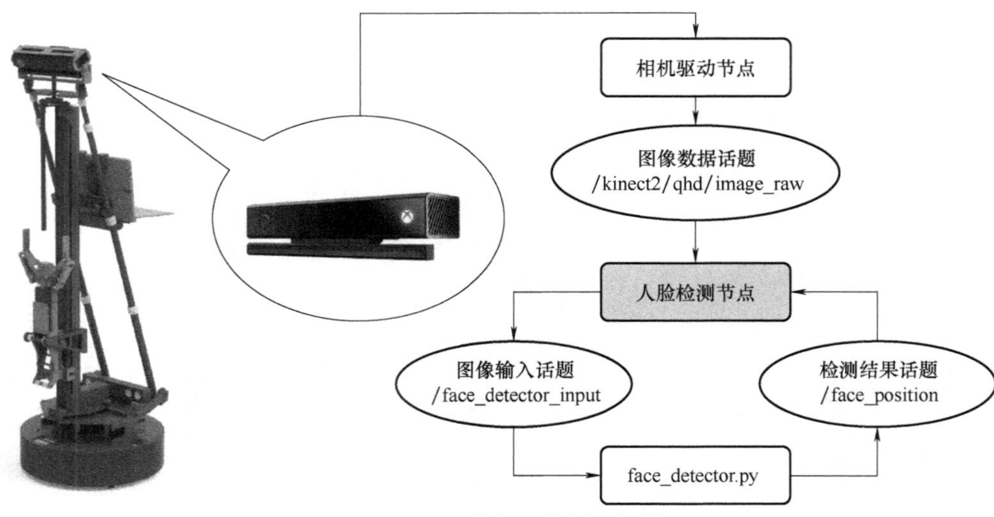

图 9-66　人脸检测的数据流向图

图 9-67　进入依赖项安装目录

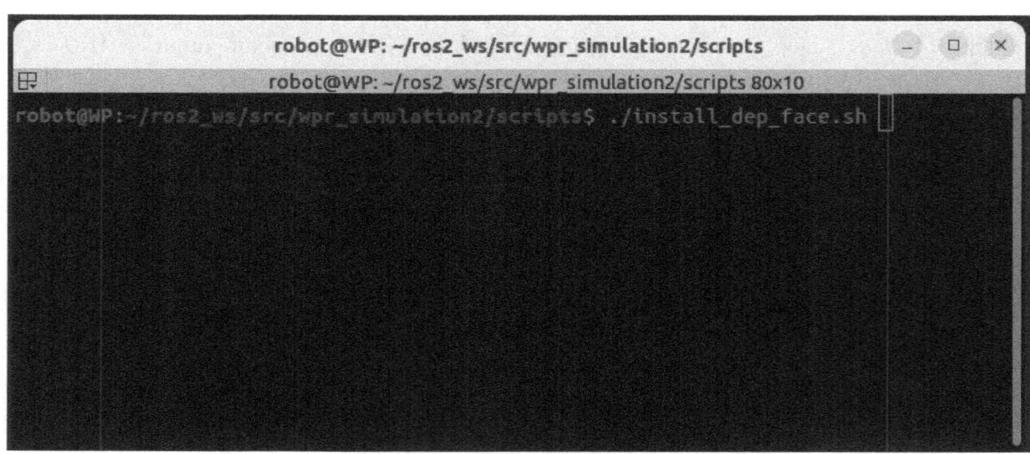

图 9-68　安装人脸检测节点的依赖项

9.4.1　编写人脸检测程序

首先在工作空间中创建一个名为“cv_pkg”的软件包，如果前面已经创建过，这里可以直接跳过。如图 9-69 所示，打开一个新的终端窗口，输入如下指令，进入工作空间。

```
cd ~/ros2_ws/src
```

图 9-69　进入工作空间

然后如图 9-70 所示，执行如下指令，创建软件包。

```
ros2 pkg create cv_pkg
```

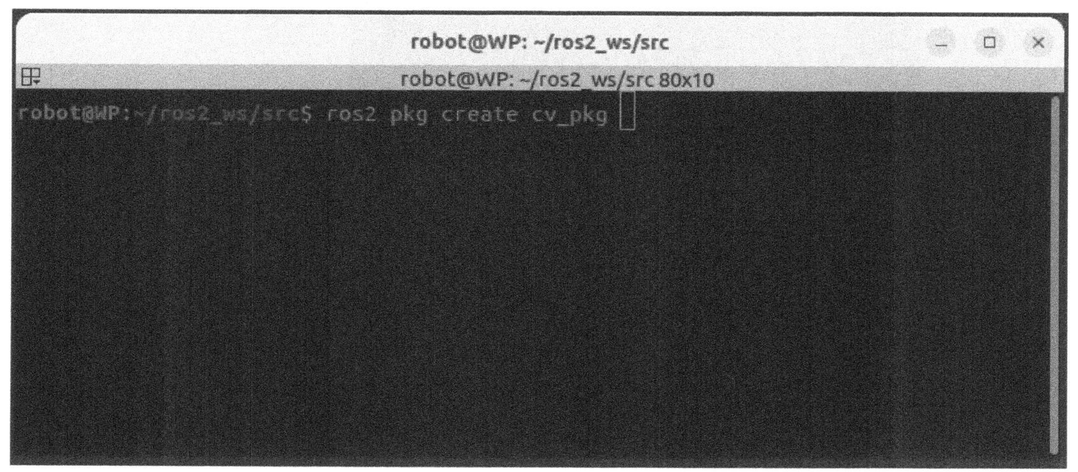

图 9-70　创建软件包

创建好软件包后，接下来在这个软件包中创建一个节点。

1. 编写节点代码

先创建这个节点的源码文件。如图 9-71 所示，在 VSCode 中找到［cv_pkg］软件包，用鼠标右键单击它的［src］子目录，在弹出的快捷菜单中选择［新建文件］。

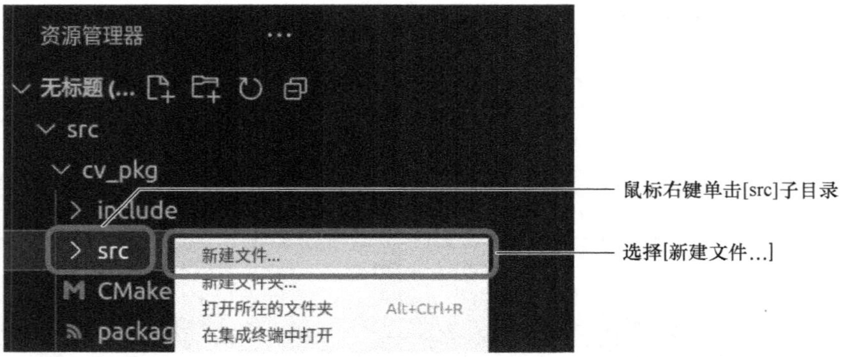

图 9-71　新建文件

如图 9-72 所示，此时会提示输入文件名，这里输入“cv_face_detect. cpp”，然后按［Enter］键创建文件。

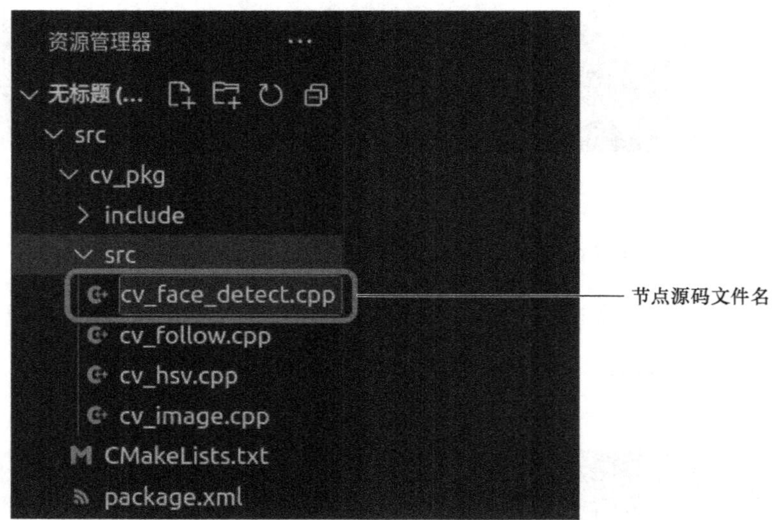

图 9-72　为文件命名

下面编写这个源码文件，其内容如下。

```
#include <rclcpp/rclcpp.hpp>
#include <sensor_msgs/msg/image.hpp>
#include <sensor_msgs/msg/region_of_interest.hpp>
#include <cv_bridge/cv_bridge.h>
#include <opencv2/imgproc/imgproc.hpp>
#include <opencv2/highgui/highgui.hpp>

std::shared_ptr<rclcpp::Node> node;
cv::Mat imgFace;
```

```
rclcpp::Publisher<sensor_msgs::msg::Image>::SharedPtr frame_pub;

void CamRGBCallback(const sensor_msgs::msg::Image::SharedPtr msg)
{
    cv_bridge::CvImagePtr cv_ptr;
    cv_ptr=cv_bridge::toCvCopy(msg,sensor_msgs::image_encodings::BGR8);

    imgFace=cv_ptr->image;

    frame_pub->publish(*msg);
}

void FacePosCallback(const sensor_msgs::msg::RegionOfInterest::SharedPtr
msg)
{
    cv::rectangle(imgFace,
        cv::Point(msg->x_offset,msg->y_offset),
        cv::Point(msg->x_offset+msg->width,msg->y_offset+msg->height),
        cv::Scalar(0,0,255),
        2,
        cv::LINE_8);
    cv::imshow("Face",imgFace);
    cv::waitKey(1);
}


int main(int argc,char **argv)
{
    rclcpp::init(argc,argv);
    node=std::make_shared<rclcpp::Node>("cv_face_detect");

    auto rgb_sub=node->create_subscription<sensor_msgs::msg::Image>(
        "/kinect2/qhd/image_raw",1,CamRGBCallback);
    frame_pub=node->create_publisher<sensor_msgs::msg::Image>(
        "/face_detector_input",1);
    auto face_sub=node->create_subscription<sensor_msgs::msg::Region-
OfInterest>(
        "/face_position",1,FacePosCallback);
```

```
    cv::namedWindow("Face");

    rclcpp::spin(node);

    cv::destroyAllWindows();

    rclcpp::shutdown();

    return 0;
}
```

上述代码可以从 wpr_simulation2 的例程文件中找到。如果编译报错，可以与 wpr_simulation2\demo_cpp\9_cv_face. cpp 文件中的代码进行比对。

下面是对这个节点代码的解释。

```
#include <rclcpp/rclcpp.hpp>
#include <sensor_msgs/msg/image.hpp>
```

这两行代码导入了 ROS2 的 C++库和图像消息类型 sensor_msgs::Image 的头文件。

```
#include <sensor_msgs/msg/region_of_interest.hpp>
```

这行代码导入了矩形框消息类型 sensor_msgs::RegionOfInterest 的头文件，后面会用这个消息类型来描述人脸在图像中的位置和区域。

```
#include <cv_bridge/cv_bridge.h>
```

这行代码导入了用于在 ROS2 消息格式和 OpenCV 图像格式之间进行转换的功能函数头文件。

```
#include <opencv2/imgproc/imgproc.hpp>
#include <opencv2/highgui/highgui.hpp>
```

这两行代码导入了 OpenCV 的图像处理功能和图形显示功能的函数头文件。


```
std::shared_ptr<rclcpp::Node> node;
```

这行代码声明了一个名为“node”的共享指针，指向 rclcpp::Node 类型的对象。在这里声明是为了使其成为全局作用域变量，在回调函数和主函数里都可以访问。

```
cv::Mat imgFace;
```

这行代码声明了一个名为“imgFace”的 OpenCV 格式图像对象。后面会在两个回调函数里访问它，所以在这里声明，让它变成一个全局对象。

```
rclcpp::Publisher<sensor_msgs::msg::Image>::SharedPtr frame_pub;
```

这行代码声明了一个 sensor_msgs::msg::Image 类型消息包的发布者指针 frame_pub。后面会先在主函数 main() 中对它进行初始化，然后在回调函数中使用它转发相机图像到人脸检测节点 face_detector. py 的输入话题中。

```
void CamRGBCallback(const sensor_msgs::msg::Image::SharedPtr msg)
{
```

这是第一个回调函数。在后面的代码中，会将它设置为接收到相机图像消息包的回调函数。它接收一个 sensor_msgs::msg::Image 类型的共享指针 msg 作为参数，这个 msg 参数就是携带了相机图像数据的消息包，将会在这个回调函数中进行处理。

```
    cv_bridge::CvImagePtr cv_ptr;
    cv_ptr = cv_bridge::toCvCopy(msg, sensor_msgs::image_encodings::
BGR8);
```

这两行代码先定义了一个 cv_bridge::CvImagePtr 类型的指针 cv_ptr，然后调用 cv_bridge::toCvCopy 将 ROS2 图像消息转换为 OpenCV 的图像类型数据，并将这个数据存储地址赋值给 cv_ptr。

```
    imgFace=cv_ptr>image;
```

这行代码用于将 RGB 彩色图像数据从 cv_ptr 中取出来，赋值给全局图片对象 imgFace 暂存。在后面接收人脸检测结果的回调函数里，会在这个 imgFace 图像上绘制人脸矩形标记框。

```
    frame_pub->publish(*msg);
}
```

这个 frame_pub 会在主函数 main() 中初始化，让它在人脸检测功能节点 face_detector.py 的输入话题上发布消息包。所以这行代码的作用是将相机节点发布的原始图像原封不动地直接转发给 face_detector.py 节点进行人脸检测。至此，接收相机图像的回调函数结束。

```
void FacePosCallback(const sensor_msgs::msg::RegionOfInterest::SharedPtr
msg)
{
```

这是第二个回调函数。在后面的代码中，会将它设置为接收到人脸检测结果消息包的回调函数。它接收一个 sensor_msgs::RegionOfInterest 类型的共享指针 msg 作为参数，这个 msg 参数就是携带了人脸检测结果的消息包，将会在这个回调函数中进行处理。

```
    cv::rectangle(imgFace,
        cv::Point(msg→x_offset,msg→y_offset),
        cv::Point(msg→x_offset+msg→width,msg→y_offset+msg→height),
        cv::Scalar(0,0,255),
        2,
        cv::LINE_8);
```

这段代码调用 OpenCV 的 rectangle() 函数，将接收到的人脸检测结果以红色矩形框的形式绘制在相机原始图像 imgFace 中，也就是用红色矩形框把相机图片中的人脸位置给标注出来。

```
    cv::imshow("Face",imgFace);
    cv::waitKey(1);
}
```

这两行代码用于将标注好人脸位置的相机图片显示到标题为“Face”的图形窗口中，便于开发者观察人脸检测的结果是否正确。至此，接收人脸检测结果的回调函数结束。

```
int main(int argc,char ** argv)
{
    rclcpp::init(argc,argv);
```

这段代码是 main() 函数的开始，接收命令行参数 argc 和 argv。rclcpp::init(argc,argv) 用于初始化节点。

```
    node=std::make_shared<rclcpp::Node>("cv_face_detect");
```

这行代码创建了一个名称为“cv_face_detect”的节点对象。使用 std::make_shared() 函数创建这个节点对象的共享指针，并赋值给 node。

```
    auto rgb_sub=node→create_subscription<sensor_msgs::msg::Image>(
        "/kinect2/qhd/image_raw",1,CamRGBCallback);
```

这两行代码使用 node 节点的 create_subscription() 函数创建一个订阅者对象 rgb_sub。订阅的消息类型是 sensor_msgs::msg::Image，订阅话题为“/kinect2/qhd/image_raw”，参数 1 表示接收缓冲的队列长度为 1 个消息包。回调函数 CamRGBCallback() 在前面已经有定义，它将在接收到相机图像消息包时被调用。

```
    frame_pub=node→create_publisher<sensor_msgs::msg::Image>(
        "/face_detector_input",1);
```

这两行代码用于对全局发布对象 frame_pub 进行初始化。使用 node 的 create_publisher() 函数创建一个发布者对象，并将其地址赋值给 frame_pub。发布的消息包类型为 sensor_msgs::msg::Image，发布的话题名称为“/face_detector_input”。这个发布对象在相机图像的回调函数中负责将相机图像转发到人脸检测节点 face_detector.py 的输入话题中。


```
    auto face_sub=node→create_subscription<sensor_msgs::msg::Region-
OfInterest>(
        "/face_position",1,FacePosCallback);
```

这两行代码使用 node 节点的 create_subscription() 函数创建一个订阅者对象 face_ sub。订阅的消息类型是 sensor_msgs::msg::RegionOfInterest，订阅话题为“/face_position”，参数 1 表示接收缓冲的队列长度为 1 个消息包。回调函数 FacePosCallback() 在前面已经有定义，它将在接收到人脸检测结果消息包时被调用。

```
    cv::namedWindow("Face");
```

这行代码用于初始化一个图形窗口，窗口标题为“Face”。在前面的回调函数中，使用这个窗口显示用红色矩形框标注了人脸位置的相机图像。

```
    rclcpp::spin(node);
```

这行代码启动节点的主循环，使节点开始处理消息并调用回调函数。rclcpp::spin() 函数将使节点保持运行状态，直到节点被关闭。

```
    cv::destroyAllWindows();
```

当节点运行过程中收到系统的关闭要求时会执行这行代码，用于关闭并释放所有OpenCV 窗口占用的资源。

```
    rclcpp::shutdown();
```

这行代码用于关闭节点，释放节点占用的资源。

```
    return 0;
}
```

这是 main() 函数的结束，返回值为 0，表示程序成功执行并正常退出。

代码编写完成后，需要进行保存。保存成功后，编辑界面文件名后面的圆点符号会变成一个叉符号。

2. 设置编译规则

节点源码的编译规则写在 cv_pkg 的 CMakeLists. txt 文件里。如图 9-73 所示，在 VSCode 中打开这个文件，在这个文件里添加节点的编译规则。首先使用如下代码寻找节点代码中用到的依赖项。

```
find_package(rclcpp REQUIRED)
find_package(sensor_msgs REQUIRED)
find_package(cv_bridge REQUIRED)
find_package(OpenCV REQUIRED)
```

然后使用如下代码添加节点源码的编译规则。

```
add_executable(cv_face_detect src/cv_face_detect.cpp)
ament_target_dependencies(cv_face_detect
"rclcpp" "sensor_msgs" "cv_bridge" "OpenCV")
```

最后使用如下代码添加节点编译完成后的安装规则。

```
install(TARGETS  cv_face_detect
DESTINATION  lib/${PROJECT_NAME})
```

这些内容可以从 wpr_simulation2 的例程文件中找到。如果编译报错，可以与 wpr_simulation2\demo_cmakelists\9_cv_face_detect. txt 文件中的代码进行比对。

上述规则添加完毕后，一定要保存文件，否则规则无法生效。

3. 修改软件包信息

如图 9-74 所示，在 VSCode 中打开［cv_pkg］下的［package. xml］文件，使用如下代码添加依赖项信息。

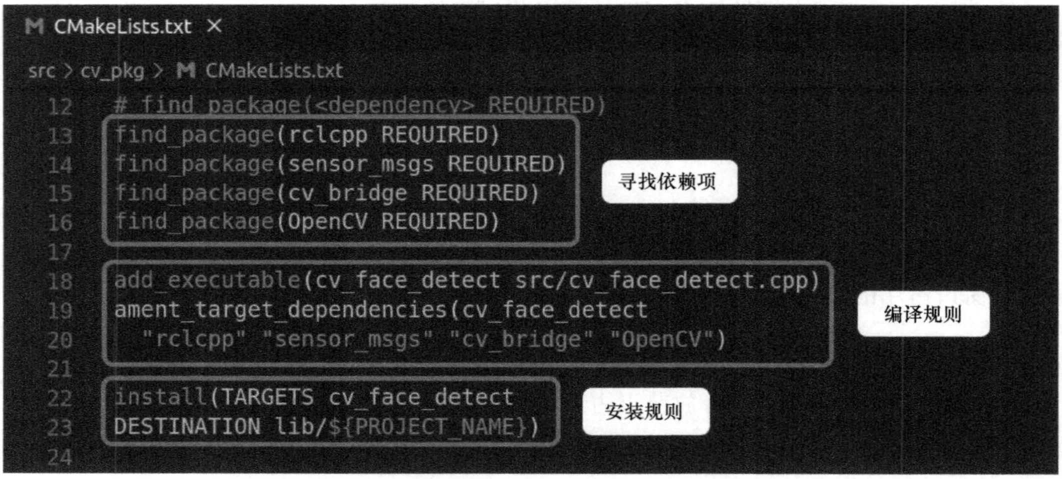

```
CMakeLists.txt
src > cv_pkg > CMakeLists.txt
# find_package(<dependency> REQUIRED)
find_package(rclcpp REQUIRED)
find_package(sensor_msgs REQUIRED)
find_package(cv_bridge REQUIRED)
find_package(OpenCV REQUIRED)

add_executable(cv_face_detect src/cv_face_detect.cpp)
ament_target_dependencies(cv_face_detect
  "rclcpp" "sensor_msgs" "cv_bridge" "OpenCV")

install(TARGETS cv_face_detect
DESTINATION lib/${PROJECT_NAME})
```

寻找依赖项

编译规则

安装规则

图 9-73　寻找依赖项、添加编译规则和安装规则

```
<depend>rclcpp</depend>
<depend>sensor_msgs</depend>
<depend>cv_bridge</depend>
<depend>OpenCV</depend>
```

```
package.xml
src > cv_pkg > package.xml
    <buildtool_depend>ament_cmake</buildtool_depend>

    <depend>rclcpp</depend>
    <depend>sensor_msgs</depend>
    <depend>cv_bridge</depend>
    <depend>OpenCV</depend>
```

添加依赖项

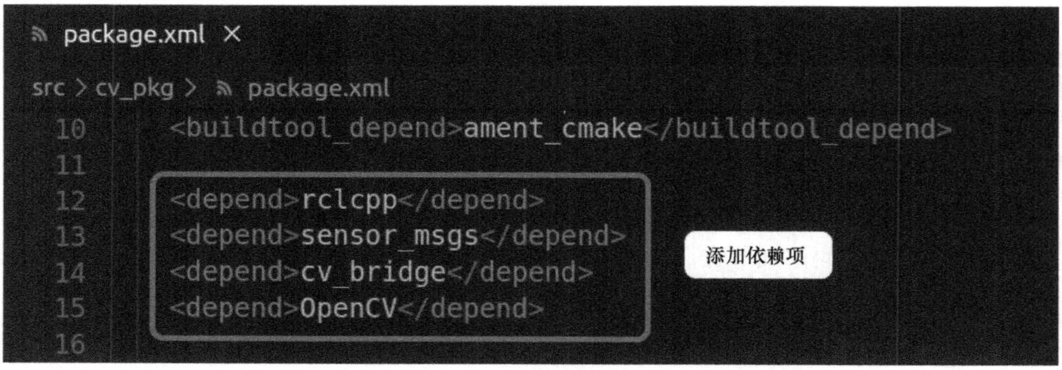

图 9-74　添加依赖项

这些内容可以从 wpr_simulation2 的例程文件中找到。如果编译报错，可以与 wpr_simulation2\demo_package\9_cv_face_detect. xml 文件中的代码进行比对。

文件修改后，一定要保存文件，否则新的包信息无法生效。

4. 编译软件包

修改完上述文件后，打开终端窗口。如图 9-75 所示，执行如下指令，进入工作空间。

```
cd ~/ros2_ws
```

然后如图 9-76 所示，执行如下指令，对工作空间中的所有软件包进行编译。

```
colcon build
```

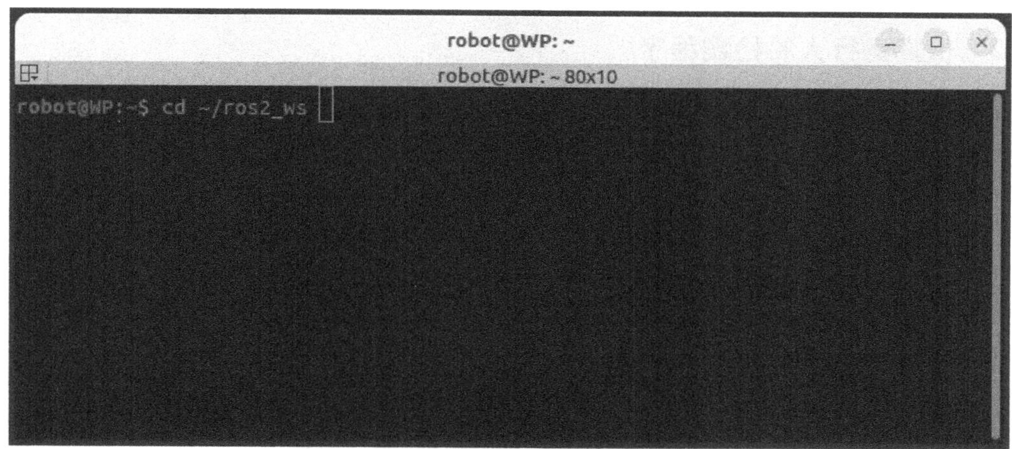

图 9-75　进入工作空间

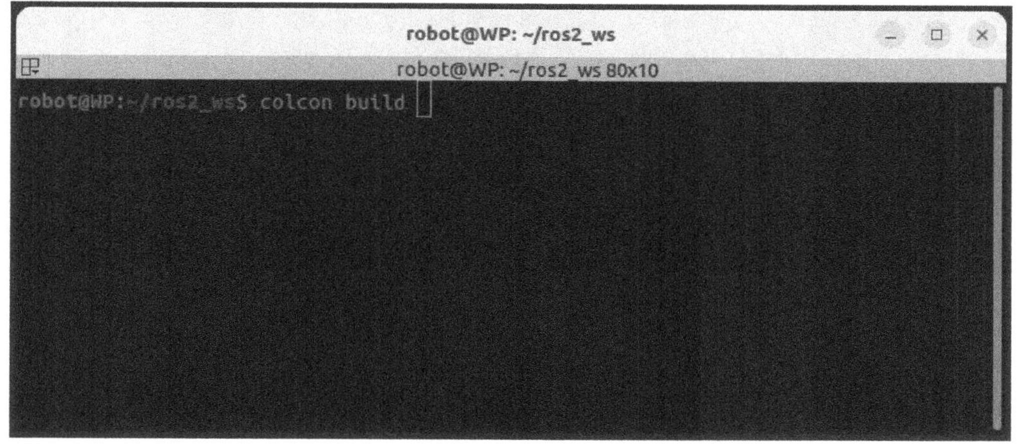

图 9-76　编译软件包

如果编译顺利的话，会显示如图 9-77 所示信息，表示编译成功。

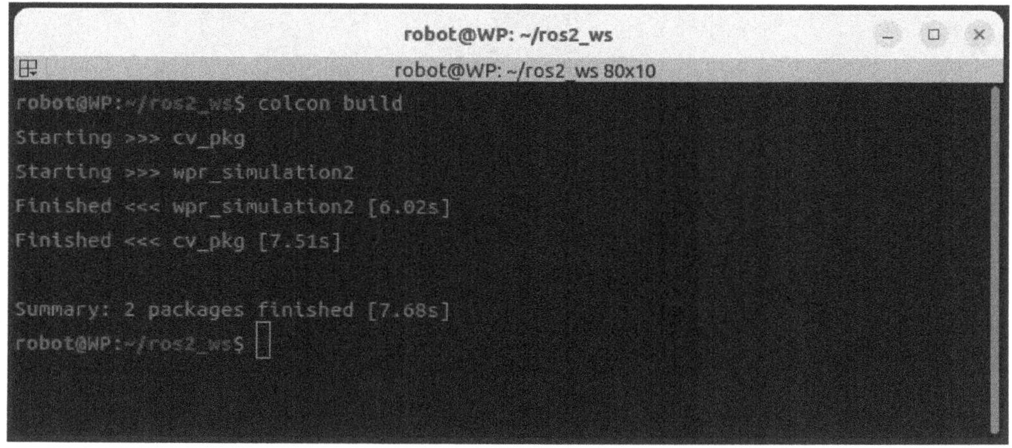

图 9-77　编译成功

9.4.2 仿真运行人脸检测程序

下面运行刚编写的节点。在运行前，确认已经按照 2.6 节下载了 wpr_simulation2 仿真项目。然后，需要加载当前工作空间中的环境设置，这样 ros2 指令才能找到刚才编译后的软件包和节点文件。如图 9-78 所示，保持终端的当前路径依然在工作空间目录 ros2_ws 中，然后执行如下指令。

```
source install/setup.bash
```

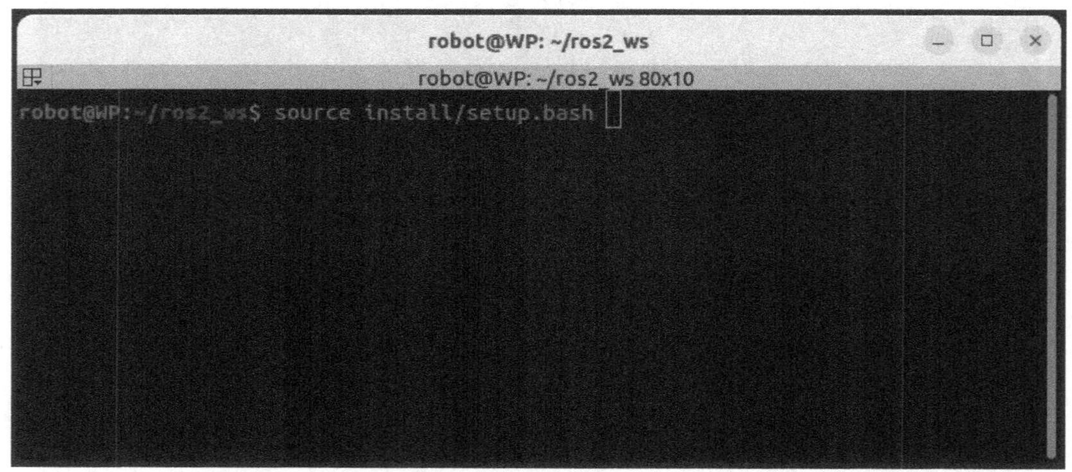

图 9-78　加载工作空间的环境设置

然后如图 9-79 所示，执行如下指令，启动带有机器人的仿真环境。

```
ros2 launch wpr_simulation2 wpb_face.launch.py
```

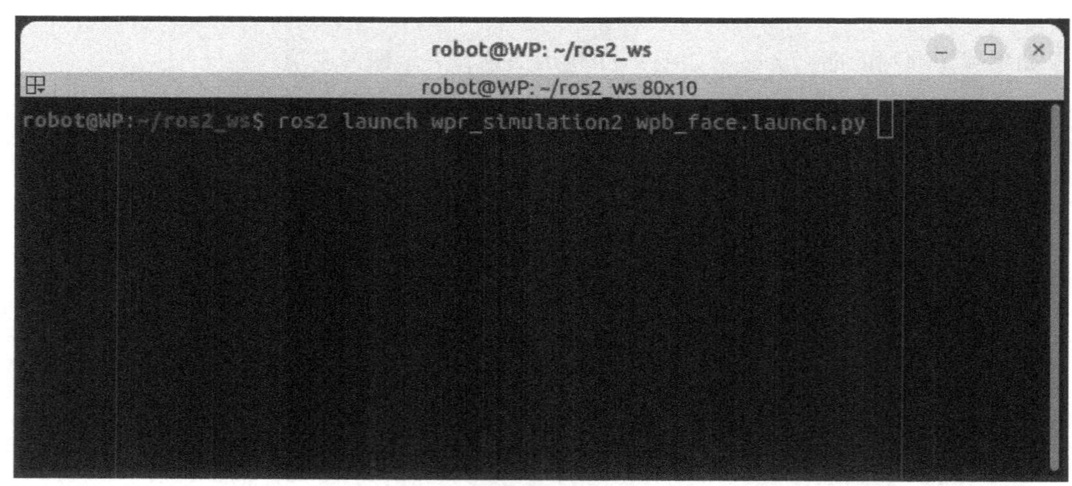

图 9-79　启动仿真环境

这时会启动仿真窗口，里面有一台虚拟机器人，机器人的面前站着一位虚拟人模特，如

图 9-80 所示。

图 9-80　仿真窗口

接下来运行 wpr_simulation2 自带的人脸检测服务节点 face_detector. py。如图 9-81 所示，在 Terminator 终端中，按组合键［Ctrl+Shift+O］，将终端分为上、下两个子窗口。先在新的终端窗口中执行如下指令，加载工作空间的环境设置。

```
source install/setup.bash
```

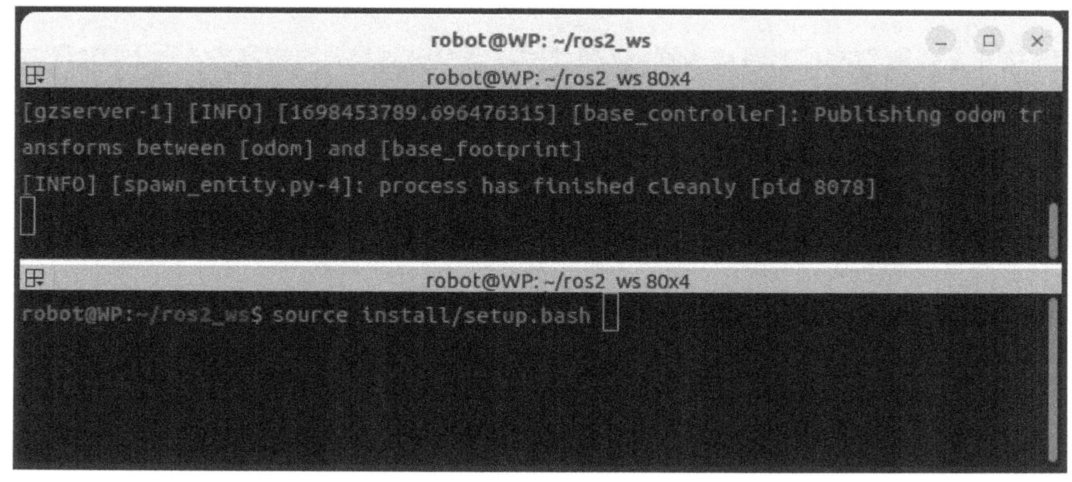

图 9-81　加载工作空间的环境设置

然后如图 9-82 所示，执行如下指令，运行人脸检测服务节点 face_detector. py。

```
ros2 run wpr_simulation2 face_detector.py
```

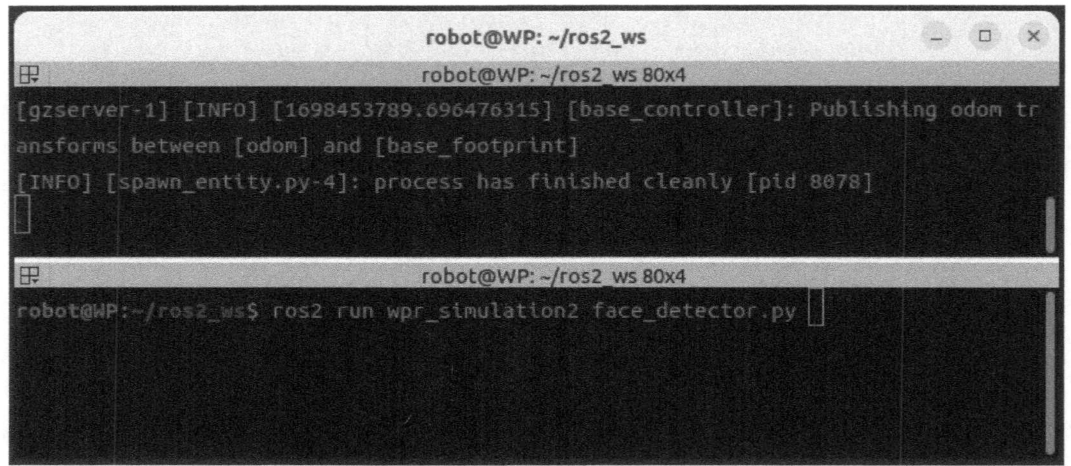

图 9-82　运行人脸检测服务节点

最后运行刚才编写的 cv_face_detect 节点。如图 9-83 所示，在 Terminator 终端中，按组合键［Ctrl+Shift+O］，从终端分出第 3 个子窗口。在新的终端窗口中执行如下指令，加载工作空间的环境设置。

```
source install/setup.bash
```

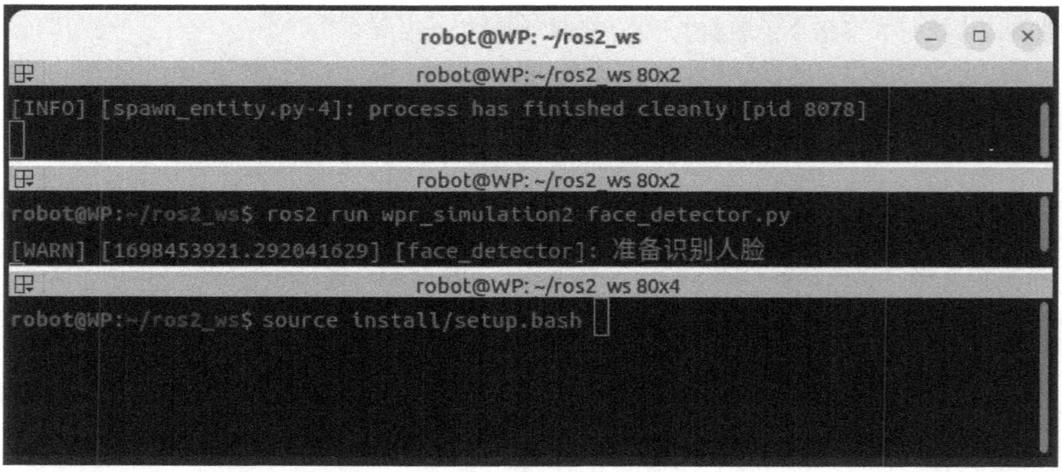

图 9-83　加载工作空间的环境设置

然后如图 9-84 所示，执行如下指令，运行刚才编写的 cv_face_detect 节点。

```
ros2 run cv_pkg cv_face_detect
```

如图 9-85 所示，节点运行起来之后，会弹出一个［Face］窗口，显示的是机器人头部相机所看到的实时图像。当图像中出现人脸时，会有一个红色的矩形框把人脸的位置标注在这个图像中。

```
robot@WP: ~/ros2_ws
robot@WP: ~/ros2_ws 80x2
[INFO] [spawn_entity.py-4]: process has finished cleanly [pid 8078]
robot@WP: ~/ros2_ws 80x2
robot@WP:~/ros2_ws$ ros2 run wpr_simulation2 face_detector.py
[WARN] [1698453921.292041629] [face_detector]: 准备识别人脸
robot@WP: ~/ros2_ws 80x4
robot@WP:~/ros2_ws$ ros2 run cv_pkg cv_face_detect
```

图 9-84　运行节点

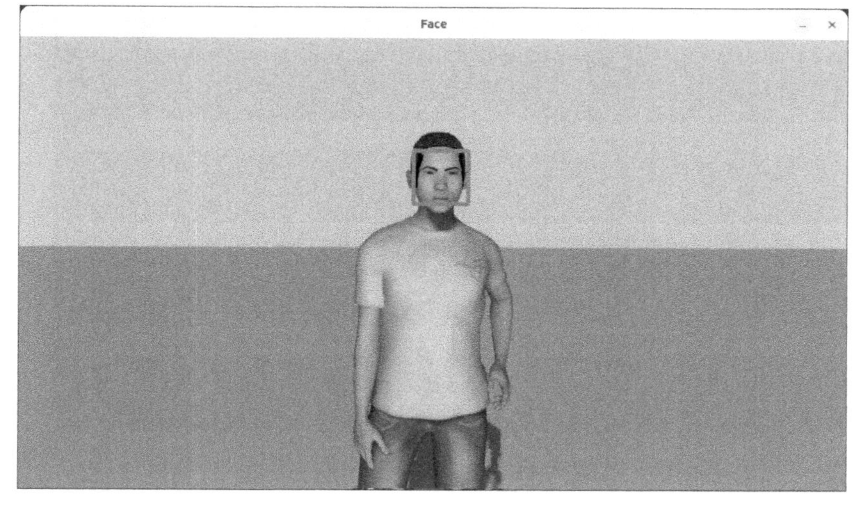

图 9-85　在图像中标注人脸位置

图 9-85 彩图

此时还可以借助 wpr_simulation2 附带的键盘控制程序让机器人运动起来，通过不同视角去测人脸识别的鲁棒性。如图 9-86 所示，在 Terminator 终端中，再次按组合键［Ctrl+Shift+O］，这时会分出第 4 个子窗口。在第 4 个窗口中执行如下指令，加载工作空间的环境设置。

```
source install/setup.bash
```

然后如图 9-87 所示，执行如下指令，启动键盘控制节点。

```
ros2 run wpr_simulation2 keyboard_vel_cmd
```

如图 9-88 所示，保持 Terminator 终端窗口位于所有窗口的前边，且第 4 个窗口的标题栏为红色，这样才能让键盘控制节点始终能够接收到键盘按下的信号。

```
robot@WP: ~/ros2_ws
robot@WP: ~/ros2_ws 80x2
[INFO] [spawn_entity.py-4]: process has finished cleanly [pid 8078]
robot@WP: ~/ros2_ws 80x2
robot@WP:~/ros2_ws$ ros2 run wpr_simulation2 face_detector.py
[WARN] [1698453921.292041629] [face_detector]: 准备识别人脸
robot@WP: ~/ros2_ws 80x2
robot@WP:~/ros2_ws$ ros2 run cv_pkg cv_face_detect
robot@WP: ~/ros2_ws 80x2
robot@WP:~/ros2_ws$ source install/setup.bash
```

图 9-86　加载工作空间的环境设置

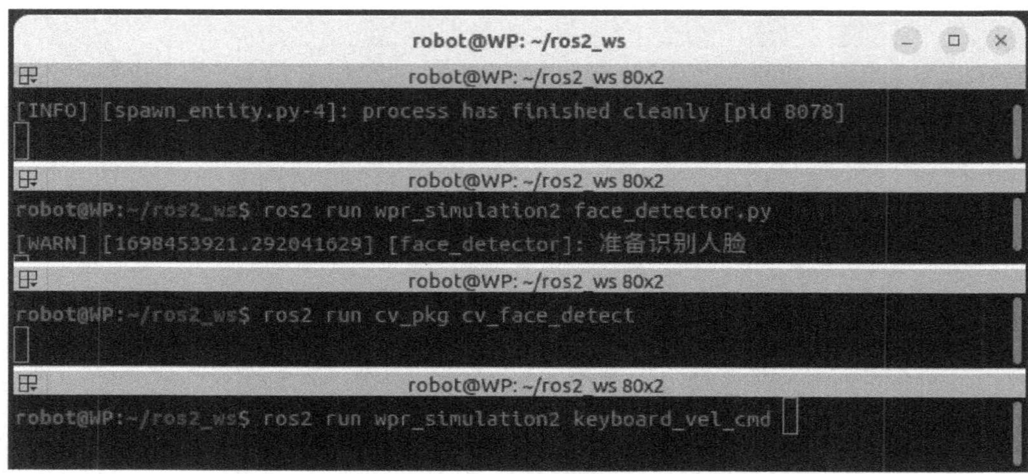

图 9-87　启动键盘控制节点

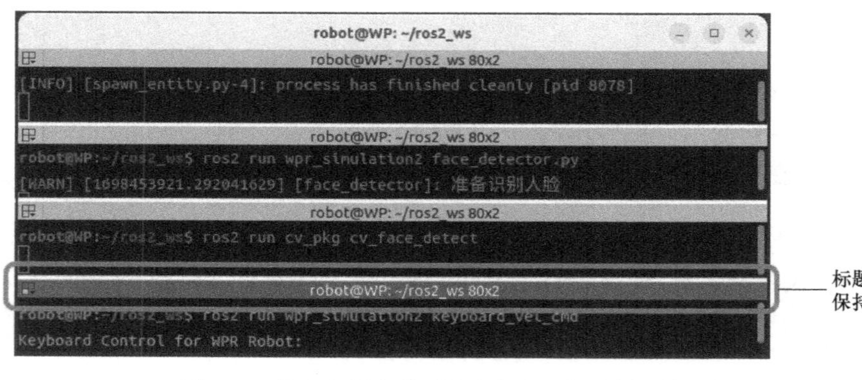

图 9-88　使运行键盘控制节点的窗口标题栏保持红色

图 9-88 彩图

如图 9-89 所示，按键盘上的按键就可以控制机器人移动了。

图 9-89 键盘控制的键位图

使用键盘上的［A］和［D］键控制机器人横向移动，从不同视角检测人脸检测的动态效果。

9.4.3 练习题

1）对人脸检测程序进行扩展，参照上一节目标追踪的方法，让机器人始终朝向人脸。

2）尝试将 cv_face_detect. cpp 的代码封装成类。

9.5 本章小结

本章主要是对 ROS2 中的视觉图像进行介绍、编程及仿真。首先编程并仿真实现了从机器人的头部相机获取视觉图像；接着，使用 OpenCV 编程并仿真实现了机器人视觉中的颜色特征提取和目标定位功能；然后，对目标定位功能进行扩展，根据目标位置计算速度并输出给机器人，让机器人跟随球进行移动，实现一个目标追踪的闭环控制；最后，借助现有的人脸识别算法库，编程并仿真实现了使用图形学特征进行人脸识别。

第10章 ROS2的三维视觉应用

10.1 RGB-D 相机的三维点云数据获取

在现代机器人系统中，三维视觉是一个越来越常见的组成部分。随着微软 Kinect 和英特尔Realsense 这类 RGB-D 相机的大量普及，基于三维视觉的相关算法也是百花齐放、空前繁荣，其中一部分技术方案已经开始应用到商用机器人上。在这一节实验中，将会了解三维视觉相机采集的数据是以什么形式存在于 ROS2 中，以及如何转换成三维点云库（PCL）的数据格式，为后续使用 PCL 对点云数据进行进一步处理奠定基础。

如图 10-1 所示，三维点云数据的获取是通过订阅三维相机驱动节点发布的话题，从话题中获取相机发出的消息包来实现的。三维点云的话题名称一般是“<相机名称>/<可选分辨率>/points”的格式。在这个实验中，使用的虚拟机器人配备的是 Kinect V2 相机，所以话题名称为“/kinect2/sd/points”，话题中的消息包格式为 sensor_msgs::PointCloud2。

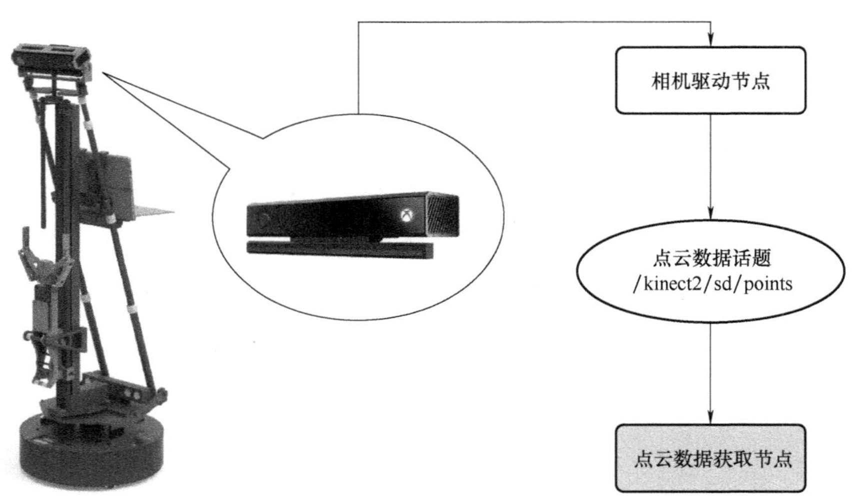

图 10-1　点云数据获取的数据流向

这个实验将会实现一个订阅者节点，订阅相机发布的话题“/kinect2/sd/points”。从此话题中接收 sensor_msgs::PointCloud2 类型的消息包，并将其中的点云数据转换成 PCL 格式，然后把所有三维点的坐标值显示在终端。

10.1.1 编写点云数据获取程序

首先在工作空间中创建一个软件包。如图 10-2 所示，打开一个新的终端窗口，输入如下指令，进入工作空间。

```
cd ~/ros2_ws/src
```

图 10-2　进入工作空间

然后用如下指令创建一个名为“pc_pkg”的软件包（“pc”是“Point Cloud”的简称），如图 10-3 所示。

```
ros2 pkg create pc_pkg
```

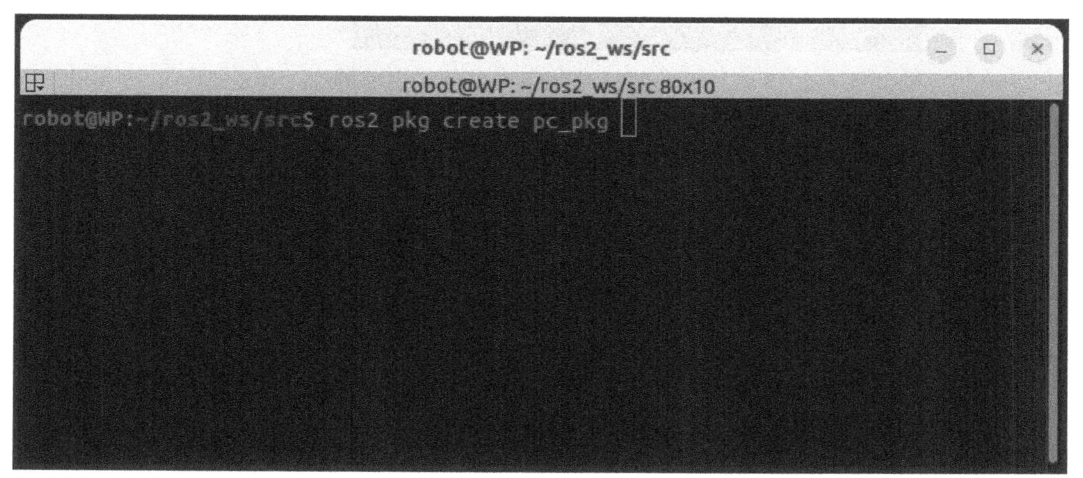

图 10-3　创建软件包

创建好软件包后，接下来在这个软件包中创建一个节点，具体操作步骤如下。

1. 编写节点代码

先创建这个节点的源码文件。如图 10-4 所示，在 VSCode 中找到［pc_pkg］软件包，用鼠标右键单击它的［src］子目录，在弹出的快捷菜单中选择［新建文件］。

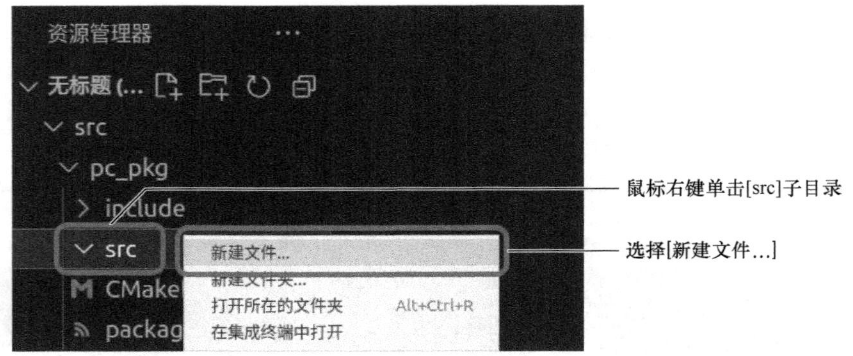

图 10-4　新建文件

此时会提示输入文件名，如图 10-5 所示，输入“pc_data. cpp”，然后按［Enter］键创建文件。

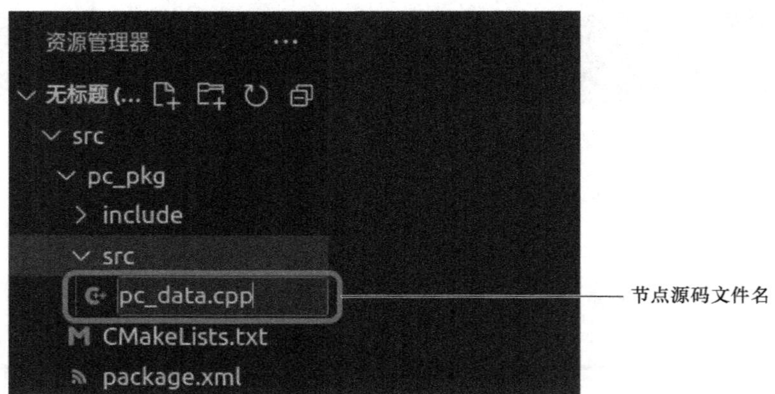

图 10-5　为文件命名

下面编写这个源码文件，其内容如下。

```
#include <rclcpp/rclcpp.hpp>
#include <sensor_msgs/msg/point_cloud2.hpp>
#include <pcl/point_types.h>
#include <pcl/point_cloud.h>
#include <pcl_conversions/pcl_conversions.h>

std::shared_ptr<rclcpp::Node> node;

void PointcloudCallback(const sensor_msgs::msg::PointCloud2::SharedPtr
msg)
{
```

```
  pcl::PointCloud<pcl::PointXYZ> pointCloudIn;
  pcl::fromROSMsg(*msg,pointCloudIn);

  int cloudSize=pointCloudIn.points.size();
  for (int i=0;i < cloudSize;i++)
  {
    RCLCPP_INFO(node->get_logger(),"[i=%d] (%.2f ,%.2f ,%.2f)",
            i,
            pointCloudIn.points[i].x,
            pointCloudIn.points[i].y,
            pointCloudIn.points[i].z);
  }
}

int main(int argc,char **argv)
{
  rclcpp::init(argc,argv);

  node=std::make_shared<rclcpp::Node>("pointcloud_data_node");
  auto pc_sub=node->create_subscription<sensor_msgs::msg::PointCloud2>(
    "/kinect2/sd/points",
    1,
    PointcloudCallback
  );

  rclcpp::spin(node);

  rclcpp::shutdown();

  return 0;
}
```


上述代码可以从 wpr_simulation2 的例程文件中找到。如果编译报错，可以与 wpr_simulation2\demo_cpp\10_pc_data.cpp 文件中的代码进行比对。

下面是对这个节点代码的解释。

```
#include <rclcpp/rclcpp.hpp>
#include <sensor_msgs/msg/point_cloud2.hpp>
```

这两行代码导入了 ROS2 的 C++库和点云消息类型 sensor_msgs::PointCloud2 的头文件。

```
#include <pcl/point_types.h>
#include <pcl/point_cloud.h>
```

这两行代码导入了 PCL 点云数据格式的头文件。

```
#include <pcl_conversions/pcl_conversions.h>
```

这行代码导入了 PCL 点云格式转换的函数头文件，后面把 ROS2 消息格式数据转换成 PCL 格式时会用到里面的函数。

```
std::shared_ptr<rclcpp::Node> node;
```

这行代码声明了一个名为"node"的共享指针，指向 rclcpp::Node 类型的对象。在这里声明是为了使其成为全局变量，在回调函数和主函数里都可以访问。

```
void PointcloudCallback(const sensor_msgs::msg::PointCloud2::SharedPtr
msg)
{
```

这是一个回调函数。在后面的代码中，会将它设置为接收到点云消息包的回调函数。它接收一个 sensor_msgs::msg::PointCloud2 类型的共享指针 msg 作为参数，这个 msg 参数就是携带了相机图像数据的消息包，将会在这个回调函数中进行处理。

```
  pcl::PointCloud<pcl::PointXYZ> pointCloudIn;
  pcl::fromROSMsg(*msg,pointCloudIn);
```

这两行代码先定义了一个 PCL 格式的点云对象 pointCloudIn，这个对象里的单个点类型为 pcl::PointXYZ，然后调用 pcl::fromROSMsg() 将回调函数接收到的 ROS2 的点云消息包 msg 转换成 PCL 的点云格式，并存储到 pointCloudIn 的数据区。

```
  int cloudSize=pointCloudIn.points.size();
  for (int i=0;i < cloudSize;i++)
  {
    RCLCPP_INFO(node->get_logger(),"[i=%d] ( %.2f ,%.2f ,%.2f)",
                i,
                pointCloudIn.points[i].x,
                pointCloudIn.points[i].y,
                pointCloudIn.points[i].z);
  }
}
```


这段代码先获取点云对象 pointCloudIn 中三维点的数量，赋值给变量 cloudSize。然后使用 for() 循环，遍历点云 pointCloudIn 中的每个点。使用 RCLCPP_INFO 宏将每个点的 xyz 三维坐标信息显示在终端窗口中。点云接收的回调函数到此结束，后面是 main() 函数。

```
int main(int argc,char **argv)
{
  rclcpp::init(argc,argv);
```

这段代码是 main() 函数的开始，接收命令行参数 argc 和 argv。rclcpp::init(argc,argv) 用于初始化节点。

```
node=std::make_shared<rclcpp::Node>("pointcloud_data_node");
```

这行代码创建了一个名称为“pointcloud_data_node”的节点对象。使用 std::make_shared() 函数创建这个节点对象的共享指针，并赋值给 node。

```
auto pc_sub=node->create_subscription<sensor_msgs::msg::PointCloud2>(
  "/kinect2/sd/points",
  1,
  PointcloudCallback
);
```

这段代码使用 node 节点的 create_subscription() 函数创建一个订阅者对象 pc_sub。订阅的消息类型是 sensor_msgs::msg::PointCloud2，订阅话题为“/kinect2/sd/points”。第二个参数是接收缓冲的长度，数字 1 表示只缓冲一个点云数据包。第三个参数是接收这个话题消息的回调函数名 PointcloudCallback()，在前面已经有定义，它将在接收到相机图像消息包时被调用。

```
rclcpp::spin(node);
```

这行代码启动节点的主循环，使节点开始处理消息并调用回调函数。rclcpp::spin() 函数将使节点保持运行状态，直到节点被关闭。

```
rclcpp::shutdown();
```

这行代码用于关闭节点，释放节点占用的资源。

```
  return 0;
}
```

这是 main() 函数的结束，返回值为 0，表示程序成功执行并正常退出。

代码编写完成后，需要进行保存。保存成功后，编辑界面文件名后面的圆点符号会变成一个叉符号。

2. 设置编译规则

节点源码的编译规则写在 pc_pkg 的 CMakeLists. txt 文件里。在 VSCode 中打开这个文件，在这个文件里添加节点的编译规则。如图 10-6 所示，首先使用如下代码寻找节点源码中用到的依赖项。

```
find_package(rclcpp REQUIRED)
find_package(sensor_msgs REQUIRED)
find_package(pcl_conversions REQUIRED)
find_package(pcl_ros REQUIRED)
```

然后使用如下代码添加节点源码的编译规则。

```
add_executable(pc_data src/pc_data.cpp)
```

```
ament_target_dependencies(pc_data
"rclcpp" "sensor_msgs" "pcl_conversions" "pcl_ros"
)
```

最后使用如下代码添加节点编译完成后的安装规则。

```
install(TARGETS  pc_data
DESTINATION  lib/ ${PROJECT_NAME})
```

```
CMakeLists.txt
src > pc_pkg > CMakeLists.txt
# find_package(<dependency> REQUIRED)

find_package(rclcpp REQUIRED)
find_package(sensor_msgs REQUIRED)
find_package(pcl_conversions REQUIRED)
find_package(pcl_ros REQUIRED)

add_executable(pc_data src/pc_data.cpp)
ament_target_dependencies(pc_data
"rclcpp" "sensor_msgs" "pcl_conversions" "pcl_ros"
)

install(TARGETS pc_data
DESTINATION lib/${PROJECT_NAME})
```

寻找依赖项　编译规则　安装规则

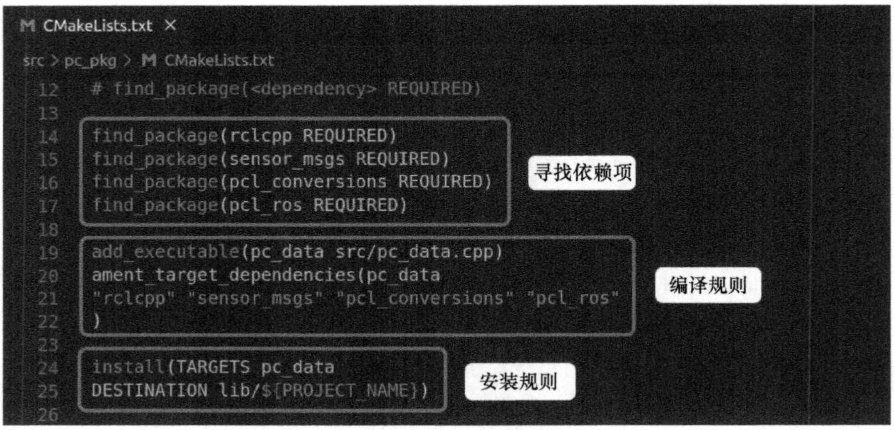

图 10-6　寻找依赖项、添加编译规则和安装规则

这些内容可以从 wpr_simulation2 的例程文件中找到。如果编译报错，可以与 wpr_simulation2\demo_cmakelists\10_pc_data. txt 文件中的代码进行比对。

上述规则添加完毕后，一定要保存文件，否则规则无法生效。

3. 修改软件包信息

在 VSCode 中打开［pc_pkg］下的［package. xml］文件，使用如下代码添加依赖项信息，如图 10-7 所示。

```
<depend>rclcpp</depend>
<depend>sensor_msgs</depend>
<depend>pcl_conversions</depend>
<depend>pcl_ros</depend>
```



```
package.xml
src > pc_pkg > package.xml
<buildtool_depend>ament_cmake</buildtool_depend>

<depend>rclcpp</depend>
<depend>sensor_msgs</depend>
<depend>pcl_conversions</depend>
<depend>pcl_ros</depend>
```

添加依赖项

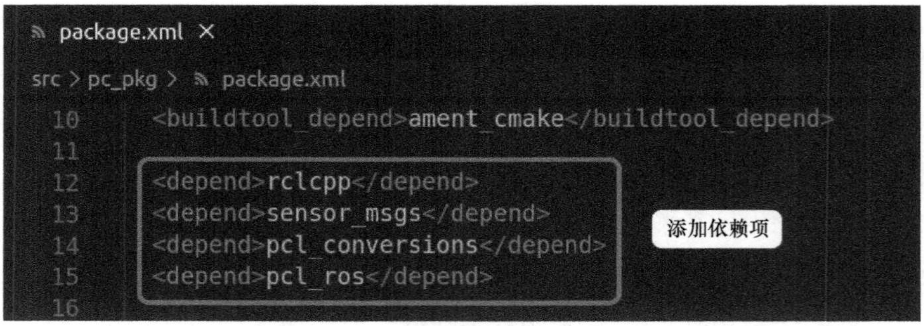

图 10-7　添加依赖项

这些内容可以从 wpr_simulation2 的例程文件中找到。如果编译报错，可以与 wpr_simulation2\demo_package\10_pc_data.xml 文件中的代码进行比对。

文件修改后，一定要保存文件，否则新的包信息无法生效。

4. 编译软件包

修改完上述文件后，打开终端窗口。如图 10-8 所示，执行如下指令，进入工作空间。

```
cd ~/ros2_ws
```

图 10-8　进入工作空间

然后执行如下指令，对工作空间中的所有软件包进行编译，如图 10-9 所示。

```
colcon build
```

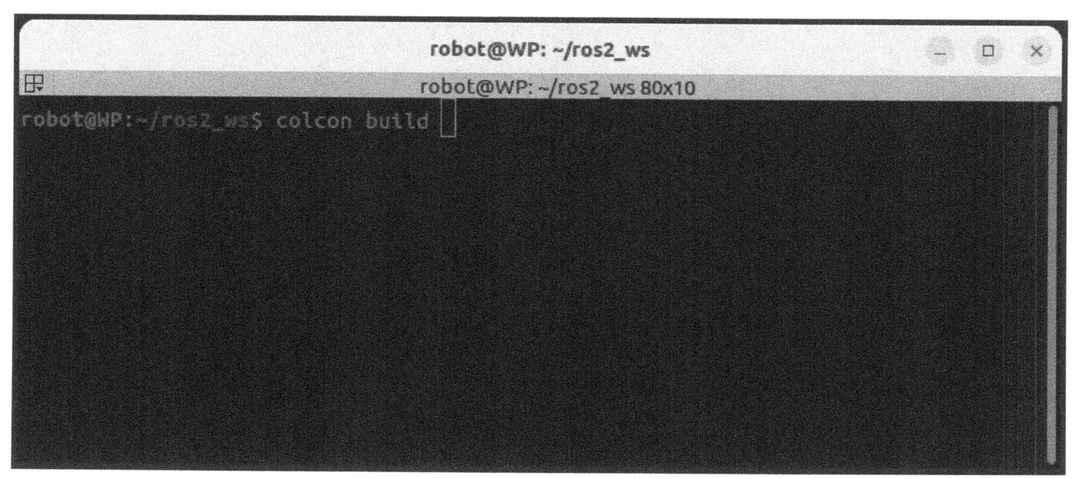

图 10-9　编译软件包

如果编译顺利的话，会显示如图 10-10 所示信息，表示编译成功。

```
robot@WP: ~/ros2_ws
robot@WP: ~/ros2_ws 80x10
robot@WP:~/ros2_ws$ colcon build
Starting >>> pc_pkg
Starting >>> wpr_simulation2
Finished <<< wpr_simulation2 [0.71s]
Finished <<< pc_pkg [10.1s]

Summary: 2 packages finished [10.3s]
robot@WP:~/ros2_ws$
```

图 10-10　编译成功

10.1.2　仿真运行点云数据获取程序

下面运行刚编写的节点。在运行前，确认已经按照 2.6 节下载了 wpr_simulation2 仿真项目。然后，需要加载当前工作空间中的环境设置，这样 ros2 指令才能找到刚才编译后的软件包和节点文件。如图 10-11 所示，保持终端的当前路径依然在工作空间目录 ros2_ws 中，然后执行如下指令。

```
source install/setup.bash
```

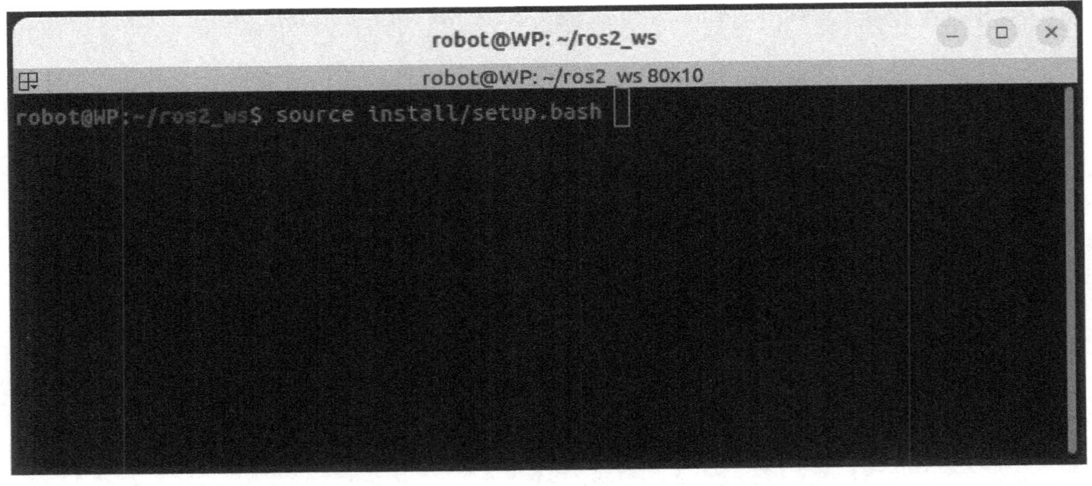

图 10-11　加载工作空间的环境设置

然后，执行如下指令，启动带有机器人的仿真环境，如图 10-12 所示。

```
ros2 launch wpr_simulation2 wpb_table.launch.py
```

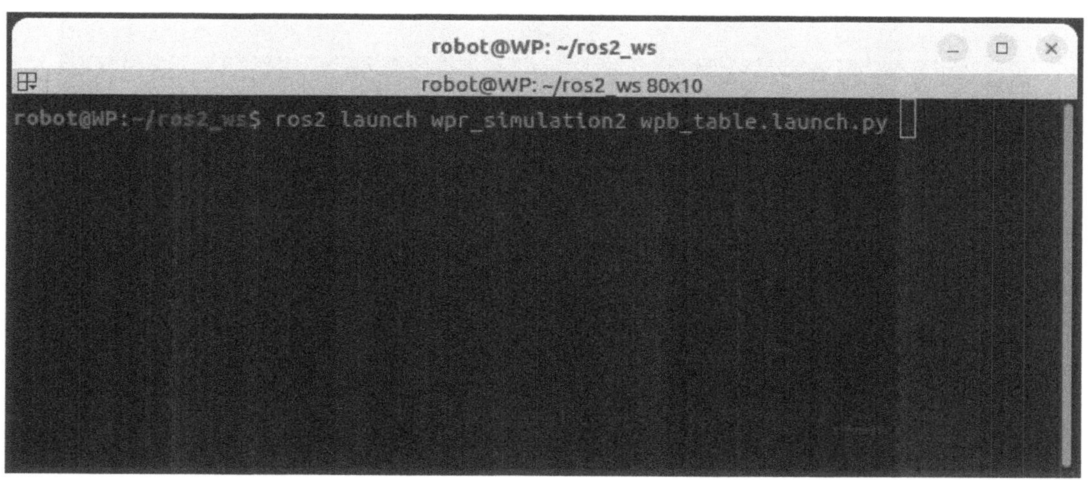

图 10-12　启动仿真环境

这时会启动仿真窗口，如图 10-13 所示，里面有一台虚拟机器人。机器人的面前摆放着一张桌子，桌子上放有两瓶饮料。

图 10-13　仿真窗口

接下来运行刚才编写的节点 pc_data。如图 10-14 所示，在 Terminator 终端中，按组合键［Ctrl+Shift+O］，将终端分为上、下两个子窗口。在新的终端窗口中执行如下指令，加载工作空间的环境设置。

```
source install/setup.bash
```

然后执行如下指令，运行刚才编写的 pc_data 节点，如图 10-15 所示。

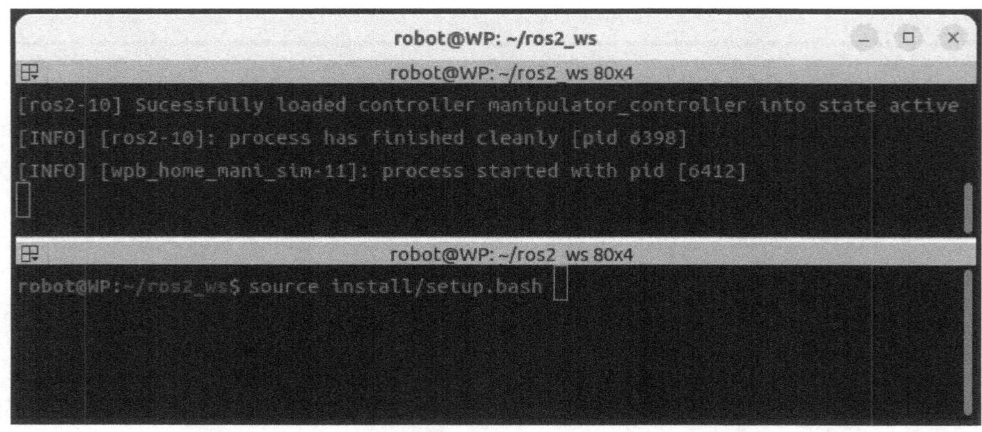

图 10-14　加载工作空间的环境设置

```
ros2 run pc_pkg pc_data
```

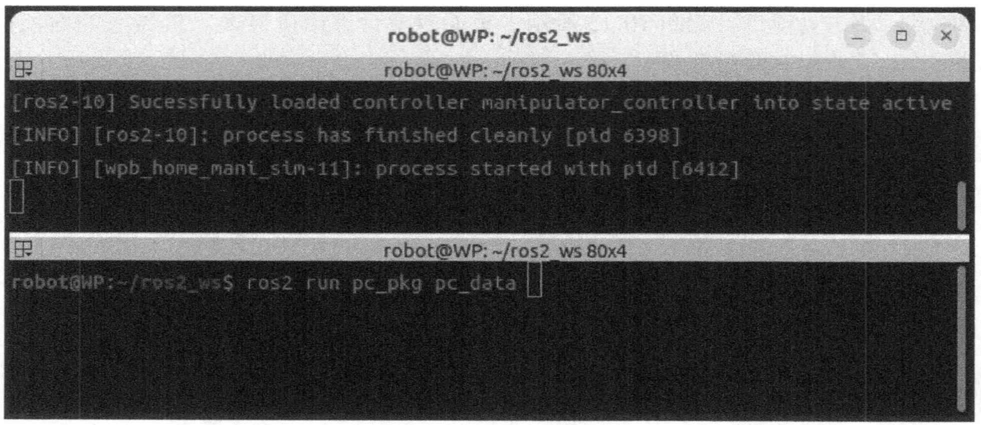

图 10-15　运行节点

节点运行起来之后，如图 10-16 所示，会不停地刷新显示点云所有点的三维坐标值，点云数据获取成功。

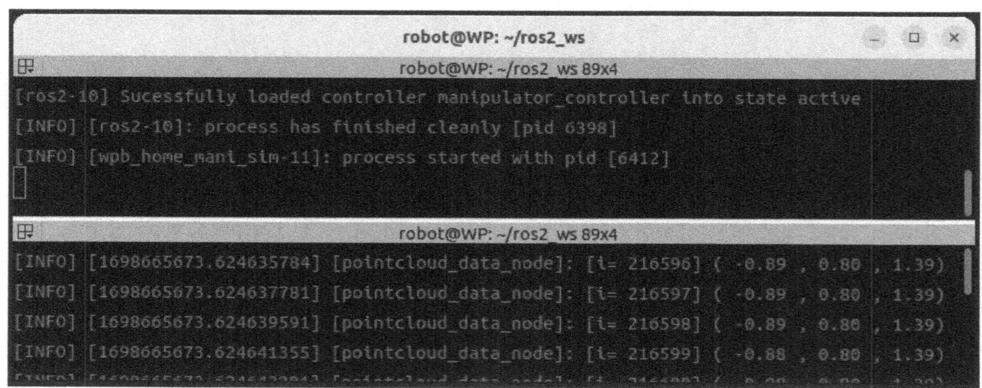

图 10-16　显示点云数据

10.1.3　练习题

1）查阅 PCL 的函数接口，尝试将获取到的点云数据保存成 PCD 格式文件，然后使用 PCL 自带的工具 PCL Visualizer 查看这个 PCD 格式的点云图像，与仿真环境中的桌子模型对比，看看是否一致。

2）尝试将 pc_data.cpp 的代码封装成类。

10.2　使用 PCL 进行物品检测

在上一节的实验里，实现了从 ROS2 机器人头部的 RGB-D 相机获取三维点云数据。这一次将继续深入，使用 PCL 实现三维特征提取，并对桌面上的物体进行检测和定位。

在编写例程代码前，先确定程序的实现思路：

1）对机器人头部相机采集到的三维点云消息包进行格式转换，从 ROS2 的点云格式转换为 PCL 点云格式，以方便后面调用 PCL 的函数对点云数据进行处理。

2）先使用 PCL 函数对点云数据进行平面提取，将桌面的高度确定下来。

3）将桌面高度以下的点集剔除掉，仅保留桌面之上的物体点云。

4）使用欧几里得分割法对保留下来的物体点云进行点云簇的提取，将桌面上的多个相隔较远的点云簇区分开。这时可以认为每个点云簇就表示一个物体的点云集合。计算每个物体点云集合的质心坐标，用来表示物体的空间位置。

10.2.1　编写物品检测程序

首先在工作空间中创建一个名为“pc_pkg”的软件包，如果前面已经创建过，这里可以直接跳过。如图 10-17 所示，打开一个新的终端窗口，输入如下指令，进入工作空间。

```
cd ~/ros2_ws/src
```

图 10-17　进入工作空间

然后用如下指令创建软件包，如图 10-18 所示。

```
ros2 pkg create pc_pkg
```

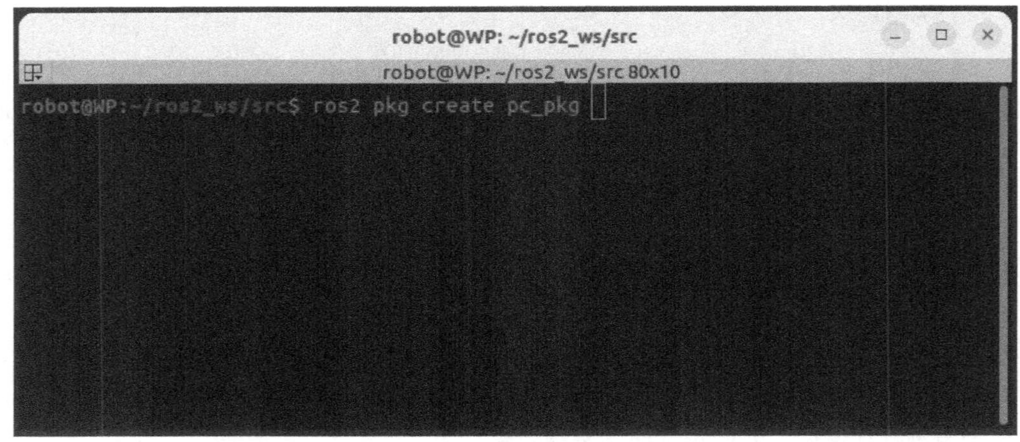

图 10-18　创建软件包

创建好软件包后，接下来在这个软件包中创建一个节点，具体操作步骤如下。

1. 编写节点代码

先创建这个节点的源码文件。如图 10-19 所示，在 VSCode 中找到［pc_pkg］软件包，用鼠标右键单击它的[src]子目录，在弹出的快捷菜单中选择［新建文件］。

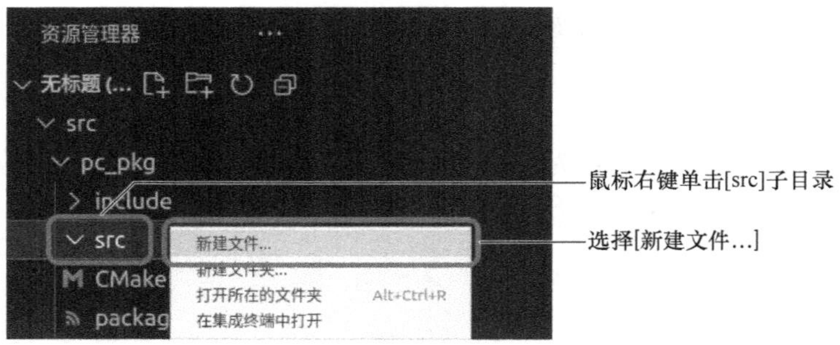

图 10-19　新建文件

此时会提示输入文件名，如图 10-20 所示，输入“pc_objects. cpp”，然后按［Enter］键创建文件。

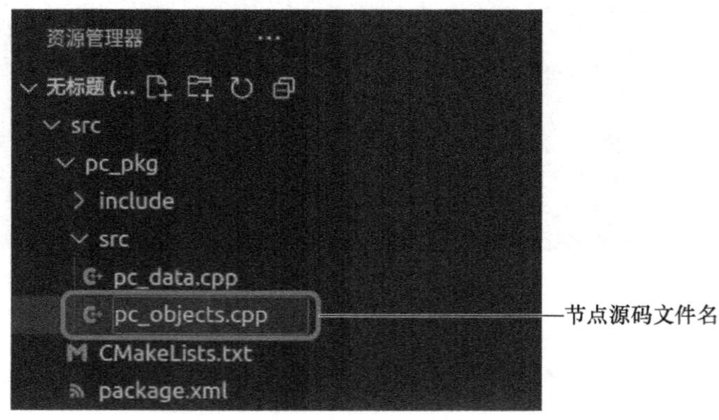

图 10-20　为文件命名

下面编写这个源码文件，其内容如下。

```
#include <rclcpp/rclcpp.hpp>
#include <sensor_msgs/msg/point_cloud2.hpp>
#include <pcl/point_types.h>
#include <pcl_conversions/pcl_conversions.h>
#include <tf2_ros/transform_listener.h>
#include <pcl_ros/transforms.hpp>
#include <pcl/filters/passthrough.h>
#include <pcl/segmentation/sac_segmentation.h>
#include <pcl/search/kdtree.h>
#include <pcl/segmentation/extract_clusters.h>

std::shared_ptr<rclcpp::Node> node;
tf2_ros::Buffer::SharedPtr tf_buffer_;
std::shared_ptr<tf2_ros::TransformListener> tf_listener_;

void PointcloudCallback(const sensor_msgs::msg::PointCloud2::SharedPtr
msg)
{
  bool result=tf_buffer_->canTransform(
    "base_footprint",
    msg->header.frame_id,
    msg->header.stamp
  );
  if (!result)
  {
    return;
  }
  sensor_msgs::msg::PointCloud2 pc_footprint;
  pcl_ros::transformPointCloud(
    "base_footprint",
    *msg,
    pc_footprint,
    *tf_buffer_
  );

  pcl::PointCloud<pcl::PointXYZ> cloud_src;
  pcl::fromROSMsg(pc_footprint,cloud_src);
```

```
  pcl::PassThrough<pcl::PointXYZ> pass;
  pass.setInputCloud(cloud_src.makeShared());
  pass.setFilterFieldName("x");
  pass.setFilterLimits(0.5,1.5);
  pass.filter(cloud_src);
  pass.setInputCloud(cloud_src.makeShared());
  pass.setFilterFieldName("y");
  pass.setFilterLimits(-0.5,0.5);
  pass.filter(cloud_src);
  pass.setInputCloud(cloud_src.makeShared());
  pass.setFilterFieldName("z");
  pass.setFilterLimits(0.5,1.5);
  pass.filter(cloud_src);

  pcl::ModelCoefficients::Ptr coefficients (new pcl::ModelCoeffi-
cients);
  pcl::SACSegmentation<pcl::PointXYZ> segmentation;
  segmentation.setInputCloud(cloud_src.makeShared());
  segmentation.setModelType(pcl::SACMODEL_PLANE);
  segmentation.setMethodType(pcl::SAC_RANSAC);
  segmentation.setDistanceThreshold(0.05);
  segmentation.setOptimizeCoefficients(true);
  pcl::PointIndices::Ptr planeIndices(new pcl::PointIndices);
  segmentation.segment(*planeIndices,*coefficients);

  int point_num=planeIndices->indices.size();
  float points_z_sum=0;
  for (int i=0;i < point_num;i++)
  {
    int point_index=planeIndices->indices[i];
    points_z_sum+=cloud_src.points[point_index].z;
  }
  float plane_height=points_z_sum / point_num;
  RCLCPP_INFO(node->get_logger(),"plane_height=%.2f",plane_height);

  pass.setInputCloud(cloud_src.makeShared());
  pass.setFilterFieldName("z");
  pass.setFilterLimits(plane_height+0.2,1.5);
  pass.filter(cloud_src);
```

```
  pcl::search::KdTree<pcl::PointXYZ>::Ptr tree (new pcl::search::
KdTree<pcl::PointXYZ>);
  tree→setInputCloud(cloud_src.makeShared());

  pcl::EuclideanClusterExtraction<pcl::PointXYZ> ec;
  ec.setInputCloud(cloud_src.makeShared());
  ec.setMinClusterSize(100);
  ec.setMaxClusterSize(25000);
  ec.setClusterTolerance(0.1);
  ec.setSearchMethod(tree);
  std::vector<pcl::PointIndices> cluster_indices;
  ec.extract(cluster_indices);
  int object_num=cluster_indices.size();
  RCLCPP_INFO(node→get_logger(),"object_num=%d",object_num);
  for(int i=0;i < object_num;i++)
  {
      int point_num=  cluster_indices[i].indices.size();
      float points_x_sum=0;
      float points_y_sum=0;
      float points_z_sum=0;
      for(int j=0;j < point_num;j++)
      {
          int point_index=cluster_indices[i].indices[j];
          points_x_sum+=cloud_src.points[point_index].x;
          points_y_sum+=cloud_src.points[point_index].y;
          points_z_sum+=cloud_src.points[point_index].z;
      }
      float object_x=points_x_sum/point_num;
      float object_y=points_y_sum/point_num;
      float object_z=points_z_sum/point_num;
      RCLCPP_INFO(
        node→get_logger(),
        "object %d pos=(%.2f ,%.2f ,%.2f)",
        i,
        object_x,
        object_y,
        object_z
      );
  }
```

```
  RCLCPP_INFO(node->get_logger(),"--------------------");
}

int main(int argc,char **argv)
{
  rclcpp::init(argc,argv);

  node=std::make_shared<rclcpp::Node>("pointcloud_objects_node");

  tf_buffer_=std::make_shared<tf2_ros::Buffer>(node->get_clock());
  tf_listener_=std::make_shared<tf2_ros::TransformListener>(*tf_
buffer_);

  auto pc_sub=node->create_subscription<sensor_msgs::msg::PointCloud2>(
    "/kinect2/sd/points",
    1,
    PointcloudCallback
  );

  rclcpp::spin(node);

  rclcpp::shutdown();

  return 0;
}
```

上述代码可以从 wpr_simulation2 的例程文件中找到。如果编译报错，可以与 wpr_simulation2\demo_cpp\10_pc_objects.cpp 文件中的代码进行比对。

下面是对这个节点代码的解释。

```
#include <rclcpp/rclcpp.hpp>
#include <sensor_msgs/msg/point_cloud2.hpp>
```

这两行代码导入了 ROS2 的 C++库和点云消息类型 sensor_msgs::PointCloud2 的头文件。

```
#include <pcl/point_types.h>
```

这行代码导入了 PCL 点云数据格式的头文件。

```
#include <pcl_conversions/pcl_conversions.h>
```

这行代码导入了 PCL 点云格式转换的函数头文件，后面把 ROS 消息格式转换成 PCL 格式时会用到里面的函数。

```
#include <tf2_ros/transform_listener.h>
#include <pcl_ros/transforms.hpp>
```

这里引入了两个坐标转换的头文件。第一个是 ROS2 的 TF 监听器的头文件，程序里会使用这个 TF 监听器确认需要转换的 TF 关系是否存在。否则，没确认就直接转换，会导致程序报错。第二个是 PCL 的 TF 转换函数的头文件，程序里会使用这个 TF 转换函数把点云坐标从相机坐标系转换成机器人坐标系。

```
#include <pcl/filters/passthrough.h>
```

这行代码导入了 PCL 直通滤波器的头文件，程序中会使用直通滤波器对点云进行裁剪。

```
#include <pcl/segmentation/sac_segmentation.h>
```

这行代码导入了 PCL 中采样一致性（Sample Consensus）分割算法的头文件，程序中会使用这种分割算法提取平面特征。

```
#include <pcl/search/kdtree.h>
#include <pcl/segmentation/extract_clusters.h>
```

这行代码导入了 PCL 中 KD 树和点云簇分割器的头文件，程序中会使用 KD 树搜索的方法进行点云簇的分割。

```
std::shared_ptr<rclcpp::Node> node;
```

这行代码声明了一个名为“node”的共享指针，指向 rclcpp::Node 类型的对象。在这里声明是为了使其成为全局变量，在回调函数和主函数里都可以访问。

```
tf2_ros::Buffer::SharedPtr tf_buffer_;
std::shared_ptr<tf2_ros::TransformListener> tf_listener_;
```

这两行代码先声明了一个 tf2_ros::Buffer 类型的共享指针 tf_buffer_，后面会为它创建一个 TF 缓冲对象。然后又声明了一个 tf2_ros::TransformListener 类型的共享指针 tf_listener_，后面会为它创建一个 TF 监听对象。在程序中，这两个对象会配合使用：TF 监听对象把监听到的 TF 树信息缓存到 TF 缓冲对象里，然后从中查询当前存在的各种 TF 关系。在这里声明是为了让它们成为全局变量，在回调函数和主函数里都可以访问。

```
void PointcloudCallback(const sensor_msgs::msg::PointCloud2::SharedPtr
msg)
{
```


这是一个回调函数。在后面的代码中，会将它设置为接收到点云消息包的回调函数。它接收一个 sensor_msgs::msg::PointCloud2 类型的消息包指针 msg 作为参数，这个 msg 携带了相机点云数据，这些数据将会在这个回调函数中进行处理。

```
  bool result=tf_buffer_→canTransform(
    "base_footprint",
```

```
    msg→header.frame_id,
    msg→header.stamp
  );
  if (!result)
  {
    return;
  }
```

在回调函数的开头，先从 TF 缓冲器里查询一下是否存在机器人坐标系和相机坐标系的 TF。如果不存在，那么就没法将相机采集的点云转换成机器人坐标系下的点云，后续的计算也就无法进行，这时就跳出回调函数。这一次的点云先不计算了，等什么时候机器人坐标系和相机坐标系的 TF 有消息了，再进行后续的计算。因为 ROS2 中的节点启动的顺序可能不一样，有可能相机点云采集比 TF 关系建立要先启动，这就需要做上述这个保护措施，避免程序去访问不存在的信息，导致程序报错。这个查询函数中的“base_footprint”是机器人底盘中心的坐标系名称，msg→header.frame_id 是相机原始点云的坐标系名称，msg→header.stamp 是点云采集的时间戳。合起来就是查询这一包点云数据在被采集时，是否存在机器人坐标系和相机坐标系之间的转换关系。有的相机俯仰和旋转角度是会变化的，所以需要加上时间戳的参数，这样可以将采集点云时的相机角度和点云数据同步起来。

```
  sensor_msgs::msg::PointCloud2 pc_footprint;
  pcl_ros::transformPointCloud(
    "base_footprint",
    *msg,
    pc_footprint,
    *tf_buffer_
  );
```

这段代码先定义了一个 sensor_msgs::msg::PointCloud2 类型的点云对象 pc_footprint，然后使用 PCL 在 ROS2 中的转换函数将回调函数采集到的点云消息包 msg 里的三维点坐标从相机坐标系转换到机器人坐标系，转换后的结果赋值给 pc_footprint。参数中的“base_footprint”是机器人底盘中心的坐标系名称。

```
  pcl::PointCloud<pcl::PointXYZ> cloud_src;
  pcl::fromROSMsg(pc_footprint,cloud_src);
```


因为后面要使用 PCL 的函数，无法直接处理 ROS2 格式的点云对象，所以需要将点云格式转换成 PCL 格式。这里定义一个 PCL 格式的点云对象 cloud_src，这个对象里的点坐标类型为 pcl::PointXYZ。然后调用 pcl::fromROSMsg( ) 将刚才坐标转换后的 ROS2 格式点云对象 pc_footprint 转换成 PCL 的点云格式，并赋值给 cloud_src。后面的处理会围绕 cloud_src 进行。

```
  pcl::PassThrough<pcl::PointXYZ> pass;
  pass.setInputCloud(cloud_src.makeShared());
```

```
pass.setFilterFieldName("x");
pass.setFilterLimits(0.5,1.5);
pass.filter(cloud_src);
pass.setInputCloud(cloud_src.makeShared());
pass.setFilterFieldName("y");
pass.setFilterLimits(0.5,0.5);
pass.filter(cloud_src);
pass.setInputCloud(cloud_src.makeShared());
pass.setFilterFieldName("z");
pass.setFilterLimits(0.5,1.5);
pass.filter(cloud_src);
```

这段代码用于构建一个直通滤波器，对点云对象 cloud_src 进行裁剪，只保留符合如下条件的点集：

1）x 值在 0.5~1.5 之间的点集，也就是机器人面前 0.5~1.5m 范围内的点集。

2）y 值在 0.5~0.5 之间的点集，也就是机器人左侧 0.5m 到右侧 0.5m 范围内的点集。

3）z 值在 0.5~1.5 之间的点集，也就是距离地面 0.5~1.5m 高度范围内的点集。

因为机器人头部的 Kinect V2 相机的视野比较广，需要使用直通滤波器将上述范围之外的点集全部剔除。这样可以排除地面以及远处的其他桌面的干扰，避免在进行平面提取时把地面或者远处的桌面给提取进来。经过这样裁剪后的点云，就只剩下面前桌子的上半部分以及桌面物体的点集。裁剪后的结果，依然存储到点云对象 cloud_src 中，留待进行后续处理。

```
pcl::ModelCoefficients::Ptr coefficients(new pcl::ModelCoefficients);
pcl::SACSegmentation<pcl::PointXYZ> segmentation;
segmentation.setInputCloud(cloud_src.makeShared());
segmentation.setModelType(pcl::SACMODEL_PLANE);
segmentation.setMethodType(pcl::SAC_RANSAC);
segmentation.setDistanceThreshold(0.05);
segmentation.setOptimizeCoefficients(true);
pcl::PointIndices::Ptr planeIndices(new pcl::PointIndices);
segmentation.segment(*planeIndices, *coefficients);
```

这段代码用于使用采样一致性分割算法将剩余点云中的平面提取出来。代码中先初始化一个模型的参数对象 coefficients，用于存储平面模型的系数，然后创建一个点云分割对象 segmentation，用于执行具体的平面分割操作，其中模板参数指定了点云数据中点的类型为 pcl::PointXYZ。接着就是为这个点云分割对象设置一系列参数：

1）输入点云为 cloud_src，也就是前面裁剪过的点云。

2）分割使用的模型为 pcl::SACMODEL_PLANE，也就是平面模型。

3）分割使用的算法为 pcl::SAC_RANSAC，也就是随机采样一致性算法（RANSAC）。

4）平面的连通阈值为 0.05，也就是判断出一个点是否属于某个平面时，还需要看看它和这个平面其他点的最小距离是否小于 0.05m。只有小于这个阈值，才能最终判定其属于这个平面，否则这个点就算作另外一个平面上的点。

5）是否对平面模型进行参数优化，设置为 true。优化系数可以提高平面模型特征描述的准确性。

设置好参数后，创建一个平面点集的索引对象 planeIndices，用来装载分割后的结果。最后调用分割对象 segmentation 的 segment( ) 函数，对点云 cloud_src 进行一次平面特征提取和平面分割。这个分割的过程是随机采样的，所以前面才需要先剔除地面和远处的桌面干扰，确保随机采样分割平面的操作只针对机器人面前的桌面。最后分割出的平面点集的索引数组存储在 planeIndices 对象中。此时可以认为 planeIndices 对象中存储的就是机器人面前的桌面所有点集的索引数组。

```
int point_num=planeIndices→indices.size();
float points_z_sum=0;
for (int i=0;i < point_num;i++)
{
  int point_index=planeIndices→indices[i];
  points_z_sum+=cloud_src.points[point_index].z;
}
float plane_height=points_z_sum / point_num;
RCLCPP_INFO(node→get_logger(),"plane_height=%.2f",plane_height);
```

按照 planeIndices 中的索引值，把构成桌面的点集逐个从 cloud_src 中提取出来。对这些桌面点集的 z 坐标值（也就是高度值）求一个均值。可以认为这个均值就是桌面的高度值，将这个高度值通过 RCLCPP_INFO 宏显示到终端窗口中，便于查看分割效果。

```
pass.setInputCloud(cloud_src.makeShared());
pass.setFilterFieldName("z");
pass.setFilterLimits(plane_height+0.2,1.5);
pass.filter(cloud_src);
```

这段代码用于再次使用直通滤波器 pass 对点云 cloud_src 进行处理。这次是只保留 z 值在桌面高度 0.2~1.5m 之间的点集。这一步操作是为了把桌面及桌面以下的点集给剔除掉。阈值条件的下限值为桌面高度+0.2m，是因为 RGB-D 相机采集的点云会有传感器误差。一个很平的桌面可能在采集到的点云里是凹凸起伏的，所以把下限值稍微提高一些，确保能把平面误差的凸起部分的点集也给剔除干净。经过这一步操作后，点云对象 cloud_src 中应该就只剩下物体的点集了，下面会使用聚类分割的办法把每个独立物体的点云簇区分出来。


```
pcl::search::KdTree<pcl::PointXYZ>::Ptr tree (new pcl::search::
KdTree<pcl::PointXYZ>);
tree→setInputCloud(cloud_src.makeShared());
```

这两行代码创建了一个 KD 树搜索结构 tree，并把裁剪得只剩下物品点集的点云对象 cloud_src 作为它的输入，后面会把它作为参数传递给聚类分类器。

```
pcl::EuclideanClusterExtraction<pcl::PointXYZ> ec;
ec.setInputCloud(cloud_src.makeShared());
```

```
ec.setMinClusterSize(100);
ec.setMaxClusterSize(25000);
ec.setClusterTolerance(0.1);
ec.setSearchMethod(tree);
std::vector<pcl::PointIndices> cluster_indices;
ec.extract(cluster_indices);
int object_num=cluster_indices.size();
RCLCPP_INFO(node→get_logger(),"object_num=%d",object_num);
```

这段代码是使用 KD 树搜索算法进行聚类分割。先创建了一个欧几里得聚类分割器 ec，然后为它设置一系列参数：

1）将前面裁剪到只剩下物品点集的点云对象 cloud_src 作为分割器 ec 的输入。

2）设置点云簇分割的最小尺寸为 100 个点，低于这个数量的点云簇作为无效点集抛弃掉。

3）设置点云簇分割的最大尺寸为 25000 个点，高于这个数量的点云簇也会被抛弃掉。

4）设置点云簇里相邻点的距离容差为 0.1m。如果一个点和点云簇里其他点的最小距离大于这个值，则这个点就不属于这个点云簇。

5）将前面构建的 KD 树搜索结构 tree 传递给 ec，作为聚类分割的模型。

6）构建一个 pcl::PointIndices 类型的索引数组 cluster_indices，作为承载分割结果的容器。然后调用分割器 ec 的 extract( ) 函数执行聚类分割，将最终的结果赋值给 cluster_indices。

执行上述操作后，数组 cluster_indices 里存储的就是分割好的物品点云簇，它的成员个数就是物品的个数。调用 RCLCPP_INFO 宏将这个物品个数显示在终端窗口中。

```
for(int i=0;i < object_num;i++)
{
    int point_num=  cluster_indices[i].indices.size();
    float points_x_sum=0;
    float points_y_sum=0;
    float points_z_sum=0;
    for(int j=0;j < point_num;j++)
    {
        int point_index=cluster_indices[i].indices[j];
        points_x_sum+=cloud_src.points[point_index].x;
        points_y_sum+=cloud_src.points[point_index].y;
        points_z_sum+=cloud_src.points[point_index].z;
    }
    float object_x=points_x_sum/point_num;
    float object_y=points_y_sum/point_num;
    float object_z=points_z_sum/point_num;
```

```
    RCLCPP_INFO(
      node→get_logger(),
      "object %d pos=(%.2f ,%.2f ,%.2f)",
      i,
      object_x,
      object_y,
      object_z
    );
  }
```

这段代码使用一个双重循环，对分割后的物品点集进行遍历，计算每个物品的质心坐标。其中外层 for( ) 循环的 i 是物品点云簇的下标；内层 for( ) 循环的 j 是每个物品点云簇里具体三维点的下标。使用变量 point_index 从 cluster_indices 中获取三维点在 cloud_src 中的序号，然后获取三维点的 xyz 坐标。把每个物品点云簇里所有点的各轴坐标分别叠加起来，再除以物品点云簇的点数，就是每个物品的质心坐标。调用 RCLCPP_INFO 宏将这个物品质心坐标显示在终端窗口中。

```
  RCLCPP_INFO(node→get_logger(),"--------------------" );
}
```

在每一次回调函数的末尾，使用 RCLCPP_INFO 宏在终端窗口中输出一段分隔符。这样可以在不断刷屏的信息中分辨哪几条是同一帧点云数据处理的结果。至此，点云回调函数结束。

```
int main(int argc,char **argv)
{
  rclcpp::init(argc,argv);
```

这段代码是 main( ) 函数的开始，接收命令行参数 argc 和 argv。rclcpp::init(argc,argv)用于初始化节点。

```
  node=std::make_shared<rclcpp::Node>("pointcloud_objects_node");
```

这行代码创建了一个名称为“pointcloud_objects_node”的节点对象。使用 std::make_shared( ) 函数创建这个节点对象的共享指针，并赋值给 node。


```
  tf_buffer_=std::make_shared<tf2_ros::Buffer>(node→get_clock());
  tf_listener_=std::make_shared<tf2_ros::TransformListener>(*tf_
buffer_);
```

这两行代码对 tf 缓存对象 tf_buffer_和 tf 监听对象 tf_listener_进行了初始化。在回调函数中，会使用 tf_listener_对三维点云进行坐标系转换。

```
  auto pc_sub=node→create_subscription<sensor_msgs::msg::PointCloud2>(
    "/kinect2/sd/points",
    1,
```

```
  PointcloudCallback
);
```

这段代码使用 node 节点的 create_subscription( ) 函数创建一个订阅者对象 pc_sub。订阅的消息类型是 sensor_msgs::msg::PointCloud2，订阅话题为“/kinect2/sd/points”。第二个参数是接收缓冲的长度，数字 1 表示只缓冲一个点云数据包。第三个参数是接收点云的回调函数名 PointcloudCallback( )，这在前面已经有定义，它将在接收到相机点云消息包时被调用。

```
rclcpp::spin(node);
```

这行代码启动节点的主循环，使节点开始处理消息并调用回调函数。rclcpp::spin( ) 函数将使节点保持运行状态，直到节点被关闭。

```
rclcpp::shutdown();
```

这行代码用于关闭节点，释放节点占用的资源。

```
  return 0;
}
```

这是 main( ) 函数的结束，返回值为 0，表示程序成功执行并正常退出。

代码编写完成后，需要进行保存。保存成功后，编辑界面文件名后面的圆点符号会变成一个叉符号。

2. 设置编译规则

节点源码的编译规则写在 pc_pkg 的 CMakeLists. txt 文件里。在 VSCode 中打开这个文件，在这个文件里添加节点的编译规则。如图 10-21 所示，首先使用如下代码寻找节点代码中用到的依赖项。

```
find_package(rclcpp REQUIRED)
find_package(sensor_msgs REQUIRED)
find_package(pcl_conversions REQUIRED)
find_package(pcl_ros REQUIRED)
```

然后使用如下代码添加节点源码的编译规则。

```
add_executable(pc_objects src/pc_objects.cpp)
ament_target_dependencies(pc_objects
"rclcpp" "sensor_msgs" "pcl_conversions" "pcl_ros"
)
```


最后使用如下代码添加节点编译完成后的安装规则。

```
install(TARGETS  pc_objects
DESTINATION  lib/${PROJECT_NAME})
```

这些内容可以从 wpr_simulation2 的例程文件中找到。如果编译报错，可以与 wpr_simulation2\demo_cmakelists\10_pc_objects. txt 文件中的代码进行比对。

上述规则添加完毕后，一定要保存文件，否则规则无法生效。

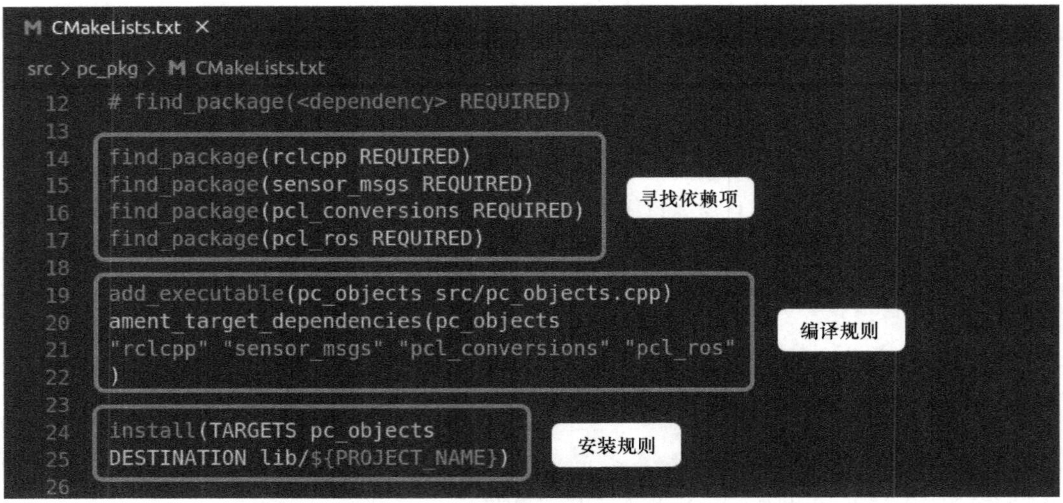

```
CMakeLists.txt ×
src > pc_pkg > CMakeLists.txt
# find_package(<dependency> REQUIRED)

find_package(rclcpp REQUIRED)
find_package(sensor_msgs REQUIRED)
find_package(pcl_conversions REQUIRED)
find_package(pcl_ros REQUIRED)

add_executable(pc_objects src/pc_objects.cpp)
ament_target_dependencies(pc_objects
"rclcpp" "sensor_msgs" "pcl_conversions" "pcl_ros"
)

install(TARGETS pc_objects
DESTINATION lib/${PROJECT_NAME})

```

寻找依赖项

编译规则

安装规则

图 10-21　寻找依赖项、添加编译规则和安装规则

3. 修改软件包信息

在 VSCode 中打开［pc_pkg］下的［package.xml］文件，使用如下代码添加依赖项信息，如图 10-22 所示。

```
<depend>rclcpp</depend>
<depend>sensor_msgs</depend>
<depend>pcl_conversions</depend>
<depend>pcl_ros</depend>
```

```
package.xml ×
src > pc_pkg > package.xml
    <buildtool_depend>ament_cmake</buildtool_depend>

    <depend>rclcpp</depend>
    <depend>sensor_msgs</depend>
    <depend>pcl_conversions</depend>
    <depend>pcl_ros</depend>

```

添加依赖项

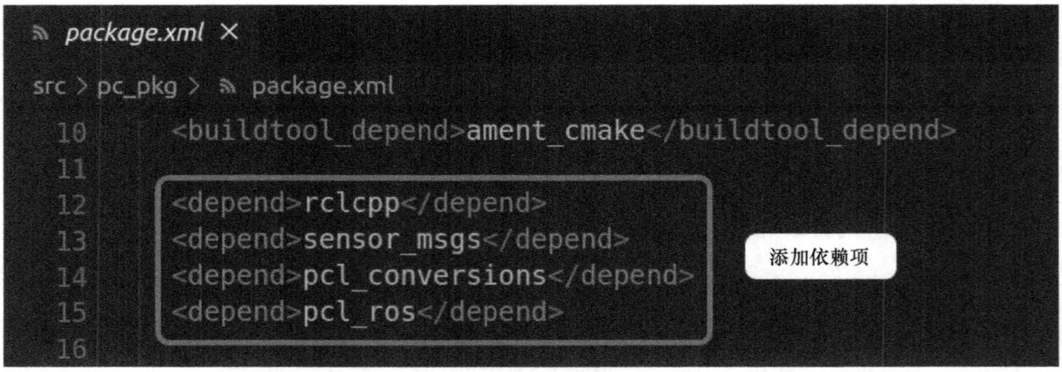

图 10-22　添加依赖项

这些内容可以从 wpr_simulation2 的例程文件中找到。如果编译报错，可以与 wpr_simulation2\demo_package\10_pc_objects.xml 文件中的代码进行比对。

文件修改后，一定要保存文件，否则新的包信息无法生效。

4. 编译软件包

修改完上述文件后，打开终端窗口。如图 10-23 所示，执行如下指令，进入工作空间。

```
cd ~/ros2_ws
```

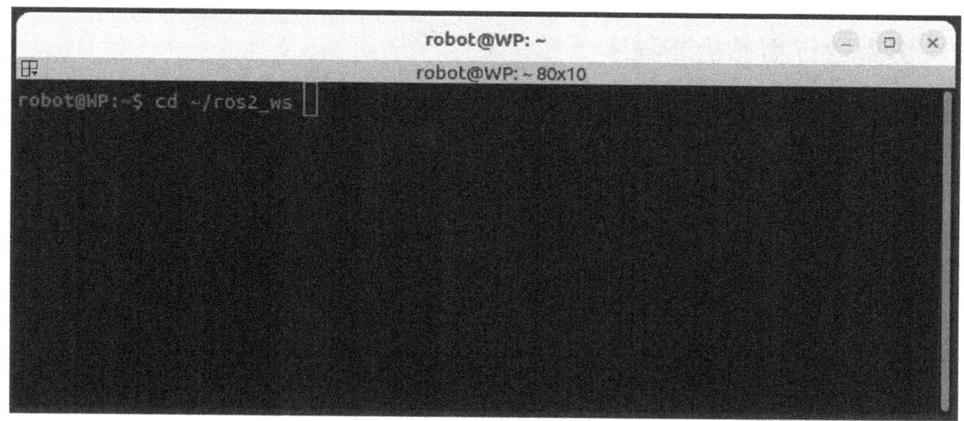

图 10-23 进入工作空间

然后执行如下指令，对工作空间中的所有软件包进行编译，如图 10-24 所示。

```
colcon build
```

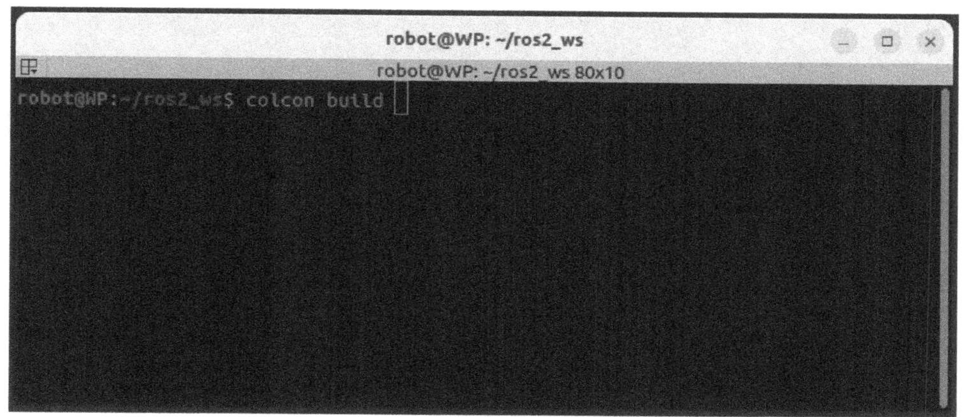

图 10-24 编译软件包

如果编译顺利的话，会显示如图 10-25 所示信息，表示编译成功。

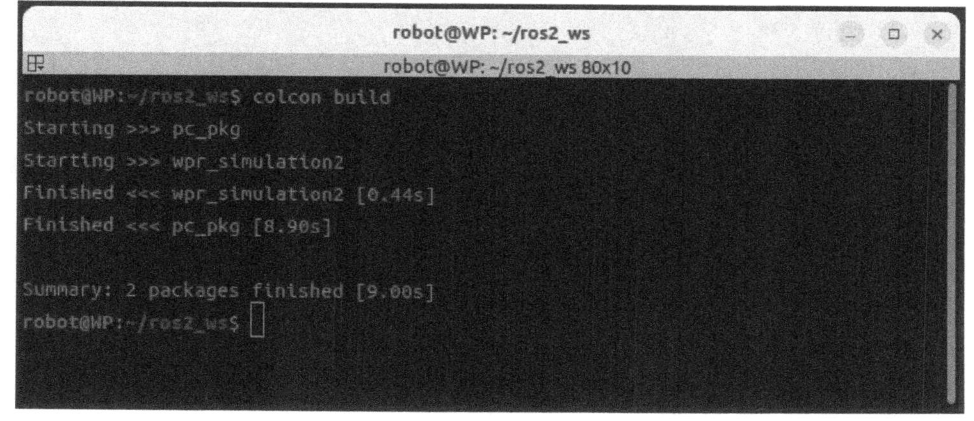

图 10-25 编译成功

10.2.2 仿真运行物品检测程序

下面运行刚编写的节点。在运行前，确认已经按照 2.6 节下载了 wpr_simulation2 仿真项目。然后，需要加载当前工作空间中的环境设置，这样 ros2 指令才能找到刚才编译后的软件包和节点文件。如图 10-26 所示，保持终端的当前路径依然在工作空间目录 ros2_ws 中，然后执行如下指令。

```
source install/setup.bash
```

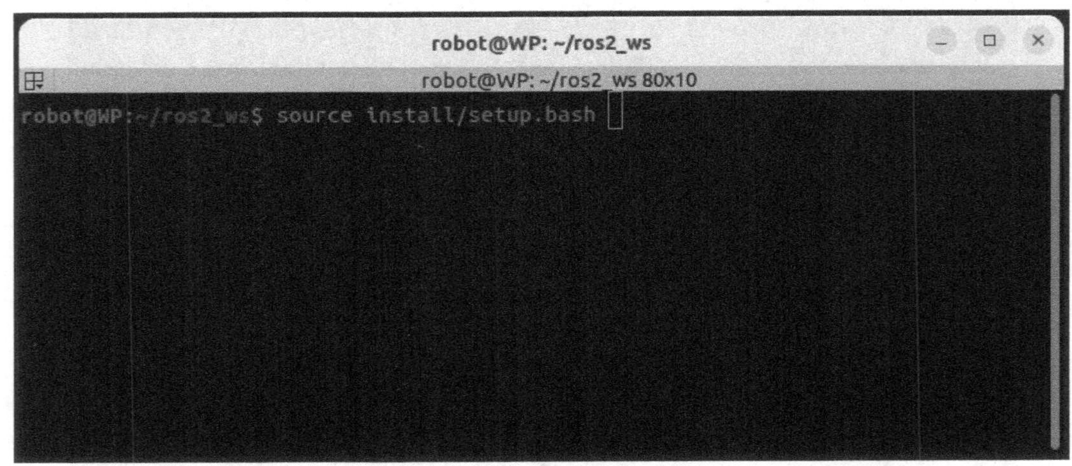

图 10-26　加载工作空间的环境设置

然后，先启动带有机器人的仿真环境。如图 10-27 所示，执行如下指令。

```
ros2 launch wpr_simulation2 wpb_table.launch.py
```

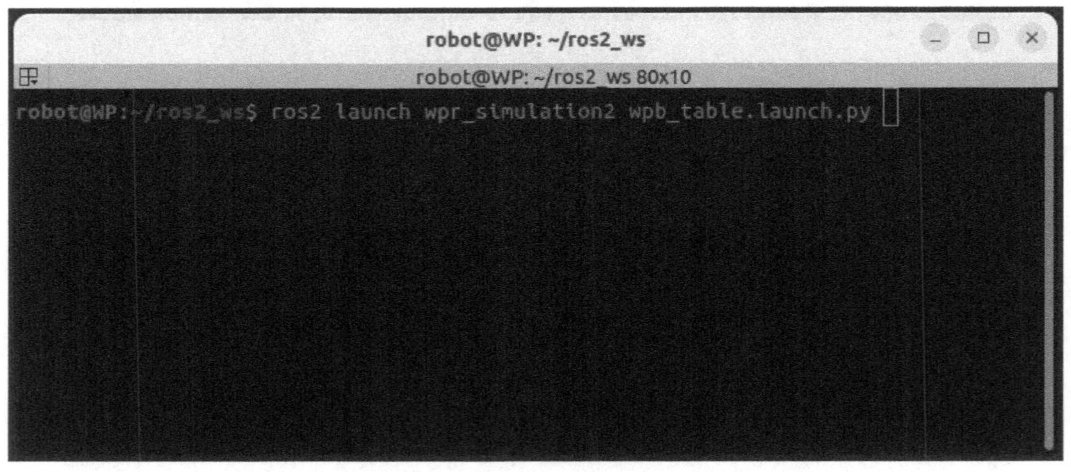

图 10-27　启动仿真环境

这时会启动仿真窗口，如图 10-28 所示，里面有一台虚拟机器人。机器人的面前摆放着一张桌子，桌子上放有两瓶饮料。

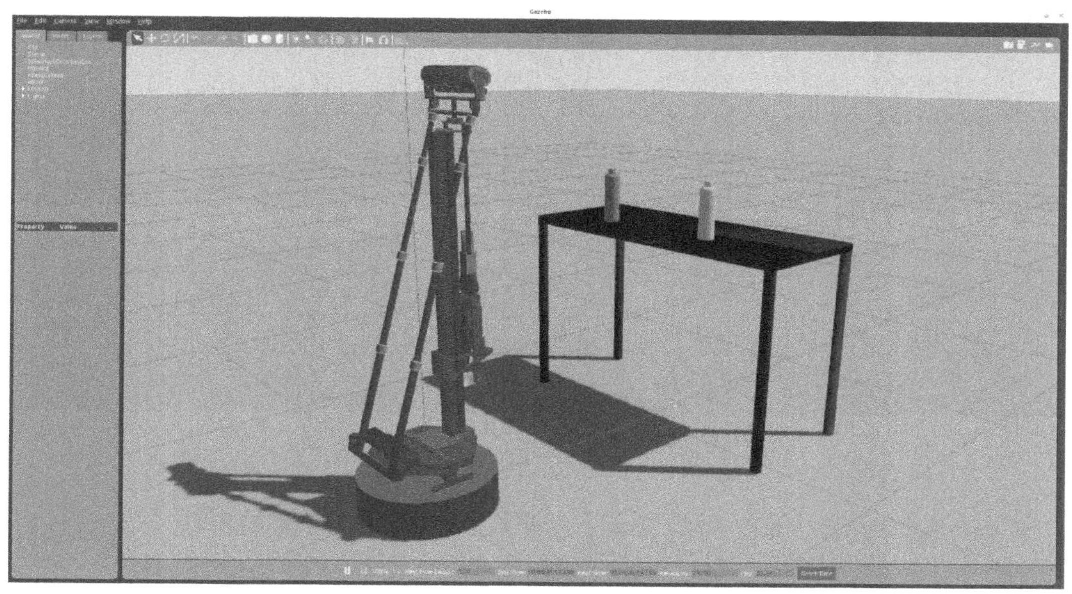

图 10-28　仿真窗口

接下来运行刚才编写的节点 pc_objects。如图 10-29 所示，在 Terminator 终端中，按组合键［Ctrl+Shift+O］，将终端分为上、下两个子窗口。先在新的终端窗口中执行如下指令，加载工作空间的环境设置。

```
source install/setup.bash
```

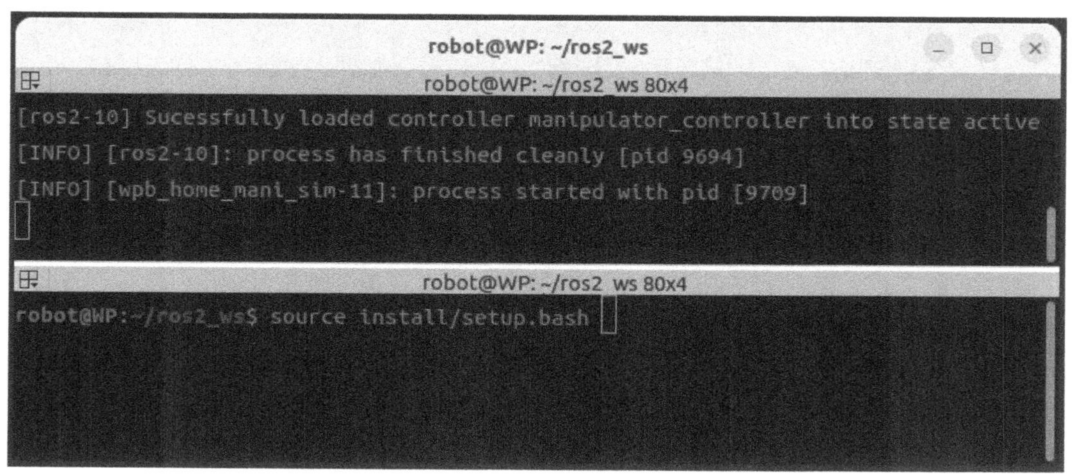

图 10-29　加载工作空间的环境设置

然后执行如下指令，运行刚才编写的 pc_objects 节点，如图 10-30 所示。

```
ros2 run pc_pkg pc_objects
```

```
robot@WP: ~/ros2_ws
robot@WP: ~/ros2_ws 80x4
[ros2-10] Sucessfully loaded controller manipulator_controller into state active
[INFO] [ros2-10]: process has finished cleanly [pid 9694]
[INFO] [wpb_home_mani_sim-11]: process started with pid [9709]

robot@WP: ~/ros2_ws 80x4
robot@WP:~/ros2_ws$ ros2 run pc_pkg pc_objects
```

图 10-30　运行节点

节点运行起来之后，如图 10-31 所示，会刷新显示物品检测的结果信息。

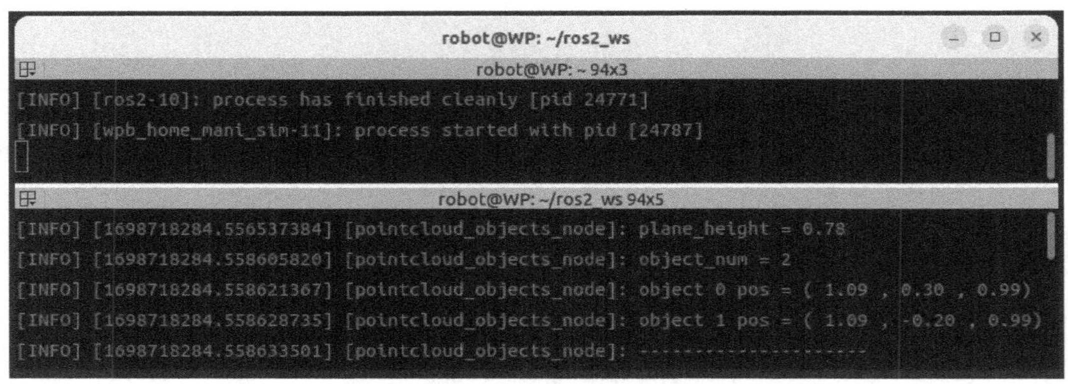

图 10-31　显示物品检测的结果信息

其中，plane_height 表示程序检测到的桌面的高度，单位为米（m）；object_num 表示在桌面上检测到的物品点云簇个数；object n pos = (x ,y ,z) 表示第 n 个物体质心的三维坐标值，单位为米（m）；每一帧点云数据包处理结束会输出一条分割符号。

从输出信息可以看出，机器人检测到桌子的高度为 0. 78m；桌子上有两个物体；两个物体与机器人的距离一致，都是 1. 09m；横向位置不一致，0 号物体在机器人左侧 0. 3m 处，1 号物体在机器人右侧 0. 2m 处；两个物体质心距离地面的高度都是 0. 99m。可以在仿真窗口里对比一下这些数值和两瓶饮料相对机器人的空间位置。至此，基于三维点云的物体检测功能就完成了。

10. 2. 3　练习题

1）在仿真窗口中使用工具栏中的移动按钮移动桌面上的物体，观察节点输出信息的变化。

2）尝试将 pc_objects.cpp 的代码封装成类。

10.3 本章小结

本章主要是对 ROS2 中的三维视觉进行介绍、编程及仿真。首先编程并仿真实现了从机器人的头部 RGB-D 相机获取三维点云数据；接着，使用 PCL 实现了三维特征提取，并对桌面上的物体进行检测和定位，最终仿真实现了基于三维点云的物体检测功能。

第11章 ROS2的机械臂应用

11.1 ROS2 中的机械臂消息包格式

在 ROS2 中，用于描述机械臂状态的消息格式为 sensor_msgs::JointState。图 11-1 所示为官方 Wiki 界面对它的格式定义。

sensor_msgs/JointState Message

```
std_msgs/Header header
string[] name
float64[] position
float64[] velocity
float64[] effort
```

图 11-1 机械臂状态消息格式

对其中内容的解释如下：

1）header 是一个包含时间戳的消息包头。

2）name 为机械臂关节的名称，根据关节位置自由命名。

3）position 为关节角度。如果是旋转关节，数值单位为弧度（rad）；如果是移动关节，数值单位为米（m）。

4）velocity 为关节运转速度。如果是旋转关节，数值单位为弧度每秒（rad/s）；如果是移动关节，数值单位为米每秒（m/s）。

5）effort 为关节的力（Forec）或者转矩（Torque）。如果是力，数值单位为牛（N）；如果是转矩，数值单位为牛·米（N·m）。

上述的后 4 个成员都是数组，通常每个数组包含相同个数的成员，这样可以保持一一对应的关系。比如，name[0] 的关节对应的角度是 position[0]，对应的速度是 velocity[0]，以此类推。如果某个项目没有数值，比如 effort，可以让这个数组的成员个数为零。

11.2 机械臂控制

机械臂控制可以通过向机械臂控制的话题发送 sensor_msgs::JointState 类型的消息包来实现。在进行控制之前，需要对机械臂的运动形式有所了解。

如图 11-2 所示的服务机器人，它的机械臂运动可分为以下几种。

图 11-2　服务机器人

1. 手臂展开和折叠

如图 11-3 所示，当手臂处于折叠状态时，通过控制手臂的基座缓慢上升，手臂慢慢脱离折叠支架的束缚，在重力的作用下向前缓缓展开。当手臂基座上升到折叠支架上方时，手臂脱离折叠支架的束缚完全展开，处于水平状态。手臂的折叠和展开是相反的流程。

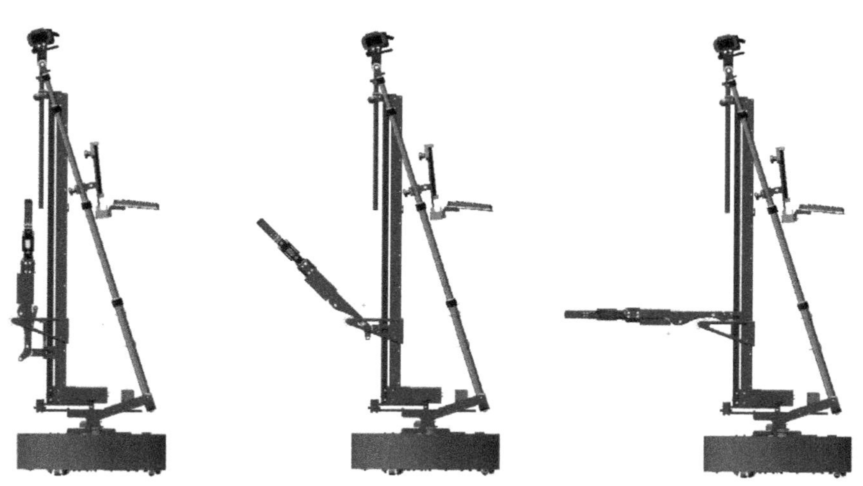

图 11-3　机械臂展开和折叠

2. 手臂升降

如图 11-4 所示，当手臂已经完全展开后，可以通过基座的升降来进行抓取目标物的高度对齐。

3. 手爪开合

如图 11-5 所示，机械手爪分为张开和闭合状态，可对物品进行抓取操作。在程序中可以控制手爪的指间距，以适应不同宽度物体的抓取。

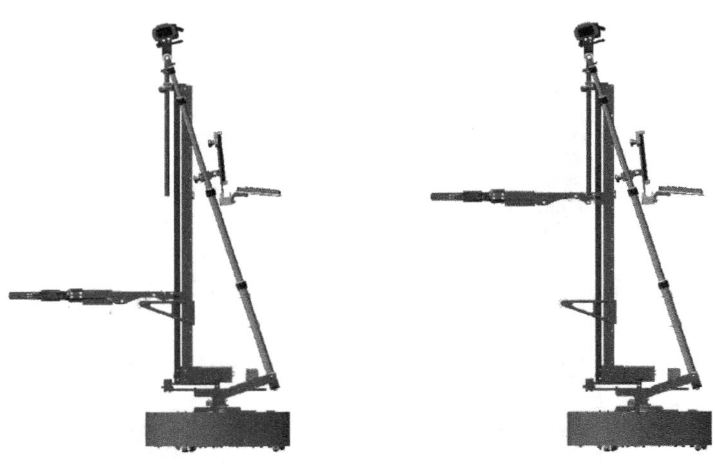

图 11-4　机械臂升降

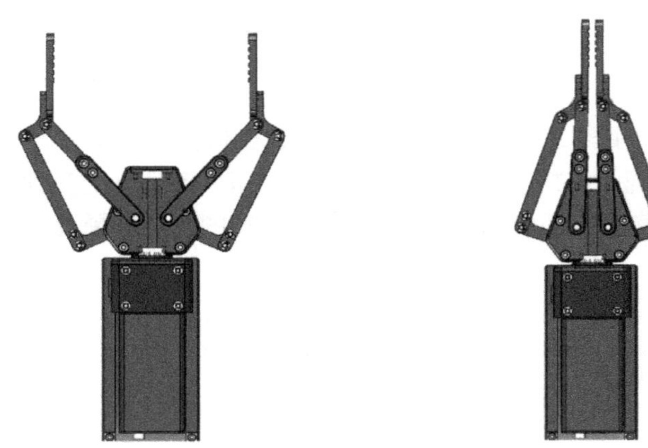

图 11-5　机械臂手爪开合

通过上述描述可以看到，这台机器人的手臂只需要两个关节控制量：一个是机械臂基座的升降高度，另一个是手爪的指间宽度，对应 sensor_msgs::JointState 消息包成员见表 11-1。

表 11-1　sensor_msgs::JointState 消息包成员

名称	含义
lift	机械臂基座的升降高度，单位为米（m）
gripper	手爪的指间宽度，单位为米（m）

了解了机械臂的运动方式和消息包成员之后，就可以开始进行程序的编写了。

11.2.1　编写机械臂控制程序

下面来编写一个对机械臂进行简单控制的程序。先在工作空间中创建一个软件包，如图 11-6 所示，打开一个新的终端窗口，输入如下指令，进入工作空间。

```
cd ~/ros2_ws/src
```

图 11-6　进入工作空间

然后如图 11-7 所示，用如下指令创建一个名为“mani_pkg”的软件包（“mani”是“Manipulator”的简称）。

```
ros2 pkg create mani_pkg
```

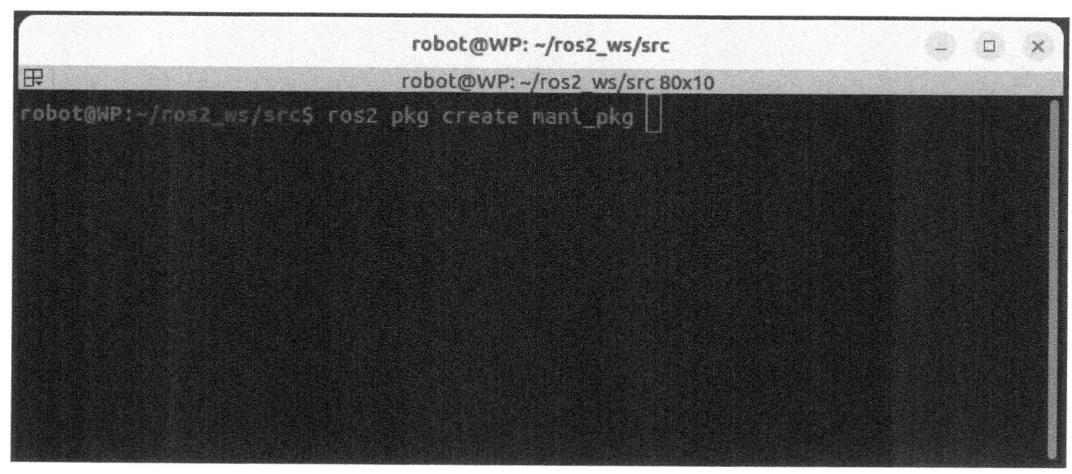

图 11-7　创建软件包

创建好软件包后，接下来在这个软件包中创建一个节点。

1. 编写节点代码

先创建这个节点的源码文件。如图 11-8 所示，在 VSCode 中找到［mani_pkg］软件包，用鼠标右键单击它的［src］子目录，在弹出的快捷菜单中选择［新建文件］。

如图 11-9 所示，此时会提示输入文件名，这里输入“mani_ctrl.cpp”，然后按［Enter］键创建文件。

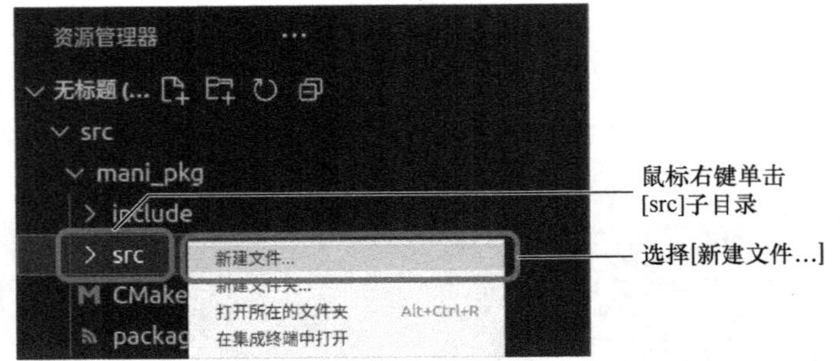

图 11-8　新建文件

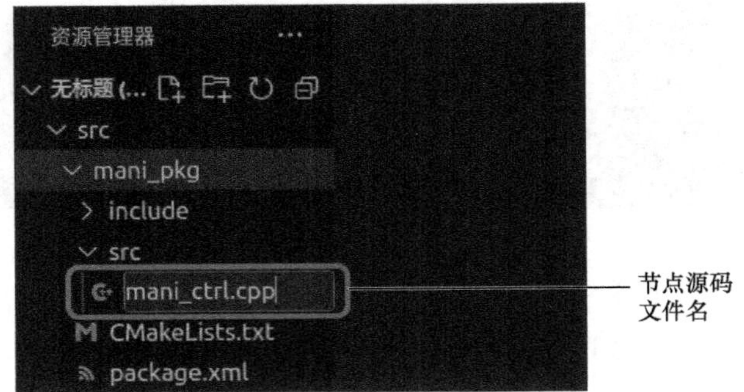

图 11-9　为文件命名

下面编写这个源码文件，其内容如下。

```
#include "rclcpp/rclcpp.hpp"
#include "sensor_msgs/msg/joint_state.hpp"

std::shared_ptr<rclcpp::Node> node;

int main(int argc,char * argv[])
{
  rclcpp::init(argc,argv);

  node=std::make_shared<rclcpp::Node>("mani_ctrl_node");

  auto mani_pub=node->create_publisher<sensor_msgs::msg::JointState>(
    "/wpb_home/mani_ctrl",
    10
  );

  sensor_msgs::msg::JointState mani_msg;
  mani_msg.name.resize(2);
  mani_msg.name[0]="lift";
```

```
  mani_msg.name[1]="gripper";
  mani_msg.position.resize(2);
  mani_msg.position[0]=0.0;
  mani_msg.position[1]=0.0;

  rclcpp::Rate loop_rate(0.3);

  while (rclcpp::ok())
  {
    RCLCPP_WARN(node→get_logger(),"Pose 1");
    mani_msg.position[0]=0.0;
    mani_msg.position[1]=0.01;
    mani_pub→publish(mani_msg);
    loop_rate.sleep();

    RCLCPP_WARN(node→get_logger(),"Pose 2");
    mani_msg.position[0]=1.0;
    mani_msg.position[1]=0.1;
    mani_pub→publish(mani_msg);
    loop_rate.sleep();
  }

  rclcpp::shutdown();

  return 0;
}
```

上述代码可以从 wpr_simulation2 的例程文件中找到。如果编译报错，可以与 wpr_simulation2\demo_cpp\11_mani_ctrl.cpp 文件中的代码进行比对。

下面是对这个节点代码的解释。

```
#include "rclcpp/rclcpp.hpp"
#include "sensor_msgs/msg/joint_state.hpp"
```

这两行代码导入了 ROS2 的 C++库和机械臂消息类型 sensor_msgs::JointState 的头文件。

```
std::shared_ptr<rclcpp::Node> node;
```

这行代码声明了一个名为“node”的共享指针，指向 rclcpp::Node 类型的对象。

```
int main(int argc,char * argv[])
{
  rclcpp::init(argc,argv);
```

这段代码是 main( ) 函数的开始，接收命令行参数 argc 和 argv。rclcpp::init(argc,argv)用于初始化节点。

```
node=std::make_shared<rclcpp::Node>("mani_ctrl_node");
```

这行代码创建了一个名称为“mani_ctrl_node”的节点对象。使用 std::make_shared( )函数创建这个节点对象的共享指针，并赋值给 node。

```
auto mani_pub=node→create_publisher<sensor_msgs::msg::JointState>(
  "/wpb_home/mani_ctrl",
  10
);
```

这段代码创建了一个发布者对象 mani_pub，使用 node→create_publisher( ) 函数创建。发布的消息类型是 sensor_msgs::msg::JointState，发布到名为“/wpb_home/mani_ctrl”的话题上，参数 10 表示发送缓冲的队列长度为 10 个消息包。

```
sensor_msgs::msg::JointState mani_msg;
mani_msg.name.resize(2);
mani_msg.name[0]="lift";
mani_msg.name[1]="gripper";
mani_msg.position.resize(2);
mani_msg.position[0]=0.0;
mani_msg.position[1]=0.0;
```

这段代码创建了一个 sensor_msgs::msg::JointState 类型的消息包 mani_msg。设置消息包中的 name 数组的成员个数为 2，并初始化名称为“lift”（机械臂基座升降）和“gripper”（机械臂手爪开合）。消息包中的 position 数组成员个数也设置为 2，并将两个关节的数值都初始化为 0。消息包中的 velocity 和 effort 未设置成员个数，也就是成员个数为 0，表示这个程序不指定这两个数值，由机械臂自行控制。

```
rclcpp::Rate loop_rate(0.3);
```

这行代码创建了一个循环频率对象 loop_rate，参数 0.3 表示循环的频率为 0.3Hz。后面会用这个对象把 while( ) 循环的执行频率控制在 0.3Hz，也就是每 3.33s 循环一次。

```
while (rclcpp::ok())
{
  RCLCPP_WARN(node→get_logger(),"Pose 1");
  mani_msg.position[0]=0.0;
  mani_msg.position[1]=0.01;
  mani_pub→publish(mani_msg);
  loop_rate.sleep();

  RCLCPP_WARN(node→get_logger(),"Pose 2");
  mani_msg.position[0]=1.0;
```

```
        mani_msg.position[1]=0.1;
        mani_pub→publish(mani_msg);
        loop_rate.sleep();
    }
```

这段代码用于构建一个无限循环，循环条件 rclcpp::ok() 检查 ROS2 是否还在运行。在循环中，让机械臂在“Pose 1”和“Pose 2”两个姿态之间来回切换：

1）Pose 1：机械臂基座高度为 0.0m，也就是在最下方，手臂处于折叠状态。手爪指间宽度为 0.01m，处于闭合状态，留一点缝隙没有完全夹死。

2）Pose 2：机械臂基座高度为 1.0m，手臂已经完全舒展开。手爪指间宽度为 0.1m，也就是 10cm，处于张开状态。

姿态之间的切换时间间隔通过 loop_rate.sleep() 来控制，也就是每 3.33s 切换到下一姿态。

```
    rclcpp::shutdown();
```

循环被中断后会执行这行代码，用于关闭节点，释放节点占用的资源。

```
    return 0;
}
```

这是 main() 函数的结束，返回值为 0，表示程序成功执行并正常退出。

代码编写完毕后，需要进行保存。保存成功后，编辑界面文件名后面的圆点符号会变成一个叉符号。

2. 设置编译规则

节点代码的编译规则写在 mani_pkg 的 CMakeLists.txt 文件中。如图 11-10 所示，在 VSCode 中打开这个文件，在这个文件中添加节点的编译规则。首先使用如下代码寻找节点代码中用到的依赖项。

```
find_package(rclcpp REQUIRED)
find_package(sensor_msgs REQUIRED)
```

然后使用如下代码添加节点源码的编译规则。

```
add_executable(mani_ctrl src/mani_ctrl.cpp)
ament_target_dependencies(mani_ctrl "rclcpp" "sensor_msgs")
```

最后使用如下代码添加节点编译完成后的安装规则。

```
install(TARGETS  mani_ctrl
DESTINATION  lib/${PROJECT_NAME})
```

这些内容可以从 wpr_simulation2 的例程文件中找到。如果编译报错，可以与 wpr_simulation2\demo_cmakelists\11_mani_ctrl.txt 文件中的代码进行比对。

上述规则添加完毕后，一定要保存文件，否则规则无法生效。

3. 修改软件包信息

如图 11-11 所示，在 VSCode 中打开［mani_pkg］下的［package.xml］文件，使用如下代码添加依赖项信息。

```
CMakeLists.txt
src > mani_pkg > CMakeLists.txt
# find_package(<dependency> REQUIRED)
find_package(rclcpp REQUIRED)
find_package(sensor_msgs REQUIRED)

add_executable(mani_ctrl src/mani_ctrl.cpp)
ament_target_dependencies(mani_ctrl "rclcpp" "sensor_msgs")

install(TARGETS mani_ctrl
DESTINATION lib/${PROJECT_NAME})
```

寻找依赖项

编译规则

安装规则

图 11-10　寻找依赖项、添加编译规则和安装规则

```
<depend>rclcpp</depend>
<depend>sensor_msgs</depend>
```

```
package.xml
src > mani_pkg > package.xml
<buildtool_depend>ament_cmake</buildtool_depend>

<depend>rclcpp</depend>
<depend>sensor_msgs</depend>
```

添加依赖项

图 11-11　添加依赖项

这些内容可以从 wpr_simulation2 的例程文件中找到。如果编译报错，可以与 wpr_simulation2\demo_package\11_mani_ctrl. xml 文件中的代码进行比对。

文件修改后，一定要保存文件，否则新的包信息无法生效。

4. 编译软件包

修改完上述文件后，如图 11-12 所示，打开终端窗口，执行如下指令，进入工作空间。

```
cd ~/ros2_ws
```

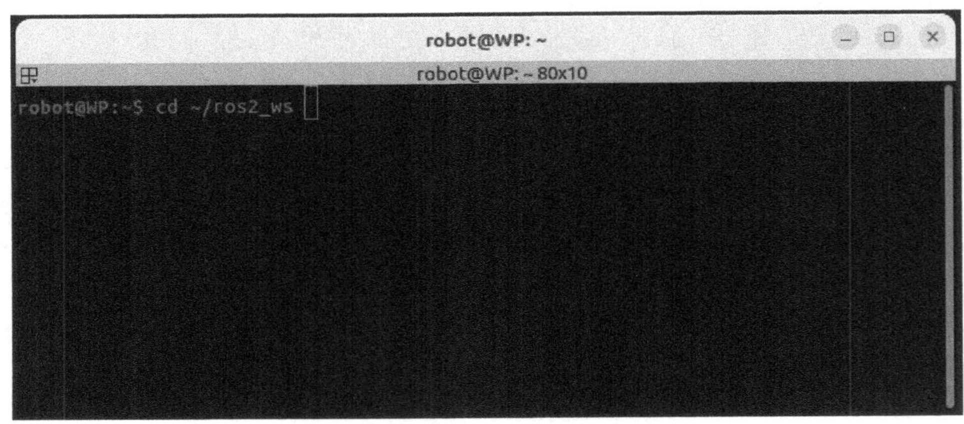

图 11-12　进入工作空间

然后如图 11-13 所示，执行如下指令，对工作空间中的所有软件包进行编译。

```
colcon build
```

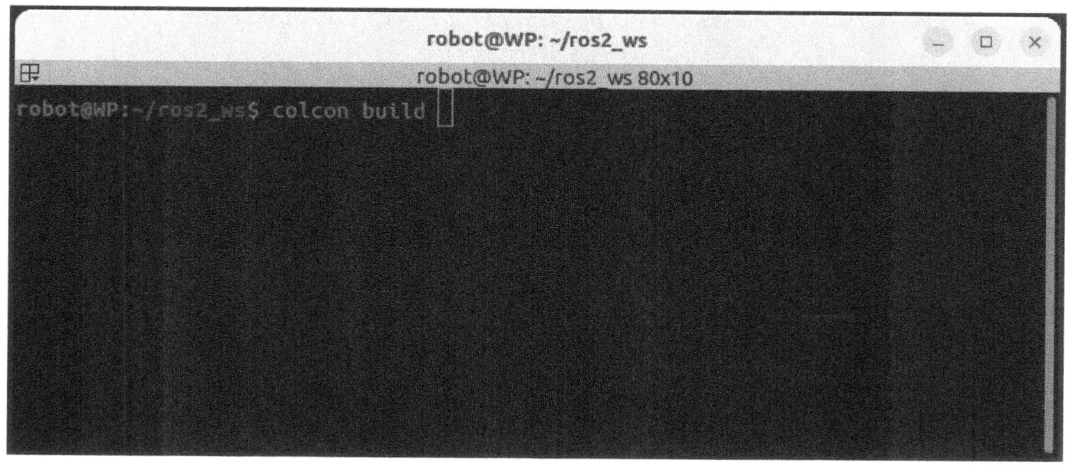

图 11-13　编译软件包

如果编译顺利，会显示如图 11-14 所示信息，表示编译成功。

```
robot@WP: ~/ros2_ws
robot@WP: ~/ros2_ws 80x10
robot@WP:~/ros2_ws$ colcon build
Starting >>> mani_pkg
Starting >>> wpr_simulation2
Finished <<< mani_pkg [3.92s]
Finished <<< wpr_simulation2 [9.27s]

Summary: 2 packages finished [9.44s]
robot@WP:~/ros2_ws$
```

图 11-14　编译成功

11.2.2　仿真运行机械臂控制程序

下面来运行刚编写的节点。在运行前，确认已经按照 2.6 节下载了 wpr_simulation2 仿真项目。然后，需要加载当前工作空间中的环境设置，这样 ros2 指令才能找到编译后的软件包和节点文件。如图 11-15 所示，保持终端的当前路径依然在工作空间目录 ros2_ws 中，然后执行如下指令。

```
source install/setup.bash
```

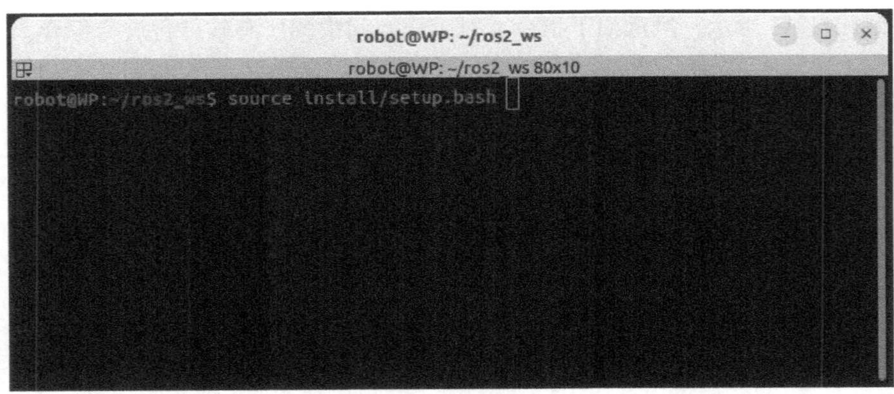

图 11-15　加载工作空间的环境设置

然后如图 11-16 所示，先执行如下指令，启动带有机器人的仿真环境。

```
ros2 launch wpr_simulation2 wpb_mani.launch.py
```

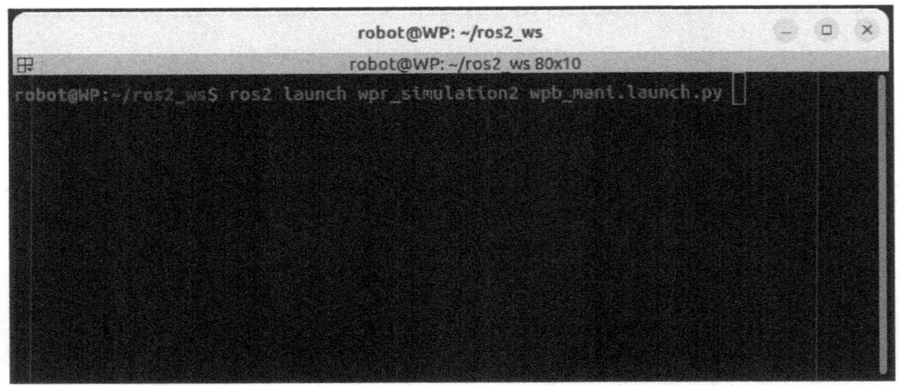

图 11-16　启动仿真环境

这时会启动仿真窗口，里面有一台虚拟机器人，如图 11-17 所示。

图 11-17　仿真窗口

接下来运行刚才编写的节点 mani_ctrl。如图 11-18 所示，在 Terminator 终端中，按组合键［Ctrl+Shift+O］，将终端分为上、下两个子窗口。在新的终端窗口中执行如下指令，加载工作空间的环境设置。

```
source install/setup.bash
```

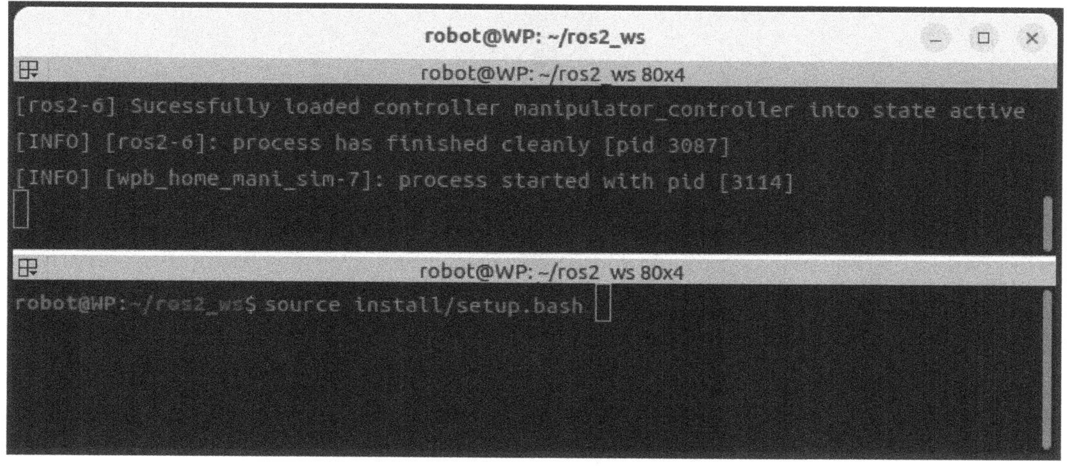

图 11-18　加载工作空间的环境设置

然后如图 11-19 所示，执行如下指令，运行刚才编写的机械臂控制节点。

```
ros2 run mani_pkg mani_ctrl
```

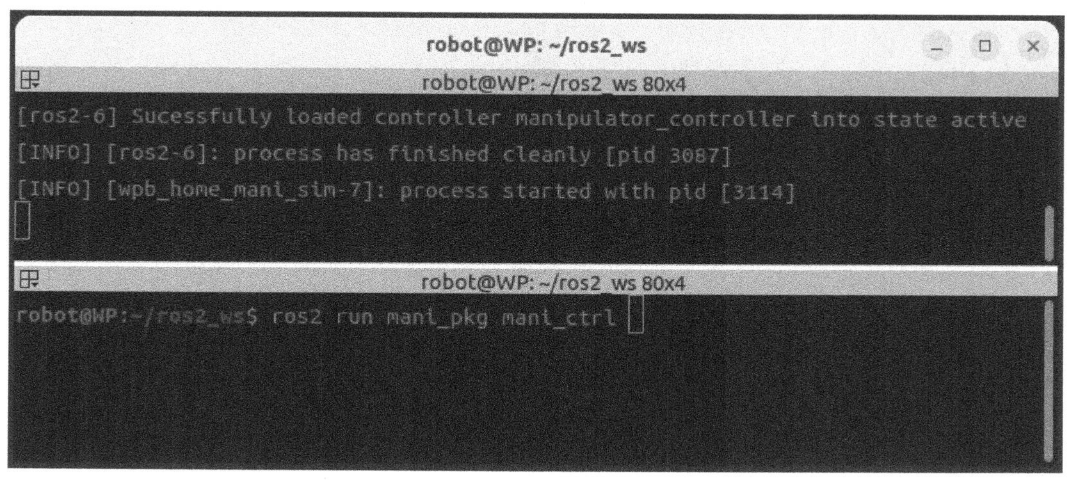

图 11-19　运行节点

节点运行起来后，切换到仿真窗口，就能看到机器人的机械臂开始运动了。如图 11-20 所示，机械臂先从折叠状态升上来，然后向前展开，然后再降下去，如图 11-21 所示，恢复折叠状态。

如此反复，手臂在折叠和展开状态之间切换。

图 11-20　机械臂展开状态

图 11-21　机械臂折叠状态

11.2.3　练习题

1）试试在机械臂消息包中只给一个关节的目标姿态，看看机器人如何表现。

2）尝试将 mani_ctrl. cpp 的代码封装成类。

11.3　使用机械臂进行物品抓取

在上一个实验里，实现了机器人的机械臂控制。这一节实验将结合之前通过立体视觉进行桌面物品检测的功能，实现对物品的抓取。为了突出重点，不建议在这个实验里再次编写10.2节的物品检测算法。在wpr_simulation2软件包中，有一个节点名为“objects_publisher”，已经把物品检测的算法封装好了，只需要通过节点间的话题通信就能获取物品检测的结果。objects_publisher节点的源码文件为wpr_simulation2\src\objects_publisher.cpp。

如图11-22所示，通过阅读objects_publisher节点的源码（对比10.2节实验），可以了解它的工作机制：

1）objects_publisher节点订阅话题“/wpb_home/behavior”，从中获取启动指令。当接收到“start objects”指令时，启动物品检测功能。

2）物品检测功能启动后，objects_publisher节点会从“/kinect2/sd/points”话题获取三维点云消息包，然后按照10.2节实验的物品检测算法检测桌面上的物品并计算其坐标。

3）检测到的物品坐标会被发送到话题“/wpb_home/objects_3d”中，供其他节点获取。

知道了objects_publisher节点的工作机制，就可以设计出它的使用方法：

1）启动wpr_simulation2软件包中的objects_publisher节点。

2）向话题“/wpb_home/behavior”发送指令“start objects”，激活objects_publisher节点的物品检测功能。

3）订阅话题“/wpb_home/objects_3d”，从中获取objects_publisher节点的物品检测结果。

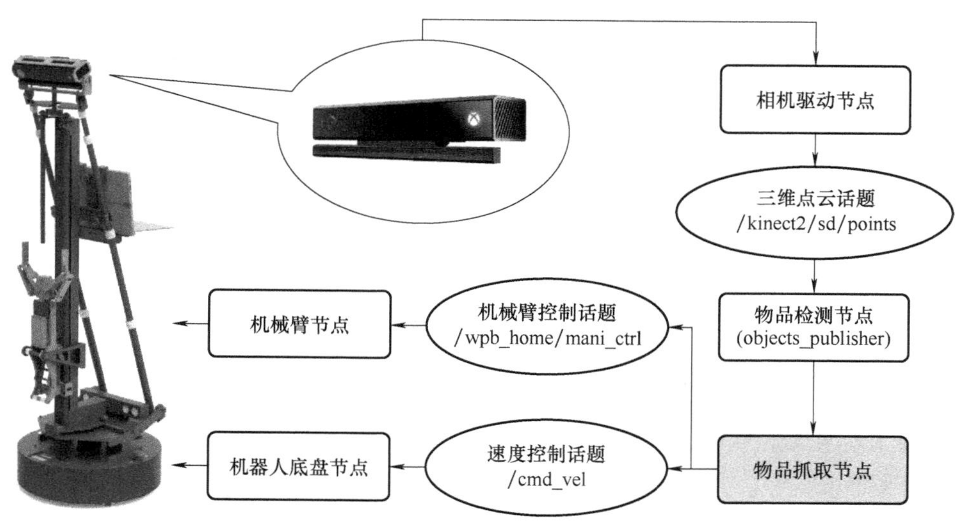

图11-22　物品抓取功能的数据流向

确定了物品检测的实现方案后，接下来设计这个实验程序的整体流程：

1）使用wpr_simulation2软件包中的objects_publisher节点，计算出桌面物品的质心坐标。

2）根据物品的质心坐标，驱动机器人底盘移动，让机器人正面对准物品。与桌子拉开一点距离，让机械臂有抬升的空间。

3）控制机械臂抬起，升高到物品的高度，与物品保持平齐，并张开手爪，准备抓取。

4）机器人向前移动，让物品进入手爪的两指中间。闭合手爪，夹住物品。

5）在夹住物品的状态下，稍微提升一下机械臂，将物品抬高，离开桌面。

6）最后退回到开始的位置，物品抓取完成。

根据这个流程，可以设计一个有限状态机来进行具体实现。物品抓取程序的状态宏定义及状态行为见表 11-2。

表 11-2　物品抓取程序的状态宏定义及状态行为

状态宏定义	状态行为
STEP_WAIT	机器人初始状态，节点程序在这个状态发送指令“start objects”，激活 objects_publisher 节点的物品检测功能。当接收到 objects_publisher 节点的物品检测结果时，切换到 STEP_ALIGN_OBJ 状态
STEP_ALIGN_OBJ	机器人左右平移，将自己的正前方对准物品。完成物品对准后，跳转到 STEP_HAND_UP 状态
STEP_HAND_UP	机器人抬升机械臂，张开手爪，准备抓取物品。完成这个动作后，跳转到 STEP_FORWARD 状态
STEP_FORWARD	机器人根据抓取目标物的距离，向前移动，让物品进入机器人的手爪两指中间。完成这个动作后，跳转到 STEP_GRAB 状态
STEP_GRAB	机器人闭合手爪，夹住物品。完成这个动作后，跳转到 STEP_OBJ_UP 状态
STEP_OBJ_UP	机器人手臂夹持着物品稍微向上抬升，让物品离开桌面。完成这个动作后，跳转到 STEP_BACKWARD 状态
STEP_BACKWARD	机器人带着物品向后移动一段距离，让物品离开桌面的上空，避免机器人移动转向时碰到桌面上的其他物品。完成这个动作后，跳转到 STEP_DONE 状态
STEP_DONE	机器人完成抓取动作，停止运动，抓取动作执行完毕

可以看到，表 11-2 中的状态是从上到下顺序跳转的，没有出现分支的情况，非常便于理解和实现。实现方案设计好之后，就可以开始进行程序编写了。

11.3.1　编写物品抓取程序

下面编写实现物品抓取的程序。

1. 创建软件包

首先在工作空间中创建一个名为“mani_pkg”的软件包，如果前面已经创建过，这里可以直接跳过。如图 11-23 所示，打开一个新的终端窗口，输入如下指令，进入工作空间。


```
cd ~/ros2_ws/src
```

然后如图 11-24 所示，用如下指令创建软件包。

```
ros2 pkg create mani_pkg
```

图 11-23　进入工作空间

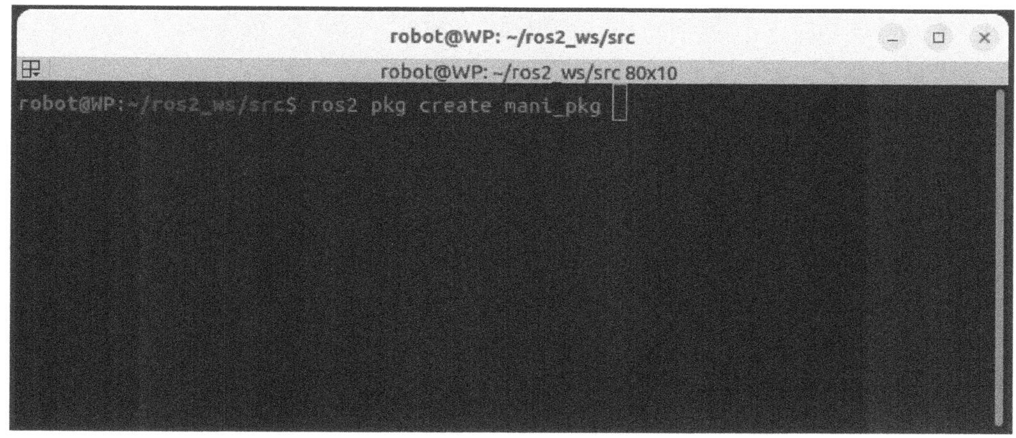

图 11-24　创建软件包

创建好软件包后，接下来在这个软件包中创建一个节点。

2. 编写节点代码

先创建这个实验的节点源代码文件。如图 11-25 所示，在 VSCode 中找到［mani_pkg］软件包，用鼠标右键单击它的［src］子目录，在弹出的快捷菜单中选择［新建文件］。

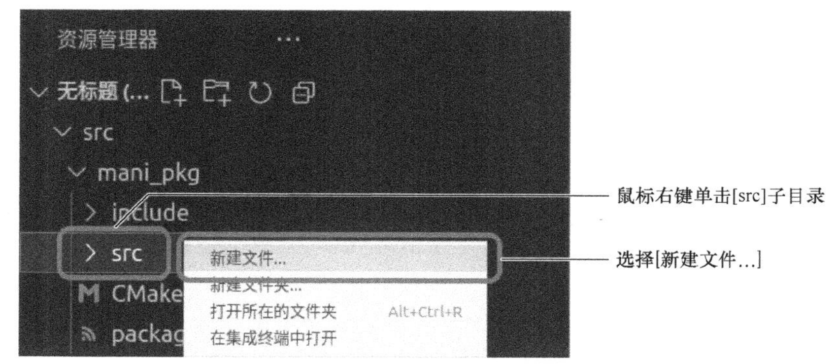

图 11-25　新建文件

如图 11-26 所示，此时会提示输入文件名，这里输入“grab_object.cpp”，然后按［Enter］键创建文件。

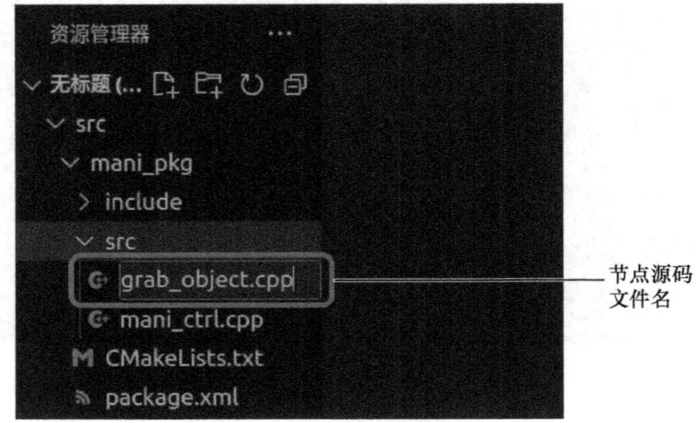

图 11-26　为文件命名

下面编写这个源代码文件，其内容如下。

```
#include <rclcpp/rclcpp.hpp>
#include <std_msgs/msg/string.hpp>
#include <geometry_msgs/msg/twist.hpp>
#include <sensor_msgs/msg/joint_state.hpp>
#include <wpr_simulation2/msg/object.hpp>

#define STEP_WAIT           0
#define STEP_ALIGN_OBJ      1
#define STEP_HAND_UP        2
#define STEP_FORWARD        3
#define STEP_GRAB           4
#define STEP_OBJ_UP         5
#define STEP_BACKWARD       6
#define STEP_DONE           7
static int grab_step=STEP_WAIT;

std::shared_ptr<rclcpp::Node> node;
rclcpp::Publisher<std_msgs::msg::String>::SharedPtr cmd_pub;
rclcpp::Publisher<geometry_msgs::msg::Twist>::SharedPtr vel_pub;
rclcpp::Publisher<sensor_msgs::msg::JointState>::SharedPtr mani_pub;

float object_x=0.0;
float object_y=0.0;
```

```
float object_z=0.0;

float align_x=1.0;
float align_y=0.0;

void ObjectCallback(const wpr_simulation2::msg::Object::SharedPtr
msg)
{
    if(grab_step==STEP_WAIT)
    {
        grab_step=STEP_ALIGN_OBJ;
    }
    if(grab_step==STEP_ALIGN_OBJ)
    {
        object_x=msg→x[0];
        object_y=msg→y[0];
        object_z=msg→z[0];
    }
}

int main(int argc,char** argv)
{
    rclcpp::init(argc,argv);

    node=std::make_shared<rclcpp::Node>("grab_object_node");

    cmd_pub=node→create_publisher<std_msgs::msg::String>(
        "/wpb_home/behavior",
        10
    );
    vel_pub=node→create_publisher<geometry_msgs::msg::Twist>(
        "/cmd_vel",
        10
    );
    mani_pub=node→create_publisher<sensor_msgs::msg::JointState>(
        "/wpb_home/mani_ctrl",
        10
    );
    auto object_sub=node>create_subscription<wpr_simulation2::msg::
Object>(
```

```
    "/wpb_home/objects_3d",
    10,
    ObjectCallback
);

rclcpp::Rate loop_rate(30);

while(rclcpp::ok())
{
    if(grab_step==STEP_WAIT)
    {
        std_msgs::msg::String start_msg;
        start_msg.data="start objects";
        cmd_pub->publish(start_msg);
    }
    if(grab_step==STEP_ALIGN_OBJ)
    {
        float diff_x=object_x-align_x;
        float diff_y=object_y-align_y;
        geometry_msgs::msg::Twist vel_msg;
        if(fabs(diff_x) > 0.02 || fabs(diff_y) > 0.01)
        {
            vel_msg.linear.x=diff_x * 0.8;
            vel_msg.linear.y=diff_y * 0.8;
        }
        else
        {
            vel_msg.linear.x=0;
            vel_msg.linear.y=0;
            std_msgs::msg::String start_msg;
            start_msg.data="stop objects";
            cmd_pub->publish(start_msg);
            grab_step=STEP_HAND_UP;
        }
        RCLCPP_INFO(
            node->get_logger(),
            "[STEP_ALIGN_OBJ] vel=( %.2f ,%.2f )",
            vel_msg.linear.x,vel_msg.linear.y
        );
```

```
            vel_pub→publish(vel_msg);
        }
        if(grab_step==STEP_HAND_UP)
        {
            RCLCPP_INFO(node→get_logger(),"[STEP_HAND_UP]");
            sensor_msgs::msg::JointState mani_msg;
            mani_msg.name.resize(2);
            mani_msg.name[0]="lift";
            mani_msg.name[1]="gripper";
            mani_msg.position.resize(2);
            mani_msg.position[0]=object_z;
            mani_msg.position[1]=0.15;
            mani_pub→publish(mani_msg);
            rclcpp::sleep_for(std::chrono::milliseconds(8000));
            grab_step=STEP_FORWARD;
        }
        if(grab_step==STEP_FORWARD)
        {
            RCLCPP_INFO(node→get_logger(),
                "[STEP_FORWARD] object_x=%.2f",
                object_x
            );
            geometry_msgs::msg::Twist vel_msg;
            vel_msg.linear.x=0.1;
            vel_msg.linear.y=0.0;
            vel_pub→publish(vel_msg);
            int forward_duration=(object_x-0.65) * 20000;
            rclcpp::sleep_for(std::chrono::milliseconds(forward_dura-
tion));
            grab_step=STEP_GRAB;
        }
        if(grab_step==STEP_GRAB)
        {
            RCLCPP_INFO(node→get_logger(),"[STEP_GRAB]");
            geometry_msgs::msg::Twist vel_msg;
            vel_msg.linear.x=0;
            vel_msg.linear.y=0;
            vel_pub→publish(vel_msg);
            sensor_msgs::msg::JointState mani_msg;
```

```
        mani_msg.name.resize(2);
        mani_msg.name[0]="lift";
        mani_msg.name[1]="gripper";
        mani_msg.position.resize(2);
        mani_msg.position[0]=object_z;
        mani_msg.position[1]=0.07;
        mani_pub->publish(mani_msg);
        rclcpp::sleep_for(std::chrono::milliseconds(5000));
        grab_step=STEP_OBJ_UP;
    }
    if(grab_step==STEP_OBJ_UP)
    {
        RCLCPP_INFO(node->get_logger(),"[STEP_OBJ_UP]");
        sensor_msgs::msg::JointState mani_msg;
        mani_msg.name.resize(2);
        mani_msg.name[0]="lift";
        mani_msg.name[1]="gripper";
        mani_msg.position.resize(2);
        mani_msg.position[0]=object_z+0.05;
        mani_msg.position[1]=0.07;
        mani_pub->publish(mani_msg);
        rclcpp::sleep_for(std::chrono::milliseconds(5000));
        grab_step=STEP_BACKWARD;
    }
    if(grab_step==STEP_BACKWARD)
    {
        RCLCPP_INFO(node->get_logger(),"[STEP_BACKWARD]");
        geometry_msgs::msg::Twist vel_msg;
        vel_msg.linear.x=-0.1;
        vel_msg.linear.y=0;
        vel_pub->publish(vel_msg);
        rclcpp::sleep_for(std::chrono::milliseconds(10000));
        grab_step=STEP_DONE;
        RCLCPP_INFO(node->get_logger(),"[STEP_DONE]");
    }
    if(grab_step==STEP_DONE)
    {
        geometry_msgs::msg::Twist vel_msg;
        vel_msg.linear.x=0;
```

```
            vel_msg.linear.y=0;
            vel_pub→publish(vel_msg);
        }
        rclcpp::spin_some(node);
        loop_rate.sleep();
    }

    rclcpp::shutdown();

    return 0;
}
```

上述代码可以从 wpr_simulation2 的例程文件中找到。如果编译报错，可以与 wpr_simulation2\demo_cpp\11_grab_object.cpp 文件中的代码进行比对。

下面是对这个节点代码的解释。

```
#include <rclcpp/rclcpp.hpp>
```

这行代码导入了 ROS2 的 C++库的头文件。

```
#include <std_msgs/msg/string.hpp>
```

这行代码导入了字符串消息类型 std_msgs::String 的头文件，在程序中会使用这个类型的消息包发送指令给 objects_publisher 节点，激活它的物品检测功能。

```
#include <geometry_msgs/msg/twist.hpp>
```

这行代码导入了运动消息类型 geometry_msgs::Twist 的头文件，在程序中会使用这个类型的消息包发送指令给机器人底盘驱动节点，控制机器人的移动。

```
#include <sensor_msgs/msg/joint_state.hpp>
```

这行代码导入了机械臂消息类型 sensor_msgs::JointState 的头文件，在程序中会使用这个类型的消息包发送指令给机器人手臂驱动节点，控制机器人的机械臂运动。

```
#include <wpr_simulation2/msg/object.hpp>
```

这行代码导入了 wpr_simulation2 软件包的 Object 消息包的头文件。objects_publisher 节点会把物品检测结果以这种格式的消息包发送到话题“/wpb_home/objects_3d”。这个实验程序会订阅并接收这些数据。

```
#define STEP_WAIT           0
#define STEP_ALIGN_OBJ      1
#define STEP_HAND_UP        2
#define STEP_FORWARD        3
#define STEP_GRAB           4
#define STEP_OBJ_UP         5
```

```
#define STEP_BACKWARD        6
#define STEP_DONE            7
```

这段代码进行了一系列的状态宏定义，这些状态宏定义与表 11-2 中的状态一一对应。

```
static int grab_step=STEP_WAIT;
```

这行代码定义了一个全局变量 grab_step，用于存储当前的状态值，初始状态设置为 STEP_WAIT。

```
std::shared_ptr<rclcpp::Node> node;
rclcpp::Publisher<std_msgs::msg::String>::SharedPtr cmd_pub;
rclcpp::Publisher<geometry_msgs::msg::Twist>::SharedPtr vel_pub;
rclcpp::Publisher<sensor_msgs::msg::JointState>::SharedPtr mani_pub;
```

这段代码定义了 4 个动态指针，分别是节点指针 node、物品检测指令发送对象指针 cmd_pub、速度发送对象指针 vel_pub 和机械臂消息发送对象指针 mani_pub。这 4 个指针将会在 main() 主函数中进行初始化，然后在回调函数中进行使用，所以在这里定义，以保证能够全局访问。

```
float object_x=0.0;
float object_y=0.0;
float object_z=0.0;
```

这段代码定义了一组用于存储目标物体三维坐标的变量。这组变量会在回调函数中被赋值，然后在主函数中使用，所以在这里定义，以保证能够全局访问。

```
float align_x=1.0;
float align_y=0.0;
```

这段代码定义了一组在对准物品时会使用的坐标值。当程序进入目标物品对准的阶段时，会驱使机器人运动，使得目标物体与机器人的相对坐标符合这组坐标值。比如，align_x 为 1.0，会驱使机器人运动到物品在机器人正前方 1.0m 的位置。这组坐标值定义在文件头部，是为了调试程序时容易找到并修改数值。

```
void ObjectCallback(const wpr_simulation2::msg::Object::SharedPtr msg)
{
```

这是一个回调函数。在后面的代码中，会将它设置为接收到 objects_publisher 发来的物品检测结果的回调函数。它接收一个 wpr_simulation2::Object 类型的消息包指针 msg 作为参数，这个 msg 携带了物品检测结果，将会在这个回调函数中进行处理。


```
    if(grab_step==STEP_WAIT)
    {
        grab_step=STEP_ALIGN_OBJ;
    }
```

在初始状态（STEP_WAIT）时，一旦接收到 objects_publisher 节点发来的物品检测结果，就跳转到状态 STEP_ALIGN_OBJ，准备根据检测到的物品坐标进行物品对准操作。

```
    if(grab_step==STEP_ALIGN_OBJ)
    {
        object_x=msg->x[0];
        object_y=msg->y[0];
        object_z=msg->z[0];
    }
}
```

在对准物品的状态（STEP_ALIGN_OBJ），还需要持续不断地接收 objects_publisher 节点发来的物品检测结果，以获取物品的实时位置。把第一个物品的三维坐标存储在前面定义的全局变量中，在后面的 main() 函数中会根据这组坐标值来调节机器人的移动方向，让机器人对准这个物品。至此，回调函数结束。

```
int main(int argc,char **argv)
{
  rclcpp::init(argc,argv);
```

这段代码是 main() 函数的开始，接收命令行参数 argc 和 argv。rclcpp::init(argc,argv) 用于初始化节点。

```
  node=std::make_shared<rclcpp::Node>("grab_object_node");
```

这行代码创建了一个名为“grab_object_node”的节点对象。使用 std::make_shared() 函数创建这个节点对象的共享指针，并赋值给 node。

```
    cmd_pub=node->create_publisher<std_msgs::msg::String>(
        "/wpb_home/behavior",
        10
    );
```

这段代码使用 node->create_publisher() 函数创建了物品检测激活指令的发布对象 cmd_pub。发布的消息类型是 std_msgs::msg::String，发布的话题名称为“/wpb_home/behavior”，参数 10 表示发送缓冲的队列长度为 10 个消息包。当这个发布对象发送指令“start objects”到话题中时，指令会被 objects_publisher 节点接收，然后启动物品检测功能。

```
    vel_pub=node->create_publisher<geometry_msgs::msg::Twist>(
        "/cmd_vel",
        10
    );
```

这段代码使用 node->create_publisher() 函数创建了用于控制机器人运动的发布对象 vel_pub。发布的消息类型是 geometry_msgs::msg::Twist，发布的话题名称为“/cmd_vel”，参数 10 表示发送缓冲的队列长度为 10 个消息包。

```
mani_pub=node→create_publisher<sensor_msgs::msg::JointState>(
    "/wpb_home/mani_ctrl",
    10
);
```

这段代码使用 node→create_publisher() 函数创建了用于控制机械臂的发布对象 mani_pub。发布的消息类型是 sensor_msgs::msg::JointState，发布的话题名称为“/wpb_home/mani_ctrl”，参数 10 表示发送缓冲的队列长度为 10 个消息包。

```
auto object_sub=node→create_subscription<wpr_simulation2::msg::Object>(
    "/wpb_home/objects_3d",
    10,
    ObjectCallback
);
```

这段代码使用 node→create_subscription() 函数创建了一个订阅对象 object_sub。订阅的消息类型是 wpr_simulation2::msg::Object，订阅的话题名称为“/wpb_home/objects_3d”。这个话题是 objects_publisher 节点的物品检测结果话题，订阅它可以接收物品检测的结果。第二个参数是接收缓冲的队列长度，数字 10 表示接收缓冲的队列长度为 10 个消息包。第三个参数是回调函数名 ObjectCallback()，在前面已经有定义，它将在接收到物品检测结果消息包时被调用。

```
rclcpp::Rate loop_rate(30);
```

这行代码用于构建一个频率对象，后面会使用这个对象来控制 while() 循环的执行频率。参数 30 表示将会控制 while() 循环的执行频率在 30Hz。

```
while(rclcpp::ok())
{
```

这行代码用于构建一个无限循环，循环条件 rclcpp::ok() 检查 ROS2 是否还在运行。在这个 while() 循环中，会实现有限状态机的各个状态的具体行为。

```
    if(grab_step==STEP_WAIT)
    {
        std_msgs::msg::String start_msg;
        start_msg.data="start objects";
        cmd_pub→publish(start_msg);
    }
```


这是初始状态（STEP_WAIT）的状态行为。在这种状态下，会发送“start objects”指令到“/wpb_home/behavior”话题中。这个指令会被 objects_publisher 节点接收，激活物品检测功能。然后这个实验程序会在回调函数中等待物品检测结果的到来，一旦接收到物品检测结果，就会切换到物品对准状态（见前面的回调函数代码）。

```
if(grab_step==STEP_ALIGN_OBJ)
{
    float diff_x=object_x-align_x;
    float diff_y=object_y-align_y;
    geometry_msgs::msg::Twist vel_msg;
    if(fabs(diff_x) > 0.02 || fabs(diff_y) > 0.01)
    {
        vel_msg.linear.x=diff_x * 0.8;
        vel_msg.linear.y=diff_y * 0.8;
    }
    else
    {
        vel_msg.linear.x=0;
        vel_msg.linear.y=0;
        std_msgs::msg::String start_msg;
        start_msg.data="stop objects";
        cmd_pub->publish(start_msg);
        grab_step=STEP_HAND_UP;
    }
    RCLCPP_INFO(
        node->get_logger(),
        "[STEP_ALIGN_OBJ] vel=( %.2f ,%.2f )",
        vel_msg.linear.x,vel_msg.linear.y
    );
    vel_pub->publish(vel_msg);
}
```

这是对准物品的状态行为。当节点在初始状态 STEP_WAIT 接收到 objects_publisher 节点发来的物品检测结果时，就会进入这种状态。在这个状态下，会将实时检测到的物品坐标（object_x，object_y）与前面定义的对准坐标（align_x，align_y）取一个差值，然后将这个差值乘以一个比例系数（0.8），作为速度值发送给机器人执行。其原理与 9.3 节实验一样，是一个比例控制，目的是通过机器人自身的移动，让抓取目标物品相对于机器人自身坐标系，到达期望坐标（align_x，align_y）的位置。从 align_x 和 align_y 的初值可以知道，物品的期望坐标是（1.0，0），也就是期望物品能在机器人正前方 1.0m 的位置。机器人按照计算的速度进行移动，当物品接近这个期望坐标，差值低于设定的阈值（前后距离 x 相差 0.02m 以内，并且左右距离 y 相差 0.01m 以内）时，机器人停止移动，然后向 objects_publisher 节点发送“stop objects”指令，让其停止物品检测功能，同时节点程序切换到下一个状态 STEP_HAND_UP。


```
if(grab_step==STEP_HAND_UP)
{
```

```
        RCLCPP_INFO(node->get_logger(),"[STEP_HAND_UP]");
        sensor_msgs::msg::JointState mani_msg;
        mani_msg.name.resize(2);
        mani_msg.name[0]="lift";
        mani_msg.name[1]="gripper";
        mani_msg.position.resize(2);
        mani_msg.position[0]=object_z;
        mani_msg.position[1]=0.15;
        mani_pub->publish(mani_msg);
        rclcpp::sleep_for(std::chrono::milliseconds(8000));
        grab_step=STEP_FORWARD;
    }
```

这是抬升手臂，准备抓取物品的状态行为。在这个状态中，根据检测到的物品高度，设置机械臂的抬升目标高度，同时手爪张开到两指指间宽度为 0.15m，然后延时 8000ms，也就是 8s，让机械臂有足够的时间完成抬升。之后，程序跳转到下一个状态 STEP_FORWARD。

```
    if(grab_step==STEP_FORWARD)
    {
        RCLCPP_INFO(node->get_logger(),
            "[STEP_FORWARD] object_x=%.2f",
            object_x
        );
        geometry_msgs::msg::Twist vel_msg;
        vel_msg.linear.x=0.1;
        vel_msg.linear.y=0.0;
        vel_pub->publish(vel_msg);
        int forward_duration=(object_x-0.65) * 20000;
        rclcpp::sleep_for(std::chrono::milliseconds(forward_dura-
tion));
        grab_step=STEP_GRAB;
    }
```

这是机器人向前移动，让物品进入手爪的状态行为。在这个状态中，机器人以 0.1m/s 的速度缓缓向前移动。移动的时长是［机器人与物品距离（单位为 m）-0.65m］×20000，单位为毫秒（ms）。这是个标定参数，需要根据实际运行效果来调节。调到延时完毕后，机器人前进到手爪刚好能抓住物品的程度。完成这步操作后，程序跳转到下一个状态 STEP_GRAB。

```
    if(grab_step==STEP_GRAB)
    {
```

```
        RCLCPP_INFO(node→get_logger(),"[STEP_GRAB]");
        geometry_msgs::msg::Twist vel_msg;
        vel_msg.linear.x=0;
        vel_msg.linear.y=0;
        vel_pub→publish(vel_msg);
        sensor_msgs::msg::JointState mani_msg;
        mani_msg.name.resize(2);
        mani_msg.name[0]="lift";
        mani_msg.name[1]="gripper";
        mani_msg.position.resize(2);
        mani_msg.position[0]=object_z;
        mani_msg.position[1]=0.07;
        mani_pub→publish(mani_msg);
        rclcpp::sleep_for(std::chrono::milliseconds(5000));
        grab_step=STEP_OBJ_UP;
    }
```

这是抓取物品的状态行为。经过之前的一系列步骤，物品应该已经处于机器人的两个手指之间了。这时候先让机器人停止移动，然后闭合手爪夹住物品，延时5000ms，也就是5s，让手爪闭合的过程有足够时间完成。之后，程序跳转到下一个状态STEP_OBJ_UP。

```
    if(grab_step==STEP_OBJ_UP)
    {
        RCLCPP_INFO(node→get_logger(),"[STEP_OBJ_UP]");
        sensor_msgs::msg::JointState mani_msg;
        mani_msg.name.resize(2);
        mani_msg.name[0]="lift";
        mani_msg.name[1]="gripper";
        mani_msg.position.resize(2);
        mani_msg.position[0]=object_z+0.05;
        mani_msg.position[1]=0.07;
        mani_pub→publish(mani_msg);
        rclcpp::sleep_for(std::chrono::milliseconds(5000));
        grab_step=STEP_BACKWARD;
    }
```

这是将物品夹住抬升的状态行为。在这个状态下，机器人的手爪已经夹住物品了，所以只需要将机械臂基座在原来的高度基础上再往上抬升0.05m，就能让物品离开桌面。延时5000ms，也就是5s，让手臂抬升的过程有足够时间完成。之后，程序跳转到下一个状态STEP_BACKWARD。


```
    if(grab_step==STEP_BACKWARD)
```

```
    {
        RCLCPP_INFO(node->get_logger(),"[STEP_BACKWARD]");
        geometry_msgs::msg::Twist vel_msg;
        vel_msg.linear.x=-0.1;
        vel_msg.linear.y=0;
        vel_pub->publish(vel_msg);
        rclcpp::sleep_for(std::chrono::milliseconds(10000));
        grab_step=STEP_DONE;
        RCLCPP_INFO(node->get_logger(),"[STEP_DONE]");
    }
```

这是机器人往后退，离开桌子的状态行为。在这个状态下，机器人带着物品，以 0.1m/s 的速度往后退。延时 10000ms，也就是 10s，让物品彻底离开桌面的上方。完成之后，程序跳转到下一个状态 STEP_DONE。

```
    if(grab_step==STEP_DONE)
    {
        geometry_msgs::msg::Twist vel_msg;
        vel_msg.linear.x=0;
        vel_msg.linear.y=0;
        vel_pub->publish(vel_msg);
    }
```

这是抓取行为最后的收尾状态。到达这个状态后，程序给机器人发送停止移动的指令，让机器人停止后退。至此，整个抓取流程结束。

```
    rclcpp::spin_some(node);
```

这行代码调用 spin_some() 函数，让节点能够接收消息包并激活回调函数。注意，这时还处于 while() 循环内部，所以调用的是 spin_some() 函数而不是 spin() 函数。spin_some() 函数能够在响应完回调函数后立刻返回，不会导致 while() 循环的阻塞；而 spin() 函数在响应完回调函数后会阻塞不返回，这会导致 while() 在第一次执行时就卡住，不再执行下一次循环，那么状态机的状态跳转就会停止。所以这里调用的是 spin_some() 函数而不是 spin() 函数。

```
    loop_rate.sleep();
  }
```

这两行代码调用频率对象 loop_rate 的 sleep() 函数，让 while() 循环暂停一段时间，维持 while() 循环的频率在 30Hz（loop_rate 定义时设置的参数）。


```
  rclcpp::shutdown();
```

while() 循环被强制打断时会执行这一行代码，用于关闭节点，释放节点占用的资源。

```
  return 0;
}
```

这是 main() 函数的结束，返回值为 0，表示程序成功执行并正常退出。

代码编写完毕后，需要进行保存。保存成功后，编辑界面文件名后面的圆点符号会变成一个叉符号。

3. 设置编译规则

节点源码的编译规则写在 mani_pkg 的 CMakeLists.txt 文件中。如图 11-27 所示，在 VSCode 中打开这个文件，在这个文件中添加节点的编译规则。首先使用如下代码寻找节点代码中用到的依赖项。

```
find_package(rclcpp REQUIRED)
find_package(std_msgs REQUIRED)
find_package(geometry_msgs REQUIRED)
find_package(sensor_msgs REQUIRED)
find_package(wpr_simulation2 REQUIRED)
```

然后使用如下代码添加节点源码的编译规则。

```
add_executable(grab_object src/grab_object.cpp)
ament_target_dependencies(grab_object
"rclcpp" "std_msgs" "geometry_msgs" "sensor_msgs" "wpr_simulation2"
)
```

最后使用如下代码添加节点编译完成后的安装规则。

```
install(TARGETS  grab_object
DESTINATION  lib/${PROJECT_NAME})
```

```
M CMakeLists.txt ×
src > mani_pkg > M CMakeLists.txt
# find_package(<dependency> REQUIRED)
find_package(rclcpp REQUIRED)
find_package(std_msgs REQUIRED)
find_package(geometry_msgs REQUIRED)
find_package(sensor_msgs REQUIRED)
find_package(wpr_simulation2 REQUIRED)

add_executable(grab_object src/grab_object.cpp)
ament_target_dependencies(grab_object
  "rclcpp" "std_msgs" "geometry_msgs" "sensor_msgs" "wpr_simulation2"
)

install(TARGETS grab_object
DESTINATION lib/${PROJECT_NAME})
```

寻找依赖项　编译规则　安装规则

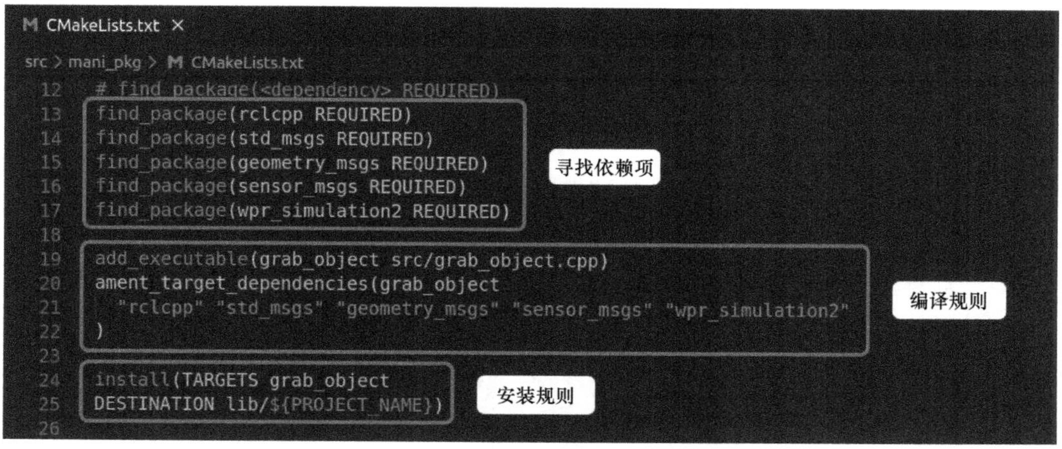

图 11-27　寻找依赖项、添加编译规则和安装规则

这些内容可以从 wpr_simulation2 的例程文件中找到。如果编译报错，可以与 wpr_simulation2\demo_cmakelists\11_grab_object.txt 文件中的代码进行比对。

上述规则添加完毕后，一定要保存文件，否则规则无法生效。

4. 修改软件包信息

如图 11-28 所示，在 VSCode 中打开［mani_pkg］下的［package.xml］文件，使用如下代码添加依赖项信息。

```
<depend>rclcpp</depend>
<depend>std_msgs </depend>
<depend>geometry_msgs</depend>
<depend>sensor_msgs</depend>
<depend>wpr_simulation2</depend>
```

图 11-28　添加依赖项

这些内容可以从 wpr_simulation2 的例程文件中找到。如果编译报错，可以与 wpr_simulation2\demo_package\11_grab_object.xml 文件中的代码进行比对。

文件修改后，一定要保存文件，否则新的包信息无法生效。

5. 编译软件包

修改完上述文件后，如图 11-29 所示，打开终端窗口，执行如下指令，进入工作空间。

```
cd ~/ros2_ws
```

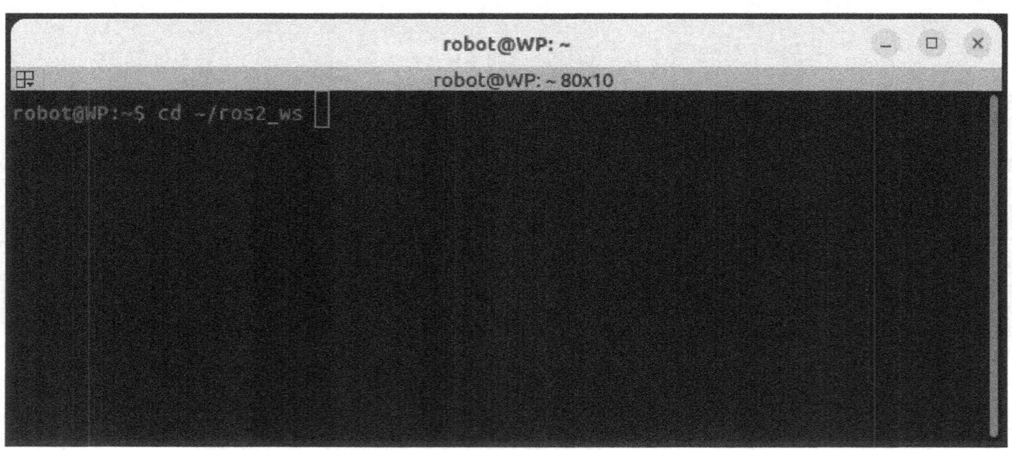

图 11-29　进入工作空间

然后如图 11-30 所示，执行如下指令，对工作空间中的所有软件包进行编译。

```
colcon build
```

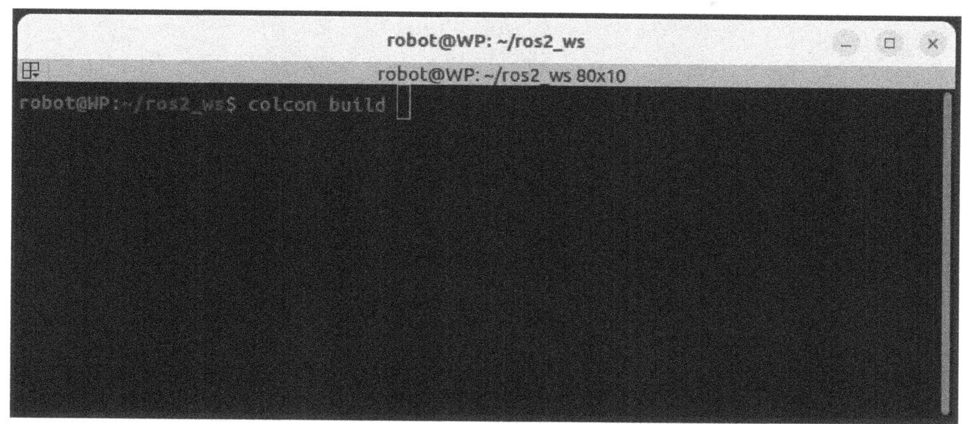

图 11-30　编译软件包

如果编译顺利，会显示如图 11-31 所示信息，表示编译成功。

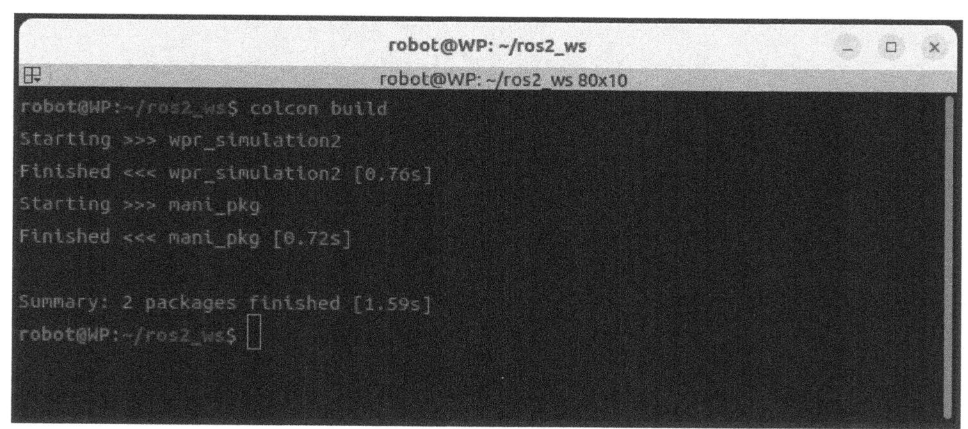

图 11-31　编译成功

11.3.2　仿真运行物品抓取程序

下面运行刚编写的节点。在运行前，确认已经按照 2.6 节下载了 wpr_simulation2 仿真项目。然后，需要加载当前工作空间中的环境设置，这样 ros2 指令才能找到编译后的软件包和节点文件。如图 11-32 所示，保持终端的当前路径依然在工作空间目录 ros2_ws 中，然后执行如下指令。


```
source install/setup.bash
```

然后如图 11-33 所示，先执行如下指令，启动带有机器人的仿真环境。

```
ros2 launch wpr_simulation2 wpb_table.launch.py
```

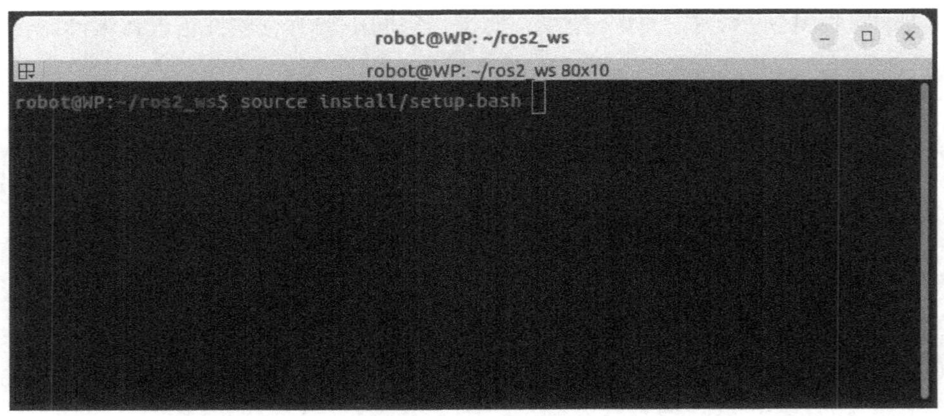

图 11-32　加载工作空间的环境设置

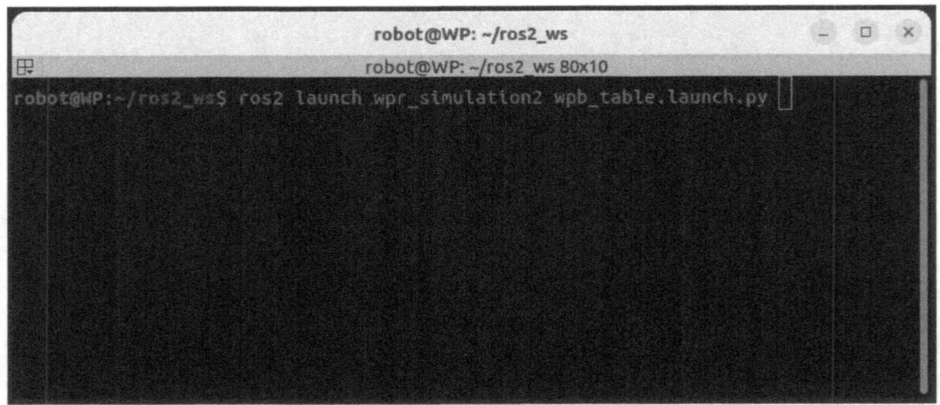

图 11-33　启动仿真环境

这时会启动仿真窗口，仿真环境中有一台虚拟机器人，机器人的面前摆放着一张桌子，桌子上放有两瓶饮料，如图 11-34 所示。

图 11-34　仿真窗口

接下来运行物品检测节点 objects_publisher。如图 11-35 所示，在 Terminator 终端中，按组合键［Ctrl+Shift+O］，将终端分为上、下两个子窗口。先在新的终端窗口中执行如下指令，加载工作空间的环境设置。

```
source install/setup.bash
```

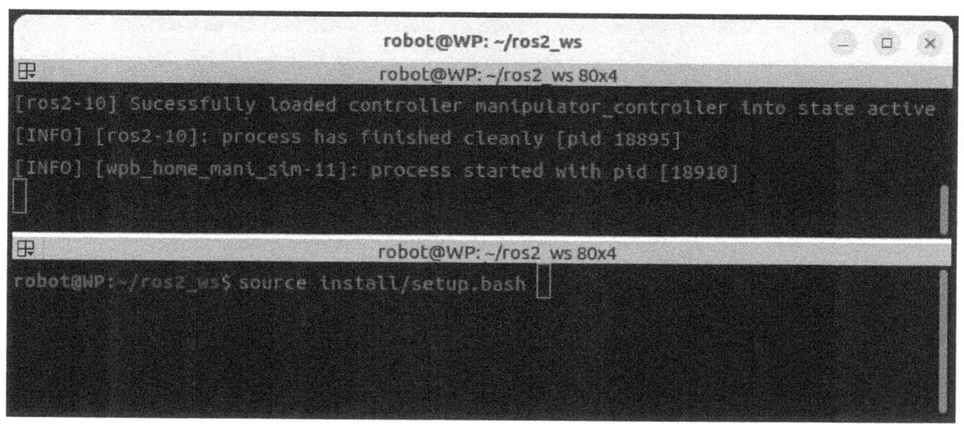

图 11-35　加载工作空间的环境设置

然后如图 11-36 所示，执行如下指令运行物品检测节点。

```
ros2 run wpr_simulation2 objects_publisher
```

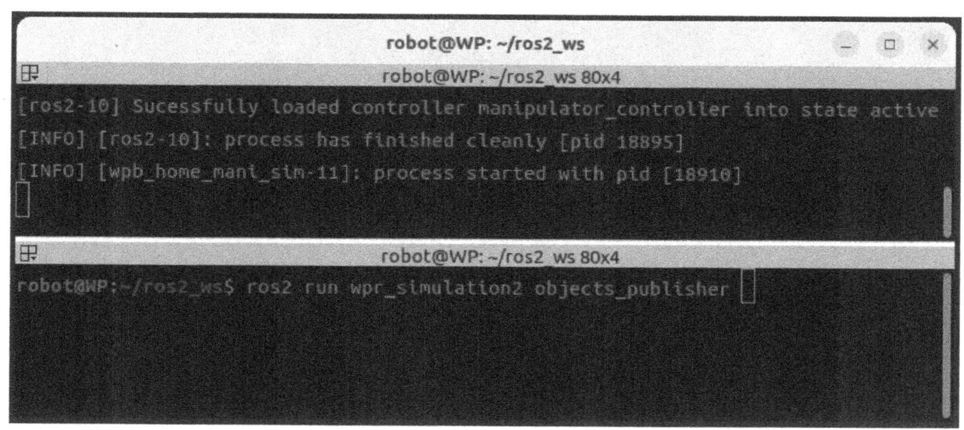

图 11-36　运行物品检测节点

最后，运行刚才编写的物品抓取节点。如图 11-37 所示，在 Terminator 终端中，按组合键［Ctrl+Shift+O］，将终端分出第三个子窗口。在新的终端窗口中执行如下指令，加载工作空间的环境设置。

```
source install/setup.bash
```

然后如图 11-38 所示，执行如下指令运行刚才编写的物品抓取节点。

```
ros2 run mani_pkg grab_object
```

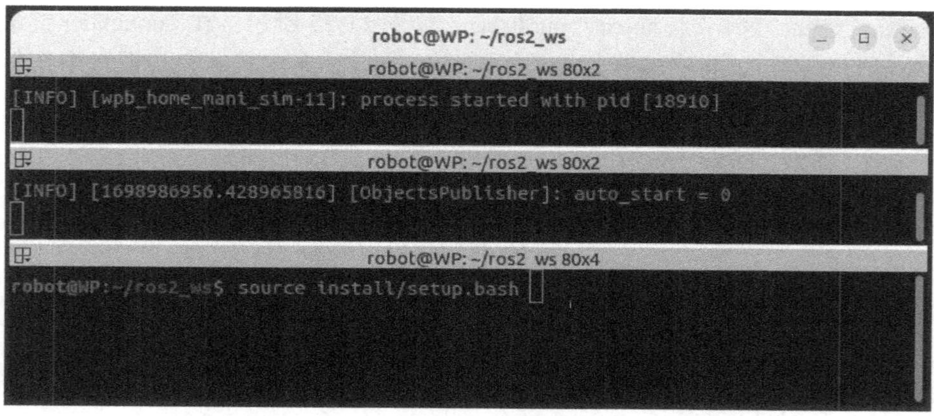

图 11-37　加载工作空间的环境设置

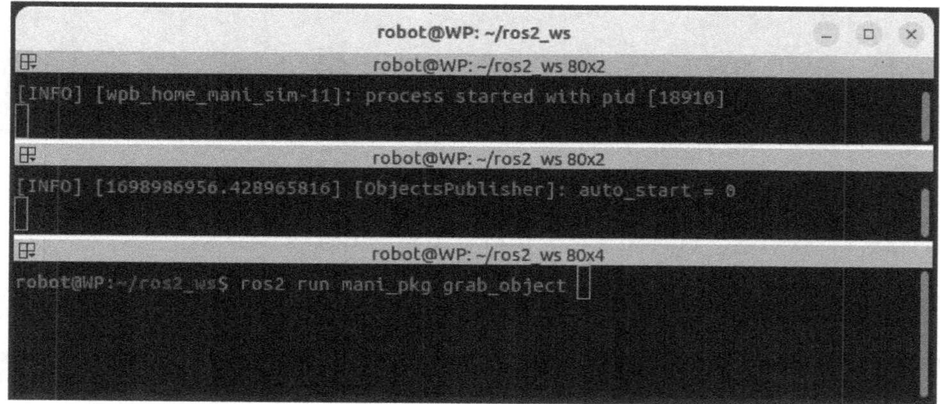

图 11-38　运行物品抓取节点

如图 11-39 所示，节点运行起来之后，在仿真窗口中可以看到机器人开始移动，先是侧移对准桌面物品，然后抬起手臂。

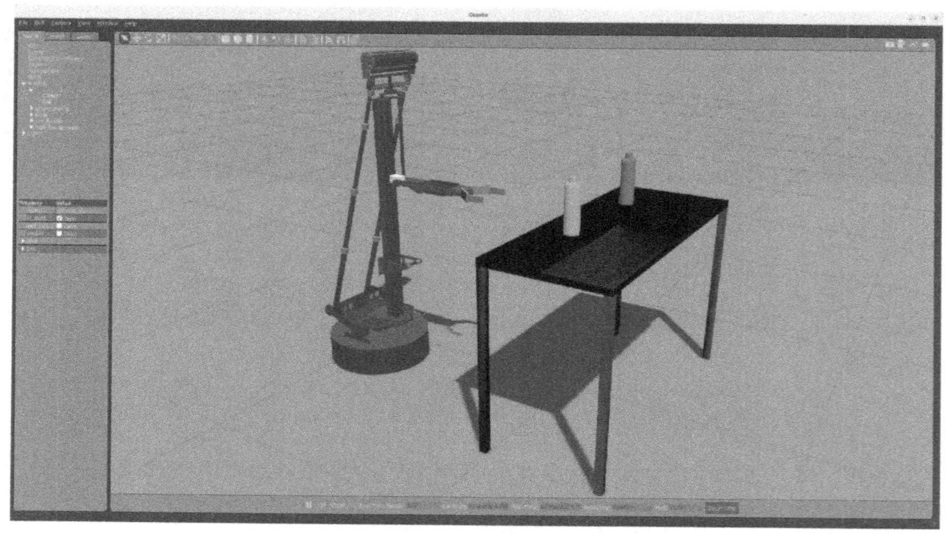

图 11-39　机械臂抬起

机器人向前抓住物品，然后向上提升一点高度，将物品抬离桌面，如图 11-40 所示。

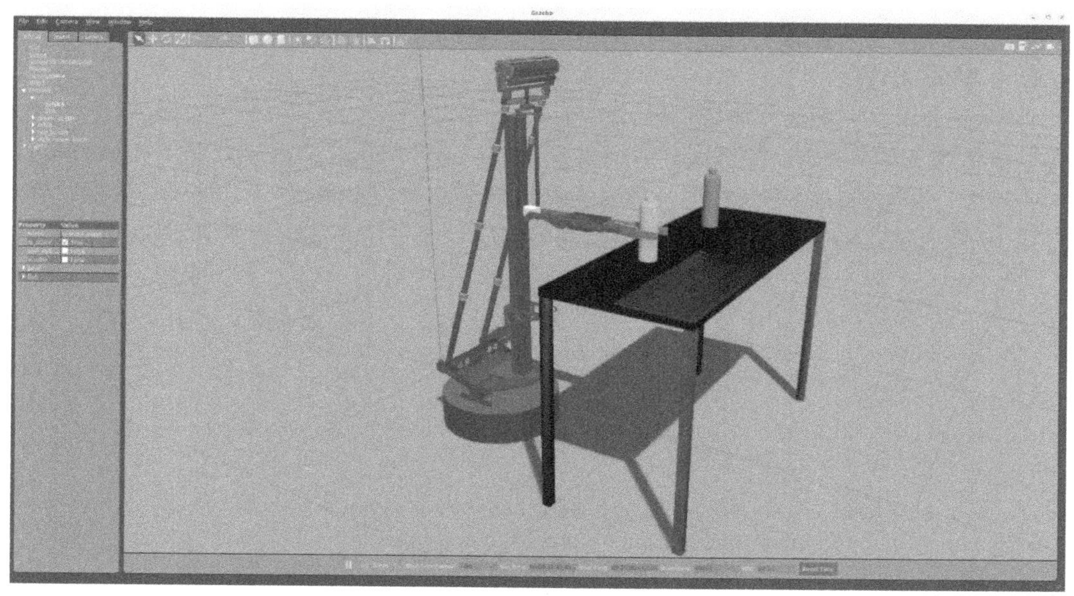

图 11-40　机械臂抓取物品

如图 11-41 所示，机器人抓着物品向后退一段距离，然后停住，抓取流程结束。

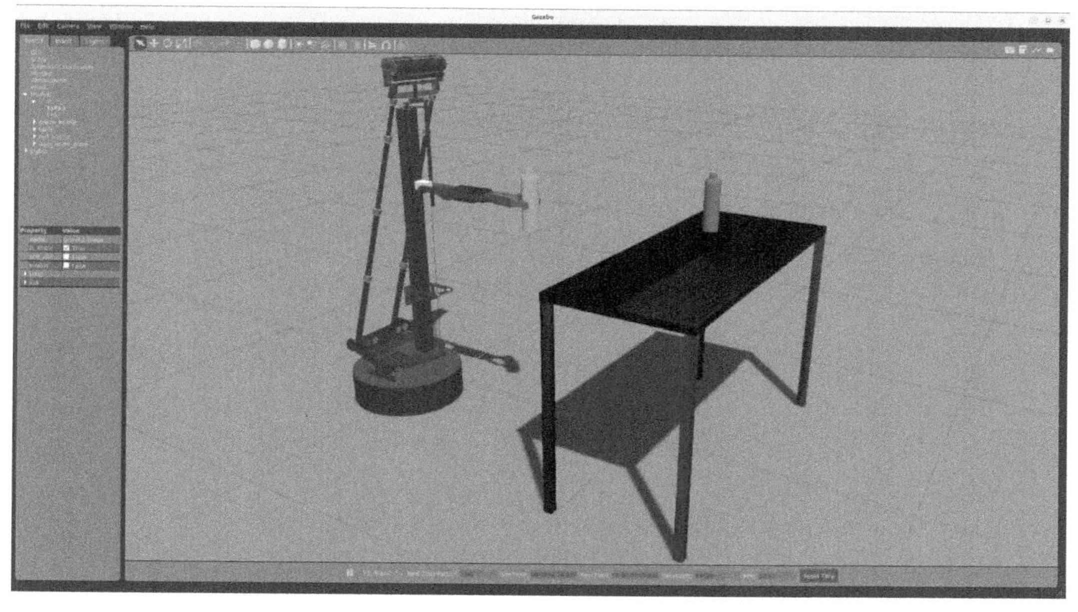

图 11-41　机械臂将物品抬离桌面

11.3.3　练习题

1）在仿真窗口中使用工具栏的移动按钮，移动桌面上的物体，然后启动物品抓取，查看抓取效果。

2）尝试将 grab_object. cpp 的代码封装成类。

11.4 本章小结

本章主要是对 ROS2 中的机械臂应用进行介绍、编程及仿真。首先介绍了机械臂消息包格式；接着，编写机械臂控制程序，仿真实现机械臂在折叠和展开状态的来回切换；最后，结合第 10 章通过立体视觉进行桌面物品检测的功能，编程仿真实现机械臂对物品的抓取。

第12章 基于ROS2的综合应用

经过前面各章的学习，已经实现了 ROS2 的环境建图、NAV2 导航、物品检测和物品抓取。在本章中，将会把前面的功能组合起来，实现一个综合应用——家庭服务机器人的饮料递送功能。大致的任务脚本如下：机器人从客厅自主导航到厨房，抓取一瓶饮料，然后自主导航到餐厅，将饮料递送给客人。在这一章实验里，将会使用已经封装好导航和物品抓取功能的独立节点来辅助完成最终任务。在使用过程中，可以体验 ROS2 的“节点网络”这种模块化分布式系统设计在复杂任务的实现过程中所具备的优越性。

12.1 方案设计

12.1.1 建图导航方案设计

环境建图使用 SLAM Toolbox 来实现，具体内容参照 8.2.2 小节实验。在进行正式的主线任务之前，先把环境地图创建好，并保存成文件，供任务中的导航模块使用。建图的 Launch 文件可以直接使用 wpr_simulation2 的 slam. launch. py。

导航使用 8.3 节实验的导航插件方案，创建好地图后使用 RViz2 工具栏中的［Add Waypoint］按钮设置航点，保存成航点文件“waypoints. yaml”。在执行导航任务时，借助 wp_map_tools 软件包的 wp_edit_node 和 wp_navi_server 节点来实现导航功能。这两个节点的工作机制如下：

1）wp_edit_node 节点。这个节点会从主文件夹下的“waypoints. yaml”文件读取设置好的航点名称和坐标信息，供导航节点调取使用。

2）wp_navi_server 节点。这个节点会从话题“/waterplus/navi_waypoint”中获取导航目标航点的名称，然后从 wp_edit_node 节点查询该航点的坐标和朝向，接着调用 NAV2 的原生导航接口，完成导航任务。

3）导航完成后，会向话题“/waterplus/navi_result”发送信息“navi done”提示导航已经完成，可以执行下一个任务。

知道了这两个节点的工作机制，那么可以这样来设计航点导航的实现流程：

1）任务执行前，使用 wp_map_tools 的 RViz2 插件设置好航点坐标，并保存成文件。

2）任务执行时，启动 wp_map_tools 软件包的 wp_edit_node 和 wp_navi_server 节点。

3）向话题“/waterplus/navi_waypoint”发送导航目标的航点名称，激活 wp_navi_server 节点的航点导航功能。

4）订阅话题“/waterplus/navi_result”，等待导航完成的消息信号。

12.1.2 物品抓取方案设计

为了发挥 ROS2 的松耦合优势，不在主体任务的节点中再次编写 11.3 节的物品抓取算法。在 wpr_simulation2 软件包中有一个 grab_object_sim 节点，已经把物品抓取的算法封装好了，只需要通过节点间的话题通信就能驱使机器人完成物品抓取动作。grab_object_sim 节点的源码文件为 wpr_simulation2\src\grab_object_sim.cpp。

通过阅读 grab_object_sim 节点的源码（对比 11.3 节实验），可以了解它的工作机制：

1）grab_object_sim 节点订阅话题“/wpb_home/behavior”，从中获取启动指令。当接收到“start grab”指令时，启动物品抓取功能。

2）物品抓取功能启动后，grab_object_sim 节点会按照 11.3 节实验的流程，完成物品抓取动作。与 11.3 节实验一样，物品检测也是依靠 objects_publisher 节点来实现的。

3）物品抓取动作完成后，grab_object_sim 节点会发送“grab done”到话题“/wpb_home/grab_result”中，通知其他节点抓取动作已经完成。

知道了 grab_object_sim 节点的工作机制，可以这样来设计物品抓取的实现流程：

1）任务执行时，启动 wpr_simulation2 软件包中的 grab_object_sim 和 objects_publisher 节点。

2）向话题“/wpb_home/behavior”发送指令“start grab”，激活 grab_object_sim 节点的物品抓取功能。

3）订阅话题“/wpb_home/grab_result”，等待物品抓取完成的消息信号。

12.1.3 主体任务方案设计

如图 12-1 所示，确定了各个独立功能的方案后，接下来设计这个程序的主体实现流程：

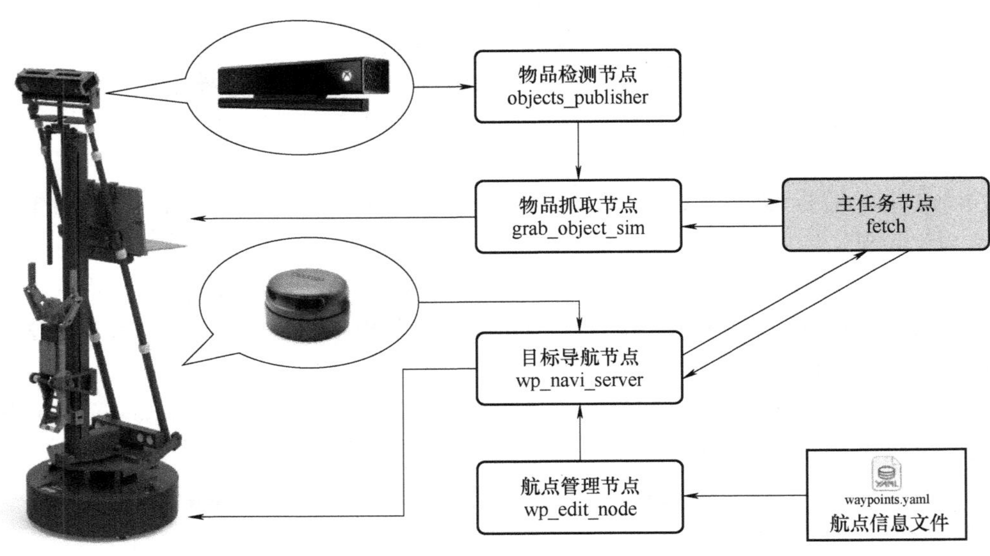

图 12-1　主体任务的数据流向

1）给机器人设置好初始位置，向 wp_map_tools 软件包中的 wp_navi_server 节点发送厨房饮料位置的航点名称，激活 wp_navi_server 节点的航点导航功能。等待 wp_navi_server 节点完成第一阶段从客厅到厨房的导航任务。

2）接收到 wp_navi_server 节点发来的导航完成信号之后，向 wpr_simulation2 软件包的 grab_object_sim 节点发送指令"start grab"，激活 grab_object_sim 节点的物品抓取功能。等待 grab_object_sim 节点完成饮料抓取任务。

3）接收到 grab_object_sim 节点发来的物品抓取完成的信号之后，再次向 wp_map_tools 软件包的 wp_navi_server 节点发送餐厅客人位置的航点名称，激活 wp_navi_server 节点的航点导航功能。等待 wp_navi_server 节点完成第二阶段从厨房到餐厅的导航任务。

4）接收到 wp_navi_server 节点发来的导航完成信号，说明机器人成功将饮料带到餐厅客人处，饮料递送任务完成。

根据这个流程，可以设计一个有限状态机来实现具体的功能。主体任务的状态宏定义及状态行为见表 12-1。

表 12-1　主体任务的状态宏定义及状态行为

状态宏定义	状态行为
STEP_WAIT	机器人初始状态，节点程序在这个状态发送厨房饮料位置的航点名称给 wp_navi_server 节点，以激活航点导航功能。然后状态机跳转到 STEP_GOTO_KITCHEN 状态，等待第一阶段导航完成
STEP_GOTO_KITCHEN	等待机器人去往厨房的状态。在这个状态下接收到导航完成的信号，会发送"start grab"指令给 grab_object_sim 节点，以激活物品抓取功能。然后状态机跳转到 STEP_GRAB_DRINK 状态，等待抓取完成
STEP_GRAB_DRINK	等待机器人抓取饮料的状态。在这个状态下接收到抓取完成的信号，会发送餐厅客人位置的航点名称给 wp_navi_server 节点，再次激活航点导航功能。然后状态机跳转到 STEP_GOTO_GUEST 状态，等待第二阶段导航完成
STEP_GOTO_GUEST	等待机器人去往餐厅客人处的状态。在这个状态下接收到导航完成的信号，状态机会跳转到 STEP_DONE 状态，提示饮料已经送到，递送任务完成
STEP_DONE	任务已经完成的状态

可以看到，上述状态是从上到下顺序跳转的，没有出现分支的情况，非常便于理解和实现。实现方案设计好之后，就可以开始进行前期准备和程序编写了。

12.2　采集环境数据

在这个应用中，导航功能是通过 wp_map_tools 软件包实现的，所以需要事先对环境信息进行构建。主要用到的环境信息包括两个部分：环境地图和任务的地点坐标。

12.2.1　SLAM 环境建图

场景地图使用 SLAM Toolbox 进行创建。确认已经按照 2.6 节下载了 wpr_simulation2 仿真项目，然后如图 12-2 所示，按组合键［Ctrl+Alt+T］启动 Terminator 终端，执行如下指令，加载工作空间的环境设置。


```
source ~/ros2_ws/install/setup.bash
```

图 12-2　加载工作空间的环境设置

然后执行如下指令，启动仿真场景和建图功能（见图 12-3）。

```
ros2 launch wpr_simulation2 slam.launch.py
```

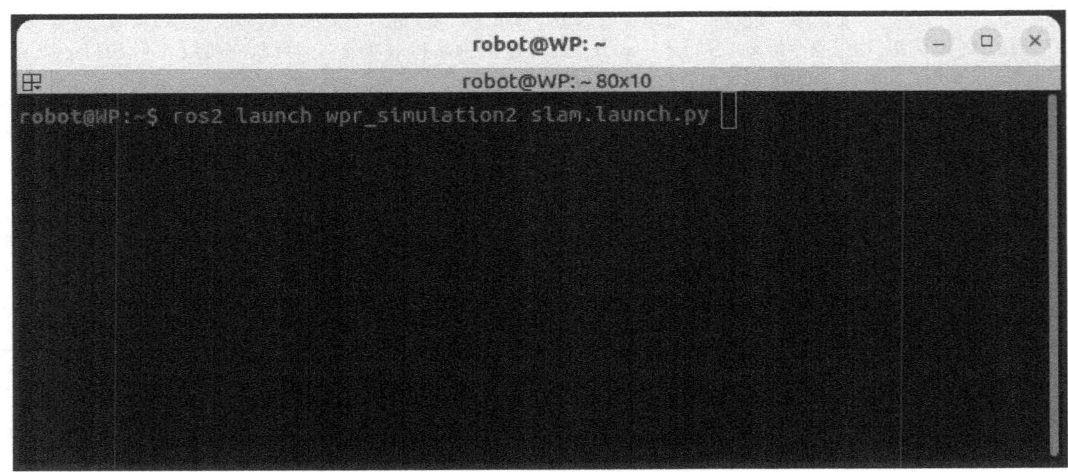

图 12-3　启动仿真场景和建图功能

执行上述指令后，会弹出仿真窗口和 RViz2 窗口。建图过程中需要通过键盘控制机器人移动，回到终端，按组合键［Ctrl+Shift+O］，这时会分出第二个命令行窗口。在第二个窗口中执行如下指令，加载工作空间的环境设置，如图 12-4 所示。

```
source ~/ros2_ws/install/setup.bash
```

然后如图 12-5 所示，执行如下指令启动键盘控制节点。

```
ros2 run wpr_simulation2 keyboard_vel_cmd
```

如图 12-6 所示，这时保持 Terminator 终端窗口位于所有窗口的前边，且第二个窗口的标题栏为红色，这样才能让键盘控制节点始终能够接收到按下按键的信号。

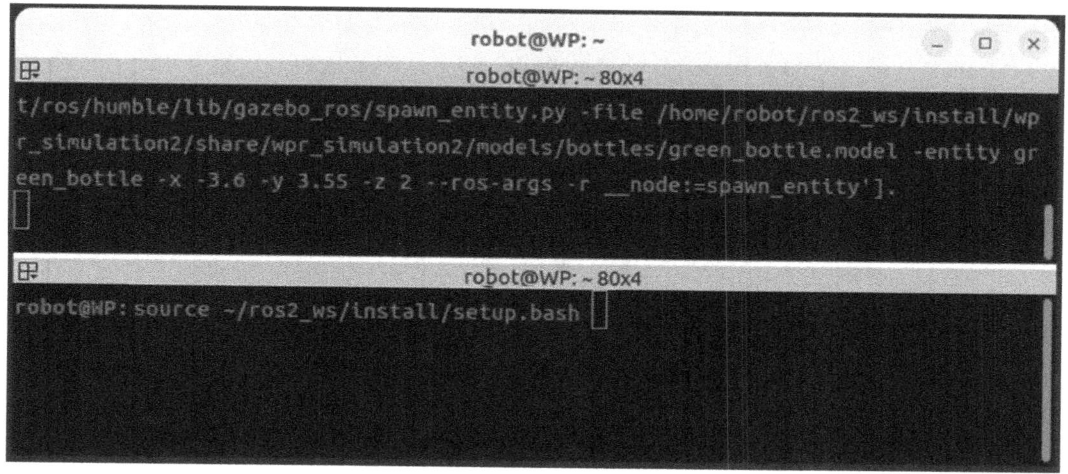

图 12-4　加载工作空间的环境设置

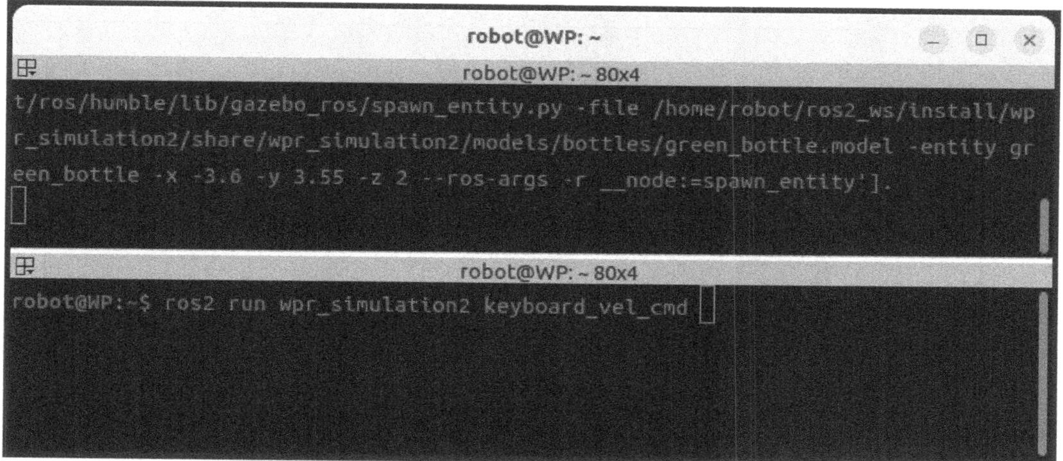

图 12-5　启动键盘控制节点

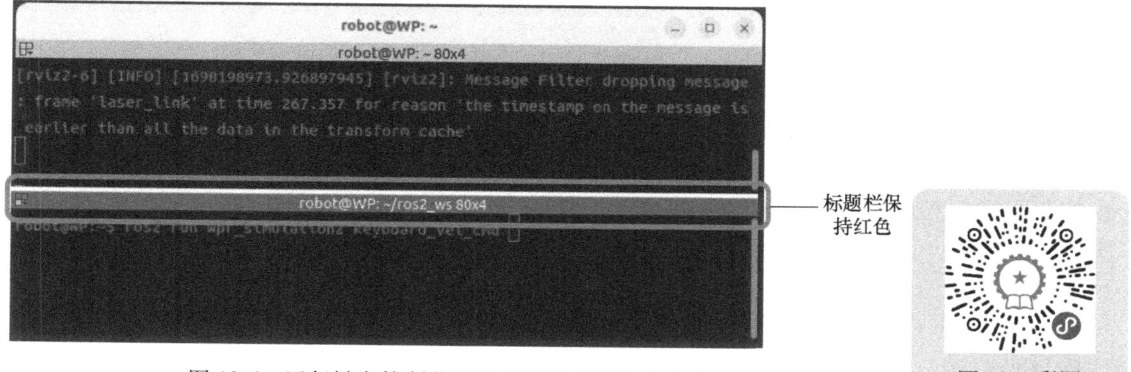

图 12-6　运行键盘控制节点的窗口标题栏保持红色

图 12-6 彩图

如图 12-7 所示，按下键盘上的按键就可以控制机器人移动了。

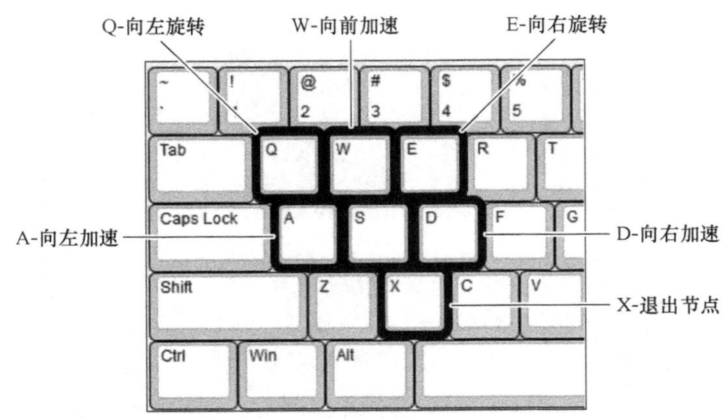

图 12-7　键盘控制键位图

如图 12-8 所示，通过键盘控制机器人在场景里巡游一遍之后，可以看到建好的地图。

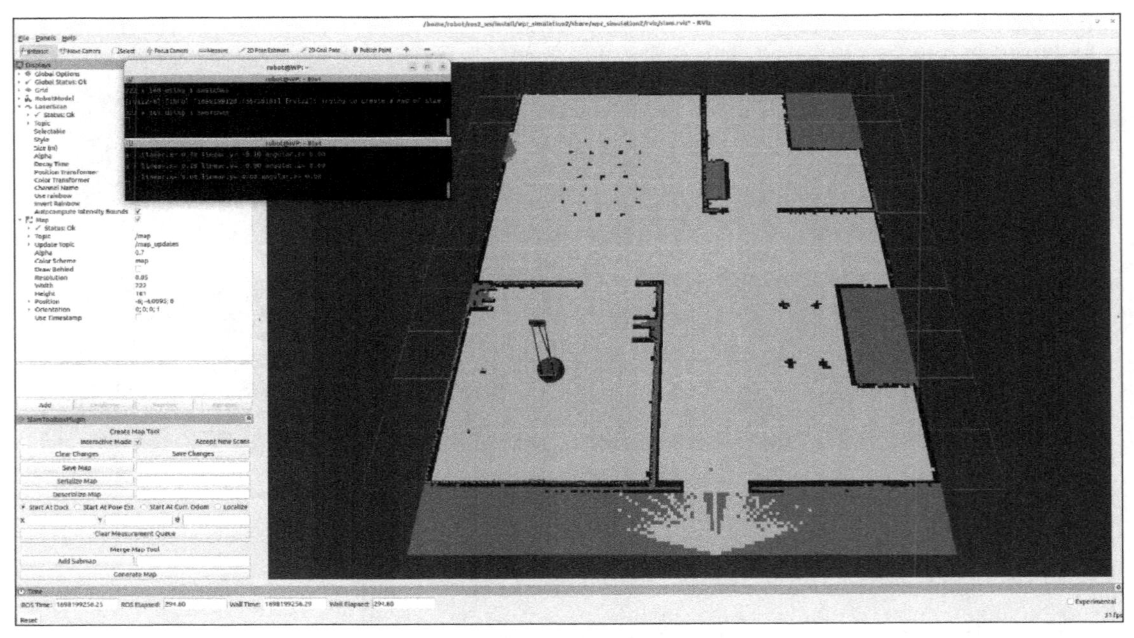

图 12-8　建好地图的 RViz2 界面

如图 12-9 所示，保持 Terminator 终端的第二个窗口标题栏为红色。按［X］键，退出键盘控制程序，然后执行如下指令，保存地图到文件。

```
ros2 run nav2_map_server map_saver_cli -f map
```

如图 12-10 所示，这样会在终端窗口的当前路径下创建两个地图文件：map. pgm 和 map. yaml。

如图 12-11 所示，将这两个文件复制到 wpr_simulation2 的 maps 文件夹下，之后从这个文件夹加载地图文件。

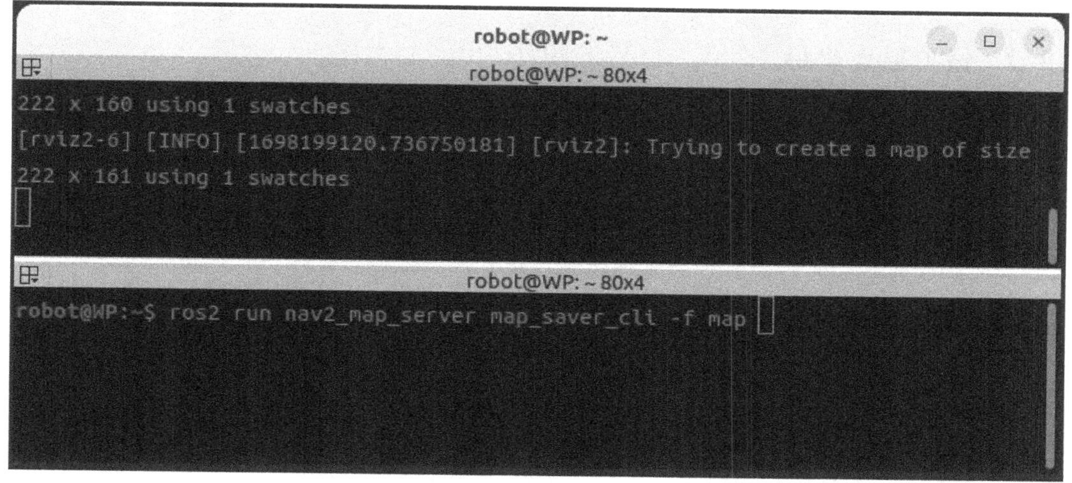

图 12-9　保存地图到文件

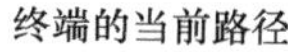

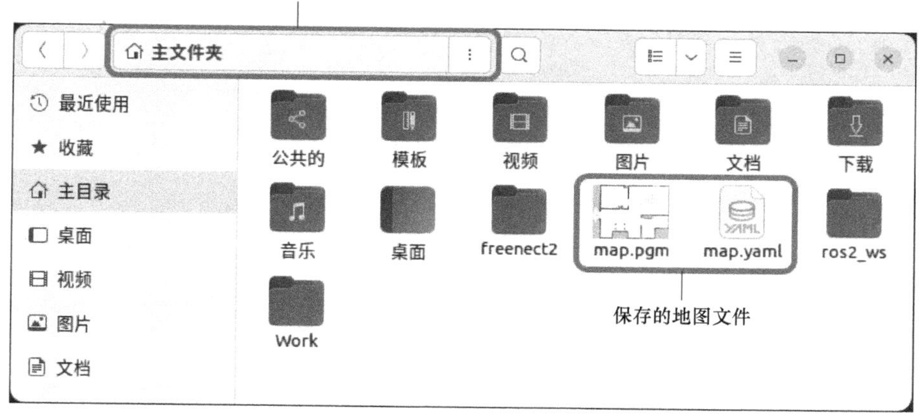

图 12-10　地图文件的保存位置

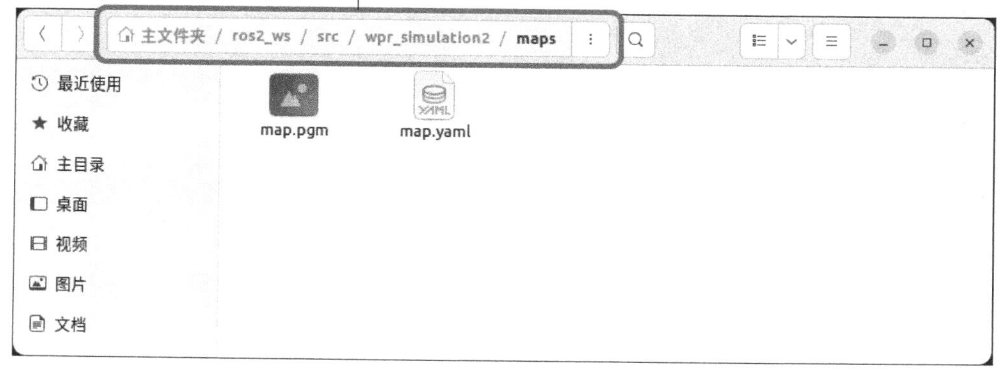

图 12-11　将地图文件复制到 maps 文件夹下

完成后，关闭终端和仿真环境，准备进入下一阶段的操作。

12.2.2 设置航点坐标

创建完地图，接下来在地图上标注出机器人执行任务的航点位置。如图 12-12 所示，按组合键［Ctrl+Alt+T］启动 Terminator 终端，执行如下指令，加载工作空间的环境设置。

```
source ~/ros2_ws/install/setup.bash
```

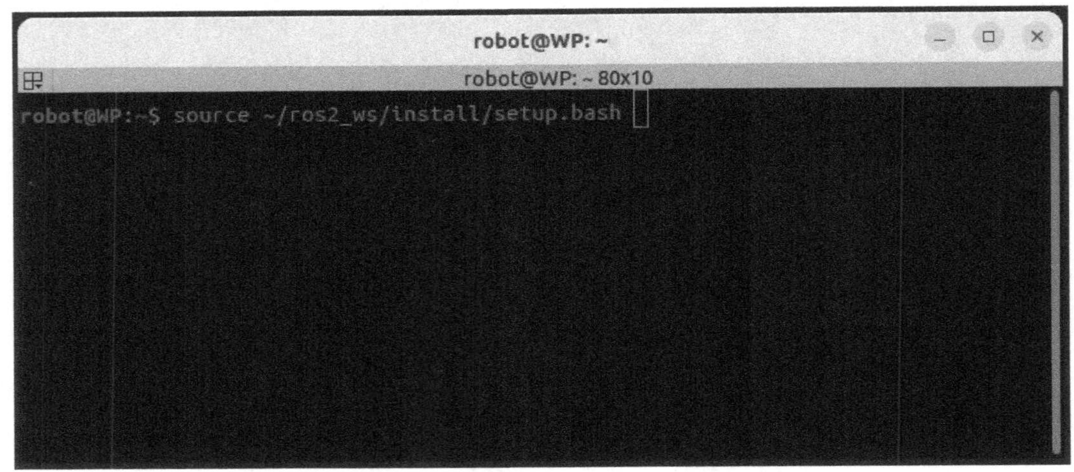

图 12-12 加载工作空间的环境设置

如图 12-13 所示，执行如下指令，启动带有航点设置插件的 RViz2 窗口。

```
ros2 launch wp_map_tools add_waypoint_sim.launch.py
```

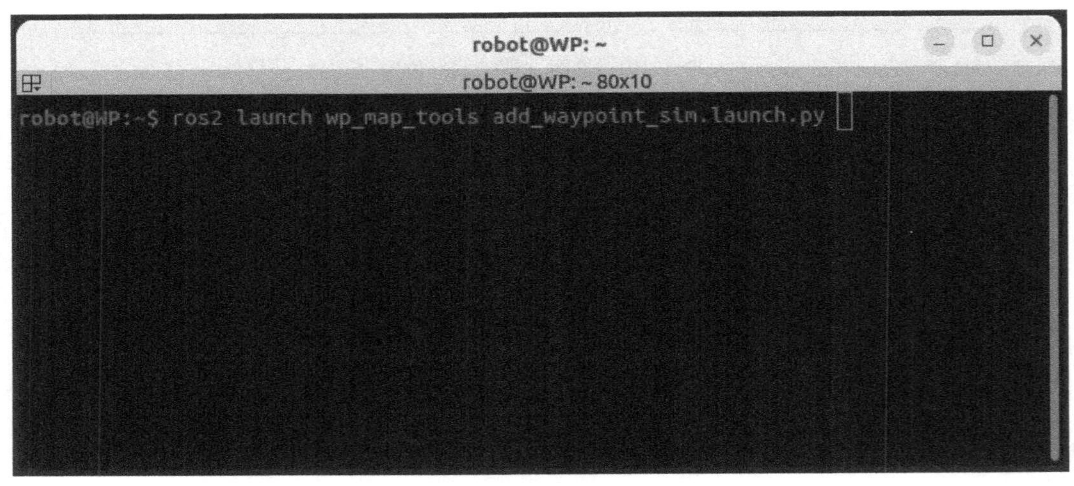

图 12-13 启动 RViz2 窗口

执行后会启动 RViz2 窗口，如图 12-14 所示，在窗口中可以看到之前创建的地图。

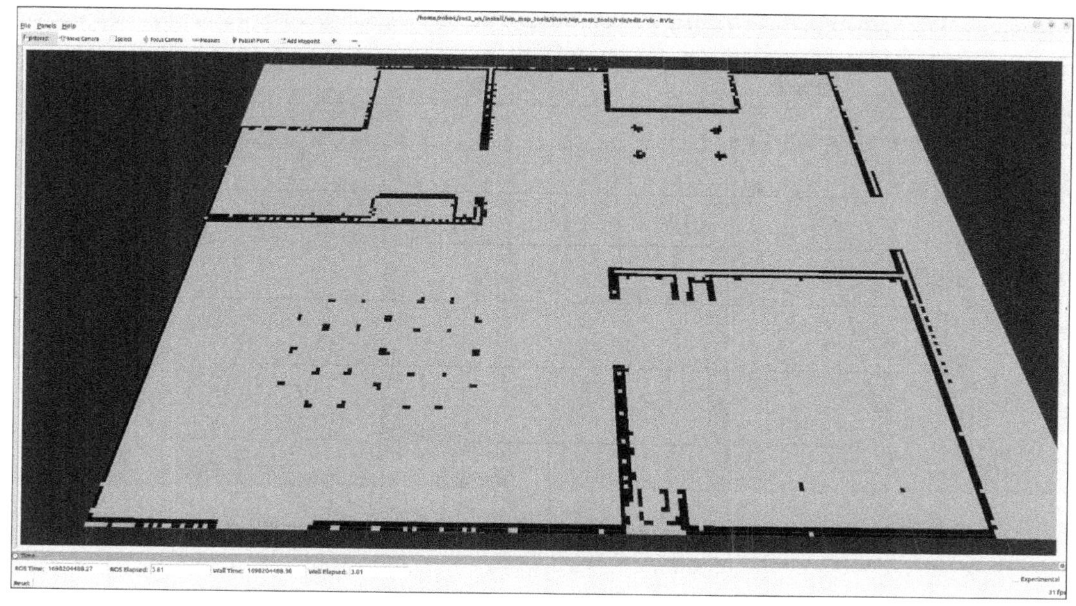

图 12-14　显示地图的 RViz2 窗口

如图 12-15 所示，在 RViz2 工具栏中单击［Add Waypoint］按钮，就可以在地图上添加航点。

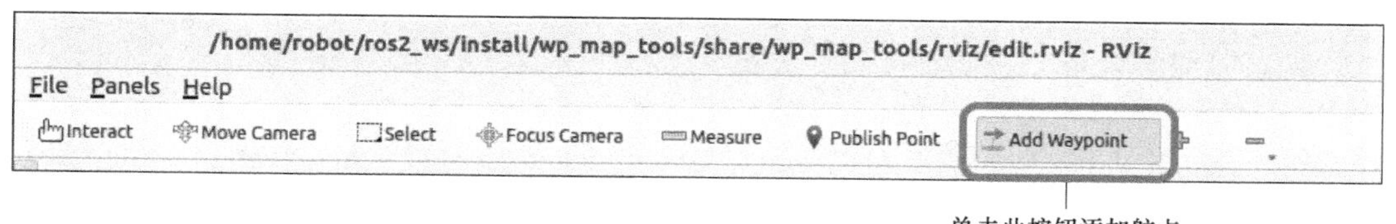

图 12-15　RViz2 的添加航点按钮位置

如图 12-16 所示，第一个航点在厨房放饮料的桌子前，距离桌子 1m（对应地面上的一个格子的距离）。

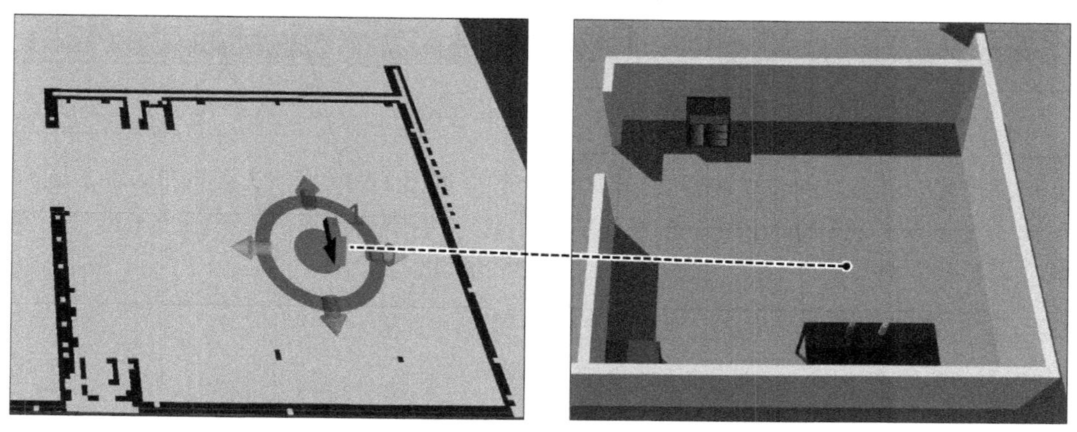

图 12-16　第一个航点位置

如图 12-17 所示，第二个航点在客厅的客人面前，距离客人 1m（对应地面上的一个格子的距离）。

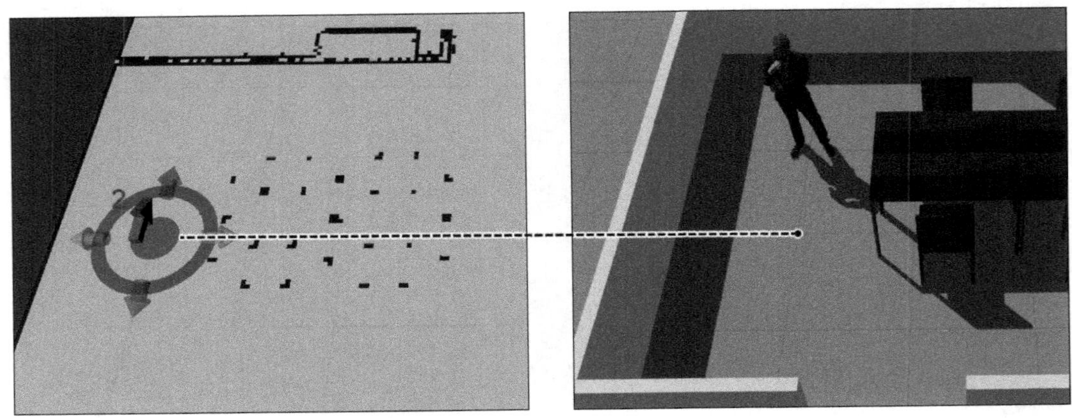

图 12-17　第二个航点位置

设置好的两个航点位置如图 12-18 所示。

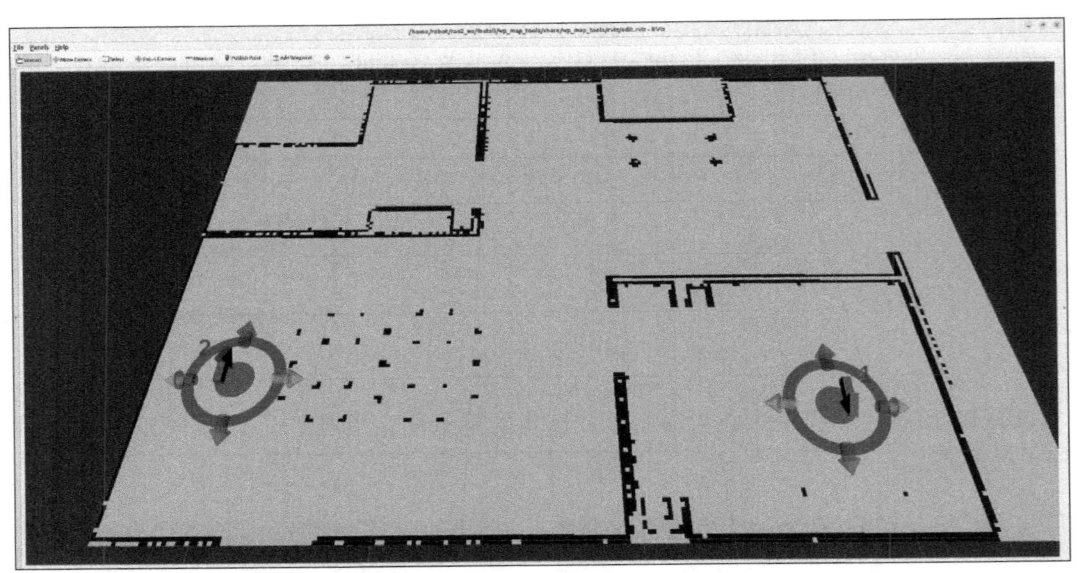

图 12-18　两个航点的位置

航点设置完成后，需要将这些信息保存成文件。如图 12-19 所示，保持 RViz2 界面别关闭，在 Terminator 终端中，按组合键［Ctrl+Shift+O］，将终端分为上、下两个子窗口。先在新的终端窗口中执行如下指令，加载工作空间的环境设置。

```
source ~/ros2_ws/install/setup.bash
```

然后如图 12-20 所示，执行如下指令保存航点。

```
ros2 run wp_map_tools wp_saver
```

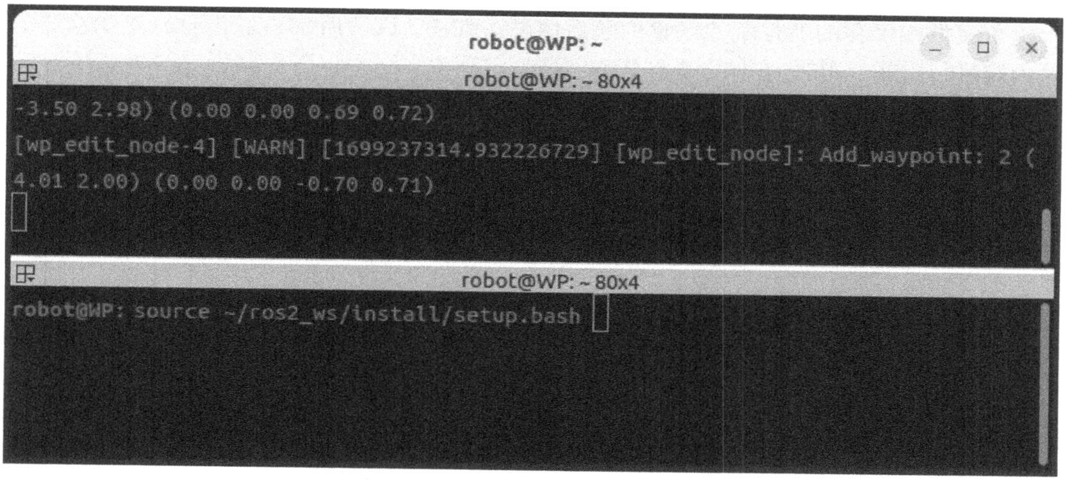

图 12-19　加载工作空间的环境设置

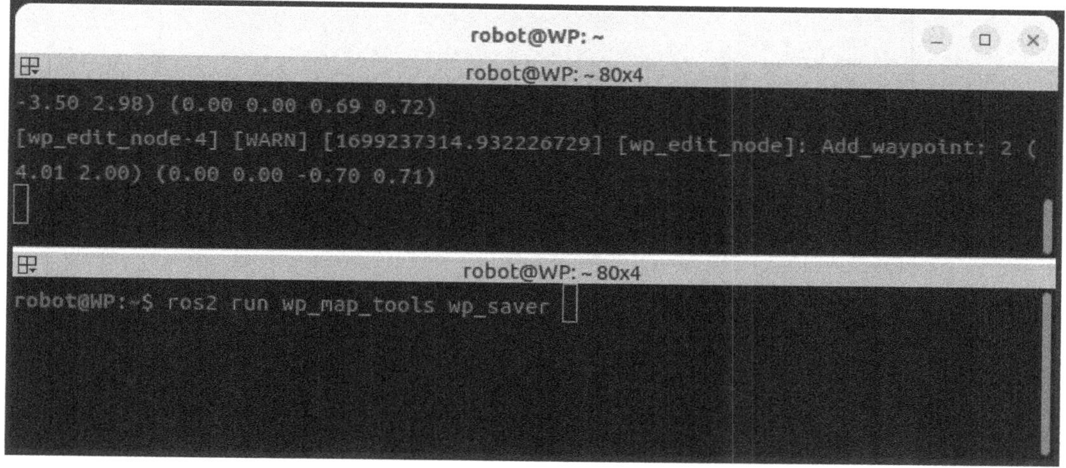

图 12-20　执行航点保存指令

如图 12-21 所示，执行完毕后，在主文件夹下会生成一个名为“waypoints. yaml”的文件。

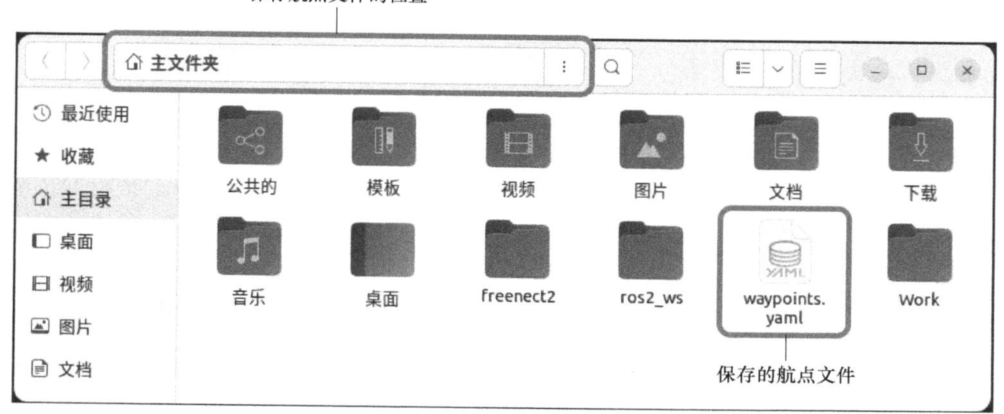

图 12-21　航点文件保存位置

这个文件中保存的就是刚才设置的航点信息。如图 12-22 所示，双击打开这个文件，对它的内容进行编辑，修改其中的航点名称：

1）把 Waypoint_1 的 Name 从“1”修改为“kitchen”，这是抓取饮料的位置。

2）把 Waypoint_2 的 Name 从“2”修改为“guest”，这是最终递送饮料给客人的位置。

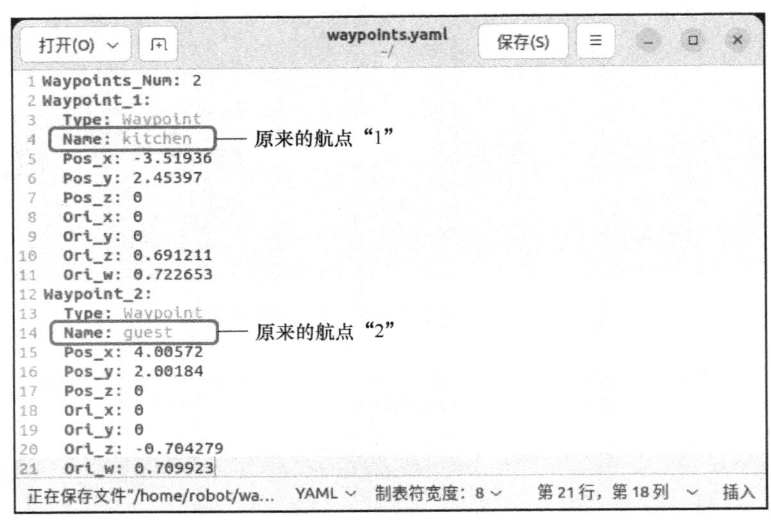

图 12-22　修改航点名称

修改完毕，务必保存修改后的内容到文件中。

12.3　编写程序代码

这个实验需要编写两个程序文件：一个是启动所有功能服务节点的 Launch 文件，另一个是使用这些功能完成最终任务的主节点文件。

12.3.1　Launch 文件的编写

下面首先进行 Launch 文件的编写。

1. 创建软件包

首先在工作空间中创建一个名为“home_pkg”的软件包。如图 12-23 所示，打开一个新的终端窗口，输入如下指令，进入工作空间。

```
cd ~/ros2_ws/src
```

然后如图 12-24 所示，用如下指令创建软件包。

```
ros2 pkg create home_pkg
```

创建好软件包后，接下来在这个软件包中创建 Launch 文件和主任务的程序节点。

2. 编写 Launch 文件

先在 home_pkg 软件包中创建一个 Launch 文件。如图 12-25 所示，在 VSCode 中找到［home_pkg］软件包，用鼠标右键单击软件包名称，在弹出的快捷菜单中选择［新建文件夹］。

图 12-23　进入工作空间

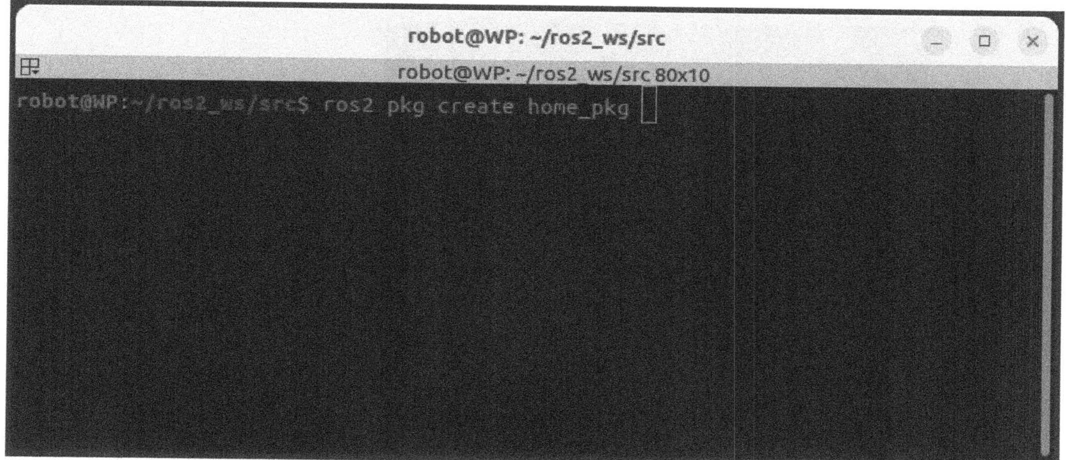

图 12-24　创建软件包

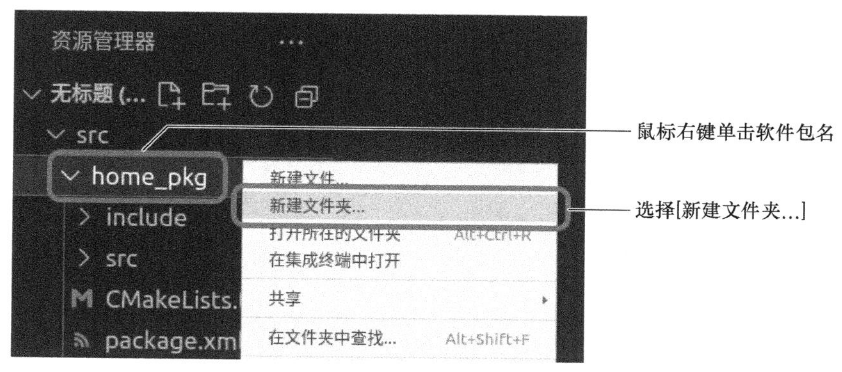

图 12-25　新建文件夹

此时会提示输入文件夹名称，如图 12-26 所示，输入“launch”，按［Enter］键确认。

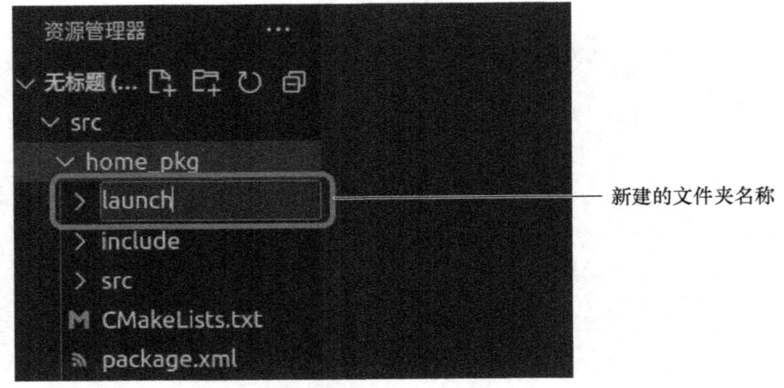

图 12-26　为新文件夹命名

然后如图 12-27 所示，用鼠标右键单击［launch］文件夹，在弹出的快捷菜单中选择［新建文件］。

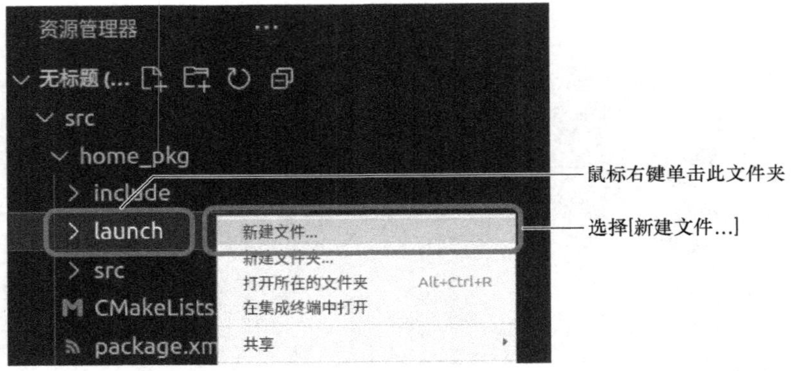

图 12-27　新建 Launch 文件

此时会提示输入文件名，如图 12-28 所示，输入“home. launch. py”，然后按［Enter］键，创建文件。

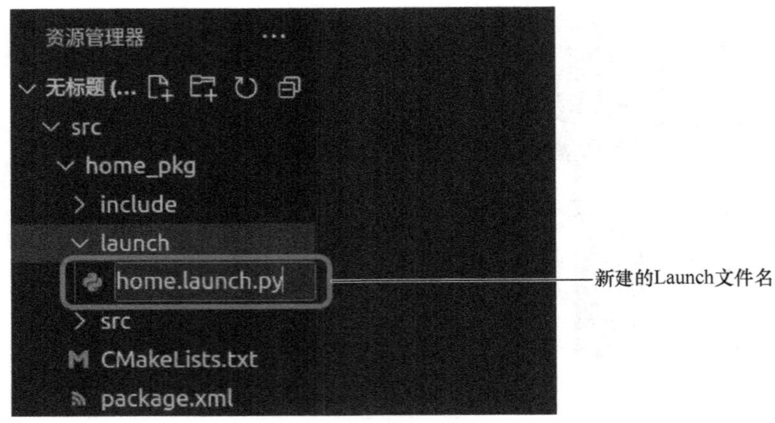

图 12-28　为 Launch 文件命名

下面编写这个 Launch 文件，其内容如下。

```
import os
from launch import LaunchDescription
from launch_ros.actions import Node
from ament_index_python.packages import get_package_share_directory
from launch.actions import IncludeLaunchDescription
from launch.launch_description_sources import PythonLaunchDescription-
Source

def generate_launch_description():
    launch_file_dir=os.path.join(get_package_share_directory('wpr_
simulation2'),'launch')
    home_mani_cmd=IncludeLaunchDescription(
        PythonLaunchDescriptionSource(
            os.path.join(launch_file_dir,'robocup_home_mani.launch.py')
        )
    )

    map_file=os.path.join(
        get_package_share_directory('wpr_simulation2'),
        'maps',
        'map.yaml'
    )

    nav_param_file=os.path.join(
        get_package_share_directory('wpr_simulation2'),
        'config',
        'nav2_params.yaml'
    )

    nav2_launch_dir=os.path.join(
        get_package_share_directory('nav2_bringup'),
        'launch'
    )

    navigation_cmd=IncludeLaunchDescription(
        PythonLaunchDescriptionSource([nav2_launch_dir,'/bringup_
launch.py']),
        launch_arguments={
```

```
            'map': map_file,
            'use_sim_time': "True",
            'params_file': nav_param_file}.items(),
    )

    wp_edit_cmd=Node(
            package='wp_map_tools',
            executable='wp_edit_node',
            name='wp_edit_node'
        )

    wp_navi_server_cmd=Node(
            package='wp_map_tools',
            executable='wp_navi_server',
            name='wp_navi_server'
        )

    objects_publisher_cmd=Node(
            package='wpr_simulation2',
            executable='objects_publisher',
            name='objects_publisher',
            parameters=[
                {"auto_start": False}
            ]
        )

    grab_object_cmd=Node(
            package='wpr_simulation2',
            executable='grab_object_sim',
            name='grab_object_sim'
        )

    rviz_file=os.path.join(get_package_share_directory('wpr_simula-
tion2'),'rviz','fetch.rviz')
    rviz_cmd=Node(
            package='rviz2',
            executable='rviz2',
            name='rviz2',
            arguments=['-d',rviz_file]
```

```
    )

    ld=LaunchDescription()
    ld.add_action(home_mani_cmd)
    ld.add_action(navigation_cmd)
    ld.add_action(wp_edit_cmd)
    ld.add_action(wp_navi_server_cmd)
    ld.add_action(objects_publisher_cmd)
    ld.add_action(grab_object_cmd)
    ld.add_action(rviz_cmd)

    return ld
```

上述内容可以从 wpr_simulation2 的例程文件中找到。如果编译报错，可以与 wpr_simulation2\demo_launch\12_home.launch.py 文件中的代码进行比对。

下面是对这个 Launch 文件的解释。

```
import os
```

这行代码导入 Python 标准库中的 os 模块。后面会使用 os.path.join（）函数组合出文件路径。

```
from launch import LaunchDescription
```

这行代码导入 LaunchDescription 类。在这个 Launch 文件中，会使用 LaunchDescription 对象 ld 来描述需要启动的节点以及为它们配置的参数。

```
from launch_ros.actions import Node
```

这行代码导入 Node 类，需要用它在 Launch 文件中描述要启动的节点，并为节点设置参数和属性。

```
from ament_index_python.packages import get_package_share_directory
```

这行代码导入 get_package_share_directory( ) 函数。这个函数可以在 Launch 文件中获取指定软件包的 share 目录路径，以便使用其中的文件。

```
from launch.actions import IncludeLaunchDescription
```

这行代码从 launch.actions 模块中导入 IncludeLaunchDescription 类，该类用于在 Launch 文件中包含其他 Launch 文件。

```
from launch.launch_description_sources import PythonLaunchDescrip-
tionSource
```

这行代码从 launch.launch_description_sources 模块中导入 PythonLaunchDescriptionSource 类，该类用于指定要包含的 Launch 文件的路径。

```
def generate_launch_description():
```

这行代码定义一个函数 generate_launch_description( )，用于生成 LaunchDescription 对象。

```
    launch_file_dir=os.path.join(get_package_share_directory('wpr_
simulation2'),'launch')
```

这行代码使用 get_package_share_directory( ) 函数获取 wpr_simulation2 软件包的 share 目录路径，并将“launch”追加到路径后面，得到这个 Launch 文件夹的完整路径。将这个路径赋值给 launch_file_dir，后面会从这个文件夹中启动 wpr_simulation2 软件包的 Launch 文件。

```
    home_mani_cmd=IncludeLaunchDescription(
        PythonLaunchDescriptionSource(
            os.path.join(launch_file_dir,'robocup_home_mani.launch.py')
        )
    )
```

这段代码创建了一个名为“home_mani_cmd”的 IncludeLaunchDescription 对象，它指定了要包含的 Launch 文件的路径为 launch_file_dir 再加上“/robocup_home_mani.launch.py”，也就是 wpr_simulation2 软件包的 launch 文件夹下的 robocup_home_mani.launch.py 文件。相当于在这个 Launch 文件中启动了 home_mani_cmd 所指向的 robocup_home_mani.launch.py 文件。

```
    map_file=os.path.join(
        get_package_share_directory('wpr_simulation2'),
        'maps',
        'map.yaml'
    )
```

这段代码使用 get_package_share_directory( ) 函数获取 wpr_simulation2 软件包的 share 目录路径，并将“maps/map.yaml”追加到路径后面，得到了 wpr_simulation2 软件包下的 maps 文件夹中的 map.yaml 文件的完整路径。将这个路径赋值给 map_file，后面会把这个地图文件路径传递给 NAV2 进行地图的加载。

```
    nav_param_file=os.path.join(
        get_package_share_directory('wpr_simulation2'),
        'config',
        'nav2_params.yaml'
    )
```

这段代码使用 get_package_share_directory( ) 函数获取 wpr_simulation2 软件包的 share 目录路径，并将“config/nav2_params.yaml”追加到路径后面，得到这个 nav2_params.yaml 文件的完整路径。将这个路径赋值给 nav_param_file 。路径中的 nav2_params.yaml 就是 NAV2 的参数文件，里面包含了导航功能各个功能模块的参数数值。后面会将这个参数文件的路径传递给 NAV2 进行导航参数的加载设置。

```
nav2_launch_dir=os.path.join(
    get_package_share_directory('nav2_bringup'),
    'launch'
)
```

这段代码使用get_package_share_directory()函数获取nav2_bringup软件包的share目录路径，并将“launch”追加到路径后面，得到了这个Launch文件夹的完整路径。然后把路径赋值给nav2_launch_dir，后面会从这个路径中引入启动NAV2的Launch文件。

```
navigation_cmd=IncludeLaunchDescription(
    PythonLaunchDescriptionSource([nav2_launch_dir,'/bringup_
launch.py']),
    launch_arguments={
        'map': map_file,
        'use_sim_time':'True',
        'params_file': nav_param_file}.items(),
)
```

这段代码创建了一个名为“navigation_cmd”的IncludeLaunchDescription对象，这个对象引入了nav2_launch_dir文件夹路径中的bringup_launch.py文件，也就是nav2_bringup软件包的Launch文件夹下的bringup_launch.py文件。使用launch_arguments属性传递了一组配置参数。其中，'map'设置为前面定义的map_file（地图文件的完整路径）；'use_sim_time'设置为True（表示使用仿真时间）；'params_file'设置为nav_param_file（导航参数文件的完整路径）。

```
wp_edit_cmd=Node(
        package='wp_map_tools',
        executable='wp_edit_node',
        name='wp_edit_node'
    )
```

这段代码创建了一个名为“wp_edit_cmd”的Node节点对象。该节点属于wp_map_tools软件包，节点文件名为“wp_edit_node”。这个节点会读取主文件夹下的waypoints.yaml文件，并向其他节点提供航点坐标查询服务。

```
wp_navi_server_cmd=Node(
        package='wp_map_tools',
        executable='wp_navi_server',
        name='wp_navi_server'
    )
```

这段代码创建了一个名为“wp_navi_server_cmd”的Node节点对象。该节点属于wp_map_tools软件包，节点文件名为“wp_navi_server”。这个节点会从话题获取导航的目标航点名称，按照名称查询该航点坐标，并完成去往该航点的导航任务。

```
objects_publisher_cmd=Node(
        package='wpr_simulation2',
        executable='objects_publisher',
        name='objects_publisher',
        parameters=[
            {"auto_start": False}
        ]
    )
```

这段代码创建了一个名为“objects_publisher_cmd”的 Node 节点对象。该节点属于 wpr_simulation2 软件包，节点文件名为“objects_publisher”。这个节点会处理机器人头部相机采集的三维点云数据，检测出桌面上物品的三维坐标，并将坐标值发送到结果话题中供其他节点使用。参数 auto_start 设置为 False，表示节点启动后不会立刻启动点云数据处理，而是等其他节点给它发送开始信号才开始处理点云数据。

```
grab_object_cmd=Node(
        package='wpr_simulation2',
        executable='grab_object_sim',
        name='grab_object_sim'
    )
```

这段代码创建了一个名为“grab_object_cmd”的 Node 节点对象。该节点属于 wpr_simulation2 软件包，节点文件名为“grab_object_sim”。这个节点会接收其他节点发送的开始抓取信号，激活物品抓取动作。

```
rviz_file=os.path.join(get_package_share_directory('wpr_simula-
tion2'),'rviz','fetch.rviz')
```

这行代码使用 os.path.join() 函数组合出一个文件路径 rviz_file，后面会将这个路径指向的文件传递给 RViz2，以配置 RViz2 的显示界面。这个 rviz_file 的最终路径会指向 wpr_simulation2 软件包下 rviz 子目录中的 fetch.rviz 文件，这是事先已经创建好的 RViz2 界面配置文件，专门用于这个饮料递送过程的显示。直接使用这个配置文件可以省去手动配置的烦琐过程。

```
rviz_cmd=Node(
    package='rviz2',
    executable='rviz2',
    name='rviz2',
    arguments=['-d',rviz_file]
)
```

这段代码创建了一个名为“rviz_cmd”的 Node 节点对象。该节点属于 rviz2 软件包，节点文件名为“rviz2”，其实就是 RViz2 的节点。通过 arguments 属性为 RViz2 的节点设置参数。参数“-d”表示从文件中加载 RViz2 的界面配置，这个文件就是前面 rviz_file 指向的

wp_map_tools 软件包下 rviz 子目录中的 fetch. rviz 文件。

```
ld=LaunchDescription()
ld.add_action(home_mani_cmd)
ld.add_action(navigation_cmd)
ld.add_action(wp_edit_cmd)
ld.add_action(wp_navi_server_cmd)
ld.add_action(objects_publisher_cmd)
ld.add_action(grab_object_cmd)
ld.add_action(rviz_cmd)
```

这段代码创建了一个 LaunchDescription 对象 ld，并将前面创建的所有节点描述都添加为启动节点的动作。

```
return ld
```

最后，将 LaunchDescription 对象 ld 作为函数 generate_launch_description( ) 的返回值。这样当运行这个 Launch 文件时，会将 ld 里描述的所有节点按照对应的参数进行启动。

文件编写完毕后，需要进行保存。保存成功后，编辑界面文件名后面的圆点符号会变成一个叉符号。

3. 设置安装规则

Launch 文件编写完成后，还需要为其设置安装规则，才能将其安装到最终执行的目录中去。安装规则写在 home_pkg 的 CMakeLists. txt 文件中。如图 12-29 所示，在 VSCode 中打开这个文件，添加如下安装规则。

```
install(
DIRECTORY
  launch
DESTINATION
  share/${PROJECT_NAME})
```

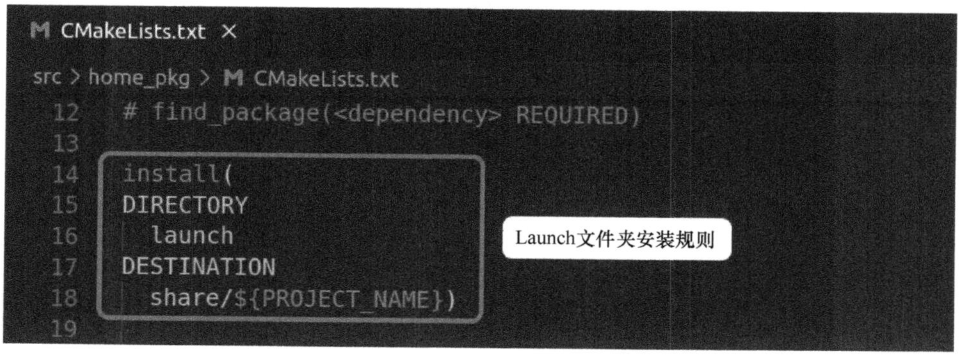

图 12-29　添加安装规则

这些内容可以从 wpr_simulation2 的例程文件中找到。如果编译报错，可以与 wpr_simulation2\demo_cmakelists\12_home. txt 文件中的代码进行比对。

上述规则添加完毕后，一定要保存文件，否则规则无法生效。

12.3.2 服务机器人程序实现

接下来进行主任务的程序节点的编写。

1. 编写节点源代码文件

在上一小节中创建了名为“home_pkg”的软件包，可以直接在这个软件包中创建服务机器人程序的源码文件。如图 12-30 所示，在 VSCode 中找到［home_pkg］软件包，用鼠标右键单击它的［src］子目录，在弹出的快捷菜单中选择［新建文件］。

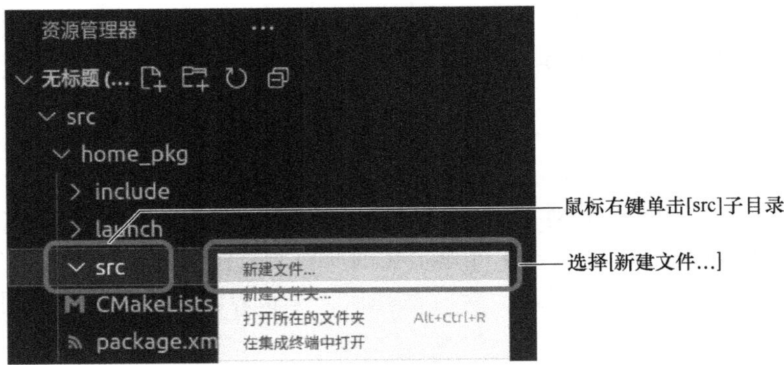

图 12-30　新建文件

此时会提示输入文件名，如图 12-31 所示，输入“fetch. cpp”，然后按［Enter］键，创建文件。

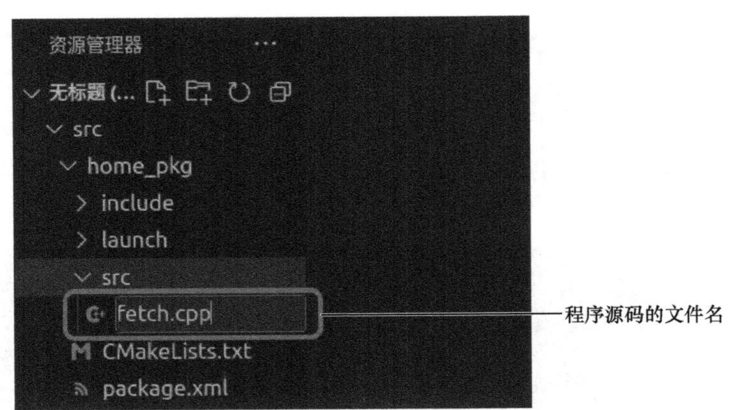

图 12-31　为文件命名

下面编写这个源代码文件，其内容如下。

```
#include <rclcpp/rclcpp.hpp>
#include <std_msgs/msg/string.hpp>

#define STEP_WAIT           0
```

```
#define STEP_GOTO_KITCHEN  1
#define STEP_GRAB_DRINK    2
#define STEP_GOTO_GUEST    3
#define STEP_DONE          4
static int fetch_step=STEP_WAIT;

std::shared_ptr<rclcpp::Node> node;
rclcpp::Publisher<std_msgs::msg::String>::SharedPtr navi_pub;
rclcpp::Publisher<std_msgs::msg::String>::SharedPtr behavior_pub;

void NaviResultCallback(const std_msgs::msg::String::SharedPtr msg)
{
    RCLCPP_INFO(node->get_logger(),"[NaviResultCallback] %s",msg->
data.c_str());
    if(fetch_step==STEP_GOTO_KITCHEN && msg->data=="navi done")
    {
        std_msgs::msg::String msg;
        msg.data="start grab";
        behavior_pub->publish(msg);
        fetch_step=STEP_GRAB_DRINK;
        RCLCPP_INFO(node->get_logger(),"[STEP_GOTO_KITCHEN] -> [STEP_
GRAB_DRINK]");
    }

    if(fetch_step==STEP_GOTO_GUEST && msg->data=="navi done")
    {
        fetch_step=STEP_DONE;
        RCLCPP_INFO(node->get_logger(),"[STEP_GOTO_GUEST] -> [STEP_
DONE]");
    }
}

void GrabResultCallback(const std_msgs::msg::String::SharedPtr msg)
{
    RCLCPP_INFO(node->get_logger(),"[GrabResultCallback] %s",msg->
data.c_str());
    if(fetch_step==STEP_GRAB_DRINK && msg->data=="grab done")
    {
        std_msgs::msg::String msg;
```

```
        msg.data="guest";
        navi_pub->publish(msg);
        fetch_step=STEP_GOTO_GUEST;
        RCLCPP_INFO(node->get_logger(),"[STEP_GRAB_DRINK] -> [STEP_
GOTO_GUEST]");
    }
}

int main(int argc,char ** argv)
{
    rclcpp::init(argc,argv);

    node=std::make_shared<rclcpp::Node>("fetch_node");

    navi_pub=node->create_publisher<std_msgs::msg::String>(
        "/waterplus/navi_waypoint",
        10
    );
    behavior_pub=node->create_publisher<std_msgs::msg::String>(
        "/wpb_home/behavior",
        10
    );
    auto navi_result_sub=node->create_subscription<std_msgs::msg::
String>(
        "waterplus/navi_result",
        10,
        NaviResultCallback
    );
    auto grab_result_sub=node->create_subscription<std_msgs::msg::
String>(
        "/wpb_home/grab_result",
        10,
        GrabResultCallback
    );

    rclcpp::sleep_for(std::chrono::milliseconds(1000));

    rclcpp::Rate loop_rate(30);

    while(rclcpp::ok())
```

```
    {
        if(fetch_step==STEP_WAIT)
        {
            std_msgs::msg::String msg;
            msg.data="kitchen";
            navi_pub->publish(msg);
            fetch_step=STEP_GOTO_KITCHEN;
            RCLCPP_INFO(node->get_logger(),"[STEP_WAIT] -> [STEP_GOTO_
KITCHEN]");
        }

        rclcpp::spin_some(node);
        loop_rate.sleep();
    }

    rclcpp::shutdown();

    return 0;
}
```

上述代码可以从 wpr_simulation2 的例程文件中找到。如果编译报错，可以与 wpr_simulation2\demo_cpp\12_fetch.cpp 文件中的代码进行比对。

下面是对这个节点代码的解释。

```
#include <rclcpp/rclcpp.hpp>
#include <std_msgs/msg/string.hpp>
```

这两行代码引入了 ROS2 的 C++用户端库、std_msgs 包中的 String 消息包类型头文件。

```
#define STEP_WAIT           0
#define STEP_GOTO_KITCHEN   1
#define STEP_GRAB_DRINK     2
#define STEP_GOTO_GUEST     3
#define STEP_DONE           4
```

这段代码进行了一系列的状态宏定义，这些状态宏定义与表 12-1 中的状态一一对应。

```
static int fetch_step=STEP_WAIT;
```

这行代码定义了一个全局变量 fetch_step，用于存储当前的状态值，初始状态设置为 STEP_WAIT。

```
std::shared_ptr<rclcpp::Node> node;
rclcpp::Publisher<std_msgs::msg::String>::SharedPtr navi_pub;
rclcpp::Publisher<std_msgs::msg::String>::SharedPtr behavior_pub;
```

这段代码定义了 3 个动态指针，分别是节点指针 node、目标航点名称发送对象指针 navi_pub 和物品抓取指令发送对象指针 behavior_pub。这 3 个指针将会在 main() 主函数中进行初始化，然后在回调函数中使用。所以在这里定义，以保证能够全局访问。为了便于理解程序流程，下面跳过 NaviResultCallback() 和 GrabResultCallback() 两个回调函数，先阅读 main() 函数的代码。

```
int main(int argc,char ** argv)
{
  rclcpp::init(argc,argv);
```

这段代码是 main() 函数的开始，接收命令行参数 argc 和 argv。rclcpp::init(argc,argv) 用于初始化这个节点。

```
  node=std::make_shared<rclcpp::Node>("fetch_node");
```

这行代码创建了一个名为“fetch_node”的节点对象。使用 std::make_shared() 函数创建这个节点对象的共享指针，并赋值给 node。

```
    navi_pub=node→create_publisher<std_msgs::msg::String>(
        "/waterplus/navi_waypoint",
        10
    );
```

这段代码创建了一个发布者对象，并赋值给全局指针 navi_pub，它将 std_msgs::msg::String 类型的消息发布到“/waterplus/navi_waypoint”话题，发送缓冲的队列长度为 10 个消息包。后面会使用这个发布对象发送导航目标航点的名称。

```
    behavior_pub=node→create_publisher<std_msgs::msg::String>(
        "/wpb_home/behavior",
        10
    );
```

这段代码创建了一个发布者对象，并赋值给全局指针 behavior_pub，它将 std_msgs::msg::String 类型的消息发布到“/wpb_home/behavior”话题，发送缓冲的队列长度为 10 个消息包。后面会使用这个发布对象发送物品抓取的激活指令。

```
    auto navi_result_sub=node→create_subscription<std_msgs::msg::
String>(
        "waterplus/navi_result",
        10,
        NaviResultCallback
    );
```

这段代码创建了一个名为“navi_result_sub”的订阅者对象，它订阅了“/waterplus/navi_result”话题，并将从这个话题中接收到的消息传递给 NaviResultCallback() 回调函数，接收缓冲的队列长度为 10 个消息包。这个订阅者对象用于接收导航完成信号。

```
    auto grab_result_sub = node->create_subscription<std_msgs::msg::String>(
        "/wpb_home/grab_result",
        10,
        GrabResultCallback
    );
```

这段代码创建了一个名为“grab_result_sub”的订阅者对象，它订阅了“/wpb_home/grab_result”话题，并将从这个话题中接收到的消息传递给GrabResultCallback()回调函数，接收缓冲的队列长度为10个消息包。这个订阅者对象用于接收物品抓取完成信号。

```
    rclcpp::sleep_for(std::chrono::milliseconds(1000));
```

程序到这会暂停1000ms（也就是1s），等待前面的话题发布和订阅操作完成。

```
    rclcpp::Rate loop_rate(30);
```

这行代码用于构建一个频率对象，后面将会使用这个对象来控制while()循环的执行频率。参数30表示将会控制while()循环的执行频率在30Hz。

```
    while(rclcpp::ok())
    {
```

这两行代码构建了一个无限循环，循环条件rclcpp::ok()检查ROS2是否还在运行。在这个while()循环中，会实现有限状态机的各个状态的具体行为。

```
        if(fetch_step==STEP_WAIT)
        {
            std_msgs::msg::String msg;
            msg.data="kitchen";
            navi_pub->publish(msg);
            fetch_step=STEP_GOTO_KITCHEN;
            RCLCPP_INFO(node->get_logger(),"[STEP_WAIT] -> [STEP_GOTO_KITCHEN]");
        }
```

这是初始状态（STEP_WAIT）的状态行为。在这种状态下，会先发送获取饮料的航点坐标名称“kitchen”到话题“/waterplus/navi_waypoint”中。航点名称会被wp_navi_server节点接收，启动自主导航功能。然后这个程序的状态机会跳转到STEP_GOTO_KITCHEN状态，等待导航任务完成。

```
        rclcpp::spin_some(node);
```

这行代码调用spin_some()函数，让节点能够接收消息包并激活回调函数。spin_some()函数能够在响应完回调函数后立刻返回，不会导致while()循环被卡住。

```
        loop_rate.sleep();
    }
```

这两行代码调用频率对象 loop_rate 的 sleep( ) 函数，让 while( ) 循环的频率在 30Hz。下面转到前面的回调函数 NaviResultCallback( ) 去阅读代码。

```
void NaviResultCallback(const std_msgs::msg::String::SharedPtr msg)
{
    RCLCPP_INFO(node→get_logger(),"[NaviResultCallback] %s",msg→
data.c_str());
```

在文件的开头，定义了一个名为“NaviResultCallback( )”的回调函数，这个回调函数用来接收 wp_navi_server 节点发来的导航结束信号。这个函数的参数是 std_msgs::String 类型的消息包，函数开头就调用 RCLCPP_INFO 宏将参数 msg 中的 data 内容显示在终端窗口，方便开发者观察调试。

```
    if(fetch_step==STEP_GOTO_KITCHEN && msg→data=="navi done")
    {
        std_msgs::msg::String msg;
        msg.data="start grab";
        behavior_pub→publish(msg);
        fetch_step=STEP_GRAB_DRINK;
        RCLCPP_INFO(node→get_logger(),"[STEP_GOTO_KITCHEN] -> [STEP_
GRAB_DRINK]");
    }
```

STEP_GOTO_KITCHEN 是机器人从初始位置去往第一个航点“kitchen”的状态。在 main( ) 函数的初始状态，节点程序激活了导航功能并跳转到这个状态。在这个回调函数中，将在这个状态下等待导航任务结束。当接收到“navi done”消息包时，说明机器人已经达到航点“kitchen”，第一阶段导航任务完成。此时发送“start grab”指令给 grab_object_sim 节点，激活物品抓取行为。同时，状态机跳转到 STEP_GRAB_DRINK 状态，等待抓取行为结束。下面跳转到 GrabResultCallback( ) 函数去阅读代码。

```
void GrabResultCallback(const std_msgs::msg::String::SharedPtr msg)
{
    RCLCPP_INFO(node→get_logger(),"[GrabResultCallback] %s",msg→
data.c_str());
```

在上一个回调函数的后面，定义了一个名为“GrabResultCallback( )”的回调函数，这个回调函数用来接收 grab_object_sim 节点发来的物品抓取结束信号。这个函数的参数是 std_msgs::String 类型的消息包，函数开头就调用 RCLCPP_INFO 宏将参数 msg 中的 data 内容显示在终端窗口，方便开发者观察调试。

```
    if(fetch_step==STEP_GRAB_DRINK && msg→data=="grab done")
    {
        std_msgs::msg::String msg;
        msg.data="guest";
```

```
        navi_pub→publish(msg);
        fetch_step=STEP_GOTO_GUEST;
        RCLCPP_INFO(node→get_logger(),"[STEP_GRAB_DRINK] -> [STEP_
GOTO_GUEST]");
    }
}
```

STEP_GRAB_DRINK 是机器人进行物品抓取的状态。在之前的状态中，机器人到达航点“kitchen”后，节点程序激活了物品抓取功能并跳转到这个状态。在这个回调函数中，将在这个状态下等待物品抓取行为结束。当接收到“grab done”消息包时，说明机器人已经完成了物品抓取动作。此时发送客厅客人的航点名称“guest”给 wp_navi_server 节点，再次启动导航功能。同时，状态机跳转到 STEP_GOTO_GUEST 状态，等待导航任务结束。下面跳转到回调函数 NaviResultCallback( ) 的后半部分去阅读代码。

```
void NaviResultCallback(const std_msgs::msg::String::SharedPtr msg)
{
    …
    if(fetch_step==STEP_GOTO_GUEST && msg→data=="navi done")
    {
        fetch_step=STEP_DONE;
        RCLCPP_INFO(node→get_logger(),"[STEP_GOTO_GUEST] -> [STEP_
DONE]");
    }
}
```

NaviResultCallback( ) 函数的第二个 if 判断，就是在 STEP_GOTO_GUEST 状态下的处理逻辑。这时候如果接收到“navi done”消息包，说明机器人已经到达“guest”航点处，饮料已经送达，任务完成。将状态机跳转到 STEP_DONE，程序流程结束。

```
int main(int argc,char** argv)
{
    …
    while(rclcpp::ok())
    {
        …
    }

    rclcpp::shutdown();

    return 0;
}
```

当节点运行过程中接收到系统的关闭要求时，会跳出 while( ) 循环，释放节点占用的资源，main() 函数返回 0，表示程序成功执行并正常退出。

代码编写完毕后，需要进行保存。保存成功后，编辑界面文件名后面的圆点符号会变成一个叉符号。

2. 设置编译规则

节点源码的编译规则写在 home_pkg 的 CMakeLists. txt 文件中。如图 12-32 所示，在 VSCode 中打开这个文件，在这个文件中添加节点的编译规则。首先使用如下代码寻找节点源码中用到的依赖项。

```
find_package(rclcpp REQUIRED)
find_package(std_msgs REQUIRED)
```

然后使用如下代码添加节点源码的编译规则。

```
add_executable(fetch src/fetch.cpp)
ament_target_dependencies(fetch "rclcpp" "std_msgs")
```

接下来使用如下代码在安装规则中添加节点安装规则。

```
install(TARGETS
  fetch
DESTINATION
  lib/${PROJECT_NAME})
```

最后还需要使用如下代码添加 Launch 文件夹的安装规则。

```
install(
DIRECTORY
  launch
DESTINATION
  share/${PROJECT_NAME})
```

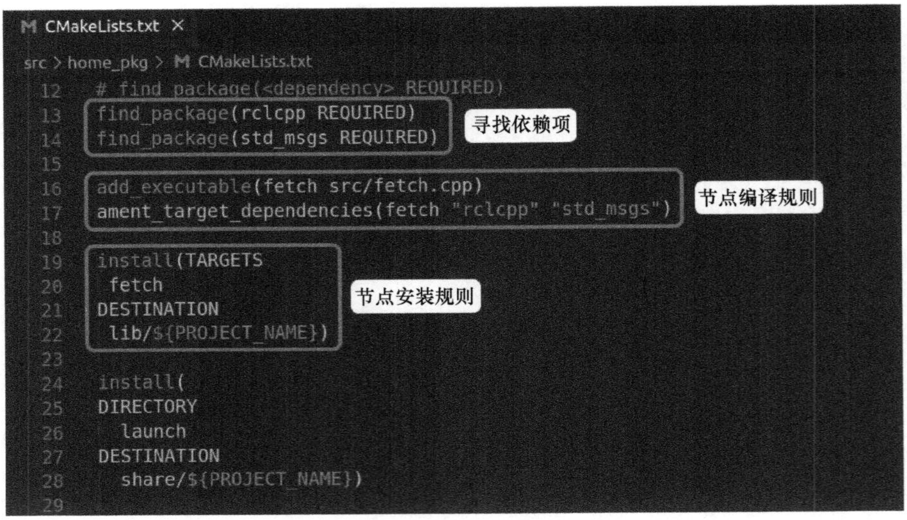

图 12-32　寻找依赖项与设置编译规则

这些内容可以从 wpr_simulation2 的例程文件中找到。如果编译报错，可以与 wpr_simulation2\demo_cmakelists\12_fetch. txt 文件中的代码进行比对。

上述规则添加完毕后，一定要保存文件，否则规则无法生效。

3. 修改软件包信息

如图 12-33 所示，在 VSCode 中打开［home_pkg］下的［package. xml］文件，使用如下代码添加依赖项信息。

```
<depend>rclcpp</depend>
<depend>std_msgs</depend>
```

图 12-33 添加依赖项

这些内容可以从 wpr_simulation2 的例程文件中找到。如果编译报错，可以与 wpr_simulation2\demo_package\12_fetch. xml 文件中的代码进行比对。

文件修改后，一定要保存文件，否则新的包信息无法生效。

4. 编译软件包

修改完上述文件后，打开终端窗口。如图 12-34 所示，执行如下指令，进入工作空间。

```
cd ~/ros2_ws
```

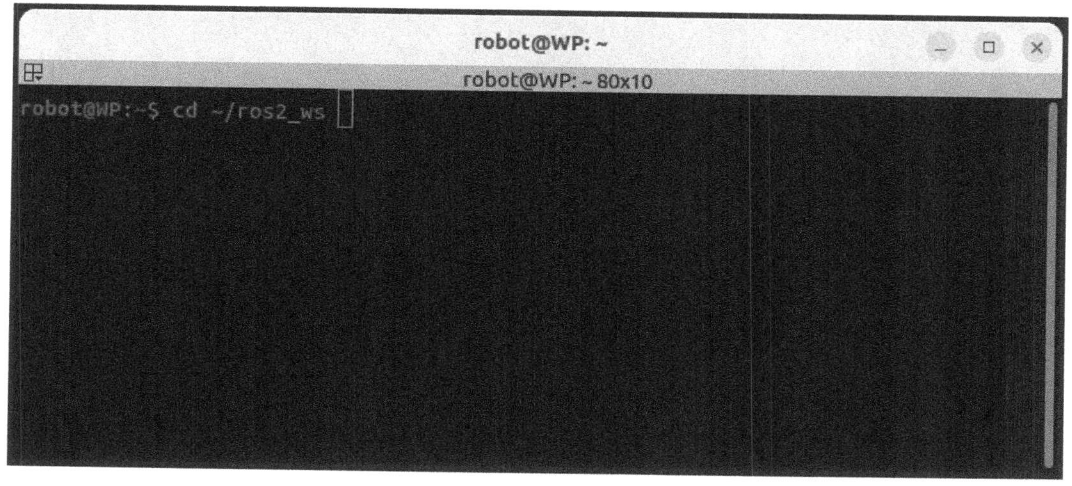

图 12-34 进入工作空间

然后如图 12-35 所示，执行如下指令，对工作空间中的所有软件包进行编译。

```
colcon build
```

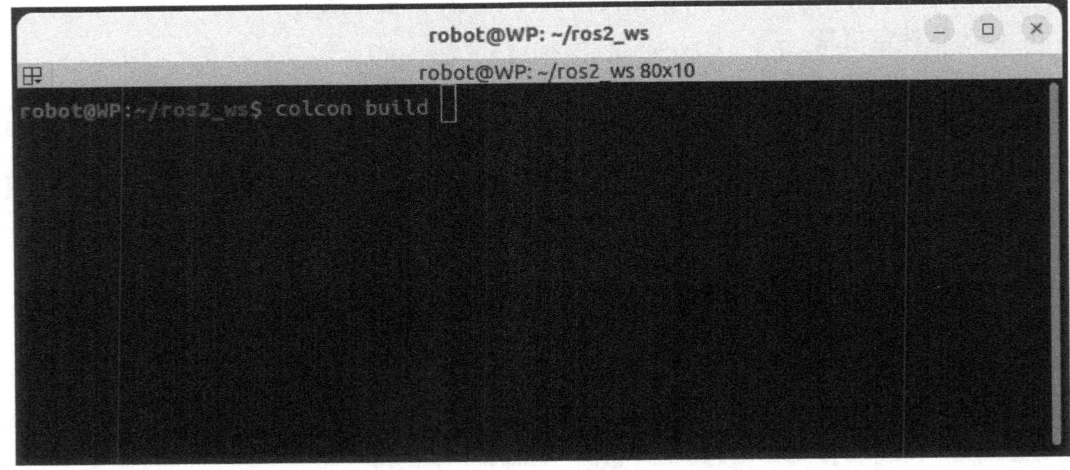

图 12-35　编译软件包

如果编译顺利，会显示如图 12-36 所示信息，表示编译成功。

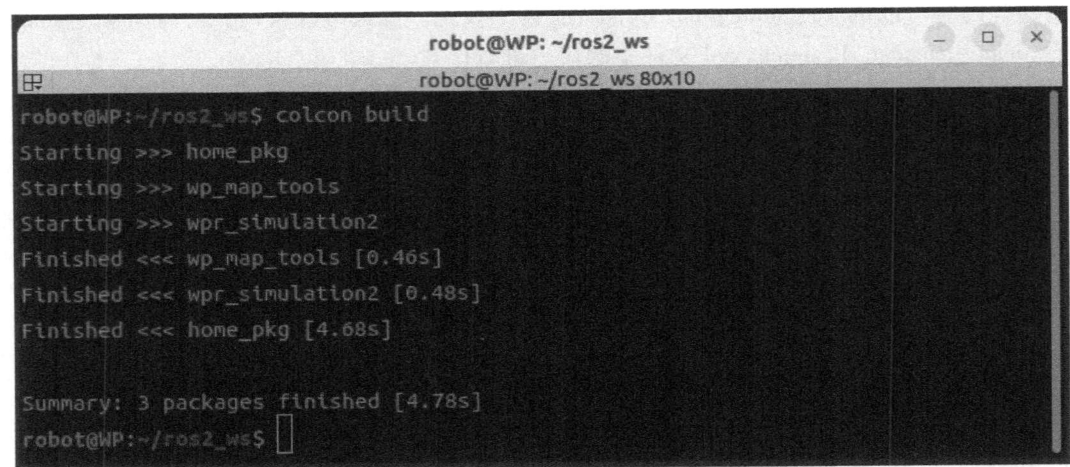

图 12-36　编译成功

12.4　仿真运行服务机器人程序

下面将在仿真环境中运行刚编写的 Launch 文件和导航节点。如图 12-37 所示，先确认现在终端的当前位置还在工作空间目录 ros2_ws，在终端执行如下指令。

```
source install/setup.bash
```

接着如图 12-38 所示，执行如下指令，启动刚才编写的 Launch 文件。

```
ros2 launch home_pkg home.launch.py
```

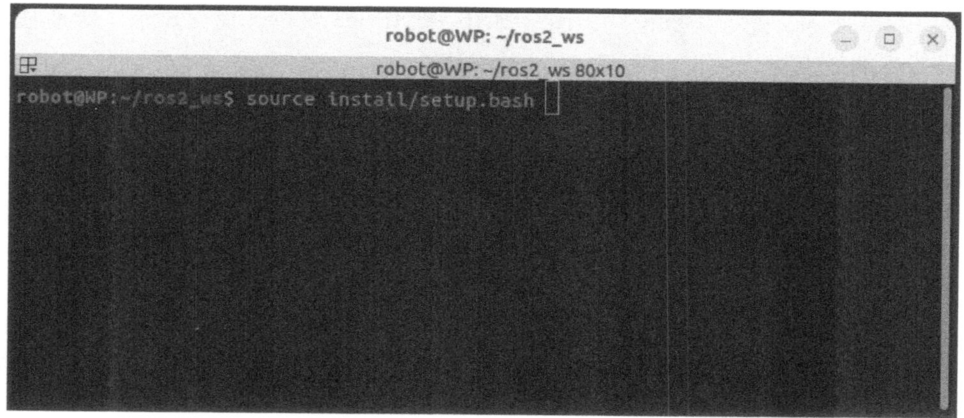

图 12-37　加载工作空间的环境设置

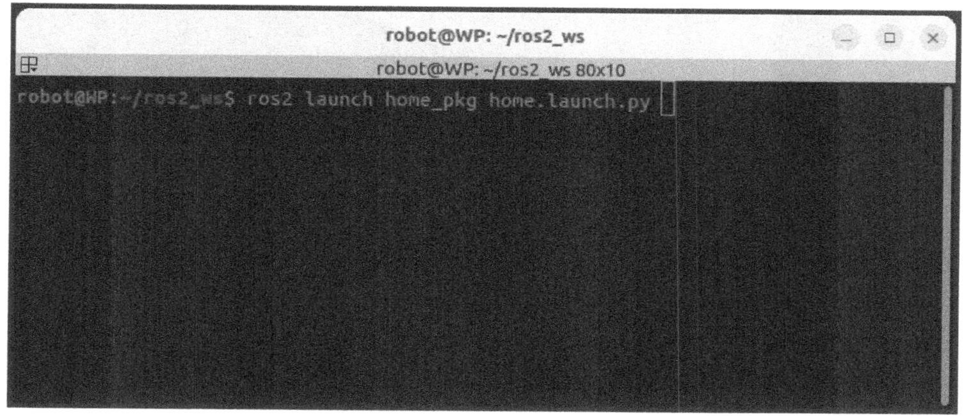

图 12-38　启动 Launch 文件

这时会启动仿真环境和各个功能节点，如图 12-39 所示。

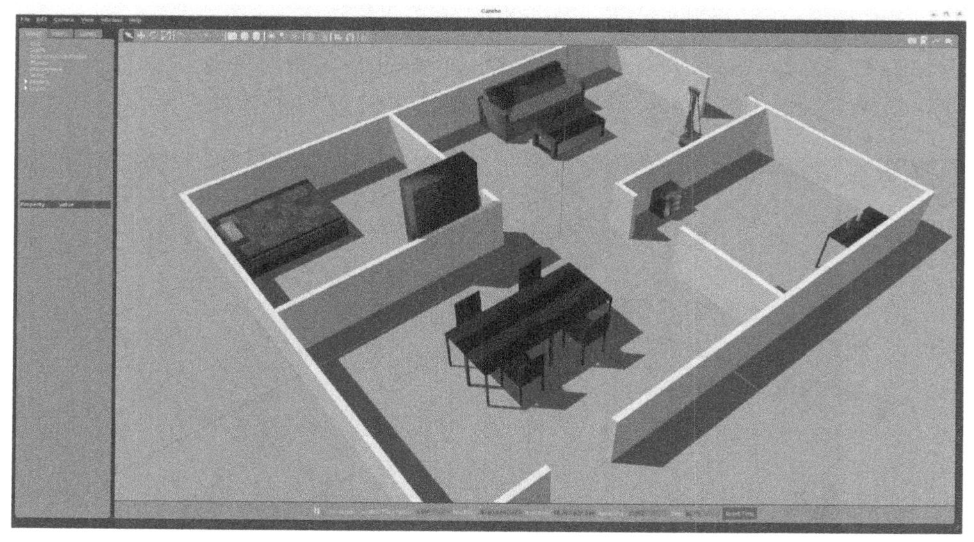

图 12-39　启动包含功能节点的仿真环境

如图 12-40 所示，除了仿真窗口，还会弹出一个 RViz2 窗口，里面显示了导航使用的地图以及设置好的航点标记。

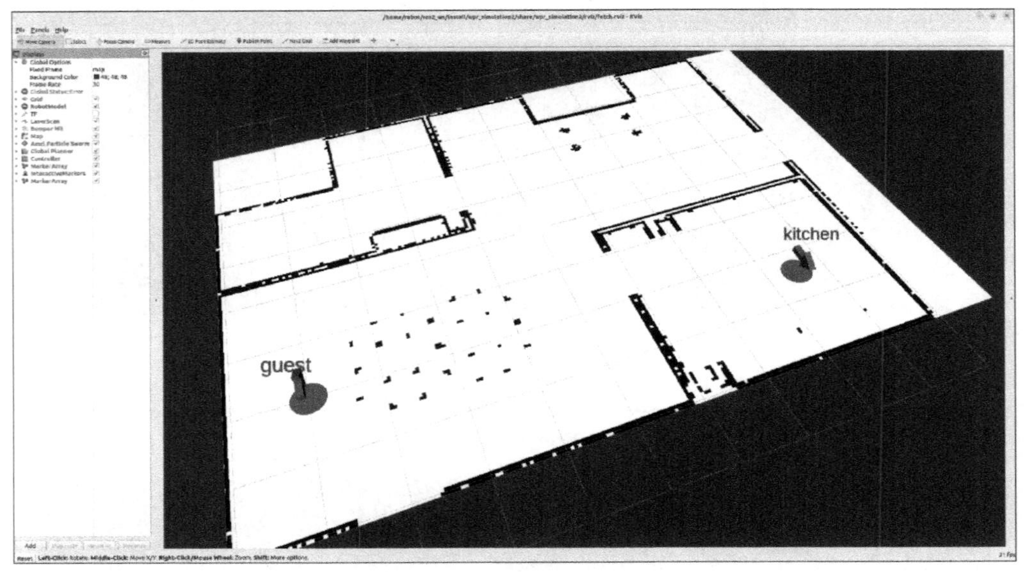

图 12-40　RViz2 窗口

目前，在 RViz2 窗口中还没有显示机器人模型，需要手动设置一下机器人的初始位置。如图 12-41 所示，单击 RViz2 工具栏中的［2D Pose Estimate］按钮。

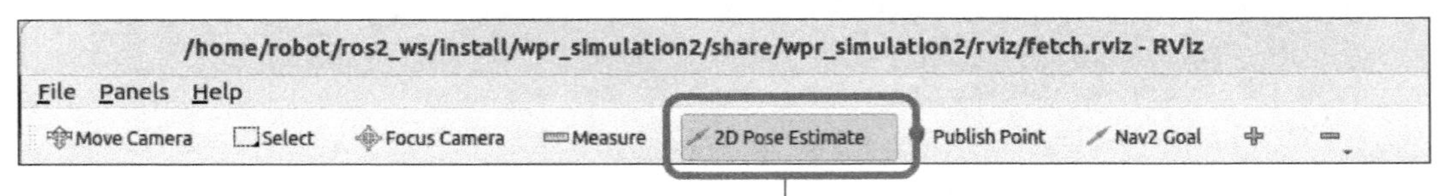

图 12-41　设置机器人初始位置

然后如图 12-42 所示，在 RViz2 的地图中，单击机器人所在的位置，按住鼠标左键不放，设置好初始方向。松开鼠标，就能在 RViz2 中看到机器人的模型了。

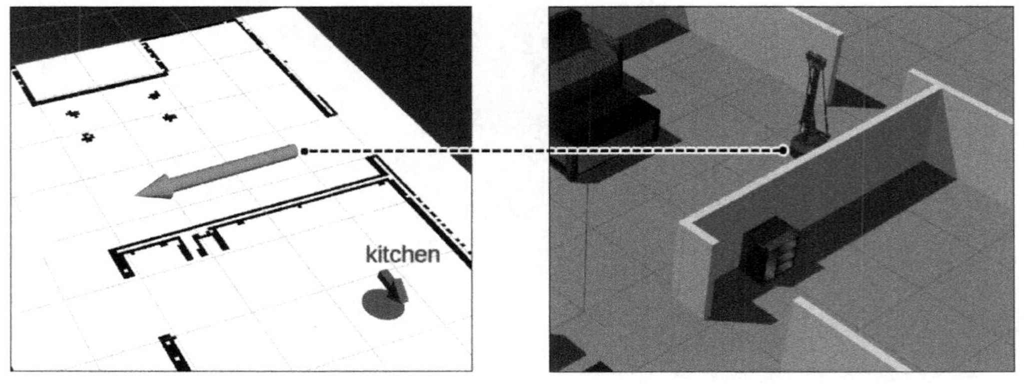

图 12-42　设置机器人初始位置的朝向

下面运行服务机器人流程节点。如图 12-43 所示，在 Terminator 终端，按组合键［Ctrl+Shift+O］，会分出第二个子窗口。先在新的终端窗口中执行如下指令，加载工作空间的环境设置。

```
source install/setup.bash
```

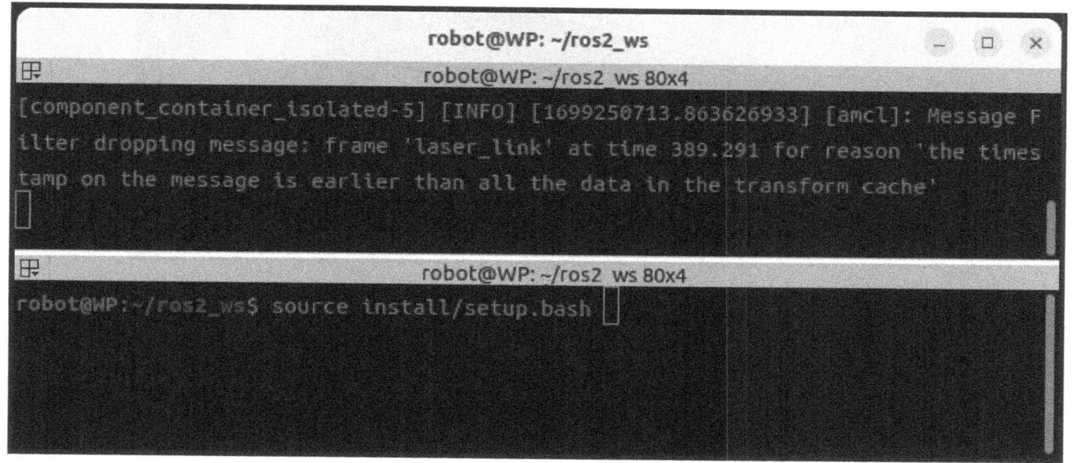

图 12-43　加载工作空间的环境设置

然后如图 12-44 所示，执行如下指令，运行服务机器人的流程节点。

```
ros2 run home_pkg fetch
```

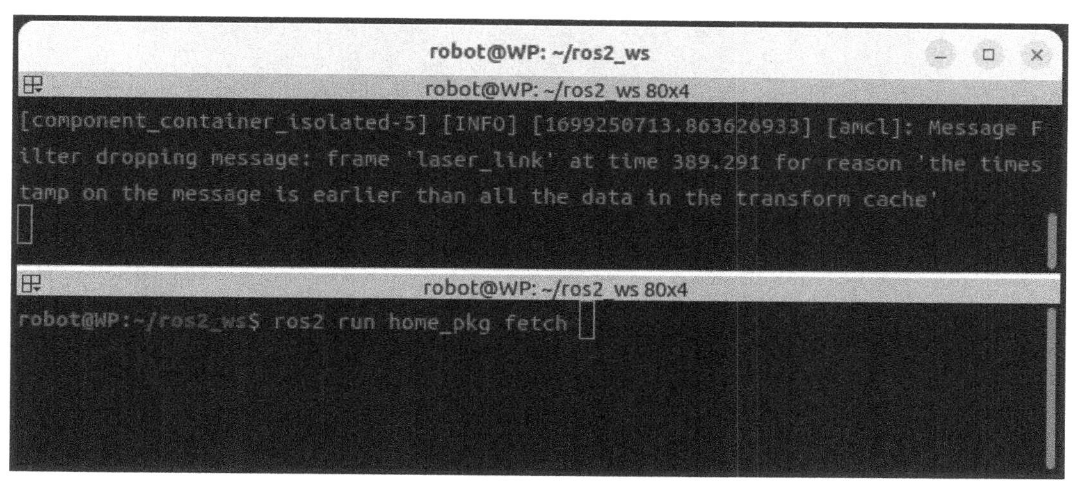

图 12-44　运行主任务节点

如图 12-45 所示，运行节点之后，机器人会自动启动第一阶段的导航，去往航点“kitchen”。

如图 12-46 所示，机器人到达“kitchen”航点后，会对桌面上的饮料进行抓取。

如图 12-47 所示，抓取完成后，机器人会带着饮料，导航去往航点“guest”。

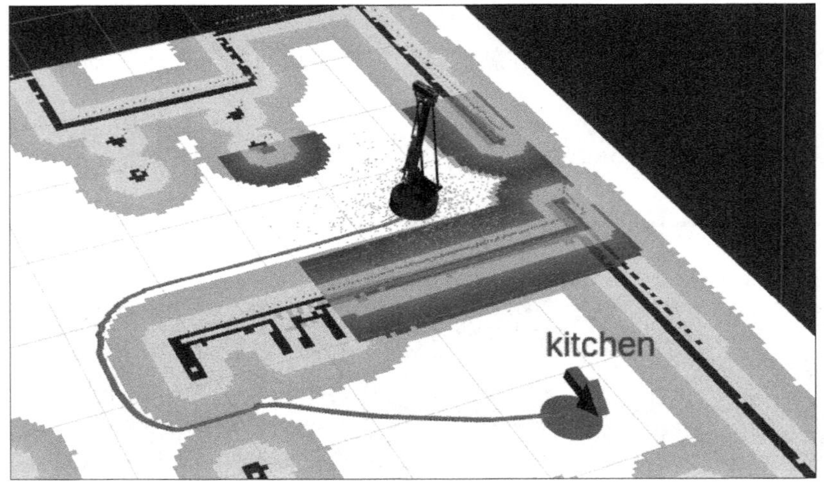

图 12-45　导航去往“kitchen”航点

图 12-46　抓取桌面上的饮料

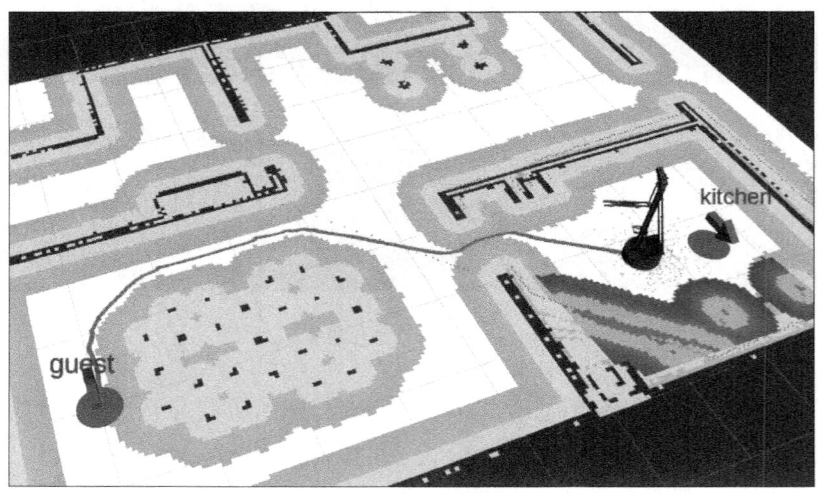

图 12-47　导航去往“guest”航点

如图 12-48 所示，机器人到达航点“guest”，饮料递送任务完成。

图 12-48　机器人到达“guest”航点

12.5　本章小结

本章基于 ROS2 实现一个综合应用——家庭服务机器人的饮料递送功能。首先进行建图导航、物品抓取的方案设计，在此基础上，进行主体任务方案设计；接着，启动仿真场景进行建图、设置航点坐标；最后，编写 Launch 文件、饮料抓取和递送文件源码，依次仿真实现自动导航机器人到厨房航点、机械臂抓取饮料、自动导航机器人到客厅航点等功能，最终完成饮料递送任务。

参考文献

[1] 徐海望，高佳丽. ROS 2 机器人编程实战：基于现代 C++和 Python3［M］. 北京：机械工业出版社，2022.

[2] 丁亮，曲明成，张亚楠，等. ROS2 源代码分析与工程应用［M］. 北京：清华大学出版社，2019.

[3] 马培立，卞舒豪，陈绍平. 从 ROS1 到 ROS2 无人机编程实战指南［M］. 北京：化学工业出版社，2023.

[4] 张锐. ROS 与 ROS2 开发指南［M］. 北京：电子工业出版社，2023.

[5] 刘相权，张万杰. 机器人操作系统（ROS）及仿真应用［M］. 北京：机械工业出版社，2022.

[6] 曾庆喜，胡义轩. 机器人操作系统（ROS）［M］. 北京：电子工业出版社，2023.

[7] 胡春旭. ROS 机器人开发实践［M］. 北京：机械工业出版社，2018.

[8] 杨辰光，李智军，许扬. 机器人仿真与编程技术［M］. 北京：清华大学出版社，2018.

[9] 陶满礼. ROS 机器人编程与 SLAM 算法解析指南［M］. 北京：人民邮电出版社，2020.

[10] 怀亚特. ROS 机器人编程：原理与应用［M］. 李笔锋，祝朝政，刘锦涛，译. 北京：机械工业出版社，2019.